高等学校电子材料系列教材

电子材料 固体力学

杨 丽 廖佳佳 周益春 编著

清华大学出版社
北京

内 容 简 介

本书根据作者几十年从事材料与力学学科交叉的教学与科研成果编著而成。全书主要涉及材料力学行为的普适性规律,以及电子材料特殊的结构、功能、服役而表现出的力学行为。主要讲述固体材料的基础力学理论,包括基本力学性能、应变理论、应力理论、弹性本构关系、非弹性变形与均质材料断裂力学;针对电子材料特殊的结构、功能、服役环境而讲述相应的力学规律,包括热应力、薄膜的力学性能、电介质材料固体力学、压电材料固体力学、铁电体材料固体力学、电磁材料固体力学。书中安排了适当的例题、练习题和思考题,供读者选用。

本书可作为材料类、电子材料类或功能材料类本科生、研究生的教材或参考用书。本书也是材料类科研工作者从事力学研究的一本有用的参考用书。

图书在版编目(CIP)数据

电子材料固体力学 / 杨丽,廖佳佳,周益春编著.
北京:清华大学出版社,2024.12. --(高等学校电子
材料系列教材). -- ISBN 978-7-302-67559-4

Ⅰ. TN04;TB301

中国国家版本馆 CIP 数据核字第 2024CJ6958 号

责任编辑:鲁永芳
封面设计:常雪影
责任校对:薄军霞
责任印制:曹婉颖

出版发行:清华大学出版社
   网 址:https://www.tup.com.cn,https://www.wqxuetang.com
   地 址:北京清华大学学研大厦 A 座 邮 编:100084
   社 总 机:010-83470000 邮 购:010-62786544
   投稿与读者服务:010-62776969,c-service@tup.tsinghua.edu.cn
   质量反馈:010-62772015,zhiliang@tup.tsinghua.edu.cn
印 装 者:大厂回族自治县彩虹印刷有限公司
经 销:全国新华书店
开 本:185mm×260mm 印 张:29   字 数:702 千字
版 次:2024 年 12 月第 1 版   印 次:2024 年 12 月第 1 次印刷
定 价:109.00 元

产品编号:098849-01

丛书编委会

专家委员会主任：

郝 跃	中国科学院院士	西安电子科技大学

主编：

周益春	教授	西安电子科技大学

专家委员会和编委成员（按姓名拼音排序）：

褚君浩	中国科学院院士	中国科学院上海技术物理研究所
崔铁军	中国科学院院士	东南大学
邓龙江	中国工程院院士	电子科技大学
傅正义	中国工程院院士	武汉理工大学
蒋成保	中国科学院院士	北京航空航天大学
刘永坚	中国工程院院士	中国人民解放军 93184 部队
毛军发	中国科学院院士	深圳大学
南策文	中国科学院院士	清华大学
邱志明	中国工程院院士	中国人民解放军 91054 部队
王中林	中国科学院外籍院士	中国科学院北京纳米能源与系统研究所
严纯华	中国科学院院士	兰州大学
杨德仁	中国科学院院士	浙江大学
张联盟	中国工程院院士	武汉理工大学
周 济	中国工程院院士	清华大学
邹志刚	中国科学院院士	南京大学

丛书序

    电子信息产业是彰显国家现代化、科技进步、经济水平、综合实力与核心竞争力的重要标志。它以前所未有的速度从国家新兴产业、支柱产业发展成为大国崛起乃至世界竞争的制高与抢占产业。以电子、光子及相互作用而实现信息产生、传输、存储、显示、探测及处理的电子材料，是各类电子元器件、电子系统与装备（即电子信息产业）的基础与先导，被列为国家信息化战略发展以及工程科技材料领域的核心基础。培养电子材料特色的高水平材料类应用型及研究型人才，是确保我国电子材料基础与先导能力、支撑电子信息产业崛起甚至世界领先的必然要求，也被国务院学位委员会办公室列为新材料类人才培养的急缺方向。

    材料学科是于 1957 年提出，并逐渐形成以研究材料成分、结构、制备、性能与应用的新兴学科。它有三个重要特性：一是"科学"和"工程"结合，既需要基础研究，又需要应用研究；二是多学科交叉，需要和物理、化学、冶金学、计算科学（包括数学）等学科相互融合与交叉；三是发展中的学科，材料的种类繁多、日新月异，其基础理论、关键技术甚至学科基础都不尽相同。我国材料科学起源于金属、陶瓷、高分子等结构材料，科学研究与产业技术相对成熟，材料类人才培养也形成了金属、陶瓷、高分子等三大特色体系，相应的教材也是围绕这三大体系所需的晶体结构、相图、加工、表征、服役等知识体系而建设。

    利用电子运动效应及其受力、热、光、电、磁等载荷而发生性质改变的电子材料，表现出与金属、无机非、高分子显著不同的几大特性。一是显著依赖物理学科的基础理论与研究方法。电子材料不仅仅需要了解电子运动的电动力学、统计物理、量子力学等基础物理理论，电子装备、系统与元器件的微小化还高度依赖于电子相对论效应、原子层级的电子相互作用等，同时还需要发展电子、原子层级的实验表征方法。二是尤其需要微观结构与宏观性能关联的理论与方法。电子运动尤其是原子层级电子材料中电子的运动，微观上需要掌握只有几个原子层厚度的二维材料的刻画理论与表征方法，宏观上又往往体现在信息的存储、传输、转换等性能，现代电子材料的性能极其依赖微观设计与调控机理，迫切需要微观结构与宏观性能关联的理论与方法。三是电子材料要应用于电子元器件与系统，需要掌握数字电路、模拟电路、集成电路以及电子元器件等相关的原理、理论与方法。因此，现有从金属、无机非、高分子等研究需求出发的材料类教材体系，不能完全适应和满足电子材料的人才培养需求。

    基于电子材料类人才培养的重要性、迫切性以及现有教材体系的不适应性，我们从电子材料类人才培养的化学、物理、材料科学、表征、计算以及器件知识需求出发，邀请了国内长期从事材料学科人才培养以及电子材料研究的教育工作者，编著了这套面向本科生的电子材料系列教材，包括《电子材料科学基础》《电子材料理论物理导论》《电子材料化学》《电子材料固体力学》《电子材料计算》《电子材料信息科学与技术导论》《电子材料表征技术》等，涵盖了电子材料的基础理论、设计制备、表征方法、服役行为及其器件与系统基础等各个方面，为电子材料类人才培养提供系统、完整的教材体系。同时，这套教材也凝练了电子材料的前沿创新成果，也可成为研究生、科研工作者以及产业界工程技术人才的参考用书，为推动电子材料领域人才培养、科学研究以及产业发展奠定坚实基础。

中国科学院院士、西安电子科技大学教授　郝跃

2024 年 6 月

目录

第 1 章

绪　　论

1.1　材料科学与工程

1.1.1　材料及其研究意义

材料是人类用于制造物品、器件、构件、机器或其他产品的物质,是人类赖以生存和发展的物质基础。历史学者曾将人类的历史划分为石器时代、铜器时代、铁器时代、水泥时代、硅时代、新材料时代等实际就是人们开发和使用材料的不同阶段。材料学家进一步根据材料类型和特性将其分为了 7 个时代[1],见表 1.1.1。连续不断地开发和使用新材料构筑了时代的发展,也构筑了今天的文明。因此,材料是人类进化的里程碑,更是现代文明的重要支柱。科学技术的进一步发展,人类生活水平的进一步提高,特别是资源的加速枯竭,生态环境的不断恶化,都对材料科学技术提出了更高的要求。当前材料领域,已从技术相对成熟的金属时代,进入了陶瓷、塑料、复合、纳米、智能等新材料时代,经历着史无前例的创新发展时期。材料已呈现尺寸、结构、性能、用途的多样化、复合化甚至极限化,而且各种材料尽管各有特性,但均是现代材料的重要发展方向,都在航空航天、汽车、现代建筑、电子信息等高新技术领域起着关键的支持和先导作用,其研究水平和产业化规模已成为衡量一个国家和地区经济发展、科技进步和国防实力的重要标志。

表 1.1.1　材料发展的 7 个时代

时代	名　　称	典 型 材 料	人类进步标志
1	石器时代 (公元前 10 万年)	石头、木材、骨头等天然材料	人类基本保障
2	金属时代 (公元前 3000 年)	铜、锡、钢铁	人类生产与作战能力
3	陶瓷时代	砖瓦、硅	人类建筑文明与信息时代
4	塑料时代	合成树脂	人类日常生活水准大幅提升
5	复合材料时代	碳纤维等	航空航天、汽车等高科技
6	纳米材料时代	纳米尺度材料	电子、医药、能源等领域
7	智能材料时代	智能陶瓷、智能涂层	机器人、传感器等信息革命时代

1.1.2　材料科学与工程的内涵

"材料"是早已存在的名词,但"材料科学"的提出只是 20 世纪 60 年代初的事。1957 年,苏联人造卫星首次上天,美国朝野上下为之震惊,认为自己落后的主要原因之一是先进材料落后,于是在一些大学和研究机构相继成立了十余个材料研究中心,采用先进的科学理论与实验方法对材料进行深入研究,取得重要成果。从此,"材料科学"这个名词开始流行[2]。

材料科学所包含的内容往往被理解为研究材料组织、结构与性质的关系,是对自然规律的探索,属于基础研究。同时,如前所述,材料是面向实际、人类生活、科技、经济建设服务的,研究材料的目的在于应用,需要研究使其成为构件/器件的制备工艺、服役考核与应用等工程技术问题,是一门应用科学。所以在"材料科学"这个名词出现后不久,就提出了"材料科学与工程"学科,定义为研究材料组成、结构、生产过程、材料性能与使用效能以及它们之间关系的学科[2]。组成与结构、合成与生产过程、性质及使用效能也称为材料科学与工程的四个基本要素,将四要素连在一起便形成四面体,这个四面体也一直是材料领域权威期刊 *Acta Materialia* 的封面。*Acta Materialia* 封面的四面体一直在变化,现在的四面体如图 1.1.1 所示,是结构、性能、模拟、工序。考虑在四个要素中的组成与结构并非同义词,即相同成分或组成通过不同的合成或加工方法,可以得出不同结构,从而材料的性质或使用效能都会不相同。因此,我国有人提出五个基本要素的模型,即成分、合成/加工、结构、性质和使用效能。如果把它们连接起来,则形成一个六面体,如图 1.1.2 所示。

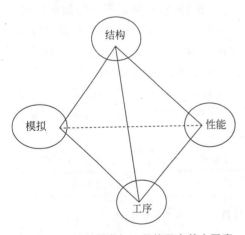

图 1.1.1　材料科学与工程的四个基本要素

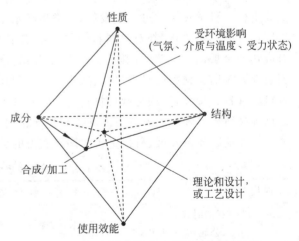

图 1.1.2　材料科学与工程的五个基本要素

材料科学与工程五要素模型的特点主要有两个[3]：一是性质与使用效能有一个特殊的联系,材料的使用效能便是材料性质在使用条件下的表现。环境对材料性能的影响很大,如气氛、介质与温度、受力状态等,有些材料在一般环境下的性能很好,而在腐蚀环境介质下性能却下降显著;有的材料在常温下承载能力很强,而在高温下承载能力下降显著甚至软化;有的材料在光滑样品时表现很好,而在有缺口的情况下性能大为下降,特别是高强度材料尤为突出,但凡有一个划痕,就容易造成灾害性破坏;还有的材料呈现出显著的载荷选择性,如有的材料抗静压,有的材料抗冲击等。因此,环境因素的引入对工程材料来说十分重要。二是材料理论和设计或工艺设计有一个适当位置,它处在六面体的中心。因为这五个要素中的每一个要素或几个相关要素都有其理论,根据理论建立模型,通过模型可以进行材料设计或工艺设计,以达到提高性能及使用效能、节约资源、减少污染或降低成本的最佳状态。这是材料科学与工程最终努力的目标。

1.1.3 材料科学与工程的属性

根据以上所述,材料科学与工程有三个重要属性[2]:一是多学科交叉,在材料成分、合成/加工、结构、性质和使用效能的研究过程中,需要与物理、力学、化学、冶金学、计算科学相互融合,同时也对这些学科提出新的要求;二是其是一种与实际使用结合非常密切的科学,发展材料科学的目的在于开发新材料,提高材料的性能和质量,合理使用材料,同时降低材料的成本和减少污染等;三是其是一门年轻且正在快速发展中的科学,不像物理学、化学和力学已经有很成熟的理论与方法体系。材料科学与工程将随各有关学科的发展而得到充实和完善,并逐步形成自身成熟的体系。

1.2 电子材料及其发展趋势

1.2.1 电子材料的定义与分类

电子材料是以电子为载体,用于能量与信号的获取、发射、吸收、转换、传输、存储、显示或处理等功能特性的一类材料。以电子为媒介传递信息,因为电子的传输速度受其质量影响有一定限度,随着信息传输容量的速度要求不断提高,光子作为更高频率和速度的信息载体,也成为了电子材料发展的载体。因此,电子材料也定义为利用电子、光子及相互作用而实现信息产生、传输、存储、显示、探测及处理的材料,用于制造各种电子及光电子元器件、半导体集成电路、纳米电子器件、磁性元器件、电子陶瓷器件等,是现代电子工业、微电子技术以及集成电路、电子装备等科学技术发展的物质基础,是现代信息产业的基石,支撑着包括通信技术、计算机技术、集成电路及自动化技术等众多信息技术的发展。

电子材料的主要类型有:①金属材料。金属材料主要有铜、铝、镍、铁、钨等。这些材料具有优良的导电性、强度、硬度和耐腐蚀性能等优点,广泛应用于电路板、电源、连线等电子零部件中。②半导体材料。半导体材料是电子技术中最重要的材料之一,主要包括硅、锗等。它们具有介于金属和绝缘体之间的导电性能,具有稳定的电性能,广泛应用于集成电路、太阳能电池等领域。③绝缘材料。绝缘材料是指具有良好绝缘性能的材料,主要包括树脂、玻璃纤维、陶瓷等。它们在电子产品中被应用于绝缘层的制造,如电路板上的绝缘层,提高了电路的可靠性和安全性。④磁性材料。磁性材料是指在磁场下具有磁性的材料,主要包括铁、钴、镍等。它们在电子产品中被应用于电机、电磁铁等领域,使得电子产品的运动更加稳定。⑤光电材料。主要包括红外材料、激光材料、光纤材料、非线性光学材料等。这类材料主要实现光与电之间的相互转换与传输,具有高效、快速、精准等优点,在光纤通信、光计算、激光医疗、激光印刷、液晶显示器领域有着广泛的应用。除了上述五类电子材料,电子产品中还涉及超导材料、液晶材料等。这些材料为电子产品的创新发展提供了强有力的支持。

总之,电子材料种类繁多,每一种材料都在电子产品中扮演着重要的角色。了解电子材料的分类,有助于深入了解电子产品的构成,为未来的电子产品设计和研发提供更多的材料选择。

1.2.2　电子材料在国民经济中的地位与发展现状

电子材料作为电子技术、微电子技术以及整个电子信息领域的基础与先导,在全球以及我国国民经济中占有重要的地位。电子材料作为基础性材料已渗透到国民经济和国防建设的各个领域,没有高质量的电子材料就不可能制造出高性能的电子元器件,也就没有先进的电子信息系统。电子材料支撑着现代通信、计算机、信息网络技术、微机械智能系统、工业自动化和家电等现代高技术产业。电子材料产业的发展规模和技术水平,已成为衡量一个国家经济发展、科技进步和国防实力的重要标志,在国民经济中具有重要战略地位,是科技创新和国际竞争最为激烈的材料领域。

随着信息载体从电子向光电子和光子的转换步伐的加快,半导体光电信息功能材料也已由体材料发展到薄膜、超薄层微结构材料,并向集材料、器件、电路为一体的功能系统集成芯片材料和纳米结构材料方向发展。材料生长制备的控制精度也将向单原子、单分子尺度发展。从材料体系上看,除了当代微电子技术的硅和硅基材料作为主导外,化合物半导体微结构、有机半导体发光材料、氮化镓基紫、蓝、绿异质结构发光材料也得到了快速发展。从应用上看,航空、航天以及国防建设的要求推动了宽带隙、高温微电子材料和中远红外激光材料的发展。探索低维结构材料的量子效应及其在未来纳米电子学和纳米光子学方面的应用,特别是基于单光子光源的量子通信技术,基于固态量子比特的量子计算和无机/有机/生命体复合功能结构材料与器件发展应用,已成为材料科学目前最活跃的研究领域,并极有可能触发新的技术革命,从而彻底改变人类的生产和生活方式。另外,从半导体异质结构材料生长制备技术发展的角度看,已由晶格匹配、小失配材料体系向应变补偿和大失配异质结构材料体系发展。如何避免和消除大异质结构材料体系在界面处存在的大量位错和缺陷,也是目前材料研究需要解决的关键问题之一,它的解决将为材料科学工作者提供一个广阔的创新空间。

1.2.3　电子材料的发展趋势

随着现代科学技术的飞跃发展,电子材料的发展体现出如下的发展趋势。

(1) 功能材料与器件相结合,并趋于小型化与多功能化。电子材料逐步深入微观层次,有目标地发现和开发新物质、新材料,并特别注重与器件的结合,特别是外延技术与超晶格理论的发展,使材料与器件制备可以控制在原子尺度上,这将成为发展的重点。

(2) 电子材料低维化。低维材料具有体材料不具备的性质。例如,零维的纳米级金属颗粒是电的绝缘体及吸光的黑体,以纳米微粒制备的陶瓷具有较高的韧性和超塑性;纳米级金属铝的硬度为块体铝的八倍;作为一维材料的高强纤维、光导纤维,作为二维材料的金刚石薄膜、超导薄膜等都已显示出广阔的应用前景；薄膜、涂层科学和技术越来越受到重视。

（3）电子材料复合化。复合材料是现代材料性能提升、功能拓展的重要手段,电子材料复合化也是重要的发展趋势,是导致电子材料和电子器件深刻变革的领域之一。按材料复合基体不同,复合材料可分为金属基、陶瓷基、聚合物基和纤维增强复合等四种。复合材料不仅是重要的高温结构材料,也是新的电子功能材料。

（4）极性化新型电子材料。随着摩尔定律被逐步打破、航空航天国防领域超常环境的不断要求与需求,电子材料性能走向极性化是重要的发展趋势。超高介电、超大容量、超高抗辐照、超小型、低价格、高可靠等,都是电子材料性能提升的重要趋势。如超大容量、超小型电容器的体效率已可与钽电解电容器比拟,而超多孔结构的钽电解电容器的比容可望得到进一步提高。

（5）电子材料环境适应性要求。电子材料在做成元器件和集成电路之后,需在各种场景尤其是航空航天特殊环境下使用,应具备很好的环境适应性、一致性和稳定性,能够承受各种恶劣的环境,包括温度、压力、湿度、环境中的化学颗粒及尘埃、霉菌、辐射以及机械载荷等。因此,电子材料服役行为将备受关注。

1.3 电子材料对固体力学提出的需求与挑战

1.3.1 电子材料对固体力学的需求

固体力学是研究可变形固体在外界因素作用下所产生的位移、运动、应力、应变和破坏的一门学科[4]。固体力学萌芽于公元前2000多年,那时中国和世界其他文明古国就开始建造有力学思想的建筑物、简单的车船和狩猎工具等。始建于隋朝(公元595年至605年)的赵州石拱桥,已蕴含了近代杆、板、壳体设计的一些基本思想。18世纪大型机器、大型桥梁和大型厂房等工业技术的发展,推动了固体力学的快速发展。至今,固体力学已发展并产生若干个次级分支学科,如材料力学、弹性力学、塑性力学、断裂力学、结构力学、复合材料力学、岩石力学、计算材料力学、实验固体力学、涂层薄膜力学等。他们的研究思路、基本假设和研究方法不尽相同,在研究对象方面各有侧重,但又不能截然分开。

作为由可变形的金属、陶瓷以及各种成分结构复合的电子材料,其服役行为主要体现为各种服役环境(载荷条件)作用下的变形、应力场、应变场以及微结构与损伤演变规律。因此,电子材料服役行为对固体力学各分支学科的需求主要涉及以下几点。

（1）材料力学。材料力学是固体力学中最早发展起来的一个分支,研究材料在外力作用下的力学性能、变形状态和破坏规律,为工程设计中选用材料和选择构件尺寸提供依据,但研究的对象主要是一维的杆件以及简单的板壳,是固体力学其他分支学科的启蒙与奠基。

（2）弹性力学。又称弹性理论,是研究弹性物体(三维)在外力作用下的应力场、应变场以及相关的规律。弹性力学首先假设所研究的物体是理想的弹性体,即物体承受外力后发生变形,并且其内部各点的应力和应变之间是一一对应的;外力除去后,物体恢复到原有形态,而不遗留任何痕迹。弹性力学研究的最基本思想是假想把物体分割为无数个微元体,考虑这些微元体的受力平衡和微元体间的变形协调。此外,还要考虑物体变形过程中应力和应变间的函数关系。

(3) 塑性力学。又称塑性理论,是研究固体受力后处于塑性变形状态时,塑性变形与外力的关系,以及物体中的应力场、应变场和有关规律。物体受到足够大外力的作用后,一部分或全部变形会超出弹性范围而进入塑性状态;外力卸除后,变形的一部分或全部并不消失,物体不能完全恢复到原有的形态。一般地说,在原来物体形状突变的地方、集中力作用点附近、裂纹尖端附近,都容易产生塑性变形。塑性力学的研究方法同弹性力学一样,也从对微元体的分析入手。在物体受力后,往往是一部分处于弹性状态,一部分处于塑性状态,因此需要研究物体中弹塑性并存的情况。

(4) 断裂力学。又称断裂理论,研究工程结构裂纹尖端的应力场和应变场,并由此分析裂纹扩展的条件和规律。它是固体力学最新发展起来的一个分支。这个理论是力学在20世纪的一大成就,其影响难以估量。许多固体都含有裂纹,即使没有宏观裂纹,物体内部的微观缺陷(如微孔、晶界、位错、夹杂物等)也会在载荷、腐蚀性介质,特别是交变载荷作用下,发展成为宏观裂纹。断裂力学,使得带裂缝的材料不仅可以使用而且可以判断它的寿命。这对结构强度设计在概念上带来极大的革新,因为传统的设计是基于完美无瑕的材料,而对其寿命只能按纯经验的方法做出估计。有了断裂力学之后,固体力学的分析不但讨论连续变形,也考虑物体的破坏,于是工程师可以更有把握地根据材料的真实情况设计和使用材料。

(5) 实验固体力学。研究固体力学参数测试的科学,又称实验应力分析。基本的思路是采用电测方法、光弹性法、现代光声磁法等先进的实验方法,同时建立或应用力学、物理与数学模型,表征材料的力学性能、损伤参数等,为破坏机制的分析提供参数和依据。

(6) 计算固体力学。其采用离散化的数值方法,并以电子计算机为工具,求解固体力学中的各类问题。基本方法是在已建立的物理模型和数学模型的基础上,采用一定的离散化的数值方法,用有限个未知量去近似待求的连续函数,从而将微分方程问题转化为代数方程问题,并利用计算机求解。

上述分支学科的理论为电子材料在各种服役环境下的位移、运动、应力、应变和破坏分析提供了思路、基础理论、实验方法与计算工具。此外,复合材料力学的发展也给电子材料缺陷、空位及晶界问题的处理提供了基础,结构力学等新型分支学科的发展也为电子材料稳定性与断裂分析提供了参考。

1.3.2　电子材料对固体力学的挑战

尽管固体力学为电子材料的研究提供了理论体系与研究手段,但现代新材料尤其是电子材料依然给固体力学提出了许多挑战。2023 年 11 月,中国力学学会在陕西省西安市举行了"先进材料对力学学科发展提出的机遇与挑战"研讨会,就固体力学在材料宏微观力学、多物理场耦合环境力学、生物与软材料、智能材料等发展中所面临的挑战和机遇进行了深入的研讨。电子材料,既有向低维材料、复合材料、薄膜涂层结构、微尺度、环境适应性等共性发展的趋势,也有材料器件一体化、结构和功能一体化、电子效应与力学效应一体化等特殊性质,给固体力学提出了一系列处于科学前沿的挑战性问题。

(1) 低维材料力学[5]。随着现代制备技术的发展,人们制备出了各种具有丰富和优异性能的新型低维材料。电子材料向低维结构发展更是重要的趋势,大多数电子材料均朝如零维量子点、原子团簇、纳米粉体,一维量子线、纳米丝、纳米管、纳米超晶格,二维量子阵列、薄膜、涂层以及一、二维准晶等方向发展。这些材料大都表现出结构形态复杂、物理性能优异,对其生长规律和物理性能与其结构形态之间关系的研究一直吸引着材料、物理、力学、数学、机械、生物等领域的学者。由于低维材料与相应大块材料、基底材料性能相差较大,以及尺度效应等,现有的理论基础和实验方法对低维材料的研究不一定适用。由于低维材料的发展,力学工作者被带入一个既非传统宏观,又非传统微观的科研领域。因此,寻找适合于设计低维材料和预测低维材料力学性能是当前材料和固体力学研究领域遇到的挑战;低维材料力学的研究范畴,考虑电子、光子等量子效应的力学理论,从量子到连续体统一的本构理论等,都是迫切需要解决的关键科学问题。

(2) 跨尺度力学[6-8]。人们在长期的实践中认识到,材料性质并非是一成不变地依赖于材料的化学组分,而是在很大程度上取决于材料的微结构。所谓微结构,是指所有热力学非平衡态的晶格缺陷在空间分布的集合,其空间尺寸可以从零点几纳米到数米量级,所对应的时间尺度可以从数皮秒到数年。从定量上搞清楚材料的宏观性能与其微结构之间的关系,一直是材料科学的一个主要目标。传统固体力学,从连续介质的角度有效解释和预测了毫米以上尺度材料的变形与破坏规律。量子力学,从离散体的角度很好地阐述了电子、原子的运动行为。但原子尺度的量子力学理论和宏观尺度的固体力学理论,在纳米、微米等微结构丰富的尺度上却无法有效连接,而这一尺度空间正是现代材料性能设计的突破口,也是电子材料微结构与性能设计的主要尺度,单一的微观或者宏观方法显然是行不通的。对于这个跨尺度的问题,人们遭遇到严重的数学和物理问题。

(3) 界面力学。材料的复合化成为发展新材料和改造传统材料的一种重要手段,也是电子材料发展的重要趋势,这包括复合材料、材料表面改性、薄膜与涂层等。材料的复合化造成界面问题显得特别突出,由于界面两侧材料的热学与力学参数的失配将引起残余应力,该残余应力与外载荷的共同作用将造成材料的破坏。因此,界面力学遇到从微观到宏观的变形、损伤直至破坏的全过程的理论分析、数值模拟和实验测量的问题,尤其是界面断裂韧性、界面强度等参数是否可以完整描述界面性能?又是否可以找到一个关于表征界面由变形、损伤直至破坏全过程的合理参量?

(4) 实验表征方法。电子材料以低维、薄膜以及薄膜器件的形式服役,其本身的力学性能、力学性能随尺度的演化规律、丰富微结构的力学响应及其演化规律,这些新的研究对象、新的问题都是实验力学所面临的问题。如何发展新的实验方法、研究新的测试技术以满足这些问题的测量需要?对电子材料而言,要着重研究微/纳米结构的加载方法与变形测量方法,微米结构的超高频动力学特性试验方法,微区域微观演化的宏观加载环境控制技术,低维结构的实验方法与模拟技术,微小试件的微加载微传感测量方法。

(5) 多场耦合力学[9]。电子材料主要基于电子、光子及其产生的电学效应,各种载荷作用下,不仅仅有力的作用,还有电的效应。航空航天服役环境下,还将面临强烈的粒子辐照,诱导物理和化学损伤。此外,电子材料及其器件应用过程中产生的热是诱导其功能和结构失效的重要因素。因此,电子材料服役行为是典型的力-热-电以及化学、辐照等多物理场耦合问题,多场耦合本构与损伤理论是面临的科学问题。

　　(6) 材料-器件耦合力学。电子材料往往以器件的形式走向应用,而不是传统材料的薄膜、涂层或杆件等结构件。电子材料器件无论是设计还是服役,都有电子材料细微结构以及器件的效应,而且两者会彼此影响和作用,当应力、应变或热与电磁行为出现强交互作用时,力学的规律对于电子材料及其器件就变得极其重要。因此,往往是各向异性的电子材料及其器件的本构关系的确定、二者的耦合行为、基本物理力学参数的确定是固体力学面临的又一挑战。

　　(7) 生物与软物质电子材料力学[10]。人们利用固体力学知识,正在逐步学习从生物学和生物技术得到启发来设计材料与器件。我们可以从生物学中借鉴和学习知识来设计材料,通过研究生物材料的微结构、应力和应变场,发展分层次、多尺度设计新材料的方法,使设计出的新材料能够具有生物系统的最优应力分布状态、最优的结构和功能特性、最佳的演化规律。我们甚至可以大胆地预言:真正的微机电系统(MEMS)或者纳机电系统(NEMS)就存在于生物身上,高度敏感的元器件就存在于生物身上,真正与社会及其生态和谐相处的高性能新材料就是生物材料。这方面工作的开展将可能极大地冲击整个工程界、生物界、医学界、材料界和军事界。

　　(8) 新领域、新方向、交叉学科开拓固体力学新领域。低维材料的研究使固体力学不只是局限于传统连续介质的思想,而且拓展到物质的微观领域,追求微观结构和宏观性能的本质关系。面对完全不同于传统材料如碳纳米管、薄膜等这些新的研究对象,开始发展新的实验方法、研究新的测试技术以满足微/纳米结构及材料力学性能测量的需要。对于研究对象在空间尺寸可以从零点几纳米到数米量级,时间尺度可以从数皮秒到数年的微结构的演化问题,以及相对应的宏观性能与其微结构之间的关系这样一个跨尺度的研究不仅拓展了固体力学的研究领域,而且真正将材料学科、物理学科、力学学科和数学学科紧密地联系在一起。"厨房炒菜"式材料制备的方法被打破,人们开始理性地从材料的微观结构、宏微观性能等多方面进行材料的设计。固体力学学科在当今的信息技术、集成微光机电系统飞速发展中扮演了十分重要的角色。

1.4　内容概述

　　材料固体力学研究金属材料、非金属材料和各种功能材料的基本力学性能、弹性变形、塑性变形、断裂以及在各种载荷作用下发生破坏的基本理论。所研究固体适应的尺度为宏观和细观,即用以牛顿力学为基础的连续介质力学来研究该尺度范围内材料的基本性质。虽然本书假设研究的对象是连续介质,但大量的研究表明,即使在微观和纳观的层次,连续介质力学在一定程度上还是可以应用的。材料固体力学所研究的固体通常假设为均匀的和各向同性的,对不均匀的和各向异性的固体也只有在一定程度上进行理想化后才能进行定量处理。这种理想化的程度由所需研究问题的需求精度而定。力学问题可以是静态的(与时间无关的)和动态的(与时间有关的)。实际问题本质上都是动态的,但很多问题可当作静态或者准静态问题来处理,实际的材料或者结构都是受到各种不同的载荷,包括机械载荷、热载荷、电载荷、磁载荷和化学载荷等,当这些载荷互相耦合时,也可以通过拓展基础理论而适用。

本书针对电子材料对固体力学提出的需求与挑战,从材料共性的固体力学理论、方法以及电子材料特殊的需求两方面予以阐述,分为共性基础和专题两部分,共13章。共性基础理论和方法包括第2~7章,分别介绍材料的基本力学性能、应变理论、应力理论、弹性本构关系、非弹性变形以及均质材料断裂力学,主要讨论连续的、均匀的和各向同性固体在机械载荷作用下的静态和准静态问题,涵盖了从材料基本力学性能到弹性变形、塑性变形以及断裂破坏的基础理论与方法。专题部分包括第8~13章,从针对电子材料共性的热应力、薄膜结构的力学行为,再到具体的电介质、压电材料、铁电材料、电磁材料,展开其力学行为的分析与描述。

在弹性部分采用的基本假设是:①假定固体是连续的,也就是假定整个物体的体积都被组成这个物体的介质所填满,不留任何空隙。这样,物体内的一些物理量,例如应力、形变、位移等,才可能是连续的,因而才可能用坐标的连续函数来表示它们的变化规律。实际上,一切固体都是由微粒组成的,都不符合上述假设。但是,可以想象,只要微粒的尺寸,以及相邻微粒之间的距离,都比物体的尺寸小得多,那么,关于物体连续性的假设,就不会引起显著的误差。②假定物体是完全弹性的,也就是假设物体完全服从胡克定律——应变与引起该应变的那个应力分量成比例,反映这种比例关系的常数,即所谓弹性常数,并不随应力分量或者应变的大小和符号而变。③假定物体是均匀的,也就是整个物体是由同一材料组成。这样,整个物体的所有各部分才具有相同的弹性,因而物体的弹性常数不随位置坐标而变。可以取出该物体的任意一小部分来加以分析,然后把分析的结果应用于整个物体。④假定物体是各向同性的,也就是物体内一点的弹性在所有各个方向都相同。这样物体的弹性常数才不随方向而变。⑤假定位移和形变是微小的。假定物体受力以后,整个物体所有各点的位移都远远小于物体原来的尺寸,因而应变都远小于1。这样,在建立物体变形以后的平衡方程时,就可以用变形以前的尺寸来代替变形以后的尺寸,而不致引起显著的误差,并且在考察物体的形变及位移时,应变的二次幂或乘积都可以略去不计。

在非弹性部分采用的基本假设是:①忽略时间因素的影响。在一般温度不很高,时间不太长的情况下,可以忽略蠕变和松弛的效应。在应变率不太高的情况下,可以忽略应变率对塑性及其他非弹性变形规律的影响。②连续性假设。这里讨论的塑性力学还是属于连续介质力学范围。假设材料有无限的塑性变形能力而不考虑它的破裂和破坏。这并不排斥在连续介质假设下出现应变速率和应力的某些不连续性。③稳定材料的假设。关于非稳定材料的问题本书将不介绍。④变形规律与应力梯度无关的假设。在共性理论中,本书不考虑变形的应变梯度效应。通常由实验得出的变形规律是在均匀应力条件下进行的,根据这个假设我们可以将这样得到的规律应用到非均匀应力分布的问题中去,一般情形下,根据这个假设计算的结果能够和实验符合。⑤静水应力部分只产生弹性的体积变化,而且不影响塑性变形规律。这个假设在静水压力不太大的情况下对金属是较好的,不过对于岩石一类材料则不符合实验事实。

当弹性变形或者塑性变形的基本假设不成立或不完全满足时,如对电子材料,大量出现薄膜结构、承受非机械载荷的热应力、电、磁等载荷,此时需对弹性或者塑性理论做适当的拓展和推广。如果考虑不连续固体的力学行为,就需要讨论含有裂纹材料的力学行为(第7章);如果考虑宏观向微观的结构过渡,需要讨论薄膜的力学行为(第8章);如果考虑非机械载荷对材料变形和破坏的影响,就需要讨论非机械载荷的特征和非机械载荷与机械载荷的耦合作用,非机械载荷以热载荷为主(第 10 章)、以电为主(第 11 章),电和畴共同考虑(第 12 章),以磁为主(第 13 章)。

　　当固体力学的基本原理和特定的材料、特殊的载荷等某些特殊情况更紧密地结合起来时就形成一些专门的分支,如与复合材料结合就形成复合材料力学,与冲击载荷结合就形成冲击动力学,与高温结合就形成蠕变力学,与材料损伤过程紧密结合就形成损伤力学,与探测器结合就形成探测器力学,与器件结合就形成器件力学等。本书不讨论这些专门的问题,有兴趣的读者可以参考有关文献或者专著。

　　本书彩图请扫二维码观看。

第 2 章

材料的基本力学性能

弹性模量、弹性极限、屈服强度等物理量我们称为材料的基本力学性能,具体包括材料的抗拉、抗压、抗扭、抗弯、抗剪等性能。[1]这些基本的物理量是材料的研制、生产和使用中必须详细了解的。这些性能主要是通过设计合适的试验方法测量出来的,其中拉伸试验可以测定材料的弹性、强度、塑性、应变硬化和韧性[11-12]等许多重要的力学性能指标。因此,本章从分析材料的拉伸性能出发,主要介绍在室温大气中材料的拉伸、压缩、扭转、弯曲等基本力学性能[13-16]及其相应的试验测定方法[17]。

2.1 材料的主要力学性能

2.1.1 材料在拉伸时的力学性能

1. 拉伸图

常用的标准拉伸试样如图 2.1.1 所示[18],标记 m 与 n 之间的杆段为试验段,其长度 l 为标距。对于试验段直径为 d 的圆截面试样(图 2.1.1(a)),通常规定

$$l = 10d \quad 或 \quad l = 5d$$

而对于试验段横截面面积为 A 的矩形截面试样(图 2.1.1(b)),则规定

$$l = 11.3\sqrt{A} \quad 或 \quad l = 5.56\sqrt{A}$$

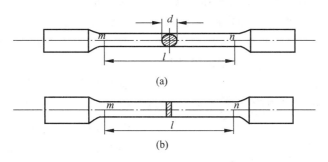

(a)

(b)

图 2.1.1 常用标准拉伸试样

(a) 圆截面试样;(b) 矩形截面试样

拉伸试验通常是在应变速率 $\dot{\varepsilon} \leqslant 10^{-1}/s$(请读者思考为什么对应变率要作规定)的情况

下进行的,由于拉伸时加载速率较低,所以俗称静拉伸试验。

拉伸试验机通常带有自动记录或绘图装置,以记录或绘制试样所受的载荷 F 与伸长量 $\Delta l(\Delta l = l - l_0)$ 之间的关系曲线,其中 l 为加载后标距的长度。这种曲线通常称为拉伸图。图 2.1.2 为低碳钢的拉伸图。

2. 应力-应变曲线

针对图 2.1.2,以横截面的原始面积 A_0 除拉力 F,得应力 $\sigma = \dfrac{F}{A_0}$。同时,以标距的原始长度 l 除 Δl,得相应的应变 $\varepsilon = \dfrac{\Delta l}{l}$。这样就可以得到表示 σ 与 ε 的关系的曲线(图 2.1.3),称为应力-应变曲线或 σ-ε 曲线。应力-应变关系的特征如图 2.1.3 所示,试样在拉伸过程中可分为四个阶段(建议读者自行设计实验进行拉伸实验,通过实验亲身体验这四个阶段)。

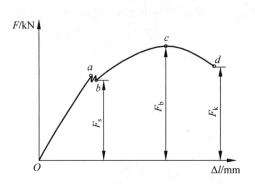

图 2.1.2　低碳钢拉伸图

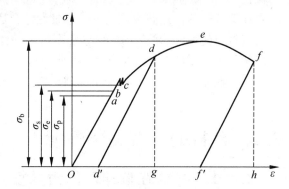

图 2.1.3　低碳钢拉伸的应力-应变曲线

(1) 弹性阶段。在拉伸的初始阶段,σ 与 ε 的关系为直线 Oa,直线部分的最高点 a 所对应的应力 σ_p 称为比例极限。超过比例极限后,从 a 点到 b 点,σ 与 ε 之间的关系不再是直线,但解除拉力后变形仍可完全消失,这种变形称为弹性变形。b 点对应的应力 σ_e 是保证只出现弹性变形的最高应力,称为弹性极限。一般对比例极限和弹性极限并不严格区分,但对某些材料两者还是有差别的。

(2) 屈服阶段。应力超过弹性极限增加到某一数值时,会突然下降,而后基本不变,只作微小的波动,但应变却有明显的增大,这在 σ-ε 图上形成接近水平的小锯齿形线段。这种应力基本保持不变,而应变明显增大的现象,称为屈服或流动。屈服阶段内,波动应力中比较稳定的最低点,称为屈服点或屈服极限,用 σ_s 表示。

图 2.1.4　单向拉伸过程中的颈缩现象

(3) 强化阶段。屈服阶段过后,要继续增加变形就必须增加拉力,即材料增强了抵抗变形的能力,这一阶段称为强化阶段。强化阶段的最高点 e 所对应的应力 σ_b 是材料能承受的最高应力,称为强度极限。

(4) 颈缩阶段。到达强度极限后,试样在某一局部范围内横向尺寸突然缩小,如图 2.1.4 所示。我们将这种现象称为颈缩。颈缩部分的局部变形导致试样总伸长迅速加大,同时由于颈缩部分截面面积的快速减小,试样承受的拉力明显减小,最后在 f 点被拉断。

我们考虑卸载后的情况,如把试样拉到强化阶段 d 点后逐渐卸除拉力,发现应力和应变在卸载过程中按直线规律变化,沿直线 dd' 回到 d',且 dd' 大致与 Oa 平行。上述规律一般称为卸载定律。拉力完全卸除后,在 σ-ε 图上 $d'g$ 代表消失了的弹性变形,而 Od' 表示不再消失的塑性变形。

卸载后如在短期内再次加载,则 σ 和 ε 大致沿与 Oa 平行的 $d'd$ 上升,到 d 点后又按 def 变化。可见在再次加载时,弹性阶段有所提高,塑性变形有所降低。上述现象表明,常温下预拉到强化阶段然后卸载,再次加载时,可使比例极限提高,但降低了塑性,这种现象称为冷作硬化。工程中常利用冷作硬化,以提高某些构件在弹性范围内的承载能力。

由于不同的材料具有不同的化学成分和微观组织,在相同的试验条件下,会显示出不同的应力-应变响应。图 2.1.5 列举了几种典型的应力-应变曲线。

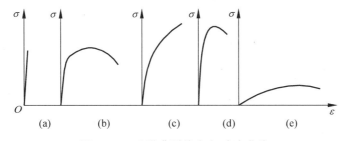

图 2.1.5　几种典型的应力-应变曲线

工程实践中,常按材料在拉伸断裂前是否发生塑性变形,将材料分为脆性材料和塑性材料两大类:脆性材料在拉伸断裂前不产生明显塑性变形;塑性材料在拉伸断裂前不仅产生均匀的伸长,而且发生颈缩现象,且塑性变形量大(图 2.1.3 和图 2.1.5(b))。低碳钢在拉伸断裂前的塑性变形量很大,可认为是高塑性材料;若材料在拉伸断裂前只发生均匀伸长,且塑性变形量较小(图 2.1.5(c)),可认为是低塑性材料。

3. 拉伸性能指标

材料拉伸性能指标,又称力学性能指标,用应力-应变曲线上反映变形过程性质发生变化的临界值表示。拉伸性能指标可分为两类:反映材料对塑性变形和断裂的抗力的指标,称为材料的强度指标;反映材料塑性变形能力的指标,称为材料的塑性指标。

1) 强度指标

(1) 屈服强度。原则上,材料的屈服强度应理解为开始塑性变形时的应力值。但实际上,对于连续屈服的材料,这很难作为判定材料屈服的准则。因为工程中的多晶体材料,其各晶粒的位向不同,不可能同时开始塑性变形,当只有少数晶粒发生塑性变形时,在应力-应变曲线上很难"察觉"出来。只有当较多晶粒发生塑性变形时,才能造成宏观塑性变形的效果。因此,显示开始塑性变形时应力水平的高低,与测试仪器的灵敏度有关。工程上采用规定一定的残留变形量的方法来确定屈服强度。

工程上常用的屈服标准有三种:①比例极限。应力-应变曲线上符合线性关系的最高应力值,即前面提到的 σ_p,超过 σ_p 时,即认为材料开始屈服。②弹性极限。试样加载后再卸载,以不出现残留的永久变形为标准,材料能够完全弹性恢复的最高应力值即 σ_e,超过 σ_e,认为材料开始屈服。③屈服强度。以规定发生一定的残留变形为标准,通常以存在 0.2%残留变形的应力作为屈服强度,用 $\sigma_{0.2}$ 表示。

(2)抗拉强度。材料的极限承载能力用抗拉强度表示。拉伸试验时,与最高载荷 F_b 对应的应力值 σ_b 即抗拉强度(请读者思考:为什么取最高载荷对应的应力为抗拉强度?为什么不取拉断时的应力为抗拉强度?)

$$\sigma_b = \frac{F_b}{A_0} \tag{2.1.1}$$

对于脆性材料和不形成颈缩的塑性材料,其拉伸最高载荷就是断裂载荷,因此,其抗拉强度也代表断裂强度。对于形成颈缩的塑性材料,其抗拉强度代表产生最大均匀变形的抗力,也表示材料在静拉伸条件下的极限承载能力。

(3)实际断裂强度。拉伸断裂时的载荷 F_K 除以断口处的真实截面积 A_K 所得的应力值称为实际断裂强度 S_K

$$S_K = \frac{F_K}{A_K} \tag{2.1.2}$$

S_K 是真实应力,其意义是表征材料对断裂的抗力,因此,有时也称为断裂真实应力。

2)塑性指标

材料的塑性变形能力即塑性,用延伸率和断面收缩率来表示。

(1)延伸率。试样断裂后的总延伸率称为极限延伸率,用 δ_K 表示,用百分比表示的比值为

$$\delta_K = \frac{l_K - l_0}{l_0} \times 100\% \tag{2.1.3}$$

式中,l_K 为断裂后的标矩。

(2)断面收缩率。试样断裂后的总断面收缩率称为材料的极限断面收缩率,用 ψ_K 表示,用百分比表示的比值为

$$\psi_K = \frac{A_0 - A_K}{A_0} \times 100\% \tag{2.1.4}$$

式中,A_K 为试样断口处的最小截面积。

4. 真实应力-应变曲线

在图 2.1.2 和图 2.1.3 中以及大量的实验我们都发现在拉伸的应力-应变曲线中,当应力达到一定程度如图 2.1.3 的最高点 e 后应力开始减少。前面已经阐述这时出现拉伸试样截面积迅速减少的颈缩现象,而图 2.1.2 和图 2.1.3 中应力定义 $\sigma = P/A_0$(这里 P 是拉伸载荷,A_0 是试样的原始截面积)未考虑这种截面积的变化。为了真实地反映材料这种应力-应变特性,需对应力和应变作另一种定义

$$S = \frac{F}{A} = \frac{F}{A_0} \cdot \frac{A_0}{A} = \frac{\sigma}{1-\psi} = \sigma(1+\varepsilon) \tag{2.1.5}$$

$$e = \int_0^l \frac{\mathrm{d}l}{l} = \ln\frac{l}{l_0} = \ln(1+\varepsilon) = \ln\left(\frac{1}{1-\psi}\right) \tag{2.1.6}$$

式中，A 和 l 分别为试样的瞬时截面积和标距。
这样定义的应力 S 和应变 e 分别称为真实应力
和真实应变。试样拉伸时，横截面积减小，使得
试样最小截面处所受的真实应力比工程应力即
$\sigma = P/A_0$ 要大。而标距的增大使得伸长量 Δl 相
同时真实应变比工程应变要小（见式(2.1.6)）。
图 2.1.6 中画出了真实应力-应变曲线。可以看
到，真实应力-应变曲线持续上升，直到试样断裂。

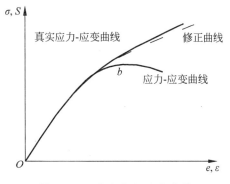

图 2.1.6　真实应力-应变曲线

　　由式(2.1.5)可知，在弹性变形阶段由于应
变较小，一般均低于 1%，故横向收缩小，因而真
实应力-应变曲线均与工程应力-应变曲线基本重合（图 2.1.6）。从塑性变形开始到 b 点，即
均匀塑性变形阶段，真实应力高于工程应力。随着应变的增大，两者之差增大。在 b 点，我
们有

$$\begin{cases} S_b = \dfrac{\sigma_b}{1 - \psi_b} = \sigma_b(1 + \varepsilon_b) \\[2mm] e_b = \ln(1 + \delta_b) = \ln\left(\dfrac{1}{1 - \psi_b}\right) \end{cases} \qquad (2.1.7)$$

在颈缩开始后，塑性变形集中在颈缩区，试样的截面积急剧减小，虽然工程应力随应变增
加而减小（为什么工程应力随应变增加会减小呢？建议读者 3~5 人一组进行讨论），但
真实应力仍然增大。因而真实应力-应变曲线显示出与工程应力-应变曲线不同的变化
趋势。

　　另外，颈缩前的变形是在单向应力条件下进行的，颈缩开始后，颈部的应力状态由单向
应力变为三向应力，其单轴应力就有所减少，图 2.1.6 中的修正曲线反映了这种情况。

5. 几个重要参数

　　各种材料的弹性行为不同，表现为其弹性常数数值上的差异。工程上常用的弹性常数
有 E、ν、G 及 K。下面分别用广义胡克定律（详见第 5 章）说明其物理意义。

　　E：弹性模量，在单向受力状态下，可表示为

$$E = \frac{\sigma_x}{\varepsilon_x} \qquad (2.1.8)$$

它反映材料抵抗正应变的能力，下标 x 表示在 x 方向单向拉伸。

　　ν：泊松比，在单向受力状态下，可表示为

$$\nu = -\frac{\varepsilon_y}{\varepsilon_x} \qquad (2.1.9)$$

它反映材料纵向正应变与横向正应变的相对比值，下标 y 表示与 x 方向垂直的方向，这里
表明 x 方向伸长，在 y 方向一定缩短。

　　G：剪切模量，在纯剪受力状态下，可表示为

$$G = \frac{\tau_{xy}}{\gamma_{xy}} \qquad (2.1.10)$$

它反映材料抵抗切应变的能力。

K：体积模量，它表示为

$$K = \frac{E}{3(1-2\nu)} \tag{2.1.11}$$

应当注意到，由于各向同性体本质上只有两个独立的常数，所以上述四个常数中必然有两个关系把它们联系起来，即

$$E = 2G(1+\nu) \tag{2.1.12}$$

和

$$E = 3K(1-2\nu) \tag{2.1.13}$$

2.1.2　材料在压缩时的力学性能

1. 压缩图与应力-应变曲线

常用的压缩试样为圆柱体，也可用立方体和棱柱体。为防止压缩时试样失稳，试样的高度和直径之比 h_0/d_0 应取 $1.5\sim2.0$。（建议读者思考和推导：失稳是什么意思？在这里如何用数学语言来表示失稳？为什么有这个要求？）试样的高径比 h_0/d_0 对试验结果有很大影响，h_0/d_0 越大，抗压强度越低。为使抗压强度的试验结果能互相比较，必须使试样的 h_0/d_0 相等。对于几何形状不同的试样，则应保持 $h_0/\sqrt{A_0}$ 为定值。

与拉伸试验一样，压缩试验也是在万能材料实验机上进行的。压缩试验通常测出的是压力和变形即压缩量的关系，即 $F\text{-}\Delta h$ 曲线。图 2.1.7 给出了低碳钢和铸铁两类典型的 $F\text{-}\Delta h$ 曲线。

参照上一节对拉伸图的处理方式，我们可以得到与压缩图相应的应力-应变曲线图，如图 2.1.8 所示。由图 2.1.8 可见，低碳钢在压缩时存在弹性极限、比例极限和屈服极限。试验表明，低碳钢压缩时的屈服极限在数值上和拉伸时的相应数值差不多，只是屈服现象不如拉伸时那样明显。随着压力的增加，试样由鼓形变成扁饼状，而且越压越扁，不会发生压缩破坏，故不能测得其抗压强度极限。一般以屈服极限作为低碳钢抗压强度的特征数值。

从铸铁的压缩曲线可知，试样在较小变形下突然破坏。破坏断面的法线与轴线大致成 $45°\sim55°$ 的倾角（这个角度值得读者的高度重视），表明试样的上、下两部分沿上述斜面因相对错动而破坏。其抗压强度极限为抗拉强度极限的 $4\sim5$ 倍。

塑性好的材料在压缩变形时不会破坏，所以压缩试验只能测定弹性模量、比例极限、弹性极限和屈服强度等指标而得不到压缩强度极限。而对拉伸时易于发生断裂的低塑性和脆性材料，压缩试验可以测得它们在韧性状态下的力学性能。

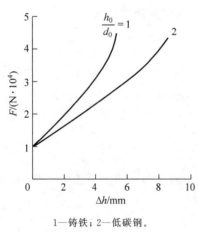

1—铸铁；2—低碳钢。

图 2.1.7　压缩曲线

2. 几个重要指标

压缩可以看作是反向拉伸。因此，拉伸试验时所

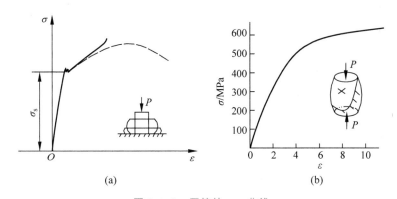

图 2.1.8　压缩的 σ-ε 曲线

（a）低碳钢压缩时的 σ-ε 曲线；（b）铸铁压缩时的 σ-ε 曲线

定义的各个力学性能指标和相应的计算公式,在压缩试验中基本上都能应用。但两者之间也存在差别,如压缩时试样不是伸长而是缩短,横截面不是缩小而是胀大。

下面介绍在压缩试验中常用的几个指标。

σ_{bc}：抗压强度,其表达式为

$$\sigma_{bc} = \frac{F_{bc}}{A_0} \tag{2.1.14}$$

ε_{ck}：相对压缩率,其表达式为

$$\varepsilon_{ck} = \frac{h_0 - h_k}{h_0} \times 100\% \tag{2.1.15}$$

ψ_{ck}：相对断面扩展率,其表达式为

$$\psi_{ck} = \frac{A_k - A_0}{A_0} \times 100\% \tag{2.1.16}$$

式中,F_{bc} 为试样压缩断裂时的载荷,h_0 和 h_k 分别为试样的原始高度和断裂时的高度,A_0 和 A_k 分别为试样的原始截面积和断裂时的截面积。

2.1.3　材料在扭转时的力学性能

1. 扭转时的应力与应变

1）应力特点

扭转试验时材料的应力状态为纯剪切,切应力分布在纵向与横向两个垂直的截面内,而主应力 σ_1 和 σ_3 与纵轴大致成 $45°$,并在数值上等于切应力。σ_1 为拉应力,σ_3 为等值压应力,$\sigma_2 = 0$,如图 2.1.9 所示。由此可知,当扭转沿着横截面断裂时为切断,而由最大正应力引起断裂时,断口呈螺旋状,与纵轴成 $45°$。

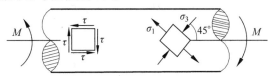

图 2.1.9　扭转时的应力状态

为了说明扭转时的应力与变形的特点,现将拉伸试验与扭转试验作比较。

<table>
<tr><td align="center">拉伸</td><td align="center">扭转</td></tr>
</table>

(i) $\sigma_1 = \sigma_{max}, \sigma_2 = \sigma_3 = 0$ $\sigma_1 = -\sigma_3, \sigma_2 = 0$

(j) $\tau_{max} = \dfrac{\sigma_1 - \sigma_3}{2} = \dfrac{\sigma_1}{2}$ $\tau_{max} = \dfrac{2\sigma_1}{2} = \sigma_1$

(k) $\varepsilon_{max} = \varepsilon_1, \varepsilon_2 = \varepsilon_3 = -\nu\varepsilon_1$ $\varepsilon_{max} = \varepsilon_1 = -\varepsilon_3, \varepsilon_2 = 0$

如果假设体积不可压,则

$$\Delta = \frac{\Delta V}{V} = \frac{1-2\nu}{E}(\sigma_1 + \sigma_2 + \sigma_3)$$

当 $\Delta = 0$ 时,$\nu = \dfrac{1}{2}$,故对于拉伸,$\varepsilon_2 = \varepsilon_3 = -\dfrac{1}{2}\varepsilon_1$。对于扭转总有 $\Delta = \dfrac{\Delta \nu}{\nu} = \varepsilon_1 + \varepsilon_2 + \varepsilon_3 = 0$

依照广义胡克定律

$$\varepsilon_1 - \varepsilon_3 = \frac{\sigma_1 - \sigma_3}{E}(1+\nu)$$

又

$$\tau_{max} = \frac{1}{2}(\sigma_1 - \sigma_3) = G\gamma = \frac{E}{2(1+\nu)}\gamma$$

故知,对于拉伸

$$\gamma_{max} = \varepsilon_1 - \varepsilon_3 = \frac{3}{2}\varepsilon_1, \text{对于扭转时,} \gamma_{max} = \varepsilon_1 - \varepsilon_3 = 2\varepsilon_1$$

2) 应力-应变分析

一等直圆杆受到扭矩作用时,根据以上分析,我们可以得到其应力-应变的分布情况,在横截面上无正应力而只有切应力作用(图 2.1.10)。在弹性变形阶段,横截面上各点的切应力与半径方向垂直,其大小与该点距中心的距离成正比;中心处切应力为零,表面处切应力最大,如图 2.1.10(b)所示。当表层产生塑性变形后,各点的切应变仍与该点距中心的距离成正比,但切应力则因塑性变形而减小,如图 2.1.10(c)所示。圆杆表面上,与轴线垂直的方向上切应力最大,与轴线成 45°的方向上正应力最大,正应力等于切应力,如图 2.1.10(a)所示。

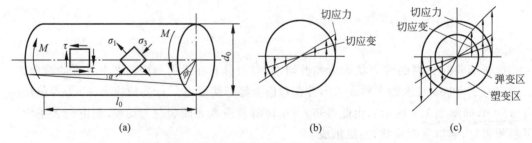

图 2.1.10 扭转试样中的应力与应变

(a)试样表面的应力状态;(b)弹性变形阶段横截面上的切应力与切应变分布;(c)弹塑性变形阶段横截面上的切应力

在弹性变形范围内,《材料力学》给出了圆杆表面的切应力计算公式如下:

$$\tau = \frac{M}{W} \tag{2.1.17}$$

式中,M 为扭矩,W 为截面系数。对于实心圆杆,$W=\pi d_0^3/16$;对于空心圆杆,$W=\pi d_0^3(1-d_1^4/d_0^4)/16$,其中 d_0 为外径,d_1 为内径。

因切应力作用而在圆杆表面产生的切应变为

$$\gamma=\tan\alpha=\frac{\phi d_0}{2l_0}\times100\% \tag{2.1.18}$$

式中,α 为圆杆表面任一平行于轴线的直线因 τ 的作用而转动的角度,如图 2.1.10(a)所示;ϕ 为扭转角;l_0 为杆的长度。

2. 扭转试验测得的力学性能

扭转试验采用圆柱形(实心或空心)试样,在扭转试验机上进行。扭转试样如图 2.1.11 所示,有时也采用标距为 50 mm 的短试样。

在试验过程中,随着扭矩的增大,试样标距两端截面不断产生相对转动,使扭转角 ϕ 增大。利用试验机的绘图装置可得出 M-φ 关系曲线,称为扭转图,如图 2.1.12 所示。

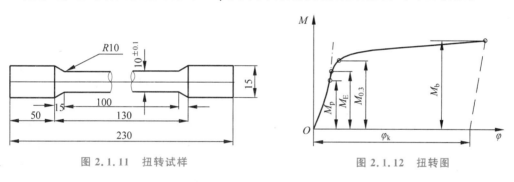

图 2.1.11　扭转试样　　　　　　　　　图 2.1.12　扭转图

它与拉伸试验测定的真实应力-应变曲线极相似。这是因为在扭转时试样的形状不变,其变形始终是均匀的,即使进入塑性变形阶段,扭矩仍随变形的增大而增加,直至试样断裂。

根据扭转图 2.1.12 和式(2.1.17)以及式(2.1.18),可测定扭转试验中常用的几个指标。

G:剪切模量,表达式为

$$G=\frac{\tau}{\gamma}=\frac{32Ml_0}{\pi\varphi d_0^4} \tag{2.1.19}$$

τ_p:扭转比例极限,表达式为

$$\tau_p=\frac{M_p}{W} \tag{2.1.20}$$

式中,M_p 为扭转曲线开始偏离直线时的扭矩。曲线上某点的切线与纵坐标轴夹角的正切值比直线段与纵坐标夹角的正切值大 50% 时所对应的扭矩即 M_p,这与拉伸试验时确定比例极限的方法相似。

$\tau_{0.3}$:扭转屈服强度,表达式为

$$\tau_{0.3}=\frac{M_{0.3}}{W} \tag{2.1.21}$$

式中，$M_{0.3}$ 为残余扭转切应变为 0.3% 时的扭矩。确定扭转屈服强度时的残余切应变取 0.3%，是为了和确定拉伸屈服强度时取残余正应变为 0.2% 相当[19]（请读者自行推导）。

τ_b：抗扭强度，表达式为

$$\tau_b = \frac{M_b}{W} \tag{2.1.22}$$

式中，M_b 为试样断裂前的最大扭矩。应当指出，τ_b 仍然是按弹性变形状态下的公式计算的。由图 2.1.10(c) 可知，它比真实的抗扭强度大，故称为条件抗扭强度。考虑塑性变形的影响，应采用塑性状态下的公式计算真实抗扭强度 τ_k：

$$\tau_k = \frac{4}{\pi d_0^3}\left[3M_k + \theta_k\left(\frac{dM}{d\theta}\right)_k\right] \tag{2.1.23}$$

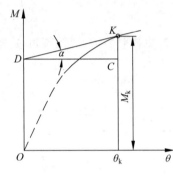

图 2.1.13　求 $\left(\dfrac{dM}{d\theta}\right)_k$ 的图解法

式中，M_k 为试样断裂前的最大扭矩；θ_k 为试样断裂时单位长度上的相对扭转角，$\theta_k = d\phi/dl$；$\left(\dfrac{dM}{d\theta}\right)_k$ 为 M-θ 曲线上 $M = M_k$ 点的切线斜率 $\tan\alpha$，如图 2.1.13 所示。

若 M-θ 曲线的最后部分与横坐标轴近于平行，则 $\left(\dfrac{dM}{d\theta}\right)_k = 0$。于是，式(2.1.23)可简化为

$$\tau_k = \frac{12M_k}{\pi d_0^3} \tag{2.1.24}$$

真实抗扭强度 τ_k 也可用薄壁圆筒试样进行试验直接测出，由于筒壁很薄，可以认为试样横截面上的切应力近似相等。因此，薄壁圆筒试样断裂时的切应力即真实抗扭强度 τ_k，可用下式求得：

$$\tau_k = \frac{M_k}{2\pi ar^2} \tag{2.1.25}$$

式中，M_k 为断裂时的扭矩，r 为圆筒试样内、外半径的平均值，t 为筒壁厚度，$2\pi ar^2$ 为薄壁圆筒试样的抗扭截面系数。

扭转时的塑性变形可用残余扭转相对切应变 γ_k 表示，可按下式求得：

$$\gamma_k = \frac{\phi_k d_0}{2l_0} \times 100\% \tag{2.1.26}$$

式中，ϕ_k 为试样断裂时标距长度 l_0 上的相对扭转角。扭转总切应变是扭转塑性切应变与弹性切应变之和。对于高塑性材料，弹性切应变很小，故由式(2.1.26)求得的塑性切应变近似等于总切应变。

2.1.4　材料在弯曲时的力学性能

1. 弯曲时的应力与变形[10-12]

凡是以弯曲为主要变形的杆件称为梁。在一般情况下，梁内同时存在剪力与弯矩。因此，在梁的横截面上，将同时存在切应力与正应力，如图 2.1.14 所示。

在弹性变形范围内，《材料力学》给出了梁横截面上弯曲正应力的公式

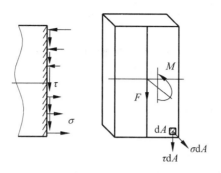

图 2.1.14 梁的应力图

$$\sigma = \frac{My}{I_z} \qquad (2.1.27)$$

式中,M 为弯矩,I_z 为惯性矩,y 为离中性轴的距离,详见图 2.1.15。

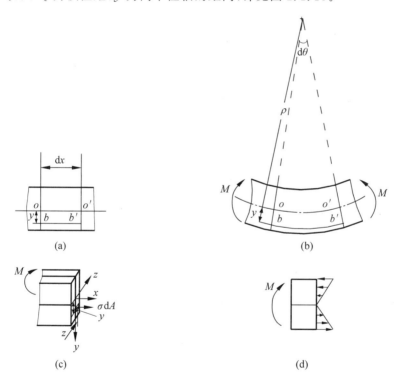

图 2.1.15 梁段的变形及其应力分布

在 $y = y_{max}$,即横截面上离中性轴最远的各点处,弯曲正应力最大,其值为

$$\sigma_{max} = \frac{My_{max}}{I_z} = \frac{M}{\dfrac{I_z}{y_{max}}} \qquad (2.1.28)$$

式中,比值 I_z / y_{max} 仅与截面的形状和尺寸有关,称为抗弯截面系数,用 W_z 表示,即

$$W_z = \frac{I_z}{y_{max}} \qquad (2.1.29)$$

于是,最大弯曲正应力即

$$\sigma_{max} = \frac{M}{W_z} \tag{2.1.30}$$

梁变弯后,横截面形心在垂直于梁轴方向的位移,称为挠度,用 f 表示。弯曲试验得到的就是 $F\text{-}f_{max}$ 曲线,通过 $F\text{-}f_{max}$ 曲线来确定有关力学性能。

2. 弯曲试验及测得的力学性能

弯曲试验时采用矩形或圆柱形试样。将试样放在有一定跨度的支座上,施加一集中载荷(三点弯曲)或二等值载荷(四点弯曲),如图 2.1.16 所示。试验时,在试样跨距的中心测定挠度,绘成 $F\text{-}f_{max}$ 关系曲线,称为弯曲图。图 2.1.17 表示三种不同材料的弯曲图。

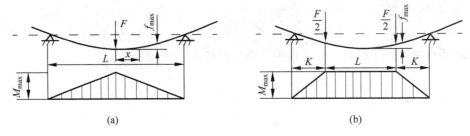

(a)   (b)

图 2.1.16 弯曲试验加载方式

(a) 三点弯曲;(b) 四点弯曲

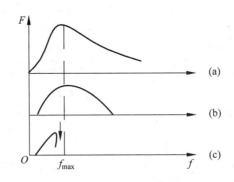

图 2.1.17 典型弯曲图

(a) 高塑性材料;(b) 中等塑性材料;(c) 脆性材料

对于高塑性材料,弯曲试验不能使试样发生断裂,其 $F\text{-}f_{max}$ 曲线的最后部分可延伸很长,如图 2.1.17(a)所示。因此,弯曲试验难以测得塑性材料的强度,而且实验结果的分析也很复杂,故塑性材料的力学性能由拉伸试验测定,而不采用弯曲试验。

对于脆性材料,一般只测定断裂时的抗弯强度 σ_{bb},由式(2.1.30)有

$$\sigma_{bb} = \frac{M_b}{W} \tag{2.1.31}$$

式中,M_b 为试样断裂弯矩,W 为试样的弯曲截面系数,对圆柱试样,$W = \pi d^3/32$,对矩形试样,$W = bh^2/6$,这里 d 是圆柱直径,b 是矩形的宽度,h 是试样的高度。

由 $F\text{-}f_{max}$ 曲线的直线部分可计算弯曲模量,对矩形试样,其弯曲模量为

$$E_b = \frac{ml^3}{4bh^3} \tag{2.1.32}$$

式中，m 为 F-f_{max} 曲线直线段的斜率，l 为试样的跨距。

因为前述部分涵盖了剪切的内容，所以在这里不单独列出来进行讨论。

2.2 材料基本力学性能的测试

材料在不同的应力状态下常常有不同的力学性能响应。同一种材料在某种应力状态下，其材料性能可能表现出"软"的方面（即易产生塑性变形、韧性断裂），而在另一种应力状态下，又可能表现出"硬"的方面（即不易变形，表现出脆性断裂）。为了便于区分材料在不同的应力状态下，其表现出的力学性能"软""硬"的差异，以帮助实验者选用某种较适宜的试验方法，从而较准确地测出所需的性能指标，我们应了解下述"应力状态柔度系数"的概念[13]。

最大正应力与最大切应力在材料的变形和断裂过程中所起的作用是不同的。一般说来，最大切应力引起塑性变形，使材料产生韧性断裂；而最大正应力通常导致脆性断裂。所以，从宏观上讲，我们可以用不同应力状态中的最大切应力 τ_{max} 与最大正应力 σ_{max} 的比值，来判断材料在所受加载方式下趋于何种变形与断裂。该比值

$$\alpha = \frac{\tau_{max}}{\sigma_{max}} = \frac{\sigma_1 - \sigma_3}{2[\sigma_1 - \nu(\sigma_2 + \sigma_3)]} \tag{2.2.1}$$

称为应力状态柔度系数。

α 越大，最大切应力的分量越大，表示该应力状态越"软"，材料越容易产生塑性变形和韧性断裂；反之，α 越小，表示该应力状态越"硬"，材料则越容易产生脆性断裂。表 2.2.1 中给出了 $\nu = 0.25$ 的材料在几种常见的加载方式下的应力状态柔度系数值。

由表 2.2.1 可见，三向不等拉伸和三向不等压缩是两种极端状态，而单向拉伸时 $\alpha = 0.5$，这时"软"和"硬"比较适中。正是因为 α 可以判断"软"和"硬"而使其在材料所有的力学试验中得到最广泛的应用。

表 2.2.1　不同加载方式下的应力状态柔度系数

加载方式	主 应 力			柔度系数 α
	σ_1	σ_2	σ_3	
三向不等拉	σ	$(8/9)\sigma$	$(8/9)\sigma$	0.1
单向拉伸	σ	0	0	0.5
扭转	σ	0	$-\sigma$	0.8
二向等压	0	$-\sigma$	$-\sigma$	1
单向压缩	0	0	$-\sigma$	2
三向不等压	$-\sigma$	$-(7/3)\sigma$	$-(7/3)\sigma$	4

2.2.1 材料拉伸性能的测试

1. 拉伸试验

如不特别注明，拉伸试验是指在室温大气中，在缓慢施加单向拉伸载荷作用下，用光滑

试样测定材料力学性能的方法。前面已经介绍了常用拉伸试样的形状和尺寸,如图 2.2.1 所示。若采用光滑的圆柱形试样,且试样的标距长度 l_0 比直径 d_0 要大得多,通常 $l_0>5d_0$,这样,按圣维南原理,试样中部横截面上的应力才均匀分布,以便在中部实现轴向均匀加载。试样做成圆柱形是便于测量径向应变,试样的加工也比较简便。试样的尺寸及允许的加工误差,在国家标准(以后简称国标)GB 228-76 中作了规定。

当测定板材和带材的拉伸性能时,也可采用板状试样,如图 2.2.1(b)所示。但试样的标距长度 l_0 应满足下列关系式:

$$l_0 = 11.3\sqrt{A_0} \ \text{或} \ l_0 = 5.56\sqrt{A_0}$$

式中,A_0 为试样的初始横截面积。这样的规定对应于圆柱试样中 $l_0=10d_0$ 或 $l_0=5d_0$。

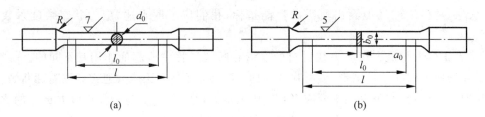

图 2.2.1   常用的拉伸试样

(a) 标准圆柱形拉伸试样;(b) 板状拉伸试样

在屈服前,规定拉伸加载速率为 $\mathrm{d}\sigma/\mathrm{d}t=1\sim10$ MPa/s。关于试样制备、对试验仪器的要求、试验操作细节和结果处理等,应按国标的规定进行。只有严格按照国标的规定进行拉伸试验,试验结果方为有效,由不同的实验室和工作人员测定的拉伸性能数据才可以互相比较。

拉伸试验机通常带有自动记录或绘图装置,以记录或绘制试样所受的载荷 F 与伸长量 Δl 之间的关系曲线,即前面提到的拉伸图。退火低碳钢的拉伸图如图 2.2.2 所示。载荷除以试样的原始截面积即得工程应力 σ,$\sigma=F/A_0$;伸长量除以原始标距长度即得工程应变 ε,$\varepsilon=\Delta l/l_0$。图 2.2.3 表示工程应力-应变曲线,简称应力-应变曲线或拉伸曲线。比较图 2.2.2 和图 2.2.3,可以看出,两者具有相同或相似的形状,但坐标刻度不同,意义不同。

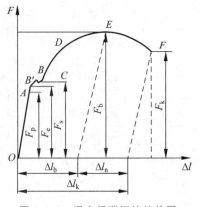

图 2.2.2   退火低碳钢的拉伸图

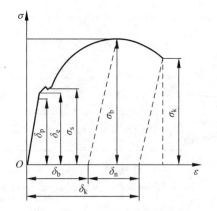

图 2.2.3   工程应力-应变曲线

2. 材料各项指标的测定

1) 强度指标的测定

我们以图 2.2.2 为例来分析材料各项指标如何测定。低碳钢的屈服阶段(B'-C 段)常呈水平状的锯齿形,在该阶段中,与最高载荷 B' 对应的应力称为上屈服极限。由于它受变形速度和试样形状的影响较大,故一般不将其作为屈服强度的指标。同样,荷载首次下降的最低点(初始瞬时效应)也不作为强度指标,一般把初始瞬时效应之后的最低载荷 F_s 对应的应力作为屈服极限 σ_s。以试样的初始横截面面积 A_0 除 F_s,即得屈服极限

$$\sigma_s = \frac{F_s}{A_0}$$

随着载荷的加大,拉伸曲线将开始上升,当载荷达到最大值 F_b 后,在试样上可以看到某一局部开始出现颈缩现象,而且发展得相当快,随后,载荷由慢到快减小,直至 F 点,试样拉断。根据测得的 F_b,可按下式计算出强度极限:

$$\sigma_b = \frac{F_b}{A_0}$$

2) 塑性指标的测定

(1) 延伸率 δ 的测定

设试样的标距长为 l_0,拉断后若将两段试样紧密地对接在一起,量出拉断后的标距长为 l_k,则其延伸率为

$$\delta = \frac{l_k - l_0}{l_0} \times 100\%$$

从图 2.2.2 和图 2.2.3 可知,在颈缩开始前,试样发生均匀伸长,伸长量为 Δl_b;颈缩开始后,塑性变形集中在颈缩区,由颈缩区集中的塑性变形引起的伸长量为 Δl_n。故有 $\Delta l_k = \Delta l_b + \Delta l_n$,相应的延伸率也是均匀伸长率 δ_b 和局部伸长率 δ_n 之和,即 $\delta_k = \delta_b + \delta_n$。$l_k$ 可用两种方法测定。

(2) 截面收缩率 ψ 的测定

截面收缩率是试样断裂后断口截面的相对收缩值,其表达式为

$$\psi = \frac{A_0 - A_1}{A_0} \times 100\%$$

式中,A_1 为试样断口处的最小横截面面积,A_0 为试样原始横截面面积。

ψ 的测定对于圆截面比较方便,只需测出断口处的最小直径即可算出 A_1,从而求出 ψ。ψ 不受试样标距长度的影响,但试样的原始直径对 ψ 略有影响。

2.2.2　材料压缩性能的测试

1. 单向压缩试验

单向压缩时应力状态的柔度系数大,故用于测定脆性材料如铸铁、轴承合金、水泥和砖石等材料的力学性能。由于压缩时的应力状态较软,故在拉伸、扭转和弯曲试验时不能显示的力学行为,在压缩时有可能获得。塑性材料压缩时只发生压缩变形而不断裂,压缩曲

线一直上升,如图 2.2.4 中的曲线 1 所示。正因为如此,塑性材料很少做压缩试验,如需做压缩试验,也是为了考察材料对加工工艺的适应性。

图 2.2.4 中的曲线 2 是脆性材料的压缩曲线。根据压缩曲线,可以求出压缩强度和塑性指标。对于低塑性和脆性材料,一般只测抗压强度 σ_{bc}、相对压缩率 ε_{ck} 和相对断面扩展率 ψ_{ck}。

$$\sigma_{bc} = \frac{F_{bc}}{A_0}$$

$$\varepsilon_{ck} = \frac{h_0 - h_k}{h_0} \times 100\%$$

$$\psi_{ck} = \frac{A_k - A_0}{A_0} \times 100\%$$

式中,σ_{bc} 是条件抗压强度(即假定压缩过程中截面积不变计算得到的压缩状态下的应力)。若考虑试样截面变化的影响,可求得真实抗压强度(F_k/A_k)。由于 $A_k > A_0$,故真实抗压强度要小于或等于条件抗压强度。

压缩试验时,在上下压头与试样端面之间存在很大的摩擦力,这不仅影响试验结果,而且还会改变断裂形式。为减小摩擦阻力的影响,试样的两端面必须光滑平整,相互平行,并涂润滑油或石墨粉进行润滑,还可将试样的端面加工成凹锥面,使锥面的倾角等于摩擦角,即 $\tan\alpha = f$,f 为摩擦系数;同时,也要将压头改制成相应的锥体,如图 2.2.5 所示。

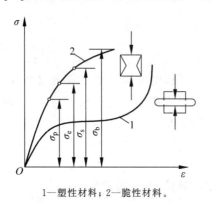

1—塑性材料;2—脆性材料。

图 2.2.4　压缩载荷-变形曲线

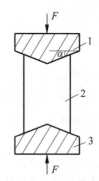

1—上压头;2—试样;3—下压头。

图 2.2.5　减小端面摩擦的压头和试样的形状

2. 压环强度试验

在陶瓷材料工业中,管状制品很多,故在研究、试制和质量检验中,也常采用压环强度试验方法。此外,在粉末冶金制品的质量检验中也常用这种试验方法。这种试验采用圆环试样,其形状与加载方式如图 2.2.6 所示。

试验时将试样放在试验机上下压头之间,自上向下加压直至试样破断。根据破断时的压力求出压环强度。由《材料力学》可知,试样的 I-I 截面处受到最大弯矩的作用,I-I 截面处外层拉应力最大。试样断裂时,I-I 截面上的最大拉应力即压环强度,可根据下式求得:

$$\sigma_r = \frac{1.908 P_r (D - t)}{2Lt^2} \tag{2.2.2}$$

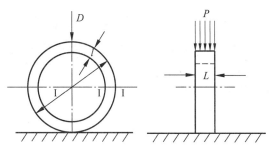

图 2.2.6 压环强度试验示意图

式中,P_r 为试样压断时的载荷,D 为压环外径,t 为试样壁厚,L 为试样宽度。应当注意,试样必须保持圆整度(即圆柱试样表面光滑平整),表面无伤痕且壁厚均匀。

2.2.3 材料扭转性能的测试

1. 扭转试验的特点

扭转试验是重要的力学性能试验方法之一,具有如下特点。

(1)扭转的应力状态柔度系数较大,因而可用于测定那些在拉伸时表现为脆性正断的材料(如淬火低温回火工具钢)的塑性变形和抗力指标。

(2)圆柱试样在扭转试验时,整个长度上的塑性变形始终是均匀的,其截面及标距长度基本保持不变,不会出现静拉伸时试样上发生的颈缩现象。因此,可用扭转试验精确地测定高塑性材料的变形抗力和变形能力,而这在单向拉伸或压缩试验时是难以做到的。

(3)扭转试验可以明确地区分材料的断裂方式,正断或切断。对于塑性材料,断口与试样的轴线垂直,断口平整并有回旋状塑性变形痕迹。这是由切应力造成的切断。对于脆性材料,断口约与试样轴线成 45°,呈螺旋状。若材料的轴向切断抗力比横向的低,如木材、带状偏析严重的合金板材,扭转断裂时可能出现层状或片状断口。于是,我们可以根据扭转试样的断口特征,判断产生断裂的原因以及材料的抗扭强度和抗拉(压)强度相对大小。利用这一特点,还可很好地分析某些试验结果,如碳钢低温回火马氏体中的含碳量对韧性的影响。

(4)扭转试验时,试样截面上扭转切应力分布不均匀,表面最大,越往心部越小。因而,它对金属表面缺陷显示很大的敏感性。工程上往往可以利用扭转试验研究或检验工件热处理的表面质量和各种表面强化工艺的效果。

(5)扭转试验时,试样受到较大的切应力。因而还被广泛地应用于研究有关初始塑性变形的非同时性问题,如弹性滞后以及内耗等。

综上所述,扭转试验可用于测定塑性材料和脆性材料的剪切变形和断裂的全部力学性能指标,并且还有着其他力学性能试验方法所无法比拟的优点。因此,扭转试验在科研和生产检验中得到较广泛应用。然而,扭转试验的特点和优点在某些情况下也会变为缺点。例如,由于扭转试样中表面切应力大,越往心部切应力越小,当表层发生塑性变形时,心部仍处于弹性状态。因此,很难精确地测定表层开始塑性变形的时刻,故用扭转试验难以精确地测定材料的微量塑性变形抗力。

2. 扭转试验

在试样上安装扭角仪,以测量扭转角。若扭角仪固定住的两截面发生相对转动,如图 2.2.7 所示,扭角仪就可以测出扭转角 ϕ。

在材料的剪切比例极限内,扭转角公式为

$$\phi = \frac{Ml_0}{GI_p} \tag{2.2.3}$$

式中,M 为扭矩,I_p 为圆截面的极惯性矩。采用增量法,逐级加载。如每增加同样大小的扭矩 ΔM,扭转角的增量 $\Delta \phi$ 基本相等,这就验证了剪切胡克定律。根据测得的各级扭转角增量 $\Delta \phi_i$,可用下式算出相应的剪切弹性模量:

$$G_i = \frac{\Delta Ml_0}{\Delta \phi_i I_p} \tag{2.2.4}$$

式中,下标 i 为加载级数($i = 1, 2, \cdots, n$)。

上述扭角仪只能测量小的扭转角,因此,材料屈服后必须将它卸下,继续利用扭转机的自动绘图器记录 M-φ 曲线,其结果如图 2.2.8 所示。

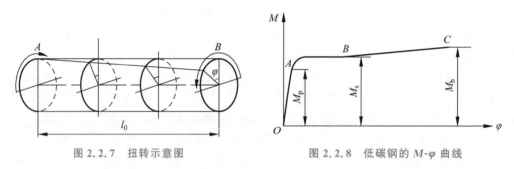

图 2.2.7　扭转示意图　　　　　　　图 2.2.8　低碳钢的 M-φ 曲线

当扭矩达到一定数值时,试样横截面边缘处的切应力开始达到剪切屈服极限 τ_s,这时的扭矩为 M_p。在扭矩超过 M_p 后,横截面上切应力的分布不再是线性的(图 2.2.9)。在圆轴的外部,材料发生屈服形成环形塑性区,同时 M-φ 图变成曲线。

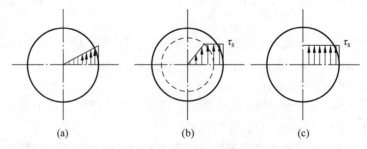

图 2.2.9　低碳钢圆轴在不同扭矩下剪应力分布图

(a) $M < M_p$ 时的剪应力分布;(b) $M_p < M < M_s$ 时的剪应力分布;(c) $M = M_s$ 时的剪应力分布

此后,随着试样继续扭转变形,塑性区不断向圆心扩展,M-φ 曲线稍微上升,直至 B 点趋于平坦,扭矩度盘上指针摆动的最小值即试样全部屈服所对应的扭矩 M_s,这时塑性区占据了几乎全部截面(图 2.2.9),τ_s 近似等于

$$\tau_s = \frac{3}{4} \cdot \frac{M_s}{W_p} \tag{2.2.5}$$

式中，W_p是试样的抗扭截面模量。

　　试样再继续变形，材料进一步强化，到达 M-φ 曲线上的 C 点，试样发生断裂。由扭矩表盘上的随动指针读出最大扭矩 M_b。与式(2.2.5)相似，可得

$$\tau_b = \frac{3}{4} \cdot \frac{M_b}{W_p} \tag{2.2.6}$$

　　对于铸铁，其 M-φ 曲线与低碳钢相差甚远，如图 2.2.10 所示。从开始受扭，直到破坏，近似为一直线。故可近似地按弹性应力公式计算其抗扭强度

$$\tau_b = \frac{M_b}{W_p} \tag{2.2.7}$$

试样受扭，材料处于纯剪应力状态(图 2.2.11)。在与杆轴成 $\pm 45°$ 角的螺旋面上，分别受到主应力 $\sigma_1 = \tau$、$\sigma_3 = -\tau$ 的作用。低碳钢的抗拉能力大于抗剪能力，故从横截面剪断，而铸铁的抗拉能力较抗剪能力弱，故沿着与 σ_1 方向正交的方向拉断。

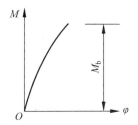

图 2.2.10　铸铁的 M-φ 曲线

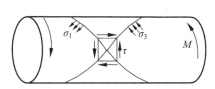

图 2.2.11　纯剪应力状态

2.2.4　材料弯曲性能的测试

　　静载弯曲试验具有以下特点。

　　(1) 从试样的拉伸角度看，其应力状态与拉伸试验相仿，但从整体上说比拉伸试样的几何外形简单，所以适用于测定加工不方便的脆性材料，如铸铁、工具钢、硬质合金乃至陶瓷材料的断裂强度和塑性。对高分子材料，也常用于测定其弯曲强度及模量，用以筛选配方和控制产品质量。

　　(2) 对退火、正火、调质的碳素结构钢或合金结构钢，因其塑性较好，试验中常达不到破坏的程度，其 F-f 图最后部分可以很长。所以对于这类材料易改用拉伸试验来测定其有关断裂的抗力。

　　(3) 和扭转试验类似，其应力分布是不均匀的，表面处应力最大，故可较灵敏地反映材料的表面缺陷，以鉴别诸如渗碳、表面淬火等热处理零件的质量。

　　前面已经提到过，弯曲试验的加载方式有两种：三点弯曲和四点弯曲。采用四点弯曲，在两加载点之间试样受到等弯矩的作用。因此，试样通常在该长度内有组织缺陷之处发生断裂，故能较好地反映材料的性质，而且实验结果也较精确。但四点弯曲试验时必须注意加载的均衡。三点弯曲试验时，试样总是在最大弯矩附近处断裂。三点弯曲试验方法较简单，故常采用。

2.2.5　材料剪切性能的测试

制造承受剪切载荷的零件时,通常对其材料要进行剪切试验,以模拟实际服役条件,并提供材料的抗剪强度数据作为设计的依据。这对诸如铆钉、销子这样的零件尤为重要。常用的剪切试验方法有单剪试验、双剪试验和冲孔式剪切试验。

1. 单剪试验

剪切试验用于测定板材或线材的抗剪强度,故剪切实验的试样取自板材或线材。试验时,将试样固定在底座上,然后对上压模加压,直到试样沿剪切面 m-m 剪断,如图 2.2.12 所示。这时剪切面上的最大剪应力即材料的抗剪强度。可以根据试样被剪断时的最大载荷 P_b 和试样的原始截面积 A_0,按下式求得:

$$\tau_b = \frac{P_b}{A_0} \tag{2.2.8}$$

图 2.2.12 表明了试样在单剪试验时的受力和变形情况。作用于试样两侧面上的外力,大小相等,方向相反,作用线相距很近,使试样两部分沿剪切面(m-m)发生相对错动。于是,在剪切面上产生剪应力。剪应力的分布是比较复杂的,这是因为试样受剪切时,还会伴随有挤压和弯曲。但在剪切试验时,通常假设剪应力在剪切面内均匀分布。剪切试验不能测定剪切比例极限和剪切屈服强度。若需测定,则应采用前面介绍的扭转试验方法。

2. 双剪试验

双剪试验是最常用的剪切试验。试验时,将试样装在压式或拉式剪切器内,然后加载,这时试样在 Ⅰ-Ⅰ 和 Ⅱ-Ⅱ 两截面上同时受到剪力的作用,如图 2.2.13 所示,试样断裂时的载荷为 P_b,则抗剪强度为

$$\tau_b = \frac{P_b}{2A_0} \tag{2.2.9}$$

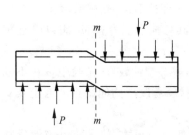

图 2.2.12　试样在单剪试验时受力
和变形示意图

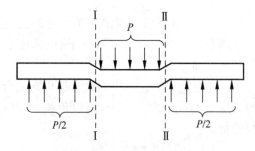

图 2.2.13　双剪试验示意图

双剪试验用的试样为圆柱体,其被剪部分长度不能太长。因为在剪切过程中,除了两个剪切面受到剪切,试样还受到弯曲作用。为了减小弯曲的影响,被剪部分的长度与试样直径之比不要超过 1.5。

衬圈的硬度不得低于 700HV30。剪切试验速度一般规定为 1 mm/min,最快不得超过

10 mm/min。剪断后,如试样发生明显的弯曲变形,则试验结果无效。

3. 冲孔式剪切试验

金属薄板的抗剪强度用冲孔式剪切试验法测定,试验装置如图 2.2.14 所示。试样断裂时的载荷为 P_b,断裂面为一圆柱面。故抗剪强度为

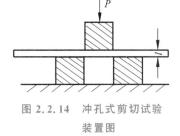

图 2.2.14　冲孔式剪切试验
装置图

$$\tau_b = \frac{P_b}{\pi d_0 t} \qquad (2.2.10)$$

式中,d_0 为冲孔直径,t 为板料厚度。

2.2.6　材料基本力学性能测试方法的应用新进展

材料基本力学性能测试方法,包括拉伸、压缩、扭转、弯曲、剪切等,除去其在测试材料基本力学性能方面所起的作用外,在新技术、新材料高速发展的新时代,被赋予了新的使命[1]。以传统的拉伸测试为例,随着新技术的发展,载荷量程更小、测试精度更高的微拉伸机的问世,为科研工作者提供了极大的帮助,它被广泛应用于微小尺寸材料力学性能的测试。在 Choi 等[20]、Hua 等[21]、Yang 等[22] 和 Modlinski 等[23] 的工作中,微拉伸测试被用于测量薄膜、纤维、MEMS 等低维材料的各种力学性能。许多科研工作者将微拉伸测试与其他测试相结合,得到了很好的成果。Mili 等[24] 将声发射测试应用到玻璃纤维束的微拉伸测试中,很好地表征了玻璃纤维的强度。Qin 等[25] 用原位 XRD 应力分析结合拉伸测试的方法分析了 Cu、TiN 等多晶薄膜的应变硬化等性能。压缩、扭转、弯曲等基本力学性能测试方法在新时期也得到了更好的应用。Xin 等[26] 用分子动力学模拟的方法探讨了碳纳米管在轴向压缩情况下的屈曲性能。Yerramalli 等[27] 研究了纤维增强聚合物在压缩和扭转共同作用下的失效行为。Morrison 等[28]、Carneiro 等[29] 和 Lee 等[30] 用扫描电镜结合弯曲测试的方法分别研究了 Zr 基金属玻璃的疲劳行为、陶瓷薄膜的破坏行为及 TiO_2 纳米纤维的力学性能。

随着新设备、新技术、新材料的发展,传统的基本力学性能测试方法不再局限于简单的、基本的力学性能的测试,它与新兴的测试手段相结合后,能在更为广泛的领域中得到应用。

习题

2.1　拉伸试验可以测定哪些力学性能? 对拉伸试样有什么基本要求?

2.2　拉伸图与应力-应变曲线有什么区别? 应力-应变曲线与真实应力-应变曲线又有什么区别? 如何根据应力-应变曲线确定拉伸性能?

2.3　如何测定断面收缩率?

2.4　怎样提高材料的屈服强度?

2.5　直径 10 mm 的正火态 60Mn 钢拉伸试验测得的数据如下($d=9.9$ mm 为屈服平台刚结束时的试样直径)

F/kN：39.5，43.5，47.6，52.9，55.4，54.0，52.4，48.0，43.1

d/mm：9.91，9.87，9.81，9.65，9.21，8.61，8.21，7.41，6.78

(1) 试绘制应力-应变曲线；

(2) 试绘制未修正的和修正的真应力-真应变曲线；

(3) 求 σ_s、σ_b、ε_b、ψ_b、ψ_k。

2.6 在测试扭转的屈服强度时为什么采用 $\tau_{0.3}$，而不是像测拉伸屈服强度 $\sigma_{0.2}$ 那样去测 $\tau_{0.2}$？

2.7 为什么说用扭转试验可以大致判断出材料的 τ_k 与 S_k 的相对大小？能否根据扭转试验中试样的断口特征分析引起开裂的应力的特征？

2.8 用 $d_0=0.9\text{ mm}$，$l_0=75\text{ mm}$ 的 GCr15 钢(淬火+200℃回火)试样进行扭转试验，其试验数据记录如下：

$M/(\text{N}\cdot\text{m})$：139.7，186.3，217.7，254.0，269.7，283.4，293.0，305.0

ϕ：11.5，15.7，26.3，34.3，46.0，59.6，78.7，98.1，117.5

其中 $M_\text{p}=139.7\text{ N}\cdot\text{m}$，$M_{0.3}=217.7\text{ N}\cdot\text{m}$，$M_\text{k}=305.0\text{ N}\cdot\text{m}$。

(1) 绘制 τ-γ 曲线；

(2) 求 τ_p、$\tau_{0.3}$、τ_k、G。

2.9 哪些材料适合进行抗弯试验？抗弯试验的加载形式有哪两种？其最大弯矩在哪个位置？试用图表示。

2.10 有一飞轮壳体，材料为灰铸铁，其零件技术要求抗弯强度应大于 400 N/mm^2，现用 $\phi30\text{ mm}\times340\text{ mm}$ 的试棒进行三点弯曲试验，实际测试结果如下，问是否满足技术要求？

第一组：$d=30.2\text{ mm}$，$L=300\text{ mm}$，$P_\text{bb}=14.2\text{ kN}$

第二组：$d=32.2\text{ mm}$，$L=300\text{ mm}$，$P_\text{bb}=18.3\text{ kN}$

2.11 试综合比较单向拉伸、扭转、弯曲、压缩和剪切试验的特点。如何根据实际应用条件来选择恰当的试验方法衡量材料的力学性能？

2.12 材料为灰铸铁，其试样直径 $d=30\text{ mm}$，原标距长度 $h_0=45\text{ mm}$。在压缩试验时，当试样承受 485 kN 压力时发生破坏，试验后长度 $h=40\text{ mm}$。试求其抗压强度和相对收缩率。

2.13 双剪试样尺寸为 $\phi12.3\text{ mm}$，当受到载荷为 21.45 kN 时试样发生断裂，试求其抗剪强度。

2.14 今要用冲床从某种薄钢板上冲出一定直径的孔，在确定需多大冲剪力时应知材料的哪种力学性能指标，采用何种试验方法测定它？

2.15 今有以下各种材料，欲评定材料在静载条件下的力学行为，给定测试方法有单向拉伸、单向压缩、弯曲、扭转和硬度五种，试对给定的材料选定一种或两种最佳的测试方法。材料：低碳钢、灰铸铁、高碳工具钢(经淬火低温回火)、结构陶瓷、玻璃、热塑性材料。

第 3 章

应 变 理 论

任何材料或者构件都会承受各种各样的载荷,电子材料及其器件和非常复杂的系统承受的载荷更加复杂。这些载荷在物体内部毫无疑问会产生变形,而这些变形会产生各种各样的效应,这些效应可能是有利的,如应变工程,有的可能是有害的,甚至造成十分严重的灾难性事故。如何用科学的语言来分析这种变形呢?我们首先想到的就是对这种变形进行数学描述,那么如何用数学的语言描述这些变形呢?本章基于连续介质的假设,用运动学观点和张量理论对物体的变形进行数学描述,并研究其规律。在介绍应变的数学描述的基础上,分析其性质,并导出应变协调方程[3]。本章不涉及物体的材料性质和平衡要求,不考虑产生变形的原因,所得结论适用于任何连续介质。

3.1 位移和应变

3.1.1 张量的概念及求和约定[11-12,15]

1. 张量的概念

爱因斯坦(Einstein)说不能用数学的语言来描述的还不能称为"科学"。并非孤立存在的材料处于什么状态就必须用数学的语言来表达。材料所处的"状态"需用一系列的物理量来描述。这些"物理量"有许许多多,五花八门,我们很快就会被这些没有任何规律且众多的"物理量"搞糊涂了[1-31]。数学家非常伟大,建立了张量理论[32]。我们用张量理论不仅可以非常方便地描述这些毫无规律的"物理量",而且可以进行严密的逻辑推导,分析它们之间的联系和规律。按照张量的数学语言来描述这些容易把人搞糊涂的"物理量"的话,那就非常简单了:经过仔细分析,发现有些物理量如物体的质量、密度、体积、动能、人体的身高、体重等只要有一个数值就可以完全来表示它,我们将这些只有大小而没有方向的物理量称为标量。但有些物理量如速度、加速度、力等用一个数值是不能表达的,它们既有大小,又有方向,我们必须建立一个坐标系,借助于这个坐标系才能描述。如图 3.1.1 所示的笛卡儿直角坐标系,空间中某点 A 的几何位置需用参照坐标系中 3 个独立的坐标(x,y,z)表示出来;又如,在力的作用下,点 A 移动到点 A',此位移在 x、y、z 方向上的分量分别为 u、v、w,即 A 点移动的情况需要 3 个独立的物理量(u,v,w)才能表示出来,即 $\boldsymbol{u} = \sum_{i=1}^{3} u_i \boldsymbol{e}_i = u\boldsymbol{e}_1 +$

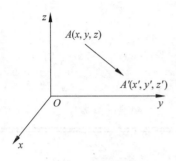

图 3.1.1　矢量的描述

$ve_2 + we_3$，这里 $e_i(i=1,2,3)$ 是基矢量，它们的大小为1，两两互相垂直。此类物理量是由 3 个独立的量组成的集合，称为矢量或向量，亦称为一阶张量。简单地说，一阶张量是指既有大小又有方向的物理量。

有些物理量用 3 个量都还不能表示出来，需要用更多的量才能表达。经过数学家和物理学家的努力发现，这更多的量不是随随便便几个都可以，而是具有一定的规律，这个规律是：物理量的个数刚好是 3^n 个。（请读者思考为什么是 3 的 n 次方个，而不是 4 的 n 次方个，或者 5 的 n 次方个，或者其他什么数值的 n 次方个？）例如，有些物理量如应力（将在本书 4.1.2 节中讨论）、应变（将在本书 3.1.3 节中讨论）等是由 9 个独立的物理量组成的集合，如

$$\begin{bmatrix} \sigma_{11} & \sigma_{12} & \sigma_{13} \\ \sigma_{21} & \sigma_{22} & \sigma_{23} \\ \sigma_{31} & \sigma_{32} & \sigma_{33} \end{bmatrix} \tag{3.1.1}$$

这类物理量称为二阶张量，二阶张量与对称的 3×3 阶矩阵相对应。依次类推，n 阶张量应是由 3^n 个分量组成的集合。

我们常用下标记号法来表示张量。A 点的坐标 (x,y,z) 可表示为 $x_i(i=1,2,3)$，应力张量 $\begin{bmatrix} \sigma_{11} & \sigma_{12} & \sigma_{13} \\ \sigma_{21} & \sigma_{22} & \sigma_{23} \\ \sigma_{31} & \sigma_{32} & \sigma_{33} \end{bmatrix}$ 可表示为 $\sigma_{ij}(i=1,2,3;j=1,2,3)$，这里第一个下标表示所在面的法向方向，如 $i=1$ 表示法向方向为 x 坐标轴的平面，第二个下标为所在面上内力的分量，也就是这个应力矢量的分量，如 $i=1,2,3$ 分别表示 x,y,z 方向的分量。可见，一阶张量的下标应是 1 个，二阶张量的下标应是 2 个。依次类推，n 阶张量的下标应是 n 个。n 阶张量可以表示为 $a_{i_1 i_2 \cdots i_n}(i_1=1,2,3;i_2=1,2,3;\cdots;i_n=1,2,3)$。二阶及二阶以上的张量统统用黑体表示，如张量 $\boldsymbol{A}$，如果手写体通常写为 $\underset{\sim}{A}$。当然也可以选定一个特殊的坐标系例，如笛卡儿直角坐标系用其分量来表示 A_{ij}，$\boldsymbol{A} = \sum_{i=1}^{3}\sum_{j=1}^{3} A_{ij}\boldsymbol{e}_i\boldsymbol{e}_j$，这里 $\boldsymbol{e}_i\boldsymbol{e}_j(i=1,2,3;j=1,2,3)$ 称为基张量，第一个下标表示所在面的法向方向的基矢量，第二个下标表示应力矢量的基矢量，这时 A_{ij} 就表示法向方向为 i 的面上应力矢量的分量。特别注意不同坐标系其分量是完全不同的，但张量的描述及其规律是完全一样的，不因坐标系的不同而不同，这就是张量的魅力，也是科学需要用数学语言描述的伟大之处，让人感受科学的伟大和"美"。

2. 爱因斯坦求和约定

类似于线性代数中矩阵的加减运算，只有同阶的张量才可以进行加减运算。设有两个相同的一阶张量 $\boldsymbol{a} = \sum_{i=1}^{3} a_i\boldsymbol{e}_i$ 和 $\boldsymbol{b} = \sum_{i=1}^{3} b_i\boldsymbol{e}_i$，它们之和为 $\boldsymbol{c} = \sum_{i=1}^{3} c_i\boldsymbol{e}_i = \boldsymbol{a}+\boldsymbol{b}$，即 $\boldsymbol{c} = \sum_{i=1}^{3}(a_i\boldsymbol{e}_i + b_i\boldsymbol{e}_i) = \sum_{i=1}^{3}(a_i + b_i)\boldsymbol{e}_i$，这里运算规则是基矢量相同时的分量相加。又假设有两个相同的二

阶张量 $A = \sum_{i=1}^{3} \sum_{j=1}^{3} A_{ij} e_i e_j$ 与 $B = \sum_{i=1}^{3} \sum_{j=1}^{3} B_{ij} e_i e_j$，它们的和或差是另一个同阶张量 $T = \sum_{i=1}^{3} \sum_{j=1}^{3} T_{ij} e_i e_j$，即

$$T = A \pm B \qquad (3.1.2)$$

且分量关系为

$$T_{ij} = A_{ij} \pm B_{ij} \qquad (3.1.2a)$$

类似于矢量 $a = \sum_{i=1}^{3} a_i e_i$ 中的基矢量 e_i，在式(3.1.2)的二阶张量中，前面以应力张量为例介绍了 $e_i e_j$ 的物理意义，称其为基张量或者张量元素，对于任意的二阶张量，它就是把两个沿坐标线方向的基矢量简单地并写在一起，不作任何运算，起"单位"的作用，类似于基矢量。

这里引进爱因斯坦求和约定[3]：在用下标记号法表示张量的某一项时，如有两个下标相同，则表示对此下标从 1～3 求和，重复出现的下标称为求和标号，而将求和的符号 Σ 省略，例如 $a = \sum_{i=1}^{3} a_i e_i$ 可以简写为 $a = a_i e_i$，$T = \sum_{i=1}^{3} \sum_{j=1}^{3} T_{ij} e_i e_j$ 可以简写为 $T = T_{ij} e_i e_j$。再例如 $\varepsilon_{ii} = \varepsilon_{11} + \varepsilon_{22} + \varepsilon_{33}$，$a_i b_i = a_1 b_1 + a_2 b_2 + a_3 b_3$。

在某一项中不重复出现的下标称为自由标号，可取从 1 至 3 的任意值，如 σ_{ij} 和 ε_{ij} 分别表示九个应力及应变张量中的任何一个分量。

在张量分析和逻辑推理中需要引进两个基本符号：柯氏符号 δ_{ij} 与排列符号(或置换符号)e_{rst}。符号 δ_{ij} 的定义为

$$\delta_{ij} = \begin{cases} 1, & i = j \\ 0, & i \neq j \end{cases} \qquad (3.1.3)$$

δ_{ij} 有九个量，是二阶张量的分量，但这些分量中只有三个量不等于零，其他六个分量都为零。单位张量 I 在笛卡儿直角坐标系中的分量为 δ_{ij}，利用 δ_{ij} 的性质对一些计算是很有帮助的，如 $a_i \delta_{ij} = a_1 \delta_{1j} + a_2 \delta_{2j} + a_3 \delta_{3j} = a_j$，这里 i 是重复的，所以是求和的，下标 j 不重复，所以称为自由指标，即可以取 1,2,3 中的任何一个数字，如 $j = 1$ 即得到的结果是 a_1，如 $j = 2$ 即 a_2，如 $j = 3$ 即 a_3。符号 e_{rst} 的定义为

$$e_{rst} = \begin{cases} 1, & \text{当}(r,s,t) = (1,2,3) \text{ 或}(2,3,1) \text{ 或}(3,1,2) \text{ 时} \\ -1, & \text{当}(r,s,t) = (3,2,1) \text{ 或}(2,1,3) \text{ 或}(1,3,2) \text{ 时} \\ 0, & \text{当} r,s,t \text{ 中任意两个指标相同时} \end{cases} \qquad (3.1.4)$$

或

$$e_{rst} = \frac{1}{2}(r-s)(s-t)(t-r), \quad r,s,t = 1,2,3 \qquad (3.1.5)$$

该符号表明 e_{rst} 含有 27 个元素。其中指标按 1,2,3 正序排列如 1,2,3 或者 2,3,1 或者 3,1,2 的三个元素为 1，按逆序排列如 3,2,1 或者 1,3,2 或者 2,1,3 的三个元素为 -1，其他带有重指标的元素都是 0，如 $e_{112} = 0$ 或者 $e_{331} = 0$。

最后讨论一下张量导数。张量的每个分量都是坐标参数 x_i 的函数，张量导数就是把每个分量对坐标参数求导数。在笛卡儿直角坐标系中，张量的导数仍然是张量，张量导数的阶数比原张量高一阶，如一阶张量即矢量的分量 V_i 的导数 $\frac{\partial V_i}{\partial x_j}$ 是二阶张量的分量，如果

假设这个张量用 $\boldsymbol{A}$ 表示,则有 $\boldsymbol{A}=A_{ij}\boldsymbol{e}_i\boldsymbol{e}_j=\dfrac{\partial V_i}{\partial x_j}\boldsymbol{e}_i\boldsymbol{e}_j$。求张量分量的导数跟普通微分的求导方法相同。

　　一般规则是:一阶、二阶及二阶以上的张量都用黑体表示。本书也采用这个规则。虽然用张量来描述材料受到外载荷后的状态非常方便,但对初学者确实还有点困难,所以在本书的第 3 章和第 4 章中二阶及二阶以上的张量不仅用黑体表示,而且还全部写成分量,这样便于读者将黑体和分量对照着学习,如果读者在刚开始学习时对黑体不习惯的话,也可以只看分量。但一阶张量即矢量就没有全部写成分量了,因为任何理工科大学生都学习过矢量,应该对此有所掌握。

3.1.2　位移的描述

　　在载荷作用下,物体内各质点将产生位移。位移后质点 P、Q、R 分别到达新的位置 P'、Q'、R'(图 3.1.2),整个物体也由初始在空间所占的几何位置(称为构形 B)变为新的变形形态(称为构形 B')。在位移过程中,除刚体平移和转动,物体形状的变化称为变形,包括体积改变和形状畸变。

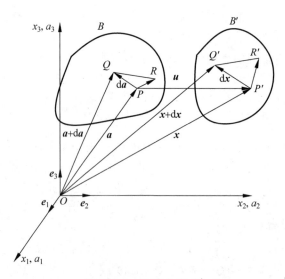

图 3.1.2　构形 B 和 B'

　　如图 3.1.2 所示,用固定在空间点 O 上的笛卡儿坐标系来同时描述物体的新、老两个构形。初始构形 B 中的任意点 $P(a_1,a_2,a_3)$,变形后成为新构形 B' 中的 $P'(x_1,x_2,x_3)$ 点。P 及 P' 点的矢径分别为

$$\boldsymbol{a}=\overrightarrow{OP}=a_i\boldsymbol{e}_i,\quad \boldsymbol{x}=\overrightarrow{OP'}=x_i\boldsymbol{e}_i \tag{3.1.6}$$

在此变形过程中,P 点的位移矢量为

$$\boldsymbol{u}=\boldsymbol{x}-\boldsymbol{a},\quad \text{即}\ u_i=x_i-a_i \tag{3.1.7}$$

各点位移矢量的集合定义了物体的位移场。在弹性力学中,通常假定位移场足够光滑,存在三阶以上的连续偏导数。

　　有两种描述物体位移的方法:

（1）以物体变形前的初始构形 B 为参考构形，取 a_1,a_2,a_3 为自变量，请读者特别注意什么是"自变量"？物体变形后的位置 x 是 a_1,a_2,a_3 的函数

$$x=x(a), \quad 即 \quad x_i=x_i(a_1,a_2,a_3) \tag{3.1.8}$$

位移场 u 亦是 a_1,a_2,a_3 的函数。由式(3.1.7)

$$u_i=x_i(a_1,a_2,a_3)-a_i=u_i(a_1,a_2,a_3) \tag{3.1.9}$$

这种以质点变形前的坐标 a_i 为基本未知量的描述方法称为拉格朗日(Lagrange)描述法。

（2）以物体变形后的新构形 B' 为参照构形，取 x_1,x_2,x_3 为自变量。物体变形前的位置 a 是 x_1,x_2,x_3 的函数

$$a=a(x), \quad 即 \quad a_i=a_i(x_1,x_2,x_3) \tag{3.1.10}$$

位移场 u 亦是 x_1,x_2,x_3 的函数。由式(3.1.7)

$$u_i=x_i-a_i(x_1,x_2,x_3)=u_i(x_1,x_2,x_3) \tag{3.1.11}$$

这种以质点变形后的坐标 x_i 为基本未知量的描述方法称为欧拉(Euler)描述法。

这两种描述方法哪个好呢？在固体力学中，人们常用拉格朗日描述法。在流体力学中采用欧拉描述法更为方便。这是因为固体中变形比较小，第2章已经指出对于金属材料屈服强度对应的应变为 0.2%，这么小的应变对应的位移当然非常小，所以变形前后以 a_1,a_2,a_3 为自变量和以 x_1,x_2,x_3 为自变量差别不大。但在有些情况下出现的变形很大时，即对于大变形问题常采用混合法。

3.1.3 变形的描述

由图 3.1.2 可见，若知道经过 P 点任一线元的长度变化及方向改变，就可以定出 $\triangle PQR$ 在变形后的形状 $\triangle P'Q'R'$。把无限多个这样的三角形微元拼接起来，就能确定物体在变形后的形状 B'。所以，线元的长度变化与方向改变是描述物体变形(包括体积变化和形状畸变)的关键量。

考虑图 3.1.2 中变形前的任意线元 $\overrightarrow{PQ}$，其端点 $P(a_1,a_2,a_3)$ 及 $Q(a_1+da_1,a_2+da_2,a_3+da_3)$ 的矢径分别为

$$\overrightarrow{OP}=a=a_i e_i \quad 和 \quad \overrightarrow{OQ}=a+da=(a_i+da_i)e_i \tag{3.1.12}$$

因而线元为

$$\overrightarrow{PQ}=\overrightarrow{OQ}-\overrightarrow{OP}=da=da_i e_i \tag{3.1.13}$$

变形后，P、Q 两点分别位移至 P' 和 Q'，相应矢径为

$$\overrightarrow{OP'}=x=x_i e_i \quad 和 \quad \overrightarrow{OQ'}=x+dx=(x_i+dx_i)e_i \tag{3.1.14}$$

因而变形后的线元为

$$\overrightarrow{P'Q'}=\overrightarrow{OQ'}-\overrightarrow{OP'}=dx=dx_i e_i \tag{3.1.14a}$$

变形前后，线元 $\overrightarrow{PQ}$ 和 $\overrightarrow{P'Q'}$ 的长度平方为

$$ds_0^2=da\cdot da=da_i da_i=\delta_{ij}da_i da_j \tag{3.1.15a}$$

$$ds^2=dx\cdot dx=dx_m dx_m \tag{3.1.15b}$$

采用拉格朗日描述法，$x_m=x_m(a_i)$，注意这里 $i=1,2,3$，则

$$dx_m=\frac{\partial x_m}{\partial a_i}da_i \tag{3.1.16}$$

代入式(3.1.15b)有

$$\mathrm{d}s^2 = \frac{\partial x_m}{\partial a_i}\frac{\partial x_m}{\partial a_j}\mathrm{d}a_i\mathrm{d}a_j \tag{3.1.17}$$

由上式减去式(3.1.15a),可得到变形后线元长度平方的变化为

$$\mathrm{d}s^2 - \mathrm{d}s_0^2 = 2E_{ij}\mathrm{d}a_i\mathrm{d}a_j \tag{3.1.18}$$

式中,

$$E_{ij} = \frac{1}{2}\left(\frac{\partial x_m}{\partial a_i}\frac{\partial x_m}{\partial a_j} - \delta_{ij}\right) \tag{3.1.19}$$

令

$$\boldsymbol{E} = E_{ij}\boldsymbol{e}_i\boldsymbol{e}_j \tag{3.1.19a}$$

则式(3.1.19)可写成

$$\frac{1}{2}(\mathrm{d}s^2 - \mathrm{d}s_0^2) = \mathrm{d}\boldsymbol{a}\cdot\boldsymbol{E}\cdot\mathrm{d}\boldsymbol{a} \tag{3.1.18a}$$

由于线元长度平方的变化与坐标选择无关,上式左端是一个标量。根据商判则即"和任意矢量的内积(包括点积)为 $K-1$ 阶张量的量一定是个 K 阶张量"可以得到 $\boldsymbol{E}$ 是二阶张量,这是因为式(3.1.18a)的左边是标量即零阶张量,右边 $\mathrm{d}\boldsymbol{a}$ 是一阶张量。二阶张量 $\boldsymbol{E}$ 就是用数学的语言描述线元的长度变化与方向的改变,称为格林(Green)应变张量。

由定义式(3.1.19)和 δ_{ij} 的对称性,可得

$$E_{ji} = \frac{1}{2}\left(\frac{\partial x_m}{\partial a_j}\frac{\partial x_m}{\partial a_i} - \delta_{ji}\right) = \frac{1}{2}\left(\frac{\partial x_m}{\partial a_i}\frac{\partial x_m}{\partial a_j} - \delta_{ij}\right) = E_{ij} \tag{3.1.20}$$

所以格林应变张量 $\boldsymbol{E}$ 是二阶对称张量。

把式(3.1.11)改写为 $x_m(a_i) = a_m + u_m(a_i)$,求导得

$$\frac{\partial x_m}{\partial a_i} = \delta_{mi} + \frac{\partial u_m}{\partial a_i} \tag{3.1.21}$$

代入式(3.1.19),并利用 δ_{ij} 的换标作用可得

$$E_{ij} = \frac{1}{2}\left[\left(\delta_{mi} + \frac{\partial u_m}{\partial a_i}\right)\left(\delta_{mj} + \frac{\partial u_m}{\partial a_j}\right) - \delta_{ij}\right]$$
$$= \frac{1}{2}\left(\frac{\partial u_i}{\partial a_j} + \frac{\partial u_j}{\partial a_i} + \frac{\partial u_m}{\partial a_i}\frac{\partial u_m}{\partial a_j}\right) \tag{3.1.22a}$$

这是格林应变张量的位移分量表达式,括号中的最后一项是二次非线性项。

引进位移梯度张量 $\boldsymbol{u}\nabla$ 和 $\nabla\boldsymbol{u}$,它们在笛卡儿坐标系中的定义为

$$\boldsymbol{u}\nabla = \frac{\partial(u_i\boldsymbol{e}_i)}{\partial a_j}\boldsymbol{e}_j = \frac{\partial u_i}{\partial a_j}\boldsymbol{e}_i\boldsymbol{e}_j, \quad \nabla\boldsymbol{u} = \boldsymbol{e}_i\frac{\partial(u_j\boldsymbol{e}_j)}{\partial a_i} = \frac{\partial u_j}{\partial a_i}\boldsymbol{e}_i\boldsymbol{e}_j \tag{3.1.22b}$$

这里用到 $\frac{\partial \boldsymbol{e}_i}{\partial a_j} = \boldsymbol{0}$,特别注意上面两个张量的差异。其中 $\nabla = \boldsymbol{e}_i\frac{\partial}{\partial a_i}$ 称为梯度算符。则式(3.1.22a)可写成为

$$\boldsymbol{E} = \frac{1}{2}(\boldsymbol{u}\nabla + \nabla\boldsymbol{u} + \boldsymbol{u}\nabla\cdot\nabla\boldsymbol{u}) \tag{3.1.22c}$$

在笛卡儿坐标系中,式(3.1.22a)展开后的具体形式是

$$\begin{cases} E_{11} = \dfrac{\partial u_1}{\partial a_1} + \dfrac{1}{2}\left[\left(\dfrac{\partial u_1}{\partial a_1}\right)^2 + \left(\dfrac{\partial u_2}{\partial a_1}\right)^2 + \left(\dfrac{\partial u_3}{\partial a_1}\right)^2\right] \\[4mm] E_{22} = \dfrac{\partial u_2}{\partial a_2} + \dfrac{1}{2}\left[\left(\dfrac{\partial u_1}{\partial a_2}\right)^2 + \left(\dfrac{\partial u_2}{\partial a_2}\right)^2 + \left(\dfrac{\partial u_3}{\partial a_2}\right)^2\right] \\[4mm] E_{33} = \dfrac{\partial u_3}{\partial a_3} + \dfrac{1}{2}\left[\left(\dfrac{\partial u_1}{\partial a_3}\right)^2 + \left(\dfrac{\partial u_2}{\partial a_3}\right)^2 + \left(\dfrac{\partial u_3}{\partial a_3}\right)^2\right] \\[4mm] E_{12} = E_{21} = \dfrac{1}{2}\left(\dfrac{\partial u_1}{\partial a_2} + \dfrac{\partial u_2}{\partial a_1} + \dfrac{\partial u_1}{\partial a_1}\dfrac{\partial u_1}{\partial a_2} + \dfrac{\partial u_2}{\partial a_1}\dfrac{\partial u_2}{\partial a_2} + \dfrac{\partial u_3}{\partial a_1}\dfrac{\partial u_3}{\partial a_2}\right) \\[4mm] E_{23} = E_{32} = \dfrac{1}{2}\left(\dfrac{\partial u_2}{\partial a_3} + \dfrac{\partial u_3}{\partial a_2} + \dfrac{\partial u_1}{\partial a_2}\dfrac{\partial u_1}{\partial a_3} + \dfrac{\partial u_2}{\partial a_2}\dfrac{\partial u_2}{\partial a_3} + \dfrac{\partial u_3}{\partial a_2}\dfrac{\partial u_3}{\partial a_3}\right) \\[4mm] E_{31} = E_{13} = \dfrac{1}{2}\left(\dfrac{\partial u_1}{\partial a_3} + \dfrac{\partial u_3}{\partial a_1} + \dfrac{\partial u_1}{\partial a_3}\dfrac{\partial u_1}{\partial a_1} + \dfrac{\partial u_2}{\partial a_3}\dfrac{\partial u_2}{\partial a_1} + \dfrac{\partial u_3}{\partial a_3}\dfrac{\partial u_3}{\partial a_1}\right) \end{cases} \tag{3.1.23}$$

这里用到张量的点积,如两个二阶张量 $\boldsymbol{A} \cdot \boldsymbol{B} = A_{ij}\boldsymbol{e}_i\boldsymbol{e}_j \cdot B_{kl}\boldsymbol{e}_k\boldsymbol{e}_l = A_{ij}B_{kl}\delta_{jk}\boldsymbol{e}_i\boldsymbol{e}_l = A_{ij}B_{jl}\boldsymbol{e}_i\boldsymbol{e}_l$。

金属材料屈服强度对应的应变为 0.2%,所以线弹性理论的研究对象是位移比物体最小尺寸小得多的小变形情况,这时位移分量的一阶导数即应变远远小于 1,即

$$\left|\dfrac{\partial u_i}{\partial a_j}\right| \ll 1, \qquad \left|\dfrac{\partial u_j}{\partial x_j}\right| \ll 1, \tag{3.1.24}$$

这样,式(3.1.23)中的高阶小量即非线性项完全可以略去,这样有

$$\dfrac{\partial u_i}{\partial a_j} = \dfrac{\partial u_i}{\partial x_k}\dfrac{\partial x_k}{\partial a_j} = \dfrac{\partial u_i}{\partial x_k}\left(\delta_{kj} + \dfrac{\partial u_k}{\partial a_j}\right) \approx \dfrac{\partial u_i}{\partial x_j} \tag{3.1.25}$$

因而在描述物体变形时,对坐标 a_i 和 x_i 完全可以不加区别。

在小变形情况下,应变式(3.1.22a)中的非线性项也是高阶小量,将其忽略后,其简化为

$$E_{ij} \approx \varepsilon_{ij} = \dfrac{1}{2}(u_{i,j} + u_{j,i}) \tag{3.1.26}$$

这里 ε_{ij} 称为柯西(Cauchy)应变张量或小应变张量[31],其张量表示形式为

$$\boldsymbol{\varepsilon} = \dfrac{1}{2}(\boldsymbol{u}\,\nabla + \nabla\boldsymbol{u}) \tag{3.1.26a}$$

$\boldsymbol{\varepsilon}$ 是二阶对称张量,只有六个独立分量。在笛卡儿坐标系中各应变分量的形式为

$$\begin{cases} \varepsilon_{11} = \dfrac{\partial u_1}{\partial x_1}, \quad \varepsilon_{12} = \varepsilon_{21} = \dfrac{1}{2}\left(\dfrac{\partial u_1}{\partial x_2} + \dfrac{\partial u_2}{\partial x_1}\right) \\[4mm] \varepsilon_{22} = \dfrac{\partial u_2}{\partial x_2}, \quad \varepsilon_{23} = \varepsilon_{32} = \dfrac{1}{2}\left(\dfrac{\partial u_2}{\partial x_3} + \dfrac{\partial u_3}{\partial x_2}\right) \\[4mm] \varepsilon_{33} = \dfrac{\partial u_3}{\partial x_3}, \quad \varepsilon_{31} = \varepsilon_{13} = \dfrac{1}{2}\left(\dfrac{\partial u_3}{\partial x_1} + \dfrac{\partial u_1}{\partial x_3}\right) \end{cases} \tag{3.1.27}$$

这是一组线性微分方程,称为应变位移公式或几何方程。根据它,可以从位移公式求导得应变分量,或由应变分量积分得位移分量,但应变需要满足应变协调方程,见 3.3 节。

引进应变张量的目的就是描述线元的长度变化与方向的改变,现在分析如何用格林应变张量 $\boldsymbol{E}$ 确定变形后线元的长度变化和线元间的夹角改变。首先分析长度变化。变形前,线元 $\overrightarrow{PQ}$ 方向的单位矢量为

$$\boldsymbol{\nu} = \frac{\mathrm{d}\boldsymbol{a}}{\mathrm{d}s_0} = \frac{\mathrm{d}a_i}{\mathrm{d}s_0}\boldsymbol{e}_i = \nu_i \boldsymbol{e}_i \tag{3.1.28}$$

式中,

$$\nu_i = \frac{\mathrm{d}a_i}{\mathrm{d}s_0} \tag{3.1.29}$$

为线元 $\overrightarrow{PQ}$ 的方向余弦。引进定义

$$\lambda_\nu = \frac{\mathrm{d}s}{\mathrm{d}s_0} \tag{3.1.30}$$

表示变形前后线元的长度变化,称为长度比。则由式(3.1.18a)和式(3.1.28)可得

$$\lambda_\nu = \frac{\mathrm{d}s}{\mathrm{d}s_0} = \sqrt{1 + 2\,\frac{\mathrm{d}\boldsymbol{a}}{\mathrm{d}s_0} \cdot \boldsymbol{E} \cdot \frac{\mathrm{d}\boldsymbol{a}}{\mathrm{d}s_0}}$$

$$= \sqrt{1 + 2\,\boldsymbol{\nu} \cdot \boldsymbol{E} \cdot \boldsymbol{\nu}} = \sqrt{1 + 2E_{ij}\nu_i\nu_j} \tag{3.1.31}$$

在小变形情况下,上式可化为

$$\lambda_\nu = \frac{\mathrm{d}s}{\mathrm{d}s_0} = (1 + 2\varepsilon_{ij}\nu_i\nu_j)^{1/2} \approx 1 + \varepsilon_{ij}\nu_i\nu_j = 1 + \boldsymbol{\nu} \cdot \boldsymbol{\varepsilon} \cdot \boldsymbol{\nu} \tag{3.1.32}$$

这里用到当 $x \ll 1$ 是个小量时 $(1+x)^{1/2} \approx 1 + \frac{1}{2}x$ 的结果。定义 $\boldsymbol{\nu}$ 方向线元的正应变 ε_ν 为变形后线元长度的相对变化,即

$$\varepsilon_\nu = \frac{\mathrm{d}s - \mathrm{d}s_0}{\mathrm{d}s_0} = \lambda_\nu - 1 \tag{3.1.33}$$

将式(3.1.32)代入后有

$$\varepsilon_\nu = \varepsilon_{ij}\nu_i\nu_j = \boldsymbol{\nu} \cdot \boldsymbol{\varepsilon} \cdot \boldsymbol{\nu} \tag{3.1.34}$$

其展开式为

$$\varepsilon_\nu = \varepsilon_{11}\nu_1\nu_1 + \varepsilon_{22}\nu_2\nu_2 + \varepsilon_{33}\nu_3\nu_3 + 2\varepsilon_{12}\nu_1\nu_2 + 2\varepsilon_{23}\nu_2\nu_3 + 2\varepsilon_{31}\nu_3\nu_1 \tag{3.1.34a}$$

当取 $\boldsymbol{\nu}$ 为坐标轴的方向 $\boldsymbol{e}_i(i=1,2,3)$ 时,由式(3.1.34)得

$$\varepsilon_x = \varepsilon_{11}, \quad \varepsilon_y = \varepsilon_{22}, \quad \varepsilon_z = \varepsilon_{33} \tag{3.1.34b}$$

所以,小应变量张量 ε_{ij} 的三个对角分量分别等于坐标轴方向三个线元的正应变。规定以伸长为正,缩短为负,这和第 4 章将要讨论的规定拉应力为正、压应力为负相对应。

现在讨论线元方向的改变。变形后,线元 $\overrightarrow{P'Q'}$ 方向的单位矢量为

$$\boldsymbol{\nu}' = \frac{\mathrm{d}\boldsymbol{x}}{\mathrm{d}s} = \frac{\mathrm{d}x_i}{\mathrm{d}s}\boldsymbol{e}_i = \nu'_i \boldsymbol{e}_i \tag{3.1.35}$$

其中方向余弦

$$\nu'_i = \frac{\mathrm{d}x_i}{\mathrm{d}s} = \frac{\partial x_i}{\partial a_j}\frac{\mathrm{d}a_j}{\mathrm{d}s_0}\frac{\mathrm{d}s_0}{\mathrm{d}s} = \frac{\partial x_i}{\partial a_j}\nu_j\frac{1}{\lambda_\nu} \tag{3.1.36}$$

利用式(3.1.21),任意线元变形后的方向余弦可用位移表示成

$$\nu'_i = \left(\delta_{ji} + \frac{\partial u_i}{\partial a_j}\right)\nu_j\frac{1}{\lambda_\nu}, \quad 即 \quad \boldsymbol{\nu}' = (\boldsymbol{I} + \boldsymbol{u}\nabla) \cdot \boldsymbol{\nu}\frac{1}{\lambda_\nu} \tag{3.1.37}$$

这里 $\boldsymbol{I}$ 是单位张量。在小变形情况下,利用式(3.1.32)和式(3.1.33),忽略二阶小量后可得

$$\frac{1}{\lambda_\nu} = \frac{1}{1+\varepsilon_\nu} \approx 1 - \varepsilon_\nu \tag{3.1.37a}$$

将上式代入式(3.1.37),忽略二阶小量,得到变形后线元的方向余弦为

$$\nu'_i = \nu_i + \frac{\partial u_i}{\partial a_j}\nu_j - \nu_i\varepsilon_\nu \tag{3.1.37b}$$

根据上式,可由位移梯度分量$\frac{\partial u_i}{\partial a_j}$和线元正应变$\varepsilon_\nu$计算线元变形后的方向余弦。例如,考虑变形前与坐标轴a_1平行的线元,其单位矢量和方向余弦为

$$\boldsymbol{\nu} = \boldsymbol{e}_1, \quad \nu_1 = 1, \quad \nu_2 = \nu_3 = 0$$

由式(3.1.34)

$$\varepsilon_\nu = \boldsymbol{e}_1 \cdot \boldsymbol{\varepsilon} \cdot \boldsymbol{e}_1 = \varepsilon_{11}$$

由式(3.1.37b),变形后的方向余弦为

$$\nu'_1 = 1 + \frac{\partial u_1}{\partial a_1} - \varepsilon_{11} \approx 1, \quad \nu'_2 = \frac{\partial u_2}{\partial a_1}, \quad \nu'_3 = \frac{\partial u_3}{\partial a_1} \tag{3.1.37c}$$

这三个分量的平方和并不严格等于1,但在小变形情况下相差仅为二阶小量,这是允许的。因此,变形后的单位矢量为

$$\boldsymbol{e}'_1 = \boldsymbol{e}_1 + \frac{\partial u_2}{\partial a_1}\boldsymbol{e}_2 + \frac{\partial u_3}{\partial a_1}\boldsymbol{e}_3 \tag{3.1.38}$$

为了帮助读者理解变形后方向的改变,如图3.1.3(a)只画出$\boldsymbol{e}'_1$在a_1Oa_2平面的角度变化,即$\boldsymbol{e}'_1$是$\boldsymbol{e}_1$向$\boldsymbol{e}_2$方向偏转θ_2角。同样画出$\boldsymbol{e}'_2$在a_2Oa_3平面的角度变化,$\boldsymbol{e}'_3$在a_1Oa_3平面的角度变化。这样,$\boldsymbol{e}'_1$与$\boldsymbol{e}_2$间的夹角为$\frac{\pi}{2} - \theta_2$,则

$$\cos\left(\frac{\pi}{2} - \theta_2\right) = \boldsymbol{e}'_1 \cdot \boldsymbol{e}_2 = \frac{\partial u_2}{\partial a_1}$$

当θ_2很小时

$$\cos\left(\frac{\pi}{2} - \theta_2\right) = \sin\theta_2 \approx \theta_2 \approx \frac{\partial u_2}{\partial a_1} \tag{3.1.37d}$$

同理,

$$\cos\left(\frac{\pi}{2} - \theta_3\right) = \boldsymbol{e}'_1 \cdot \boldsymbol{e}_3 = \frac{\partial u_3}{\partial a_1} \approx \theta_3 \tag{3.1.37e}$$

式(3.1.37d)和式(3.1.37e)两式说明,变形前与a_2轴和a_3轴垂直的线元,变形后分别向a_2和a_3轴旋转了$\frac{\partial u_2}{\partial a_1}$和$\frac{\partial u_3}{\partial a_1}$角。同理,沿$a_2$轴和$a_3$轴的线元变形后也将发生转动,其转角大小及方向如图3.1.3(b)所示。该图直观地表达了沿坐标轴方向的三个线元在变形后的转动情况。

最后讨论线元间的角度变化。考虑图3.1.2中变形前的两个任意线元$\overrightarrow{PQ}$和$\overrightarrow{PR}$,其单位矢量分别为$\boldsymbol{\nu}$和$\boldsymbol{t}$,方向余弦分别为ν_i和t_i。$\overrightarrow{PQ}$和$\overrightarrow{PR}$的夹角余弦为$\cos(\boldsymbol{\nu},\boldsymbol{t}) = \boldsymbol{\nu} \cdot \boldsymbol{t} = \nu_i t_i$。变形后,两线元变为$\overrightarrow{P'Q'}$和$\overrightarrow{P'R'}$,其单位矢量分别为$\boldsymbol{\nu}'$和$\boldsymbol{t}'$,方向余弦分别为$\nu'_i$和$t'_i$。利用式(3.1.37),$\overrightarrow{P'Q'}$和$\overrightarrow{P'R'}$的夹角余弦为

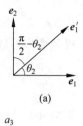

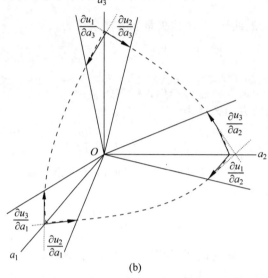

图 3.1.3　线元变形前后发生的转动

$$\cos(\boldsymbol{\nu}',\boldsymbol{t}') = \boldsymbol{\nu}' \cdot \boldsymbol{t}' = \nu_i' t_i' = \left(\delta_{mn} + \frac{\partial u_n}{\partial a_m} + \frac{\partial u_m}{\partial a_n} + \frac{\partial u_i}{\partial a_m}\frac{\partial u_i}{\partial a_n}\right)\nu_m t_n \frac{1}{\lambda_\nu}\frac{1}{\lambda_t} \quad (3.1.39)$$

利用式(3.1.22a),上式可化为

$$\cos(\boldsymbol{\nu}',\boldsymbol{t}') = (\nu_m t_m + 2E_{mn}\nu_m t_n)\frac{1}{\lambda_\nu \lambda_t} = (\boldsymbol{\nu}\cdot\boldsymbol{t} + 2\boldsymbol{\nu}\cdot\boldsymbol{E}\cdot\boldsymbol{t})\frac{1}{\lambda_\nu \lambda_t} \quad (3.1.39a)$$

由此式可求得线元变形后的夹角变化。若变形前线元 $\overrightarrow{PQ}$ 和 $\overrightarrow{PR}$ 相互垂直,则 $\boldsymbol{\nu}\cdot\boldsymbol{t}=0$,于是式(3.1.39a)简化为

$$\cos(\boldsymbol{\nu}',\boldsymbol{t}') = 2\boldsymbol{\nu}\cdot\boldsymbol{E}\cdot\boldsymbol{t}\frac{1}{\lambda_\nu}\frac{1}{\lambda_t} \quad (3.1.39b)$$

在小变形情况下,将式(3.1.31a)和式(3.1.26)代入式(3.1.39a),略去二阶小量后可得

$$\boldsymbol{\nu}'\cdot\boldsymbol{t}' = \cos(\boldsymbol{\nu}',\boldsymbol{t}') = (1 - \varepsilon_\nu - \varepsilon_t)\boldsymbol{\nu}\cdot\boldsymbol{t} + 2\boldsymbol{\nu}\cdot\boldsymbol{\varepsilon}\cdot\boldsymbol{t} \quad (3.1.39c)$$

若变形前两方向的线元互相垂直,$\boldsymbol{\nu}\cdot\boldsymbol{t}=0$,并令 θ 为变形后线元间直角的减小量,则由上式可得

$$\theta \approx \cos\left(\frac{\pi}{2} - \theta\right) = \cos(\boldsymbol{\nu}',\boldsymbol{t}') = 2\boldsymbol{\nu}\cdot\boldsymbol{\varepsilon}\cdot\boldsymbol{t} = 2\varepsilon_{ij}\nu_i t_j = 2\varepsilon_{\nu t} \quad (3.1.40)$$

通常定义两正交线元间的直角减小量为工程剪应变 $\gamma_{\nu t}$,即

$$\gamma_{\nu t} = 2\varepsilon_{\nu t} = 2\boldsymbol{\nu}\cdot\boldsymbol{\varepsilon}\cdot\boldsymbol{t} = 2\varepsilon_{ij}\nu_i t_j \quad (3.1.41)$$

特别注意:工程剪应变不是应变张量,因为不满足张量的变换关系,请读者自行验证。若

$\boldsymbol{\nu}$,$\boldsymbol{t}$ 为坐标轴方向的单位矢量,例如 $\nu_i=1$,$t_j=1(i\neq j)$,其余的方向余弦均为零,则由式(3.1.41)得

$$\gamma_{ij}=2\varepsilon_{ij}, \quad i\neq j \tag{3.1.42}$$

由上面的讨论可以看到,小应变张量的六个分量 ε_{ij} 的几何意义是:当指标 $i=j$ 时,ε_{ij} 表示沿坐标轴 i 方向线元的正应变。以伸长为正,缩短为负,这样的规定和第4章讨论的拉应力为正、压应力为负的规定一致;当指标 $i\neq j$ 时,ε_{ij} 的两倍表示坐标轴 i 与 j 方向两个正交线元间的剪应变。以锐化(直角减小)为正,钝化(直角增加)为负,这样的规定和第4章讨论的剪应力的规定一致。

由式(3.1.31)、式(3.1.32),式(3.1.36)、式(3.1.37a)、式(3.1.39)、式(3.1.41)可见,应变张量 $\boldsymbol{E}$(或小应变张量$\boldsymbol{\varepsilon}$)给出了物体变形状态的全部信息。在以后的讨论中,我们只关心小应变情况。

3.2 应变张量的性质

应变张量与第4章将讨论的应力张量都是二阶对称张量,应变张量的基本性质如不变量和对称性与坐标轴的选取无关。第4章将要讨论的应力张量也具有完全类似的性质。

3.2.1 应变分量的坐标变换

虽然任何表示某种物理实体的物理量,包括标量、矢量和张量,都不会因人为选择不同参考坐标系而改变其固有的性质,然而矢量或张量的分量则与选择坐标密切相关。在坐标转变时,新老坐标中的应变张量分量是不同的,它们满足一定的变换关系。假设老坐标系的单位矢量为 $\boldsymbol{e}_1$,$\boldsymbol{e}_2$,$\boldsymbol{e}_3$,新坐标系的单位矢量为 $\boldsymbol{e}'_1$,$\boldsymbol{e}'_2$,$\boldsymbol{e}'_3$。无论是老坐标系还是新坐标系,可以是笛卡儿直角坐标系,也可以是柱面坐标系,或者是球面坐标系,或者是任何其他曲面坐标系。设有一个矢量 $\boldsymbol{A}$,在老坐标系和新坐标系分别表示为

$$\boldsymbol{A}=A_i\boldsymbol{e}_i \text{ 和 } \boldsymbol{A}=A'_k\boldsymbol{e}'_k \tag{3.2.1}$$

所以,

$$\boldsymbol{A}=A'_k\boldsymbol{e}'_k=A_i\boldsymbol{e}_i \tag{3.2.2}$$

上式两边同时点积 $\boldsymbol{e}'_j$ 得到,

$$A'_k\boldsymbol{e}'_k\cdot\boldsymbol{e}'_j=A'_k\delta_{kj}=A_i\boldsymbol{e}_i\cdot\boldsymbol{e}'_j=\beta_{j'i}A_i \rightarrow A'_j=\beta_{j'i}A_i \tag{3.2.3}$$

这里 $\beta_{j'i}=\boldsymbol{e}_i\cdot\boldsymbol{e}'_j$ 是新坐标系的基矢量在老坐标系中的方向余弦。这就是新老坐标系下矢量分量的变换关系。类似地,可以得到应变张量 ε'_{mn} 与 ε_{ij} 之间的变换关系。在老坐标系和新坐标系应变张量 $\boldsymbol{\varepsilon}$ 分别表示为

$$\boldsymbol{\varepsilon}=\varepsilon_{ij}\boldsymbol{e}_i\boldsymbol{e}_j \text{ 和 } \boldsymbol{\varepsilon}=\varepsilon'_{lk}\boldsymbol{e}'_l\boldsymbol{e}'_k \tag{3.2.4}$$

上式从右至左点积 $\boldsymbol{e}'_n$ 和 $\boldsymbol{e}'_m$ 得到

$$\varepsilon'_{lk}\boldsymbol{e}'_l\boldsymbol{e}'_k\cdot\boldsymbol{e}'_n\rightarrow\varepsilon'_{lk}\boldsymbol{e}'_l\delta_{nk}=\varepsilon_{ij}\beta_{n'j}\boldsymbol{e}_i\rightarrow\varepsilon'_{lk}\boldsymbol{e}'_l\delta_{nk}\cdot\boldsymbol{e}'_m=\varepsilon_{ij}\beta_{n'j}\boldsymbol{e}_i\cdot\boldsymbol{e}'_m$$
$$\rightarrow\varepsilon'_{lk}\delta_{nk}\delta_{ml}=\varepsilon_{ij}\beta_{n'j}\beta_{m'i}\rightarrow\varepsilon'_{mn}=\beta_{n'j}\beta_{m'i}\varepsilon_{ij} \tag{3.2.5}$$

这就是新老坐标系下矢量分量的变换关系。令

$$[\varepsilon'] = [\varepsilon_{m'n'}], \quad [\varepsilon] = [\varepsilon_{ij}], \quad [\beta] = [\beta_{m'i}] = [\beta_{n'j}] = \begin{bmatrix} l_1 & m_1 & n_1 \\ l_2 & m_2 & n_2 \\ l_3 & m_3 & n_3 \end{bmatrix} \quad (3.2.6)$$

其中 $l_k, m_k, n_k (k=1,2,3)$ 是新坐标 x'_k 轴在老坐标系中的三个方向余弦。注意式(3.2.5)右端的哑标 j 不是相邻指标,为了写成矩阵乘法形式应先把 $\beta_{n'j}$ 转置一下,于是转置公式的矩阵表达式是

$$[\varepsilon'] = [\beta][\varepsilon][\beta]^{\mathrm{T}} \quad (3.2.7)$$

按矩阵乘法展开就得到转轴公式的常用形式

$$\begin{cases} \varepsilon'_x = \varepsilon_x l_1^2 + \varepsilon_y m_1^2 + \varepsilon_z n_1^2 + 2\varepsilon_{xy} l_1 m_1 + 2\varepsilon_{yz} m_1 n_1 + 2\varepsilon_{zx} n_1 l_1 \\ \varepsilon'_y = \varepsilon_x l_2^2 + \varepsilon_y m_2^2 + \varepsilon_z n_2^2 + 2\varepsilon_{xy} l_2 m_2 + 2\varepsilon_{yz} m_2 n_2 + 2\varepsilon_{zx} n_2 l_2 \\ \varepsilon'_z = \varepsilon_x l_3^2 + \varepsilon_y m_3^2 + \varepsilon_z n_3^2 + 2\varepsilon_{xy} l_3 m_3 + 2\varepsilon_{yz} m_3 n_3 + 2\varepsilon_{zx} n_3 l_3 \\ \varepsilon'_{xy} = \varepsilon_x l_1 l_2 + \varepsilon_y m_1 m_2 + \varepsilon_z n_1 n_2 + \\ \qquad \varepsilon_{xy}(l_1 m_2 + m_1 l_2) + \varepsilon_{yz}(m_1 n_2 + n_1 m_2) + \varepsilon_{zx}(n_1 l_2 + l_1 n_2) \\ \varepsilon'_{yz} = \varepsilon_x l_2 l_3 + \varepsilon_y m_2 m_3 + \varepsilon_z n_2 n_3 + \\ \qquad \varepsilon_{xy}(l_2 m_3 + m_2 l_3) + \varepsilon_{yz}(m_2 n_3 + n_2 m_3) + \varepsilon_{zx}(n_2 l_3 + l_2 n_3) \\ \varepsilon'_{zx} = \varepsilon_x l_3 l_1 + \varepsilon_y m_3 m_1 + \varepsilon_z n_3 n_1 + \\ \qquad \varepsilon_{xy}(l_3 m_1 + m_3 l_1) + \varepsilon_{yz}(m_3 n_1 + n_3 m_1) + \varepsilon_{zx}(n_3 l_1 + l_3 n_1) \end{cases} \quad (3.2.8)$$

由此可根据九个应变分量 ε_{ij} 求出任意斜方向上的正应变和剪应变。这也说明,小应变张量完全表征了一点的应变状态。读者可以自行练习,写出转轴公式的具体形式。

3.2.2 主应变

与任何二阶对称张量一样,应变张量在每一点至少存在三个相互正交的主方向。设 $\boldsymbol{\nu}$ 为沿应变张量主方向的单位矢量,则按张量主方向的定义有

$$\boldsymbol{\varepsilon} \cdot \boldsymbol{\nu} = \varepsilon_\nu \boldsymbol{\nu} \quad (3.2.9)$$

则

$$(\varepsilon_{ij} - \varepsilon_\nu \delta_{ij})\nu_j = 0 \quad (3.2.10)$$

其中标量 ε_ν 称为应变张量沿主方向 $\boldsymbol{\nu}$ 的主应变或主值。与第 4 章将讨论的主应力类似,主应变也具有实数性、正交性和极值性,请读者自行证明这些性质。

假定 $\boldsymbol{t}$ 是垂直于主方向 $\boldsymbol{\nu}$ 的任意矢量,分别用 $\boldsymbol{\nu}$ 和 $\boldsymbol{t}$ 点乘式(3.2.9)两端有

$$\boldsymbol{\nu} \cdot \boldsymbol{\varepsilon} \cdot \boldsymbol{\nu} = \varepsilon_\nu \boldsymbol{\nu} \cdot \boldsymbol{\nu} = \varepsilon_\nu \quad (3.2.11)$$

$$\boldsymbol{t} \cdot \boldsymbol{\varepsilon} \cdot \boldsymbol{\nu} = \varepsilon_{\nu t} = \varepsilon_\nu \boldsymbol{t} \cdot \boldsymbol{\nu} = 0 \quad (3.2.12)$$

因此,应变主方向 $\boldsymbol{\nu}$ 上的正应变等于主应变 ε_ν,主方向和与其正交的任何线元间没有剪应变。由于主方向相互正交,因而主方向间无剪应变。

3.2.3 应变张量的不变量

令式(3.2.10)的系数行列式为零,就得到确定主应变的特征方程

$$\varepsilon_\nu^3 - I_1 \varepsilon_\nu^2 + I_2 \varepsilon_\nu - I_3 = 0 \quad (3.2.13)$$

其中,系数

$$\begin{cases} I_1 = \varepsilon_{ii} = \varepsilon_{11} + \varepsilon_{22} + \varepsilon_{33} \\ I_2 = \dfrac{1}{2}(\varepsilon_{ii}\varepsilon_{jj} - \varepsilon_{ij}\varepsilon_{ij}) = (\varepsilon_{11}\varepsilon_{22} + \varepsilon_{22}\varepsilon_{33} + \varepsilon_{33}\varepsilon_{11}) - (\varepsilon_{12}^2 + \varepsilon_{23}^2 + \varepsilon_{31}^2) \\ I_3 = e_{ijk}\varepsilon_{1i}\varepsilon_{2j}\varepsilon_{3k} = \varepsilon_{11}\varepsilon_{22}\varepsilon_{33} + 2\varepsilon_{12}\varepsilon_{23}\varepsilon_{31} - (\varepsilon_{11}\varepsilon_{23}^2 + \varepsilon_{22}\varepsilon_{31}^2 + \varepsilon_{33}\varepsilon_{12}^2) \end{cases} \quad (3.2.14)$$

分别称为第一、第二和第三应变不变量。

沿主方向取出边长为 $\mathrm{d}x_1$、$\mathrm{d}x_2$、$\mathrm{d}x_3$ 的正六面体,变形后其相对体积变化为(略去高阶小量)

$$\begin{aligned} \varepsilon_v &= \frac{\mathrm{d}V' - \mathrm{d}V}{\mathrm{d}V} \\ &= \frac{(1+\varepsilon_{11})\mathrm{d}x_1(1+\varepsilon_{22})\mathrm{d}x_2(1+\varepsilon_{33})\mathrm{d}x_3 - \mathrm{d}x_1\mathrm{d}x_2\mathrm{d}x_3}{\mathrm{d}x_1\mathrm{d}x_2\mathrm{d}x_3} \\ &\approx \varepsilon_{11} + \varepsilon_{22} + \varepsilon_{33} = I_1 \end{aligned} \quad (3.2.15)$$

因此第一应变不变量 I_1 表示每单位体积变形后的体积变化,又称体积应变。

3.2.4 应变主坐标系

沿每点应变主方向的坐标线称为应变主轴,由它们组成的正交曲线坐标系称为应变主坐标系。在主坐标系中,许多计算公式将大大简化。例如,应变张量将化为对角型。设主坐标系的基矢量为 e_1、e_2、e_3,相应的主应变为 ε_1、ε_2、ε_3,则

$$\boldsymbol{\varepsilon} = \varepsilon_1 \boldsymbol{e}_1 \boldsymbol{e}_1 + \varepsilon_2 \boldsymbol{e}_2 \boldsymbol{e}_2 + \varepsilon_3 \boldsymbol{e}_3 \boldsymbol{e}_3 \quad (3.2.16)$$

而且应变不变量表示为

$$I_1 = \varepsilon_1 + \varepsilon_2 + \varepsilon_3, \quad I_2 = \varepsilon_1\varepsilon_2 + \varepsilon_2\varepsilon_3 + \varepsilon_3\varepsilon_1, \quad I_3 = \varepsilon_1\varepsilon_2\varepsilon_3 \quad (3.2.17)$$

3.2.5 最大剪应变

最大剪应变发生在主平面内,其值为最大与最小主应变之差。证明如下。

取主坐标系如图 3.2.1 所示,x_1, x_2, x_3 为应变主方向,各坐标面为主平面。为了使分析简单,在过 x_3 轴的平面内取相互正交的单位矢量 $\boldsymbol{\nu}$ 和 $\boldsymbol{t}$。于是

$$\begin{cases} \boldsymbol{\nu} = \cos\phi\cos\varphi \boldsymbol{e}_1 + \cos\phi\sin\varphi \boldsymbol{e}_2 + \sin\phi \boldsymbol{e}_3 \\ \boldsymbol{t} = -\sin\phi\cos\varphi \boldsymbol{e}_1 - \sin\phi\sin\varphi \boldsymbol{e}_2 + \cos\phi \boldsymbol{e}_3 \end{cases} \quad (3.2.18)$$

由式(3.1.41),变形后 $\boldsymbol{\nu}$ 与 $\boldsymbol{t}$ 间的工程剪应变 $\gamma_{\nu t}$ 为

$$\gamma_{\nu t} = 2\boldsymbol{\nu} \cdot \boldsymbol{\varepsilon} \cdot \boldsymbol{t} \quad (3.2.19)$$

将式(3.2.18)及式(3.2.16)代入后有

$$\gamma_{\nu t} = (-\varepsilon_1\cos^2\varphi - \varepsilon_2\sin^2\varphi + \varepsilon_3)\sin2\phi \quad (3.2.20)$$

设应变状态即 $\varepsilon_1, \varepsilon_2, \varepsilon_3$ 已知,则 $\gamma_{\nu t}$ 是 ϕ 和 φ 的函数,其极值条件为

$$\begin{cases} \dfrac{\partial \gamma_{\nu t}}{\partial \varphi} = (\varepsilon_1 - \varepsilon_2)\sin2\varphi\sin2\phi = 0 \\ \dfrac{\partial \gamma_{\nu t}}{\partial \phi} = 2(-\varepsilon_1\cos^2\varphi - \varepsilon_2\sin^2\varphi + \varepsilon_3)\cos2\phi = 0 \end{cases} \quad (3.2.21)$$

当 ε_1、ε_2 和 ε_3 互不相等时,以上两式的解为

$$\varphi = 0, \quad \phi = \frac{\pi}{4} \tag{3.2.22}$$

和

$$\varphi = \frac{\pi}{2}, \quad \phi = \frac{\pi}{4} \tag{3.2.23}$$

式(3.2.21)的其他可能解均与解式(3.2.22)或式(3.2.23)等价。

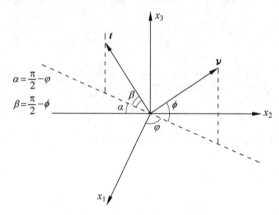

图 3.2.1 主应变空间中的主坐标

式(3.2.22)表示在 x_1-x_3 主平面内与主轴 x_1,x_3 交角为 π/4 的一对线元。将式(3.2.22)代入式(3.2.20),得到剪应变的极值为

$$|\gamma_{\nu t}| = |\varepsilon_1 - \varepsilon_3| \tag{3.2.24}$$

式(3.2.23)表示在 x_2-x_3 主平面内与主轴 x_2,x_3 交角为 π/4 的一对线元,相应的剪应变极值为

$$|\gamma_{\nu t}| = |\varepsilon_2 - \varepsilon_3| \tag{3.2.25}$$

上面只讨论了 ν,t 与 x_3 轴共面的情况。在一般情况下可以证明,剪应变极值发生在主平面内,它产生在与主方向成 45° 的两线元之间,其值为该主平面上两主应变之差。因而若规定 $\varepsilon_1 > \varepsilon_2 > \varepsilon_3$,则

$$\gamma_{\max} = \varepsilon_1 - \varepsilon_3 \tag{3.2.26}$$

它发生在 x_1-x_3 主平面内,与 x_1,x_3 轴成 45° 的一对线元之间。

当 $\varepsilon_1 = \varepsilon_2 \neq \varepsilon_3$ 时,由式(3.2.9)可以证明,x_1-x_2 平面内的任何方向都是主方向,过 x_3 的任何平面都是主平面。求解式(3.2.21)可以看出,极值条件与 φ 角无关。发生最大剪应变的正交线元构成一个以 x_3 轴为轴线的圆锥面,该圆锥面的顶点为坐标原点。最大剪应变值为

$$\gamma_{\max} = \varepsilon_1 - \varepsilon_3 = \varepsilon_2 - \varepsilon_3 \tag{3.2.27}$$

当 $\varepsilon_1 = \varepsilon_2 = \varepsilon_3$ 时,由式(3.2.20)可见 $\gamma_{\nu t} \equiv 0$。由式(3.2.9)可以证明,经过该点的任意方向均为主方向。

3.2.6 等倾线正应变

与主坐标轴夹角相同的线称为等倾线,其方向余弦为

$$\nu_1 = \pm\frac{1}{\sqrt{3}}, \quad \nu_2 = \pm\frac{1}{\sqrt{3}}, \quad \nu_3 = \pm\frac{1}{\sqrt{3}} \tag{3.2.28}$$

将上式及式(3.2.16)代入式(3.1.34)得

$$\varepsilon_\nu = \nu \cdot \varepsilon \cdot \nu = \varepsilon_{ij}\nu_i\nu_j = \frac{1}{3}(\varepsilon_1 + \varepsilon_2 + \varepsilon_3) = \frac{1}{3}I_1 = \varepsilon_m \tag{3.2.29}$$

即等倾线正应变(又称八面体正应变)等于平均正应变 ε_m。

3.2.7　八面体剪应变

考虑主坐标系中第一卦限内的等倾面(图3.2.2),其法向单位矢量ν为

$$\nu = \frac{1}{\sqrt{3}}(e_1 + e_2 + e_3) \tag{3.2.30}$$

设 t 为等倾面上的任一单位矢量,$\nu \cdot t = 0$。由式(3.1.41),ν 与 t 之间的工程剪应变为

$$\begin{aligned}
\gamma_{\nu t} &= 2\nu \cdot \varepsilon \cdot t = 2(\nu_1\varepsilon_1 t_1 + \nu_2\varepsilon_2 t_2 + \nu_3\varepsilon_3 t_3) \\
&= \frac{2}{\sqrt{3}}(\varepsilon_1 t_1 + \varepsilon_2 t_2 + \varepsilon_3 t_3) \tag{3.2.31}
\end{aligned}$$

当 ε 给定时,$\gamma_{\nu t}$ 是 t 的函数。现在考虑 $\gamma_{\nu t}$ 的最大值。

由式(3.2.16)和$\nu = \frac{1}{\sqrt{3}}(e_1 + e_2 + e_3)$,有

$$\varepsilon \cdot \nu = \frac{1}{\sqrt{3}}(\varepsilon_1 e_1 + \varepsilon_2 e_2 + \varepsilon_3 e_3) = d \tag{3.2.32}$$

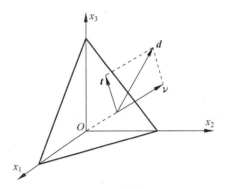

图 3.2.2　等倾面

表示单位矢量ν首尾两端变形引起的相对位移[31]。由于 ε 对称,所以

$$\varepsilon \cdot \nu = \nu \cdot \varepsilon \tag{3.2.33}$$

将式(3.2.32)及上式代入式(3.2.31)后可得

$$\gamma_{\nu t} = 2d \cdot t \tag{3.2.34}$$

在图3.2.2的主坐标系中作出了矢量 d。显然,当矢量 d、ν、t 共面时,d 在 t 上的投影 $d \cdot t$ $\left(\text{即}\frac{1}{2}\gamma_{\nu t}\right)$取得最大值。于是根据勾股定理

$$\begin{aligned}
(\max_t d \cdot t)^2 &= |d|^2 - (d \cdot \nu)^2 \\
&= \frac{1}{3}(\varepsilon_1^2 + \varepsilon_2^2 + \varepsilon_3^2) - \frac{1}{9}(\varepsilon_1 + \varepsilon_2 + \varepsilon_3)^2 \tag{3.2.35}
\end{aligned}$$

所以由式(3.2.34)

$$\begin{aligned}
\max_t \gamma_{\nu t} &= \frac{2}{3}\sqrt{3(\varepsilon_1^2 + \varepsilon_2^2 + \varepsilon_3^2) - (\varepsilon_1 + \varepsilon_2 + \varepsilon_3)^2} \\
&= \frac{2}{3}\sqrt{(\varepsilon_1 - \varepsilon_2)^2 + (\varepsilon_2 - \varepsilon_3)^2 + (\varepsilon_3 - \varepsilon_1)^2} \tag{3.2.36}
\end{aligned}$$

此即八面体剪应变 γ_0,是等倾面上的所有线元之间剪应变的最大值。

3.2.8　球形应变张量和应变偏量张量

应变张量就是描述线元的长度变化与方向的改变,前面分析得到正应变就是描述线元的长度变化,而剪应变就是方向的改变。为了进一步分析张量描述变形的特征,将应变张量分解为球形应变张量和应变偏量张量之和

$$\boldsymbol{\varepsilon} = \varepsilon_{ij}\boldsymbol{e}_i\boldsymbol{e}_j = \frac{1}{3}\varepsilon_{kk}I + \varepsilon'_{ij}\boldsymbol{e}_i\boldsymbol{e}_j \tag{3.2.37}$$

即

$$\varepsilon_{ij} = \frac{1}{3}\varepsilon_{kk}\delta_{ij} + \varepsilon'_{ij} \tag{3.2.38}$$

式中,

$$\left(\frac{1}{3}\varepsilon_{kk}\delta_{ij}\right) = (\varepsilon_m\delta_{ij}) = \begin{pmatrix} \varepsilon_m & 0 & 0 \\ 0 & \varepsilon_m & 0 \\ 0 & 0 & \varepsilon_m \end{pmatrix} \tag{3.2.39}$$

称为球形应变张量,ε_m 为平均正应变。将 $\varepsilon_m\delta_{ij}$ 代入式(3.1.34)及式(3.1.41)可得

$$\varepsilon_\nu = \varepsilon_m, \quad \gamma_{\nu t} \equiv 0 \tag{3.2.40}$$

因此球形应变张量表示等向体积膨胀或收缩,它不产生形状的畸变。

由式(3.2.38)

$$(\varepsilon'_{ij}) = \left(\varepsilon_{ij} - \frac{1}{3}\varepsilon_{kk}\delta_{ij}\right) = \begin{pmatrix} \varepsilon_{11}-\varepsilon_m & \varepsilon_{12} & \varepsilon_{13} \\ \varepsilon_{21} & \varepsilon_{22}-\varepsilon_m & \varepsilon_{23} \\ \varepsilon_{31} & \varepsilon_{32} & \varepsilon_{33}-\varepsilon_m \end{pmatrix} \tag{3.2.41}$$

称为应变偏量张量。容易看出

$$\varepsilon'_{ii} = 0 \tag{3.2.42}$$

即应变偏量张量不产生体积变化,仅表示形状畸变。

3.3　应变协调方程

基于连续介质的假设,在给定位移后就可以唯一确定应变的六个分量。在小变形情况下,六个应变分量通过六个几何方程与三个位移相联系

$$\varepsilon_{ij} = \frac{1}{2}\left(\frac{\partial u_i}{\partial x_j} + \frac{\partial u_j}{\partial x_i}\right) \tag{3.3.1}$$

反过来,如果在给定应变 ε_{ij} 之后,式(3.3.1)是关于位移 u_i 的微分方程。这时,方程数目是6个,而未知数是3个,即方程数目多于未知函数的数目,因此若任意给定 ε_{ij},则方程式(3.3.1)不一定有解。从数学的角度上看对 ε_{ij} 必须给予限定,从物理的角度上看就是"连续介质",即只有当 ε_{ij} 满足"连续介质"的可积条件时,才能由方程(3.1.26)积分得到单值连续的位移场 u_i,这种限制或者"连续介质"的可积条件称为应变协调关系。

从几何上讲,若某一初始连续的物体按给定的应变状态变形时,能始终保持连续,既不开裂,又不重叠(图3.3.1),则所给的应变是协调的,否则是不协调的。

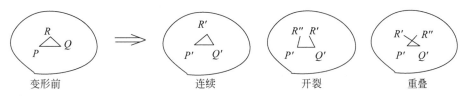

图 3.3.1　应变的协调性

对于单值连续的位移场,位移分量对坐标的偏导数应与求导顺序无关,由此可以导出应变分量的协调条件。

小应变张量 ε_{ij} 的二阶偏导数为

$$\varepsilon_{ij,kl} = \frac{1}{2}(u_{i,jkl} + u_{j,ikl}) \tag{3.3.2}$$

式中逗号前是分量指标,逗号后是导数指标。为了建立不同应变分量间的关系,把两个分量指标和两个导数指标双双对换,即 $ij \rightleftarrows kl$,可得

$$\varepsilon_{kl,ij} = \frac{1}{2}(u_{k,lij} + u_{l,kij}) \tag{3.3.3}$$

在式(3.3.2)、式(3.3.3)右端出现了位移分量 u_i, u_j, u_k, u_l 的四个三阶偏导数。

同理,若把式(3.3.2)左端的某个分量指标(例如 j)和某个导数指标(例如 k)对换一下,然后再双双对换分量指标和导数指标,即式(3.3.2)$j \rightleftarrows k$ 和式(3.3.3)$j \rightleftarrows k$,可得

$$\varepsilon_{ik,jl} = \frac{1}{2}(u_{i,kjl} + u_{k,ijl}) \tag{3.3.4}$$

$$\varepsilon_{jl,ik} = \frac{1}{2}(u_{j,lik} + u_{l,jik}) \tag{3.3.5}$$

这里再次出现 u_i, u_j, u_k, u_l 的四个三阶偏导数。当位移场单值连续,并存在三阶以上连续偏导数时,偏导数与求导顺序无关,于是式(3.3.2)+式(3.3.3)=式(3.3.4)+式(3.3.5)可得

$$\varepsilon_{ij,kl} + \varepsilon_{kl,ij} - \varepsilon_{ik,jl} - \varepsilon_{jl,ik} = 0 \tag{3.3.6}$$

请读者自行证明上式。这是存在单值连续位移场的必要条件,我们可以证明,它也是充分条件[31],即连续介质假设下的位移一定满足上述关于应变的方程,如果应变满足上述方程从而由应变得到的位移一定是单值连续的。由于在推导中只用了连续函数的求导顺序无关性,所以式(3.3.6)的本质是变形连续条件,常称其为应变协调方程。当应变分量不是任意指定,而是根据几何方程(3.1.26)由单值连续的位移场确定时,式(3.3.6)是各应变分量二阶偏导数间的恒等式,故又称为圣维南(Saint-Venant)恒等式。从数学上说,式(3.3.6)是能由几何方程(3.1.26)积分出单值连续位移场的必要条件,简称可积条件。

在式(3.3.6)中含有 4 个自由指标,共表示 81 个方程,但其中有不少是恒等式或等价方程。事实上,当 $j \rightleftarrows k$ 时,式(3.3.6)为

$$\varepsilon_{ik,jl} + \varepsilon_{jl,ik} - \varepsilon_{ij,kl} - \varepsilon_{kl,ij} = 0 \tag{3.3.6a}$$

即式(3.3.6)左端刚好与上式相差一个负号,即式(3.3.6)对指标 j 和 k 是反对称的。当 $j = k$ 时,式(3.3.6)变成零等于零的恒等式,例如当 $j = k = 1$ 时,有 $\varepsilon_{i1,1l} + \varepsilon_{1l,i1} - \varepsilon_{i1,1l} - \varepsilon_{1l,i1} = 0$ 即恒等式。当 $j \neq k$ 时,j 与 k 取值的组合可以是:(1,2)、(2,3)、(3,1)和(2,1)、(3,2)、(1,3)。

但由式(3.3.6)可见,后三种情况所得的方程与前三种情况的方程只差一个负号。例如,在式(3.3.6)中当 $j=1,k=2$ 时,就成为

$$\varepsilon_{i1,2l}+\varepsilon_{2l,i1}-\varepsilon_{i2,1l}-\varepsilon_{1l,i2}=0 \tag{3.3.6b}$$

上式可以采用排列符号为

$$e_{312}(\varepsilon_{i1,2l}-\varepsilon_{1l,i2})+e_{321}(\varepsilon_{i2,1l}-\varepsilon_{2l,i1})=0 \tag{3.3.6c}$$

因此,对方程(3.3.6)来说,j 与 k 的取值只有三种独立组合,可以采用排列符号将它缩写成

$$e_{mjk}(\varepsilon_{ij,kl}-\varepsilon_{jl,ik})=0 \tag{3.3.7}$$

其中 m 为自由指标,表示指标 j,k 取值的三种独立组合。j,k 已成哑指标,要遍历求和。但仅当 m,j,k 为顺序排列时,上式给出式(3.3.6)的第一项和第四项;逆序排列时则给出第三项和第二项。利用应变张量的对称性和连续性,可将式(3.3.7)改写成

$$e_{mjk}(\varepsilon_{ij,kl}-\varepsilon_{lj,ki})=0 \tag{3.3.8}$$

观察式(3.3.6)或式(3.3.8)可以看出,当 $i \rightleftarrows l$ 时式(3.3.8)为

$$e_{mjk}(\varepsilon_{lj,ki}-\varepsilon_{ij,kl})=0 \tag{3.3.8a}$$

即协调方程(3.3.8)对指标 i,l 也是反对称的,它们的取值也只有三种独立组合,因而协调方程可进一步缩写成

$$e_{mjk}e_{nil}\varepsilon_{ij,kl}=0 \tag{3.3.9}$$

式(3.3.9)只剩 m,n 两个自由指标,共 9 个方程。利用 e-δ 恒等式

$$e_{ijk}e_{ist}=\delta_{js}\delta_{kt}-\delta_{ks}\delta_{jt} \tag{3.3.10}$$

可将式(3.3.8)展开,从而可以进一步证明,式(3.3.8)对指标 m,n 是对称的,请读者自行证明。于是协调方程的数目减至 6 个。这里,符号 δ_{ij} 称为"Kronecker delta",定义是

$$\delta_{ij}=\begin{cases}1, & \text{当 } i=j \text{ 时}\\0, & \text{当 } i\neq j \text{ 时}\end{cases}, \quad i,j=1,2,\cdots,n \tag{3.3.11}$$

现在推导协调方程在直角坐标系中的表达式,在式(3.3.9)中令 $m=3,n=3$ 时,根据排列符号的性质,非零项的下标组合及式(3.3.9)为

$$m=3,n=3\begin{cases}j=1,k=2\begin{cases}i=1,l=2\\i=2,l=1\end{cases}\\j=2,k=1\begin{cases}i=1,l=2\\i=2,l=1\end{cases}\end{cases}, \quad e_{312}e_{312}\varepsilon_{11,22}+e_{312}e_{321}\varepsilon_{21,21}+$$

$$e_{321}e_{312}\varepsilon_{12,12}+e_{321}e_{321}\varepsilon_{22,11}=0 \tag{3.3.12}$$

上式即

$$\frac{\partial^2\varepsilon_{11}}{\partial x_2^2}+\frac{\partial^2\varepsilon_{22}}{\partial x_1^2}-\frac{\partial^2\gamma_{12}}{\partial x_1\partial x_2}=0,(22,11) \text{ 或}(11,22) \tag{3.3.12a}$$

右边跟随的两列括号表示导出该式时式(3.2.6)中四个指标 (ij,kl) 的取值情况。在式(3.3.9)中令 $m=2,n=3$ 时,根据排列符号的性质,非零项的下标组合及式(3.3.9)为

$$m=2,n=3\begin{cases}j=1,k=3\begin{cases}i=1,l=2\\i=2,l=1\end{cases}\\j=3,k=1\begin{cases}i=1,l=2\\i=2,l=1\end{cases}\end{cases}, \quad e_{213}e_{312}\varepsilon_{11,32}+e_{213}e_{321}\varepsilon_{21,31}+$$

$$e_{231}e_{312}\varepsilon_{13,12}+e_{231}e_{321}\varepsilon_{23,11}=0 \tag{3.3.13}$$

上式即

$$\frac{\partial^2 \varepsilon_{11}}{\partial x_2 \partial x_3} = \frac{1}{2}\frac{\partial}{\partial x_1}\left(-\frac{\partial \gamma_{23}}{\partial x_1} + \frac{\partial \gamma_{31}}{\partial x_2} + \frac{\partial \gamma_{12}}{\partial x_3}\right), (23,11) \text{ 或}(31,21) \qquad (3.3.13a)$$

类似的,可以得到

$$\frac{\partial^2 \varepsilon_{22}}{\partial x_3^2} + \frac{\partial^2 \varepsilon_{33}}{\partial x_2^2} - \frac{\partial^2 \gamma_{23}}{\partial x_2 \partial x_3} = 0, (33,22) \text{ 或}(22,33) \qquad (3.3.14)$$

$$\frac{\partial^2 \varepsilon_{33}}{\partial x_1^2} + \frac{\partial^2 \varepsilon_{11}}{\partial x_3^2} - \frac{\partial^2 \gamma_{13}}{\partial x_1 \partial x_3} = 0, (11,33) \text{ 或}(33,11) \qquad (3.3.15)$$

$$\frac{\partial^2 \varepsilon_{22}}{\partial x_3 \partial x_1} = \frac{1}{2}\frac{\partial}{\partial x_2}\left(-\frac{\partial \gamma_{31}}{\partial x_2} + \frac{\partial \gamma_{12}}{\partial x_3} + \frac{\partial \gamma_{23}}{\partial x_1}\right), (31,22) \text{ 或}(12,32) \qquad (3.3.16)$$

$$\frac{\partial^2 \varepsilon_{33}}{\partial x_1 \partial x_2} = \frac{1}{2}\frac{\partial}{\partial x_3}\left(-\frac{\partial \gamma_{12}}{\partial x_3} + \frac{\partial \gamma_{23}}{\partial x_1} + \frac{\partial \gamma_{31}}{\partial x_2}\right), (12,33) \text{ 或}(23,13) \qquad (3.3.17)$$

可以看到,式(3.3.12a)、式(3.3.14)、式(3.3.15)分别是 x_1-x_2、x_2-x_3、x_3-x_1 平面内三个应变分量间的协调方程;式(3.3.13a)、式(3.3.16)、式(3.3.17)分别是正应变 ε_{11}、ε_{22}、ε_{33} 和三个剪应变之间的协调方程。

式(3.3.9)的实体符号形式为

$$\nabla \times \boldsymbol{\varepsilon} \times \nabla = 0 \qquad (3.3.18)$$

这种形式适用于任何曲线坐标系。由它可得到柱坐标系及球坐标系中的协调方程。这里值得注意的是,对于张量 $\boldsymbol{T}$,$\nabla \times \boldsymbol{T}$ 和 $\boldsymbol{T} \times \nabla$ 是不一样的,它们的定义为[32]

$$\nabla \times \boldsymbol{T} = \boldsymbol{e}_i \times \frac{\partial \boldsymbol{T}}{\partial x_i} \quad \boldsymbol{T} \times \nabla = \frac{\partial \boldsymbol{T}}{\partial x_i} \times \boldsymbol{e}_i \qquad (3.3.19)$$

为了巩固梯度算符的知识,请读者按照式(3.3.18)和式(3.3.19)验证直角坐标系下的应变协调方程(3.3.12a)~方程(3.3.17)。进一步研究表明,六个协调方程并不独立,它们之间存在三个高一阶的微分关系。应变协调方程是保证位移(变形)单值连续的必要条件。同时还可以证明,在单连通域中,只要六个应变分量满足协调方程,就能由式(3.1.26)积分出单值连续的位移值。因而协调方程也就是几何方程(3.1.26)可积分的充分条件[31]。

综上所述,物体的变形可以用位移矢量场(三个位移分量)来描述,也可用应变张量场(六个应变分量)来描述。当用位移描述时,只要位移函数连续且足够光滑,协调方程就自动满足。当用应变描述时,六个应变分量必须首先满足协调方程。只有从协调的应变场才能积分几何方程(3.1.26),得到相应的位移场。

3.4 由应变求位移

现在讨论已知应变求位移,已知的应变必须满足协调方程。这时可以通过对几何方程积分求出与之对应的位移。本节介绍由笛卡儿坐标系中的几何方程

$$\begin{cases} \varepsilon_{11} = \dfrac{\partial u_1}{\partial x_1}, & \gamma_{12} = \dfrac{\partial u_1}{\partial x_2} + \dfrac{\partial u_2}{\partial x_1} \\[2mm] \varepsilon_{22} = \dfrac{\partial u_2}{\partial x_2}, & \gamma_{23} = \dfrac{\partial u_2}{\partial x_3} + \dfrac{\partial u_3}{\partial x_2} \\[2mm] \varepsilon_{33} = \dfrac{\partial u_3}{\partial x_3} & \gamma_{31} = \dfrac{\partial u_3}{\partial x_1} + \dfrac{\partial u_1}{\partial x_3} \end{cases} \qquad (3.4.1)$$

积分求位移分量 u_1, u_2, u_3 的方法。

3.4.1　线积分法

这里介绍一种由线积分求位移的通用步骤。先求位移分量 u_1。因为

$$u_1 = \int_C \mathrm{d}u_1 + u_1^\circ$$

$$= \int_C \left(\frac{\partial u_1}{\partial x_1} \mathrm{d}x_1 + \frac{\partial u_1}{\partial x_2} \mathrm{d}x_2 + \frac{\partial u_1}{\partial x_3} \mathrm{d}x_3 \right) + u_1^\circ \qquad (3.4.2)$$

式中，u_1^0 是参考点的位移。根据前面分析，应变是已知的，所以由上式可以看出，只要求出 u_1 的三个一阶偏导数 $\frac{\partial u_1}{\partial x_1}, \frac{\partial u_1}{\partial x_2}, \frac{\partial u_1}{\partial x_3}$ 用应变分量表示的表达式，就可由上式积分出位移 u_1。由几何方程(3.4.1)可得

$$\frac{\partial u_1}{\partial x_1} = \varepsilon_{11}, \qquad \frac{\partial u_1}{\partial x_2} = \gamma_{12} - \frac{\partial u_2}{\partial x_1}, \qquad \frac{\partial u_1}{\partial x_3} = \gamma_{13} - \frac{\partial u_3}{\partial x_1} \qquad (3.4.3)$$

现在 $\frac{\partial u_1}{\partial x_1}$ 已用应变分量表示，但 $\frac{\partial u_1}{\partial x_2}$ 和 $\frac{\partial u_1}{\partial x_3}$ 还没有完全由应变表示，还含有未知的位移偏导数 $\frac{\partial u_2}{\partial x_1}$ 和 $\frac{\partial u_3}{\partial x_1}$。先处理 $\frac{\partial u_1}{\partial x_2}$ 含有的偏导数项 $\frac{\partial u_2}{\partial x_1}$。注意到

$$\frac{\partial}{\partial x_2} \left(\frac{\partial u_2}{\partial x_1} \right) = \frac{\partial}{\partial x_1} \left(\frac{\partial u_2}{\partial x_2} \right) = \frac{\partial \varepsilon_{22}}{\partial x_1} \qquad (3.4.4)$$

故将式(3.4.3)第二式对 x_2 求导，可得

$$\frac{\partial}{\partial x_2} \left(\frac{\partial u_1}{\partial x_2} \right) = \frac{\partial \gamma_{12}}{\partial x_2} - \frac{\partial \varepsilon_{22}}{\partial x_1} \qquad (3.4.5)$$

仿照式(3.4.2)的处理方法，为了求得 $\frac{\partial u_1}{\partial x_2}$，还需导出它的另外两个偏导数 $\frac{\partial}{\partial x_1} \left(\frac{\partial u_1}{\partial x_2} \right)$ 和 $\frac{\partial}{\partial x_3} \left(\frac{\partial u_1}{\partial x_2} \right)$。利用式(3.4.1)和式(3.4.3)的第二式和第三式有

$$\frac{\partial}{\partial x_1} \left(\frac{\partial u_1}{\partial x_2} \right) = \frac{\partial}{\partial x_2} \left(\frac{\partial u_1}{\partial x_1} \right) = \frac{\partial \varepsilon_{11}}{\partial x_2} \qquad (3.4.6)$$

$$\frac{\partial}{\partial x_3} \left(\frac{\partial u_1}{\partial x_2} \right) = \frac{1}{2} \left[\frac{\partial}{\partial x_3} \left(\frac{\partial u_1}{\partial x_2} \right) + \frac{\partial}{\partial x_2} \left(\frac{\partial u_1}{\partial x_3} \right) \right]$$

$$= \frac{1}{2} \left[\frac{\partial}{\partial x_3} \left(\gamma_{12} - \frac{\partial u_2}{\partial x_1} \right) + \frac{\partial}{\partial x_2} \left(\gamma_{31} - \frac{\partial u_3}{\partial x_1} \right) \right]$$

$$= \frac{1}{2} \left(\frac{\partial \gamma_{12}}{\partial x_3} + \frac{\partial \gamma_{31}}{\partial x_2} - \frac{\partial \gamma_{23}}{\partial x_1} \right) \qquad (3.4.7)$$

于是由式(3.4.3)可得

$$\frac{\partial u_1}{\partial x_2} = \int_C \left[\frac{\partial}{\partial x_1} \left(\frac{\partial u_1}{\partial x_2} \right) \mathrm{d}x_1 + \frac{\partial}{\partial x_2} \left(\frac{\partial u_1}{\partial x_2} \right) \mathrm{d}x_2 + \frac{\partial}{\partial x_3} \left(\frac{\partial u_1}{\partial x_2} \right) \mathrm{d}x_3 \right] + C_1$$

$$= \int_C \left[\frac{\partial \varepsilon_{11}}{\partial x_2} \mathrm{d}x_1 + \left(\frac{\partial \gamma_{12}}{\partial x_2} - \frac{\partial \varepsilon_{22}}{\partial x_1} \right) \mathrm{d}x_2 + \frac{1}{2} \left(\frac{\partial \gamma_{12}}{\partial x_3} + \frac{\partial \gamma_{31}}{\partial x_2} - \frac{\partial \gamma_{23}}{\partial x_1} \right) \mathrm{d}x_3 \right] + C_1 \quad (3.4.8)$$

式中，C_1 为待定积分常数。这样，式(3.4.2)中的 $\dfrac{\partial u_1}{\partial x_2}$ 完全由已知的应变求出来了。

用同样的思路可求得式(3.4.2)中的偏导数 $\dfrac{\partial u_1}{\partial x_3}$。然后代入式(3.4.2)就能积分出位移分量 $u_1(x_1,x_2,x_3)$。以上各式中的线积分均与路径无关。

用同样的方法进一步求得位移分量 u_2 和 u_3。下面列出整个解题过程，积分过程中出现的积分常数注明在方括号中。

(1) 求 u_1

$$\dfrac{\partial u_1}{\partial x_1}=\varepsilon_{11}$$

$$\left.\begin{array}{l}\dfrac{\partial}{\partial x_1}\left(\dfrac{\partial u_1}{\partial x_2}\right)=\dfrac{\partial \varepsilon_{11}}{\partial x_2} \\[2mm] \dfrac{\partial}{\partial x_2}\left(\dfrac{\partial u_1}{\partial x_2}\right)=\dfrac{\partial \gamma_{12}}{\partial x_2}-\dfrac{\partial \varepsilon_{22}}{\partial x_1} \\[2mm] \dfrac{\partial}{\partial x_3}\left(\dfrac{\partial u_1}{\partial x_2}\right)=\dfrac{1}{2}\left(\dfrac{\partial \gamma_{12}}{\partial x_3}+\dfrac{\partial \gamma_{31}}{\partial x_2}-\dfrac{\partial \gamma_{23}}{\partial x_1}\right)\end{array}\right\}\dfrac{\partial u_1}{\partial x_2}[C_1]$$

$$\left.\begin{array}{l}\dfrac{\partial}{\partial x_1}\left(\dfrac{\partial u_1}{\partial x_3}\right)=\dfrac{\partial \varepsilon_{11}}{\partial x_3} \\[2mm] \dfrac{\partial}{\partial x_2}\left(\dfrac{\partial u_1}{\partial x_3}\right)=\dfrac{\partial}{\partial x_3}\left(\dfrac{\partial u_1}{\partial x_2}\right) \\[2mm] \dfrac{\partial}{\partial x_3}\left(\dfrac{\partial u_1}{\partial x_3}\right)=\dfrac{\partial \gamma_{31}}{\partial x_3}-\dfrac{\partial \varepsilon_{33}}{\partial x_1}\end{array}\right\}\dfrac{\partial u_1}{\partial x_3}[C_2]$$

$$u_1\,[u_1^0,C_1,C_2] \qquad (3.4.9)$$

(2) 求 u_2

$$\dfrac{\partial u_2}{\partial x_1}=\gamma_{12}-\dfrac{\partial u_1}{\partial x_2}[C_1]$$

$$\dfrac{\partial u_2}{\partial x_2}=\varepsilon_{22}$$

$$\left.\begin{array}{l}\dfrac{\partial}{\partial x_1}\left(\dfrac{\partial u_2}{\partial x_3}\right)=\dfrac{1}{2}\left(\dfrac{\partial \gamma_{23}}{\partial x_1}+\dfrac{\partial \gamma_{12}}{\partial x_3}-\dfrac{\partial \gamma_{31}}{\partial x_2}\right) \\[2mm] \dfrac{\partial}{\partial x_2}\left(\dfrac{\partial u_2}{\partial x_3}\right)=\dfrac{\partial \varepsilon_{22}}{\partial x_3} \\[2mm] \dfrac{\partial}{\partial x_3}\left(\dfrac{\partial u_2}{\partial x_3}\right)=\dfrac{\partial \gamma_{23}}{\partial x_3}-\dfrac{\partial \varepsilon_{33}}{\partial x_2}\end{array}\right\}\dfrac{\partial u_2}{\partial x_3}[C_3]$$

$$u_2\,[u_2^0,C_1,C_3] \qquad (3.4.10)$$

这里的 $\dfrac{\partial u_1}{\partial x_2}$ 由式(3.4.9)求出。

（3）求 u_3

$$
\left.\begin{aligned}
\frac{\partial u_3}{\partial x_1} &= \gamma_{31} - \frac{\partial u_1}{\partial x_3}[C_2] \\
\frac{\partial u_3}{\partial x_2} &= \gamma_{23} - \frac{\partial u_2}{\partial x_3}[C_3] \\
\frac{\partial u_3}{\partial x_3} &= \varepsilon_{33}
\end{aligned}\right\} u_3[u_3^0, C_2, C_3]
\tag{3.4.11}
$$

这里的 $\dfrac{\partial u_1}{\partial x_3}$ 和 $\dfrac{\partial u_2}{\partial x_3}$ 分别由式(3.4.9)和式(3.4.10)求出。

式(3.4.9)～式(3.4.11)中出现的六个积分常数 u_1^0, u_2^0, u_3^0 和 C_1, C_2, C_3 分别相应于刚体平移和刚体转动的六个自由度,须由外部约束条件来决定。如果约束条件少于六个,则物体是可动的;如果多于六个,则可能引起附加的应力场。

3.4.2　直接积分法

上面介绍了积分几何方程的通用步骤。对某些应变分量表达式较为简单的情况,也可采用直接积分法。下面以无应变状态 $\varepsilon_{ij}=0$ 为例,说明处理积分常数时应注意的问题。当应变不为零时,处理过程类似,只是多了一些来自非零应变的积分项。

由正应变表达式

$$
\varepsilon_{11}=\frac{\partial u_1}{\partial x_1}=0, \quad \varepsilon_{22}=\frac{\partial u_2}{\partial x_2}=0, \quad \varepsilon_{33}=\frac{\partial u_3}{\partial x_3}=0
\tag{3.4.12}
$$

分别对 x_1、x_2、x_3 积分一次得

$$
u_1=f_1(x_2,x_3), \quad u_2=f_2(x_3,x_1), \quad u_3=f_3(x_1,x_2)
\tag{3.4.13}
$$

这里 f_1、f_2 和 f_3 分别是与相应积分自变量 x_1、x_2 和 x_3 无关的三个待定函数。代入剪应变表达式

$$
\gamma_{12}=\frac{\partial u_1}{\partial x_2}+\frac{\partial u_2}{\partial x_1}=0, \quad \gamma_{23}=\frac{\partial u_2}{\partial x_3}+\frac{\partial u_3}{\partial x_2}=0, \quad \gamma_{31}=\frac{\partial u_3}{\partial x_1}+\frac{\partial u_1}{\partial x_3}=0
\tag{3.4.14}
$$

可得

$$
\frac{\partial f_1(x_2,x_3)}{\partial x_2}+\frac{\partial f_2(x_3,x_1)}{\partial x_1}=0
\tag{3.4.15a}
$$

$$
\frac{\partial f_2(x_3,x_1)}{\partial x_3}+\frac{\partial f_3(x_1,x_2)}{\partial x_2}=0
\tag{3.4.15b}
$$

$$
\frac{\partial f_3(x_1,x_2)}{\partial x_1}+\frac{\partial f_1(x_2,x_3)}{\partial x_3}=0
\tag{3.4.15c}
$$

因 f_2 与 x_2 无关,由式(3.4.15a)对 x_2 求导得

$$
\frac{\partial^2 f_1(x_2,x_3)}{\partial x_2^2}=0
\tag{3.4.16}
$$

所以

$$
\frac{\partial f_1}{\partial x_2}=g_1(x_3), \quad f_1=g_1(x_3)x_2+g_0(x_3)
\tag{3.4.17}
$$

同理,由式(3.4.15c)有

$$\frac{\partial^2 f_1(x_2, x_3)}{\partial x_3^2} = 0 \qquad (3.4.18)$$

将式(3.4.17)代入后有

$$g_1''(x_3) x_2 + g_0''(x_3) = 0 \qquad (3.4.19)$$

上式对任意 x_2 值均应成立,因此

$$g_1''(x_3) = 0, \quad g_0''(x_3) = 0 \qquad (3.4.20)$$

故

$$g_1(x_3) = a_3 x_3 + a_1, \quad g_0(x_3) = a_2 x_3 + a_0 \qquad (3.4.21)$$

代入式(3.4.17)和式(3.4.13)得

$$u_1 = f_1(x_2, x_3) = a_0 + a_1 x_2 + a_2 x_3 + a_3 x_2 x_3 \qquad (3.4.22)$$

同理可由

$$\frac{\partial^2 f_2}{\partial x_1^2} = 0 \quad 和 \quad \frac{\partial^2 f_2}{\partial x_3^2} = 0 \qquad (3.4.23)$$

得

$$u_2 = f_2(x_3, x_1) = b_0 + b_1 x_3 + b_2 x_1 + b_3 x_3 x_1 \qquad (3.4.24)$$

由

$$\frac{\partial^2 f_3}{\partial x_1^2} = 0 \quad 和 \quad \frac{\partial^2 f_3}{\partial x_2^2} = 0 \qquad (3.4.25)$$

得

$$u_3 = f_3(x_1, x_2) = c_0 + c_1 x_1 + c_2 x_2 + c_3 x_1 x_2 \qquad (3.4.26)$$

无应变的刚体运动只有六个自由度,而解式(3.4.22)、式(3.4.24)、式(3.4.26)中出现了十二个常数。其中多余的六个常数属于方程组(3.4.16)、(3.4.18)、(3.4.25),它是对式(3.4.15)求导后的高阶方程组,所以要求更多的积分常数。但我们只关心方程组(3.4.15)的解。为此把解式(3.4.22)、式(3.4.24)、式(3.4.26)代回式(3.4.15)得

$$\begin{cases} a_1 + b_2 + (a_3 + b_3) x_3 = 0 \\ b_1 + c_2 + (b_3 + c_3) x_1 = 0 \\ c_1 + a_2 + (c_3 + a_3) x_2 = 0 \end{cases} \qquad (3.4.27)$$

上式对任意 x_1、x_2、x_3 均应成立,所以要求

$$a_1 = -b_2, \quad b_1 = -c_2, \quad c_1 = -a_2, \quad a_3 = b_3 = c_3 = 0 \qquad (3.4.28)$$

于是独立常数降为六个。式(3.4.22)、式(3.4.24)、式(3.4.26)简化为

$$\begin{cases} u_1 = a_0 - b_2 x_2 + a_2 x_3 \\ u_2 = b_0 - c_2 x_3 + b_2 x_1 \\ u_3 = c_0 - a_2 x_1 + c_2 x_2 \end{cases} \qquad (3.4.29)$$

进一步可得到[31],积分常数 a_0, b_0, c_0 就是刚体平移,而 a_2, b_2, c_2 是刚体转动。

3.5　柱面和球面坐标系中的几何方程

应变张量方程(3.1.26a)不因坐标系的变化而变化,有些情况用直角坐标系不方便,比如用柱坐标系或者球坐标系就比较方便。与直角坐标系中的几何方程相类似的方法,可求

得柱面坐标系和球面坐标系中的几何方程。先求柱坐标系的几何方程。柱坐标系和直角坐标系的关系为

$$r = \sqrt{x^2 + y^2}, \quad \theta = \arctan\frac{y}{x}, \quad z = z, \quad \boldsymbol{e}_r = \boldsymbol{e}_x\cos\theta + \boldsymbol{e}_y\sin\theta,$$

$$\boldsymbol{e}_\theta = -\boldsymbol{e}_x\sin\theta + \boldsymbol{e}_y\cos\theta, \quad \boldsymbol{e}_z = \boldsymbol{e}_z \tag{3.5.1}$$

这样在柱坐标系和直角坐标系中矢量的关系为

$$\boldsymbol{A} = A_x\boldsymbol{e}_x + A_y\boldsymbol{e}_y + A_z\boldsymbol{e}_z = A_r\boldsymbol{e}_r + A_\theta\boldsymbol{e}_\theta + A_z\boldsymbol{e}_z \tag{3.5.2}$$

$$A_r = A_x\cos\theta + A_y\sin\theta, \quad A_\theta = -A_x\sin\theta + A_y\cos\theta, \quad A_z = A_z \tag{3.5.3}$$

在柱坐标系中单位矢量的偏导数为

$$\frac{\partial \boldsymbol{e}_r}{\partial r} = \frac{\partial \boldsymbol{e}_\theta}{\partial r} = \frac{\partial \boldsymbol{e}_z}{\partial r} = \boldsymbol{0}, \quad \frac{\partial \boldsymbol{e}_r}{\partial \theta} = \boldsymbol{e}_\theta, \quad \frac{\partial \boldsymbol{e}_\theta}{\partial \theta} = -\boldsymbol{e}_r, \quad \frac{\partial \boldsymbol{e}_z}{\partial \theta} = \boldsymbol{0}, \quad \frac{\partial \boldsymbol{e}_r}{\partial z} = \frac{\partial \boldsymbol{e}_\theta}{\partial z} = \frac{\partial \boldsymbol{e}_z}{\partial z} = \boldsymbol{0} \tag{3.5.4}$$

这样柱坐标系中的位移矢量为

$$\boldsymbol{u} = u_r\boldsymbol{e}_r + u_\theta\boldsymbol{e}_\theta + u_z\boldsymbol{e}_z \tag{3.5.5}$$

式中，u_r、u_θ 和 u_z 分别是径向 r 方向、环向 θ 方向和轴向 z 方向的位移。根据应变张量方程 (3.1.26a) 需求出位移梯度 $\boldsymbol{u}\nabla$ 和 $\nabla\boldsymbol{u}$，柱坐标系中的梯度算符为

$$\nabla = \boldsymbol{e}_r\frac{\partial}{\partial r} + \boldsymbol{e}_\theta\frac{1}{r}\frac{\partial}{\partial \theta} + \boldsymbol{e}_z\frac{\partial}{\partial z} \tag{3.5.6}$$

根据式 (3.1.22b) 直角坐标系中位移梯度的定义可以求出柱坐标系中的位移梯度为

$$\boldsymbol{u}\nabla = \left(\frac{\partial u_r}{\partial r}\boldsymbol{e}_r + \frac{\partial u_\theta}{\partial r}\boldsymbol{e}_\theta + \frac{\partial u_z}{\partial r}\boldsymbol{e}_z\right)\boldsymbol{e}_r + \frac{1}{r}\left(\frac{\partial u_r}{\partial \theta}\boldsymbol{e}_r + u_r\frac{\partial \boldsymbol{e}_r}{\partial \theta} + \frac{\partial u_\theta}{\partial \theta}\boldsymbol{e}_\theta + u_\theta\frac{\partial \boldsymbol{e}_\theta}{\partial \theta} + \frac{\partial u_z}{\partial \theta}\boldsymbol{e}_z\right)\boldsymbol{e}_\theta +$$

$$\left(\frac{\partial u_r}{\partial z}\boldsymbol{e}_r + \frac{\partial u_\theta}{\partial z}\boldsymbol{e}_\theta + \frac{\partial u_z}{\partial z}\boldsymbol{e}_z\right)\boldsymbol{e}_z$$

$$= \left(\frac{\partial u_r}{\partial r}\boldsymbol{e}_r + \frac{\partial u_\theta}{\partial r}\boldsymbol{e}_\theta + \frac{\partial u_z}{\partial r}\boldsymbol{e}_z\right)\boldsymbol{e}_r + \frac{1}{r}\left(\frac{\partial u_r}{\partial \theta}\boldsymbol{e}_r + u_r\boldsymbol{e}_\theta + \frac{\partial u_\theta}{\partial \theta}\boldsymbol{e}_\theta - u_\theta\boldsymbol{e}_r + \frac{\partial u_z}{\partial \theta}\boldsymbol{e}_z\right)\boldsymbol{e}_\theta +$$

$$\left(\frac{\partial u_r}{\partial z}\boldsymbol{e}_r + \frac{\partial u_\theta}{\partial z}\boldsymbol{e}_\theta + \frac{\partial u_z}{\partial z}\boldsymbol{e}_z\right)\boldsymbol{e}_z \tag{3.5.7}$$

$$\nabla\boldsymbol{u} = \boldsymbol{e}_r\frac{\partial}{\partial r}(u_r\boldsymbol{e}_r + u_\theta\boldsymbol{e}_\theta + u_z\boldsymbol{e}_z) + \boldsymbol{e}_\theta\frac{1}{r}\frac{\partial}{\partial \theta}(u_r\boldsymbol{e}_r + u_\theta\boldsymbol{e}_\theta + u_z\boldsymbol{e}_z) + \boldsymbol{e}_z\frac{\partial}{\partial z}(u_r\boldsymbol{e}_r + u_\theta\boldsymbol{e}_\theta + u_z\boldsymbol{e}_z)$$

$$= \boldsymbol{e}_r\left(\frac{\partial u_r}{\partial r}\boldsymbol{e}_r + \frac{\partial u_\theta}{\partial r}\boldsymbol{e}_\theta + \frac{\partial u_z}{\partial r}\boldsymbol{e}_z\right) + \boldsymbol{e}_\theta\frac{1}{r}\left(\frac{\partial u_r}{\partial \theta}\boldsymbol{e}_r + u_r\boldsymbol{e}_\theta + \frac{\partial u_\theta}{\partial \theta}\boldsymbol{e}_\theta - u_\theta\boldsymbol{e}_r + \frac{\partial u_z}{\partial \theta}\boldsymbol{e}_z\right) +$$

$$\boldsymbol{e}_z\left(\frac{\partial u_r}{\partial z}\boldsymbol{e}_r + \frac{\partial u_\theta}{\partial z}\boldsymbol{e}_\theta + \frac{\partial u_z}{\partial z}\boldsymbol{e}_z\right) \tag{3.5.8}$$

把上两式代入应变张量方程 (3.1.26a) 得到

$$\boldsymbol{\varepsilon} = \frac{1}{2}(\boldsymbol{u}\nabla + \nabla\boldsymbol{u}) = \frac{\partial u_r}{\partial r}\boldsymbol{e}_r\boldsymbol{e}_r + \frac{1}{2}\left(\frac{\partial u_\theta}{\partial r} + \frac{1}{r}\frac{\partial u_r}{\partial \theta} - \frac{u_\theta}{r}\right)\boldsymbol{e}_r\boldsymbol{e}_\theta + \frac{1}{2}\left(\frac{\partial u_r}{\partial z} + \frac{\partial u_z}{\partial r}\right)\boldsymbol{e}_r\boldsymbol{e}_z +$$

$$\frac{1}{2}\left(\frac{\partial u_\theta}{\partial r} + \frac{1}{r}\frac{\partial u_r}{\partial \theta} - \frac{u_\theta}{r}\right)\boldsymbol{e}_\theta\boldsymbol{e}_r + \left(\frac{1}{r}\frac{\partial u_\theta}{\partial \theta} + \frac{u_r}{r}\right)\boldsymbol{e}_\theta\boldsymbol{e}_\theta + \frac{1}{2}\left(\frac{1}{r}\frac{\partial u_z}{\partial \theta} + \frac{\partial u_\theta}{\partial z}\right)\boldsymbol{e}_\theta\boldsymbol{e}_z +$$

$$\frac{1}{2}\left(\frac{\partial u_r}{\partial z} + \frac{\partial u_z}{\partial r}\right)\boldsymbol{e}_z\boldsymbol{e}_r + \frac{1}{2}\left(\frac{1}{r}\frac{\partial u_z}{\partial \theta} + \frac{\partial u_\theta}{\partial z}\right)\boldsymbol{e}_z\boldsymbol{e}_\theta + \frac{\partial u_z}{\partial z}\boldsymbol{e}_z\boldsymbol{e}_z \tag{3.5.9}$$

柱面坐标系中的几何方程为

$$
\begin{cases}
\varepsilon_r = \dfrac{\partial u_r}{\partial r}, \quad \gamma_{\theta z} = \dfrac{1}{r}\dfrac{\partial u_z}{\partial \theta} + \dfrac{\partial u_\theta}{\partial z} \\[2mm]
\varepsilon_\theta = \dfrac{1}{r}\dfrac{\partial u_\theta}{\partial \theta} + \dfrac{u_r}{r}, \quad \gamma_{zr} = \dfrac{\partial u_r}{\partial z} + \dfrac{\partial u_z}{\partial r} \\[2mm]
\varepsilon_z = \dfrac{\partial u_z}{\partial z}, \quad \gamma_{r\theta} = \dfrac{\partial u_\theta}{\partial r} + \dfrac{1}{r}\dfrac{\partial u_r}{\partial \theta} - \dfrac{u_\theta}{r}
\end{cases}
\tag{3.5.10}
$$

请读者按照式(3.3.18)和式(3.3.19)推导出柱面坐标系下的应变协调方程。

球面坐标系和直角坐标系的关系为

$$
\begin{cases}
r = \sqrt{x^2 + y^2 + z^2}, \quad \theta = \arccos \dfrac{z}{\sqrt{x^2 + y^2 + z^2}}, \quad \varphi = \arctan \dfrac{y}{x} \\[2mm]
\boldsymbol{e}_r = \boldsymbol{e}_x \sin\theta\cos\varphi + \boldsymbol{e}_y \sin\theta\sin\varphi + \boldsymbol{e}_z \cos\theta \\[2mm]
\boldsymbol{e}_\theta = \boldsymbol{e}_x \cos\theta\cos\varphi + \boldsymbol{e}_y \cos\theta\sin\varphi - \boldsymbol{e}_z \sin\theta \\[2mm]
\boldsymbol{e}_\varphi = -\boldsymbol{e}_x \sin\varphi + \boldsymbol{e}_y \cos\varphi
\end{cases}
\tag{3.5.11}
$$

这样在球面坐标系和直角坐标系中矢量的关系为

$$
\boldsymbol{A} = A_x \boldsymbol{e}_x + A_y \boldsymbol{e}_y + A_z \boldsymbol{e}_z = A_r \boldsymbol{e}_r + A_\theta \boldsymbol{e}_\theta + A_\varphi \boldsymbol{e}_\varphi
\tag{3.5.12}
$$

$$
\begin{cases}
A_r = A_x \sin\theta\cos\varphi + A_y \sin\theta\sin\varphi + A_z \cos\theta \\[1mm]
A_\theta = A_x \cos\theta\cos\varphi + A_y \cos\theta\sin\varphi - A_z \sin\theta \\[1mm]
A_\varphi = -A_x \sin\varphi + A_y \cos\varphi
\end{cases}
\tag{3.5.13}
$$

在球面坐标系中单位矢量的偏导数为

$$
\begin{cases}
\dfrac{\partial \boldsymbol{e}_r}{\partial r} = \dfrac{\partial \boldsymbol{e}_\theta}{\partial r} = \dfrac{\partial \boldsymbol{e}_\varphi}{\partial r} = \boldsymbol{0}, \quad \dfrac{\partial \boldsymbol{e}_r}{\partial \theta} = \boldsymbol{e}_\theta, \quad \dfrac{\partial \boldsymbol{e}_\theta}{\partial \theta} = -\boldsymbol{e}_r, \quad \dfrac{\partial \boldsymbol{e}_\varphi}{\partial \theta} = \boldsymbol{0} \\[2mm]
\dfrac{\partial \boldsymbol{e}_r}{\partial \varphi} = \boldsymbol{e}_\varphi \sin\theta, \quad \dfrac{\partial \boldsymbol{e}_\theta}{\partial \varphi} = \boldsymbol{e}_\varphi \cos\theta, \quad \dfrac{\partial \boldsymbol{e}_\varphi}{\partial \varphi} = -\boldsymbol{e}_r \sin\theta - \boldsymbol{e}_\theta \cos\theta
\end{cases}
\tag{3.5.14}
$$

这样球面坐标系中的位移矢量为

$$
\boldsymbol{u} = u_r \boldsymbol{e}_r + u_\theta \boldsymbol{e}_\theta + u_\varphi \boldsymbol{e}_\varphi
\tag{3.5.15}
$$

式中,u_r、u_θ 和 u_φ 分别是球坐标系中 r 方向、θ 方向和 φ 方向的位移。根据应变张量方程 (3.1.26a)需求出位移梯度 $\boldsymbol{u}\nabla$ 和 $\nabla\boldsymbol{u}$,球面坐标系中的梯度算符为

$$
\nabla = \boldsymbol{e}_r \dfrac{\partial}{\partial r} + \boldsymbol{e}_\theta \dfrac{1}{r}\dfrac{\partial}{\partial \theta} + \boldsymbol{e}_\varphi \dfrac{1}{r\sin\theta}\dfrac{\partial}{\partial \varphi}
\tag{3.5.16}
$$

根据式(3.1.22b)直角坐标系中位移梯度的定义可以求出球面坐标系中的位移梯度为

$$
\begin{aligned}
\boldsymbol{u}\nabla =& \left(\dfrac{\partial u_r}{\partial r}\boldsymbol{e}_r + \dfrac{\partial u_\theta}{\partial r}\boldsymbol{e}_\theta + \dfrac{\partial u_\varphi}{\partial r}\boldsymbol{e}_\varphi \right)\boldsymbol{e}_r + \dfrac{1}{r}\left(\dfrac{\partial u_r}{\partial \theta}\boldsymbol{e}_r + u_r \dfrac{\partial \boldsymbol{e}_r}{\partial \theta} + \dfrac{\partial u_\theta}{\partial \theta}\boldsymbol{e}_\theta + u_\theta \dfrac{\partial \boldsymbol{e}_\theta}{\partial \theta} + \dfrac{\partial u_\varphi}{\partial \theta}\boldsymbol{e}_\varphi + u_\varphi \dfrac{\partial \boldsymbol{e}_\varphi}{\partial \theta} \right)\boldsymbol{e}_\theta + \\[2mm]
& \dfrac{1}{r\sin\theta}\left(\dfrac{\partial u_r}{\partial \varphi}\boldsymbol{e}_r + u_r \dfrac{\partial \boldsymbol{e}_r}{\partial \varphi} + \dfrac{\partial u_\theta}{\partial \varphi}\boldsymbol{e}_\theta + u_\theta \dfrac{\partial \boldsymbol{e}_\theta}{\partial \varphi} + \dfrac{\partial u_\varphi}{\partial \varphi}\boldsymbol{e}_\varphi + u_\varphi \dfrac{\partial \boldsymbol{e}_\varphi}{\partial \varphi} \right)\boldsymbol{e}_\varphi \\[2mm]
=& \left(\dfrac{\partial u_r}{\partial r}\boldsymbol{e}_r + \dfrac{\partial u_\theta}{\partial r}\boldsymbol{e}_\theta + \dfrac{\partial u_\varphi}{\partial r}\boldsymbol{e}_\varphi \right)\boldsymbol{e}_r + \dfrac{1}{r}\left(\dfrac{\partial u_r}{\partial \theta}\boldsymbol{e}_r + u_r \boldsymbol{e}_\theta + \dfrac{\partial u_\theta}{\partial \theta}\boldsymbol{e}_\theta - u_\theta \boldsymbol{e}_r + \dfrac{\partial u_\varphi}{\partial \theta}\boldsymbol{e}_\varphi \right)\boldsymbol{e}_\theta + \\[2mm]
& \dfrac{1}{r\sin\theta}\left(\dfrac{\partial u_r}{\partial \varphi}\boldsymbol{e}_r + u_r \sin\theta\boldsymbol{e}_\varphi + \dfrac{\partial u_\theta}{\partial \varphi}\boldsymbol{e}_\theta + u_\theta \cos\theta\boldsymbol{e}_\varphi + \dfrac{\partial u_\varphi}{\partial \varphi}\boldsymbol{e}_\varphi - u_\varphi \sin\theta\boldsymbol{e}_r - u_\varphi \cos\theta\boldsymbol{e}_\theta \right)\boldsymbol{e}_\varphi
\end{aligned}
$$

$$
\tag{3.5.17}
$$

$$\nabla \boldsymbol{u} = \boldsymbol{e}_r \frac{\partial}{\partial r}(u_r\boldsymbol{e}_r + u_\theta\boldsymbol{e}_\theta + u_\varphi\boldsymbol{e}_\varphi) + \boldsymbol{e}_\theta \frac{1}{r}\frac{\partial}{\partial \theta}(u_r\boldsymbol{e}_r + u_\theta\boldsymbol{e}_\theta + u_\varphi\boldsymbol{e}_\varphi) + \boldsymbol{e}_\varphi \frac{1}{r\sin\theta}\frac{\partial}{\partial \varphi}(u_r\boldsymbol{e}_r + u_\theta\boldsymbol{e}_\theta + u_\varphi\boldsymbol{e}_\varphi)$$

$$= \boldsymbol{e}_r\left(\frac{\partial u_r}{\partial r}\boldsymbol{e}_r + \frac{\partial u_\theta}{\partial r}\boldsymbol{e}_\theta + \frac{\partial u_\varphi}{\partial r}\boldsymbol{e}_\varphi\right) + \boldsymbol{e}_\theta \frac{1}{r}\left(\frac{\partial u_r}{\partial \theta}\boldsymbol{e}_r + u_r\frac{\partial \boldsymbol{e}_r}{\partial \theta} + \frac{\partial u_\theta}{\partial \theta}\boldsymbol{e}_\theta + u_\theta\frac{\partial \boldsymbol{e}_\theta}{\partial \theta} + \frac{\partial u_\varphi}{\partial \theta}\boldsymbol{e}_\varphi + u_\varphi\frac{\partial \boldsymbol{e}_\varphi}{\partial \theta}\right) +$$

$$\boldsymbol{e}_\varphi \frac{1}{r\sin\theta}\left(\frac{\partial u_r}{\partial \varphi}\boldsymbol{e}_r + u_r\frac{\partial \boldsymbol{e}_r}{\partial \varphi} + \frac{\partial u_\theta}{\partial \varphi}\boldsymbol{e}_\theta + u_\theta\frac{\partial \boldsymbol{e}_\theta}{\partial \varphi} + \frac{\partial u_\varphi}{\partial \varphi}\boldsymbol{e}_\varphi + u_\varphi\frac{\partial \boldsymbol{e}_\varphi}{\partial \varphi}\right)$$

$$= \boldsymbol{e}_r\left(\frac{\partial u_r}{\partial r}\boldsymbol{e}_r + \frac{\partial u_\theta}{\partial r}\boldsymbol{e}_\theta + \frac{\partial u_\varphi}{\partial r}\boldsymbol{e}_\varphi\right) + \boldsymbol{e}_\theta \frac{1}{r}\left(\frac{\partial u_r}{\partial \theta}\boldsymbol{e}_r + u_r\boldsymbol{e}_\theta + \frac{\partial u_\theta}{\partial \theta}\boldsymbol{e}_\theta - u_\theta\boldsymbol{e}_r + \frac{\partial u_\varphi}{\partial \theta}\boldsymbol{e}_\varphi\right) +$$

$$\boldsymbol{e}_\varphi \frac{1}{r\sin\theta}\left(\frac{\partial u_r}{\partial \varphi}\boldsymbol{e}_r + u_r\sin\theta\boldsymbol{e}_\varphi + \frac{\partial u_\theta}{\partial \varphi}\boldsymbol{e}_\theta + u_\theta\cos\theta\boldsymbol{e}_\varphi + \frac{\partial u_\varphi}{\partial \varphi}\boldsymbol{e}_\varphi - u_\varphi\sin\theta\boldsymbol{e}_r - u_\varphi\cos\theta\boldsymbol{e}_\theta\right)$$

$$(3.5.18)$$

把上两式代入应变张量方程(3.1.26a),得到

$$\boldsymbol{\varepsilon} = \frac{1}{2}(\boldsymbol{u}\nabla + \nabla\boldsymbol{u}) = \frac{\partial u_r}{\partial r}\boldsymbol{e}_r\boldsymbol{e}_r + \frac{1}{2}\left(\frac{\partial u_\theta}{\partial r} + \frac{1}{r}\frac{\partial u_r}{\partial \theta} - \frac{u_\theta}{r}\right)\boldsymbol{e}_r\boldsymbol{e}_\theta + \frac{1}{2}\left(\frac{1}{r\sin\theta}\frac{\partial u_r}{\partial \varphi} + \frac{\partial u_\varphi}{\partial r} - \frac{u_\varphi}{r}\right)\boldsymbol{e}_r\boldsymbol{e}_\varphi +$$

$$\frac{1}{2}\left(\frac{\partial u_\theta}{\partial r} + \frac{1}{r}\frac{\partial u_r}{\partial \theta} - \frac{u_\theta}{r}\right)\boldsymbol{e}_\theta\boldsymbol{e}_r + \left(\frac{1}{r}\frac{\partial u_\theta}{\partial \theta} + \frac{u_r}{r}\right)\boldsymbol{e}_\theta\boldsymbol{e}_\theta + \frac{1}{2}\left(\frac{1}{r}\frac{\partial u_\varphi}{\partial \theta} - \frac{u_\varphi\cot\theta}{r} + \frac{1}{r\sin\theta}\frac{\partial u_\theta}{\partial \varphi}\right)\boldsymbol{e}_\theta\boldsymbol{e}_\varphi +$$

$$\frac{1}{2}\left(\frac{1}{r\sin\theta}\frac{\partial u_r}{\partial \varphi} + \frac{\partial u_\varphi}{\partial r} - \frac{u_\varphi}{r}\right)\boldsymbol{e}_\varphi\boldsymbol{e}_r + \frac{1}{2}\left(\frac{1}{r}\frac{\partial u_\varphi}{\partial \theta} - \frac{u_\varphi\cot\theta}{r} + \frac{1}{r\sin\theta}\frac{\partial u_\theta}{\partial \varphi}\right)\boldsymbol{e}_\varphi\boldsymbol{e}_\theta +$$

$$\left(\frac{1}{r\sin\theta}\frac{\partial u_\varphi}{\partial \varphi} + \frac{u_\theta}{r}\mathrm{ctg}\theta + \frac{u_r}{r}\right)\boldsymbol{e}_\varphi\boldsymbol{e}_\varphi \qquad (3.5.19)$$

最后得到球面坐标系中的几何方程为

$$\begin{cases} \varepsilon_r = \dfrac{\partial u_r}{\partial r} \quad \varepsilon_\theta = \dfrac{1}{r}\dfrac{\partial u_\theta}{\partial \theta} + \dfrac{u_r}{r} \\[2mm] \varepsilon_\varphi = \dfrac{1}{r\sin\theta}\dfrac{\partial u_\varphi}{\partial \varphi} + \dfrac{u_\theta}{r}\mathrm{ctg}\theta + \dfrac{u_r}{r} \quad \gamma_{r\theta} = \dfrac{\partial u_\theta}{\partial r} - \dfrac{u_\theta}{r} + \dfrac{1}{r}\dfrac{\partial u_r}{\partial \theta} \\[2mm] \gamma_{\varphi r} = \dfrac{1}{r\sin\theta}\dfrac{\partial u_r}{\partial \varphi} + \dfrac{\partial u_\varphi}{\partial r} - \dfrac{u_\varphi}{r} \quad \gamma_{\theta\varphi} = \dfrac{1}{r}\left(\dfrac{\partial u_\varphi}{\partial \varphi} - u_\varphi\mathrm{ctg}\theta\right) + \dfrac{1}{r\sin\theta}\dfrac{\partial u_\theta}{\partial \varphi} \end{cases} \qquad (3.5.20)$$

请读者按照式(3.3.18)和式(3.3.19)推导出球面坐标系下的应变协调方程。

习题

3.1 初始时刻位于(a_1,a_2,a_3)的质点在某时刻 t 的位置 $x_1 = a_1 + ka_3$，$x_2 = a_2 + ka_3$，$x_3 = a_3$，其中 $k = 10^{-5}$，求格林应变张量的分量。

3.2 证明 ε_{ij} 是二阶对称张量的分量，而 γ_{ij} 不是任何张量的分量。

3.3 为求平面应变分量 ε_x、ε_y、γ_{xy}，将电阻应变片分别贴在 x 方向，与 x 成 $60°$ 和 $120°$ 方向上，测得应变值以 ε_0、ε_{60}、ε_{120} 表示，试求 ε_x、ε_y、γ_{xy}。

3.4 假设体积不可压缩，位移 $u_1(x_1,x_2)$ 与 $u_2(x_1,x_2)$ 很小，$u_3 \equiv 0$，在一定区域内已知 $u_1 = (1 - x_2^2)(a + bx_1 + cx_1^2)$，其中 a、b、c 为常数，求 $u_2(x_1,x_2)$。

3.5 在平面应变状态下，使用直角坐标和极坐标中应变分量、位移分量的转换公式，写出在极坐标中的应变和位移的关系式。

3.6 假定物体被加热至定常温度场 $T(x_1,x_2,x_3)$ 时,应变分量为 $\varepsilon_{11}=\varepsilon_{22}=\varepsilon_{33}=\alpha T$,$\gamma_{12}=\gamma_{31}=\gamma_{32}=0$,其中 α 为线膨胀系数,试根据应变协调方程确定温度场 T 的函数形式。

3.7 试导出平面应变轴对称情况下的应变协调方程。

3.8 在某一平面轴对称变形情况下,轴向应变 ε_z 为常数,试确定其余两个应变分量 ε_r 和 ε_θ 的表达式(材料是不可压缩的)。

3.9 试问什么类型的曲面在均匀变形后会变成球面。

3.10 若物体内各点的位移分量为 $\begin{cases} u=a_1x+a_2y+a_3z \\ v=b_1x+b_2y+b_3z \\ w=c_1x+c_2y+c_3z \end{cases}$,其中,$a_i,b_i,c_i(i=1,2,3)$ 均是常数。试证明,物体内所有各点的应变分量为常数(这种变形状态称为均匀变形),并分别证明在均匀变形后的物体内有:

(1) 直线在变形后仍然是直线;

(2) 相同方向的直线按同样的比例伸缩。

3.11 物体的位移对称于坐标原点,试用球坐标和笛卡儿坐标表示位移分量和应变分量。

3.12 物体的位移对称于 Oz 轴,试求在直角坐标中的位移分量和应变分量。

3.13 试求对应于无应变状态($\varepsilon_x=\varepsilon_y=\varepsilon_z=\varepsilon_{xy}=\varepsilon_{yz}=\varepsilon_{zx}=0$)的位移分量。

3.14 按照式(3.3.18)和式(3.3.19)推导出柱面坐标系下的应变协调方程。

3.15 按照式(3.3.18)和式(3.3.19)推导出球面坐标系下的应变协调方程。

第 4 章

应 力 理 论

第 3 章基于连续介质的假设,用运动学观点和张量理论对物体的变形进行数学描述,并研究其规律。任何材料或者构件的变形都是因为承受了各种各样的载荷,那么这些载荷如何用数学的语言描述呢?在第 3 章关于连续介质、张量、应变等概念的基础上,本章基于连续介质的假设对外载荷、应力等进行数学描述,并研究其规律,分析其性质,并导出应力平衡微分方程[3]。本章的讨论不仅仅限于固体,而是适合于任何连续体。

4.1 外力和应力

4.1.1 外力的表示

任何物体都不是孤立存在的,都是在一定外载荷的作用下而存在。作用于物体的外载荷可以分为体积力和表面力,它们分别称为体力和面力。

体力是分布在物体体积内的力,例如重力、磁力及运动物体的惯性力等。体力的特点是它与物体的质量成正比。物体内各点受力的情况一般是不相同的。为了表明该物体在某一点 P 所受的体力,在这一点取物体的一小部分,它包含着 P 点,体积为 ΔV,如图 4.1.1(a)所示。设作用于 ΔV 的体力为 ΔQ,则体力的平均集度为 $\Delta Q/\Delta V$。如果把所取的那一小部分物体不断减小,即 ΔV 不断减小,则 ΔQ 和 $\Delta Q/\Delta V$ 都将不断改变(包括方向和大小),而且作用点也不断改变。现在,命 ΔV 无限减小到趋近于 P 点,假定体力为连续分布,则 $\Delta Q/\Delta V$ 将趋近于一定的极限 F,即

$$\lim_{\Delta V \to 0} \frac{\Delta Q}{\Delta V} = F \tag{4.1.1}$$

这个极限矢量 F,就是该物体在 P 点所受体力的集度。因为 ΔV 是标量,所以 F 的方向就是 ΔQ 的极限方向。矢量 F 在坐标轴 x、y 和 z 上的投影 F_1、F_2 和 F_3,称为该物体在 P 点的体力分量,以沿坐标轴正方向时为正,沿坐标轴负方向时为负。他们的量纲为[力][长度]$^{-3}$。

面力是分布在物体表面上的力,例如流体压力和接触力。物体在其表面上各点受面力的情况一般也是不相同的。为了表明该物体在其表面上某一点 P 所受的面力,在这一点取该物体表面的一小部分,它包含着 P 点,面积为 ΔS,如图 4.1.1(b)所示。设作用于 ΔS 的面力为 ΔQ,则面力的平均集度为 $\Delta Q/\Delta S$。与上相似,命 ΔS 无限减小而趋近于 P 点,假定

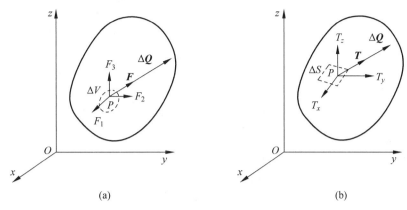

图 4.1.1 外力

面力为连续分布,则 $\Delta Q/\Delta S$ 将趋近于一定的极限 $\boldsymbol{T}$,即

$$\lim_{\Delta S \to 0} \frac{\Delta Q}{\Delta S} = \boldsymbol{T} \tag{4.1.2}$$

这个极限矢量 $\boldsymbol{T}$ 就是该物体在 P 点所受面力的集度。因为 ΔS 是标量,所以 $\boldsymbol{T}$ 的方向就是 $\Delta \boldsymbol{Q}$ 的极限方向。矢量 $\boldsymbol{T}$ 在坐标轴 x、y 和 z 上的投影 T_x、T_y 和 T_z 称为该物体在 P 点的面力分量,以沿坐标轴正方向时为正,沿坐标轴负方向时为负。他们的量纲为 [力][长度]$^{-2}$。

4.1.2 应力

在外力作用下物体发生变形,变形改变了分子间距,在物体内形成一个附加的内力场。当这个内力场足以和外力相平衡时,变形不再继续,物体达到稳定平衡状态。根据无初应力假设,今后仅考虑这个由外载引起的附加内力场。

为了精确描述内力场,Cauchy 引进了应力的重要概念[31]。考虑图 4.1.2 中处于平衡状态的物体 B。用一个假想的闭合曲面 S 把物体分成内、外两部分,简称内域和外域。P 是曲面 S 上的任意点,以 P 为形心在 S 上取出一个面积为 ΔS 的面元。ν 是 P 点处沿内域外向法线的单位矢量（沿外域外法线的单位矢量为 $-\nu$）。$\Delta \boldsymbol{F}$ 为外域通过面元 ΔS 对内域的作用力之合力,一般说与法向矢量 ν 不同向。假设当面元趋于 P 点,$\Delta S \to 0$ 时,比值 $\Delta \boldsymbol{F}/\Delta S$ 的极限存在,且面元上作用力的合力矩与 ΔS 的比值趋于零,则可定义

$$\sigma_\nu = \lim_{\Delta S \to 0} \frac{\Delta \boldsymbol{F}}{\Delta S} \tag{4.1.3}$$

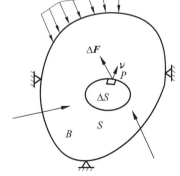

图 4.1.2 应力矢量

是作用在 P 点处法线方向为 ν 的面元上的应力矢量。若取式中的 ΔS 为变形前面元的初始面积,则上式给出工程应力,或称名义应力,常用于小变形情况。对于大变形问题,应取 ΔS 为变形后面元的实际面积,得真实应力,简称真应力。本书只讨论小变形情况,即认为变形前后物体的形状变化比较少。对于大变形情形,读者可参考有关教材[33-35]。比较式(4.1.2)和式(4.1.3)可见,应力

矢量和面力矢量的数学定义和物理量纲都相同,区别仅在于:应力是作用在物体内截面上的未知内力,而面力是作用在物体外表面上的已知外力。当内截面无限趋近于外表面时,应力也趋近于外加面力的值。

应力矢量σ_ν的大小和方向不仅和点的位置有关,而且和面元法线方向ν有关。作用在同一点不同法向面元上的应力矢量各不相同,如图4.1.3(a)所示。反之,不同曲面上的面元,只要通过同一点且法向方向相同,则应力矢量也相同,如图4.1.3(b)所示。因此,应力矢量σ_ν是位置r和过点P的某一个面的位向ν的函数,即

$$\sigma_\nu = \sigma_\nu(r,\nu) \tag{4.1.4}$$

显然,只要知道了过点P的任意位向的截面上的应力矢量,才能够确定点P的应力状态。而过点P的不同位向的截面有无限多个,要逐个加以考虑是不可能的。那么,怎样才能确定一点的应力状态呢?

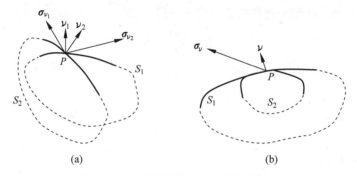

图 4.1.3　应力矢量与法向ν的依赖关系

4.1.3　应力分量

为了讨论物体内任意一点P的应力状态,需要选择一个坐标系进行分析,显然笛卡儿坐标系最简单、最直观。根据式(4.1.1),为了分析法线方向为ν的面上的应力状态最方便就是选择ν分别为e_1,e_2,e_3。因此,在笛卡儿坐标系中用六个平行于坐标面的截面(简称正截面)在P点的邻域内取出一个正六面体元,如图4.1.4所示。注意这里的六面体是表示

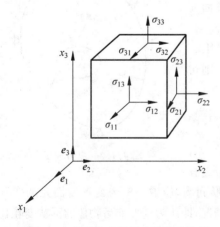

图 4.1.4　在直角坐标系中的应力分量

一个点,体积为零。其中,外法线与坐标轴x_i($i=1,2,3$)同向的三个面元称为正面,记为dS_i,它们的单位法线矢量为$\nu_i=e_i$($i=1,2,3$),分别称为"1""2""3"面。另三个外法线与坐标轴反向的面元称为负面,它们的法线单位矢量为$-e_i$,分别称为"—1""—2""—3"面。这样在"1"面上的应力矢量$\sigma_{(1)}$就有三个分量,即沿e_1、e_2、e_3三个分量,它们分别是$\sigma_{11}e_1$、$\sigma_{12}e_2$、$\sigma_{13}e_3$,这里应力分量的第一个下标"1"表示"1"面,第二个下标"1""2""3"分别表示沿e_1、e_2、e_3方向。这样,把作用在三个正面dS_i($i=1,2,3$)上的应力矢量$\sigma_{(i)}$($i=1,2,3$)都用分量表示出来,

$$\begin{cases} \boldsymbol{\sigma}_{(1)} = \sigma_{11}\boldsymbol{e}_1 + \sigma_{12}\boldsymbol{e}_2 + \sigma_{13}\boldsymbol{e}_3 = \sigma_{1j}\boldsymbol{e}_j \\ \boldsymbol{\sigma}_{(2)} = \sigma_{21}\boldsymbol{e}_1 + \sigma_{22}\boldsymbol{e}_2 + \sigma_{23}\boldsymbol{e}_3 = \sigma_{2j}\boldsymbol{e}_j \\ \boldsymbol{\sigma}_{(3)} = \sigma_{31}\boldsymbol{e}_1 + \sigma_{32}\boldsymbol{e}_2 + \sigma_{33}\boldsymbol{e}_3 = \sigma_{3j}\boldsymbol{e}_j \end{cases} \tag{4.1.5a}$$

即

$$\boldsymbol{\sigma}_{(i)} = \sigma_{ij}\boldsymbol{e}_j \tag{4.1.5b}$$

上式中的重复下标 j 表示爱因斯坦求和,见 3.1.1 节。上式中共出现了九个应力分量,它们可以用矩阵表示为

$$(\sigma_{ij}) = \begin{pmatrix} \sigma_{11} & \sigma_{12} & \sigma_{13} \\ \sigma_{21} & \sigma_{22} & \sigma_{23} \\ \sigma_{31} & \sigma_{32} & \sigma_{33} \end{pmatrix} \tag{4.1.6}$$

式中,第一个指标 i 表示面元的法线方向,称为面元指标。第二指标 j 表示应力的分解方向,称为方向指标。当 $i=j$ 时,应力分量垂直于面元,称为正应力。当 $i \neq j$ 时,应力分量作用在面元平面内,称为剪应力。在不同指标符号的教科书中,九个应力分量常记为

$$(\sigma_{ij}) = \begin{pmatrix} \sigma_x & \tau_{xy} & \tau_{xz} \\ \tau_{yx} & \sigma_y & \tau_{yz} \\ \tau_{zx} & \tau_{zy} & \sigma_z \end{pmatrix} \tag{4.1.7}$$

弹性理论规定,作用在负面上的应力矢量 $\boldsymbol{\sigma}_{(-i)}(i=1,2,3)$ 应沿坐标轴反向分解,当微元向其形心收缩成一点时,负面应力和正面应力大小相等、方向相反,即

$$\boldsymbol{\sigma}_{(-i)} = -\boldsymbol{\sigma}_{(i)} = \sigma_{ij}(-\boldsymbol{e}_j) \tag{4.1.8}$$

式中,九个应力分量 σ_{ij} 的正向规定是:正面上与坐标轴同向为正;负面上与坐标轴反向为正。这个规定正确地反映了作用与反作用原理和"受拉为正、受压为负"的传统观念,数学处理也比较统一。这里进一步可以理解在 3.1 节中为什么规定剪应变"以锐化(直角减小)为正,钝化(直角增加)为负"。但应注意,剪应力正向和材料力学规定不同。在 4.3 节将证明,过 P 点任意斜面上的应力都可用 σ_{ij} 来表示。所以,九个应力分量 σ_{ij} 是物体内一点应力状态的全面描述。

最后回到图 4.1.2,曲面 S 的外域对内域(或反之)的机械作用力包括:①通过曲面 S 的相互作用力,称为接触力或近程力,用应力来表示。②越过曲面 S 的相互吸引力,称为相互体力或远程力。欧拉-柯西(Euler-Cauchy)应力原理认为[31]:物体各部分间的相互体力可以忽略,外域对内域的作用可等价地用定义在 S 曲面上的应力场来代替。这个原理使计算大为简化,并为实验和微观物理所证实。

4.2　平衡微分方程和剪应力互等定律

现在讨论单元体的静力平衡问题。在所取的单元体上,除了各个面上的应力分量,同时还有体力 $\boldsymbol{F}$。讨论单元体的静力平衡问题,就是要得到单元体沿三个坐标轴方向的力的平衡条件和对三个坐标轴力矩的平衡条件。

选笛卡儿坐标作为参考坐标,在任意点 P 的邻域内取出边长为 $\mathrm{d}x_1, \mathrm{d}x_2, \mathrm{d}x_3$ 的无限小正六面体(图 4.2.1),简称微元。特别注意这里微元的体积为 $\mathrm{d}x_1\mathrm{d}x_2\mathrm{d}x_3$,而图 4.1.4 的

六面体体积为零,是描述一点的应力状态。体力 $F_i(i=1,2,3)$ 作用在微元体的形心 C 处。设 σ_{ij} 为三个负面形心处的应力分量。正面形心处的应力分量相对负面有一个增量,按泰勒(Taylor)级数展开并略去高阶小量后可化为负面应力及其一阶导数的表达式。例如,负面正应力 σ_{11} 到相距 $\mathrm{d}x_1$ 的正面上变为 $\sigma_{11}+\dfrac{\partial \sigma_{11}}{\partial x_1}\mathrm{d}x_1+\cdots$。

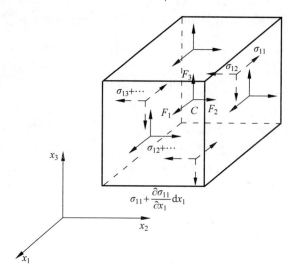

图 4.2.1 力的平衡条件

微元体沿 x_1 方向的力平衡条件为

$$\left(\sigma_{11}+\frac{\partial \sigma_{11}}{\partial x_1}\mathrm{d}x_1\right)\mathrm{d}x_2\mathrm{d}x_3-\sigma_{11}\mathrm{d}x_2\mathrm{d}x_3+\left(\sigma_{21}+\frac{\partial \sigma_{21}}{\partial x_2}\mathrm{d}x_2\right)\mathrm{d}x_3\mathrm{d}x_1-\sigma_{21}\mathrm{d}x_3\mathrm{d}x_1+$$

$$\left(\sigma_{31}+\frac{\partial \sigma_{31}}{\partial x_3}\mathrm{d}x_3\right)\mathrm{d}x_1\mathrm{d}x_2-\sigma_{31}\mathrm{d}x_1\mathrm{d}x_2+F_1\mathrm{d}x_1\mathrm{d}x_2\mathrm{d}x_3=0$$

并项后除以微元面积,取微元趋近于点 (x_1,x_2,x_3) 时的极限得

$$\frac{\partial \sigma_{11}}{\partial x_1}+\frac{\partial \sigma_{21}}{\partial x_2}+\frac{\partial \sigma_{31}}{\partial x_3}+F_1=0 \tag{4.2.1a}$$

同理,沿 x_2 和 x_3 方向的力平衡条件为

$$\frac{\partial \sigma_{12}}{\partial x_1}+\frac{\partial \sigma_{22}}{\partial x_2}+\frac{\partial \sigma_{32}}{\partial x_3}+F_2=0 \tag{4.2.1b}$$

$$\frac{\partial \sigma_{13}}{\partial x_1}+\frac{\partial \sigma_{23}}{\partial x_2}+\frac{\partial \sigma_{33}}{\partial x_3}+F_3=0 \tag{4.2.1c}$$

用指标符号可缩写成

$$\sigma_{ji,j}+F_i=0, \quad \nabla \cdot \boldsymbol{\sigma}+\boldsymbol{F}=\boldsymbol{0} \tag{4.2.1}$$

式中,$\boldsymbol{\sigma}=\sigma_{ij}\boldsymbol{e}_i\boldsymbol{e}_j$ 是应力二阶张量,其讨论见 4.3 节。上式称为平衡微分方程,简称平衡方程,给出了应力分量一阶导数和体力分量之间应满足的关系。这里的平衡微分方程分别用分量和张量表示,前者是选笛卡儿直角坐标的分量表示,而后者适应于任何坐标系,尤其很多构件的形状非常复杂,笛卡儿直角坐标系分析很不方便,必须用曲线坐标系如柱坐标系、球面坐标系等,这再次说明张量的方便和数学语言描述科学问题的优美。

对于弹性动力学问题,根据达朗贝尔(d'Alembert)原理[31],把惯性力当作体力,可由平衡方程(4.2.1)直接导出运动微分方程

$$\sigma_{ji,j} + F_i = \rho \frac{\partial^2 u_i}{\partial t^2}, \quad \nabla \cdot \boldsymbol{\sigma} + \boldsymbol{F} = \rho \ddot{\boldsymbol{u}} \tag{4.2.2}$$

式中,ρ 为材料密度,u_i 为位移分量,t 为时间。

平衡(或运动)方程在笛卡儿直角坐标系的分量也常用以下形式表示:

$$\begin{cases} \dfrac{\partial \sigma_x}{\partial x} + \dfrac{\partial \tau_{yx}}{\partial y} + \dfrac{\partial \tau_{zx}}{\partial z} + F_x = 0 & \left(或 \rho \dfrac{\partial^2 u}{\partial t^2}\right) \\ \dfrac{\partial \tau_{xy}}{\partial x} + \dfrac{\partial \sigma_y}{\partial y} + \dfrac{\partial \tau_{zy}}{\partial z} + F_y = 0 & \left(或 \rho \dfrac{\partial^2 v}{\partial t^2}\right) \\ \dfrac{\partial \tau_{xz}}{\partial x} + \dfrac{\partial \tau_{yz}}{\partial y} + \dfrac{\partial \sigma_z}{\partial z} + F_z = 0 & \left(或 \rho \dfrac{\partial^2 w}{\partial t^2}\right) \end{cases} \tag{4.2.3}$$

下面考虑微元体的力矩平衡。对通过形心 C、沿 x_3 方向的轴取矩。凡作用线通过点 C 或方向与该轴平行的应力和体力分量对该轴的力矩为零,于是力矩平衡方程只剩两项

$$\sigma_{12} dx_2 dx_3 \cdot dx_1 - \sigma_{21} dx_3 dx_1 \cdot dx_2 = 0 \tag{4.2.4}$$

由此得

$$\sigma_{12} = \sigma_{21} \tag{4.2.5}$$

同理,对沿 x_1 和 x_2 方向的形心轴取矩得

$$\sigma_{23} = \sigma_{32}, \quad \sigma_{31} = \sigma_{13} \tag{4.2.6}$$

或合写成

$$\sigma_{ij} = \sigma_{ji} \tag{4.2.7}$$

这就是剪应力互等定理,或称应力张量的对称性。由推导过程可见,体力或惯性力的存在并不影响应力张量的对称性。若存在体力矩 $\boldsymbol{m} = m_k \boldsymbol{e}_k$,则力矩平衡条件成为

$$\sigma_{ij} - \sigma_{ji} + m_k = 0, \quad i \neq j \neq k \tag{4.2.8}$$

这时,应力张量丧失对称性。对于偶极介质,体力矩的影响是不可忽略的。

4.3 任意斜面上的应力和应力边界条件

在 4.1 节中已经阐述,为了讨论物体内任意一点 P 的应力状态选择最简单的笛卡儿直角坐标系进行分析,得到九个应力分量。但由于剪应力互等定理,九个应力分量中只有六个应力分量是独立的。现在分析任意一个斜面上的应力矢量是否可以由这六个应力分量描述,以及如何描述。本节用平衡原理导出任意斜面上的应力计算公式。

考虑图 4.3.1 中的四面体 $PABC$。它由三个负面即"-1""-2""-3"面和一个法向矢量为

$$\boldsymbol{\nu} = \nu_1 \boldsymbol{e}_1 + \nu_2 \boldsymbol{e}_2 + \nu_3 \boldsymbol{e}_3 = \nu_i \boldsymbol{e}_i \tag{4.3.1}$$

的斜截面组成,其中

$$\nu_i = \cos(\boldsymbol{\nu}, \boldsymbol{e}_i) = \boldsymbol{\nu} \cdot \boldsymbol{e}_i \tag{4.3.2}$$

为方向余弦。设斜面 $\triangle ABC$ 的面积为 dS,则三个负面的面积分别为

$$\begin{cases} dS_1 = S_{\triangle PBC} = \nu_1 dS = (\boldsymbol{\nu} \cdot \boldsymbol{e}_1)dS \\ dS_2 = S_{\triangle PCA} = \nu_2 dS = (\boldsymbol{\nu} \cdot \boldsymbol{e}_2)dS \\ dS_3 = S_{\triangle PAB} = \nu_3 dS = (\boldsymbol{\nu} \cdot \boldsymbol{e}_3)dS \end{cases} \tag{4.3.3}$$

四面体的体积为

$$V = \frac{1}{3} dh \, dS \tag{4.3.4}$$

dh 为顶点 P 到斜面的垂直距离。

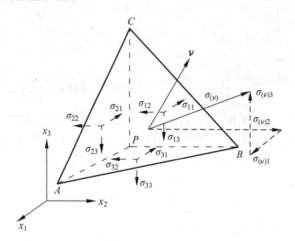

图 4.3.1　任意斜面上的应力

四面体上作用力的平衡条件是

$$-\boldsymbol{\sigma}_{(1)} dS_1 - \boldsymbol{\sigma}_{(2)} dS_2 - \boldsymbol{\sigma}_{(3)} dS_3 + \boldsymbol{\sigma}_{(\nu)} dS + \boldsymbol{F}\left(\frac{1}{3} dh \, dS\right) = \boldsymbol{0} \tag{4.3.5}$$

式中，$\boldsymbol{\sigma}_{(i)}$ 是第 i 面上的应力矢量，见式(4.1.5b)。上式的前四项分别是负面和斜面上的作用力。第五项是体力的合力，由于 dh 是随 $dS \to 0$ 而趋于零的小量，所以和前四项相比，体力项可以略去。

将式(4.3.3)代入式(4.3.5)，并除公因子 dS 后得

$$\begin{aligned} \boldsymbol{\sigma}_{(\nu)} &= (\boldsymbol{\nu} \cdot \boldsymbol{e}_1)\boldsymbol{\sigma}_{(1)} + (\boldsymbol{\nu} \cdot \boldsymbol{e}_2)\boldsymbol{\sigma}_{(2)} + (\boldsymbol{\nu} \cdot \boldsymbol{e}_3)\boldsymbol{\sigma}_{(3)} \\ &= \boldsymbol{\nu} \cdot (\boldsymbol{e}_1\boldsymbol{\sigma}_{(1)} + \boldsymbol{e}_2\boldsymbol{\sigma}_{(2)} + \boldsymbol{e}_3\boldsymbol{\sigma}_{(3)}). \end{aligned} \tag{4.3.6}$$

利用式(4.1.5a)有

$$\boldsymbol{\sigma}_{(\nu)} = \boldsymbol{\nu} \cdot (\boldsymbol{e}_1 \sigma_{1j} \boldsymbol{e}_j + \boldsymbol{e}_2 \sigma_{2j} \boldsymbol{e}_j + \boldsymbol{e}_3 \sigma_{3j} \boldsymbol{e}_j) = \boldsymbol{\nu} \cdot (\sigma_{ij} \boldsymbol{e}_i \boldsymbol{e}_j) \tag{4.3.7}$$

根据商判则：和任意矢量的内积(包括点积)为 $K-1$ 阶张量的量一定是个 K 阶张量，右端的二指标量 $\sigma_{ij}\boldsymbol{e}_i\boldsymbol{e}_j$ 和任意法向矢量 $\boldsymbol{\nu}$ 点积的结果仍是一个矢量(斜面应力 $\boldsymbol{\sigma}_{(\nu)}$)，故其必是一个二阶张量。引进应力张量

$$\boldsymbol{\sigma} = \sigma_{ij} \boldsymbol{e}_i \boldsymbol{e}_j \tag{4.3.8}$$

式(4.3.7)成为

$$\boldsymbol{\sigma}_{(\nu)} = \boldsymbol{\nu} \cdot \boldsymbol{\sigma} \tag{4.3.9}$$

这就是著名的 Cauchy(柯西)公式，又称斜面应力公式，其实质是四面体微元的平衡条件。

把斜面应力沿坐标轴方向分解

$$\boldsymbol{\sigma}_{(\nu)} = \sigma_{(\nu)1}\boldsymbol{e}_1 + \sigma_{(\nu)2}\boldsymbol{e}_2 + \sigma_{(\nu)3}\boldsymbol{e}_3 = \sigma_{(\nu)j}\boldsymbol{e}_j \tag{4.3.10}$$

则柯西公式的分量表达式为

$$\sigma_{(\nu)j} = \nu_i\sigma_{ij} \tag{4.3.11}$$

即

$$\begin{cases} \sigma_{(\nu)1} = \nu_1\sigma_{11} + \nu_2\sigma_{21} + \nu_3\sigma_{31} \\ \sigma_{(\nu)2} = \nu_1\sigma_{12} + \nu_2\sigma_{22} + \nu_3\sigma_{32} \\ \sigma_{(\nu)3} = \nu_1\sigma_{13} + \nu_2\sigma_{23} + \nu_3\sigma_{33} \end{cases} \tag{4.3.11a}$$

式中,$\sigma_{(\nu)1}$、$\sigma_{(\nu)2}$ 和 $\sigma_{(\nu)3}$ 是 $\sigma_{(\nu)}$ 沿坐标轴 x_1、x_2 和 x_3 方向的分量,一般不是斜面上的正应力或剪应力。

柯西公式有两个重要应用。

(1) 求斜面上的各种应力。根据斜面的方向余弦 ν_i 和正截面上的应力分量 σ_{ij} 可由式(4.3.11a)算出斜面应力沿坐标轴方向的三个分量 $\sigma_{(\nu)j}$,并进一步求得斜面应力的大小(又称全应力)

$$\sigma_\nu \equiv |\boldsymbol{\sigma}_{(\nu)}| = \sqrt{\sigma_{(\nu)1}^2 + \sigma_{(\nu)2}^2 + \sigma_{(\nu)3}^2} \tag{4.3.12}$$

和方向

$$\cos(\boldsymbol{\sigma}_{(\nu)}, x_1) = \frac{\sigma_{(\nu)1}}{\sigma_\nu}, \quad \cos(\boldsymbol{\sigma}_{(\nu)}, x_2) = \frac{\sigma_{(\nu)2}}{\sigma_\nu}, \quad \cos(\boldsymbol{\sigma}_{(\nu)}, x_3) = \frac{\sigma_{(\nu)3}}{\sigma_\nu} \tag{4.3.13}$$

斜面正应力 $\boldsymbol{\sigma}_n$ 是 $\boldsymbol{\sigma}_{(\nu)}$ 在斜面法线方向上的分量

$$\boldsymbol{\sigma}_n = \sigma_n\boldsymbol{\nu} \tag{4.3.14}$$

$$\sigma_n \equiv |\boldsymbol{\sigma}_n| = \boldsymbol{\sigma}_{(\nu)} \cdot \boldsymbol{\nu} = \boldsymbol{\nu} \cdot \boldsymbol{\sigma} \cdot \boldsymbol{\nu} = \sigma_{ij}\nu_i\nu_j$$
$$= \sigma_x l^2 + \sigma_y m^2 + \sigma_z n^2 + 2\tau_{xy}lm + 2\tau_{yz}mn + 2\tau_{zx}nl \tag{4.3.15}$$

式中,$l = \nu_1$,$m = \nu_2$,$n = \nu_3$ 为方向余弦。

斜面剪应力 $\boldsymbol{\tau}$ 是 $\boldsymbol{\sigma}_{(\nu)}$ 在斜面内的分量

$$\boldsymbol{\tau} = \boldsymbol{\sigma}_{(\nu)} - \boldsymbol{\sigma}_n \tag{4.3.16}$$

$$\tau \equiv |\boldsymbol{\tau}| = \sqrt{\sigma_\nu^2 - \sigma_n^2} \tag{4.3.17}$$

注意,$\boldsymbol{\tau}$ 沿坐标轴方向分解的结果并不是斜面上的剪应力分量。

(2) 给定力边界条件。若斜面是物体的边界面,且给定面力 $\boldsymbol{T}$,则柯西公式可用作未知应力场的力边界条件

$$\boldsymbol{T} = \boldsymbol{\sigma}_{(\nu)} = \boldsymbol{\nu} \cdot \boldsymbol{\sigma}, \quad T_j = \nu_i\sigma_{ij} \tag{4.3.18}$$

式中,T_j 是面力 $\boldsymbol{T}$ 沿坐标轴方向的分量。力边界条件式(4.3.18)的分量形式为

$$\begin{cases} T_x = \sigma_x l + \tau_{yx}m + \tau_{zx}n \\ T_y = \tau_{xy}l + \sigma_y m + \tau_{zy}n \\ T_z = \tau_{xz}l + \tau_{yz}m + \sigma_z n \end{cases} \tag{4.3.19}$$

4.4 应力分量转换公式

本节用柯西公式导出不同笛卡儿坐标系中应力分量的转换规律。考虑图 4.4.1 中新、老两个笛卡儿坐标系 x'_m 和 x_i,相应基矢量分别为 $\boldsymbol{e}'_m$ 和 $\boldsymbol{e}_i$,这里的 $\boldsymbol{e}'_m$ 可以是任意曲线坐标系如柱坐标系的单位矢量 $\boldsymbol{e}_r, \boldsymbol{e}_\theta, \boldsymbol{e}_z$(式(3.5.1))或者球面坐标系的单位矢量 $\boldsymbol{e}_r, \boldsymbol{e}_\theta, \boldsymbol{e}_\varphi$

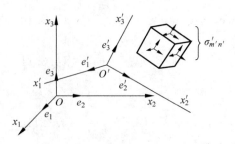

图 4.4.1　不同笛卡儿坐标系中应力分量的转换规律

（式(3.5.11)）。坐标间的转换关系为

$$x'_m = \beta_{m'i} x_i + (x'_m)_0, \quad m' = 1, 2, \cdots \quad (4.4.1)$$

式中，$\beta_{m'i}$ 是新轴 x'_m 和老轴 x_i 间的方向余弦 $e'_m \cdot e_i = \cos(x'_m, x_i)$，$(x'_m)_0$ 是老坐标原点 O 在新坐标系 x'_m 中的坐标值。

现在来求新、老坐标系中应力分量 $\sigma_{m'n'}$ 和 σ_{ij} 之间的转换关系。把新坐标系的三个正截面分别看作老坐标系中的斜面。考虑垂直于新轴 x'_m 的正截面，其法向矢量 $\boldsymbol{\nu}$ 即 e'_m，它在老坐标系中的分解式为

$$e'_m = \beta_{m'i} e_i, \quad \beta_{m'i} = \cos(x'_m, x_i) = e'_m \cdot e_i \quad (4.4.2)$$

利用柯西公式(4.3.9)式和式(4.3.11)，该截面上的应力矢量为

$$\boldsymbol{\sigma}_{(m')} = e'_m \cdot \boldsymbol{\sigma} \quad (4.4.3)$$

$$\sigma_{(m')j} = \beta_{m'i} \sigma_{ij} \quad (4.4.4)$$

注意，这里 $\sigma_{(m')j}$ 是新正截面上的应力 $\sigma_{(m')}$ 对老坐标轴中的分量，即对 x_j 坐标轴分解的结果。为了求得新坐标系中的应力分量 $\sigma_{m'n'}$，应把 $\boldsymbol{\sigma}_{(m')}$ 对新轴 x'_n 分解，即新坐标轴的分量，点乘新轴的单位矢量 e'_n，它在老坐标系中的分解式为

$$e'_n = \beta_{n'j} e_j, \quad \beta_{n'j} = \cos(x'_n, x_j) \quad (4.4.5)$$

由式(4.4.2)、式(4.4.4)和式(4.4.5)可得

$$e'_n = e'_m \cdot \boldsymbol{\sigma} \cdot e'_n$$

$$= (\beta_{m'i} e_i) \cdot (\sigma_{kl} e_k e_l) \cdot (\beta_{n'j} e_j) = \beta_{m'i} \beta_{n'j} \sigma_{kl} \delta_{ik} \delta_{lj} = \beta_{m'i} \beta_{n'j} \sigma_{ij} \quad (4.4.6)$$

这就是应力分量转换公式，简称转轴公式，这实际上就是二阶张量的分量转换定律。因而又一次证明了应力 $\boldsymbol{\sigma}$ 是二阶张量，在坐标转换时具有不变性，即物体内的客观受力状态不会因人为选择参考坐标而改变。

应力张量具有二重方向性，共有九个分量。由式(4.2.7)已经证明不计体力偶时应力张量具有对称性，$\sigma_{ij} = \sigma_{ji}$，因而独立的应力分量只有六个。

若保持元素及其排列顺序不变，每个二阶张量都对应一个矩阵。矩阵的行号和列号相应于张量的第一和第二指标。矩阵乘法相应于张量点积，即两个张量的相邻指标缩并。矩阵转置相应于张量转置。

把式(4.4.6)写成

$$\sigma_{m'n'} = \beta_{m'i} \sigma_{ij} \beta_{n'j} \quad (4.4.7)$$

令

$$[\sigma'] = [\sigma_{m'n'}], \quad [\sigma] = [\sigma_{ij}], \quad [\beta] = [\beta_{m'i}] = [\beta_{n'j}] = \begin{bmatrix} l_1 & m_1 & n_1 \\ l_2 & m_2 & n_2 \\ l_3 & m_3 & n_3 \end{bmatrix} \quad (4.4.8)$$

式中，$l_k, m_k, n_k (k = 1, 2, 3)$ 是新坐标 x'_k 轴在老坐标系中的三个方向余弦。注意式(4.4.7)右端的哑标 j 不是相邻指标，为了写成矩阵乘法形式应先把 $\beta_{n'j}$ 转置一下，于是转置公式的矩阵表达式是

$$[\sigma'] = [\beta][\sigma][\beta]^T \quad (4.4.9)$$

按矩阵乘法展开就得到转轴公式的常用形式

$$\begin{cases} \sigma'_x = \sigma_x l_1^2 + \sigma_y m_1^2 + \sigma_z n_1^2 + 2\tau_{xy} l_1 m_1 + 2\tau_{yz} m_1 n_1 + 2\tau_{zx} n_1 l_1 \\ \sigma'_y = \sigma_x l_2^2 + \sigma_y m_2^2 + \sigma_z n_2^2 + 2\tau_{xy} l_2 m_2 + 2\tau_{yz} m_2 n_2 + 2\tau_{zx} n_2 l_2 \\ \sigma'_z = \sigma_x l_3^2 + \sigma_y m_3^2 + \sigma_z n_3^2 + 2\tau_{xy} l_3 m_3 + 2\tau_{yz} m_3 n_3 + 2\tau_{zx} n_3 l_3 \\ \tau'_{xy} = \sigma_x l_1 l_2 + \sigma_y m_1 m_2 + \sigma_z n_1 n_2 + \\ \qquad \tau_{xy}(l_1 m_2 + m_1 l_2) + \tau_{yz}(m_1 n_2 + n_1 m_2) + \tau_{zx}(n_1 l_2 + l_1 n_2) \\ \tau'_{yz} = \sigma_x l_2 l_3 + \sigma_y m_2 m_3 + \sigma_z n_2 n_3 + \\ \qquad \tau_{xy}(l_2 m_3 + m_2 l_3) + \tau_{yz}(m_2 n_3 + n_2 m_3) + \tau_{zx}(n_2 l_3 + l_2 n_3) \\ \tau'_{zx} = \sigma_x l_3 l_1 + \sigma_y m_3 m_1 + \sigma_z n_3 n_1 + \\ \qquad \tau_{xy}(l_3 m_1 + m_3 l_1) + \tau_{yz}(m_3 n_1 + n_3 m_1) + \tau_{zx}(n_3 l_1 + l_3 n_1) \end{cases} \quad (4.4.10)$$

将式(4.4.7)右端展开也可直接写出上式,显然指标符号表达式简单易记得多。

转轴公式的两个应用是:①由老坐标(常选笛卡儿坐标)中的应力分量求新坐标(可选任意正交曲线坐标)中的应力分量。在曲线坐标中,转换系数 $\beta_{m'i}$ 或 $\beta_{n'j}$ 是考察点处坐标切线方向的单位矢量 $\tilde{e}_i (i=1,2,3)$ 在老坐标系中的九个方向余弦,一般说是随点而异的,如新坐标系是柱坐标系,则 $e_r \cdot e_x = \cos\theta$,$e_r \cdot e_y = \sin\theta$,$e_r \cdot e_z = 0$。②求斜面应力。把斜面法线和斜面内某两个相互垂直的方向选作新坐标轴,用转轴公式能求得斜面上的正应力和剪应力。

4.5 主应力和应力不变量

柯西公式表明,斜面应力 $\sigma_{(\nu)}$ 与应力状态(用应力张量 $\boldsymbol{\sigma}$ 表示)及斜面方向(用法向矢量 $\boldsymbol{\nu}$ 表示)有关。试问,对于给定的应力状态是否存在 $\sigma_{(\nu)}$ 与截面法线 $\boldsymbol{\nu}$ 同向(即只受到正应力而无剪应力)的截面?这个问题的数学描述是:求某个法线方向 $\boldsymbol{\nu}$,使满足方程

$$\boldsymbol{\sigma}_{(\nu)} = \boldsymbol{\nu} \cdot \boldsymbol{\sigma} = \nu_i \sigma_{ij} \boldsymbol{e}_j = \sigma_\nu \boldsymbol{\nu} = \sigma_\nu \nu_j \boldsymbol{e}_j \qquad (4.5.1)$$

令上式对应的分量相等,得

$$\nu_i \sigma_{ij} - \sigma_\nu \nu_j = 0 \qquad (4.5.2)$$

用 δ_{ij} 进行换标

$$\nu_i (\sigma_{ij} - \sigma_\nu \delta_{ij}) = 0, \quad j = 1,2,3 \qquad (4.5.3)$$

这是对 ν_i 的线性代数方程组,存在非零解的必要条件是系数行列式为零,即

$$\begin{vmatrix} \sigma_{11} - \sigma_\nu & \sigma_{12} & \sigma_{13} \\ \sigma_{21} & \sigma_{22} - \sigma_\nu & \sigma_{23} \\ \sigma_{31} & \sigma_{32} & \sigma_{33} - \sigma_\nu \end{vmatrix} = 0 \qquad (4.5.4)$$

展开后得 σ_ν 的三次代数方程,称为特征方程

$$\sigma_\nu^3 - J_1 \sigma_\nu^2 + J_2 \sigma_\nu - J_3 = 0 \qquad (4.5.5)$$

式中,

$$J_1 = \sigma_{11} + \sigma_{22} + \sigma_{33} = \sigma_{ii} = \sigma_x + \sigma_y + \sigma_z \qquad (4.5.6)$$

是应力矩阵 $[\sigma]$ 的主对角分量之和,称为应力张量 $\boldsymbol{\sigma}$ 的迹,记作 $\mathrm{tr}\,\boldsymbol{\sigma}$。

$$J_2 = \begin{vmatrix} \sigma_{22} & \sigma_{23} \\ \sigma_{32} & \sigma_{33} \end{vmatrix} + \begin{vmatrix} \sigma_{11} & \sigma_{13} \\ \sigma_{31} & \sigma_{33} \end{vmatrix} + \begin{vmatrix} \sigma_{11} & \sigma_{12} \\ \sigma_{21} & \sigma_{22} \end{vmatrix}$$

$$= \frac{1}{2}(\sigma_{ii}\sigma_{jj} - \sigma_{ij}\sigma_{ij}) = \frac{1}{2}(J_1^2 - \sigma_{ij}\sigma_{ij})$$

$$= \sigma_x\sigma_y + \sigma_y\sigma_z + \sigma_z\sigma_x - \tau_{xy}^2 - \tau_{yz}^2 - \tau_{zx}^2 \tag{4.5.7}$$

是应力矩阵的二阶主子式之和。

$$J_3 = \begin{vmatrix} \sigma_{11} & \sigma_{12} & \sigma_{13} \\ \sigma_{21} & \sigma_{22} & \sigma_{23} \\ \sigma_{31} & \sigma_{32} & \sigma_{33} \end{vmatrix} = e_{ijk}\sigma_{1i}\sigma_{2j}\sigma_{3k}$$

$$= \frac{1}{3}\sigma_{ij}\sigma_{jk}\sigma_{ki} + J_1\left(J_2 - \frac{1}{3}J_1^2\right)$$

$$= \sigma_x\sigma_y\sigma_z + 2\tau_{xy}\tau_{yz}\tau_{zx} - \sigma_x\tau_{yz}^2 - \sigma_y\tau_{zx}^2 - \sigma_z\tau_{xy}^2 \tag{4.5.8}$$

是应力矩阵的行列式,记作 $\det\boldsymbol{\sigma}$。

可以证明 J_1, J_2, J_3 是三个与坐标选择无关的标量,它们分别称为应力张量的第一、第二和第三不变量,请读者自行证明。它们分别是应力分量的一次、二次和三次齐次式,因而是相互独立(线性无关)的。

特征方程(4.5.4)的三个特征根称为主应力,相应计算公式见后面的式(4.6.16)。通常主应力按其代数值的大小排列,称为第一主应力 σ_1、第二主应力 σ_2 和第三主应力 σ_3。它们是三个不同截面上的应力矢量的模,而不是某个应力矢量的三个分量。

把三个主应力 σ_k 分别代回方程(4.5.3),加上 $\boldsymbol{\nu}$ 为单位矢量的条件 $\nu_i\nu_i = 1$,可解出三个特征方向 $\boldsymbol{\nu}^{(k)}$,这就是我们想找到的法线方向,称为主方向。以 $\boldsymbol{\nu}^{(k)}$ 为法线的三个截面称为主平面。在主平面上只有正应力(即主应力 σ_k)而无剪应力。

下面证明主应力的几个重要性质。

(1) 不变性。由于特征方程(4.5.4)的三个系数是不变量,所以作为特征根的主应力及相应的主方向 $\boldsymbol{\nu}^{(k)}$ 都是不变量。从物理上看,它们都是物体内部受力状态的客观性质,与人为选择参考坐标无关。不变量在描绘客观物理规律(例如判断各向同性材料是否进入塑性的屈服条件)时将起重要作用,见第9章。

(2) 实数性。可用反证法证明。先设主应力 σ_k 是复数,由式(4.5.2)得

$$\sigma_k\nu_n^{(k)} = \nu_m^{(k)}\sigma_{mn} \tag{4.5.9}$$

这里下标 m 求和,k 不求和。右端应力分量 σ_{mn} 是实数,所以要求方向余弦 $\nu_m^{(k)}$ 和 $\nu_n^{(k)}$ 为复数,记为 $\nu_m^{(k)} = \alpha_m + i\beta_m$,和 $\nu_n^{(k)} = \alpha_n + i\beta_n$,其中 α_m, α_n 和 β_m, β_n 是实数。用共轭复数 $\nu_n^{(k)*} = \alpha_n - i\beta_n$ 乘式(4.5.9)两端,并利用应力分量的对称性得

$$\sigma_k\nu_n^{(k)}\nu_n^{(k)*} = \sigma_{mn}\nu_m^{(k)}\nu_n^{(k)*} = \frac{1}{2}(\sigma_{mn}\nu_m^{(k)}\nu_n^{(k)*} + \sigma_{nm}\nu_n^{(k)}\nu_m^{(k)*}) = \sigma_{mn}(\alpha_m\alpha_n + \beta_m\beta_n)$$

$$\tag{4.5.10}$$

现在右端是实数,而左端的 $\nu_n^{(k)}\nu_n^{(k)*} = \alpha_n^2 + \beta_n^2$ 也是实数,所以若上式成立,σ_k 只能是实数。主应力是实数就意味着任何应力状态都存在主应力。

(3) 正交性。考虑任意两个不同的主应力 σ_k 和 σ_l,相应主方向为 $\boldsymbol{\nu}^{(k)}$ 和 $\boldsymbol{\nu}^{(l)}$,根据方程(4.5.1)有

$$\boldsymbol{\nu}^{(k)} \cdot \boldsymbol{\sigma} = \sigma_k\boldsymbol{\nu}^{(k)}, \quad \boldsymbol{\nu}^{(l)} \cdot \boldsymbol{\sigma} = \sigma_l\boldsymbol{\nu}^{(l)} \tag{4.5.11}$$

两式分别从右端点乘 $\boldsymbol{\nu}^{(l)}$ 和 $\boldsymbol{\nu}^{(k)}$,然后相减得

$$\boldsymbol{\nu}^{(k)} \cdot \boldsymbol{\sigma} \cdot \boldsymbol{\nu}^{(l)} - \boldsymbol{\nu}^{(l)} \cdot \boldsymbol{\sigma} \cdot \boldsymbol{\nu}^{(k)} = (\sigma_k - \sigma_l) \boldsymbol{\nu}^{(k)} \cdot \boldsymbol{\nu}^{(l)} \tag{4.5.12}$$

由应力张量$\boldsymbol{\sigma}$的对称性导出上式左端为零,而右端$\sigma_k - \sigma_l \neq 0$,因为它们是不同的主应力,故要求

$$\boldsymbol{\nu}^{(k)} \cdot \boldsymbol{\nu}^{(l)} = 0 \tag{4.5.13}$$

这正是主方向$\boldsymbol{\nu}^{(k)}$和$\boldsymbol{\nu}^{(l)}$正交的条件。所以,当特征方程(4.5.5)无重根时($\sigma_1, \sigma_2, \sigma_3$互不相等),三个主应力必两两正交。当特征方程有一重根时,在两个相同主应力的作用平面内呈现双向等拉(或等压)应力状态,可在面内任选两个相互正交的方向作为主方向。当特征方程出现三重根时($\sigma_1 = \sigma_2 = \sigma_3$),空间任意三个相互正交的方向都可作为主方向。总之,对于任何应力状态至少能找到一组三个相互正交的主方向,沿每点主方向的直线称为主轴。处处与主方向相切的曲线称为主应力轨迹。以主应力轨迹为坐标曲线的坐标系称为主坐标系。一般说,主坐标系是正交曲线坐标系。

在主坐标系中,许多表达式都大为简化。例如,应力张量简化成对角型

$$(\sigma_{ij}) = \begin{pmatrix} \sigma_1 & 0 & 0 \\ 0 & \sigma_2 & 0 \\ 0 & 0 & \sigma_3 \end{pmatrix} \tag{4.5.14}$$

应力不变量的式(4.5.6)~式(4.5.8)简化成

$$\begin{cases} J_1 = \sigma_1 + \sigma_2 + \sigma_3 \\ J_2 = \sigma_1 \sigma_2 + \sigma_2 \sigma_3 + \sigma_3 \sigma_1 \\ J_3 = \sigma_1 \sigma_2 \sigma_3 \end{cases} \tag{4.5.15}$$

所以,主轴与主应力的概念在理论推导中非常有用。

(4) 极值性。分三方面来讨论。

(a) 最大(或最小)主应力是相应点处任意截面上正应力的最大(或最小)者。

证明:选主轴为参考轴,把式(4.5.14)代入斜面正应力式(4.3.15)得

$$\sigma_n = \sigma_{ij} \nu_i \nu_j = \sigma_1 \nu_1^2 + \sigma_2 \nu_2^2 + \sigma_3 \nu_3^2 = \sigma_i \nu_i^2 \tag{4.5.16}$$

利用$\nu_1^2 + \nu_2^2 + \nu_3^2 = 1$把上式改写成

$$\sigma_n = \sigma_1 - (\sigma_1 - \sigma_2) \nu_2^2 - (\sigma_1 - \sigma_3) \nu_3^2 \tag{4.5.17}$$

或

$$\sigma_n = (\sigma_1 - \sigma_3) \nu_1^2 + (\sigma_2 - \sigma_3) \nu_2^2 + \sigma_3 \tag{4.5.18}$$

由于$\sigma_1 \geqslant \sigma_2 \geqslant \sigma_3$(按代数值排列),式(4.5.17)右端后两项恒负,而式(4.5.18)右端前两项恒正,所以$\sigma_1 \geqslant \sigma_n \geqslant \sigma_3$。

(b) 绝对值最大(或最小)的主应力是相应点处任意截面上全应力的最大(或最小)者。

证明:选主轴为参考轴,把式(4.5.14)代入柯西公式(4.3.11a)得

$$\sigma_{(\nu)1} = \sigma_1 \nu_1, \quad \sigma_{(\nu)2} = \sigma_2 \nu_2, \quad \sigma_{(\nu)3} = \sigma_3 \nu_3 \tag{4.5.19}$$

代入式(4.3.12),全应力的平方为

$$\sigma_\nu^2 = \sigma_1^2 \nu_1^2 + \sigma_2^2 \nu_2^2 + \sigma_3^2 \nu_3^2 = \sigma_i^2 \nu_i^2 \tag{4.5.20}$$

和式(4.5.16)右端相比,仅用$\sigma_i^2 \nu_i^2$代替了$\sigma_i \nu_i^2$,表示和证明$\sigma_1 \geqslant \sigma_n \geqslant \sigma_3$的方法完全一样:若$\sigma_1^2 \geqslant \sigma_2^2 \geqslant \sigma_3^2$必有$\sigma_1^2 \geqslant \sigma_\nu^2 \geqslant \sigma_3^2$。开方后就得$|\sigma_1| \geqslant \sigma_\nu \geqslant |\sigma_3|$。

(c) 最大剪应力等于与最小主应力之差的一半

$$\tau_{\max} = \frac{1}{2}(\sigma_1 - \sigma_3) \tag{4.5.21}$$

方向与 σ_1 和 σ_3 交 45°,详见 4.7 节的证明。

主应力是计算最大正应力和最大剪应力的基础,在工程强度校核中起着重要作用。各向同性材料的强度与主方向无关。但对于各向异性材料,则必须考虑方向的影响。作为一点应力状态的完整描述需要六个独立参数,可选用六个应力分量或三个主应力和三个主应力方向。

4.6 球形应力张量和应力偏量张量

应变张量就是描述一点的应力状态,正应力是描述材料内部拉伸或者压缩受力状态的,与第 3 章讨论的描述线元的长度变化的正应变相对应,剪应力是描述剪切的应力,与第 3 章讨论的线元方向的改变相对应。所以,类似 3.2 节,为了进一步分析应力张量的特征,将二阶对称应力张量 $\boldsymbol{\sigma} = \sigma_{ij}\boldsymbol{e}_i\boldsymbol{e}_j$ 分解为球形应力张量和应力偏量张量两部分之和,即

$$\boldsymbol{\sigma} = \sigma_m\boldsymbol{I} + \boldsymbol{S} \tag{4.6.1}$$

其中球形应力张量只有三个正应力分量,其大小均为平均正应力 σ_m,没有剪应力分量,即

$$\sigma_m\boldsymbol{I} = \sigma_{ij}^0\boldsymbol{e}_i\boldsymbol{e}_j \tag{4.6.2}$$

$$\sigma_{ij}^0 = \sigma_m\delta_{ij} = \begin{pmatrix} \sigma_m & 0 & 0 \\ 0 & \sigma_m & 0 \\ 0 & 0 & \sigma_m \end{pmatrix} \tag{4.6.3}$$

$$\sigma_m = \frac{1}{3}(\sigma_{11} + \sigma_{22} + \sigma_{33}) = \frac{1}{3}\sigma_{kk} = \frac{1}{3}J_1 = \frac{1}{3}(\sigma_1 + \sigma_2 + \sigma_3) \tag{4.6.4}$$

其中 J_1 为应力张量的第一不变量,见式(4.5.6)。

应力偏量张量为应力张量中除去球形应力张量后剩下的部分,用 $\boldsymbol{S}$ 表示,

$$\boldsymbol{S} = S_{ij}\boldsymbol{e}_i\boldsymbol{e}_j \tag{4.6.5}$$

$$S_{ij} = \sigma_{ij} - \sigma_m\delta_{ij} = \begin{pmatrix} \sigma_{11} - \sigma_m & \sigma_{12} & \sigma_{13} \\ \sigma_{21} & \sigma_{22} - \sigma_m & \sigma_{23} \\ \sigma_{31} & \sigma_{32} & \sigma_{33} - \sigma_m \end{pmatrix} = \begin{pmatrix} \sigma_1 - \sigma_m & 0 & 0 \\ 0 & \sigma_2 - \sigma_m & 0 \\ 0 & 0 & \sigma_3 - \sigma_m \end{pmatrix}$$

$$\tag{4.6.6}$$

$$S_{kk} = 0 \tag{4.6.7}$$

由于任意方向都是球形应力张量的主方向,应力张量 $\boldsymbol{\sigma}$ 和球形应力张量 $\sigma_m\boldsymbol{I}$ 在 σ 主方向的分解式为

$$\boldsymbol{\sigma} = \sigma_1\boldsymbol{e}_1\boldsymbol{e}_1 + \sigma_2\boldsymbol{e}_2\boldsymbol{e}_2 + \sigma_3\boldsymbol{e}_3\boldsymbol{e}_3 \tag{4.6.8}$$

$$\sigma_m\boldsymbol{I} = \sigma_m\boldsymbol{e}_1\boldsymbol{e}_1 + \sigma_m\boldsymbol{e}_2\boldsymbol{e}_2 + \sigma_m\boldsymbol{e}_3\boldsymbol{e}_3 \tag{4.6.9}$$

这里的 $\boldsymbol{e}_1$、$\boldsymbol{e}_2$、$\boldsymbol{e}_3$ 不是任意一个坐标系的单位矢量,而是一个特殊的坐标系的单位矢量,他们是相应主方向为 $\boldsymbol{\nu}^{(k)}(k=1,2,3)$ 的单位矢量。另外球形应力张量的三个主应力都相等,即球形应力张量的特征方程出现三重根($\sigma_1 = \sigma_2 = \sigma_3 = \sigma_m$),空间任意三个相互正交的方向都可作为球形应力的主方向,所以球形应力张量也可以选 $\boldsymbol{e}_1$、$\boldsymbol{e}_2$、$\boldsymbol{e}_3$ 为主方向,即可以表示为式(4.6.9)。由此得应力偏量的分解式为

$$\boldsymbol{S} = \boldsymbol{\sigma} - \sigma_m\boldsymbol{I} = (\sigma_1 - \sigma_m)\boldsymbol{e}_1\boldsymbol{e}_1 + (\sigma_2 - \sigma_m)\boldsymbol{e}_2\boldsymbol{e}_2 + (\sigma_3 - \sigma_m)\boldsymbol{e}_3\boldsymbol{e}_3 \tag{4.6.10}$$

可见应力偏量张量 S 与应力张量σ 的主方向相同,但主值差一个平均正应力 σ_m。

应力偏量张量与应力张量类似,也有三个不变量,这三个应力偏量张量不变量的求法与式(4.5.6)~式(4.5.8)类似。应力偏量张量的三个不变量为

$$I'_1 = S_{kk} = 0$$

$$I'_2 = \frac{1}{2}(I'^2_1 - S_{ij}S_{ij}) = -\frac{1}{2}S_{ij}S_{ij} \tag{4.6.11}$$

$$I'_3 = \frac{1}{3}S_{ij}S_{jk}S_{ki} + I'_1\left(I'_2 - \frac{1}{3}I'^2_1\right) = \frac{1}{3}S_{ij}S_{jk}S_{ki}$$

因 I'_2 恒负,通常改用如下定义的量:

$$\begin{cases} J'_2 = -I'_2 = \frac{1}{2}S_{ij}S_{ij} \\ J'_3 = I'_3 = \frac{1}{3}S_{ij}S_{jk}S_{ki} \end{cases} \tag{4.6.12}$$

也可以将 J'_2 用应力分量表示为

$$J'_2 = \frac{1}{6}\left[(\sigma_{11}-\sigma_{22})^2 + (\sigma_{22}-\sigma_{33})^2 + (\sigma_{33}-\sigma_{11})^2\right] + \sigma_{12}^2 + \sigma_{23}^2 + \sigma_{31}^2$$

$$= \frac{1}{6}\left[(\sigma_1-\sigma_2)^2 + (\sigma_2-\sigma_3)^2 + (\sigma_3-\sigma_1)^2\right] \tag{4.6.13}$$

这里 J'_2 是与第四强度理论(米泽斯(Mises)屈服条件)有关的参数,在非弹性变形中有重要应用,见本书的第6章。

在代数中,解三次方程的第一步是消去二次项。对特征方程(4.5.5)来说,这样的力学意义就是扣除球形应力张量,而化为对应力偏量张量的特征方程

$$\sigma'^3_\nu - J'_2\sigma'_\nu - J'_3 = 0 \tag{4.6.14}$$

其中应力偏量不变量 J'_2、J'_3 和原应力张量不变量的关系是

$$J'_2 = -J_2 + \frac{1}{3}J_1^2$$

$$J'_3 = J_3 - \frac{1}{3}J_1 J_2 + \frac{2}{27}J_1^3 \tag{4.6.15}$$

第二步,用方程(4.6.14)三个根的三角表达式可写出便于应用的主应力计算公式

$$\begin{cases} \sigma_1 = \sigma_m + \sqrt{2}\tau_0\cos\theta \\ \sigma_2 = \sigma_m + \sqrt{2}\tau_0\cos\left(\theta + \frac{2}{3}\pi\right) \\ \sigma_3 = \sigma_m + \sqrt{2}\tau_0\cos\left(\theta - \frac{2}{3}\pi\right) \end{cases} \tag{4.6.16}$$

其中,

$$\theta = \frac{1}{3}\arccos\left(\frac{\sqrt{2}J'_3}{\tau_0^3}\right), \quad \tau_0 = \sqrt{\frac{2}{3}J'_2} \tag{4.6.17}$$

这里的 σ_1、σ_2、σ_3 尚未按代数值的大小进行整理。

下面讨论球形应力张量与应力偏量张量的物理意义。由于球形应力张量为

$$\boldsymbol{\sigma} = \sigma_m\boldsymbol{I} = \sigma_m\delta_{ij}\boldsymbol{e}_i\boldsymbol{e}_j \tag{4.6.18}$$

则,球形应力张量引起任意斜面 $\boldsymbol{\nu}$ 上的应力矢量 $\boldsymbol{\sigma}_{(\nu)}$ 为

$$
\begin{aligned}
\boldsymbol{\sigma}_{(\nu)} = \boldsymbol{\nu} \cdot \boldsymbol{\sigma} &= (\nu_1 \boldsymbol{e}_1 + \nu_2 \boldsymbol{e}_2 + \nu_3 \boldsymbol{e}_3) \cdot \sigma_m \delta_{ij} \boldsymbol{e}_i \boldsymbol{e}_j \\
&= \sigma_m \nu_1 \boldsymbol{e}_1 + \sigma_m \nu_2 \boldsymbol{e}_2 + \sigma_m \nu_3 \boldsymbol{e}_3 \\
&= \sigma_x \boldsymbol{e}_1 + \sigma_y \boldsymbol{e}_2 + \sigma_z \boldsymbol{e}_3
\end{aligned} \tag{4.6.19}
$$

式中,σ_x、σ_y、σ_z 是 $\boldsymbol{\sigma}_{(\nu)}$ 在转轴上的三个应力分量。所以,斜面 $\boldsymbol{\nu}$ 上的应力矢量 $\boldsymbol{\sigma}_{(\nu)}$ 的大小为

$$
\sigma_{(\nu)} = |\boldsymbol{\sigma}_{(\nu)}|^2 = \sqrt{\sigma_x^2 + \sigma_y^2 + \sigma_z^2} = \sigma_m \tag{4.6.20}
$$

球形应力张量引起斜面上的正应力 σ_n 为

$$
\begin{aligned}
\sigma_n = \boldsymbol{\sigma}_{(\nu)} \cdot \boldsymbol{\nu} &= (\nu_1 \boldsymbol{e}_1 + \nu_2 \boldsymbol{e}_2 + \nu_3 \boldsymbol{e}_3) \cdot \sigma_m \delta_{ij} \boldsymbol{e}_i \boldsymbol{e}_j \cdot (\nu_1 \boldsymbol{e}_1 + \nu_2 \boldsymbol{e}_2 + \nu_3 \boldsymbol{e}_3) \\
&= \sigma_m (\nu_1 \delta_{1i} + \nu_2 \delta_{2i} + \nu_3 \delta_{3i}) \delta_{ij} (\nu_1 \delta_{1j} + \nu_2 \delta_{2j} + \nu_3 \delta_{3j}) \\
&= \sigma_m (\nu_1^2 + \nu_2^2 + \nu_3^2) = \sigma_m
\end{aligned} \tag{4.6.21}
$$

形应力张量引起斜面上的剪应力 τ_n 为

$$
\tau_n = \sqrt{|\boldsymbol{\sigma}_{(\nu)}|^2 - \sigma_n^2} = 0 \tag{4.6.22}
$$

于是球形应力张量所描述的应力状态在任意斜面上只有正应力,其大小为 σ_m,而无剪应力,应力状态是球形对称的。主应力为 σ_m 的球形应力状态表示三向等拉或等压的应力状态;而三向等拉或等压显然只会引起体积改变,不会引起形状变化。因而球形应力张量只会引起体积变化而不引起形状变化。

下面再讨论应力偏量张量 S_{ij} 所描述的应力状态。在这种应力状态下,由柯西应力公式有应力偏量张量引起任意斜面上的正应力为

$$
\begin{aligned}
\sigma'_n = \boldsymbol{\sigma}'_{(\nu)} \cdot \boldsymbol{\nu} &= \boldsymbol{\nu} \cdot \boldsymbol{S} \cdot \boldsymbol{\nu} \\
&= \boldsymbol{\nu} \cdot [(\sigma_1 - \sigma_m) \boldsymbol{e}_1 \boldsymbol{e}_1 + (\sigma_2 - \sigma_m) \boldsymbol{e}_2 \boldsymbol{e}_2 + (\sigma_3 - \sigma_m) \boldsymbol{e}_3 \boldsymbol{e}_3] \cdot \boldsymbol{\nu} \\
&= (\sigma_1 - \sigma_m) \nu_1^2 + (\sigma_2 - \sigma_m) \nu_2^2 + (\sigma_3 - \sigma_m) \nu_3^2 \\
&= \sigma_n - \sigma_m
\end{aligned} \tag{4.6.23}
$$

式中,σ_n 是法线方向为 $\boldsymbol{\nu}$ 的斜面上的正应力(见式(4.5.16))。也就是说,应力偏量张量在任意斜面上所引起的正应力 σ'_n 的大小等于应力张量引起的正应力 σ_n 减去平均正应力 σ_m。而斜面上的剪应力为

$$
\tau'_n = \sqrt{\sigma'^2 - \sigma'^2_n} \tag{4.6.24}
$$

式中,σ' 是应力偏量张量 $\boldsymbol{S}$ 在法线方向为 $\boldsymbol{\nu}$ 的斜面上的应力矢量的大小

$$
\begin{aligned}
\sigma'^2 = |\boldsymbol{\sigma}'_{(\nu)}|^2 &= |\boldsymbol{S} \cdot \boldsymbol{\nu}|^2 = |(\sigma_1 - \sigma_m) \nu_1 \boldsymbol{e}_1 + (\sigma_2 - \sigma_m) \nu_2 \boldsymbol{e}_2 + (\sigma_3 - \sigma_m) \nu_3 \boldsymbol{e}_3|^2 \\
&= (\sigma_1 - \sigma_m)^2 \nu_1^2 + (\sigma_2 - \sigma_m)^2 \nu_2^2 + (\sigma_3 - \sigma_m)^2 \nu_3^2 \\
&= \sigma_1^2 \nu_1^2 + \sigma_2^2 \nu_2^2 + \sigma_3^2 \nu_3^2 - 2\sigma_m (\sigma_1 \nu_1^2 + \sigma_2 \nu_2^2 + \sigma_3 \nu_3^2) + \sigma_m^2 (\nu_1^2 + \nu_2^2 + \nu_3^2) \\
&= |\boldsymbol{\sigma}_{(\nu)}|^2 - 2\sigma_m \sigma_n + \sigma_m^2
\end{aligned} \tag{4.6.25}
$$

于是应力偏量张量 $\boldsymbol{S}$ 在法线方向为 $\boldsymbol{\nu}$ 的斜面上的剪应力矢量的大小为

$$
\tau'_n = \sqrt{\sigma'^2 - \sigma'^2_n} = \sqrt{|\boldsymbol{\sigma}_{(\nu)}|^2 - 2\sigma_m \sigma_n + \sigma_m^2 - (\sigma_n - \sigma_m)^2} = \sqrt{|\boldsymbol{\sigma}_{(\nu)}|^2 - \sigma_n^2} = \tau_n \tag{4.6.26}
$$

这里的 $|\boldsymbol{\sigma}_{(\nu)}|^2$ 就是式(4.5.20)的全应力的平方,τ_n 就是式(4.3.17)。因此由式(4.6.26)得到应力偏量张量 $\boldsymbol{S}$ 在任意斜面上引起的剪应力 τ'_n 与应力张量 $\boldsymbol{\sigma}$ 在同一斜面上所引起的剪应力 τ_n 相同,即 $\boldsymbol{S}$ 与 $\boldsymbol{\sigma}$ 对形状变化的作用是一样的。而 $\boldsymbol{S}$ 的第一不变量 $J'_1 = S_{kk} = 0$,即应

力偏量张量对体积变化的贡献为零。因此可以将一点的应力状态分解成两部分,即分解为对体积变化起作用的球形应力张量部分和对形状起作用的应力偏量张量部分。图4.6.1形象地表明了这种分解,对于每一部分,显然可以当作一种单独的应力状态进行研究,而后将这两部分应力状态叠加起来构成了该点的应力状态。这种处理方法为研究复杂应力状态提供了极大的方便。

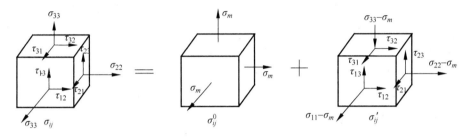

图 4.6.1 应力张量分解

4.7 最大剪应力和八面体剪应力

弹性理论的适用范围由材料的屈服条件来确定。大量实验证明,剪应力对导致塑性屈服起决定作用。例如第三强度理论,又称特雷斯卡(Tresca)屈服条件,以最大剪应力为屈服判据;第四强度理论,又称冯·米塞斯(von Mises)屈服条件,与八面体剪应力有关。关于屈服条件见第6章。本节给出这两种剪应力的计算公式。

选主轴为参考轴,设主应力 $\sigma_i(i=1,2,3)$ 已知,则

$$\sigma_\nu^2 = \sigma_1^2 \nu_1^2 + \sigma_2^2 \nu_2^2 + \sigma_3^2 \nu_3^2 = \sigma_i^2 \nu_i^2 \tag{4.7.1}$$

$$\sigma_n = \sigma_1 \nu_1^2 + \sigma_2 \nu_2^2 + \sigma_3 \nu_3^2 = \sigma_i \nu_i^2 \tag{4.7.2}$$

$$\tau^2 = \sigma_\nu^2 - \sigma_n^2 = \sigma_i^2 \nu_i^2 - (\sigma_i \nu_i^2)^2 \tag{4.7.3}$$

式中,ν_i 是斜面法线方向在主坐标系中的方向余弦。当斜面方向 ν_i 变化时,剪应力 τ 将随之而变。最大剪应力是式(4.7.3)在约束条件

$$f = \nu_1^2 + \nu_2^2 + \nu_3^2 - 1 = 0 \tag{4.7.4}$$

下的条件极值。引进拉格朗日(Lagrange)乘子 λ,求泛函 $F = \tau^2 + \lambda f$ 的极值。相应极值条件为

$$\frac{\partial F}{\partial \nu_i} = \frac{\partial \tau^2}{\partial \nu_i} + \lambda \frac{\partial f}{\partial \nu_i} = 0, \quad i = 1,2$$

$$\frac{\partial F}{\partial \lambda} = f = 0 \tag{4.7.5}$$

将式(4.7.3)、式(4.7.4)代入,可得

$$\nu_1 [\sigma_1^2 - 2\sigma_1(\sigma_1 \nu_1^2 + \sigma_2 \nu_2^2 + \sigma_3 \nu_3^2) + \lambda] = 0 \tag{4.7.6a}$$

$$\nu_2 [\sigma_2^2 - 2\sigma_2(\sigma_1 \nu_1^2 + \sigma_2 \nu_2^2 + \sigma_3 \nu_3^2) + \lambda] = 0 \tag{4.7.6b}$$

$$\nu_3 [\sigma_3^2 - 2\sigma_3(\sigma_1 \nu_1^2 + \sigma_2 \nu_2^2 + \sigma_3 \nu_3^2) + \lambda] = 0 \tag{4.7.6c}$$

$$\nu_1^2 + \nu_2^2 + \nu_3^2 - 1 = 0 \tag{4.7.6d}$$

由此可解出最大剪应力作用面的方向 ν_i。下面分几种可能情况来讨论。

(1) ν_1、ν_2、ν_3 全为零

此情况不可能,因为不能满足方程(4.7.6d)。

(2) ν_1、ν_2、ν_3 中有两个为零

这是主平面情况。例如,若 $\nu_2 = \nu_3 = 0$,则由式(4.7.6d)得 $\nu_1 = \pm 1$,即法线沿 x_1 轴的正面和负面。在主平面上只有正应力,剪应力 $\tau = 0$,τ^2 取最小值,而我们关心的是最大值。

(3) ν_1、ν_2、ν_3 中有一个为零

例如,设 $\nu_2 = 0$,ν_1,$\nu_3 \neq 0$,则 $\nu_1^2 + \nu_3^2 = 1$。将式(4.7.6a)和式(4.7.6c)分别消去左端非零系数 ν_1 和 ν_3 后相减得

$$(\sigma_1 - \sigma_3)[(\sigma_1 + \sigma_3) - 2(\sigma_1 \nu_1^2 + \sigma_3 \nu_3^2)] = 0 \qquad (4.7.7)$$

把 $\nu_3^2 = 1 - \nu_1^2$ 代入,可化为

$$(\sigma_1 - \sigma_3)^2 (1 - 2\nu_1^2) = 0 \qquad (4.7.8)$$

设三个主应力不相等,$\sigma_1 > \sigma_2 > \sigma_3$,则上式中 $\sigma_1 - \sigma_3 \neq 0$,必要求 $1 - 2\nu_1^2 = 0$,由此得

$$\nu_1 = \pm \frac{1}{\sqrt{2}}, \quad \nu_3 = \pm \frac{1}{\sqrt{2}}, \quad \nu_2 = 0 \qquad (4.7.9)$$

这是平行于主轴 x_2 且与主轴 x_1,x_3 等倾(成 $45°$ 角)的斜面。上式中 ν_1 和 ν_3 的四种组合分别对应于图 4.7.1 中的 1、2、3、4 四个面元。

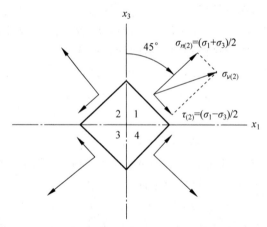

图 4.7.1　主平面 $x_1 - x_3$ 上的最大剪应力

将式(4.7.9)代入式(4.7.3)、式(4.7.2)和式(4.7.1),得剪应力极值

$$\tau_{(2)} = \frac{1}{2}(\sigma_1 - \sigma_3) \qquad (4.7.10)$$

和该截面上的正应力、全应力

$$\sigma_{n(2)} = \frac{1}{2}(\sigma_1 + \sigma_3) \qquad (4.7.11)$$

$$\sigma_{\nu(2)} = \sqrt{\frac{1}{2}(\sigma_1^2 + \sigma_3^2)} \qquad (4.7.12)$$

同理,若设 $\nu_1 = 0$ 或 $\nu_3 = 0$,可导出另两个剪应力极值

$$\tau_{(1)} = \frac{1}{2}(\sigma_2 - \sigma_3), \quad \tau_{(3)} = \frac{1}{2}(\sigma_1 - \sigma_2) \tag{4.7.13}$$

它们的作用面方向分别为

$$\nu_2 = \pm\frac{1}{\sqrt{2}}, \quad \nu_3 = \pm\frac{1}{\sqrt{2}}, \quad \nu_1 = 0 \tag{4.7.14}$$

和

$$\nu_1 = \pm\frac{1}{\sqrt{2}}, \quad \nu_2 = \pm\frac{1}{\sqrt{2}}, \quad \nu_3 = 0 \tag{4.7.15}$$

根据 $\sigma_1 > \sigma_2 > \sigma_3$ 的约定,比较 $\tau_{(1)}$、$\tau_{(2)}$、$\tau_{(3)}$ 得最大剪应力为

$$\tau_{\max} = \tau_{(2)} = \frac{1}{2}(\sigma_1 - \sigma_3) \tag{4.7.16}$$

(4) ν_1、ν_2、ν_3 全不为零

消去非零的方向余弦后,由式(4.7.6a)、式(4.7.6b)和式(4.7.6c)三式两两相减得

$$(\sigma_1^2 - \sigma_2^2) - 2(\sigma_1 - \sigma_2)(\sigma_1\nu_1^2 + \sigma_2\nu_2^2 + \sigma_3\nu_3^2) = 0$$
$$(\sigma_2^2 - \sigma_3^2) - 2(\sigma_2 - \sigma_3)(\sigma_1\nu_1^2 + \sigma_2\nu_2^2 + \sigma_3\nu_3^2) = 0 \tag{4.7.17}$$
$$(\sigma_1^2 - \sigma_3^2) - 2(\sigma_1 - \sigma_3)(\sigma_1\nu_1^2 + \sigma_2\nu_2^2 + \sigma_3\nu_3^2) = 0$$

第一式乘$(\sigma_2 - \sigma_3)$减去第二式乘$(\sigma_1 - \sigma_2)$,得

$$(\sigma_2 - \sigma_3)(\sigma_1^2 - \sigma_2^2) - (\sigma_1 - \sigma_2)(\sigma_2^2 - \sigma_3^2) = 0 \tag{4.7.18}$$

即

$$(\sigma_2 - \sigma_3)(\sigma_1 - \sigma_3)(\sigma_1 - \sigma_2) = 0 \tag{4.7.19}$$

这要求某两个主应力相等或三个主应力全等。

先看 $\sigma_1 = \sigma_2 \neq \sigma_3$ 的情况。这时式(4.7.17)第一式自动满足,第二、三式相同。令式(4.7.17)第二式中 $\sigma_1 = \sigma_2$ 并利用式(4.7.6d)可化为

$$-(\sigma_2 - \sigma_3)^2(1 - 2\nu_3^2) = 0$$

因 $\sigma_2 \neq \sigma_3$,故要求 $\nu_3 = \pm\frac{1}{\sqrt{2}}$。$\nu_1$ 和 ν_2 可以在 $\nu_1^2 + \nu_2^2 = \frac{1}{2}$ 的前提下任意变化。这时最大剪应力发生在与主轴 x_3 成45°角的圆锥面上(图4.7.2),数值为

$$\tau_{\max} = \frac{1}{2}(\sigma_2 - \sigma_3) = \frac{1}{2}(\sigma_1 - \sigma_2) \tag{4.7.20}$$

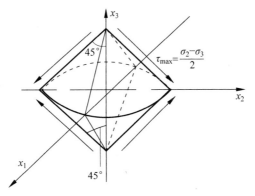

图 4.7.2 最大剪应力锥面

在平行于 x_3 轴的任意截面上剪应力均为零。

当 $\sigma_2 = \sigma_3 \neq \sigma_1$ 或 $\sigma_1 = \sigma_3 \neq \sigma_2$ 时,可作类似的讨论。

对于三个主应力全等的情况,在通过该点的任何截面上剪应力均为零。

八面体是由主轴等倾的八个面所组成的微元体。其中每个面的法线与三个主轴的夹角相等,则由余弦定律 $\nu_i \nu_i = 1$ 可解得

$$\nu_1 = \pm \frac{1}{\sqrt{3}}, \quad \nu_2 = \pm \frac{1}{\sqrt{3}}, \quad \nu_3 = \pm \frac{1}{\sqrt{3}} \tag{4.7.21}$$

代入式(4.7.2)得八面体正应力 σ_0 为

$$\sigma_0 = \sigma_i \nu_i^2 = \frac{1}{3}(\sigma_1 + \sigma_2 + \sigma_3) = \frac{1}{3} J_1 = \frac{1}{3}(\sigma_x + \sigma_y + \sigma_z) \tag{4.7.22}$$

它等于平均正应力 σ_m。由式(4.7.21)和式(4.7.3)可得八面体剪应力 τ_0 为

$$\tau_0 = \frac{1}{3}\sqrt{(\sigma_1 - \sigma_2)^2 + (\sigma_2 - \sigma_3)^2 + (\sigma_3 - \sigma_1)^2} = \frac{\sqrt{2}}{3}\bar{\sigma} \tag{4.7.23}$$

式中 $\bar{\sigma}$ 是第四强度理论中的等效应力。

上节已经说明 τ_0 与应力偏量的第二不变量 J_2' 有关,即

$$\tau_0 = \frac{1}{3}\left[(\sigma_x - \sigma_y)^2 + (\sigma_y - \sigma_z)^2 + (\sigma_z - \sigma_x)^2 + 6(\tau_{xy}^2 + \tau_{yz}^2 + \tau_{zx}^2)\right]^{\frac{1}{2}} \tag{4.7.24}$$

最后指出,若给定一点应力状态,并在该点邻域内取出一个微球体,作用在球面上的所有剪应力的均方平均值(简称均方剪应力)为

$$\langle \tau^2 \rangle = \int \tau^2 \mathrm{d}S / \int \mathrm{d}S \tag{4.7.25}$$

则它与八面体剪应力和等效应力的关系是

$$\langle \tau^2 \rangle = \frac{3}{5}\tau_0^2 = \frac{2}{15}\bar{\sigma}^2 \tag{4.7.26}$$

所以也可以说,第四强度理论与均方剪应力有关。

4.8 应力状态和应力圆

这里只讨论平面应力状态和应力圆。平面应力状态(又称二维应力状态)是空间应力状态(又称三维应力状态)的特殊情形。但是,平面应力状态经常遇到且比较简单。所谓平面应力状态是指在直角坐标系中沿 z 方向各应力分量均为零,即 $\sigma_z = \sigma_{xz} = \sigma_{yz} = 0$,而且不为零的三个应力分量 σ_x、σ_y、σ_{xy} 与 z 无关,只是 (x, y) 的函数。因而,可将单元体用平面图形来表示,这个平面图形在 xOy 平面上就是一条斜线,即图 4.8.1(b) 的 AB。

一点的平面应力状态的应力张量为

$$\boldsymbol{\sigma} = \sigma_x \boldsymbol{e}_1 \boldsymbol{e}_1 + \sigma_{xy} \boldsymbol{e}_1 \boldsymbol{e}_2 + \sigma_{yx} \boldsymbol{e}_2 \boldsymbol{e}_1 + \sigma_y \boldsymbol{e}_2 \boldsymbol{e}_2 \tag{4.8.1}$$

现在讨论与 z 面平行而与 x 轴和 y 轴斜交的任意斜面上的应力,见图 4.8.1(a) 的阴影部分。斜面的外法线方向 $\boldsymbol{\nu}$ 与 x 轴的夹角为 θ,则外法线 $\boldsymbol{\nu}$ 可写为

$$\boldsymbol{\nu} = \cos\theta \boldsymbol{e}_1 + \sin\theta \boldsymbol{e}_2 \tag{4.8.2}$$

则该斜面上的应力矢量为

$$\boldsymbol{\sigma}_{(\nu)} = \boldsymbol{\sigma} \cdot \boldsymbol{\nu} = (\sigma_x \cos\theta + \sigma_{xy} \sin\theta)\boldsymbol{e}_1 + (\sigma_{yx} \cos\theta + \sigma_y \sin\theta)\boldsymbol{e}_2 \tag{4.8.3}$$

而斜面上的正应力 σ_n 和剪应力 τ_n 则为

$$\begin{cases} \sigma_n = \boldsymbol{\sigma}_{(\nu)} \cdot \boldsymbol{\nu} = \dfrac{1}{2}(\sigma_x + \sigma_y) + \dfrac{1}{2}(\sigma_x - \sigma_y)\cos2\theta + \sigma_{xy}\sin2\theta \\[3mm] \tau_n = \sigma_{xy}\cos2\theta - \dfrac{1}{2}(\sigma_x - \sigma_y)\sin2\theta \end{cases} \tag{4.8.4}$$

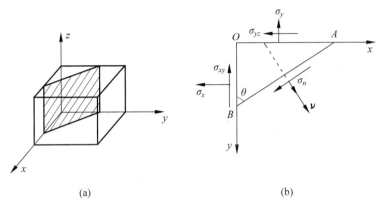

(a)   (b)

图 4.8.1 平面应力状态

若该斜面的外法线方向 $\boldsymbol{\nu}$ 为主方向,即斜面为主平面时,其上的剪应力 $\tau_n = 0$。则由式(4.8.4)有

$$\tan2\theta = \frac{2\sigma_{xy}}{\sigma_x - \sigma_y} \tag{4.8.5}$$

由于 $\tan2\theta = \tan(\pi + 2\theta) = \tan2\left(\dfrac{\pi}{2} + \theta\right)$,故斜面的外法线 $\boldsymbol{\nu}$ 及与其正交的方向是两个主方向,也就是两个主平面的外法线与 x 轴分别成 θ 及 $\dfrac{\pi}{2} + \theta$ 角,即

$$\theta = \frac{1}{2}\arctan\frac{2\sigma_{xy}}{\sigma_x - \sigma_y} \tag{4.8.6}$$

将上述两角度值代入式(4.8.4),即可求得两个主应力 σ_1 和 σ_2 的值为

$$\sigma_{1,2} = \frac{\sigma_x + \sigma_y}{2} \pm \sqrt{\left(\frac{\sigma_x - \sigma_y}{2}\right)^2 + \sigma_{xy}^2} \tag{4.8.7}$$

对于式(4.8.4)中的第二式使用剪应力的极值条件 $\dfrac{\mathrm{d}\tau_n}{\mathrm{d}\theta} = 0$,就可以求出最大或最小剪应力所在的平面为

$$\cot2\theta' = -\frac{2\sigma_{xy}}{\sigma_x - \sigma_y} \tag{4.8.8}$$

由 θ' 和 $\theta' + \dfrac{\pi}{2}$ 均满足上式,故可知最大或最小剪应力作用面相互垂直。由上式求出 $\cos\theta'$ 和 $\sin\theta'$ 后再代入式(4.8.4)中的第二式,可得

$$\left.\begin{array}{c}\tau_{\max} \\ \tau_{\min}\end{array}\right\} = \pm\sqrt{\left(\frac{\sigma_x - \sigma_y}{2}\right)^2 + \sigma_{xy}^2} \tag{4.8.9a}$$

将 $\sigma_{xy}=0$、$\sigma_x=\sigma_1$、$\sigma_y=\sigma_2$ 代入上式,可得

$$\left.\begin{array}{c}\tau_{\max}\\\tau_{\min}\end{array}\right\}=\pm\frac{1}{2}(\sigma_1-\sigma_2) \tag{4.8.9b}$$

对所得结果加以比较,可得

$$\tan2\theta=-\cot2\theta'=\tan\left(2\theta'+\frac{\pi}{2}\right) \tag{4.8.10}$$

由此可得最大和最小剪应力所在平面与主平面之夹角为 $\dfrac{\pi}{4}$。

当平面应力状态下的单元体的三个应力分量 σ_x、σ_y、σ_{xy} 已知时,对式(4.8.4)中的 σ_n 和 τ_n 的表达式进行分析,可发现,外法线与 x 轴的夹角为 θ 的斜面上的正应力 σ_n 和剪应力 τ_n 都以 2θ 为参变量,因而可以断定 σ_n 与 τ_n 之间存在着确定的函数关系。对式(4.8.4)进行简单的数学处理,当消去 $\sin2\theta$ 和 $\cos2\theta$ 后,就可得到这一函数关系,即

$$\left(\sigma_n-\frac{\sigma_x+\sigma_y}{2}\right)^2+\tau_n^2=\left(\frac{\sigma_x-\sigma_y}{2}\right)^2+\sigma_{xy}^2 \tag{4.8.11}$$

在 σ-τ 直角坐标系中,当用一点的纵横坐标表示任意 θ 斜面的应力 τ_n 和 σ_n 时,上式表示的该点的轨迹则是一个圆,也就是平面应力状态的应力圆,上述方程即应力圆方程,应力圆的圆心在点 $O\left(\dfrac{\sigma_x+\sigma_y}{2},0\right)$,半径为

$$R=\sqrt{\left(\frac{\sigma_x-\sigma_y}{2}\right)^2+\sigma_{xy}^2} \tag{4.8.12}$$

单元体的任意斜面上的应力与应力圆圆周上代表该斜面上的应力的点一一对应,如图4.8.2所示。

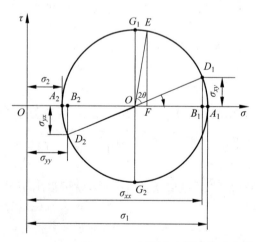

图 4.8.2　平面应力状态的应力圆

应力圆上的点 D_1 的纵横坐标就分别代表 x 面上的剪应力分量 σ_{xy} 和正应力分量 σ_x。若将应力圆半径 OD_1 逆时针转过 2θ 角到半径 OE,则 E 点的纵坐标和横坐标就分别代表所要求的任一 θ 斜面上的剪应力 τ_n 和正应力 σ_n。利用几何关系,由应力圆可很方便地求出 τ_n 和 σ_n,求得的结果与式(4.8.4)相同。应力圆上的 A_1 和 A_2 点的横坐标就代表主应力 σ_1 和 σ_2,由应力圆上求出的 σ_1 和 σ_2 与式(4.8.7)相同。它们所在的主平面的主方向与 x 轴的夹

角,在应力圆上为半径 OA_1 和 OA_2 与半径 OD_1 的夹角之半。应力圆上点 G_1 和 G_2 的纵坐标就代表最大剪应力 $\tau_{\max}$ 和最小剪应力 $\tau_{\min}$。由应力圆上求出的 $\tau_{\max}$ 和 $\tau_{\min}$ 与式(4.8.9a)相同。它们所在平面的外法线与 x 轴之夹角,在应力圆上为半径 OG_1 和半径 OG_2 与半径 OD_1 的夹角之半,求得的结果与解析法所得的结果相同。

4.9　柱面坐标系和球面坐标系中的应力分量和平衡微分方程

有些空间问题,使用空间直角坐标系不一定方便,对于圆柱形和空心圆柱形使用柱面坐标系将大为方便,而对于球形或空心球形使用球面坐标系将大为方便。由于选用不同的坐标系,因而应研究在所选用的坐标系中的应力分量和平衡微分方程。

4.9.1　柱面坐标系

为研究柱面坐标系中的应力分量和平衡微分方程,与直角坐标系中的做法类似,首先应在柱面坐标系中切出一个微小单元体。由于柱面坐标系中的三组坐标面为 r 面、θ 面及 z 面,故微小单元体应由用相距 dr 的两个同轴圆柱面和相距 dz 的两个水平面以及互成 $d\theta$ 夹角的两个过 z 轴的垂直面来切割弹性体得到。此单元体由两个曲面和四个平面围成,夹角为 $d\theta$ 的两个平面不平行。单元体 r 面上的正应力称为径向应力,用 σ_{rr} 表示;θ 面上的正应力称为环向应力(也称为切向应力或周向应力)用 $\sigma_{\theta\theta}$ 表示;z 面上的正应力称为轴向应力,用 σ_{zz} 表示;各面上的剪应力为 $\sigma_{r\theta}$、σ_{rz}、$\sigma_{\theta r}$、$\sigma_{\theta z}$、σ_{zr}、$\sigma_{z\theta}$,体力分量为 F_r、F_θ 及 F_z,如图 4.9.1 所示。体力分量在图中未标出。

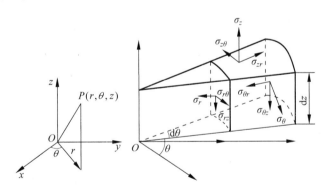

图 4.9.1　柱面坐标系中的应力分量

在柱面坐标系中,应力张量的矩阵形式为

$$\begin{bmatrix} \sigma_{rr} & \sigma_{r\theta} & \sigma_{rz} \\ \sigma_{\theta r} & \sigma_{\theta\theta} & \sigma_{\theta z} \\ \sigma_{zr} & \sigma_{z\theta} & \sigma_{zz} \end{bmatrix} \tag{4.9.1}$$

柱面坐标系的张量形式为

$$\begin{aligned} \boldsymbol{\sigma} = {}& \sigma_{rr}\boldsymbol{e}_r\boldsymbol{e}_r + \sigma_{r\theta}\boldsymbol{e}_r\boldsymbol{e}_\theta + \sigma_{rz}\boldsymbol{e}_r\boldsymbol{e}_z + \\ & \sigma_{\theta r}\boldsymbol{e}_\theta\boldsymbol{e}_r + \sigma_{\theta\theta}\boldsymbol{e}_\theta\boldsymbol{e}_\theta + \sigma_{\theta z}\boldsymbol{e}_\theta\boldsymbol{e}_z + \\ & \sigma_{zr}\boldsymbol{e}_z\boldsymbol{e}_r + \sigma_{z\theta}\boldsymbol{e}_z\boldsymbol{e}_\theta + \sigma_{zz}\boldsymbol{e}_z\boldsymbol{e}_z \end{aligned} \tag{4.9.2}$$

应用式(3.5.4)和式(3.5.6),得到

$$
\nabla \cdot \boldsymbol{\sigma} = \frac{\partial \sigma_{rr}}{\partial r}\boldsymbol{e}_r + \frac{\partial \sigma_{r\theta}}{\partial r}\boldsymbol{e}_\theta + \frac{\partial \sigma_{rz}}{\partial r}\boldsymbol{e}_z + \frac{1}{r}\left(\frac{\partial \sigma_{\theta r}}{\partial \theta}\boldsymbol{e}_r + \frac{\partial \sigma_{\theta\theta}}{\partial \theta}\boldsymbol{e}_\theta + \frac{\partial \sigma_{\theta z}}{\partial \theta}\boldsymbol{e}_z\right) +
$$

$$
\boldsymbol{e}_\theta \cdot \frac{1}{r}\begin{bmatrix} \sigma_{rr}\dfrac{\partial \boldsymbol{e}_r}{\partial \theta}\boldsymbol{e}_r + \sigma_{rr}\boldsymbol{e}_r\dfrac{\partial \boldsymbol{e}_r}{\partial \theta} + \sigma_{r\theta}\dfrac{\partial \boldsymbol{e}_r}{\partial \theta}\boldsymbol{e}_\theta + \sigma_{r\theta}\boldsymbol{e}_r\dfrac{\partial \boldsymbol{e}_\theta}{\partial \theta} + \sigma_{rz}\dfrac{\partial \boldsymbol{e}_r}{\partial \theta}\boldsymbol{e}_z + \sigma_{\theta r}\dfrac{\partial \boldsymbol{e}_\theta}{\partial \theta}\boldsymbol{e}_r + \\ \sigma_{\theta r}\boldsymbol{e}_\theta\dfrac{\partial \boldsymbol{e}_r}{\partial \theta} + \sigma_{\theta\theta}\dfrac{\partial \boldsymbol{e}_\theta}{\partial \theta}\boldsymbol{e}_\theta + \sigma_{\theta\theta}\boldsymbol{e}_\theta\dfrac{\partial \boldsymbol{e}_\theta}{\partial \theta} + \sigma_{\theta z}\dfrac{\partial \boldsymbol{e}_\theta}{\partial \theta}\boldsymbol{e}_z + \sigma_{zr}\boldsymbol{e}_z\dfrac{\partial \boldsymbol{e}_r}{\partial \theta} + \sigma_{z\theta}\boldsymbol{e}_z\dfrac{\partial \boldsymbol{e}_\theta}{\partial \theta} \end{bmatrix} +
$$

$$
\frac{\partial \sigma_{zr}}{\partial z}\boldsymbol{e}_r + \frac{\partial \sigma_{z\theta}}{\partial z}\boldsymbol{e}_\theta + \frac{\partial \sigma_{zr}}{\partial z}\boldsymbol{e}_z \tag{4.9.3a}
$$

$$
\nabla \cdot \boldsymbol{\sigma} = \frac{\partial \sigma_{rr}}{\partial r}\boldsymbol{e}_r + \frac{\partial \sigma_{r\theta}}{\partial r}\boldsymbol{e}_\theta + \frac{\partial \sigma_{rz}}{\partial r}\boldsymbol{e}_z + \frac{1}{r}\left(\frac{\partial \sigma_{\theta r}}{\partial \theta}\boldsymbol{e}_r + \frac{\partial \sigma_{\theta\theta}}{\partial \theta}\boldsymbol{e}_\theta + \frac{\partial \sigma_{\theta z}}{\partial \theta}\boldsymbol{e}_z\right) +
$$

$$
\boldsymbol{e}_\theta \cdot \frac{1}{r}\begin{pmatrix} \sigma_{rr}\boldsymbol{e}_\theta\boldsymbol{e}_r + \sigma_{rr}\boldsymbol{e}_r\boldsymbol{e}_\theta + \sigma_{r\theta}\boldsymbol{e}_\theta\boldsymbol{e}_\theta - \sigma_{r\theta}\boldsymbol{e}_r\boldsymbol{e}_r + \sigma_{rz}\boldsymbol{e}_\theta\boldsymbol{e}_z - \sigma_{\theta r}\boldsymbol{e}_r\boldsymbol{e}_r + \\ \sigma_{\theta r}\boldsymbol{e}_\theta\boldsymbol{e}_\theta - \sigma_{\theta\theta}\boldsymbol{e}_r\boldsymbol{e}_\theta - \sigma_{\theta\theta}\boldsymbol{e}_\theta\boldsymbol{e}_r - \sigma_{\theta z}\boldsymbol{e}_r\boldsymbol{e}_z + \sigma_{zr}\boldsymbol{e}_z\boldsymbol{e}_\theta - \sigma_{z\theta}\boldsymbol{e}_z\boldsymbol{e}_r \end{pmatrix} +
$$

$$
\frac{\partial \sigma_{zr}}{\partial z}\boldsymbol{e}_r + \frac{\partial \sigma_{z\theta}}{\partial z}\boldsymbol{e}_\theta + \frac{\partial \sigma_{zr}}{\partial z}\boldsymbol{e}_z
$$

$$
= \frac{\partial \sigma_{rr}}{\partial r}\boldsymbol{e}_r + \frac{\partial \sigma_{r\theta}}{\partial r}\boldsymbol{e}_\theta + \frac{\partial \sigma_{rz}}{\partial r}\boldsymbol{e}_z + \frac{1}{r}\left(\frac{\partial \sigma_{\theta r}}{\partial \theta}\boldsymbol{e}_r + \frac{\partial \sigma_{\theta\theta}}{\partial \theta}\boldsymbol{e}_\theta + \frac{\partial \sigma_{\theta z}}{\partial \theta}\boldsymbol{e}_z\right) +
$$

$$
\frac{1}{r}(\sigma_{rr}\boldsymbol{e}_r + \sigma_{r\theta}\boldsymbol{e}_\theta + \sigma_{rz}\boldsymbol{e}_z + \sigma_{\theta r}\boldsymbol{e}_\theta - \sigma_{\theta\theta}\boldsymbol{e}_r) + \frac{\partial \sigma_{zr}}{\partial z}\boldsymbol{e}_r + \frac{\partial \sigma_{z\theta}}{\partial z}\boldsymbol{e}_\theta + \frac{\partial \sigma_{zr}}{\partial z}\boldsymbol{e}_z
$$

$$
= \left(\frac{\partial \sigma_{rr}}{\partial r} + \frac{1}{r}\frac{\partial \sigma_{\theta r}}{\partial \theta} + \frac{\sigma_{rr} - \sigma_{\theta\theta}}{r} + \frac{\partial \sigma_{zr}}{\partial z}\right)\boldsymbol{e}_r + \left(\frac{\partial \sigma_{r\theta}}{\partial r} + \frac{1}{r}\frac{\partial \sigma_{\theta\theta}}{\partial \theta} + \frac{2\sigma_{r\theta}}{r} + \frac{\partial \sigma_{z\theta}}{\partial z}\right)\boldsymbol{e}_\theta +
$$

$$
\left(\frac{\partial \sigma_{rz}}{\partial r} + \frac{1}{r}\frac{\partial \sigma_{\theta z}}{\partial \theta} + \frac{\sigma_{rz}}{r} + \frac{\partial \sigma_{zz}}{\partial z}\right)\boldsymbol{e}_z \tag{4.9.3b}
$$

将上式代入式(4.2.1)可以得到三个力的平衡微分方程(略去体力),为

$$
\begin{cases} \dfrac{\partial \sigma_{rr}}{\partial r} + \dfrac{1}{r}\dfrac{\partial \sigma_{\theta r}}{\partial \theta} + \dfrac{\partial \sigma_{zr}}{\partial z} + \dfrac{\sigma_{rr} - \sigma_{\theta\theta}}{r} = 0 \\[2mm] \dfrac{\partial \sigma_{r\theta}}{\partial r} + \dfrac{1}{r}\dfrac{\partial \sigma_{\theta\theta}}{\partial \theta} + \dfrac{\partial \sigma_{z\theta}}{\partial z} + \dfrac{2\sigma_{r\theta}}{r} = 0 \\[2mm] \dfrac{\partial \sigma_{rz}}{\partial r} + \dfrac{1}{r}\dfrac{\partial \sigma_{\theta z}}{\partial \theta} + \dfrac{\partial \sigma_{zz}}{\partial z} + \dfrac{\sigma_{rz}}{r} = 0 \end{cases} \tag{4.9.4}
$$

将柱面坐标系中力的平衡微分方程与直角坐标系中的加以比较,就会发现,较大差异在于多了非导数的项,如第一式中的$\dfrac{\sigma_{rr} - \sigma_{\theta\theta}}{r}$,第二式中的$\dfrac{2\sigma_{r\theta}}{r}$,第三式中的$\dfrac{\sigma_{rz}}{r}$。通过建立对单元体的三个力矩的平衡方程,可以得到剪应力互等定律即

$$
\sigma_{r\theta} = \sigma_{\theta r}, \quad \sigma_{\theta z} = \sigma_{z\theta}, \quad \sigma_{zr} = \sigma_{rz} \tag{4.9.5}
$$

4.9.2 球面坐标系

为研究球面坐标系中的应力分量和平衡微分方程,应该用球面坐标系中的三组坐标面 r 面、θ 面、φ 面切割弹性体,从而得到球面坐标系的一个微小单元体。此单元体也是由六个面组成,其中两个面是球面,即 r 面,两个面是平面,即 φ 面,两个面是圆锥面,即 θ 面,如图 4.9.2

所示。单元体各组面上的正应力分量分别用 σ_{rr}、$\sigma_{\theta\theta}$、$\sigma_{\varphi\varphi}$ 表示,剪应力分量分别用 $\sigma_{r\theta}$、$\sigma_{\theta r}$、$\sigma_{\theta\varphi}$、$\sigma_{\varphi\theta}$、$\sigma_{\varphi r}$、$\sigma_{r\varphi}$ 表示。

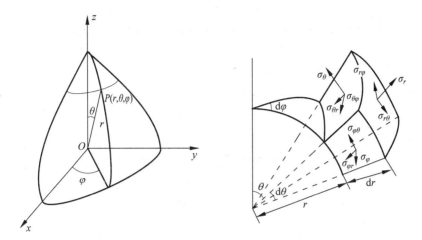

图 4.9.2　球面坐标系

在球面坐标系中,应力张量为

$$
\begin{bmatrix}
\sigma_{rr} & \sigma_{r\theta} & \sigma_{r\varphi} \\
\sigma_{\theta r} & \sigma_{\theta\theta} & \sigma_{\theta\varphi} \\
\sigma_{\varphi r} & \sigma_{\varphi\theta} & \sigma_{\varphi\varphi}
\end{bmatrix}
\tag{4.9.6}
$$

球面坐标系的张量形式为

$$
\begin{aligned}
\boldsymbol{\sigma} = {} & \sigma_{rr}\boldsymbol{e}_r\boldsymbol{e}_r + \sigma_{r\theta}\boldsymbol{e}_r\boldsymbol{e}_\theta + \sigma_{r\varphi}\boldsymbol{e}_r\boldsymbol{e}_\varphi + \\
& \sigma_{\theta r}\boldsymbol{e}_\theta\boldsymbol{e}_r + \sigma_{\theta\theta}\boldsymbol{e}_\theta\boldsymbol{e}_\theta + \sigma_{\theta\varphi}\boldsymbol{e}_\theta\boldsymbol{e}_\varphi + \\
& \sigma_{\varphi r}\boldsymbol{e}_\varphi\boldsymbol{e}_r + \sigma_{\varphi\theta}\boldsymbol{e}_\varphi\boldsymbol{e}_\theta + \sigma_{\varphi\varphi}\boldsymbol{e}_\varphi\boldsymbol{e}_\varphi
\end{aligned}
\tag{4.9.7}
$$

应用式(3.5.14)和式(3.5.16)得到,

$$
\begin{aligned}
\nabla\cdot\boldsymbol{\sigma} = {} & \frac{\partial\sigma_{rr}}{\partial r}\boldsymbol{e}_r + \frac{\partial\sigma_{r\theta}}{\partial r}\boldsymbol{e}_\theta + \frac{\partial\sigma_{r\varphi}}{\partial r}\boldsymbol{e}_\varphi + \frac{1}{r}\left(\frac{\partial\sigma_{\theta r}}{\partial\theta}\boldsymbol{e}_r + \frac{\partial\sigma_{\theta\theta}}{\partial\theta}\boldsymbol{e}_\theta + \frac{\partial\sigma_{\theta\varphi}}{\partial\theta}\boldsymbol{e}_\varphi\right) + \\
& \boldsymbol{e}_\theta\cdot\frac{1}{r}\left[
\begin{array}{l}
\sigma_{rr}\dfrac{\partial\boldsymbol{e}_r}{\partial\theta}\boldsymbol{e}_r + \sigma_{rr}\boldsymbol{e}_r\dfrac{\partial\boldsymbol{e}_r}{\partial\theta} + \sigma_{r\theta}\dfrac{\partial\boldsymbol{e}_r}{\partial\theta}\boldsymbol{e}_\theta + \sigma_{r\theta}\boldsymbol{e}_r\dfrac{\partial\boldsymbol{e}_\theta}{\partial\theta} + \sigma_{r\varphi}\dfrac{\partial\boldsymbol{e}_r}{\partial\theta}\boldsymbol{e}_\varphi + \sigma_{\theta r}\dfrac{\partial\boldsymbol{e}_\theta}{\partial\theta}\boldsymbol{e}_r + \\
\sigma_{\theta r}\boldsymbol{e}_\theta\dfrac{\partial\boldsymbol{e}_r}{\partial\theta} + \sigma_{\theta\theta}\dfrac{\partial\boldsymbol{e}_\theta}{\partial\theta}\boldsymbol{e}_\theta + \sigma_{\theta\theta}\boldsymbol{e}_\theta\dfrac{\partial\boldsymbol{e}_\theta}{\partial\theta} + \sigma_{\theta\varphi}\dfrac{\partial\boldsymbol{e}_\theta}{\partial\theta}\boldsymbol{e}_\varphi + \sigma_{\varphi r}\boldsymbol{e}_\varphi\dfrac{\partial\boldsymbol{e}_r}{\partial\theta} + \sigma_{\varphi\theta}\boldsymbol{e}_\varphi\dfrac{\partial\boldsymbol{e}_\theta}{\partial\theta}
\end{array}
\right] + \\
& \frac{1}{r\sin\theta}\left(\frac{\partial\sigma_{\varphi r}}{\partial\varphi}\boldsymbol{e}_r + \frac{\partial\sigma_{\varphi\theta}}{\partial\varphi}\boldsymbol{e}_\theta + \frac{\partial\sigma_{\varphi\varphi}}{\partial\varphi}\boldsymbol{e}_\varphi\right) + \\
& \frac{1}{r\sin\theta}\boldsymbol{e}_\varphi\cdot\left[
\begin{array}{l}
\sigma_{rr}\dfrac{\partial\boldsymbol{e}_r}{\partial\varphi}\boldsymbol{e}_r + \sigma_{rr}\boldsymbol{e}_r\dfrac{\partial\boldsymbol{e}_r}{\partial\varphi} + \sigma_{r\theta}\dfrac{\partial\boldsymbol{e}_r}{\partial\varphi}\boldsymbol{e}_\theta + \sigma_{r\theta}\boldsymbol{e}_r\dfrac{\partial\boldsymbol{e}_\theta}{\partial\varphi} + \sigma_{r\varphi}\dfrac{\partial\boldsymbol{e}_r}{\partial\varphi}\boldsymbol{e}_\varphi + \sigma_{r\varphi}\boldsymbol{e}_r\dfrac{\partial\boldsymbol{e}_\varphi}{\partial\varphi} + \\
\sigma_{\theta r}\dfrac{\partial\boldsymbol{e}_\theta}{\partial\varphi}\boldsymbol{e}_r + \sigma_{\theta r}\boldsymbol{e}_\theta\dfrac{\partial\boldsymbol{e}_r}{\partial\varphi} + \sigma_{\theta\theta}\dfrac{\partial\boldsymbol{e}_\theta}{\partial\varphi}\boldsymbol{e}_\theta + \sigma_{\theta\theta}\boldsymbol{e}_\theta\dfrac{\partial\boldsymbol{e}_\theta}{\partial\varphi} + \sigma_{\theta\varphi}\dfrac{\partial\boldsymbol{e}_\theta}{\partial\varphi}\boldsymbol{e}_\varphi + \sigma_{\theta\varphi}\boldsymbol{e}_\theta\dfrac{\partial\boldsymbol{e}_\varphi}{\partial\varphi} + \\
\sigma_{\varphi r}\dfrac{\partial\boldsymbol{e}_\varphi}{\partial\varphi}\boldsymbol{e}_r + \sigma_{\varphi r}\boldsymbol{e}_\varphi\dfrac{\partial\boldsymbol{e}_r}{\partial\varphi} + \sigma_{\varphi\theta}\dfrac{\partial\boldsymbol{e}_\varphi}{\partial\varphi}\boldsymbol{e}_\theta + \sigma_{\varphi\theta}\boldsymbol{e}_\varphi\dfrac{\partial\boldsymbol{e}_\theta}{\partial\varphi} + \sigma_{\varphi\varphi}\dfrac{\partial\boldsymbol{e}_\varphi}{\partial\varphi}\boldsymbol{e}_\varphi + \sigma_{\varphi\varphi}\boldsymbol{e}_\varphi\dfrac{\partial\boldsymbol{e}_\varphi}{\partial\varphi}
\end{array}
\right]
\end{aligned}
\tag{4.9.8a}
$$

$$\nabla \cdot \boldsymbol{\sigma} = \frac{\partial \sigma_{rr}}{\partial r}\boldsymbol{e}_r + \frac{\partial \sigma_{r\theta}}{\partial r}\boldsymbol{e}_\theta + \frac{\partial \sigma_{r\varphi}}{\partial r}\boldsymbol{e}_\varphi + \frac{1}{r}\left(\frac{\partial \sigma_{\theta r}}{\partial \theta}\boldsymbol{e}_r + \frac{\partial \sigma_{\theta\theta}}{\partial \theta}\boldsymbol{e}_\theta + \frac{\partial \sigma_{\theta\varphi}}{\partial \theta}\boldsymbol{e}_\varphi\right) +$$

$$\boldsymbol{e}_\theta \cdot \frac{1}{r}\left(\begin{array}{l} \sigma_{rr}\boldsymbol{e}_\theta\boldsymbol{e}_r + \sigma_{rr}\boldsymbol{e}_r\boldsymbol{e}_\theta + \sigma_{r\theta}\boldsymbol{e}_\theta\boldsymbol{e}_\theta - \sigma_{r\theta}\boldsymbol{e}_r\boldsymbol{e}_r + \sigma_{r\varphi}\boldsymbol{e}_\theta\boldsymbol{e}_\varphi - \sigma_{\theta r}\boldsymbol{e}_r\boldsymbol{e}_r + \\ \sigma_{\theta r}\boldsymbol{e}_\theta\boldsymbol{e}_\theta - \sigma_{\theta\theta}\boldsymbol{e}_r\boldsymbol{e}_\theta - \sigma_{\theta\theta}\boldsymbol{e}_\theta\boldsymbol{e}_r - \sigma_{\theta\varphi}\boldsymbol{e}_r\boldsymbol{e}_\varphi + \sigma_{\varphi r}\boldsymbol{e}_\theta\boldsymbol{e}_\theta - \sigma_{\varphi\theta}\boldsymbol{e}_\theta\boldsymbol{e}_r \end{array}\right) +$$

$$\frac{1}{r\sin\theta}\left(\frac{\partial \sigma_{\varphi r}}{\partial \varphi}\boldsymbol{e}_r + \frac{\partial \sigma_{\varphi\theta}}{\partial \varphi}\boldsymbol{e}_\theta + \frac{\partial \sigma_{\varphi\varphi}}{\partial \varphi}\boldsymbol{e}_\varphi\right) +$$

$$\frac{1}{r\sin\theta}\boldsymbol{e}_\varphi \cdot \left[\begin{array}{l} \sigma_{rr}\sin\theta\boldsymbol{e}_\varphi\boldsymbol{e}_r + \sigma_{rr}\sin\theta\boldsymbol{e}_r\boldsymbol{e}_\varphi + \sigma_{r\theta}\sin\theta\boldsymbol{e}_\varphi\boldsymbol{e}_\theta + \sigma_{r\theta}\cos\theta\boldsymbol{e}_r\boldsymbol{e}_\varphi + \\ \sigma_{r\varphi}\sin\theta\boldsymbol{e}_\varphi\boldsymbol{e}_\varphi - \sigma_{r\varphi}\boldsymbol{e}_r(\boldsymbol{e}_r\sin\theta + \boldsymbol{e}_\theta\cos\theta) + \sigma_{\theta r}\cos\theta\boldsymbol{e}_\varphi\boldsymbol{e}_r + \\ \sigma_{\theta r}\sin\theta\boldsymbol{e}_\theta\boldsymbol{e}_\varphi + \sigma_{\theta\theta}\cos\theta\boldsymbol{e}_\varphi\boldsymbol{e}_\theta + \sigma_{\theta\theta}\cos\theta\boldsymbol{e}_\theta\boldsymbol{e}_\varphi + \sigma_{\theta\varphi}\cos\theta\boldsymbol{e}_\varphi\boldsymbol{e}_\varphi - \\ \sigma_{\theta\varphi}\boldsymbol{e}_\theta(\boldsymbol{e}_r\sin\theta + \boldsymbol{e}_\theta\cos\theta) - \sigma_{\varphi r}(\boldsymbol{e}_r\sin\theta + \boldsymbol{e}_\theta\cos\theta)\boldsymbol{e}_r + \\ \sigma_{\varphi r}\sin\theta\boldsymbol{e}_\varphi\boldsymbol{e}_\varphi - \sigma_{\varphi\theta}(\boldsymbol{e}_r\sin\theta + \boldsymbol{e}_\theta\cos\theta)\boldsymbol{e}_\theta + \sigma_{\varphi\theta}\cos\theta\boldsymbol{e}_\varphi\boldsymbol{e}_\varphi - \\ \sigma_{\varphi\varphi}(\boldsymbol{e}_r\sin\theta + \boldsymbol{e}_\theta\cos\theta)\boldsymbol{e}_\varphi - \sigma_{\varphi\varphi}\boldsymbol{e}_\varphi(\boldsymbol{e}_r\sin\theta + \boldsymbol{e}_\theta\cos\theta) \end{array}\right] \quad (4.9.8\text{b})$$

$$\nabla \cdot \boldsymbol{\sigma} = \frac{\partial \sigma_{rr}}{\partial r}\boldsymbol{e}_r + \frac{\partial \sigma_{r\theta}}{\partial r}\boldsymbol{e}_\theta + \frac{\partial \sigma_{r\varphi}}{\partial r}\boldsymbol{e}_\varphi + \frac{1}{r}\left(\frac{\partial \sigma_{\theta r}}{\partial \theta}\boldsymbol{e}_r + \frac{\partial \sigma_{\theta\theta}}{\partial \theta}\boldsymbol{e}_\theta + \frac{\partial \sigma_{\theta\varphi}}{\partial \theta}\boldsymbol{e}_\varphi\right) +$$

$$\frac{1}{r}\left(\sigma_{rr}\boldsymbol{e}_r + \sigma_{r\theta}\boldsymbol{e}_\theta + \sigma_{r\varphi}\boldsymbol{e}_\varphi + \sigma_{\theta r}\boldsymbol{e}_\theta - \sigma_{\theta\theta}\boldsymbol{e}_r\right) + \frac{1}{r\sin\theta}\left(\frac{\partial \sigma_{\varphi r}}{\partial \varphi}\boldsymbol{e}_r + \frac{\partial \sigma_{\varphi\theta}}{\partial \varphi}\boldsymbol{e}_\theta + \frac{\partial \sigma_{\varphi\varphi}}{\partial \varphi}\boldsymbol{e}_\varphi\right) +$$

$$\frac{1}{r\sin\theta}\left(\begin{array}{l} \sigma_{rr}\sin\theta\boldsymbol{e}_r + \sigma_{r\theta}\sin\theta\boldsymbol{e}_\theta + \sigma_{r\varphi}\sin\theta\boldsymbol{e}_\varphi + \sigma_{\theta r}\cos\theta\boldsymbol{e}_r + \\ \sigma_{\theta\theta}\cos\theta\boldsymbol{e}_\theta + \sigma_{\theta\varphi}\cos\theta\boldsymbol{e}_\varphi + \sigma_{\varphi r}\sin\theta\boldsymbol{e}_\varphi + \sigma_{\varphi\theta}\cos\theta\boldsymbol{e}_\varphi \\ - \sigma_{\varphi\varphi}(\boldsymbol{e}_r\sin\theta + \boldsymbol{e}_\theta\cos\theta) \end{array}\right) \quad (4.9.8\text{c})$$

$$\nabla \cdot \boldsymbol{\sigma} = \left(\frac{\partial \sigma_{rr}}{\partial r} + \frac{1}{r}\frac{\partial \sigma_{\theta r}}{\partial \theta} + \frac{\sigma_{rr} - \sigma_{\theta\theta}}{r} + \frac{1}{r\sin\theta}\frac{\partial \sigma_{\varphi r}}{\partial \varphi} + \frac{1}{r\sin\theta}(\sigma_{rr}\sin\theta + \sigma_{\theta r}\cos\theta - \sigma_{\varphi\varphi}\sin\theta)\right)\boldsymbol{e}_r +$$

$$\left(\frac{\partial \sigma_{r\theta}}{\partial r} + \frac{1}{r}\frac{\partial \sigma_{\theta\theta}}{\partial \theta} + \frac{2\sigma_{r\theta}}{r} + \frac{1}{r\sin\theta}\frac{\partial \sigma_{\varphi\theta}}{\partial \varphi} + \frac{1}{r\sin\theta}(\sigma_{r\theta}\sin\theta + \sigma_{\theta\theta}\cos\theta - \sigma_{\varphi\varphi}\cos\theta)\right)\boldsymbol{e}_\theta +$$

$$\left(\frac{\partial \sigma_{r\varphi}}{\partial r} + \frac{1}{r}\frac{\partial \sigma_{\theta\varphi}}{\partial \theta} + \frac{\sigma_{r\varphi}}{r} + \frac{1}{r\sin\theta}\frac{\partial \sigma_{\varphi\varphi}}{\partial \varphi} + \frac{2}{r\sin\theta}(\sigma_{r\varphi}\sin\theta + \sigma_{\theta\varphi}\cos\theta)\right)\boldsymbol{e}_\varphi \quad (4.9.8\text{d})$$

将上式代入式(4.2.1)可以得到在球面坐标系中三个力的平衡微分方程(略去体力)为

$$\begin{cases} \dfrac{\partial \sigma_{rr}}{\partial r} + \dfrac{1}{r}\dfrac{\partial \sigma_{\theta r}}{\partial \theta} + \dfrac{1}{r\sin\theta}\dfrac{\partial \sigma_{\varphi r}}{\partial \varphi} + \dfrac{1}{r}(2\sigma_{rr} - \sigma_{\theta\theta} - \sigma_{\varphi\varphi} + \sigma_{r\theta}\cot\theta) = 0 \\[2mm] \dfrac{\partial \sigma_{r\theta}}{\partial r} + \dfrac{1}{r}\dfrac{\partial \sigma_{\theta\theta}}{\partial \theta} + \dfrac{1}{r\sin\theta}\dfrac{\partial \sigma_{\varphi\theta}}{\partial \varphi} + \dfrac{1}{r}\left[(\sigma_{\theta\theta} - \sigma_{\varphi\varphi})\cot\theta + 3\sigma_{r\theta}\right] = 0 \\[2mm] \dfrac{\partial \sigma_{r\varphi}}{\partial r} + \dfrac{1}{r}\dfrac{\partial \sigma_{\theta\varphi}}{\partial \theta} + \dfrac{1}{r\sin\theta}\dfrac{\partial \sigma_{\varphi\varphi}}{\partial \varphi} + \dfrac{1}{r}(3\sigma_{r\varphi} + 2\sigma_{\theta\varphi}\cot\theta) = 0 \end{cases} \quad (4.9.9)$$

通过建立对单元体的三个力矩的平衡方程,可以得到剪应力互等定律即

$$\sigma_{r\theta} = \sigma_{\theta r}, \quad \sigma_{\theta\varphi} = \sigma_{\varphi\theta}, \quad \sigma_{\varphi r} = \sigma_{r\varphi} \quad (4.9.10)$$

当不仅几何形状为球对称,而且球体所受约束和载荷也为球对称时,则所产生的应力也将是球对称的。根据球对称可知,只有两个应力分量 σ_{rr} 和 $\sigma_{\theta\theta}$ 不为零且均与 θ 无关,而其余各应力分量均为零。此时,单元体的六个平衡条件中有五个自然满足,只剩下 r 方向的平衡条件为

$$\frac{\mathrm{d}\sigma_{rr}}{\mathrm{d}r} + 2\frac{\sigma_{rr} - \sigma_{\theta\theta}}{r} = 0 \tag{4.9.11}$$

这就是球对称的平衡微分方程。

习题

4.1 证明 $e\text{-}\delta$ 恒等式 $e_{ijk}e_{ist} = \delta_{js}\delta_{kt} - \delta_{ks}\delta_{jt}$。

4.2 证明若 $a_{ij} = a_{ji}$，$b_{ij} = -b_{ji}$，则 $a_{ij}b_{ij} = 0$。

4.3 已知某一点的应力分量 σ_{xx}、σ_{yy}、σ_{zz}、σ_{xy} 不为零，而 $\sigma_{xz} = \sigma_{yz} = 0$，试求过该点和 z 轴，与 x 轴夹角为 α 的面上的正应力和剪应力。

4.4 如已知物体的表面由 $f(x,y,z) = 0$ 确定，沿物体表面作用着与其外法线方向一致的分布载荷 $p(x,y,z)$。试写出其边界条件。

4.5 已知某点以直角坐标表示的应力分量为 σ_{xx}、σ_{yy}、σ_{zz}、σ_{xy}、σ_{xz}、σ_{yz}，试求该点以柱坐标表示的应力分量。

4.6 一点的应力状态由应力张量 $(\sigma_{ij}) = \begin{pmatrix} \sigma & a\sigma & b\sigma \\ a\sigma & \sigma & c\sigma \\ b\sigma & c\sigma & \sigma \end{pmatrix}$ 给定，式中，a、b、c 为常数，σ 是某应力值，求常数 a、b、c，以使八面体面 $\boldsymbol{n} = \dfrac{1}{\sqrt{3}}(\boldsymbol{e}_1 + \boldsymbol{e}_2 + \boldsymbol{e}_3)$ 上的应力张量为零。

4.7 求应力偏量张量的不变量。

4.8 设 ϕ_{rs} 为二阶对称张量的分量，证明由 $\sigma_{ij} = e_{ipq}e_{jmn}\phi_{qn,pm}$ 导出的应力一定满足无体力的平衡方程。

4.9 已知直角坐标系中各点的应力张量 $(\sigma_{ij}) = \begin{pmatrix} 3x_1x_2 & 5x_2^2 & 0 \\ 5x_2^2 & 0 & 2x_3 \\ 0 & 2x_3 & 0 \end{pmatrix}$，试求体积力分量。

4.10 如图所示的三角形截面水坝，材料的比重为 γ，承受着比重为 γ_1 液体的压力，已求得应力解为 $\sigma_{xx} = ax + by$，$\sigma_{yy} = cx + dy - \gamma y$，$\sigma_{xy} = -dx - ay$，试根据直边及斜边上的表面条件确定系数 a、b、c 和 d。

4.11 如图所示的三角形截面水坝，其左侧作用着比重为 γ 的液体，右侧为自由表面，试写出以应力分量表示的边界条件。

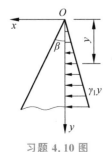

习题 4.10 图

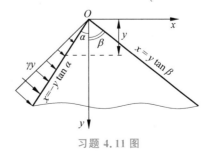

习题 4.11 图

4.12 如图所示的矩形板,上缘为自由表面,其应力分量为 $\begin{cases}\sigma_x = qx^2y - \dfrac{2}{3}qy^3 \\ \sigma_y = \dfrac{1}{3}qy^3 - c_1y + c_2 \\ \tau_{xy} = -qxy^2 + c_1x\end{cases}$,若

体积力为零,试求常数 c_1 和 c_2,并在 AB 及 BC 边上画出应力分布。

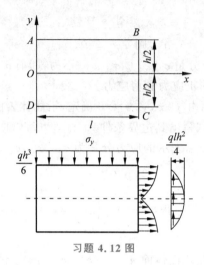

习题 4.12 图

第 5 章

弹性本构关系

在前两章中,已经基于数学语言描述变形体内任意一点的变形、应变、应力、平衡微分方程等,以笛卡儿坐标系为例给出了应变分量与位移分量之间关系的几何方程、协调方程、各应力分量之间关系的平衡微分方程等,还研究了应变、应力等的一些性质。这些数学描述和方程都与物体的材料性质无关,适用于任何连续介质。但只有应力理论和应变理论还不能解决应力和应变问题,因为方程中出现的未知量个数多于可利用的方程数。事实上,变形和内力都不是孤立存在的,他们之间是有关联的,内力的后果就是变形,变形是因为物体内存在内力。简单地说就是物体内的应力和应变之间是有一定关系的,力学参数(应力、应力速率等)和运动学参数(应变、应变速度等)之间的关系式称为本构关系或本构方程[3]。本章讨论弹性本构关系。

5.1 广义胡克定律

5.1.1 各向同性条件下的广义胡克定律

在第 2 章我们已经知道了单向载荷下材料的应力-应变关系,当应力低于屈服强度时应力和应变是线性关系。现在的问题是如何描述实实在在的三维物体的这种线性应力和应变之间的关系。先分析最简单的各向同性问题,当材料的弹性常数与坐标轴的取向无关,即坐标轴旋转时,其弹性常数不变,这样的材料称为各向同性的弹性材料。现在讨论各向同性的弹性体在线弹性条件下、任意一点的应力分量与应变分量之间的关系。现取一个微小正六面体,它的六个面均平行于坐标轴,若在 x 轴方向加正应力 σ_x,则它在 x 轴方向正应变为

$$\varepsilon_x = \frac{\sigma_x}{E} \tag{5.1.1}$$

式中,E 为材料的拉压弹性模量,简称弹性模量。

在拉伸过程中,随着试件沿拉伸方向的不断伸长,试件的横截面积将不断减小;而在压缩过程中,随着试件沿压缩轴方向的不断缩短,试件的横截面积将不断增大。单向拉伸时,试件的侧面应变 ε_y 和 ε_z 都与轴向应变 ε_x 有关。在线弹性阶段,它们之间的关系为

$$\varepsilon_y = \varepsilon_z = -\nu \varepsilon_x = -\nu \frac{\sigma_x}{E} \tag{5.1.2}$$

式中，ν 为横向变形系数，又称为泊松(Poisson)比。

同理，若只在 y 轴方向加正应力 σ_y，则有

$$\varepsilon_y = \frac{\sigma_y}{E}, \quad \varepsilon_z = \varepsilon_x = -\nu \frac{\sigma_y}{E} \tag{5.1.3}$$

若只在 z 轴方向加正应力 σ_z，则有

$$\varepsilon_z = \frac{\sigma_z}{E}, \quad \varepsilon_x = \varepsilon_y = -\nu \frac{\sigma_z}{E} \tag{5.1.4}$$

在线弹性条件下，可应用叠加原理。如果在三个坐标轴方向同时加上三个正应力 σ_x、σ_y、σ_z，其所产生的总应变是这三个应力中每一个单独施加时所产生应变的线性叠加，即

$$\begin{cases} \varepsilon_x = \frac{1}{E}[\sigma_x - \nu(\sigma_y + \sigma_z)] \\ \varepsilon_y = \frac{1}{E}[\sigma_y - \nu(\sigma_x + \sigma_z)] \\ \varepsilon_z = \frac{1}{E}[\sigma_z - \nu(\sigma_x + \sigma_y)] \end{cases} \tag{5.1.5}$$

在纯剪切的应力状态，剪应力 τ_{xy} 与剪应变 γ_{xy} 成线性关系，由拉伸的胡克定律可以推导出来，

$$\tau_{xy} = G\gamma_{xy} \tag{5.1.6}$$

式中，$G = \frac{E}{2(1+\nu)}$ 为剪切模量。事实上，在纯剪切的应力状态，如图 5.1.1 所示的边长为 $\sqrt{2}a$ 的正方形 $ABCD$ 变形为平行四边形 $A'B'C'D'$，其主应力为 $\sigma_1 = \tau$，$\sigma_2 = 0$，$\sigma_3 = -\tau$。

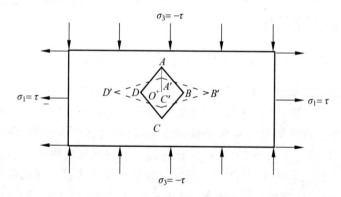

图 5.1.1　纯剪切应力状态引起的变形

由(5.1.5)式可知，如图 5.1.1 所示的水平对角线的相对伸长为

$$\varepsilon_1 = \frac{1}{E}(\sigma_1 - \nu\sigma_3) = \frac{1+\nu}{E}\tau \tag{5.1.7}$$

竖直对角线的相对缩短为

$$\varepsilon_3 = \frac{1}{E}(\sigma_3 - \nu\sigma_1) = -\frac{1+\nu}{E}\tau \tag{5.1.8}$$

在三角形 $A'OB'$ 里，

$$OB' = a(1+\varepsilon_1), \quad OA' = a(1+\varepsilon_3) \tag{5.1.9}$$

所以

$$A'B' = \sqrt{a^2(1+\varepsilon_1)^2 + (1+\varepsilon_3)^2 a^2} = a\sqrt{2(1+\varepsilon_1+\varepsilon_3+\cdots)} \qquad (5.1.10)$$

而由 $\varepsilon_1+\varepsilon_3=0$，有

$$A'B' \approx AB = \sqrt{2}\,a \qquad (5.1.11)$$

如果直角的改变量为 γ，则

$$\angle OA'B' = \frac{\pi}{4} + \frac{\gamma}{2}, \quad \tan\left(\frac{\pi}{4}+\frac{\gamma}{2}\right) = \frac{OB'}{OA'} = \frac{a(1+\varepsilon_1)}{a(1+\varepsilon_3)} \qquad (5.1.12)$$

而

$$\tan\left(\frac{\pi}{4}+\frac{\gamma}{2}\right) = \frac{\tan\dfrac{\pi}{4}+\tan\dfrac{\gamma}{2}}{1-\tan\dfrac{\pi}{4}\tan\dfrac{\gamma}{2}} \approx \frac{1+\dfrac{\gamma}{2}}{1-\dfrac{\gamma}{2}} \approx 1+\gamma, \quad \frac{1+\varepsilon_1}{1+\varepsilon_3} \approx 1+\varepsilon_1-\varepsilon_3$$

$$(5.1.13)$$

由于在小变形情况下剪应变 γ 很小，所以上式用到 $\tan\dfrac{\gamma}{2} \approx \dfrac{\gamma}{2}$，$\dfrac{1}{1-\dfrac{\gamma}{2}} \approx 1+\dfrac{\gamma}{2}$。由式(5.1.7)

和式(5.1.8)、式(5.1.12)式(5.1.13)，得到

$$\gamma = \frac{2(1+\nu)}{E}\tau \qquad (5.1.14)$$

此即式(5.1.6)。类似地，统一有

$$\begin{cases} \varepsilon_{xy} = \dfrac{1}{2G}\sigma_{xy} \\[2mm] \varepsilon_{yz} = \dfrac{1}{2G}\sigma_{yz} \\[2mm] \varepsilon_{zx} = \dfrac{1}{2G}\sigma_{zx} \end{cases} \qquad (5.1.15)$$

将式(5.1.5)和式(5.1.15)写成统一形式，为

$$\begin{cases} \varepsilon_{ij} = \dfrac{1+\nu}{E}\sigma_{ij} - \dfrac{\nu}{E}\delta_{ij}\Theta \\[2mm] \boldsymbol{\varepsilon} = \dfrac{1+\nu}{E}\boldsymbol{\sigma} - \dfrac{\nu}{E}\Theta\boldsymbol{I} \end{cases} \qquad (5.1.16)$$

式中，$\Theta=\sigma_x+\sigma_y+\sigma_z=\sigma_{kk}$ 为第一应力不变量。把式(5.1.5)的三式相加，得

$$e = \frac{1-2\nu}{E}\Theta \qquad (5.1.17)$$

式中，$e=\varepsilon_x+\varepsilon_y+\varepsilon_z=\varepsilon_{ii}$ 为体积应变，式(5.1.17)可以写成

$$\sigma_m = Ke \qquad (5.1.18)$$

式中，$K=\dfrac{E}{3(1-2\nu)}$ 称为体积弹性模量，$\sigma_m=\dfrac{1}{3}\sigma_{kk}$ 是平均应力。式(5.1.18)表明，体积应变与平均正应力成正比。这就是各向同性的弹性材料的体积胡克定律。由式(5.1.16)和式(5.1.17)得到应力偏量张量 $\boldsymbol{S}$ 和应变偏量张量 $\boldsymbol{\varepsilon}'$ 间的关系为

$$\boldsymbol{S} = 2G\boldsymbol{\varepsilon}' \qquad (5.1.19)$$

如果令 $\lambda = \dfrac{\nu E}{(1+\nu)(1-2\nu)}$，$\mu = \dfrac{E}{2(1+\nu)} = G$，则式(5.1.16)可写成

$$\boldsymbol{\sigma} = \lambda e \boldsymbol{I} + 2\mu \boldsymbol{\varepsilon} \tag{5.1.20}$$

通常把式(5.1.16)称为本构关系或者本构方程，把式(5.1.20)称为逆本构关系或者逆本构方程。这是因为小变形情况下应变是可以叠加的，而应力是不能叠加的，它们都是本构方程的不同形式，因此他们不能同时使用。在上述各向同性体的弹性关系中出现了 E、ν、G、λ、K 五个弹性常数，其中独立的只有两个，通常取 E、ν 或 λ、G 或 K、G。它们的互换关系见表 5.1.1。

表 5.1.1　弹性常数互换

	弹 性 常 数		
	E、ν	λ、G	K、G
E	—	$\dfrac{G(3\lambda+2G)}{\lambda+G}$	$\dfrac{9KG}{3K+G}$
υ	—	$\dfrac{\lambda}{2(\lambda+G)}$	$\dfrac{3K-2G}{6K+2G}$
λ	$\dfrac{\nu E}{(1+\nu)(1-2\nu)}$	—	$K-\dfrac{2}{3}G$
G	$\dfrac{E}{2(1+\nu)}$	—	—
K	$\dfrac{E}{3(1-2\nu)}$	$\lambda+\dfrac{2}{3}G$	—

对于给定的工程材料，可以用单向拉伸实验来测定 E 和 ν，用薄壁筒扭转试验来测定 G，用静水压试验来测定 K。实验表明，在这三种加载情况下物体的变形总是和加载方向一致的（即外力总在物体变形上做正功），所以

$$E > 0, \quad G > 0, \quad K > 0 \tag{5.1.21}$$

由 $G = \dfrac{E}{2(1+\nu)}$ 和 $K = \dfrac{E}{3(1-2\nu)}$ 有，要上式成立必要求：

$$1+\nu > 0, \quad 1-2\nu > 0 \tag{5.1.22}$$

因此泊松比 ν 的理论取值范围为

$$-1 < \nu < 1/2 \tag{5.1.23}$$

作为理想化的极限情况，若设 $\nu=1/2$，则体积模量 $K=\infty$，称为不可压缩材料，相应的剪切模量为 $G=E/3$。在塑性力学中，经常采用不可压缩假设。当 $\nu=1/4$ 时，$\lambda=G$，使弹性力学基本方程大为简化，在地球物理中讨论应力波传播时经常采用这个假设。ν 的实际测量值都在 $0<\nu<1/2$ 的范围内。

5.1.2　各向异性弹性体的广义胡克定律

对于各向同性材料，弹性关系式(5.1.16)表明，正应力只引起正应变，剪应力只引起剪应变，它们是互不耦合的。对于各向异性材料，任何一个应力分量都可能引起任何一个应变分量的变化。广义胡克定律的一般形式是

$$\sigma_{ij} = C_{ijkl}\varepsilon_{kl} \tag{5.1.24}$$

由于应力、应变都是二阶张量,且上式对任意的 ε_{kl} 均成立,所以根据商判则 C_{ijkl} 是一个四阶张量,称为弹性系数张量,它共有 81 个分量。这是因为 C_{ijkl} 中的下标 ij 可以取 9 个独立的值,下标 kl 可以取 9 个独立的值。式(5.1.24)的张量表达式为

$$\boldsymbol{\sigma} = \boldsymbol{C} : \boldsymbol{\varepsilon} \tag{5.1.25}$$

上式是张量的双点积,对前后张量中两对紧挨着的基矢量缩并的结果称为双点积,共有两种:

(1) 并双点积

$$\boldsymbol{T} = \boldsymbol{A} : \boldsymbol{B} = A_{ijk}\boldsymbol{e}_i\boldsymbol{e}_j\boldsymbol{e}_k : B_{lm}\boldsymbol{e}_l\boldsymbol{e}_m = A_{ijk}B_{lm}\boldsymbol{e}_i(\boldsymbol{e}_j \cdot \boldsymbol{e}_l)(\boldsymbol{e}_k \cdot \boldsymbol{e}_m) = A_{ijk}B_{lm}\boldsymbol{e}_i\delta_{jl}\delta_{km} = A_{ijk}B_{jk}\boldsymbol{e}_i \tag{5.1.26}$$

上式运算规则是 $\boldsymbol{A}$ 的最后一个基矢量和 $\boldsymbol{B}$ 的最后一个基矢量点积,$\boldsymbol{A}$ 的倒数第二个基矢量和 $\boldsymbol{B}$ 的倒数第二个基矢量点积,$\boldsymbol{A}$ 的倒数第三个基矢量和 $\boldsymbol{B}$ 的倒数第三个基矢量点积,等等。

(2) 串双点积

$$\boldsymbol{T} = \boldsymbol{A} \cdot\cdot \boldsymbol{B} = A_{ijk}\boldsymbol{e}_i\boldsymbol{e}_j\boldsymbol{e}_k \cdot\cdot B_{lm}\boldsymbol{e}_l\boldsymbol{e}_m = A_{ijk}B_{lm}\boldsymbol{e}_i(\boldsymbol{e}_k \cdot \boldsymbol{e}_l)(\boldsymbol{e}_j \cdot \boldsymbol{e}_m)$$
$$= A_{ijk}B_{lm}\boldsymbol{e}_i\delta_{kl}\delta_{jm} = A_{ijk}B_{kj}\boldsymbol{e}_i \tag{5.1.27}$$

上式运算规则是 $\boldsymbol{A}$ 和 $\boldsymbol{B}$ 的最近的两个基矢量点积,$\boldsymbol{A}$ 和 $\boldsymbol{B}$ 的次近的两个基矢量点积,等等。

根据应力张量的对称性 $\sigma_{ij} = \sigma_{ji}$,即 6 个独立应力分量,由式(5.1.24)可直接看出弹性张量对自由指标 i 和 j 是对称的,

$$C_{ijkl} = C_{jikl} \tag{5.1.28}$$

即 C_{ijkl} 中的下标 ij 只能有 6 个独立的取值。再利用应变张量的对称性 $\varepsilon_{kl} = \varepsilon_{lk}$,即 6 个独立应变分量,则可以构造一个对式(5.1.24)的哑指标 k 和 l 也对称的弹性张量,使

$$C_{ijkl} = C_{ijlk} \tag{5.1.29}$$

即 C_{ijkl} 中的下标 kl 只能有 6 个独立的取值。于是独立的弹性常数由 81 个降为 36 个,通常写成

$$\begin{cases} \sigma_x = c_{11}\varepsilon_x + c_{12}\varepsilon_y + c_{13}\varepsilon_z + c_{14}\gamma_{xy} + c_{15}\gamma_{yz} + c_{16}\gamma_{zx} \\ \sigma_y = c_{21}\varepsilon_x + c_{22}\varepsilon_y + c_{23}\varepsilon_z + c_{24}\gamma_{xy} + c_{25}\gamma_{yz} + c_{26}\gamma_{zx} \\ \sigma_z = c_{31}\varepsilon_x + c_{32}\varepsilon_y + c_{33}\varepsilon_z + c_{34}\gamma_{xy} + c_{35}\gamma_{yz} + c_{36}\gamma_{zx} \\ \tau_{xy} = c_{41}\varepsilon_x + c_{42}\varepsilon_y + c_{43}\varepsilon_z + c_{44}\gamma_{xy} + c_{45}\gamma_{yz} + c_{46}\gamma_{zx} \\ \tau_{yz} = c_{51}\varepsilon_x + c_{52}\varepsilon_y + c_{53}\varepsilon_z + c_{54}\gamma_{xy} + c_{55}\gamma_{yz} + c_{56}\gamma_{zx} \\ \tau_{zx} = c_{61}\varepsilon_x + c_{62}\varepsilon_y + c_{63}\varepsilon_z + c_{64}\gamma_{xy} + c_{65}\gamma_{yz} + c_{66}\gamma_{zx} \end{cases} \tag{5.1.30}$$

式中,$c_{11} = C_{1111}$,$c_{12} = C_{1122}$,$c_{14} = C_{1112}$,$c_{56} = C_{2331}$,$\cdots$,即 c 的下角标 1,2,3,4,5,6 分别对应于 $\boldsymbol{C}$ 的双指标 11,22,33,12,23,31。这种表示称为沃伊特(Voigt)表示,改变后的 $c_{mn}(m, n = 1 \sim 6)$ 不是张量。

我们也可以从应变能的角度证明弹性系数张量 $\boldsymbol{C}$ 对双指标 ij 和 kl 也是对称的[31],

$$C_{ijkl} = C_{klij} \tag{5.1.31}$$

因而式(5.1.28)中的弹性常数 c_{mn} 也具有对称性,

$$c_{mn} = c_{nm} \tag{5.1.32}$$

于是,对于最一般的各向异性弹性材料,独立的弹性常数从 36 个降为 21 个。下面给出一些

常见的特殊情况。

(1) 具有一个弹性对称面的材料。例如单斜晶体结构的正长石。如果把坐标轴 x,y 取在弹性对称面内,则当坐标系由 x,y,z 改为 $x,y,-z$ 时,这类材料的弹性关系保持不变。这时老的坐标系为 e_1,e_2,e_3,新的坐标系为 e_1',e_2',e_3',它们之间的关系为

$$e_1'=e_1,\quad e_2'=e_2,\quad e_3'=-e_3 \tag{5.1.33}$$

这样式(4.7.8)的矩阵$[\beta]$为

$$[\beta]=\begin{bmatrix} l_1 & m_1 & n_1 \\ l_2 & m_2 & n_2 \\ l_3 & m_3 & n_3 \end{bmatrix}=\begin{bmatrix} e_1'\cdot e_1 & e_1'\cdot e_2 & e_1'\cdot e_3 \\ e_2'\cdot e_1 & e_2'\cdot e_2 & e_2'\cdot e_3 \\ e_3'\cdot e_1 & e_3'\cdot e_2 & e_3'\cdot e_3 \end{bmatrix}=\begin{bmatrix} 1 & 0 & 0 \\ 0 & 1 & 0 \\ 0 & 0 & -1 \end{bmatrix} \tag{5.1.34}$$

则由式(4.4.10)有

$$\sigma_x'=\sigma_x,\quad \sigma_y'=\sigma_y,\quad \sigma_z'=\sigma_z,\quad \tau_{xy}'=\tau_{xy},\quad \tau_{yz}'=-\tau_{yz},\quad \tau_{zx}'=-\tau_{zx} \tag{5.1.35}$$

即坐标变换后应力分量 τ_{yz},τ_{zx} 反号,而其他应力分量保持不变。类似的方法由式(3.2.8)可以得到坐标变换后应变分量 γ_{yz},γ_{zx} 反号,而其他应变分量保持不变,即

$$\varepsilon_x'=\varepsilon_x,\quad \varepsilon_y'=\varepsilon_y,\quad \varepsilon_z'=\varepsilon_z,\quad \gamma_{xy}'=\gamma_{xy},\quad \gamma_{yz}'=-\gamma_{yz},\quad \gamma_{zx}'=-\gamma_{zx} \tag{5.1.36}$$

由式(5.1.30)有

$$\begin{cases} \sigma_x=c_{11}\varepsilon_x+c_{12}\varepsilon_y+c_{13}\varepsilon_z+c_{14}\gamma_{xy}+c_{15}\gamma_{yz}+c_{16}\gamma_{zx} \\ \sigma_x'=c_{11}\varepsilon_x'+c_{12}\varepsilon_y'+c_{13}\varepsilon_z'+c_{14}\gamma_{xy}'+c_{15}\gamma_{yz}'+c_{16}\gamma_{zx}' \end{cases} \tag{5.1.37}$$

由式(5.1.35)～式(5.1.37)有

$$c_{15}\gamma_{yz}+c_{16}\gamma_{zx}=0 \tag{5.1.38}$$

由于 γ_{yz} 和 γ_{zx} 的任意性,得到

$$c_{15}=c_{16}=0 \tag{5.1.39}$$

类似的,可以得到

$$c_{25}=c_{26}=c_{35}=c_{36}=c_{45}=c_{46}=0 \tag{5.1.40}$$

请读者自行证明上式。于是,独立的弹性常数减少到如下 13 个:

$$\begin{bmatrix} c_{11} & c_{12} & c_{13} & c_{14} & 0 & 0 \\ & c_{22} & c_{23} & c_{24} & 0 & 0 \\ & & c_{33} & c_{34} & 0 & 0 \\ & & & c_{44} & 0 & 0 \\ 对\quad称 & & & & c_{55} & c_{56} \\ & & & & & c_{66} \end{bmatrix} \tag{5.1.41}$$

(2) 正交各向异性材料。例如各种增强纤维复合材料、木材等。这类材料具有三个互相正交的弹性对称面。在(1)中 xOy 面为对称面的基础上再取 yOz 面在弹性对称面内,则当坐标系由 x,y,z 改为 $-x,y,z$ 时,这类材料的弹性关系保持不变。这时老的坐标系为 e_1,e_2,e_3,新的坐标系为 e_1',e_2',e_3',它们之间的关系为

$$e_1'=-e_1,\quad e_2'=e_2,\quad e_3'=e_3 \tag{5.1.42}$$

这样式(4.7.8)的矩阵$[\beta]$为

$$[\beta]=\begin{bmatrix} l_1 & m_1 & n_1 \\ l_2 & m_2 & n_2 \\ l_3 & m_3 & n_3 \end{bmatrix}=\begin{bmatrix} e_1'\cdot e_1 & e_1'\cdot e_2 & e_1'\cdot e_3 \\ e_2'\cdot e_1 & e_2'\cdot e_2 & e_2'\cdot e_3 \\ e_3'\cdot e_1 & e_3'\cdot e_2 & e_3'\cdot e_3 \end{bmatrix}=\begin{bmatrix} -1 & 0 & 0 \\ 0 & 1 & 0 \\ 0 & 0 & 1 \end{bmatrix} \tag{5.1.43}$$

则由式(4.4.10)有

$$\sigma'_x=\sigma_x, \quad \sigma'_y=\sigma_y, \quad \sigma'_z=\sigma_z, \quad \tau'_{xy}=-\tau_{xy}, \quad \tau'_{yz}=\tau_y, \quad \tau'_{zx}=-\tau_{zx} \quad (5.1.44)$$

即坐标变换后应力分量 τ_{xy}, τ_{xz} 反号,而其他应力分量保持不变。类似的方法由式(3.2.8)可以得到坐标变换后应变分量 γ_{xy}, γ_{xz} 反号,而其他应变分量保持不变,即

$$\varepsilon'_x=\varepsilon_x, \quad \varepsilon'_y=\varepsilon_y, \quad \varepsilon'_z=\varepsilon_z, \quad \gamma'_{xy}=-\gamma_{xy}, \quad \gamma'_{yz}=\gamma_y, \quad \gamma'_{xz}=-\gamma_{xz} \quad (5.1.45)$$

由式(5.1.30)有

$$\begin{cases} \sigma_x=c_{11}\varepsilon_x+c_{12}\varepsilon_y+c_{13}\varepsilon_z+c_{14}\gamma_{xy} \\ \sigma'_x=c_{11}\varepsilon'_x+c_{12}\varepsilon'_y+c_{13}\varepsilon'_z+c_{14}\gamma'_{xy} \end{cases} \quad (5.1.46)$$

由式(5.1.44)~式(5.1.46),得到

$$c_{14}\gamma_{xy}=0 \quad (5.1.47)$$

由于 γ_{xy} 的任意性,得到

$$c_{14}=0 \quad (5.1.48)$$

类似的,可以得到

$$c_{24}=c_{34}=c_{56}=0 \quad (5.1.49)$$

请读者自行证明上式。这样,正交各向异性材料独立弹性常数减少到9个,

$$\begin{bmatrix} c_{11} & c_{12} & c_{13} & 0 & 0 & 0 \\ & c_{22} & c_{23} & 0 & 0 & 0 \\ & & c_{33} & 0 & 0 & 0 \\ & & & c_{44} & 0 & 0 \\ \text{对} & \text{称} & & & c_{55} & 0 \\ & & & & & c_{66} \end{bmatrix} \quad (5.1.50)$$

(3) 横观各向同性材料。例如层状结构的地壳,这类材料在某个横向平面(或曲面)内是各向同性的,但在垂直于平面方向上的材料性质则不同。假设在 yOz 平面内各向同性,x 方向上的材料性质则不同,这样 yOz 平面以 x 轴为旋转轴,逆时针旋转90°,弹性关系不变,则

$$e'_1=e_1, \quad e'_2=e_3, \quad e'_3=-e_2 \quad (5.1.51)$$

这样式(4.7.8)的矩阵[β]为

$$[\beta]=\begin{bmatrix} l_1 & m_1 & n_1 \\ l_2 & m_2 & n_2 \\ l_3 & m_3 & n_3 \end{bmatrix}=\begin{bmatrix} e'_1\cdot e_1 & e'_1\cdot e_2 & e'_1\cdot e_3 \\ e'_2\cdot e_1 & e'_2\cdot e_2 & e'_2\cdot e_3 \\ e'_3\cdot e_1 & e'_3\cdot e_2 & e'_3\cdot e_3 \end{bmatrix}=\begin{bmatrix} 1 & 0 & 0 \\ 0 & 0 & 1 \\ 0 & -1 & 0 \end{bmatrix} \quad (5.1.52)$$

则由式(4.4.10)有

$$\sigma'_x=\sigma_x, \quad \sigma'_y=\sigma_z, \quad \sigma'_z=\sigma_y, \quad \tau'_{xy}=\tau_{zx}, \quad \tau'_{yz}=-\tau_y, \quad \tau'_{zx}=-\tau_{xy} \quad (5.1.53)$$

类似的方法由式(3.2.8)可以得到

$$\varepsilon'_x=\varepsilon_x, \quad \varepsilon'_y=\varepsilon_z, \quad \varepsilon'_z=\varepsilon_y, \quad \gamma'_{xy}=\gamma_{zx}, \quad \gamma'_{yz}=-\gamma_y, \quad \gamma'_{zx}=-\gamma_{xy} \quad (5.1.54)$$

由式(5.1.30)有

$$\begin{cases} \sigma_x=c_{11}\varepsilon_x+c_{12}\varepsilon_y+c_{13}\varepsilon_z \\ \sigma'_x=c_{11}\varepsilon'_x+c_{12}\varepsilon'_y+c_{13}\varepsilon'_z \end{cases} \quad (5.1.55)$$

由式(5.1.53)~式(5.1.55)得到

$$(c_{12} - c_{13})(\varepsilon_y - \varepsilon_z) = 0 \tag{5.1.56}$$

由于 ε_y 和 ε_z 的任意性,得到

$$c_{12} = c_{13} \tag{5.1.57}$$

类似的,可以得到

$$c_{22} = c_{33}, \quad c_{44} = c_{66} \tag{5.1.58}$$

这样,独立弹性常数减少到 6 个,

$$\begin{bmatrix} c_{11} & c_{12} & c_{12} & 0 & 0 & 0 \\ & c_{22} & c_{23} & 0 & 0 & 0 \\ & & c_{22} & 0 & 0 & 0 \\ & & & c_{44} & 0 & 0 \\ 对 \quad 称 & & & & c_{55} & 0 \\ & & & & & c_{44} \end{bmatrix} \tag{5.1.59}$$

另外,将 yOz 平面以 x 轴为旋转轴,逆时针旋转任意角度 α 弹性关系也不变,则

$$\boldsymbol{e}_1' = \boldsymbol{e}_1, \quad \boldsymbol{e}_2' = \cos\alpha \boldsymbol{e}_2 + \sin\alpha \boldsymbol{e}_3, \quad \boldsymbol{e}_3' = -\sin\alpha \boldsymbol{e}_2 + \cos\alpha \boldsymbol{e}_3 \tag{5.1.60}$$

这样式(4.7.8)的矩阵 $[\beta]$ 为

$$[\beta] = \begin{bmatrix} l_1 & m_1 & n_1 \\ l_2 & m_2 & n_2 \\ l_3 & m_3 & n_3 \end{bmatrix} = \begin{bmatrix} \boldsymbol{e}_1' \cdot \boldsymbol{e}_1 & \boldsymbol{e}_1' \cdot \boldsymbol{e}_2 & \boldsymbol{e}_1' \cdot \boldsymbol{e}_3 \\ \boldsymbol{e}_2' \cdot \boldsymbol{e}_1 & \boldsymbol{e}_2' \cdot \boldsymbol{e}_2 & \boldsymbol{e}_2' \cdot \boldsymbol{e}_3 \\ \boldsymbol{e}_3' \cdot \boldsymbol{e}_1 & \boldsymbol{e}_3' \cdot \boldsymbol{e}_2 & \boldsymbol{e}_3' \cdot \boldsymbol{e}_3 \end{bmatrix} = \begin{bmatrix} 1 & 0 & 0 \\ 0 & \cos\alpha & \sin\alpha \\ 0 & -\sin\alpha & \cos\alpha \end{bmatrix} \tag{5.1.61}$$

这样,由式(4.4.10)有

$$\begin{cases} \sigma_x' = \sigma_x, \quad \sigma_y' = \cos^2\alpha \sigma_y + \sin^2\alpha \sigma_z + 2\sin\alpha\cos\alpha \tau_{yz} \\ \sigma_z' = \sin^2\alpha \sigma_y + \cos^2\alpha \sigma_z - 2\sin\alpha\cos\alpha \tau_{yz}, \quad \tau_{xy}' = \cos\alpha\tau_{xy} + \sin\alpha\tau_{zx} \\ \tau_{yz}' = -\sin\alpha\cos\alpha \sigma_y + \sin\alpha\cos\alpha \sigma_z + (\cos^2\alpha - \sin^2\alpha)\tau_{yz}, \quad \tau_{zx}' = -\sin\alpha\tau_{xy} + \cos\alpha\tau_{zx} \end{cases} \tag{5.1.62}$$

对于应变,类似的方法由式(3.2.8)有

$$\gamma_{yz}' = 2\varepsilon_{yz}' = -2\sin\alpha\cos\alpha \varepsilon_y + 2\sin\alpha\cos\alpha \varepsilon_z + 2(\cos^2\alpha - \sin^2\alpha) \times \frac{1}{2}\gamma_{yz} \tag{5.1.63}$$

将式(5.1.30)的 $\sigma_y, \sigma_z, \tau_{yz}$ 代入式(5.1.62)的第五式得到

$$\tau_{yz}' = -\sin\alpha\cos\alpha(c_{12}\varepsilon_x + c_{22}\varepsilon_y + c_{23}\varepsilon_z) +$$
$$\sin\alpha\cos\alpha(c_{12}\varepsilon_x + c_{23}\varepsilon_y + c_{22}\varepsilon_z) + (\cos^2\alpha - \sin^2\alpha)c_{55}\gamma_{yz} \tag{5.1.64}$$

由式(5.1.30)并利用式(5.1.63)又有

$$\tau_{yz}' = c_{55}\gamma_{yz}' = c_{55}[-2\sin\alpha\cos\alpha \varepsilon_y + 2\sin\alpha\cos\alpha \varepsilon_z + (\cos^2\alpha - \sin^2\alpha)\gamma_{yz}] \tag{5.1.65}$$

由式(5.1.64)和式(5.1.65)得到

$$(2c_{55} + c_{23} - c_{22})(\varepsilon_y - \varepsilon_z) = 0 \tag{5.1.66}$$

由于 ε_y 和 ε_z 的任意性,得到

$$c_{55} = \frac{1}{2}(c_{22} - c_{23}) \tag{5.1.67}$$

这时独立的弹性常数剩下 5 个。由于已经假设在 yOz 平面内各向同性,x 方向上的材料性质则不同,所以弹性本构关系为

$$\begin{cases} \varepsilon_x = \dfrac{1}{E'}\sigma_x - \dfrac{\nu'}{E'}(\sigma_y + \sigma_z), & \gamma_{xy} = \dfrac{1}{G'}\tau_{xy} \\[3mm] \varepsilon_y = \dfrac{1}{E}(\sigma_y - \nu\sigma_z) - \dfrac{\nu'}{E'}\sigma_x, & \gamma_{yz} = \dfrac{2(1+\nu)}{E}\tau_{yz} \\[3mm] \varepsilon_z = \dfrac{1}{E}(\sigma_z - \nu\sigma_y) - \dfrac{\nu'}{E'}\sigma_x, & \gamma_{zx} = \dfrac{1}{G'}\tau_{zx} \end{cases} \tag{5.1.68}$$

请读者自行分析如果假设在 xOy 平面内各向同性,z 方向上的材料性质则不同,其弹性本构关系应该如何?

(4) 各向同性材料例如各种金属、塑料等。这时式(5.1.68)中的 $E' = E, \nu' = \nu, G' = \dfrac{E}{2(1+\nu)}$,独立的弹性常数只剩下 2 个,前面已作详细讨论。

5.2 应变能与应变余能

5.2.1 弹性应变能

考虑弹性体在外力作用下的缓慢加载过程。如果载荷施加得足够慢,物体的动能以及因弹性变形引起的热效应可以忽略不计,则外力在变形过程中所做的功将全部转换为变形位能而储存在弹性体内。弹性变形是一个没有能量耗散的可逆过程,卸载后物体恢复到未变形前的初始状态,变形位能将全部释放出来。

从物体中取出如图 5.2.1 所示的微元。对微元来说,应力是作用在其表面上的外力。下面来计算各表面上的应力合力对微元所做的外力功。考虑材料的应力-应变关系为非线性的一般情况,如图 5.2.1(a)所示。

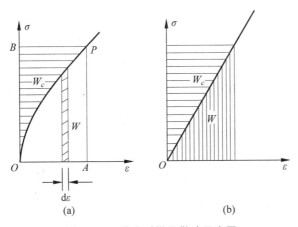

图 5.2.1 外力对微元做功示意图

作用在微元两侧的一对正应力 σ_{11} 仅在正应变 ε_{11} 所引起的微元伸长上做功,其值为

$$dA_1 = \int_0^{\varepsilon_{11}} \sigma_{11} dx_2 dx_3 \cdot d\varepsilon_{11} dx_1 = \int_0^{\varepsilon_{11}} \sigma_{11} d\varepsilon_{11} dV \tag{5.2.1}$$

同样,其他应力分量 σ_{ij} 也都只在指标与它相同的应变分量 ε_{ij} 所引起的微元变形上做功。把这些功叠加起来,并除以微元体积 dV 后得到

$$\frac{\mathrm{d}A}{\mathrm{d}V} = \int_0^{\varepsilon_{ij}} \sigma_{ij} \, \mathrm{d}\varepsilon_{ij} \tag{5.2.2}$$

引进应变能密度函数 $W(\varepsilon_{ij})$，且使

$$\frac{\partial W}{\partial \varepsilon_{ij}} = \sigma_{ij} \tag{5.2.3}$$

则式(5.2.2)右端的被积函数成为全微分

$$\sigma_{ij} \, \mathrm{d}\varepsilon_{ij} = \frac{\partial W}{\partial \varepsilon_{ij}} \mathrm{d}\varepsilon_{ij} = \mathrm{d}W \tag{5.2.4}$$

式(5.2.2)成为

$$\frac{\mathrm{d}A}{\mathrm{d}V} = \int_0^{\varepsilon_{ij}} \mathrm{d}W = W(\varepsilon_{ij}) - W(0) \tag{5.2.5}$$

其中，$W(0)$ 和 $W(\varepsilon_{ij})$ 分别为物体变形前后的应变能密度。一般取变形前的初始状态为参考状态，因而 $W(0)=0$。上式表明：①变形过程中物体内储存起来的应变能密度等于单位体积的外力功。②变形后物体内的应变能密度只与物体的初始状态和最终变形状态有关，而与物体达到最终变形状态前的变形历史无关。这类只取决于状态而与历史无关的函数在热力学中称为状态函数。

式(5.2.3)称为格林(Green)公式。它说明，应变能是弹性材料本构关系的另一种表达形式，当 $W(\varepsilon_{ij})$ 的具体函数形式给定后，应力-应变关系将由式(5.2.3)完全确定。

当 W 对 ε_{ij} 有二阶以上连续偏导数时，由

$$\frac{\partial}{\partial \varepsilon_{kl}}\left(\frac{\partial W}{\partial \varepsilon_{ij}}\right) = \frac{\partial}{\partial \varepsilon_{ij}}\left(\frac{\partial W}{\partial \varepsilon_{kl}}\right) \tag{5.2.6}$$

及式(5.2.3)有

$$\frac{\partial \sigma_{ij}}{\partial \varepsilon_{kl}} = \frac{\partial \sigma_{kl}}{\partial \varepsilon_{ij}} \tag{5.2.7}$$

这称为广义格林公式。

5.2.2　线弹性情况

在无应变自然状态($\varepsilon_{ij}=0$)附近把应变能函数 $W(\varepsilon_{ij})$ 对应变分量展成幂级数，

$$W = C_0 + C_{ij}\varepsilon_{ij} + \frac{1}{2}C_{ijkl}\varepsilon_{ij}\varepsilon_{kl} + \cdots \tag{5.2.8}$$

式中，

$$C_0 = W\big|_{\varepsilon_{ij}=0}, \quad C_{ij} = \frac{\partial W}{\partial \varepsilon_{ij}}\bigg|_{\varepsilon_{ij}=0} = \sigma_{ij}\big|_{\varepsilon_{ij}=0}, \quad C_{ijkl} = \frac{\partial^2 W}{\partial \varepsilon_{ij} \partial \varepsilon_{kl}}\bigg|_{\varepsilon_{ij}=0} = \frac{\partial \sigma_{kl}}{\partial \varepsilon_{ij}}\bigg|_{\varepsilon_{ij}=0}$$

$$\tag{5.2.9}$$

若取无应变状态为 $W=0$ 的参考状态，则式(5.2.9)的第一式要求 $C_0=0$；若采用无初应力假设，则式(5.2.9)的第二式要求 $C_{ij}=0$；对小应变情况，略去高阶小项，式(5.2.9)成为

$$W = \frac{1}{2}C_{ijkl}\varepsilon_{ij}\varepsilon_{kl} \tag{5.2.10}$$

它是应变分量 ε_{ij} 的二次齐次式，或称二次型。根据广义格林公式(5.2.7)和式(5.2.9)的

第三式可得

$$C_{ijkl} = \frac{\partial \sigma_{kl}}{\partial \varepsilon_{ij}} = \frac{\partial \sigma_{ij}}{\partial \varepsilon_{kl}} = C_{klij} \tag{5.2.11}$$

由此证明弹性张量 C 对双指标 ij 和 kl 具有对称性。

把式(5.2.10)对应变 ε_{ij} 求导,并利用式(5.2.4)得

$$\sigma_{ij} = \frac{\partial W}{\partial \varepsilon_{ij}} = C_{ijkl} \varepsilon_{kl} \tag{5.2.12}$$

这就是广义胡克定律式(5.1.24)。式(5.2.10)可改写成

$$W = \frac{1}{2} \sigma_{ij} \varepsilon_{ij} \tag{5.2.13}$$

其中,ε_{ij} 是自变量,而 σ_{ij} 和 W 都是 ε_{ij} 的函数。

对于各向同性线弹性材料,由式(5.1.20)得

$$\begin{aligned}
W &= \frac{1}{2} (\sigma_x \varepsilon_x + \sigma_y \varepsilon_y + \sigma_z \varepsilon_z + \tau_{xy} \gamma_{xy} + \tau_{yz} \gamma_{yz} + \tau_{zx} \gamma_{zx}) \\
&= \frac{\lambda}{2} (\varepsilon_x + \varepsilon_y + \varepsilon_z)^2 + G \left[(\varepsilon_x^2 + \varepsilon_y^2 + \varepsilon_z^2) + \frac{1}{2} (\gamma_{xy}^2 + \gamma_{yz}^2 + \gamma_{zx}^2) \right] \\
&= \left(\frac{\lambda}{2} + G \right) I_1^2 - 2G I_2
\end{aligned} \tag{5.2.14}$$

这里 I_1 和 I_2 是式(3.2.14)中的应变第一和第二不变量。对于非线性弹性材料,还应该考虑应变能幂级数表达式(5.2.8)中的高阶项。

5.2.3 应变余能

仿照式(5.2.2)可定义另一个状态函数,称为应变余能 W_c,简称余能,

$$W_c = \int_0^{\sigma_{ij}} \varepsilon_{ij} \, d\sigma_{ij} \tag{5.2.15}$$

它是应力分量 σ_{ij} 的函数,具有与式(5.2.3)~式(5.2.7)类似的性质,

$$dW_c = \varepsilon_{ij} \, d\sigma_{ij} \tag{5.2.16}$$

$$\varepsilon_{ij} = \frac{\partial W_c}{\partial \sigma_{ij}} \tag{5.2.17}$$

$$\frac{\partial \varepsilon_{ij}}{\partial \sigma_{kl}} = \frac{\partial \varepsilon_{kl}}{\partial \sigma_{ij}} \tag{5.2.18}$$

对式(5.2.15)分部积分,得

$$W_c = \sigma_{ij} \varepsilon_{ij} - \int_0^{\varepsilon_{ij}} \sigma_{ij} \, d\varepsilon_{ij} = \sigma_{ij} \varepsilon_{ij} - W \tag{5.2.19}$$

上式右端第一项 $\sigma_{ij} \varepsilon_{ij}$ 称为全功,它相应于图 5.2.1(a)中矩形 $OAPB$ 的面积。全功中只有一部分(图中的曲边三角形 OAP)转化为弹性应变能 W,剩余部分(曲边三角形 OBP)就是余能 W_c。式(5.2.19)给出了应变能和应变余能对全功的互余关系。

对于线弹性材料,应变余能为

$$W_c = \frac{1}{2} \varepsilon_{ij} \sigma_{ij} \tag{5.2.20}$$

它的值和式(5.2.13)中应变能的值相等,如图 5.2.1(b)所示,但余能函数的自变量是 σ_{ij},而 ε_{ij} 和 W_c 都是 σ_{ij} 的函数。

应该指出,应变余能并不储存在弹性体内。例如,设在弹性悬臂梁的自由端突然加一块砝码。当梁通过其静态平衡位置时,砝码所做的功为全功,其中只有一半转换为存储在梁内的应变能;另一半应变余能则表现为动能,它导致梁-砝码系统在其平衡状态附近的自由振动,并通过与空气的摩擦逐渐转化为热能耗散于空气之中。

5.3 虚功原理和最小势能原理

设有一个在体力 F 和面力 T 作用下处于平衡状态的物体,其体积为 V,表面积为 S。今假想给该物体一个由平衡位置的虚位移 δu。此 δu 是约束许可的[31],并且是任意微小的。那么实际力学系在虚位移 δu 上所做的功 δw 称为虚功。

虚功原理又称为虚位移原理。此原理表述的是:在外力作用下处于平衡状态下的物体,当经受微小虚位移 δu 时,外力在虚位移 δu 上所做的总虚功 δw,等于虚位移 δu 在物体内部所引起的总虚应变能 δU。外力所做的总虚功为

$$\delta w = \iiint\limits_V F \cdot \delta u \, \mathrm{d}V + \iint\limits_{S_\sigma} T \cdot \delta u \, \mathrm{d}S \tag{5.3.1}$$

物体内的总虚应变能为

$$\delta U = \iiint\limits_V \boldsymbol{\sigma} : \delta \boldsymbol{\varepsilon} \, \mathrm{d}V \tag{5.3.2}$$

这里需要说明的是在总虚应变能的表达式中没有 1/2,这是因为在微小应变 $\delta \boldsymbol{\varepsilon}$ 时,σ 可看作是不变的。

虚功原理表述的是

$$\delta w = \delta U \tag{5.3.3}$$

即

$$\iiint\limits_V \boldsymbol{\sigma} : \delta \boldsymbol{\varepsilon} \, \mathrm{d}V = \iiint\limits_V F \cdot \delta u \, \mathrm{d}V + \iint\limits_{S_\sigma} T \cdot \delta u \, \mathrm{d}S \tag{5.3.4}$$

此方程称为虚功原理的位移变分方程。

下面证明虚功原理。由于物体在体力 F 和面力 T 作用下处于平衡状态,因而在物体内部其平衡方程为

$$\nabla \cdot \boldsymbol{\sigma} + F = 0 \tag{5.3.5}$$

在物体表面有应力边界条件,

$$\boldsymbol{\sigma} \cdot \boldsymbol{\nu} = T \tag{5.3.6}$$

式中,ν 是物体表面的外法线向量。于是

$$\begin{aligned}
\delta w &= \iiint\limits_V F \cdot \delta u \, \mathrm{d}V + \iint\limits_{S_\sigma} T \cdot \delta u \, \mathrm{d}S \\
&= \iiint\limits_V F \cdot \delta u \, \mathrm{d}V + \iint\limits_{S_\sigma} (\boldsymbol{\sigma} \cdot \boldsymbol{\nu}) \cdot \delta u \, \mathrm{d}S
\end{aligned} \tag{5.3.7}$$

应用高斯散度定理有

$$\iint_{S_\sigma} (\boldsymbol{\sigma} \cdot \boldsymbol{\nu}) \cdot \delta \boldsymbol{u} \, \mathrm{d}S = \iiint_V \nabla \cdot (\boldsymbol{\sigma} \cdot \delta \boldsymbol{u}) \mathrm{d}V \tag{5.3.8}$$

因而

$$\begin{aligned}
\delta w &= \iiint_V \boldsymbol{F} \cdot \delta \boldsymbol{u} \, \mathrm{d}V + \iint_{S_\sigma} (\boldsymbol{\sigma} \cdot \boldsymbol{\nu}) \cdot \delta \boldsymbol{u} \, \mathrm{d}S \\
&= \iiint_V \boldsymbol{F} \cdot \delta \boldsymbol{u} \, \mathrm{d}V + \iiint_V \nabla \cdot (\boldsymbol{\sigma} \cdot \delta \boldsymbol{u}) \mathrm{d}V \\
&= \iiint_V \boldsymbol{F} \cdot \delta \boldsymbol{u} \, \mathrm{d}V + \iiint_V \left[(\nabla \cdot \boldsymbol{\sigma}) \cdot \delta \boldsymbol{u} + \boldsymbol{\sigma} : \delta \boldsymbol{\varepsilon} \right] \mathrm{d}V
\end{aligned} \tag{5.3.9}$$

由平衡方程 $\nabla \cdot \boldsymbol{\sigma} + \boldsymbol{F} = \boldsymbol{0}$ 可知,上式第一项为零,因而可得

$$\delta w = \iiint_V \boldsymbol{\sigma} : \delta \boldsymbol{\varepsilon} \, \mathrm{d}V \tag{5.3.10}$$

即

$$\delta w = \delta U \tag{5.3.11}$$

在上述证明中,只用了平衡方程和应力边界条件,并未涉及应力与应变之间的特定关系。由此可见,虚功原理可用于任何连续体,并不只限于弹性体。虚功原理与平衡方程和应力边界条件实际上是等价的。

由于虚位移是微小的,因此,在虚位移过程中,外力的大小和方向可以当作保持不变,只是作用点有了改变。于是,

$$\delta U = \iiint_V \delta(\boldsymbol{F} \cdot \boldsymbol{u}) \mathrm{d}V + \iint_{S_\sigma} \delta(\boldsymbol{T} \cdot \boldsymbol{u}) \mathrm{d}S \tag{5.3.12}$$

将变分与定积分交换次序,并进行移项,即得

$$\delta \left[U - \iiint_V (\boldsymbol{F} \cdot \boldsymbol{u}) \mathrm{d}V - \iint_{S_\sigma} (\boldsymbol{T} \cdot \boldsymbol{u}) \mathrm{d}S \right] = 0 \tag{5.3.13}$$

现在,用 V 代表外力的势能(以 $\boldsymbol{u} = \boldsymbol{0}$ 时的自然状态下的势能为零),它也就等于外力在实际位移上所做的功冠以负号,即

$$V = -\iiint_V (\boldsymbol{F} \cdot \boldsymbol{u}) \mathrm{d}V - \iint_{S_\sigma} \boldsymbol{T} \cdot \boldsymbol{u} \, \mathrm{d}S \tag{5.3.14}$$

代入式(5.3.13),即得

$$\delta \Pi = \delta(U + V) = 0 \tag{5.3.15}$$

因为 $U+V$ 是形变势能与外力势能的总和,所以由此可见,在给定的外力作用下,实际存在的位移应使总势能的变分成为零。这就推出这样一个原理:在给定的外力作用下,在满足位移边界条件的所有各组位移间,实际存在的一组位移应使总势能成为极值。如果考虑二阶变分,就可以证明:对于稳定平衡状态,这个极值是极小值。因此,上述原理称为极小势能原理,或称为最小势能原理。

由最小势能原理式(5.3.15)可导出平衡微分方程和静力边界条件,亦即最小势能原理是等价于平衡微分方程和静力边界条件。由于位移是满足几何许可要求的,所以这一原理又称为几何许可的或运动学上许可的变分原理。

例 5.3.1　试用虚功原理求如图 5.3.1 所示梁的挠度曲线,并求出 $x=l/2$ 处的挠度值(忽略剪切变形的影响)。

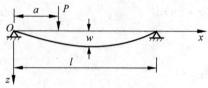

图 5.3.1　受集中力作用的简支梁

[解]　设挠度曲线为

$$w = \sum_{n=1}^{\infty} a_n \sin \frac{n\pi x}{l}$$

则应变能为

$$U = \frac{EI}{2} \int_0^l \left(\frac{\mathrm{d}^2 w}{\mathrm{d}x^2} \right)^2 \mathrm{d}x = \frac{EI\pi^4}{4l^3} \sum_{n=1}^{\infty} n^4 a_n^2$$

其中 EI 为抗弯刚度。使挠度曲线级数中任一个系数有一变分,就可得到一个从真实位移算起的虚位移

$$\delta w = \delta a_n \sin \frac{n\pi x}{l}$$

与之相对应的应变能的变化为

$$\frac{\partial U}{\partial a_n} \delta a_n = \frac{EI\pi^4}{2l^3} n^4 a_n \delta a_n$$

外力在虚位移过程中所做的功为

$$P \delta a_n \sin \frac{n\pi a}{l}$$

应用虚功原理,可得

$$\frac{EI\pi^4}{2l^3} n^4 a_n \delta a_n = P \delta a_n \sin \frac{n\pi a}{l}$$

由此得

$$a_n = \frac{2Pl^3 \sin \dfrac{n\pi a}{l}}{EIn^4\pi^4}$$

这样,得到的挠度曲线为

$$w = \frac{2Pl^3}{EI\pi^4} \sum_{n=1}^{\infty} \frac{\sin \dfrac{n\pi a}{l} \sin \dfrac{n\pi x}{l}}{n^4}$$

当力 P 作用在梁跨度中央处 $\left(a=\dfrac{l}{2} \right)$ 时,得到的挠度为

$$(w)_{x=l/2} = \frac{2Pl^3}{EI\pi^4} \left(1 + \frac{1}{3^4} + \frac{1}{5^4} + \cdots \right)$$

如只取级数的第一项 a_1 时,可得

$$(w)_{x=l/2} = \frac{2Pl^3}{EI\pi^4} = \frac{Pl^3}{48.7EI}$$

例 5.3.2　已知如图 5.3.2 所示的悬臂梁,其跨度为 l,抗弯刚度为 EI,在自由端受集中载荷 P 的作用,试用最小势能原理求最大挠度值。

[解]

(一)设梁的挠度曲线为

$$w = a_2 x^2 + a_3 x^3$$

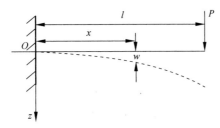

图 5.3.2 自由端受集中力作用的悬臂梁

它满足 $w\big|_{x=0}=0, \dfrac{\mathrm{d}w}{\mathrm{d}x}\Big|_{x=0}=0$ 的固定端的边界条件。

以下用最小势能原理来确定参数 a_2 和 a_3。

$$U=\frac{EI}{2}\int_0^l\left(\frac{\mathrm{d}^2w}{\mathrm{d}x^2}\right)^2\mathrm{d}x=\frac{EI}{2}\int_0^l(2a_2+6a_3x)^2\mathrm{d}x$$

$$-V=Pw\big|_{x=l}=P(a_2l^2+a_3l^3)$$

则梁的总势能为

$$\varPi=U+V=\frac{EI}{2}\int_0^l(2a_2+6a_3x)^2\mathrm{d}x-P(a_2l^2+a_3l^3)$$

应用最小势能原理

$$\delta\varPi=0,\quad 即\quad \frac{\partial\varPi}{\partial a_2}\delta a_2+\frac{\partial\varPi}{\partial a_3}\delta a_3=0$$

可得

$$\begin{cases}\dfrac{\partial\varPi}{\partial a_2}=\dfrac{EI}{2}\int_0^l 2(2a_2+6a_3x)2\mathrm{d}x-Pl^2=0\\[3mm]\dfrac{\partial\varPi}{\partial a_3}=\dfrac{EI}{2}\int_0^l 2(2a_2+6a_3x)6x\mathrm{d}x-Pl^3=0\end{cases}$$

积分上式可得下列联立方程

$$\begin{cases}2a_2l+3a_3l^2=\dfrac{Pl^2}{2EI}\\[3mm]a_2l+2a_3l^2=\dfrac{Pl^2}{6EI}\end{cases}$$

解得

$$a_2=\frac{Pl}{2EI},\quad a_3=-\frac{P}{6EI}$$

故挠度曲线为

$$w=\frac{Pl}{6EI}x^2\left(3-\frac{x}{l}\right),\quad w_{\max}=w\big|_{x=l}=\frac{Pl^3}{3EI}$$

（二）如设挠度曲线为

$$w=a_1\left(1-\cos\frac{\pi x}{2l}\right)$$

此曲线方程满足 $w\big|_{x=0}=0, \dfrac{\mathrm{d}w}{\mathrm{d}x}\Big|_{x=0}=0$ 的边界条件。

$$U = \frac{EI}{2} \int_0^l \left(\frac{\mathrm{d}^2 w}{\mathrm{d}x^2} \right)^2 \mathrm{d}x = \frac{EI}{2} a_1^2 \left(\frac{\pi}{2l} \right)^4 \int_0^l \cos^2 \left(\frac{\pi x}{2l} \right) \mathrm{d}x = \frac{EIl}{4} \left(\frac{\pi}{2l} \right)^4 a_1^2$$

$$-V = Pa_1$$

总势能为

$$\Pi = U + V = \frac{EIl}{4} \left(\frac{\pi}{2l} \right)^4 a_1^2 - Pa_1$$

应用最小势能原理

$$\delta \Pi = \frac{\partial \Pi}{\partial a_1} \delta a_1 = \left[\frac{EIl}{2} \left(\frac{\pi}{2l} \right)^4 a_1 - P \right] \delta a_1 = 0$$

由此求得

$$a_1 = \frac{32}{\pi^4} \frac{Pl^3}{EI}$$

故挠度曲线为

$$w = \frac{32}{\pi^4} \frac{Pl^3}{EI} \left(1 - \cos \frac{\pi x}{2l} \right)$$

最大挠度

$$w_{\max} = w \Big|_{x=l} = \frac{32 Pl^3}{\pi^4 EI} = \frac{1}{3.037} \frac{Pl^3}{EI}$$

比精确解约小 1.2%。

（三）如设

$$w = a_1 \left(1 - \cos \frac{\pi x}{2l} \right) + a_2 \left(1 - \cos \frac{3\pi x}{2l} \right)$$

则可求得

$$a_1 = \frac{32 Pl^3}{\pi^4 EI}, \quad a_2 = \frac{32 Pl^3}{81\pi^4 EI}$$

最后有

$$w_{\max} = w \Big|_{x=l} = \left(1 + \frac{1}{81} \right) \frac{32 Pl^3}{\pi^4 EI} = \frac{1}{3.007} \frac{Pl^3}{EI}$$

此结果比精确解约小 0.2%。

（四）如设

$$w = a_1 \left(1 - \cos \frac{\pi x}{2l} \right) + a_2 \left(1 - \cos \frac{3\pi x}{2l} \right) + a_3 \left(1 - \cos \frac{5\pi x}{2l} \right) + \cdots$$

$$= \sum_{n=1}^{\infty} a_n \left[1 - \cos \frac{(2n-1)\pi x}{2l} \right]$$

则可求得

$$U = \sum_{n=1}^{\infty} \frac{EIl}{4} \left[\frac{(2n-1)\pi}{2l} \right]^4 a_n^2$$

$$-V = \sum_{n=1}^{\infty} Pa_n$$

应用最小势能原理得

$$\frac{\partial \Pi}{\partial a_n} = \frac{\partial (U+V)}{\partial a_n} = 0$$

由此求得

$$a_n = \frac{1}{(2n-1)^4} \frac{32}{\pi^4} \frac{Pl^3}{EI}$$

因为

$$\sum_{n=1}^{\infty} \frac{1}{(2n-1)^4} = \frac{\pi^4}{96}$$

故有

$$w_{\max} = w \Big|_{x=l} = \left(1 + \frac{1}{3^4} + \frac{1}{5^4} + \cdots \right) \frac{32Pl^3}{\pi^4 EI} = \frac{Pl^3}{3EI}$$

此结果与精确解相同。

5.4　李兹法和迦辽金法

李兹(Ritz)法的基本思想是把寻找泛函极值问题真解的过程分成两步。第一步先找可能状态：选择一组在边界上满足指定约束条件的容许函数（例如位移函数），把它们分别乘上待定常数并叠加起来，作为试验函数去代替真实的相应函数（例如位移函数）。第二步逼近真实状态；调整试验函数中的待定常数，使满足泛函驻值条件 $\delta \Pi = 0$，求得逼近于真解的近似解。显然，试验函数选得越好，解的精度越高。这里可以选位移函数，或者应变函数，或者应力函数，如果是应变函数必须满足应变协调方程。这里以位移函数为例进行分析。

李兹法是直接利用最小势能原理，其求解过程是：选取几何许可的位移（在物体内部满足变形连续条件，在边界上满足位移约束条件的位移称为几何许可位移）函数为

$$\begin{cases} u = u_0 + \sum_m A_m f_m(x,y,z) \\ v = v_0 + \sum_m B_m \varphi_m(x,y,z) \\ \omega = \omega_0 + \sum_m C_m \psi_m(x,y,z) \end{cases} \tag{5.4.1}$$

式中，u_0、v_0 和 ω_0 为设定函数，它们的边界值等于边界上已知的位移。A_m、B_m、C_m 为 $3m$ 个任意常数，函数 f_m、φ_m、ψ_m 在边界上的值等于零。

应用最小势能原理式(5.3.15)，即得

$$\sum_m \left(\frac{\partial U}{\partial A_m} \delta A_m + \frac{\partial U}{\partial B_m} \delta B_m + \frac{\partial U}{\partial C_m} \delta C_m \right) - \sum_m \iint_S (T_x f_m \delta A_m + T_y \varphi_m \delta B_m + T_z \psi_m \delta C_m) \mathrm{d}S$$

$$- \sum_m \iiint_V (F_x f_m \delta A_m + F_y \varphi_m \delta B_m + F_z \psi_m \delta C_m) \mathrm{d}V = 0 \tag{5.4.2}$$

由于变分 δA_m、δB_m、δC_m 是完全任意的，所以上式中 δA_m、δB_m、δC_m 的系数必须等于零，由此可得

$$\begin{cases} \dfrac{\partial U}{\partial A_m} - \iiint_V F_x f_m \, \mathrm{d}x \, \mathrm{d}y \, \mathrm{d}z - \iint_s T_x f_m \, \mathrm{d}S = 0 \\[3mm] \dfrac{\partial U}{\partial B_m} - \iiint_V F_y \varphi_m \, \mathrm{d}x \, \mathrm{d}y \, \mathrm{d}z - \iint_s T_y \varphi_m \, \mathrm{d}S = 0 \\[3mm] \dfrac{\partial U}{\partial C_m} - \iiint_V F_z \psi_m \, \mathrm{d}x \, \mathrm{d}y \, \mathrm{d}z - \iint_s T_z \psi_m \, \mathrm{d}S = 0 \end{cases} \qquad (5.4.3)$$

解以上联立方程组可以确定 A_m、B_m、C_m，从而由式(5.4.1)求得位移分量。如取有限个系数，就得近似解。由位移可进一步计算应变和应力，但一般说所得的应力场不能精确满足静力关系。

迦辽金法是加权残差法的一种特殊形式。它也可以处理不存在泛函的一类微分方程的边值问题，适用范围比李兹法广，但对存在泛函的弹性保守系统来说李兹法更为实用。李兹法仅要求试验函数满足约束边界条件，而迦辽金法还要求满足自然边界条件。要求高的试验函数不容易找，如果找到则精度较高。若取同一试验函数，则两种方法的结果相同。

为了导出迦辽金法，先对虚功原理作一变换，虚功原理式(5.3.4)左端可以写成如下形式：

$$\begin{aligned} \int_V \sigma_{ij} \delta \varepsilon_{ij} \, \mathrm{d}V &= \int_V \frac{1}{2} (\sigma_{ij} \delta u_{i,j} + \sigma_{ji} \delta u_{j,i}) \, \mathrm{d}V \\ &= \int_V \sigma_{ij} \delta u_{i,j} \, \mathrm{d}V = \int_V (\sigma_{ij} \delta u_i)_{,j} \, \mathrm{d}V - \int_V \sigma_{ij,j} \delta u_i \, \mathrm{d}V \\ &= \int_{S_\sigma} (\sigma_{ij} \delta u_i) v_j \, \mathrm{d}S - \int_V \sigma_{ij,j} \delta u_i \, \mathrm{d}V \end{aligned} \qquad (5.4.4)$$

这里用到

$$\delta \varepsilon_{ij} = \frac{1}{2} (\delta u_{i,j} + \delta u_{j,i}), \quad \int_{S_u} T_i \delta u_i \, \mathrm{d}S = 0 \qquad (5.4.5)$$

和应力张量对称性及高斯公式，其中 S_u 表示位移边界，式(5.4.5)第二式表示在给定位移边界条件处的位移是确定的，位移不可能发生变化，因此虚位移为零。这样，虚功原理可以化为

$$\delta \Pi = \int_V (\sigma_{ij,j} + F_i) \delta u_i \, \mathrm{d}V - \int_{S_\sigma} (\sigma_{ij} v_j - T_i) \delta u_i \, \mathrm{d}S = 0 \qquad (5.4.6)$$

根据变分法的基本定理，精确解应使上式两积分项内圆括号中的被积函数处处为零。由此导出三维弹性体的域内平衡方程和力边界条件。可惜精确解一般不容易找到，为此迦辽金法放松了要求。它只要求试验函数在 S_u 上满足位移边界条件，在 S_σ 上满足力边界条件(因而式(5.4.6)中的面积分项消去)，而在域内放松为按积分意义满足式(5.4.6)，即

$$\int_V (\sigma_{ij,j} + F_i) \delta u_i \, \mathrm{d}V = 0 \qquad (5.4.7)$$

换句话说，迦辽金法并不要求处处都满足平衡微分方程的精确解，只求整体满足积分平衡条件式(5.4.7)的近似解。将

$$\delta u = \sum_m f_m \delta A_m, \quad \delta v = \sum_m \varphi_m \delta B_m, \quad \delta \omega = \sum_m \psi_m \delta C_m \qquad (5.4.8)$$

代入式(5.4.7)，由于 δA_m、δB_m、δC_m 是完全任意的，因此可得下列方程组

$$\begin{cases} \iiint\limits_{V}\left(\dfrac{\partial\sigma_x}{\partial x}+\dfrac{\partial\sigma_{xy}}{\partial y}+\dfrac{\partial\sigma_{xz}}{\partial z}+F_x\right)f_m\,\mathrm{d}x\,\mathrm{d}y\,\mathrm{d}z=0 \\[2mm] \iiint\limits_{V}\left(\dfrac{\partial\sigma_{xy}}{\partial x}+\dfrac{\partial\sigma_y}{\partial y}+\dfrac{\partial\sigma_{yz}}{\partial z}+F_y\right)\varphi_m\,\mathrm{d}x\,\mathrm{d}y\,\mathrm{d}z=0 \\[2mm] \iiint\limits_{V}\left(\dfrac{\partial\sigma_{zx}}{\partial x}+\dfrac{\partial\sigma_{zy}}{\partial y}+\dfrac{\partial\sigma_z}{\partial z}+F_z\right)\psi_m\,\mathrm{d}x\,\mathrm{d}y\,\mathrm{d}z=0 \end{cases} \tag{5.4.9}$$

从式(5.4.1)出发,根据位移与应变分量的关系以及广义胡克定律,可知式(5.4.9)中各应力分量都是 A_m、B_m、C_m 的线性函数,因此由式(5.4.9)组成了系数 A_m、B_m、C_m 的线性方程组,这些方程组的数目恰好等于系数的数目,因此可以确定这些系数。这就是迦辽金法。在静力边界条件不能预先满足的情况下,用此法求解比较方便。

例 5.4.1　有一简支梁,跨度为 l,设坐标系原点放在梁的左端,承受均匀分布载荷 q 的作用,试用李兹法和迦辽金法求此梁的最大挠度与最大弯矩。

[解]

(一) 用李兹法解

(1) 设挠度曲线为 $w=a_1\sin\dfrac{\pi x}{l}$,它能满足 $x=0$ 处 $w=0$,$\dfrac{\mathrm{d}^2w}{\mathrm{d}x^2}=0$; $x=l$ 处 $w=0$,$\dfrac{\mathrm{d}^2w}{\mathrm{d}x^2}=0$ 的边界条件。

$$U=\frac{EI}{2}\int_0^l\left(\frac{\mathrm{d}^2w}{\mathrm{d}x^2}\right)^2\mathrm{d}x=\frac{EI}{2}\int_0^l\left(\frac{\pi^2a_1}{l^2}\right)^2\sin^2\frac{\pi x}{l}\mathrm{d}x=\frac{\pi^4EI}{4l^3}a_1^2$$

$$-V=\int_0^l qw\,\mathrm{d}x=\int_0^l qa_1\sin\frac{\pi x}{l}\mathrm{d}x=2q\,\frac{l}{\pi}a_1$$

$$\Pi=U+V=\frac{\pi^4EI}{4l^3}a_1^2-2q\,\frac{l}{\pi}a_1$$

应用李兹法,由 $\dfrac{\partial\Pi}{\partial a_1}=0$ 得

$$\frac{\pi^4EIa_1}{2l^3}-2q\,\frac{l}{\pi}=0$$

由此得

$$a_1=\frac{4}{\pi^5}\frac{ql^4}{EI}=0.01307\frac{ql^4}{EI}=w_{\max}$$

$w_{\max}$ 与精确解比较,其误差仅为 0.4%,可算是足够精确的。

利用 $M(x)=-EI\dfrac{\mathrm{d}^2w}{\mathrm{d}x^2}=\dfrac{4}{\pi^3}ql^2\sin\dfrac{\pi x}{l}$,可得

$$M_{\max}=M\big|_{x=l/2}=\frac{4}{\pi^3}ql^2=0.129ql^2$$

与精确解 $M_{\max}=\dfrac{ql^2}{8}=0.125ql^2$ 相比,误差为 3.2%,这是由于对近似挠度曲线的二阶导数所致。

（2）如挠度曲线为 $w = a_1 \sin \dfrac{\pi x}{l} + a_3 \sin \dfrac{3\pi x}{l}$，此式亦能满足前述的边界条件。

$$U = \frac{EI}{2} \int_0^l \left(\frac{\mathrm{d}^2 w}{\mathrm{d}x^2}\right)^2 \mathrm{d}x$$

$$= \frac{EI}{2} \int_0^l \left[\frac{\pi^4}{l^4} a_1^2 \sin^2\left(\frac{\pi x}{l}\right) + \frac{18\pi^4}{l^4} a_1 a_3 \sin\frac{\pi x}{l} \sin\frac{3\pi x}{l} + \frac{81\pi^4}{l^4} a_3^2 \sin^2\left(\frac{3\pi x}{l}\right)\right] \mathrm{d}x$$

$$= \frac{EI}{2} \left(\frac{\pi^4 a_1^2}{l^4} \frac{l}{2} + \frac{81\pi^4 a_3^2}{l^4} \frac{l}{2}\right) = \frac{\pi^4 EI}{4l^3}(a_1^2 + 81a_3^2)$$

$$-V = \int_0^l qw\, \mathrm{d}x = \int_0^l q\left(a_1 \sin\frac{\pi x}{l} + a_3 \sin\frac{3\pi x}{l}\right) \mathrm{d}x = \frac{2ql}{\pi}\left(a_1 + \frac{a_3}{3}\right)$$

$$\Pi = U + V = \frac{\pi^4 EI}{4l^3}(a_1^2 + 81a_3^2) - \frac{2ql}{\pi}\left(a_1 + \frac{a_3}{3}\right)$$

应用李兹法可得

$$\begin{cases} \dfrac{\partial \Pi}{\partial a_1} = \dfrac{\pi^4 EI}{2l^3} a_1 - \dfrac{2ql}{\pi} = 0 \\ \dfrac{\partial \Pi}{\partial a_3} = \dfrac{81\pi^4 EI}{l^3} a_3 - \dfrac{2ql}{3\pi} = 0 \end{cases}$$

解以上联立方程，可得参数 a_1、a_3 为

$$a_1 = \frac{4ql^4}{\pi^5 EI}, \quad a_3 = \frac{4ql^4}{243\pi^5 EI}$$

故挠度曲线为

$$w = \frac{4ql^4}{\pi^5 EI}\left(\sin\frac{\pi x}{l} + \frac{1}{243}\sin\frac{3\pi x}{l}\right)$$

$$w_{\max} = w\Big|_{x=l/2} = \frac{242}{243}\frac{4ql^4}{\pi^5 EI} = 0.013016\frac{ql^4}{EI}$$

此值与精确解 $w_{\max} = \dfrac{5ql^4}{384EI} = 0.013021\dfrac{ql^4}{EI}$ 相比较，误差仅为 -0.04%。而 $M_{\max} = \dfrac{26}{27}\dfrac{4ql^2}{\pi^3} = 0.1242ql^2$，与精确解相比，误差仅为 -0.6%。

（二）用迦辽金法解

设

$$w = \sum_{n=1}^{\infty} a_n \sin\frac{n\pi x}{l}$$

代入平衡方程 $EI\dfrac{\mathrm{d}^4 w}{\mathrm{d}x^4} - q = 0$，得

$$\sum_{n=1}^{\infty} EI a_n \left(\frac{n\pi}{l}\right)^4 \sin\frac{n\pi x}{l} - q = 0$$

代入迦辽金法的积分式中，得

$$\int_0^l \left[EI a_n \left(\frac{n\pi}{l}\right)^4 \sin\frac{n\pi x}{l} - q\right] \sin\frac{n\pi x}{l}\, \mathrm{d}x = 0$$

当 $n=2,4,6,\cdots$ 时，得 $a_n = 0$；当 $n=1,3,5,\cdots$ 时，$a_n = \dfrac{4ql^4}{\pi^4 EI n^5}$。所以挠度曲线为

$$w = \frac{4ql^4}{\pi^5 EI} \sum_{n=1,3,5,\cdots}^{\infty} \frac{1}{n^5} \sin \frac{n\pi x}{l}$$

$$w_{max} = w\big|_{x=l/2} = \frac{4ql^4}{\pi^5 EI} \left(1 - \frac{1}{3^5} + \frac{1}{5^5} + \cdots\right)$$

而

$$M(x) = \frac{4ql^2}{\pi^3 EI} \sum_{n=1,3,5,\cdots}^{\infty} \frac{1}{n^3} \sin \frac{n\pi x}{l}, \quad M_{max} = M(x)\big|_{x=l/2} = \frac{4ql^2}{\pi^3 EI}\left(1 - \frac{1}{3^3} + \frac{1}{5^3} + \cdots\right)$$

5.5 弹性力学问题的微分提法

第 3 章和第 4 章分别建立了应变和应力的数学描述,本章建立了弹性的本构关系,而且以梁为例应用最小势能原理对具体问题进行了求解。为了系统性求解,需要进行总结和梳理。这里以笛卡儿坐标系的分量形式进行总结,对于柱面坐标系、球面坐标系等其他曲线坐标系的张量形式或者分量形式读者非常容易进行类似的总结和分析。弹性力学中的基本方程如下。

平衡方程:

$$\sigma_{ij,j} + F_i = 0 (= \rho\ddot{u}_i) \tag{5.5.1}$$

几何方程:

$$\varepsilon_{ij} = \frac{1}{2}(u_{i,j} + u_{j,i}) \tag{5.5.2}$$

应变协调方程:

$$e_{mjk}e_{nil}\varepsilon_{ij,kl} = 0 \tag{5.5.3}$$

本构方程,以各向同性材料为例有如下公式。

(1) 应变-应力公式

$$\varepsilon_{ij} = \frac{1+\nu}{E}\sigma_{ij} - \frac{\nu}{E}\sigma_{kk}\delta_{ij} \tag{5.5.4}$$

(2) 应力-应变公式

$$\sigma_{ij} = 2G\varepsilon_{ij} + \lambda\varepsilon_{kk}\delta_{ij} \tag{5.5.5}$$

其中方程(5.5.1)~方程(5.5.3)是微分方程组,而方程(5.5.4)和方程(5.5.5)仅为代数方程组。

当选位移作基本量时只需考虑几何方程(5.5.2),而协调方程(5.5.3)将自动满足;当选应变作基本量时,只需满足协调方程(5.5.3),就能保证由几何方程(5.5.2)积分出单值连续的位移场。此外,在 5.1 节已经指出,本构方程(5.1.16)或者逆本构方程(5.1.20)不能同时使用,因此本构方程(5.5.4)和方程(5.5.5)等价,也不能同时使用。于是有两类可解的基本方程组:

第一组:

平衡方程(5.5.1)

本构方程(5.5.5)   (5.5.6)

几何方程(5.5.2)

这里平衡方程 3 个、本构方程 6 个、几何方程 6 个,共有 15 个方程,可解出 15 个未知量即 u_i 3 个,ε_{ij} 和 σ_{ij} 各 6 个。

第二组:

$$\begin{array}{c} \text{协调方程}(5.5.3) \\ \text{本构方程}(5.5.4) \\ \text{平衡方程}(5.5.1) \end{array} \qquad (5.5.7)$$

这里共有协调方程 6 个(3.3 节指出 6 个协调方程并不独立)、本构方程 6 个、平衡方程 3 个共 15 个方程,可解出 12 个未知量即 σ_{ij} 和 ε_{ij} 各 6 个。然后,再利用式(5.5.2)积分出 u_i。

为了求得偏微分方程组(5.5.6)或方程组(5.5.7)的唯一解,还必须给出定解条件,即相应的边界条件。弹性理论中常见的三种边界情况如下。

(1)处处给定外部作用力 $T_i = (T_x, T_y, T_z)$ 的力边界 S_σ。相应的边界条件为:域内应力场的边界值应满足柯西公式

$$\sigma_{ji}\nu_j = T_i \qquad (5.5.8)$$

当 $T_i = 0(i = 1, 2, 3)$ 时称为自由表面,它是力边界的特殊情况。集中力在弹性理论中应化为作用在微小面积上的均布表面力。集中力矩则化为非均布表面力。

(2)处处给定位移约束 $\bar{u}_i = (\bar{u}, \bar{v}, \bar{w})$ 的位移边界 S_u。相应的边界条件为:域内位移场的边界值应等于给定边界值

$$u_i = \bar{u}_i \qquad (5.5.9)$$

有时也可指定边界位移的导数值(例如,转角为零)或应变值。在静力问题中,所给的位移应足以防止物体的刚体运动。

(3)在部分边界 S_σ 上给定外力,部分边界 S_u 上给定位移的混合边界 S。这时要求

$$S_\sigma \cup S_u = S \qquad (5.5.10a)$$
$$S_\sigma \cap S_u = \varnothing \qquad (5.5.10b)$$

式中,符号 $\cup$ 与 $\cap$ 分别表示两域之和与交,$\varnothing$ 则表示空域。式(5.5.10a)表示,在边界面 S 上处处都应给定力或位移边界条件,如有遗漏,则解是不确定的。式(5.5.10b)表示,在已知给定力(或位移)边界条件的地方不能再指定相应的(即作用点和分解方向相同的)位移(或力),否则将因条件矛盾而无解。

除了以上三种边界情况,有时也会遇到给定力和位移间一一对应关系的弹性边界。

对于弹性动力学问题,还应给定初始条件,即 $t = 0$ 时刻的位移分量 $(u_i)^0$ 和速度分量 $(\mathrm{d}u_i/\mathrm{d}t)^0$。

综上所述,弹性力学问题微分提法的基本思想是从研究一点邻域内(小微元)的应力和应变状态入手,导出描述微元静力平衡、变形几何及弹性关系的一组基本方程,加上相应的边界条件把弹性力学问题归结为偏微分方程组的边值问题。具体说,对于已知初始几何形状和材料性质的物体,在物体内部给定体力 F_i,在力边界 S_σ 上给定面力 T_i,在位移边界 S_u 上给定位移 $\bar{u}_i$,求偏微分方程组(5.5.6)(或方程组(5.5.7)加方程(5.5.2))满足边界条件式(5.5.8)或式(5.5.9)的解。需要特别指出求解三维问题往往需要数值求解,一般都是有限元数值方法求解,需要理解有限元数值方法求解的基本思想:将物体划分为若干个单

元；基于变分原理给定相应方程的弱形式；借助于数值计算方法对弱形式进行数值求解。由于无法做到每个空间点精确求解，就将方程对单元进行积分即得到类似于式(5.4.9)的积分式，这个积分称为弱形式。

5.6 位移解法

位移解法是以位移分量 u_i 作基本未知量。把第一组基本方程(5.5.6)简化为 3 个用位移分量表示的平衡方程，从中解出 u_i。再代回几何方程和本构方程，求出应变分量 ε_{ij} 和应力分量 σ_{ij}。具体推导如下。

由几何方程(5.5.2)得应变用位移表示的表达式，

$$\varepsilon_{ij} = \frac{1}{2}(u_{i,j} + u_{j,i}) \tag{5.6.1}$$

且

$$\varepsilon_{kk} = \frac{1}{2}(u_{k,k} + u_{k,k}) = u_{k,k} \tag{5.6.2}$$

代入本构方程(5.5.5)，得应力用位移表示的表达式

$$\sigma_{ij} = \sigma_{ji} = G(u_{i,j} + u_{j,i}) + \lambda u_{k,k}\delta_{ij} \tag{5.6.3}$$

代入平衡方程(5.5.1)，得

$$G(u_{i,jj} + u_{j,ij}) + \lambda u_{k,kj}\delta_{ij} + F_i = 0 \tag{5.6.4}$$

注意到

$$\lambda u_{k,kj}\delta_{ij} = \lambda u_{k,ki} = \lambda u_{j,ji} \tag{5.6.5}$$

$$u_{j,ij} = u_{j,ji} \tag{5.6.6}$$

式(5.6.4)可写成

$$Gu_{i,jj} + (\lambda + G)u_{j,ji} + F_i = 0, \quad i = 1,2,3 \tag{5.6.7}$$

这就是位移分量表示的平衡方程，称为位移法定解方程或拉梅尔(Lame)-纳维埃(Navier)方程，简称 L-N 方程。它由 3 个二阶椭圆型方程组成。对于弹性动力学问题，把上式中的 F_i 改为 $(F_i - \rho\ddot{u}_i)$ 即成用位移表示的运动方程，就是描述波动的双曲型方程。

注意到

$$( )_{,jj} = \left(\frac{\partial^2}{\partial x^2} + \frac{\partial^2}{\partial y^2} + \frac{\partial^2}{\partial z^2}\right)( ) = \nabla^2( ) \tag{5.6.8a}$$

$$u_{j,ji} = (u_{j,j})_{,i} = (\varepsilon_{jj})_{,i} = e_{,i}, \quad e = \frac{\partial u}{\partial x} + \frac{\partial v}{\partial y} + \frac{\partial w}{\partial z} \tag{5.6.8b}$$

则 L-N 方程的常规形式为

$$\begin{cases} G\nabla^2 u + (\lambda + G)\dfrac{\partial e}{\partial x} + F_1 = 0 \\[2mm] G\nabla^2 v + (\lambda + G)\dfrac{\partial e}{\partial y} + F_2 = 0 \\[2mm] G\nabla^2 w + (\lambda + G)\dfrac{\partial e}{\partial z} + F_3 = 0 \end{cases} \tag{5.6.9}$$

配上相应的用位移表示的边界条件就可解出三个位移分量 $u_i=(u,v,w)$。

当全部边界给定位移时，用位移法求解较为简便。当部分或全部边界给定外力时，则应利用式(5.6.3)把力边界条件式(5.5.8)改用位移表示

$$[G(u_{i,j}+u_{j,i})+\lambda u_{k,k}\delta_{ij}]v_j=T_i \tag{5.6.10}$$

这类在边界上给定位移一阶偏导数的边值问题有时较难处理。

L-N 方程(5.6.7)是一组二阶线性偏微分方程，它的全解由齐次解和特解组成。先讨论齐次解，即 $F_i=0$ 的无体力情况。将齐次方程

$$Gu_{i,jj}+(\lambda+G)e_{,i}=0 \tag{5.6.11}$$

对 x_i 求导，并对指标 i 叠加后得

$$Gu_{i,jji}+(\lambda+G)e_{,ii}=0 \tag{5.6.12}$$

而

$$u_{i,jji}=(u_{i,i})_{,jj}=e_{,jj}=e_{,ii} \tag{5.6.13}$$

上式成

$$(\lambda+2G)e_{,ii}=0 \tag{5.6.14}$$

系数 $(\lambda+2G)$ 是非零常数，故体应变 e（第一应变不变量 I_1）必须满足调和方程

$$e_{,ii}=0 \quad 即 \quad \nabla^2 e=0 \tag{5.6.15}$$

式中，

$$\nabla^2=\frac{\partial^2}{\partial x^2}+\frac{\partial^2}{\partial y^2}+\frac{\partial^2}{\partial z^2} \tag{5.6.16}$$

称为调和算子或拉普拉斯(Laplace)算子。

根据式(5.1.18)$\Theta=3\sigma_m=3Ke$，其中 K 为常数。故第一应力不变量 Θ（或平均正应力 σ_m）也满足调和方程：

$$\Theta_{,ii}=0 \quad 即 \nabla^2\Theta=0 \tag{5.6.17}$$

$$\sigma_{m,ii}=0 \quad 即\nabla^2\sigma_m=0 \tag{5.6.18}$$

对方程(5.6.12)作调和运算

$$G\nabla^2(\nabla^2 u_i)+(\lambda+G)\nabla^2(e_{,i})=0 \tag{5.6.19}$$

由连续性条件及式(5.6.15)，得

$$\nabla^2(e_{,i})=(\nabla^2 e)_{,i}=0 \tag{5.6.20}$$

于是式(5.6.19)简化成

$$\nabla^4 u_i=0 \tag{5.6.21}$$

式中，

$$\nabla^4(\ )=\nabla^2(\nabla^2(\ ))=\frac{\partial^4(\ )}{\partial x^4}+\frac{\partial^4(\ )}{\partial y^4}+\frac{\partial^4(\ )}{\partial z^4}+2\frac{\partial^4(\ )}{\partial x^2\partial y^2}+$$
$$2\frac{\partial^4(\ )}{\partial y^2\partial z^2}+2\frac{\partial^4(\ )}{\partial x^2\partial z^2} \tag{5.6.22}$$

称为重调和算子。上式说明位移分量 u_i 应满足重调和方程。

利用连续性条件和式(5.6.21)可进一步求导得

$$\nabla^4\varepsilon_{ij}=\frac{1}{2}[(\nabla^4 u_i)_{,j}+(\nabla^4 u_j)_{,i}]=0 \tag{5.6.23}$$

再利用式(5.5.5)可得到

$$\nabla^4 \sigma_{ij} = 2G\,\nabla^4\varepsilon_{ij} + \lambda(\nabla^4 e)\delta_{ij} = 0 \tag{5.6.24}$$

这说明应力及应变分量也都满足重调和方程。

综上所述,在无体力情况下,第一应变不变量 e(体应变)、第一应力不变量 Θ 和平均正应力 σ_m 都是调和函数。位移分量 u_i、应变分量 ε_{ij} 和应力分量 σ_{ij} 都是重调和函数。于是弹性力学的无体力问题在数学上归结为调和方程的边值问题。不难验证,这个结论同样适用于 $F_i = $ const. 的常体力情况。对于变体力情况,可先找一个特解(不必满足边界条件),然后与上述齐次解叠加,使全解满足全部边界条件。

5.7　应力解法

应力解法是以应力分量 σ_{ij} 作基本未知量。由第二组基本方程(5.5.7)简化出六个用应力分量表示的协调方程,再加上平衡方程和力边界条件解出六个应力分量 σ_{ij}。然后由本构方程求应变分量 ε_{ij},再对几何方程积分得得位移分量 u_i。

由本构方程(5.5.4)给出应变用应力表示的表达式

$$\varepsilon_{ij} = \frac{1+\nu}{E}\sigma_{ij} - \frac{\nu}{E}\Theta\delta_{ij} \tag{5.7.1}$$

代入协调方程式(5.5.3)或者式(3.3.6),得

$$\sigma_{ij,kl} + \sigma_{kl,ij} - \sigma_{ik,jl} - \sigma_{jl,ik}$$

$$= \frac{\nu}{1+\nu}(\delta_{ij}\Theta_{,kl} + \delta_{kl}\Theta_{,ij} - \delta_{ik}\Theta_{,jl} - \delta_{jl}\Theta_{,ik}) \tag{5.7.2}$$

上式共有 81 个方程。把其中的指标 l 一律改为 k,并把 $k = 1,2,3$ 的三个方程叠加起来,即把 k 看作哑标,再利用 $\sigma_{kk} = \Theta$ 和 $\delta_{kk} = 3$,式(5.7.2)可化为

$$\sigma_{ij,kk} + \frac{1}{1+\nu}\Theta_{,ij} - \sigma_{ik,jk} - \sigma_{jk,ik} = \frac{\nu}{1+\nu}\delta_{ij}\Theta_{,kk} \tag{5.7.3}$$

上式对指标 i 和 j 对称,所以只含有 6 个独立方程。利用平衡方程(5.5.1)有

$$\sigma_{ik,jk} = (\sigma_{ik,k})_{,j} = -F_{i,j} \tag{5.7.4}$$

$$\sigma_{jk,ik} = (\sigma_{jk,k})_{,i} = -F_{j,i} \tag{5.7.5}$$

代入式(5.7.3)成

$$\nabla^2 \sigma_{ij} + \frac{1}{1+\nu}\Theta_{,ij} - \frac{\nu}{1+\nu}\delta_{ij}\nabla^2\Theta = -(F_{i,j} + F_{j,i}) \tag{5.7.6}$$

把上式中 $i = j$ 的三个方程叠加起来,注意到 $\sigma_{ii} = \Theta, \Theta_{,ii} = \nabla^2\Theta$ 和 $\delta_{ii} = 3$ 可得

$$\nabla^2\Theta = -\frac{1+\nu}{1-\nu}F_{i,i} \tag{5.7.7}$$

再代回式(5.7.6),最后得

$$\nabla^2\sigma_{ij} + \frac{1}{1+\nu}\Theta_{,ij} = -\frac{\nu}{1-\nu}\delta_{ij}F_{k,k} - (F_{i,j} + F_{j,i}), \quad i,j = 1,2,3 \tag{5.7.8}$$

这就是应力解法的定解方程,称为应力协调方程或贝尔脱拉密(Beltrami)-密乞尔(Michell)方程[31],简称 B-M 方程,共含六个二阶椭圆型方程。它的常用形式如下:

$$\begin{cases} \nabla^2\sigma_x + \dfrac{1}{1+\nu}\dfrac{\partial^2\Theta}{\partial x^2} = -\dfrac{\nu}{1-\nu}\left(\dfrac{\partial F_1}{\partial x}+\dfrac{\partial F_2}{\partial y}+\dfrac{\partial F_3}{\partial z}\right) - 2\dfrac{\partial F_1}{\partial x} \\[3mm] \nabla^2\sigma_y + \dfrac{1}{1+\nu}\dfrac{\partial^2\Theta}{\partial y^2} = -\dfrac{\nu}{1-\nu}\left(\dfrac{\partial F_1}{\partial x}+\dfrac{\partial F_2}{\partial y}+\dfrac{\partial F_3}{\partial z}\right) - 2\dfrac{\partial F_2}{\partial y} \\[3mm] \nabla^2\sigma_z + \dfrac{1}{1+\nu}\dfrac{\partial^2\Theta}{\partial z^2} = -\dfrac{\nu}{1-\nu}\left(\dfrac{\partial F_1}{\partial x}+\dfrac{\partial F_2}{\partial y}+\dfrac{\partial F_3}{\partial z}\right) - 2\dfrac{\partial F_1}{\partial z} \\[3mm] \nabla^2\tau_{yz} + \dfrac{1}{1+\nu}\dfrac{\partial^2\Theta}{\partial y\partial z} = -\left(\dfrac{\partial F_2}{\partial z}+\dfrac{\partial F_3}{\partial y}\right) \\[3mm] \nabla^2\tau_{zx} + \dfrac{1}{1+\nu}\dfrac{\partial^2\Theta}{\partial z\partial x} = -\left(\dfrac{\partial F_3}{\partial x}+\dfrac{\partial F_1}{\partial z}\right) \\[3mm] \nabla^2\tau_{xy} + \dfrac{1}{1+\nu}\dfrac{\partial^2\Theta}{\partial x\partial y} = -\left(\dfrac{\partial F_1}{\partial y}+\dfrac{\partial F_2}{\partial x}\right) \end{cases} \tag{5.7.9}$$

对于无体力情况，由式(5.7.7)得

$$\nabla^2\Theta = 0 \tag{5.7.10}$$

对式(5.7.8)作调和运算，并利用式(5.7.10)得

$$\nabla^4\sigma_{ij} = 0 \tag{5.7.11}$$

这又一次证明 Θ 和 σ_{ij} 分别是调和函数和重调和函数。

第 3 章曾指出，六个应变协调方程并不完全独立，不能由它们独立解出六个应变分量。以此类推，六个应力协调方程(5.7.8)也可能不完全独立，所以用应力解法解题时通常要求在域内同时满足六个 B-M 方程(5.7.8)和三个平衡方程(5.5.1)，且在边界上满足三个力边界条件式(5.5.8)。

从另一方面考虑，在导出式(5.7.8)时已经用过三个平衡方程(5.5.1)，是否能由六个 B-M 方程和三个力边界条件独立解出六个应力分量呢？

把式(5.7.8)对 x_j 求导，并对哑标 j 叠加得

$$\nabla^2\sigma_{ij,j} + \dfrac{1}{1+\nu}\Theta_{,ijj} = -\dfrac{\nu}{1-\nu}\delta_{ij}F_{k,kj} - F_{i,jj} - F_{j,ij} \tag{5.7.12}$$

利用式(5.7.7)，由上式的左二、右一、右三项可得

$$\dfrac{1}{1+\nu}(\nabla^2\Theta)_{,i} + \dfrac{\nu}{1-\nu}\delta_{ij}F_{k,kj} + F_{j,ij}$$

$$= \dfrac{1}{\nu-1}F_{k,ki} + \dfrac{\nu}{1-\nu}F_{k,ki} + F_{k,ki} = 0 \tag{5.7.13}$$

于是式(5.7.12)成为

$$\nabla^2\sigma_{ij,j} + F_{i,jj} = \nabla^2(\sigma_{ij,j}+F_i) = 0 \tag{5.7.14}$$

上式括号中为调和函数。根据调和函数的性质，若其边界值为零，则域内处处为零。所以只要边界上 $\sigma_{ij,j}+F_i=0$，即满足平衡方程，则域内将自动满足平衡方程。由此得出结论：如果在边界上除满足三个力边界条件式(5.5.8)，还能满足三个平衡方程(5.5.1)，则在域内只需满足六个应力协调方程(5.7.8)就能解出六个应力分量。

对于全部边界给定外力的边值问题，应力解法可以避开几何关系式(5.5.2)直接解出工程中关心的应力分量。但当出现位移边界条件时，应力解法的这一优点丧失，通常采用位移解法。应力解法涉及六个二阶 B-M 方程、三个一阶平衡方程和三个力边界条件，对于

几何形状或载荷分布较复杂的问题求解比较困难。5.9.6节介绍的应力函数解法有利于克服这一困难。

对于动力问题,应把惯性力纳入体力项[31],B-M 方程(5.7.8)中的 $F_{i,j}$ 应改写为 $F_{i,j}-\rho\ddot{u}_{i,j}$。另外,$u_{i,j}=\varepsilon_{ij}-\Omega_{ij}$,由式(5.5.4)可得

$$\ddot{u}_{i,j}=\frac{1+v}{E}\ddot{\sigma}_{ij}-\frac{v}{E}\ddot{\Theta}\delta_{ij}-\ddot{\Omega}_{ij} \tag{5.7.15}$$

式中,$\boldsymbol{\Omega}$ 为转动张量

$$\boldsymbol{\Omega}=-\frac{1}{2}(\boldsymbol{u}\nabla-\nabla\boldsymbol{u}),\quad \Omega_{ij}=\frac{1}{2}\left(\frac{\partial u_j}{\partial x_i}-\frac{\partial u_i}{\partial x_j}\right) \tag{5.7.16}$$

利用这些变换,平衡方程(5.7.8)可以改写成如下运动方程:

$$\nabla^2\sigma_{ij}+\frac{1}{1+\nu}\Theta_{,ij}=-\frac{v}{1-\nu}\delta_{ij}F_{k,k}-(F_{i,j}+F_{j,i})+$$

$$\frac{\rho}{G}\ddot{\sigma}_{ij}-\frac{\rho v}{E(1-\nu)}\ddot{\Theta}\delta_{ij} \tag{5.7.17}$$

提一下应变解法,它以应变分量 ε_{ij} 作基本未知量。采用第二组基本方程(5.5.7),用本构方程把平衡方程用应变表示,再和应变协调方程一起解出应变分量 ε_{ij}。由于胡克定律是代数方程,应变解法基本方程的求解难度不会比应力解法有实质性的改善,而边界条件用应力表示则方便得多,所以很少采用应变解法。

在位移解法中,引进三个单值连续的位移函数,使协调方程自动满足,问题被归结为求解三个用位移表示的平衡方程。然后应变分量可由位移偏导数的组合来确定。

与此类似,在应力解法中也可引进某些函数,使平衡方程自动满足,把问题归结为求解用这些函数表示的协调方程。这些能自动满足平衡方程的函数称为应力函数,应力分量可由其偏导数的组合来确定。应力函数解法既保留了应力解法的优点(能直接求解应力分量),又吸收了位移解法的思想(能自动满足平衡方程,基本未知量降为三个),所以它是弹性理论中常用的方法之一。

5.8 叠加原理

在材料力学和结构力学中,人们常用叠加原理有效地处理各种复杂载荷情况。本节从弹性力学的一般理论出发来证明如下叠加原理。

考虑同一物体的两组载荷情况,第一组为体力 F_i' 和面力 T_i',第二组为体力 F_i'' 和面力 T_i''。设它们引起的应力和位移场分别为 σ_{ij}' 和 u_i' 及 σ_{ij}'' 和 u_i'',且仅考虑线弹性小变形情况,则两组载荷共同作用时的应力和位移场就等于单独作用时的相应场之和,即若载荷

$$F_i=F_i'+F_i'',\quad T_i=T_i'+T_i'' \tag{5.8.1}$$

则相应应力和位移场为

$$\sigma_{ij}=\sigma_{ij}'+\sigma_{ij}'' \tag{5.8.2}$$

$$u_i=u_i'+u_i'' \tag{5.8.3}$$

现在以应力解法为基础来证明应力场式(5.8.2)确实是载荷式(5.8.1)作用下的解,即能满足平衡方程

$$(\sigma'_{ij} + \sigma''_{ij})_{,j} + (F'_i + F''_i) = 0 \qquad (5.8.4)$$

应力协调方程

$$\nabla^2(\sigma'_{ij} + \sigma''_{ij}) + \frac{1}{1+v}(\Theta' + \Theta'')_{,ij} + \frac{\nu}{1-\nu}\delta_{ij}(F'_k + F''_k)_{,k} + (F'_i + F''_i)_{,j} + (F'_j + F''_j)_{,i} = 0$$

$$(5.8.5)$$

合力边界条件

$$(\sigma'_{ji} + \sigma''_{ji})\nu_j - (T'_i + T''_i) = 0 \qquad (5.8.6)$$

注意到式(5.8.4)～式(5.8.6)三式都是线性微分方程,根据线性方程的性质把式(5.8.4)～式(5.8.6)改写成

$$(\sigma'_{ij,j} + F'_i) + (\sigma''_{ij,j} + F''_i) = 0 \qquad (5.8.7)$$

$$\left(\nabla^2\sigma'_{ij} + \frac{1}{1+\nu}\Theta'_{,ij} + \frac{\nu}{1-\nu}\delta_{ij}F'_{k,k} + F'_{i,j} + F'_{j,i}\right) +$$

$$\left(\nabla^2\sigma''_{ij} + \frac{1}{1+\nu}\Theta''_{,ij} + \frac{\nu}{1-\nu}\delta_{ij}F''_{k,k} + F''_{i,j} + F''_{j,i}\right) = 0 \qquad (5.8.8)$$

$$(\sigma'_{ji}v_j - T'_i) + (\sigma''_{ji}\nu_j - T''_i) = 0 \qquad (5.8.9)$$

根据前提假设,σ'_{ij} 和 σ''_{ij} 分别是载荷 (F'_i, T'_i) 和 (F''_i, T''_i) 单独作用时的解,它们满足

$$\sigma'_{ij,j} + F'_i = 0 \qquad (5.8.10)$$

$$\nabla^2\sigma'_{ij} + \frac{1}{1+\nu}\Theta'_{,ij} + \frac{\nu}{1-\nu}\delta_{ij}F'_{k,k} + F'_{i,j} + F'_{j,i} = 0 \qquad (5.8.11)$$

$$\sigma'_{ji}\nu_j - T'_i = 0 \qquad (5.8.12)$$

和

$$\sigma''_{ij,j} + F''_i = 0 \qquad (5.8.13)$$

$$\nabla^2\sigma''_{ij} + \frac{1}{1+\nu}\Theta''_{,ij} + \frac{\nu}{1-\nu}\delta_{ij}F''_{k,k} + F''_{i,j} + F''_{j,i} = 0 \qquad (5.8.14)$$

$$\sigma''_{ji}\nu_j - T''_i = 0 \qquad (5.8.15)$$

把式(5.8.10)～式(5.8.12)和式(5.8.13)～式(5.8.15)三式对应相加,即可证明式(5.8.7)～式(5.8.9)的正确性。因而叠加后的应力场式(5.8.2)能满足应力解法的全部方程和边界条件,它确实是双重载荷式(5.8.1)引起的应力场。

注意到本构方程(5.5.4)和几何方程(5.5.2)也都是线性方程,可类似地证明位移叠加原理式(5.8.3)的正确性。

叠加原理也可用于位移边界条件,只要总位移 $u_i = u'_i + u''_i$ 满足类似给定的位移边界条件,即使 u'_i 和 u''_i 单独并不满足位移边界条件,叠加后 u_i 仍是物体在双重载荷式(5.8.1)下满足给定位移边界条件的精确解。

由以上证明可见,基本方程和边界条件的线性性质是叠加原理成立的前提条件。线弹性小变形情况的全部基本方程和边界条件都是线性的,所以叠加原理是线弹性理论中普遍适用的一般性原理。巧妙地应用叠加原理常是处理各类工程问题的重要手段。

对于大变形情况,几何方程将出现二次非线性项,平衡方程也将受到变形的影响,因而叠加原理不再适用。常见的例子有:同时受轴向和横向力的梁的纵横弯曲问题,薄壁构件的弹性稳定问题,板壳结构的大挠度问题等。

对于非线性弹性材料或弹塑性材料,本构方程是非线性的,叠加原理也不适用。

对于载荷随变形而变化的非保守力系情况或边界用非线性弹簧支承的约束情况,边界条件是非线性的,叠加原理也将失效。

5.9 平面问题及其求解

一般而言,任何一个弹性体都是三维的,它所承受的外力也是空间力系。所以它的应力状态和应变状态都是空间坐标(x,y,z)的函数,因而是弹性空间问题。由 5.5 节可知,求解弹性空间问题往往相当困难。但是,如果所研究的弹性体具有某种特殊的形状,并且它所承受的外力具有某种特殊的分布,这时往往可把弹性空间近似地作为弹性平面问题去处理。这样处理,将使分析和计算难度及工作量大大减少,而所得到的结果仍可满足工程实际对精度的要求。

许多工程构件,例如厚壁圆筒、承受面内载荷的薄板等,都可以简化为二维平面问题,事实上在解决具体问题时都是需要对问题进行简化的,如何简化问题是一种基本素养和重要的能力,所以读者在遇到具体工程和科学问题时可以将构件进行简化。二维平面问题的特点是:

(1) 几何上是柱形体,横截面形状沿形心轴 z 保持不变。且多数情况下是轴向尺寸比横向尺寸大得多的柱形体,或小得多的薄板。

(2) 承受面内载荷。全部载荷都作用在横截面(xy 平面)内,轴向分量均为零,载荷与侧面约束情况都沿轴向保持不变。当侧面上全部给定力边界时,还应要求面内载荷构成自平衡力系。

5.9.1 平面问题的本构方程

1. 平面应力

在平面应力问题中,研究的对象是薄板一类的弹性体。设有一等厚度薄板,板的厚度 h 远小于板的其他两个方向的尺寸,在板的侧面上受有平行于板面且不沿厚度方向变化的面力,而且体力也平行于板面且不沿厚度变化,如图 5.9.1 所示。

现取板的 $z=0$ 的中面为 xOy 面,以垂直于中面的直线为 z 轴。由于板的 $z=\pm\dfrac{h}{2}$ 的两个表面为自由表面,其上没有外力作用,因而有

$$\sigma_z\big|_{z=\pm\frac{h}{2}}=0,\quad \sigma_{zx}\big|_{z=\pm\frac{h}{2}}=0,\quad \sigma_{zy}\big|_{z=\pm\frac{h}{2}}=0$$

$$(5.9.1)$$

在薄板内部虽有上述分量,但由于板很薄,外力不沿厚度变化,而应力又沿厚度连续分布,因而它们均很小,可以忽略不计。所以可近似地认为在整个薄板内部所有各点都有

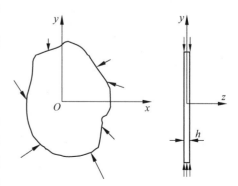

图 5.9.1 平面应力状态

$$\sigma_z = \sigma_{zy} = \sigma_{zx} = 0 \tag{5.9.2}$$

由剪应力互等定律又知

$$\sigma_{yz} = \sigma_{xz} = 0 \tag{5.9.3}$$

这样,就只剩下平行于 xOy 面的三个分量,即 $\sigma_x,\sigma_y,\sigma_{xy}=\sigma_{yx}$。同样,由于板很薄,外力不沿厚度变化,而应力又沿厚度连续分布,因而可近似地认为这三个应力分量不沿厚度变化,即它们与 z 坐标无关而只是 x,y 的函数。这类应力状态称为平面应力状态。

平面应力状态的应力张量为

$$\boldsymbol{\sigma} = \sigma_x \boldsymbol{e}_1 \boldsymbol{e}_1 + \sigma_{yx} \boldsymbol{e}_2 \boldsymbol{e}_1 + \sigma_{xy} \boldsymbol{e}_1 \boldsymbol{e}_2 + \sigma_y \boldsymbol{e}_2 \boldsymbol{e}_2 \tag{5.9.4}$$

将式(5.9.2)和式(5.9.3)代入式(5.1.16),得到平面应力状态的本构关系为

$$\varepsilon_x = \frac{1}{E}(\sigma_x - \nu \sigma_y), \quad \varepsilon_y = \frac{1}{E}(\sigma_y - \nu \sigma_x), \quad \varepsilon_z = -\frac{\nu}{E}(\sigma_x + \sigma_y)$$

$$\varepsilon_{xy} = \frac{1}{2G}\sigma_{xy} = \frac{1+\nu}{E}\sigma_{xy}, \quad \varepsilon_{yz} = \varepsilon_{xz} = 0 \tag{5.9.5}$$

平面应力状态的应变张量为

$$\boldsymbol{\varepsilon} = \varepsilon_x \boldsymbol{e}_1 \boldsymbol{e}_1 + \varepsilon_{yx} \boldsymbol{e}_2 \boldsymbol{e}_1 + \varepsilon_{xy} \boldsymbol{e}_1 \boldsymbol{e}_2 + \varepsilon_y \boldsymbol{e}_2 \boldsymbol{e}_2 + \varepsilon_z \boldsymbol{e}_3 \boldsymbol{e}_3 \tag{5.9.6}$$

由上述讨论可见,平面应力是指应力状态是平面的,即二维的,由于 ε_z 不为零,因而其应变状态是空间的,即三维的。但是 ε_z 不是独立的,它完全是由 σ_x 和 σ_y 所产生的,独立的应变分量只有三个,即 $\varepsilon_x,\varepsilon_y,\varepsilon_{xy}$。

2. 平面应变

设有一个等截面的长柱体,柱体的轴线与 z 轴平行,柱体的轴向尺寸远大于其另外两个方向的尺寸。柱体的侧面承受着垂直于 z 轴且沿 z 方向不变的面力,如图 5.9.2 所示,若柱体为无限长,或虽是有限长但其轴向两端有刚性约束,即柱体的轴向位移受到限制,这样柱体的任何一个截面均可看作对称面,因而柱体内各点都只能沿 x 和 y 方向移动,而不能沿 z 方向移动,即位移分量 u 和 v 与坐标 z 无关,它们只是 x 和 y 的函数,而位移分量 w 为零。也即位移矢量平行于 xOy 平面,故这类问题显然是平面位移问题,

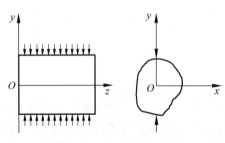

图 5.9.2　平面应变状

$$\boldsymbol{u} = u(x,y)\boldsymbol{e}_1 + v(x,y)\boldsymbol{e}_2 \tag{5.9.7}$$

因此,几何方程为

$$\varepsilon_x = \frac{\partial u}{\partial x}, \quad \varepsilon_y = \frac{\partial v}{\partial y}, \quad \varepsilon_{xy} = \frac{1}{2}\left(\frac{\partial v}{\partial x} + \frac{\partial u}{\partial y}\right) \tag{5.9.8}$$

$$\varepsilon_z = \varepsilon_{yz} = \varepsilon_{zx} = 0 \tag{5.9.9}$$

平面应变状态的应变张量为

$$\boldsymbol{\varepsilon} = \varepsilon_x \boldsymbol{e}_1 \boldsymbol{e}_1 + \varepsilon_{yx} \boldsymbol{e}_2 \boldsymbol{e}_1 + \varepsilon_{xy} \boldsymbol{e}_1 \boldsymbol{e}_2 + \varepsilon_y \boldsymbol{e}_2 \boldsymbol{e}_2 \tag{5.9.10}$$

由 $\varepsilon_z = 0$,有

$$\sigma_z = \nu(\sigma_x + \sigma_y) \tag{5.9.11}$$

因此,平面应变状态的应力张量为

$$\boldsymbol{\sigma} = \sigma_x \boldsymbol{e}_1 \boldsymbol{e}_1 + \sigma_{yx} \boldsymbol{e}_2 \boldsymbol{e}_1 + \sigma_{xy} \boldsymbol{e}_1 \boldsymbol{e}_2 + \sigma_y \boldsymbol{e}_2 \boldsymbol{e}_2 + \sigma_z \boldsymbol{e}_3 \boldsymbol{e}_3 \tag{5.9.12}$$

平面应变是指应变状态是平面的,但由于 σ_z 不为零,因而其应力状态是空间的,即三维的。但是 σ_z 不是独立的,它完全是由 σ_x 和 σ_y 所决定,独立的应力分量只有三个,即 σ_x, σ_y, σ_{xy}。

将式(5.9.11)和式(5.9.9)代入式(5.1.16)得到平面应变状态的本构方程为

$$\begin{cases} \varepsilon_x = \dfrac{1}{E} \left[(1-\nu^2)\sigma_x - \nu(1+\nu)\sigma_y \right] \\[3mm] \varepsilon_y = \dfrac{1}{E} \left[(1-\nu^2)\sigma_y - \nu(1+\nu)\sigma_x \right] \end{cases} \tag{5.9.13}$$

$$\varepsilon_{xy} = \frac{1}{2G}\sigma_{xy}$$

现引入符号

$$E' = \frac{E}{1-\nu^2}, \quad \nu' = \frac{\nu}{1-\nu} \tag{5.9.14}$$

因而平面应变状态的本构方程可写为

$$\varepsilon_x = \frac{1}{E'}(\sigma_x - \nu'\sigma_y), \quad \varepsilon_y = \frac{1}{E'}(\sigma_y - \nu'\sigma_x), \quad \varepsilon_{xy} = \frac{1}{2G}\sigma_{xy} \tag{5.9.15}$$

因此,平面问题的本构关系可以统一写成式(5.9.15)

$$E' = \begin{cases} E, & \text{平面应力} \\[3mm] \dfrac{E}{1-\nu^2}, & \text{平面应变} \end{cases}$$

$$\nu' = \begin{cases} \nu, & \text{平面应力} \\[3mm] \dfrac{\nu}{1-\nu}, & \text{平面应变} \end{cases}$$

这样,这两类平面问题在数学处理上是一样的。

5.9.2　平衡微分方程和协调方程

由于 $\sigma_{zy} = \sigma_{zx} = 0$ 和 σ_z 与 z 无关,对于两类平面问题的平衡微分方程可简化成

$$\sigma_{\alpha\beta,\beta} + F_\alpha = 0, \quad \alpha, \beta = 1,2 \tag{5.9.16}$$

即

$$\begin{cases} \dfrac{\partial \sigma_x}{\partial x} + \dfrac{\partial \sigma_{xy}}{\partial y} + F_x = 0 \\[3mm] \dfrac{\partial \sigma_{xy}}{\partial x} + \dfrac{\partial \sigma_y}{\partial y} + F_y = 0 \end{cases} \tag{5.9.17}$$

由于面内应力分量与 z 无关,所以式(5.9.17)要求体力 F_x 和 F_y 与 z 无关。因此,仅当体力是与 z 无关的面内载荷时,才能简化为平面问题。

对于平面应变情况,应变协调方程(3.3.9)的六个方程中有五个自动满足(请读者自行验证),仅剩下关于面内分量的第一协调方程

$$\frac{\partial^2 \varepsilon_x}{\partial y^2} + \frac{\partial^2 \varepsilon_y}{\partial x^2} - \frac{\partial^2 \gamma_{xy}}{\partial x \partial y} = 0 \tag{5.9.18}$$

但对于平面应力情况,协调方程(3.3.14)、方程(3.3.15)、方程(3.3.17)不能自动满足,它们分别简化成

$$\frac{\partial^2 \varepsilon_z}{\partial y^2} = 0, \quad \frac{\partial^2 \varepsilon_z}{\partial x^2} = 0, \quad \frac{\partial^2 \varepsilon_z}{\partial x \partial y} = 0 \qquad (5.9.19)$$

这三个方程的解是

$$\varepsilon_z = Ax + By + C, \quad A, B, C \text{ 为常数} \qquad (5.9.20a)$$

对于平面应力情况 $\varepsilon_z = -\dfrac{\nu}{E}(\sigma_x + \sigma_y)$,代入式(5.9.20a)左端可得

$$\Theta = \sigma_x + \sigma_y = ax + by + c \quad (a, b, c \text{ 为常数}) \qquad (5.9.20b)$$

由此可得出结论:只要应变分量满足面内协调方程(5.9.18),则平面应变状态一定存在。但是平面应力问题还必须满足线性条件式(5.9.20a)和式(5.9.20b),即轴向应变 ε_z 或二维的第一应力不变量 J_1 应为坐标 x, y 的线性函数,否则平面应力状态不存在。但实际情况往往比较复杂,式(5.9.20a)和式(5.9.20b)并不满足,即使如此,对于轴向尺寸远小于截面尺寸的薄板型构件,或者任意物体在自由表面附近的一薄层内,应力 σ_z 和面内应力分量相比可以忽略,因而仍然可近似地按平面应力状态处理,称为广义平面应力状态[31]。

5.9.3　几何方程和边界条件

由于 $\gamma_{zy} = \gamma_{zx} = 0$ 以及 $\varepsilon_z = 0$(平面应变)或 ε_z 不独立(平面应力),两类平面问题都可以仅考虑面内的几何方程

$$\varepsilon_{\alpha\beta} = \frac{1}{2}(u_{\alpha,\beta} + u_{\beta,\alpha}) \qquad (5.9.21)$$

即

$$\varepsilon_x = \frac{\partial u}{\partial x}, \quad \varepsilon_y = \frac{\partial \nu}{\partial y}, \quad \gamma_{xy} = 2\varepsilon_{xy} = \frac{\partial \nu}{\partial x} + \frac{\partial u}{\partial y} \qquad (5.9.22)$$

其中仅含两个面内位移分量

$$u = u(x, y), \quad \nu = \nu(x, y) \qquad (5.9.23)$$

关于轴向位移 w,两类平面问题需分别讨论。对于平面应变问题,$w = 0$。而对于平面应力问题,这时轴向应变

$$\varepsilon_z = -\frac{\nu}{1-\nu}\left(\frac{\partial u}{\partial x} + \frac{\partial \nu}{\partial y}\right) \qquad (5.9.24)$$

积分后得轴向位移分量为

$$w = \varepsilon_z(x, y)z + w_0(x, y) \qquad (5.9.25)$$

其中 w_0 是 $z = 0$ 截面上的轴向位移。由于平面问题的载荷与几何形状均与 z 无关,所以总能找到一个对于 z 的对称面,取该截面的坐标 $z = 0$,则由对称性得到 $w_0(x, y) = 0$,式(5.9.25)简化为

$$w = \varepsilon_z(x, y)z \qquad (5.9.26)$$

若 $\varepsilon_z(x, y)$ 不满足线性条件式(5.9.20a),则截面有翘曲,这种广义应力状态仅存在于物体自由表面的附近。若 $\varepsilon_z(x, y)$ 是线性函数,则式(5.9.26)成为

$$w = (Ax + By + C)z \qquad (5.9.27)$$

即变形后截面仍保持平面,这种平面应力状态能存在于整个物体。

由于 $\sigma_{zx}=\sigma_{zy}=0$ 和 $\nu_3=0$,两类平面问题的侧面力边界条件都简化为

$$\begin{cases} \sigma_x\cos(\nu,x)+\sigma_{xy}\cos(\nu,y)=T_x \\ \sigma_{xy}\cos(\nu,x)+\sigma_y\cos(\nu,y)=T_y \\ 0=T_z \end{cases} \tag{5.9.28}$$

由于平面问题的面内应力分量与 z 无关,则前两式要求载荷分量 T_x 和 T_y 沿轴向均匀分布,第三式则要求载荷作用在 xOy 平面内。

两类平面问题的端面力边界条件分别为

$$平面应变\begin{cases} T_x=\sigma_{zx}=0 \\ T_y=\sigma_{zy}=0 \\ T_z=\sigma_{zz}=\nu(\sigma_x+\sigma_y) \end{cases}, \quad 平面应力\begin{cases} T_x=0 \\ T_y=0 \\ T_z=0 \end{cases} \tag{5.9.29}$$

可见,为保证平面应变状态,两端必须存在按式(5.9.29)左式分布的端面载荷 T_z 或轴向刚性、面内光滑的端面约束。如果端面载荷不按式(5.9.29)左式分布但和静力等效或端面约束在面内有摩擦,则平面应变状态仅存在于两端圣维南过渡区之外。

综合上面的讨论,平面问题的未知量有八个,位移分量 u,ν,应变分量 $\varepsilon_x,\varepsilon_y,\gamma_{xy}$ 和应力分量 $\sigma_x,\sigma_y,\sigma_{xy}$,它们都仅是面内坐标 x,y 的函数。平面问题的基本方程有八个:平衡方程两个,几何方程三个,广义胡克定律三个。因此,基本方程所包含的方程数目等于未知量的数目,在适当的边界条件下,可以从基本方程中解出未知量。而且两类平面问题是统一的,只要解出其中一个,另一个就可以用替换弹性常数来得到。根据式(5.9.15),泊松比 ν 越大,两类平面问题的差别就越大。由于应力值主要和 E 有关,所以两类平面问题的差约为 30% 或更小。下面分别讨论基本解法。

5.9.4　位移解法

用位移表示的平衡方程(L-N 方程)可由式(5.9.22)代入式(5.9.5)再代入式(5.9.17)后求得,

$$\begin{cases} \dfrac{E}{1-\nu^2}\left(\dfrac{\partial^2 u}{\partial x^2}+\dfrac{1-\nu}{2}\dfrac{\partial^2 u}{\partial y^2}+\dfrac{1+\nu}{2}\dfrac{\partial^2 \nu}{\partial x\partial y}\right)+F_x=0 \\ \dfrac{E}{1-\nu^2}\left(\dfrac{\partial^2 \nu}{\partial y^2}+\dfrac{1-\nu}{2}\dfrac{\partial^2 \nu}{\partial x^2}+\dfrac{1+\nu}{2}\dfrac{\partial^2 u}{\partial x\partial y}\right)+F_y=0 \end{cases} \tag{5.9.30}$$

这是平面应力位移法基本方程,也可写成

$$\begin{cases} G\nabla^2 u+G\dfrac{1+\nu}{1-\nu}\dfrac{\partial}{\partial x}\left(\dfrac{\partial u}{\partial x}+\dfrac{\partial \nu}{\partial y}\right)+F_x=0 \\ G\nabla^2 \nu+G\dfrac{1+\nu}{1-\nu}\dfrac{\partial}{\partial y}\left(\dfrac{\partial u}{\partial x}+\dfrac{\partial \nu}{\partial y}\right)+F_y=0 \end{cases} \tag{5.9.31}$$

其中 $\nabla^2(\ )=\dfrac{\partial^2(\ )}{\partial x^2}+\dfrac{\partial^2(\ )}{\partial y^2}$。用位移表示的力边界条件为

$$\begin{cases} \dfrac{E}{1-\nu^2}\left[l\left(\dfrac{\partial u}{\partial x}+\nu\dfrac{\partial \nu}{\partial y}\right)+m\dfrac{1-\nu}{2}\left(\dfrac{\partial u}{\partial y}+\dfrac{\partial \nu}{\partial x}\right)\right]=T_x \\ \dfrac{E}{1-\nu^2}\left[m\left(\dfrac{\partial \nu}{\partial y}+\nu\dfrac{\partial u}{\partial x}\right)+l\dfrac{1-\nu}{2}\left(\dfrac{\partial \nu}{\partial x}+\dfrac{\partial u}{\partial y}\right)\right]=T_y \end{cases} \tag{5.9.32}$$

这里，$l=\cos(\nu,x)$ 和 $m=\cos(\nu,y)$ 是边界外法线的方向余弦。用 $\dfrac{\nu}{1-\nu}$ 代替方程(5.9.31)中的 ν，得平面应变位移法基本方程

$$
\begin{cases}
G\nabla^2 u + G\,\dfrac{1}{1-2\nu}\,\dfrac{\partial}{\partial x}\left(\dfrac{\partial u}{\partial x}+\dfrac{\partial v}{\partial y}\right)+F_x=0 \\[2mm]
G\nabla^2 v + G\,\dfrac{1}{1-2\nu}\,\dfrac{\partial}{\partial y}\left(\dfrac{\partial u}{\partial x}+\dfrac{\partial v}{\partial y}\right)+F_y=0
\end{cases}
\tag{5.9.33}
$$

方程(5.9.33)可由三维 L-N 方程简化而来。

可以看到，位移法要解联立的两个二阶偏微分方程。它用于位移边值问题比较方便，但原则上也适用于力边值问题和混合边值问题。

5.9.5　应力解法

用应力表示的协调方程(B-M)可由式(5.9.5)代入式(5.9.18)，并利用式(5.9.17)求得

$$
\nabla^2(\sigma_x+\sigma_y)=-(1+\nu)\left(\dfrac{\partial F_x}{\partial x}+\dfrac{\partial F_y}{\partial y}\right)
\tag{5.9.34}
$$

用 $\dfrac{\nu}{1-\nu}$ 替换 ν，得平面应变的协调方程(B-M)

$$
\nabla^2(\sigma_x+\sigma_y)=-\dfrac{1}{1-\nu}\left(\dfrac{\partial F_x}{\partial x}+\dfrac{\partial F_y}{\partial y}\right)
\tag{5.9.35}
$$

方程(5.9.34)可由三维 B-M 方程的前三式之和式(5.7.7)简化而来。B-M 方程(5.9.34)或方程(5.9.35)应和平衡方程(5.9.17)联立求解。

应力解法用于力边值问题比较方便。当把位移边界条件用应力表示时，将出现难以处理的积分边界条件。对于局部受约束的混合边值问题，通常可根据圣维南原理，把位移边界转换为静力等效的力边界来处理。

对于无体力或常体力情况，方程(5.9.34)和方程(5.9.35)都简化成

$$
\nabla^2(\sigma_x+\sigma_y)=0
\tag{5.9.36}
$$

同时，平衡方程和力边界条件也都与弹性常数无关。由此可得出重要结论：对于全部边界为力边界的无(常)体力平面问题，只要几何形状和加载情况相同，无论什么材料，无论哪类平面问题，物体内面内应力分量的大小和分布情况都相同。这给试验模型的设计提供了很大的灵活性。但应注意，对于有位移边界条件的问题或位移单值条件与弹性常数有关的多连通域问题，这种等同性不再成立。对于轴向分量 σ_z、ε_z 和 w 也不适用。

在常体力平面问题中，还可以用等效的侧面载荷来替换体力载荷。如果对方程(5.9.17)、方程(5.9.36)和力边界条件方程(5.9.28)做如下变量置换：

$$
\sigma_x=\sigma'_x-xF_x,\quad \sigma_y=\sigma'_y-yF_y,\quad \tau_{xy}=\tau'_{xy}
\tag{5.9.37}
$$

则有

$$
\begin{cases}
\dfrac{\partial \sigma'_x}{\partial x}+\dfrac{\partial \tau'_{xy}}{\partial y}=0 \\[2mm]
\dfrac{\partial \tau'_{xy}}{\partial x}+\dfrac{\partial \sigma'_y}{\partial y}=0 \quad \begin{cases} l\sigma'_x+m\tau'_{xy}=T_x+lxF_x \\[1mm] l\tau'_{xy}+m\sigma'_y=T_y+myF_y \end{cases} \\[2mm]
\nabla^2(\sigma'_x+\sigma'_y)=0
\end{cases}
\tag{5.9.38}
$$

于是，常体力问题可以这样来处理：先解满足等效力边界

$$T_x^* = T_x + lxF_x, \quad T_y^* = T_y + myF_y \tag{5.9.39}$$

的无体力问题。得到 σ_x'、σ_y' 和 τ_{xy}' 后代入式(5.9.37)就得常体力问题的解。在实验中，体力载荷很难模拟，有了载荷替换关系式(5.9.39)，加载装置的设计就方便了。

5.9.6　应力函数解法

设体力势为 V，体力可表示为体力势的负梯度

$$F_x = -\frac{\partial V}{\partial x}, \quad F_y = -\frac{\partial V}{\partial y} \tag{5.9.40}$$

代入平衡方程(5.9.17)，并改写为

$$\begin{cases} \dfrac{\partial}{\partial x}(\sigma_x - V) + \dfrac{\partial \tau_{xy}}{\partial y} = 0 \\[3mm] \dfrac{\partial \tau_{xy}}{\partial x} + \dfrac{\partial}{\partial y}(\sigma_y - V) = 0 \end{cases} \tag{5.9.41}$$

根据连续函数的求导顺序无关性，可以引进连续函数 $A(x,y)$ 使

$$\frac{\partial A}{\partial y} = \sigma_x - V, \quad \frac{\partial A}{\partial x} = -\tau_{xy} \tag{5.9.42}$$

则式(5.9.41)的第一平衡方程自动满足。同理，如下连续函数 $B(x,y)$：

$$\frac{\partial B}{\partial y} = -\tau_{xy}, \quad \frac{\partial B}{\partial x} = \sigma_y - V \tag{5.9.43}$$

必满足第二平衡方程。注意到 $\dfrac{\partial A}{\partial x} = \dfrac{\partial B}{\partial y} = -\tau_{xy}$，又可断定存在连续函数 $\varphi(x,y)$

$$\frac{\partial \varphi}{\partial y} = A, \quad \frac{\partial \varphi}{\partial x} = B \tag{5.9.44}$$

能同时满足两个平衡方程。φ 就是平面问题的艾里应力函数。把式(5.9.44)代回式(5.9.42)和式(5.9.43)，得平面问题的应力公式

$$\sigma_x = \frac{\partial^2 \varphi}{\partial y^2} + V, \quad \sigma_y = \frac{\partial^2 \varphi}{\partial x^2} + V, \quad \tau_{xy} = -\frac{\partial^2 \varphi}{\partial x \partial y} \tag{5.9.45}$$

把上式代入应力协调方程(5.9.34)和方程(5.9.35)得应力函数解法的基本方程

$$\nabla^2 \nabla^2 \varphi = -(1-\nu)\nabla^2 V, \quad 平面应力 \tag{5.9.46}$$

或

$$\nabla^2 \nabla^2 \varphi = -\frac{1-2\nu}{1-\nu}\nabla^2 V, \quad 平面应变 \tag{5.9.47}$$

式中，

$$\nabla^2 \nabla^2 (\ ) = \frac{\partial^4(\ )}{\partial x^4} + 2\frac{\partial^4(\ )}{\partial x^2 \partial y^2} + \frac{\partial^4(\ )}{\partial y^4} \tag{5.9.48}$$

称为重调和算子。对于无体力情况，$V=0$，式(5.9.45)简化为

$$\sigma_x = \frac{\partial^2 \varphi}{\partial y^2}, \quad \sigma_y = \frac{\partial^2 \varphi}{\partial x^2}, \quad \tau_{xy} = -\frac{\partial^2 \varphi}{\partial x \partial y} \tag{5.9.49}$$

对于常体力情况，由式(5.9.40)积分得

$$V = -(xF_x + yF_y) \tag{5.9.50}$$

它和无体力情况一样，满足 $\nabla^2 V=0$，因而两类平面问题的求解方程(5.9.46)和方程(5.9.47)统一为

$$\nabla^2\nabla^2\varphi = 0 \tag{5.9.51}$$

这是式(5.9.36)的等价方程。相应地，力边界条件用应力函数的表达式为

$$\begin{cases} l\left(\dfrac{\partial^2\varphi}{\partial y^2}+V\right) - m\,\dfrac{\partial^2\varphi}{\partial x\partial y} = T_x \\ -l\,\dfrac{\partial^2\varphi}{\partial x\partial y} + m\left(\dfrac{\partial^2\varphi}{\partial x^2}+V\right) = T_y \end{cases} \tag{5.9.52}$$

5.10 节将给出更简单的边界条件提法。

在平面问题的应力函数解法中，只有一个未知量 φ，只需解一个四阶偏微分方程(对无(常)体力情况为重调和方程)。相应的边界条件也比较简单。解出 φ 后，代入式(5.9.45)就能求得面内应力分量。所以是平面问题中最常用的解法。其限制是：体力必须有势，且只能处理力边界(或能化成力边界的混合边界)问题。

无论用上述哪种解法求得面内分量后，轴向分量可用本构方程(5.9.15)、几何方程(5.9.26)、式(5.9.8)确定

$$\begin{cases} \sigma_z = v(\sigma_x+\sigma_y) = \lambda(\varepsilon_x+\varepsilon_y), \quad \text{平面应变} \\ \varepsilon_z = 0, \quad w = 0 \end{cases}$$

$$\begin{cases} \sigma_z = 0, \quad \varepsilon_z = -\dfrac{v}{E}(\sigma_x+\sigma_y) = -\dfrac{v}{1-v}(\varepsilon_x+\varepsilon_y) = -\dfrac{v}{1-v}\left(\dfrac{\partial u}{\partial x}+\dfrac{\partial v}{\partial y}\right) \\ w = \varepsilon_z \cdot z + w_0, \quad \text{平面应力} \end{cases}$$

$$\tag{5.9.53}$$

5.9.7 其他计算公式

第 4 章关于应力的一些常用公式，都可相应地简化成二维公式：
斜面应力，

$$\begin{cases} \sigma_{vx} = l\sigma_x + m\tau_{xy} \\ \sigma_{vy} = l\tau_{xy} + m\sigma_y \end{cases} \tag{5.9.54}$$

斜面正应力，

$$\sigma_n = v_\alpha\sigma_{\alpha\beta}v_\beta = l^2\sigma_x + m^2\sigma_y + 2lm\tau_{xy} \tag{5.9.55}$$

斜面剪应力，

$$\tau^2 = \boldsymbol{\sigma}_v \cdot \boldsymbol{\sigma}_v - \sigma_n^2 = \sigma_{vx}^2 + \sigma_{vy}^2 - \sigma_n^2 \tag{5.9.56}$$

转轴公式(图 5.9.3)

$$\begin{bmatrix} \sigma_{x'} & \tau_{x'y'} \\ \tau_{x'y'} & \sigma_{y'} \end{bmatrix} = \begin{bmatrix} \cos\theta & \sin\theta \\ -\sin\theta & \cos\theta \end{bmatrix}\begin{bmatrix} \sigma_x & \tau_{xy} \\ \tau_{xy} & \sigma_y \end{bmatrix}\begin{bmatrix} \cos\theta & -\sin\theta \\ \sin\theta & \cos\theta \end{bmatrix}$$

$$\sigma_{x'} = \sigma_x\cos^2\theta + \sigma_y\sin^2\theta + 2\tau_{xy}\cos\theta\sin\theta \tag{5.9.57}$$

$$\sigma_{y'} = \sigma_x\sin^2\theta + \sigma_y\cos^2\theta - 2\tau_{xy}\cos\theta\sin\theta$$

$$\tau_{x'y'} = -(\sigma_x-\sigma_y)\cos\theta\sin\theta + \tau_{xy}(\cos^2\theta - \sin^2\theta)$$

特征方程，

$$\sigma^2 - J_1\sigma + J_2 = 0 \qquad (5.9.58)$$

应力不变量，

$$\begin{cases} J_1 = \sigma_x + \sigma_y \\ J_2 = \sigma_x\sigma_y - \tau_{xy}^2 \end{cases} \qquad (5.9.59)$$

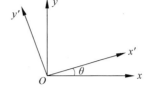

图 5.9.3　平面问题的坐标

主应力，

$$\begin{cases} \sigma_1 \\ \sigma_2 \end{cases} = \frac{\sigma_x + \sigma_y}{2} \pm \sqrt{\left(\frac{\sigma_x - \sigma_y}{2}\right)^2 + \tau_{xy}^2} \qquad (5.9.60)$$

最大剪应力，

$$\tau_{\max} = \frac{\sigma_1 - \sigma_2}{2} \qquad (5.9.61)$$

且发生在与两主轴成45°的斜面上。

5.10　用直角坐标解平面问题

5.10.1　用多项式解平面问题

本节将用逆解法求出几个简单平面问题的多项式解答。假定体力可以不计，也就是说 $F_x = F_y = 0$。

首先取一次式

$$\varphi = a + bx + cy \qquad (5.10.1)$$

不论各系数取任何值，协调方程(5.9.51)即 $\dfrac{\partial^4\varphi}{\partial x^4} + 2\dfrac{\partial^4\varphi}{\partial x^2\partial y^2} + \dfrac{\partial^4\varphi}{\partial y^4} = 0$ 总能满足。由式(5.9.49)得应力分量 $\sigma_x = 0, \sigma_y = 0, \tau_{xy} = \tau_{yx} = 0$。不论弹性体为任何形状，也不论坐标系如何选择，由应力边界条件总是得出 $T_x = T_y = 0$。由此可见：①线性应力函数对应于无面力、无应力的状态；②把任何平面问题的应力函数加上一个线性函数，并不影响应力。

其次取二次式

$$\varphi = ax^2 + bxy + cy^2 \qquad (5.10.2)$$

不论各系数取任何值，协调方程(5.9.51)也总能满足。为明了起见，试分别考察该式中每一项所能解决的问题。

对应于 $\varphi = ax^2$，由式(5.9.49)得应力分量 $\sigma_x = 0, \sigma_y = 2a, \tau_{xy} = \tau_{yx} = 0$。对于如图 5.10.1(a)所示的矩形板和坐标方向，当板内发生上述应力时，左右两边没有面力，而上下两边分别有向上和向下的均布面力 $2a$。可见，应力函数 $\varphi = ax^2$ 能解决矩形板在 y 方向受均布拉力(设 $a > 0$)或均布压力(设 $a < 0$)的问题。

对应于 $\varphi = bxy$，应力分量是 $\sigma_x = 0, \sigma_y = 0, \tau_{xy} = \tau_{yx} = -b$。对于如图 5.10.1(b)所示的矩形板和坐标方向，当板内发生上述应力时，在左右两边分别有向下和向上的均布面力 b，而在上下两边分别有向右和向左的均布面力 b。可见，应力函数 $\varphi = bxy$ 能解决矩形板受均布剪力的问题。

极易看出，应力函数 $\varphi = cy^2$ 能解决矩形板在 x 方向受均布拉力(设 $c > 0$)或均布压力

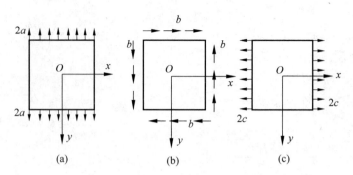

图 5.10.1 二次应力函数所对应的应力状态

(设 $c<0$)的问题,如图 5.10.1(c)所示。

再其次,取三次式

$$\varphi = ay^3 \qquad\qquad (5.10.3)$$

不论系数 a 取任何值,协调方程(5.9.51)也总能满足。对应的应力分量是

$$\sigma_x = 6ay, \quad \sigma_y = 0, \quad \tau_{xy} = \tau_{yx} = 0 \qquad (5.10.4)$$

对于如图 5.10.2 所示的矩形板和坐标系,当板内发生上述应力时,上下两边没有面力,左右两边没有铅直面力,但有按直线变化的水平面力,而每一边上的水平面力合成为一个力偶。可见,应力函数 $\varphi = ay^3$ 能解决矩形梁受纯弯曲的问题。

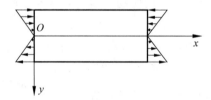

图 5.10.2 三次应力函数 $\varphi = ay^3$ 所对应的梁的纯弯曲问题

式(5.10.4)中的系数 a 取决于力偶矩的大小。为了方便,取单位宽度的梁来考察,如图 5.10.2 所示,并命每单位宽度上力偶的矩为 M。注意 M 的量纲是[力][长度]/[长度],即[力]。在左端或右端,水平面力应当合成为力偶,而力偶的矩为 M,这就要求

$$\int_{-h/2}^{h/2} \sigma_x \mathrm{d}y = 0, \quad \int_{h/2}^{h/2} \sigma_x y \mathrm{d}y = M \qquad (5.10.5)$$

将式(5.10.4)中的 σ_x 代入,上列二式成为

$$6a\int_{-h/2}^{h/2} y \mathrm{d}y = 0, \quad 6a\int_{-h/2}^{h/2} y^2 \mathrm{d}y = M \qquad (5.10.6)$$

前一式总能满足,而后一式要求 $a = 2M/h^3$。代入式(5.10.4),得

$$\sigma_x = \frac{12M}{h^3} y, \quad \sigma_y = 0, \quad \sigma_{xy} = \sigma_{yx} = 0$$

注意到矩形梁截面的惯性矩是 $I = b \times h^3/12$,这里 b 是截面的宽,h 是截面的高。上式又可以改写成

$$\sigma_x = \frac{M}{I} y, \quad \sigma_y, = 0, \quad \sigma_{xy} = \sigma_{yx} = 0 \qquad (5.10.7)$$

这就是矩形梁受纯弯曲时的应力分量,结果与材料力学中的完全相同。

应当指出,组成梁端力偶的面力必须按直线分布,而且在梁截面的中心处为零,解答式(5.10.7)才是完全精确的。如果梁端的面力按其他方式分布,解答式(5.10.7)是有误差的。但是,按照圣维南原理,只在梁的两端附近有显著的误差,在离开梁端较远处,误差是可以不计的。由此可见,对于长度 l 远大于深度 h 的梁,解答式(5.10.7)是有实用价值的,对于长度 l 与深度 h 同等大小的所谓深梁,这个解答是没有什么实用意义的。

例 5.10.1 纯弯梁问题:考虑如图 5.10.3 所示的单位宽度矩形截面梁。

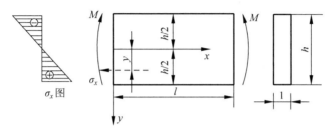

图 5.10.3 梁的纯弯问题

[解]

(1) 选择应力函数

根据前面的讨论,取

$$\varphi = ay^3 \tag{a}$$

其中 a 为待定常数。代入式(5.9.49)得应力分量为

$$\sigma_x = 6ay, \quad \sigma_y = 0, \quad \tau_{xy} = \tau_{yx} = 0 \tag{b}$$

这里用到无体力情况的体力势 $V = 0$。

(2) 检验应力函数

不难证明,应力函数式(a)和由其导出的式(b)能满足域内方程(5.9.51),上、下边界条件 $\sigma_y \big|_{y=\pm h/2} = 0$ 和 $\tau_{yx} \big|_{y=\pm h/2} = 0$,以及左、右端面条件 $\tau_{xy} \big|_{x=0,l} = 0$。对于端面正应力 σ_x,本题并未逐点指定边界值,仅要求满足如下合力和合力矩的放松边界条件:当 $x = 0, l$ 时,

$$\int_{-h/2}^{h/2} \sigma_x \, dy = 0, \quad \int_{-h/2}^{h/2} \sigma_x y \, dy = M \tag{c}$$

把式(b)代入,左式自动满足,右式要求

$$a = \frac{2M}{h^3} \tag{d}$$

(3) 求应力分量

把式(d)代入式(b),得

$$\begin{cases} \sigma_x = \dfrac{12M}{h^3} y = \dfrac{M}{I} y \\ \sigma_y = 0, \quad \tau_{xy} = \tau_{yx} = 0 \end{cases} \tag{e}$$

式中,I 是截面惯性矩。上式与材料力学解相同。若两端载荷沿 y 线形分布,这就是精确解,否则仅适用于扣除圣维南过渡区后的细长梁中段。由式(e)得 $\sigma_x + \sigma_y = \dfrac{M}{I} y$,满足线性条件式(5.9.20b),所以即使梁较宽也同样属于平面应力问题。

（4）求位移分量

把式(e)代入本构方程(5.9.5)，得应变分量为

$$\varepsilon_x = \frac{M}{EI}y, \quad \varepsilon_y = -\frac{\nu M}{EI}y, \quad \gamma_{xy} = 0 \tag{f}$$

再代入几何方程(5.9.22)，得

$$\frac{\partial u}{\partial x} = \frac{M}{EI}y, \quad \frac{\partial \nu}{\partial y} = -\frac{v M}{EI}y, \quad \frac{\partial \nu}{\partial x} + \frac{\partial u}{\partial y} = 0 \tag{g}$$

积分前两式有

$$u = \frac{M}{EI}xy + f_1(y), \quad \nu = -\frac{v M}{2EI}y^2 + f_2(x) \tag{h}$$

式中，$f_1(y)$ 和 $f_2(x)$ 是待定函数。代回式(g)第三式得

$$\frac{\mathrm{d}f_2(x)}{\mathrm{d}x} + \frac{M}{EI}x = -\frac{\mathrm{d}f_1(y)}{\mathrm{d}y} \tag{i}$$

左边仅是 x 的函数，右边仅是 y 的函数，而 x 与 y 互不相关。要上式成立，除非两边等于同一个常数 ω，于是由

$$\frac{\mathrm{d}f_1}{\mathrm{d}y} = -\omega, \quad \frac{\mathrm{d}f_2}{\mathrm{d}x} = -\frac{M}{EI}x + \omega \tag{j}$$

积分出 f_1 和 f_2，并代回式(h)得

$$u = \frac{M}{EI}xy - \omega y + u_0, \quad \nu = -\frac{v M}{2EI}y^2 - \frac{M}{2EI}x^2 + \omega x + \nu_0 \tag{k}$$

由式(k)的第一式可知，在 x 为常数的截面上梁的轴向位移 u 是 y 的线性函数，因而材料力学中的平截面假设成立。由式(k)的第二式得挠度方程为

$$\frac{1}{\rho} = \frac{\partial^2 \nu}{\partial x^2} = -\frac{M}{EI} \tag{l}$$

这正是材料力学中的弯矩-曲率关系。

式(k)中的三个积分常数 u_0、ν_0 和 ω 由位移约束条件确定。它们相应于刚体平面运动中的三个自由度（两个平移和一个转动）。限制刚体转动的方法很多。例如按材料力学的提法，两端简支梁的位移边界条件（图 5.10.4(a)）是

$$u\big|_{\substack{x=0\\y=0}} = 0, \quad \nu\big|_{\substack{x=0\\y=0}} = 0, \quad \nu\big|_{\substack{x=l\\y=0}} = 0 \tag{m}$$

一端固支悬臂梁（图 5.10.4(b)）是

$$u\big|_{\substack{x=l\\y=0}} = 0, \quad \nu\big|_{\substack{x=l\\y=0}} = 0, \quad \frac{\partial \nu}{\partial x}\bigg|_{\substack{x=l\\y=0}} = 0 \tag{n}$$

将式(k)代入式(m)或式(n)得到三个方程。由此解出 u_0、ν_0 和 ω，再代回式(k)，就得到相应的位移分量。其结果与材料力学解完全相同。

工程中简支梁的支座大多设在梁的下面，而不像式(m)那样设在中面处。这两种边界条件只差一个刚体运动，不影响梁内应力状态。工程中的悬臂梁大多是嵌入墙内的，这样不仅限制了梁的刚体运动，而且要求端面的位移 u 和 ν 处处为零。式(k)中只有三个待定常数，除能限制刚体运动外，其他附加约束条件都无法满足，于是在端面附近将出现圣维南过渡区。

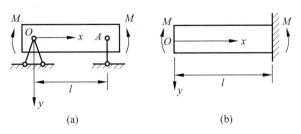

(a)　　　　　　　(b)

图 5.10.4　简支梁和悬臂梁位移约束条件

例 5.10.2　均载简支梁

例 5.10.1 只是用弹性力学方法对已知的材料力学解进行了严格的校核。像这样已知精确解的例子并不多。典型的弹性力学半逆解法是，首先设法判断应力分量或应力函数沿某坐标轴方向的变化规律，把二维偏微分方程化为一维常微分方程，从而解出另一个坐标轴方向上的未知变化规律。本例讨论如图 5.10.5 所示的单位宽度均载简支梁。这是一个根据应力分量的变化规律来选择应力函数的例子。

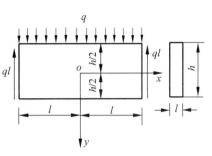

图 5.10.5　均载简支梁问题

〔解〕

（1）选择应力函数

本例中，载荷 q 沿 x 方向均布，由此可断定 σ_y 与 x 无关

$$\sigma_y = \frac{\partial^2 \varphi}{\partial x^2} = f_2(y) \tag{a}$$

积分后得

$$\varphi = \frac{x^2}{2} f_2(y) + x f_1(y) + f_0(y) \tag{b}$$

现在 ϕ 沿 x 方向的变化规律已完全确定，待定函数 f_0、f_1 和 f_2 都只是坐标 y 的函数。

（2）检验域内方程

把式（b）代入协调方程（5.9.51），得

$$\frac{x^2}{2} \frac{d^4 f_2}{dy^4} + x \frac{d^4 f_1}{dy^4} + \frac{d^4 f_0}{dy^4} + 2 \frac{d^2 f_2}{dy^2} = 0 \tag{c}$$

由于对于任何 x 上式都应满足，所以各次 x 幂的系数都应为零，即

$$\frac{d^4 f_2}{dy^4} = 0, \quad \frac{d^4 f_1}{dy^4} = 0, \quad \frac{d^4 f_0}{dy^4} + 2 \frac{d^2 f_2}{dy^2} = 0 \tag{d}$$

由这些常微分方程可依次解得

$$\begin{cases} f_2(y) = Ay^3 + By^2 + Cy + D \\ f_1(y) = Ey^3 + Fy^2 + Gy + R \\ f_0(y) = -\frac{A}{10} y^5 - \frac{B}{6} y^4 + Hy^3 + Ky^2 + Ly + N \end{cases} \tag{e}$$

根据应力函数的性质即艾里应力函数可确定到只差一个线性函数的程度，可令线性（或常

数)项 R、Ly 和 N 即式中的画线项为零。式(e)就是由常微分方程解得的 y 方向的变化规律,把它代回式(b)就得到能满足域内方程的应力函数 ϕ,再由应力式(5.9.49)可得出相应的应力分量

$$
\begin{cases}
\sigma_x = \dfrac{\partial^2 \varphi}{\partial y^2} = \dfrac{x^2}{2}(6Ay+2B) + \underline{x(6Ey+2F)} - 2Ay^3 - 2By^2 + 6Hy + 2K \\[2mm]
\sigma_y = \dfrac{\partial^2 \varphi}{\partial x^2} = Ay^3 + By^2 + Cy + D \\[2mm]
\tau_{xy} = -\dfrac{\partial^2 \varphi}{\partial x \partial y} = -x(3Ay^2 + 2By + C) - \underline{(3Ey^2 + 2Fy + G)}
\end{cases} \tag{f}
$$

(3) 满足边界条件

先看对称性。由于例中梁的几何形状、载荷和约束都对称于 yOz 平面,梁内的应力分布也应对称于该平面。根据镜面对称的法则,画出对称面两侧微元的受力图 5.10.6,图中凡是沿 x 方向的矢量在对称面的另一侧一律反向,而 y 方向的保持不变。然后在统一的 x-y 坐标系中考察左、右两个应力状态的关系,得

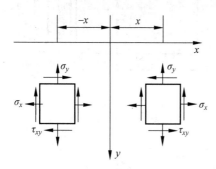

图 5.10.6　对称面两侧微元的受力图

$$
\sigma_x(-x) = \sigma_x(x), \quad \sigma_y(-x) = \sigma_y(x),
$$
$$
\tau_{xy}(-x) = -\tau_{xy}(x) \tag{g}
$$

即正应力是 x 的偶函数,剪应力是 x 的奇函数。因而在式(f)中应令

$$
E = F = G = 0 \tag{h}
$$

在弹性力学中,经常利用问题的对称性或反对称性来简化求解过程。

再考虑上、下边界,相应力边界条件为

$$
\sigma_y \big|_{y=h/2} = 0, \quad \sigma_y \big|_{y=-h/2} = -q, \quad \tau_{xy} \big|_{y=\pm h/2} = 0 \tag{i}
$$

由于上、下边界很长,其影响遍及整个梁域,所以称为主要边界。凡主要边界上的边界条件都应精确满足。把式(f)代入式(i)得四个代数方程,联立求解后得

$$
A = -\dfrac{2q}{h^3}, \quad B = 0, \quad C = \dfrac{3q}{2h}, \quad D = -\dfrac{q}{2} \tag{j}
$$

代回式(f)得

$$
\begin{cases}
\sigma_x = -\dfrac{6q}{h^3}x^2 y + \dfrac{4q}{h^3}y^3 + 6Hy + 2K \\[2mm]
\sigma_y = -\dfrac{2q}{h^3}y^3 + \dfrac{3q}{2h}y - \dfrac{q}{2} \\[2mm]
\tau_{xy} = \dfrac{6q}{h^3}xy^2 - \dfrac{3q}{2h}x
\end{cases} \tag{k}
$$

最后考虑两端边界条件。因对称,只需考虑右端条件。注意到式(k)中只存在两个待定常数 H 和 K,且仅出现在 σ_x 的线性项中,显然两端边界条件已不可能精确满足。例如,图 5.10.5 要求端面上的 σ_x 处处为零。但是式(k)的第一式中只要 $q \neq 0$,右端第二项就给出一个按 y^3 分布的 σ_x,想靠调整线性项来抵消 y^3 项是做不到的。好在两端较短,是次要

边界,根据圣维南原理,只需满足合力和合力矩的放松边界条件

$$\int_{-h/2}^{h/2} \sigma_x \, \mathrm{d}y = 0, \quad \int_{-h/2}^{h/2} \sigma_x y \, \mathrm{d}y = 0, \quad \int_{-h/2}^{h/2} \tau_{xy} \, \mathrm{d}y = -ql \tag{l}$$

把式(k)的第一式代入前两式,可依次解得

$$K = 0, \quad H = \frac{ql^2}{h^3} - \frac{q}{10h} \tag{m}$$

第三式将自动满足。

（4）求应力：把式(m)代入式(k),整理后得

$$\begin{cases} \sigma_x = \dfrac{6q}{h^3}(l^2 - x^2)y + q\,\dfrac{y}{h}\left(4\,\dfrac{y^2}{h^2} - \dfrac{3}{5}\right) \\[2mm] \sigma_y = -\dfrac{q}{2}\left(1 + \dfrac{y}{h}\right)\left(1 - \dfrac{2y}{h}\right)^2 \\[2mm] \tau_{xy} = -\dfrac{6q}{h^3}x\left(\dfrac{h^2}{4} - y^2\right) \end{cases} \tag{n}$$

注意到单位宽度矩形截面的惯性矩为 $I = h^3/12$,静矩为 $S = \dfrac{h^2}{8} - \dfrac{y^2}{2}$,均载简支梁内的弯矩

为 $M = \dfrac{q}{2}(l^2 - x^2)$,横剪力为 $Q = -qx$,则略去下面带下划线的项后,上式就是材料力学解

$$\sigma_x = \frac{M}{I}y, \quad \sigma_y = 0, \quad \tau_{xy} = \frac{QS}{bI} \tag{o}$$

下划线项是弹性力学的修正项。在第一式中,它导致弯曲应力 σ_y 沿截面高度呈非线性分布。在第二式中,它给出了挤压应力 σ_y 的分布规律,如图 5.10.7 所示。它们和 σ_x 的右端第一项相比均属 $(h/l)^2$ 的量级。对于 $h/l \ll 1$ 的细长梁,下划线项可以忽略不计。例如,当 $l = 2h$ 时,修正项为主要项的 1/15。对于 h 和 l 尺寸相当的高梁,则应考虑弹性力学的非线性修正项。式(n)表明 $\sigma_x + \sigma_y$ 不是线性函数,所以平面应力解只适用于薄梁。

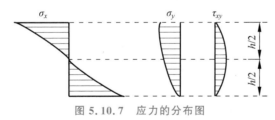

图 5.10.7 应力的分布图

5.10.2 用傅里叶级数解平面问题

如果梁或板所受的面力比较复杂,或者甚至是不连续的,就不可能用多项式求得解答。在这种情况下,可以试用三角级数求解。

为此,用逆解法,首先假设应力函数取如下的形式：

$$\varphi = \sin(\alpha x) \cdot f(y) \tag{5.10.8}$$

式中,α 是任意常数,它的量纲是 [长度]$^{-1}$,而 $f(y)$ 是 y 的任意函数。将式(5.10.8)代入协调方程(5.9.51)即得

$$\sin(\alpha x)\left[\frac{\mathrm{d}^4 f(y)}{\mathrm{d}y^4} - 2\alpha^2 \frac{\mathrm{d}^2 f(y)}{\mathrm{d}y^2} + \alpha^4 f(y)\right] = 0 \tag{5.10.9}$$

删去因子 $\sin(\alpha x)$，然后求解这个常微分方程，得

$$f(y) = A\,\text{sh}(\alpha y) + B\,\text{ch}(\alpha y) + Cy\,\text{sh}(\alpha y) + Dy\,\text{ch}(\alpha y) \tag{5.10.10}$$

式中，A、B、C、D 都是任意常数。于是得到应力函数的一个解答，

$$\varphi = \sin(\alpha x)[A\,\text{sh}(\alpha y) + B\,\text{ch}(\alpha y) + Cy\,\text{sh}(\alpha y) + Dy\,\text{ch}(\alpha y)] \tag{5.10.11}$$

然后，再假设应力函数取如下形式：

$$\varphi = \cos(\alpha' x) \cdot f_1(y) \tag{5.10.12}$$

同样可以得出应力函数的另一个解答

$$\varphi = \cos(\alpha' x)[A'\,\text{sh}(\alpha' y) + B'\,\text{ch}(\alpha' y) + C'y\,\text{sh}(\alpha' y) + D'y\,\text{ch}(\alpha' y)] \tag{5.10.13}$$

式中，A'、B'、C'、D' 也是任意常数。

现在，将解答式(5.10.11)与式(5.10.13)叠加，得

$$\varphi = \sin(\alpha x)[A\,\text{sh}(\alpha y) + B\,\text{ch}(\alpha y) + Cy\,\text{sh}(\alpha y) + Dy\,\text{ch}(\alpha y)] +$$
$$\cos(\alpha' x)[A'\,\text{sh}(\alpha' y) + B'\,\text{ch}(\alpha' y) + C'y\,\text{sh}(\alpha' y) + D'y\,\text{ch}(\alpha' y)] \tag{5.10.14}$$

又因为当 α 取任何值 α_m 时，或者当 α' 取任何值 α'_m 时，表达式(5.10.14)都是微分方程(5.10.9)的解答，所以这些解答的叠加仍然是该微分方程的解答。于是得三角级数式的应力函数，

$$\varphi = \sum_{m=1}^{\infty} \sin(\alpha_m x)[A_m\,\text{sh}(\alpha_m y) + B_m\,\text{ch}(\alpha_m y) + C_m y\,\text{sh}(\alpha_m y) + D_m y\,\text{ch}(\alpha_m y)] +$$
$$\sum_{m=1}^{\infty} \cos(\alpha'_m x)[A'_m\,\text{sh}(\alpha'_m y) + B'_m\,\text{ch}(\alpha'_m y) + C'_m y\,\text{sh}(\alpha'_m y) + D'_m y\,\text{ch}(\alpha'_m y)]$$
$$\tag{5.10.15}$$

当然，还可以再叠加以满足协调方程的其他形式的应力函数。

与式(5.10.15)相应的应力分量是

$$\sigma_x = \frac{\partial^2 \varphi}{\partial y^2} = \sum_{m=1}^{\infty} \alpha_m^2 \sin(\alpha_m x)\left[\left(A_m + \frac{2D_m}{\alpha_m}\right)\text{sh}(\alpha_m y) + \right.$$
$$\left(B_m + \frac{2C_m}{\alpha_m}\right)\text{ch}(\alpha_m y) + C_m y\,\text{sh}(\alpha_m y) + D_m y\,\text{ch}(\alpha_m y)\Big] +$$
$$\sum_{m=1}^{\infty} \alpha_m'^2 \cos(\alpha'_m x)\left[\left(A'_m + \frac{2D'_m}{\alpha'_m}\right)\text{sh}(\alpha'_m y) + \right.$$
$$\left(B'_m + \frac{2C'_m}{\alpha'_m}\right)\text{ch}(\alpha'_m y) + C'_m y\,\text{sh}(\alpha'_m y) + D'_m y\,\text{ch}(\alpha'_m y)\Big] \tag{5.10.16}$$

$$\sigma_y = \frac{\partial^2 \varphi}{\partial x^2} = -\sum_{m=1}^{\infty} \alpha_m^2 \sin(\alpha_m x)[A_m\,\text{sh}(\alpha_m y) + B_m\,\text{ch}(\alpha_m y) +$$
$$C_m y\,\text{sh}(\alpha_m y) + D_m y\,\text{ch}(\alpha_m y)] -$$
$$\sum_{m=1}^{\infty} \alpha_m'^2 \cos(\alpha'_m x)[A'_m\,\text{sh}(\alpha'_m y) + B'_m\,\text{ch}(\alpha'_m y) +$$
$$C'_m y\,\text{sh}(\alpha'_m y) + D'_m y\,\text{ch}(\alpha'_m y)] \tag{5.10.17}$$

$$\tau_{xy} = -\frac{\partial^2 \varphi}{\partial x \partial y} = -\sum_{m=1}^{\infty} \alpha_m^2 \cos(\alpha_m x)\left[\left(B_m + \frac{C_m}{\alpha_m}\right)\text{sh}(\alpha_m y) + \right.$$
$$\left(A_m + \frac{D_m}{\alpha_m}\right)\text{ch}(\alpha_m y) + D_m y\,\text{sh}(\alpha_m y) + C_m y\,\text{ch}(\alpha_m y)\Big] +$$

$$\sum_{m=1}^{\infty} \alpha'^2_m \sin(\alpha'_m x) \left[\left(B'_m + \frac{C'_m}{\alpha'_m} \right) \operatorname{sh}(\alpha'_m y) + \right.$$

$$\left. \left(A'_m + \frac{D'_m}{\alpha'_m} \right) \operatorname{ch}(\alpha'_m y) + D'_m y \operatorname{sh}(\alpha'_m y) + C'_m y \operatorname{ch}(\alpha'_m y) \right] \tag{5.10.18}$$

这些应力分量是满足平衡微分方程和协调方程的。如果能够选择其中的待定常数 α_m、A_m、B_m、C_m、D_m、α'_m、A'_m、B'_m、C'_m、D'_m，或再叠加以满足平衡微分方程和协调方程的其他应力分量表达式，使其满足某个问题的边界条件，就得出该问题的解答。

例 5.10.3 任意分布载荷作用下简支梁的弯曲问题。

考虑如图 5.10.8 所示单位宽度简支梁，设简支梁的跨度为 l，高度为 H，上下表面受分布载荷 $q(x)$ 和 $q_1(x)$ 作用，左右两端的反力分别为 R 及 R_1。

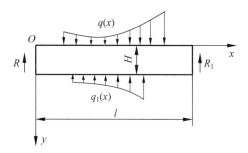

图 5.10.8　任意分布载荷作用下简支梁的弯曲问题

［解］　在上下两边，正应力的边界条件是

$$\sigma_y \big|_{y=0} = -q(x), \quad \sigma_y \big|_{y=H} = -q_1(x) \tag{a}$$

剪应力的边界条件是

$$\tau_{xy} \big|_{y=0} = 0, \quad \tau_{xy} \big|_{y=H} = 0 \tag{b}$$

在左右两端，正应力的边界条件是

$$\sigma_x \big|_{x=0} = 0, \quad \sigma_x \big|_{x=l} = 0 \tag{c}$$

剪应力应当合成为反力，即

$$\int_0^H \tau_{xy} \big|_{x=0} \mathrm{d}y = R, \quad \int_0^H \tau_{xy} \big|_{x=l} \mathrm{d}y = -R_1 \tag{d}$$

应用表达式(5.10.8)～式(5.10.16)时，为了满足边界条件式(c)，可以取

$$A'_m = B'_m = C'_m = D'_m = 0, \quad \alpha_m = \frac{m\pi}{l}, \quad m = 1, 2, 3, \cdots \tag{e}$$

于是，表达式(5.10.16)～式(5.10.18)简化为

$$\sigma_x = \sum_{m=1}^{\infty} \alpha_m^2 \sin(\alpha_m x) \left[\left(A_m + \frac{2D_m}{\alpha_m} \right) \operatorname{sh}(\alpha_m y) + \left(B_m + \frac{2C_m}{\alpha_m} \right) \operatorname{ch}(\alpha_m y) + \right.$$

$$\left. C_m y \operatorname{sh}(\alpha_m y) + D_m y \operatorname{ch}(\alpha_m y) \right] \tag{f}$$

$$\sigma_y = -\sum_{m=1}^{\infty} \alpha_m^2 \sin(\alpha_m x) \left[A_m \operatorname{sh}(\alpha_m y) + B_m \operatorname{ch}(\alpha_m y) + C_m y \operatorname{sh}(\alpha_m y) + D_m y \operatorname{ch}(\alpha_m y) \right] \tag{g}$$

$$\tau_{xy} = -\sum_{m=1}^{\infty} \alpha_m^2 \cos(\alpha_m x) \left[\left(B_m + \frac{C_m}{\alpha_m} \right) \operatorname{sh}(\alpha_m y) + \right.$$

$$\left(A_m + \frac{D_m}{\alpha_m}\right)\mathrm{ch}(\alpha_m y) + D_m y\,\mathrm{sh}(\alpha_m y) + C_m y\,\mathrm{ch}(\alpha_m y)\right] \tag{h}$$

代入边界条件式(b)及式(a),得到

$$\sum_{m=1}^{\infty} m^2 \cos\left(\frac{m\pi x}{l}\right)\left(A_m + \frac{l}{m\pi}D_m\right) = 0 \tag{i}$$

$$\sum_{m=1}^{\infty} m^2 \cos\left(\frac{m\pi x}{l}x\right)\left[\left(B_m + \frac{l}{m\pi}C_m\right)\mathrm{sh}\left(\frac{m\pi H}{l}\right) + \right.$$
$$\left.\left(A_m + \frac{l}{m\pi}D_m\right)\mathrm{ch}\left(\frac{m\pi H}{l}\right) + D_m H\,\mathrm{sh}\left(\frac{m\pi H}{l}\right) + C_m H\,\mathrm{ch}\left(\frac{m\pi H}{l}\right)\right] = 0 \tag{j}$$

$$\frac{\pi^2}{l^2}\sum_{m=1}^{\infty} m^2 \sin\left(\frac{m\pi x}{l}\right)[B_m] = q(x) \tag{k}$$

$$\frac{\pi^2}{l^2}\sum_{m=1}^{\infty} m^2 \sin\left(\frac{m\pi}{l}x\right)\left[A_m\,\mathrm{sh}\left(\frac{m\pi H}{l}\right) + B_m\,\mathrm{ch}\left(\frac{m\pi H}{l}\right) + \right.$$
$$\left.C_m H\,\mathrm{sh}\left(\frac{m\pi H}{l}\right) + D_m H\,\mathrm{ch}\left(\frac{m\pi H}{l}\right)\right] = q_1(x) \tag{l}$$

由此可以得出求解系数 A_m、B_m、C_m、D_m 的方程,具体说明如下。

式(i)和式(j)表示它们左边的三角级数恒等于零,因此,级数的系数都应当等于零,于是得

$$A_m + \frac{l}{m\pi}D_m = 0 \tag{m}$$

$$A_m\,\mathrm{ch}\left(\frac{m\pi H}{l}\right) + B_m\,\mathrm{sh}\left(\frac{m\pi H}{l}\right) + C_m\left[\frac{l}{m\pi}\mathrm{sh}\left(\frac{m\pi H}{l}\right) + H\,\mathrm{ch}\left(\frac{m\pi H}{l}\right)\right] +$$
$$D_m\left[\frac{l}{m\pi}\mathrm{ch}\left(\frac{m\pi H}{l}\right) + H\,\mathrm{sh}\left(\frac{m\pi H}{l}\right)\right] = 0 \tag{n}$$

为了从式(k)得出所需的方程,需将该式右端的任意载荷分布 $q(x)$ 在梁的区间 $[0,l]$ 上展为和左边相同的级数,即 $\sin\left(\frac{m\pi x}{l}\right)$ 的级数。按照傅里叶级数的展开法则,我们有

$$\begin{cases} q(x) = \sum_{m=1}^{\infty} b_m \sin\left(\frac{m\pi}{l}x\right) \\ b_m = \frac{2}{l}\int_0^l q(x)\sin\left(\frac{m\pi}{l}x\right)\mathrm{d}x, \quad m=1,2,\cdots \end{cases} \tag{o}$$

与式(k)对比,即得

$$\left(\frac{m\pi}{l}\right)^2 B_m = \frac{2}{l}\int_0^l q(x)\sin\left(\frac{m\pi}{l}x\right)\mathrm{d}x \tag{p}$$

从而得出

$$B_m = \left(\frac{l}{m\pi}\right)^2\frac{2}{l}\int_0^l q(x)\sin\left(\frac{m\pi}{l}x\right)\mathrm{d}x \tag{q}$$

同样可由式(l)得出

$$A_m\,\mathrm{sh}\left(\frac{m\pi H}{l}\right) + B_m\,\mathrm{ch}\left(\frac{m\pi H}{l}\right) + C_m H\,\mathrm{sh}\left(\frac{m\pi H}{l}\right) + D_m H\,\mathrm{ch}\left(\frac{m\pi H}{l}\right)$$

$$= \left(\frac{l}{m\pi}\right)^2 \frac{2}{l} \int_0^l q_1(x) \sin\left(\frac{m\pi}{l}x\right) dx \qquad (r)$$

求出式(q)及式(r)右边的积分以后,即可由式(m)、式(n)、式(q)、式(r)四式求得系数 A_m、B_m、C_m、D_m,从而由式(f)、式(g)、式(h)求得应力分量。这个解满足域内平衡方程和上下表面的载荷边界条件式(a),而支反力 R 和 R_1 是根据整体平衡要求由载荷 q 和 q_1 确定的,所以当级数取无穷多项时放松边界条件式(d)将自动满足,当级数仅取有限项时则可用条件式(d)的满足情况来判断解的精度。

三角级数解的优点是可以处理任意载荷情况,微分运算简单而有规律,积分有正交性,所以是寻找近似解析公式的有效途径。通常取前两三项就能满足工程精度的要求。但有时三角级数的收敛速度较慢,为了取得高精度解,需要编制相应的计算机程序。

5.11 极坐标中的平面问题

5.11.1 基本方程

弹性理论是一类偏微分方程的边值问题。一旦基本未知量选定,并导出相应的定解方程后,各个具体解例只是在不同的边界条件下解同一个域内方程。显然边界条件的提法对解题过程的难易程度起决定作用。通常当物体的边界线和坐标线相重合时,边界条件最为简单。所以对于圆形、环形、楔形、扇形或带小圆孔的物体选用极坐标比直角坐标更为方便。

极坐标中的基本方程,可直接由三维柱坐标方程简化而来。

(1) 平衡方程:略去柱坐标平衡方程(4.9.4)中与 z 有关的项,得

$$\begin{cases} \dfrac{\partial \sigma_r}{\partial r} + \dfrac{1}{r}\dfrac{\partial \tau_{r\theta}}{\partial \theta} + \dfrac{\sigma_r - \sigma_\theta}{r} + F_r = 0 \\ \dfrac{\partial \tau_{\theta r}}{\partial r} + \dfrac{1}{r}\dfrac{\partial \sigma_\theta}{\partial \theta} + 2\dfrac{\tau_{r\theta}}{r} + F_\theta = 0 \end{cases} \qquad (5.11.1)$$

(2) 几何方程:取柱面坐标系几何方程(3.5.10)的前三式,得

$$\begin{cases} \varepsilon_r = \dfrac{\partial u_r}{\partial r} \\ \varepsilon_\theta = \dfrac{1}{r}\dfrac{\partial v_\theta}{\partial \theta} + \dfrac{u_r}{r} \\ \gamma_{r\theta} = \dfrac{1}{r}\dfrac{\partial u_r}{\partial \theta} + \dfrac{\partial v_\theta}{\partial r} - \dfrac{v_\theta}{r} \end{cases} \qquad (5.11.2)$$

这里,极坐标的径向和环向位移用 u_r 和 v_θ 表示。

(3) 本构方程:由于极坐标和直角坐标都是正交坐标系,通过同一点的两组坐标线只是相对转动了一下,而各向同性材料的性质又与方向无关。所以把式(5.9.5)的下标 x,y 改为 r,θ 就成极坐标中径向和环向方向关于平面应力的本构方程。

应变-应力

$$\varepsilon_r = \frac{1}{E}(\sigma_r - v\sigma_\theta), \quad \varepsilon_\theta = \frac{1}{E}(\sigma_\theta - v\sigma_r), \quad \gamma_{r\theta} = \frac{1}{G}\tau_{r\theta} \qquad (5.11.3)$$

应力-应变

$$\sigma_r = \frac{2G}{1-\nu}(\varepsilon_r + \nu\varepsilon_\theta), \quad \sigma_\theta = \frac{2G}{1-\nu}(\varepsilon_\theta + \nu\varepsilon_r), \quad \tau_{r\theta} = G\gamma_{r\theta} \tag{5.11.4}$$

以上是平面应力情况。把 E 和 ν 分别换成 $\dfrac{E}{1-\nu^2}$ 和 $\dfrac{\nu}{1-\nu}$，G 保持不变，则得平面应变情况的本构关系。

轴向的分量为：

平面应力情况

$$\sigma_z = 0, \quad \varepsilon_z = -\frac{\nu}{E}(\sigma_r + \sigma_\theta) \tag{5.11.5a}$$

平面应变情况

$$\sigma_z = \nu(\sigma_r + \sigma_\theta), \quad \varepsilon_z = 0 \tag{5.11.5b}$$

（4）协调方程：由习题（3.14）的柱面坐标系下应变协调方程可导出平面应变情况下的应变协调方程

$$\frac{\partial^2 \varepsilon_\theta}{\partial r^2} + \frac{1}{r^2}\frac{\partial^2 \varepsilon_r}{\partial \theta^2} - \frac{1}{r}\frac{\partial^2 \gamma_{r\theta}}{\partial r \partial \theta} + \frac{2}{r}\frac{\partial \varepsilon_\theta}{\partial r} - \frac{1}{r}\frac{\partial \varepsilon_r}{\partial r} - \frac{1}{r^2}\frac{\partial \gamma_{r\theta}}{\partial \theta} = 0 \tag{5.11.6}$$

极坐标中应力函数解法的基本方程可由式（5.9.51）导出。根据图 5.11.1 写出极坐标和直角坐标的关系，

$$x = r\cos\theta, \quad y = r\sin\theta \tag{5.11.7a}$$

或

$$r^2 = x^2 + y^2, \quad \theta = \arctan\left(\frac{y}{x}\right) \tag{5.11.7b}$$

由式（5.11.7b）求得

$$\begin{cases} \dfrac{\partial r}{\partial x} = \dfrac{x}{r} = \cos\theta, \quad \dfrac{\partial r}{\partial y} = \dfrac{y}{r} = \sin\theta \\ \dfrac{\partial \theta}{\partial x} = -\dfrac{y}{r^2} = -\dfrac{\sin\theta}{r}, \quad \dfrac{\partial \theta}{\partial y} = \dfrac{x}{r^2} = \dfrac{\cos\theta}{r} \end{cases} \tag{5.11.8}$$

于是

$$\begin{cases} \dfrac{\partial}{\partial x} = \dfrac{\partial}{\partial r}\dfrac{\partial r}{\partial x} + \dfrac{\partial}{\partial \theta}\dfrac{\partial \theta}{\partial x} = \cos\theta\dfrac{\partial}{\partial r} - \sin\theta\dfrac{1}{r}\dfrac{\partial}{\partial \theta} \\ \dfrac{\partial}{\partial y} = \dfrac{\partial}{\partial r}\dfrac{\partial r}{\partial y} + \dfrac{\partial}{\partial \theta}\dfrac{\partial \theta}{\partial y} = \sin\theta\dfrac{\partial}{\partial r} + \cos\theta\dfrac{1}{r}\dfrac{\partial}{\partial \theta} \end{cases} \tag{5.11.9}$$

或写成

$$\left\{\begin{array}{c} \dfrac{\partial}{\partial x} \\ \dfrac{\partial}{\partial y} \end{array}\right\} = \begin{bmatrix} \cos\theta & -\sin\theta \\ \sin\theta & \cos\theta \end{bmatrix} \left\{\begin{array}{c} \dfrac{\partial}{\partial r} \\ \dfrac{1}{r}\dfrac{\partial}{\partial \theta} \end{array}\right\} = [\beta]^{-1}\left\{\begin{array}{c} \dfrac{\partial}{\partial r} \\ \dfrac{1}{r}\dfrac{\partial}{\partial \theta} \end{array}\right\} \tag{5.11.10a}$$

反之

$$\left\{\begin{array}{c} \dfrac{\partial}{\partial r} \\ \dfrac{1}{r}\dfrac{\partial}{\partial \theta} \end{array}\right\} = \begin{bmatrix} \cos\theta & \sin\theta \\ -\sin\theta & \cos\theta \end{bmatrix} \left\{\begin{array}{c} \dfrac{\partial}{\partial x} \\ \dfrac{\partial}{\partial y} \end{array}\right\} = [\beta]\left\{\begin{array}{c} \dfrac{\partial}{\partial x} \\ \dfrac{\partial}{\partial y} \end{array}\right\} \tag{5.11.10b}$$

由于极坐标和转过 θ 角后的新直角坐标 $x'_{\beta}(\beta=1,2)$ 相重(图 5.11.1),所以式(5.11.7b)中的 $[\beta]$ 就是两个直角坐标系 x_{α} 和 x'_{β} 的转换系数矩阵,而 $[\beta]^{-1}$ 是它的逆矩阵。但应注意,在极坐标的 $[\beta]$ 矩阵中,θ 是随点而异的。

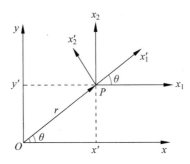

图 5.11.1　极坐标和直角坐标关系

重复式(5.11.9)的运算可导出二阶导数公式

$$\frac{\partial^2}{\partial x^2}=\frac{\partial}{\partial x}\left(\frac{\partial}{\partial x}\right)=\left(\cos\theta\,\frac{\partial}{\partial r}-\sin\theta\,\frac{1}{r}\,\frac{\partial}{\partial\theta}\right)\left(\cos\theta\,\frac{\partial}{\partial r}-\sin\theta\,\frac{1}{r}\,\frac{\partial}{\partial\theta}\right)$$

$$=\cos^2\theta\,\frac{\partial^2}{\partial r^2}-2\sin\theta\cos\theta\,\frac{1}{r}\,\frac{\partial^2}{\partial\theta\partial r}+\sin^2\theta\,\frac{1}{r}\,\frac{\partial}{\partial r}+$$

$$2\sin\theta\cos\theta\,\frac{1}{r^2}\,\frac{\partial}{\partial\theta}+\sin^2\theta\,\frac{1}{r^2}\,\frac{\partial^2}{\partial\theta^2} \tag{5.11.11a}$$

$$\frac{\partial^2}{\partial y^2}=\sin^2\theta\,\frac{\partial^2}{\partial r^2}+2\sin\theta\cos\theta\,\frac{1}{r}\,\frac{\partial^2}{\partial\theta\partial r}+\cos^2\theta\,\frac{1}{r}\,\frac{\partial}{\partial r}-$$

$$2\sin\theta\cos\theta\,\frac{1}{r^2}\,\frac{\partial}{\partial\theta}+\cos^2\theta\,\frac{1}{r^2}\,\frac{\partial^2}{\partial\theta^2} \tag{5.11.11b}$$

两式相加,得调和算子

$$\nabla^2=\frac{\partial^2}{\partial x^2}+\frac{\partial^2}{\partial y^2}=\frac{\partial^2}{\partial r^2}+\frac{1}{r}\,\frac{\partial}{\partial r}+\frac{1}{r^2}\,\frac{\partial^2}{\partial\theta^2} \tag{5.11.12}$$

将式(5.11.12)代入式(5.9.51),得极坐标平面问题的应力函数解法基本方程

$$\left(\frac{\partial^2}{\partial r^2}+\frac{1}{r}\,\frac{\partial}{\partial r}+\frac{1}{r^2}\,\frac{\partial^2}{\partial\theta^2}\right)\left(\frac{\partial^2\varphi}{\partial r^2}+\frac{1}{r}\,\frac{\partial\varphi}{\partial r}+\frac{1}{r^2}\,\frac{\partial^2\varphi}{\partial\theta^2}\right)=0 \tag{5.11.13}$$

利用式(5.11.7b)中的转换系数矩阵 $[\beta]$ 可立即写出极坐标和直角坐标间的分量转换关系:

(1) 向量。例如位移:

$$\begin{Bmatrix}u_r\\v_\theta\end{Bmatrix}=\begin{bmatrix}\cos\theta & \sin\theta\\-\sin\theta & \cos\theta\end{bmatrix}\begin{Bmatrix}u\\v\end{Bmatrix} \tag{5.11.14}$$

或

$$\begin{Bmatrix}u\\v\end{Bmatrix}=\begin{bmatrix}\cos\theta & -\sin\theta\\\sin\theta & \cos\theta\end{bmatrix}\begin{Bmatrix}u_r\\v_\theta\end{Bmatrix} \tag{5.11.14a}$$

把 u_r、v_θ 和 u、v 替换成 F_r、F_θ 和 F_x、F_y 就是体力的转换关系。

（2）张量。例如应力，由 $[\sigma']=[\beta][\sigma][\beta]^T$，得

$$\begin{bmatrix} \sigma_r & \tau_{r\theta} \\ \tau_{r\theta} & \sigma_\theta \end{bmatrix} = \begin{bmatrix} \cos\theta & \sin\theta \\ -\sin\theta & \cos\theta \end{bmatrix} \begin{bmatrix} \sigma_x & \tau_{xy} \\ \tau_{xy} & \sigma_y \end{bmatrix} \begin{bmatrix} \cos\theta & -\sin\theta \\ \sin\theta & \cos\theta \end{bmatrix} \quad (5.11.15)$$

展开后得

$$\begin{cases} \sigma_r = \sigma_x\cos^2\theta + \sigma_y\sin^2\theta + 2\tau_{xy}\sin\theta\cos\theta \\ \sigma_\theta = \sigma_x\sin^2\theta + \sigma_y\cos^2\theta - 2\tau_{xy}\sin\theta\cos\theta \\ \tau_{r\theta} = -(\sigma_x - \sigma_y)\sin\theta\cos\theta + \tau_{xy}(\cos^2\theta - \sin^2\theta) \end{cases} \quad (5.11.16)$$

或利用三角公式改写成

$$\begin{cases} \sigma_r = \dfrac{\sigma_x + \sigma_y}{2} + \dfrac{\sigma_x - \sigma_y}{2}\cos2\theta + \tau_{xy}\sin2\theta \\ \sigma_\theta = \dfrac{\sigma_x + \sigma_y}{2} - \dfrac{\sigma_x - \sigma_y}{2}\cos2\theta - \tau_{xy}\sin2\theta \\ \tau_{r\theta} = -\dfrac{\sigma_x - \sigma_y}{2}\sin2\theta + \tau_{xy}\cos2\theta \end{cases} \quad (5.11.17)$$

把式(5.11.16)和式(5.11.17)中的 σ_r、σ_θ、$\tau_{r\theta}$ 和 σ_x、σ_y、τ_{xy} 对应地换位，并把 θ 改为 $-\theta$ 即得逆关系：

$$\begin{cases} \sigma_x = \sigma_r\cos^2\theta + \sigma_\theta\sin^2\theta - 2\tau_{r\theta}\sin\theta\cos\theta \\ \sigma_y = \sigma_r\sin^2\theta + \sigma_\theta\cos^2\theta + 2\tau_{r\theta}\sin\theta\cos\theta \\ \tau_{xy} = (\sigma_r - \sigma_\theta)\sin\theta\cos\theta + \tau_{r\theta}(\cos^2\theta - \sin^2\theta) \end{cases} \quad (5.11.18)$$

或

$$\begin{cases} \sigma_x = \dfrac{\sigma_r + \sigma_\theta}{2} + \dfrac{\sigma_r - \sigma_\theta}{2}\cos2\theta - \tau_{r\theta}\sin2\theta \\ \sigma_y = \dfrac{\sigma_r + \sigma_\theta}{2} - \dfrac{\sigma_r - \sigma_\theta}{2}\cos2\theta + \tau_{r\theta}\sin2\theta \\ \tau_{xy} = \dfrac{\sigma_r - \sigma_\theta}{2}\sin2\theta + \tau_{r\theta}\cos2\theta \end{cases} \quad (5.11.19)$$

应变分量具有完全类似的转换关系，但应注意，这里的 $2\tau_{r\theta}$ 和 $2\tau_{xy}$ 对应于工程剪应变 $\gamma_{r\theta}$ 和 γ_{xy}。

$$\begin{cases} \varepsilon_x = \dfrac{\varepsilon_r + \varepsilon_\theta}{2} + \dfrac{\varepsilon_r - \varepsilon_\theta}{2}\cos2\theta - \varepsilon_{r\theta}\sin2\theta \\ \varepsilon_y = \dfrac{\varepsilon_r + \varepsilon_\theta}{2} - \dfrac{\varepsilon_r - \varepsilon_\theta}{2}\cos2\theta + \varepsilon_{r\theta}\sin2\theta \\ \varepsilon_{xy} = \dfrac{\varepsilon_r - \varepsilon_\theta}{2}\sin2\theta + \varepsilon_{r\theta}\cos2\theta \end{cases} \quad (5.11.19a)$$

请读者由式(5.9.18)并利用上面各式推导应变协调方程(5.11.6)。

下面导出极坐标中的应力公式。由式(5.9.49)和式(5.11.11b)得

$$\sigma_x = \frac{\partial^2\varphi}{\partial y^2} = \sin^2\theta\frac{\partial^2\varphi}{\partial r^2} + 2\sin\theta\cos\theta\frac{1}{r}\frac{\partial^2\varphi}{\partial\theta\partial r} +$$

$$\cos^2\theta\frac{1}{r}\frac{\partial\varphi}{\partial r} - 2\sin\theta\cos\theta\frac{1}{r^2}\frac{\partial\varphi}{\partial\theta} + \cos^2\theta\frac{1}{r^2}\frac{\partial^2\varphi}{\partial\theta^2} \quad (5.11.20)$$

另外,式(5.11.18)第一式给出

$$\sigma_x = \sin^2\theta\sigma_\theta - 2\sin\theta\cos\theta\tau_{r\theta} + \cos^2\theta\sigma_r \tag{5.11.21}$$

比较上两式右端相应三角函数项的系数,得极坐标应力公式

$$\sigma_r = \frac{1}{r^2}\frac{\partial^2\varphi}{\partial\theta^2} + \frac{1}{r}\frac{\partial\varphi}{\partial r}, \quad \sigma_\theta = \frac{\partial^2\varphi}{\partial r^2}, \quad \tau_{r\theta} = \frac{1}{r^2}\frac{\partial\varphi}{\partial\theta} - \frac{1}{r}\frac{\partial^2\varphi}{\partial\theta\partial r} = -\frac{\partial}{\partial r}\left(\frac{1}{r}\frac{\partial\varphi}{\partial\theta}\right)$$

$$\tag{5.11.22}$$

可以看到

$$\sigma_\theta + \sigma_r = \left(\frac{\partial^2}{\partial r^2} + \frac{1}{r}\frac{\partial}{\partial r} + \frac{1}{r^2}\frac{\partial^2}{\partial\theta^2}\right)\varphi = \nabla^2\varphi = \left(\frac{\partial^2}{\partial x^2} + \frac{\partial^2}{\partial y^2}\right)\varphi = \sigma_y + \sigma_x \tag{5.11.23}$$

即应力第一不变量与坐标选择无关。

最后讨论边界条件。对于边界线 Γ 不是坐标线的一般情况,设边界外法线方向为 v,如图 5.11.2 所示。则在位移边界 Γ_u 上给定

$$u_r = \bar{u}_r, \quad \nu_\theta = \bar{\nu}_\theta \tag{5.11.24}$$

在力边界 Γ_σ 上给定

$$\begin{cases} \sigma_r\cos(v,r) + \tau_{r\theta}\cos(v,\theta) = \bar{R} \\ \tau_{r\theta}\cos(v,r) + \sigma_\theta\cos(v,\theta) = \bar{\Theta} \end{cases} \tag{5.11.25}$$

式中,$\bar{R}$ 和 $\bar{\Theta}$ 分别为边界处面载荷的径向和环向分量,沿坐标正向为正。

当边界和坐标线相重合时,边界条件大为简化。若把边界上的面载荷按如图 5.11.3 所示的应力正向(不是坐标正向)来分解,则力边界条件如下:

在环向边界($r=\text{const.}$)上:

$$\sigma_r = \bar{N}_r(\theta), \quad \tau_{r\theta} = \bar{T}_r(\theta) \tag{5.11.26a}$$

在径向边界($\theta=\text{const.}$)上:

$$\sigma_\theta = \bar{N}_\theta(r), \quad \tau_{\theta r} = \bar{T}_\theta(r) \tag{5.11.26b}$$

式中,$\bar{N}_r$ 和 $\bar{T}_r$(或 $\bar{N}_\theta$ 和 $\bar{T}_\theta$)仅是 θ(或 r)的函数,因为沿此边界线 r(或 θ)保持不变。

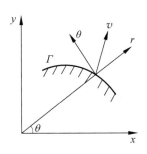

图 5.11.2 边界线

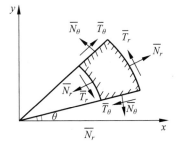

图 5.11.3 边界上面载荷的分解

5.11.2 轴对称问题

几何形状和载荷分布都与环向坐标 θ 无关的平面问题称为平面轴对称问题。在工程中,高压容器、汽缸、炮筒、旋转圆盘等部件都可以简化为平面轴对称问题。

1. 应力函数解法

在轴对称问题中，应力函数与 θ 无关，即简化为一元函数 $\varphi=\varphi(r)$。代入应力公式(5.11.22)，得

$$\sigma_r=\frac{1}{r}\frac{\partial\varphi}{\partial r},\quad \sigma_\theta=\frac{\partial^2\varphi}{\partial r^2},\quad \tau_{r\theta}=0 \tag{5.11.27}$$

可见，在轴对称问题中，正应力 σ_r 和 σ_θ（因而正应变 ε_r 和 ε_θ）都与 θ 无关，而剪应力 $\tau_{r\theta}$（因而剪应变 $\gamma_{r\theta}$）为零。变形前极坐标中的扇形微元变形后仍保持扇形。

协调方程(5.11.13)简化成

$$\nabla^4\varphi=\left(\frac{d^2}{dr^2}+\frac{1}{r}\frac{d}{dr}\right)\left(\frac{d^2\varphi}{dr^2}+\frac{1}{r}\frac{d\varphi}{dr}\right)=\frac{d^4\varphi}{dr^4}+\frac{2}{r}\frac{d^3\varphi}{dr^3}-\frac{1}{r^2}\frac{d^2\varphi}{dr^2}+\frac{1}{r^3}\frac{d\varphi}{dr}=0$$

$$\tag{5.11.28}$$

这是四阶欧拉形变系数常微分方程，方程的系数均为实数。

实系数欧拉方程的一般形式为

$$\frac{d^n\varphi}{dr^n}+a_1\frac{1}{r}\frac{d^{n-1}\varphi}{dr^{n-1}}+\cdots+a_{n-1}\frac{1}{r^{n-1}}\frac{d\varphi}{dr}+a_n\frac{1}{r^n}\varphi=0 \tag{5.11.29}$$

其中径向坐标 $r>0$。

下面介绍一种较有效的解法。先设解具有幂函数形式

$$\varphi=r^k \tag{5.11.30}$$

代入式(5.11.29)后消去公因子 r^{k-n} 得特征方程

$$[k(k-1)\cdots(k-n+1)]+a_1[k(k-1)\cdots(k-n+2)]+\cdots+a_{n-1}k+a_n=0$$

$$\tag{5.11.31}$$

这是关于 k 的 n 次代数方程，可解得 n 个特征根，分别记为 $k_1,k_2,\cdots,k_n$。当它们为互不相重的实根时，欧拉方程的通解具有幂函数形式

$$\varphi=C_1r^{k_1}+C_2r^{k_2}+\cdots+C_nr^{k_n} \tag{5.11.32a}$$

当出现重实根时，则每多一重根就多乘一个对数因子 $\ln r$。例如，

$$\varphi=C_1r^{k_1}+C_2r^{k_1}\ln r+\cdots+C_mr^{k_1}(\ln r)^{m-1}+$$

$$C_{m+1}r^{k_{m+1}}+\cdots+C_nr^{k_n},\quad m<n \tag{5.11.32b}$$

若出现共轭复根，则和虚部对应的是三角函数因子。例如，当 $k_{1,2}=\alpha\pm i\beta$ 时，通解为

$$\varphi=C_1r^\alpha\cos(\beta\ln r)+C_2r^\alpha\sin(\beta\ln r)+C_3r^{k_3}+\cdots+C_nr^{k_n} \tag{5.11.32c}$$

当出现重复根时，则实部要多乘对数因子 $\ln r$。例如，当 $k_{1,2}$ 为 p 重共轭复根时，通解为

$$\varphi=[C_1r^\alpha+C_2r^\alpha\ln r+\cdots+C_pr^\alpha(\ln r)^{p-1}]\cos(\beta\ln r)+$$

$$[C_{p+1}r^\alpha+C_{p+2}r^\alpha\ln r+\cdots+C_{2p}r^\alpha(\ln r)^{p-1}]\times$$

$$\sin(\beta\ln r)+C_{2p+1}r^{k_{2p+1}}+\cdots+C_nr^{k_n},\quad 2p<n \tag{5.11.32d}$$

式(5.11.32a)和式(5.11.32b)是弹性力学中常见的通解形式。

以方程(5.11.28)为例，仿式(5.11.31)可直接写出其特征方程

$$k(k-1)(k-2)(k-3)+2k(k-1)(k-2)-k(k-1)+k=0 \tag{5.11.33}$$

对特征方程作因式分解时，往往从后往前拼项比较方便。本例是后两项可合并为 $-k(k-2)$，

和前两项一起提出公因子 $k(k-2)$ 后,得

$$k(k-2)[k(k-2)]=0 \tag{5.11.34}$$

所以有 $k=0$ 和 $k=2$ 两个二重实根。根据式(5.11.32b),通解为

$$\varphi = A\ln r + Br^2\ln r + Cr^2 + D \tag{5.11.35}$$

式中,A、B、C、D 为待定常数。代回式(5.11.27)得应力分量

$$\begin{cases} \sigma_r = \dfrac{A}{r^2} + B(1+2\ln r) + 2C \\[2mm] \sigma_\theta = -\dfrac{A}{r^2} + B(3+2\ln r) + 2C \\[2mm] \tau_{r\theta} = 0 \end{cases} \tag{5.11.36}$$

由本构方程(5.11.3)得平面应力问题的应变分量

$$\begin{cases} \varepsilon_r = \dfrac{1}{E}\left[(1+\nu)\dfrac{A}{r^2} + (1-3\nu)B + 2(1-\nu)B\ln r + 2(1-\nu)C\right] \\[3mm] \varepsilon_\theta = \dfrac{1}{E}\left[-(1+\nu)\dfrac{A}{r^2} + (3-\nu)B + 2(1-\nu)B\ln r + 2(1-\nu)C\right] \\[3mm] \gamma_{r\theta} = 0 \end{cases} \tag{5.11.37}$$

代入几何方程(5.11.2),并积分可得位移分量。由式(5.11.2)和式(5.11.37)第一式得

$$u_r = \int \varepsilon_r \, \mathrm{d}r = \dfrac{1}{E}\bigg[-(1+\nu)\dfrac{A}{r} + (1-3\nu)Br +$$
$$2(1-\nu)Br(\ln r - 1) + 2(1-\nu)Cr\bigg] + f(\theta) \tag{5.11.38}$$

式中,$f(\theta)$ 为 θ 的待定函数。由式(5.11.2)第二式和式(5.11.37)、式(5.11.38)得

$$\dfrac{\partial v_\theta}{\partial \theta} = r\varepsilon_\theta - u_r = \dfrac{4Br}{E} - f(\theta) \tag{5.11.39}$$

积分后得

$$v_\theta = \dfrac{4Br\theta}{E} - \int f(\theta)\,\mathrm{d}\theta + g(r) \tag{5.11.40}$$

其中 $g(r)$ 为 r 的待定函数。为了确定函数 f 和 g,把式(5.11.38)和式(5.11.40)代入式(5.11.2)第三式。注意到 $\gamma_{r\theta}=0$,并把 r 和 θ 的函数分别写在等式两边有

$$g(r) - r\dfrac{\mathrm{d}g(r)}{\mathrm{d}r} = \dfrac{\mathrm{d}f(\theta)}{\mathrm{d}\theta} + \int f(\theta)\,\mathrm{d}\theta \tag{5.11.41}$$

r 和 θ 可以独立变化,上式若成立,只可能两边都等于常数 F,于是由左边

$$g(r) - r\dfrac{\mathrm{d}g(r)}{\mathrm{d}r} = F \tag{5.11.42}$$

可解得

$$g(r) = Hr + F \tag{5.11.43}$$

由右边

$$\dfrac{\mathrm{d}f(\theta)}{\mathrm{d}\theta} + \int f(\theta)\,\mathrm{d}\theta = F \tag{5.11.44}$$

微分得

$$\dfrac{\mathrm{d}^2 f(\theta)}{\mathrm{d}\theta^2} + f(\theta) = 0 \tag{5.11.45}$$

其解为

$$f(\theta) = I\cos\theta + K\sin\theta \tag{5.11.46}$$

代回前式有

$$\int f(\theta)\mathrm{d}\theta = F + I\sin\theta - K\cos\theta \tag{5.11.47}$$

代回式(5.11.38)和式(5.11.40)得轴对称位移分量

$$\begin{cases} u_r = \dfrac{1}{E}\left[-(1+\nu)\dfrac{A}{r} + 2(1-\nu)Br\ln r - (1+\nu)Br + 2(1-\nu)Cr\right] + \\ \qquad I\cos\theta + K\sin\theta \\ v_\theta = \dfrac{4Br\theta}{E} + Hr + K\cos\theta - I\sin\theta \end{cases} \tag{5.11.48}$$

为了确定六个积分常数 A、B、C 和 H、I、K,应进一步考虑边界条件。式(5.11.36)表明,常数 A、B、C 与应力有关。对于环向闭合的圆域或环域,位移单值条件要求 $B=0$,因为式(5.11.48)中 v_θ 的第一项与 θ 成正比,沿环向每绕行一周,θ 就增加 2π,若 $B\neq0$,v_θ 将是多值的。于是式(5.11.36)成

$$\sigma_r = 2C + \frac{A}{r^2}, \quad \sigma_\theta = 2C - \frac{A}{r^2}, \quad \tau_{r\theta} = 0 \tag{5.11.49}$$

常数 A 和 C 可由内($r=r_i$)、外($r=r_0$)两个环向边界上的力边界条件

$$\sigma_r\big|_{\Gamma_\sigma} = \overline{N}_r \tag{5.11.50a}$$

或位移边界条件

$$u_r\big|_{\Gamma_u} = \overline{u}_r \tag{5.11.50b}$$

来确定。其中,$\overline{N}_r$ 和 $\overline{u}_r$ 是与 r 和 θ 无关的常数。对于圆域,为防止圆心 $r=0$ 处出现无限大应力,必须令 $A=0$。式(5.11.49)简化为 $\sigma_r = \sigma_\theta = 2C$,$\tau_{r\theta} = 0$,这是个均匀拉压应力状态。

把式(5.11.49)前两式相加得 $\sigma_r + \sigma_\theta = 4C$,符合式(5.9.20b)的线性条件。所以两端自由的轴对称问题无论轴向有多长都属于平面应力问题。

式(5.11.36)表明,常数 H、I、K 与应力无关,它们代表刚体运动。对于无应力($A=B=C=0$)状态,式(5.11.48)成为

$$\begin{cases} u_r = I\cos\theta + K\sin\theta \\ v_\theta = Hr + K\cos\theta - I\sin\theta \end{cases} \tag{5.11.51}$$

转到直角坐标中有

$$\begin{Bmatrix} u \\ v \end{Bmatrix} = \begin{bmatrix} \cos\theta & -\sin\theta \\ \sin\theta & \cos\theta \end{bmatrix} \begin{Bmatrix} u_r \\ v_\theta \end{Bmatrix} = \begin{Bmatrix} I - Hr\sin\theta \\ K + Hr\cos\theta \end{Bmatrix} \tag{5.11.52}$$

可见,I 和 K 分别是极坐标原点($r=0$)在 x 和 y 方向的刚体位移,而 H 是绕 z 轴的刚体转动(图5.11.4)。

式(5.11.48)表明,一般说轴对称问题的位移是与 θ 有关的。如果限制原点的刚体位移($I=K=0$),且考虑位移单值情况($B=0$),则位移与 θ 无关。如进一步限制刚体转动($H=0$),则只剩下与 θ 无关的径向位移

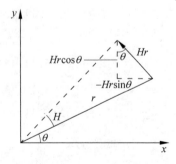

图5.11.4　常数 H 的物理意义

$$\begin{cases} u_r = C_1 r + \dfrac{C_2}{r} \\ v_\theta = 0 \end{cases} \tag{5.11.53}$$

其中任意常数

$$C_1 = 2C\,\frac{1-\nu}{E}, \quad C_2 = -A\,\frac{1+\nu}{E} \tag{5.11.54}$$

以上讨论的是平面应力问题,对于平面应变问题应作弹性常数替换。

2. 位移解法

采用半逆法。限制原点的刚体位移和转动,根据轴对称性可设

$$u_r = u_r(r), \quad v_\theta = 0 \tag{5.11.55}$$

代入几何方程(5.11.2),得

$$\varepsilon_r = \frac{\mathrm{d}u_r}{\mathrm{d}r}, \quad \varepsilon_\theta = \frac{u_r}{r}, \quad \gamma_{r\theta} = 0 \tag{5.11.56}$$

由本构方程(5.11.4)得

$$\sigma_r = \frac{E}{1-\nu^2}\left(\frac{\mathrm{d}u_r}{\mathrm{d}r} + \nu\frac{u_r}{r}\right), \quad \sigma_\theta = \frac{E}{1-\nu^2}\left(\frac{u_r}{r} + \nu\frac{\mathrm{d}u_r}{\mathrm{d}r}\right) \tag{5.11.57}$$

在轴对称问题中,平衡方程(5.11.1)简化成

$$\frac{\mathrm{d}\sigma_r}{\mathrm{d}r} + \frac{\sigma_r - \sigma_\theta}{r} + F_r = 0 \tag{5.11.58}$$

把式(5.11.57)代入,并考虑无体力情况,则用位移表示的平衡方程为

$$\frac{\mathrm{d}^2 u_r}{\mathrm{d}r^2} + \frac{1}{r}\frac{\mathrm{d}u_r}{\mathrm{d}r} - \frac{u_r}{r^2} = 0 \tag{5.11.59}$$

这又是欧拉方程,其通解为

$$u_r = C_1 r + \frac{C_2}{r} \tag{5.11.60}$$

这就是式(5.11.53)。可见两种解法的结果一致。将式(5.11.60)代回式(5.11.56)和式(5.11.57)可得相应的应变和应力分量。

例 5.11.1 均压圆筒或圆环。

[解] 考虑如图5.11.5所示的厚壁圆筒。在内表面$r=a$处受内压p_i,在外表面$r=b$处受外压p_0,相应的边界条件为

$$\begin{cases} r=a: \sigma_r = -p_i,\ \tau_{r\theta}=0 \\ r=b: \sigma_r = -p_0,\ \tau_{r\theta}=0 \end{cases} \tag{a}$$

按式(5.11.49)第三式,这里$\tau_{r\theta}=0$的条件能自动满足。把式(5.11.49)第一式代入式(a),可解出

$$A = \frac{a^2 b^2}{b^2 - a^2}(p_0 - p_i), \quad 2C = \frac{1}{b^2 - a^2}(a^2 p_i - b^2 p_0) \tag{b}$$

代回式(5.11.49),就得著名的拉梅公式

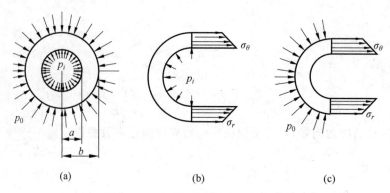

图 5.11.5 均压圆筒或圆环问题

$$\begin{cases} \sigma_r = \dfrac{a^2}{b^2-a^2}\left(1-\dfrac{b^2}{r^2}\right)p_i - \dfrac{b^2}{b^2-a^2}\left(1-\dfrac{a^2}{r^2}\right)p_0 \\[2mm] \sigma_\theta = \dfrac{a^2}{b^2-a^2}\left(1+\dfrac{b^2}{r^2}\right)p_i - \dfrac{b^2}{b^2-a^2}\left(1+\dfrac{a^2}{r^2}\right)p_0 \\[2mm] \tau_{r\theta} = 0 \end{cases} \tag{5.11.61}$$

它和弹性常数无关,因而同时适用于两类平面问题。但是在平面应力中 $\sigma_z=0$,而平面应变中

$$\sigma_z = \nu(\sigma_r + \sigma_\theta) = \frac{2\nu}{b^2-a^2}(a^2 p_i - b^2 p_0) \tag{5.11.62a}$$

上式右端项为常数,所以 σ_z 沿端面均匀分布,它的合力为

$$P_z = \pi(b^2-a^2)\sigma_z = 2\nu\pi(a^2 p_i - b^2 p_0) \tag{5.11.62b}$$

这说明,为了保证平面应变状态,两端应加上均匀的端面约束力。

把式(5.11.62b)代入式(5.11.53),得位移分量

$$\begin{cases} u_r = \dfrac{1}{E}\left[\dfrac{(1-\nu)(a^2 p_i - b^2 p_0)}{b^2-a^2}r + \dfrac{(1+\nu)a^2 b^2(p_i - p_0)}{b^2-a^2}\dfrac{1}{r}\right] \\[2mm] \nu_\theta = 0 \end{cases} \tag{5.11.63}$$

它与 E、ν 有关,对平面应变需作弹性常数替换。

拉梅公式(5.11.61)适用于任意壁厚情况。例如带小圆孔的等向拉伸平板可简化为 $p_i=0$,$p_0=-q$,壁厚很大($b \gg a$)的圆环(图 5.11.6)。这时式(5.11.61)成为

$$\sigma_r = \left(1-\frac{a^2}{r^2}\right)q, \quad \sigma_\theta = \left(1+\frac{a^2}{r^2}\right)q, \quad \tau_{r\theta}=0 \tag{5.11.64}$$

在孔边上 $\sigma_\theta|_{r=a}=2q$,应力集中系数为 2。再如受内压的薄壁筒(柱壳),$a=R$,$b=R+h$,$p_i=p$,$p_0=0$,且 $h/R \ll 1$。于是

$$\frac{b^2}{r^2} \approx 1, \quad \frac{a^2}{b^2-a^2} = \frac{R^2}{2Rh+h^2} \approx \frac{R}{2h} \tag{5.11.65}$$

拉梅公式简化为薄壁筒公式

$$\sigma_\theta = \frac{pR}{h}, \quad \sigma_r = 0 \tag{5.11.66}$$

这也可由图 5.11.7 的平衡条件直接导出,即由 $p \cdot 2R = 2\sigma_\theta h$ 有式(5.11.66)。

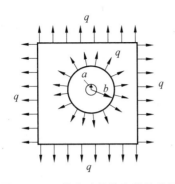

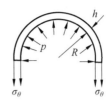

图 5.11.6　带小孔的等向拉伸平板　　　　图 5.11.7　薄壁筒

拉梅公式还可用来计算过盈配合问题。设内筒的内、外半径分别为 a 和 $b+\Delta$，外筒的内、外半径分别为 b 和 c，其中 Δ 为过盈量。内外筒的材料可以不同。现在来说明配合面上配合压力 p 的计算方法(参看图 5.11.8)。用式(5.11.63)分别算出在 p 作用下配合面处内、外筒的径向位移 $u_r\big|_b^{内}$ 和 $u_r\big|_b^{外}$，则配合面处的位移连续条件是

$$u_r\big|_b^{外}=u_r\big|_b^{内}+\Delta \tag{5.11.67}$$

由此可解出 p，进而由拉梅公式(5.11.61)算出内、外筒的应力。

图 5.11.5(b)表明，内压圆筒中的最大应力是内壁处的环向拉应力。在设计炮筒、高压容器等部件时经常利用过盈配合使内筒产生环向预压应力，以提高其承受内压的能力。

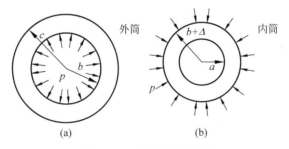

图 5.11.8　过盈配合问题

例 5.11.2　纯弯曲梁。

［解］　考虑如图 5.11.9(a)所示单位宽度矩形截面曲梁，两端受弯矩 M 作用。曲梁的几何形状和载荷都与 θ 无关，是轴对称问题。对于环向不闭合的扇形或楔形域，允许有与 θ 成正比的环向位移，所以，一般说 $B\neq0$，应力应按式(5.11.36)计算。其中第三式已自动满足曲梁四周 $\tau_{r\theta}=0$ 的边界条件。两个环向边界上的力边界条件是

$$\sigma_r\big|_{r=a}=0,\quad \sigma_r\big|_{r=b}=0$$

把式(5.11.36)第一式代入得

$$\frac{A}{a^2}+B(1+2\ln a)+2C=0 \tag{a}$$

$$\frac{A}{b^2}+B(1+2\ln b)+2C=0 \tag{b}$$

曲梁两端的放松边界条件是

$$\int_a^b \sigma_\theta \,dr = 0 \tag{c}$$

$$\int_a^b \sigma_\theta r \,dr = M \tag{d}$$

利用式(5.11.36)第二式,按条件式(c)积分得

$$\left[r \left\{ \frac{A}{r^2} + B(1+2\ln r) + 2C \right\} \right]_a^b = 0$$

可见只要满足式(a)和式(b),条件式(c)就能自动满足。条件式(d)积分后得

$$-A\ln\frac{b}{a} + B[(b^2-a^2)+(b^2\ln b - a^2\ln a)] + C(b^2-a^2) = M \tag{e}$$

由式(a)、式(b)、式(e)解得

$$\begin{cases} A = \dfrac{4M}{N} a^2 b^2 \ln\dfrac{b}{a}, \quad B = \dfrac{2M}{N}(b^2-a^2) \\[2mm] C = -\dfrac{M}{N}[(b^2-a^2)+2(b^2\ln b - a^2\ln a)] \\[2mm] N = (b^2-a^2)^2 - 4a^2 b^2 \left(\ln\dfrac{b}{a}\right)^2 \end{cases} \tag{f}$$

代回式(5.11.36)得应力分量

$$\begin{cases} \sigma_r = \dfrac{4M}{N}\left(\dfrac{a^2 b^2}{r^2}\ln\dfrac{b}{a} + b^2\ln\dfrac{r}{b} + a^2\ln\dfrac{a}{r} \right) \\[3mm] \sigma_\theta = \dfrac{4M}{N}\left(-\dfrac{a^2 b^2}{r^2}\ln\dfrac{b}{a} + b^2\ln\dfrac{r}{b} + a^2\ln\dfrac{a}{r} + b^2 - a^2 \right) \\[3mm] \tau_{r\theta} = 0 \end{cases} \tag{5.11.68}$$

这个结果和材料力学解不同,σ_r 和 σ_θ 的分布情况如图 5.11.9(b)所示。

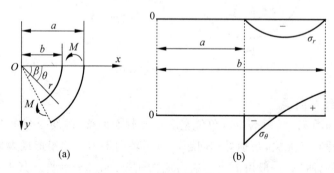

图 5.11.9 曲梁纯弯曲问题

为了求位移,假设梁在上端的中点固定,即在 $\theta=0, r_0 = \dfrac{a+b}{2}$ 处要求 $u_r = v_\theta = \dfrac{\partial v_\theta}{\partial r} = 0$。于是由式(5.11.48)定出积分常数

$$\begin{cases} H = K = 0 \\[2mm] I = \dfrac{1}{E}\left[(1+\nu)\dfrac{A}{r_0} + B(1+\nu)r_0 - 2(1-\nu)Br_0\ln r_0 - 2(1-\nu)Cr_0 \right] \end{cases} \tag{g}$$

把式(f)和式(g)中的常数代回式(5.11.48)就得位移分量。

作为例子,考虑如图 5.11.10 所示圆筒的装配应力。设圆筒半径为 R,焊接前存在纵向缝隙,其对应的中心角为 α。焊接后应满足位移连续条件

$$u_r\big|_{\theta=0}=u_r\big|_{\theta=2\pi}, \quad \nu_\theta\big|_{\theta=2\pi}-\nu_\theta\big|_{\theta=0}=\alpha R \qquad (h)$$

把式(5.11.48)代入(取 $r=R$),关于 u_r 的条件自动满足,关于 ν_θ 的条件成

$$\frac{4BR\cdot 2\pi}{E}=\alpha R$$

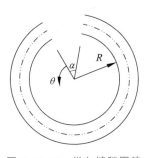

图 5.11.10　纵向缝隙圆筒的装配应力

由此解得 $B=E\alpha/8\pi$。代入式(f)第二式得 M,再代入式(5.11.68)就得装配应力。

5.11.3　非轴对称问题

当载荷分布与环向坐标 θ 有关时,可以把它沿环向展成三角级数。对于圆域或环域,载荷及域内应力-应变状态的基本变化周期是 2π。相应地,应力函数 φ 可展成

$$\varphi=\varphi_0(r)+\sum_{n=1}^{\infty}\left[f_n(r)\cos n\theta+g_n(r)\sin n\theta\right] \qquad (5.11.69)$$

式中,第一项 φ_0 与 θ 无关,相应于轴对称问题,对于环向不闭合的楔形域或扇形域,应力函数展开式中将出现含因子 θ 的函数项 $f(r)\theta$、$f(r)\theta\cos\theta$ 和 $f(r)\theta\sin\theta$。

与直角坐标中的线性项相应,在极坐标中应力函数允许差一个任意的 $A+B(r\cos\theta)+C(r\sin\theta)$ 项,而不影响应力。

例 5.11.3　小圆孔应力集中。

实验证明,在物体几何形状或载荷发生突变的地方,将出现随着远离突变点而迅速衰减的局部高应力区,这种现象称为应力集中。通常用应力集中系数

$$k=\frac{\sigma_{\max}}{\sigma_0} \qquad (5.11.70)$$

来表示它的严重程度。其中,$\sigma_{\max}$ 为最大局部应力;σ_0 为不考虑局部效应时的计算应力,称为名义应力,可用材料力学公式计算。局部应力需用弹性理论来分析。由于局部高应力是引起疲劳裂纹或脆性断裂的根源,所以应力集中的计算具有重要实际意义。

考虑如图 5.11.11 所示单位厚度矩形薄板的等值拉压情况。在离边界较远处有半径为

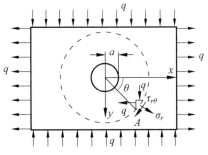

图 5.11.11　单位厚度矩形薄板等值拉压情况

a 的小圆孔。x 方向受均匀拉力 q,y 方向受均匀压力 q,即已知

$$\sigma_x=q, \quad \sigma_y=-q, \quad \tau_{xy}=0 \qquad (a)$$

研究圆孔附近的应力状态时,选用极坐标比较方便。板的矩形边界可用以 b 为半径的同心圆来代替。当 b 足够大时,局部应力已完全衰减,所以为求外圆边界 $r=b$ 上的应力,可把式(a)代入转轴公式(5.11.17),得

$$\sigma_r\big|_{r=b}=q\cos 2\theta, \quad \tau_{r\theta}\big|_{r=b}=-q\sin 2\theta \qquad (b)$$

在内孔处的力边界条件是

$$\sigma_r\big|_{r=a}=0, \quad \tau_{r\theta}\big|_{r=a}=0 \qquad (c)$$

式(b)表明,σ_r 的环向分布规律为 $\cos 2\theta$。由式(5.11.22)第一式可见,σ_r 与 $\dfrac{\partial^2 \varphi}{\partial \theta^2}$ 及 $\dfrac{1}{r}\dfrac{\partial \varphi}{\partial r}$ 有关,所以应力函数 φ 也具有 $\cos 2\theta$ 的变化规律,可设

$$\varphi = f(r)\cos 2\theta \tag{d}$$

代入协调方程(5.11.13),得

$$\cos 2\theta \left[\frac{\mathrm{d}^4 f}{\mathrm{d}r^4} + \frac{2}{r}\frac{\mathrm{d}^3 f}{\mathrm{d}r^3} - \frac{9}{r^2}\frac{\mathrm{d}^2 f}{\mathrm{d}r^2} + \frac{9}{r^3}\frac{\mathrm{d}f}{\mathrm{d}r} \right] = 0$$

消去因子 $\cos 2\theta$ 后得欧拉方程,其通解为

$$f(r) = Ar^4 + Br^2 + C + \frac{D}{r^2}$$

代入式(c),并由式(5.11.22)得应力分量,

$$\begin{cases} \sigma_r = -\cos 2\theta \left(2B + \dfrac{4C}{r^2} + \dfrac{6D}{r^4} \right) \cdot \\[2mm] \sigma_\theta = \cos 2\theta \left(12Ar^2 + 2B + \dfrac{6D}{r^4} \right) \\[2mm] \tau_{r\theta} = \sin 2\theta \left(6Ar^2 + 2B - \dfrac{2C}{r^2} - \dfrac{6D}{r^4} \right) \end{cases} \tag{5.11.71}$$

利用边界条件式(b)和式(c)定出积分常数

$$\begin{cases} A = \dfrac{q}{Nb^2}\beta^2 (1-\beta^2), \quad B = -\dfrac{q}{2N}(1 + 3\beta^4 - 6\beta^6) \\[2mm] C = \dfrac{qa^2}{N}(1-\beta^6), \quad D = -\dfrac{qa^4}{2N}(1-\beta^4) \end{cases} \tag{e}$$

式中,$N = (1-\beta^2)^4$,$\beta = \dfrac{a}{b} < 1$。

对无限大板小圆孔情况,$\beta \to 0$;$N \to 1$,各常数简化成

$$A = 0, \quad B = -\frac{q}{2}, \quad C = qa^2, \quad D = -\frac{qa^4}{2} \tag{f}$$

代回式(5.11.71)得等值拉压无限大板中小圆孔附近的应力:

$$\begin{cases} \sigma_r = q\left(1 - \dfrac{a^2}{r^2}\right)\left(1 - 3\dfrac{a^2}{r^2}\right)\cos 2\theta \\[2mm] \sigma_\theta = -q\left(1 + 3\dfrac{a^4}{r^4}\right)\cos 2\theta \\[2mm] \tau_{r\theta} = -q\left(1 - \dfrac{a^2}{r^2}\right)\left(1 + 3\dfrac{a^2}{r^2}\right)\sin 2\theta \end{cases} \tag{5.11.72}$$

可以看到,在孔边 $r=a$ 处,当 $\theta = \pi/2$ 和 $3\pi/2$ 时,σ_θ 的应力集中系数为 $k=4$;当 $\theta=0$ 和 π 时,$k=-4$。

如果不假设 $\beta \to 0$,把式(e)直接代入式(5.1.71),就得到任意宽度圆环在周向按 $\cos 2\theta$ 变化的载荷作用下的应力值。

弹性力学往往只能给出个别典型问题的解答。在应用时,要善于把实际问题分解成若干典型问题,然后利用叠加原理去简洁地求解。以小圆孔应力集中问题为例,利用上述矩

形薄板等向拉伸(或压缩)和等值拉压两种典型解答,可以解决一大批工程实际问题。例如:

(1) 双向不等值的均匀拉压情况。如图 5.11.12(a)所示,其中 q_1 和 q_2 为任意代数值。令

$$\bar{q} = \frac{q_1 + q_2}{2}, \quad q' = \frac{q_1 - q_2}{2} \tag{g}$$

即

$$q_1 = \bar{q} + q', \quad q_2 = \bar{q} + (-q') \tag{h}$$

则原问题转化为等向拉伸(或压缩)$\bar{q}$ 和等值拉压 q'(x 方向为 q',y 方向为 $-q'$)两个问题之和。利用式(5.11.64)和式(5.11.72)分别求得 $\bar{q}$ 和 q' 引起的应力场,叠加后就是不等值拉压的解。

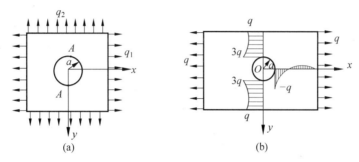

图 5.11.12 双向不等值均匀拉压情况

设 $|q_1| \geqslant |q_2|$,则 $\bar{q}$,q' 和 q_1 同号。选 x 轴沿 q_1 方向,则最大(绝对值)应力发生在孔边 $x=0$,$y=\pm a$ 的 A 点处,其值为

$$\sigma_{\max} = 2\bar{q} + 4q' = 3q_1 - q_2$$

以 q_1 作名义应力,则应力集中系数为

$$k = \frac{\sigma_{\max}}{q_1} = 3 - \frac{q_2}{q_1} \tag{5.11.73}$$

当 $q_2 = -q_1$(等值拉压)时最大,$k=4$;当 $q_2 = q_1$(等向拉伸或压缩)时最小,$k=2$;其他情况为 $2 < k < 4$。因而小孔附近的应力集中是值得重视的。

当 $q_2 = 0$ 时,得如图 5.11.12(b)所示的单向拉伸情况。令 $q_1 = q$,则 $\bar{q} = q' = q/2$,相应应力解为

$$\begin{cases} \sigma_r = \dfrac{q}{2}\left(1 - \dfrac{a^2}{r^2}\right) + \dfrac{q}{2}\cos 2\theta\left(1 - \dfrac{a^2}{r^2}\right)\left(1 - 3\dfrac{a^2}{r^2}\right) \\[2mm] \sigma_\theta = \dfrac{q}{2}\left(1 + \dfrac{a^2}{r^2}\right) - \dfrac{q}{2}\cos 2\theta\left(1 + 3\dfrac{a^4}{r^4}\right) \\[2mm] \tau_{r\theta} = -\dfrac{q}{2}\sin 2\theta\left(1 - \dfrac{a^2}{r^2}\right)\left(1 + 3\dfrac{a^2}{r^2}\right) \end{cases} \tag{5.11.74}$$

应力集中系数 $k=3$。图中表明,在离孔边 $1.5a$ 的地方集中应力衰减已尽。

(2) 任意均匀应力状态。若除 q_1 和 q_2 外,板边还受均匀剪应力。可以先算出相应的主应力 σ_1 和 σ_2,然后选主轴为参考坐标,则化为情况(1)。应力集中系数为 $k=3-\sigma_2/\sigma_1$,

其中 σ_1 是绝对值较大的主应力。

（3）缓慢变化的非均匀应力状态。由于小孔应力集中是局部现象，只要未开孔前板内的应力状态在开孔区附近变化不大，则可近似地认为开孔区附近是均匀应力场，其值等于未开孔前孔心处的应力值，然后再按情况（2）计算应力集中系数。

（4）其他几何形状。无论板的几何形状如何，只要孔心离板边的距离大于 $2\sim2.5a$，且相邻两孔的距离大于 $4\sim5a$，就能按"无限大板"中孤立的小圆孔来处理。对于薄壳，只要壳体的曲率半径 $R\gg a$，也能近似地按式(5.11.73)来计算应力集中系数。

（5）各种材料。由于式(5.11.64)和式(5.11.72)与弹性常数无关，所以适用于各种材料的平面应力或平面应变情况。

由此可见，由合理简化得到的典型弹性力学解例不仅具有理论意义，而且具有广泛的应用价值。

例 5.11.4　圆形刚性核。

考虑等值拉压情况，板内有半径为 $r=a$ 的刚性核，如图 5.11.13 所示。在 $r=a$ 处给定位移

$$u_r\big|_{r=a}=0,\quad v_\theta\big|_{r=a}=0 \tag{a}$$

$r=b$ 处给定力

$$\sigma_r\big|_{r=b}=q\cos2\theta,\quad \tau_{r\theta}\big|_{r=b}=-q\sin2\theta \tag{b}$$

这是一个混合边界问题，先要导出位移计算公式。把式(5.11.71)代入本构方程，得

$$\begin{cases}\varepsilon_r=\dfrac{\cos2\theta}{E}\left[-12\nu Ar^2-2(1+\nu)B+4C\dfrac{1}{r^2}-6(1+\nu)D\dfrac{1}{r^4}\right]\\[2mm]\varepsilon_\theta=\dfrac{\cos2\theta}{E}\left[12Ar^2+2(1+\nu)B+4\nu C\dfrac{1}{r^2}+6(1+\nu)D\dfrac{1}{r^4}\right]\\[2mm]\tau_{r\theta}=\dfrac{\sin2\theta}{G}\left[6Ar^2+2B-2C\dfrac{1}{r^2}-6D\dfrac{1}{r^4}\right]\end{cases} \tag{5.11.75}$$

再由几何方程积分，得

$$\begin{cases}u_r=\dfrac{2\cos2\theta}{E}\left[-2\nu Ar^3-(1+\nu)Br+2C\dfrac{1}{r}+(1+\nu)D\dfrac{1}{r^3}\right]+I\cos\theta+K\sin\theta\\[2mm]v_\theta=\dfrac{2\sin2\theta}{E}\left[(3+\nu)Ar^3+(1+\nu)Br-(1-\nu)C\dfrac{1}{r}+(1+\nu)D\dfrac{1}{r^3}\right]+Hr+K\cos\theta-I\sin\theta\end{cases}$$

$$\tag{5.11.76}$$

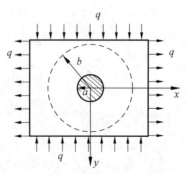

图 5.11.13　圆形刚性核

设坐标原点无刚体位移和转动,则 $H=I=K=0$,再由条件(a)和(b)可定出其他积分常数

$$\begin{cases} A=-\dfrac{q}{Nb^2}\beta^2(1-\beta^2); \\[2mm] B=-\dfrac{q}{2N}\left[\dfrac{3-\nu}{1+\nu}-3\beta^4+\dfrac{4(3+\nu^2)}{(1+\nu)^2}\beta^6\right] \\[2mm] C=-\dfrac{qa^2}{N}\left(1+\dfrac{3-\nu}{1+\nu}\beta^6\right) \\[2mm] D=\dfrac{qa^4}{2N}\left(1+\dfrac{3-\nu}{1+\nu}\beta^4\right) \end{cases} \tag{c}$$

式中,

$$N=\frac{3-\nu}{1+\nu}+4\beta^2-6\beta^4+\frac{4(3+\nu^2)}{(1+\nu)^2}\beta^6+\frac{3-\nu}{1+\nu}\beta^8,\quad \beta=\frac{a}{b}$$

对无限大板,$\beta\approx0$,简化为

$$A=0,\quad B=-\frac{q}{2},\quad C=-\frac{1+\nu}{3-\nu}qa^2,\quad D=\frac{1+\nu}{2(3-\nu)}qa^4 \tag{d}$$

相应的应力分量为

$$\begin{cases} \sigma_r=q\cos2\theta\left[1+4\dfrac{1+\nu}{3-\nu}\left(\dfrac{a}{r}\right)^2-3\dfrac{1+\nu}{3-\nu}\left(\dfrac{a}{r}\right)^4\right] \\[2mm] \sigma_\theta=-q\cos2\theta\left[1-3\dfrac{1+\nu}{3-\nu}\left(\dfrac{a}{r}\right)^4\right] \\[2mm] \tau_{r\theta}=-q\sin2\theta\left[1-2\dfrac{1+\nu}{3-\nu}\left(\dfrac{a}{r}\right)^2+3\dfrac{1+\nu}{3-\nu}\left(\dfrac{a}{r}\right)^4\right] \end{cases} \tag{5.11.77}$$

当 $\nu=1/3$ 时,$r=a$ 处的最大应力是

$$\sigma_r=1.5q,\quad \sigma_\theta=0.5q,\quad \tau_{r\theta}=-1.5q \tag{e}$$

比开孔的应力集中要小得多。

习题

5.1 试利用各向异性理想弹性体的广义胡克定律导出:在什么条件下,理想弹性体中的主应力方向和主应变方向重合?

5.2 对于各向同性弹性体,试导出正应力之差和正应变之差的关系式。且进一步证明:当其主应力的大小顺序为 $\sigma_1\geqslant\sigma_2\geqslant\sigma_3$ 时,其主应变的排列顺序为 $\varepsilon_1\geqslant\varepsilon_2\geqslant\varepsilon_3$。

5.3 将某一小的物体放入高压容器内,在静水压力 $p=0.45\mathrm{N/mm^2}$ 作用下,测得体积应变 $e=-3.6\times10^{-5}$,若泊松比 $\nu=0.3$,试求该物体的弹性模量 E。

5.4 在各向同性柱状弹性体的轴向施加均匀压力 p,且横向变形完全被限制住(如图所示)。试求应力与应变的比值(称为名义杨氏模量,以 E_c 表示)。

5.5 对于各向同性材料,在某点测得正应变的同时,也测得与它成 $60°$ 和 $90°$ 方向上的正应变,其值分别为 $\varepsilon_0=-100\times10^{-6}$,$\varepsilon_{60}=50\times10^{-6}$,$\varepsilon_{90}=150\times10^{-6}$,试求该点的主应变、最大剪应变和主应力($E=2.1\times10^5\ \mathrm{N/mm^2}$,$\nu=0.3$)。

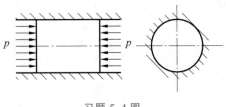

习题 5.4 图

5.6 根据弹性应变能理论的应变能公式 $W=\dfrac{1}{2}\sigma_{ij}\varepsilon_{ij}$，导出材料力学中杆件拉伸、弯曲及圆轴扭转的应变能公式分别为

$$U_{拉伸}=\frac{1}{2}\int_{0}^{l}\frac{N^{2}(x)}{EA}\mathrm{d}x=\frac{1}{2}\int_{0}^{l}EA\left(\frac{\mathrm{d}u}{\mathrm{d}x}\right)^{2}\mathrm{d}x$$

$$U_{弯曲}=\frac{1}{2}\int_{0}^{l}\frac{M^{2}(x)}{EI}\mathrm{d}x=\frac{1}{2}\int_{0}^{l}EI\left(\frac{\mathrm{d}^{2}\omega}{\mathrm{d}x^{2}}\right)^{2}\mathrm{d}x$$

$$U_{扭转}=\frac{1}{2}\int_{0}^{l}\frac{M^{2}(z)}{GI_{P}}\mathrm{d}z=\frac{1}{2}\int_{0}^{l}GI_{P}\left(\frac{\mathrm{d}\varphi}{\mathrm{d}z}\right)^{2}\mathrm{d}z$$

5.7 试推导体积变形应变能密度 W_{v} 及畸变应变能密度 W_{f} 的公式分别为

$$W_{v}=\frac{1}{6}\sigma_{ii}\varepsilon_{jj}=\frac{1}{18K}(\sigma_{ii})^{2}$$

$$W_{f}=\frac{1}{2}S_{ij}\varepsilon'_{ij}=\frac{1}{4G}(S_{ij}S_{ij})=\frac{1}{4G}\left[\sigma_{ij}\sigma_{ij}-\frac{1}{3}(\sigma_{ii})^{2}\right]$$

5.8 如图所示结构，梁 AB 在 A 处固支，长为 l，截面积为 F_{1}，截面惯性矩为 I。杆 BC 在 B 处与梁铰接，截面积为 F_{2}，$F_{2}=2\sqrt{2}F_{1}$。材料弹性模量为 E，B 点受载荷 P 的作用，设梁的压缩量为 Δ，挠度曲线为 $\omega=ax^{2}$，Δ 和 a 均为待定的变形参数。考虑杆 BC 的拉伸及梁 AB 的压缩与弯曲，用最小势能原理求 B 点的水平和垂直位移。

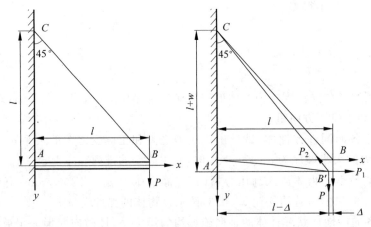

习题 5.8 图

5.9 如图所示，简支梁长为 l，抗弯刚度为 EI，中点受 P 力作用，支座之间有弹性介质支承，其弹性系数为 k（即每单位长介质对挠度提供的支反力）。设挠度曲线为 $w=$

$\sum_{n=1}^{\infty} a_n \sin \dfrac{n\pi x}{l}$，试分别用李兹法和迦辽金法求梁中点 B 的挠度。

5.10 试用李兹法求如图所示的一端固定、一端自由的压杆临界载荷 P_{cr}，设该压杆的长度为 l，抗弯刚度为 EI（常数），其挠度曲线为 $w = a_1 \left(1 - \cos\dfrac{\pi x}{2l}\right)$。

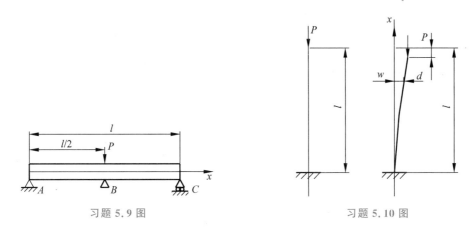

习题 5.9 图　　　　　　　　　　　习题 5.10 图

5.11 已知如图所示的半无限弹性体的界面上，承受垂直于界面的集中力 P 的作用，试用位移法求位移及应力分量。

5.12 试用应力函数 $\varphi = C_1 z \ln r + C_2 (r^2 + z^2)^{\frac{1}{2}} + C_3 z \ln \dfrac{(r^2 + z^2)^{\frac{1}{2}} - z}{(r^2 + z^2)^{\frac{1}{2}} + z}$ 求解习题 5.11 中半无限弹性体的界面上，承受垂直于界面的集中力 P 的作用时的位移及应力分量，并求水平边界面上任意一点的沉陷。

5.13 如图所示，设有半空间无限大弹性体，单位体积的质量为 ρ，在水平边界面上受均布压力 q 的作用，试用位移法求位移分量和应力分量（并假设在 $z = h$ 处 $w = 0$）。

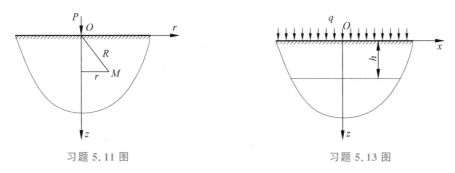

习题 5.11 图　　　　　　　　　　习题 5.13 图

5.14 球形容器的内半径为 a，外半径为 b，内部作用压力为 P_i，外部压力为 P_e，试用位移法求其应力分量（不计体力）。

5.15 已知悬臂梁如图所示，若梁的正应力 σ_x 由材料力学公式给出，试由平衡方程求出 τ_{xy} 及 σ_y，并检验该应力分量能否满足从应力分量表示的协调方程。

5.16 如图所示简支梁，承受线性分布载荷，试求应力函数及应力分量（不计体力）。

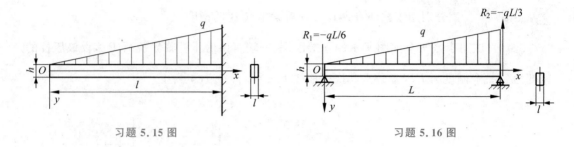

习题 5.15 图   习题 5.16 图

5.17 已知载荷分布如图所示,即

$$q(x)=\begin{cases}0, & 0\leqslant x<d-c \\ q, & d-c<x<d+c \\ 0, & d+c\leqslant x<l\end{cases}$$

当周期分别为

(1) $L=l$,如图(b)所示。

(2) $L=2l$,如图(d)所示,且取 x 的偶函数。

(3) $L=2l$,如图(e)所示,且取 x 的奇函数。试用傅氏级数写出 $q(x)$ 的表达式,并写出集中载荷情况下的表达式。

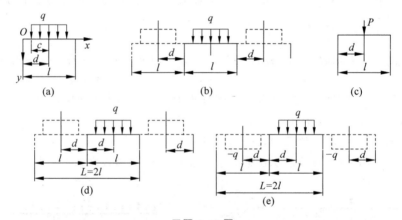

习题 5.17 图

5.18 连续板墙的中间一段如图所示,试用三角函数形式的应力函数求其应力分量。

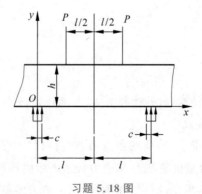

习题 5.18 图

第 6 章

非弹性变形

材料在外力作用下产生变形,如果取消外力,其变形不能完全恢复,变形中的一部分作为永久变形而保留下来,大家称这种不能恢复的变形为塑性变形。研究在外力作用下产生塑性变形的条件——屈服条件,塑性应变与应力之间的关系,以及在塑性变形后材料内部应力、应变分布规律的学科称为塑性力学,又称塑性理论。

塑性力学是固体力学的一个重要组成部分。塑性力学与弹性力学的根本区别在于,弹性力学是研究材料在弹性状态下的应力-应变关系,而塑性力学研究的则是材料的屈服准则和屈服后的应力-应变关系,即研究材料在塑性状态下的问题。这时的应力-应变关系是非线性的,而且这种非线性关系又与所研究的具体材料密切相关,不同材料其应力-应变关系可能有不同的规律,因而塑性力学处理的问题比较复杂。塑性力学与弹性力学有着密切联系,前者是在后者的基础上发展起来的。

本章讨论材料在外力作用下的屈服条件、两个常用的屈服准则,以及塑性本构关系等[3]。

6.1 屈服条件

6.1.1 简单拉伸的实验结果

在材料力学实验中用圆柱形试件可以保证实验段处于均匀应力状态,图 6.1.1 表示在常温静载下的一条典型拉伸应力-应变曲线,其中 A 点是材料的比例极限 σ_p,B 点是材料的弹性极限 σ_e,对某些材料如低碳钢,这时出现一段应力不变而应变增长的屈服阶段,故又称为屈服应力 σ_s。在比例极限以前,应力与应变成比例关系,可以严格用胡克定律表示,在 A 点以后应力与应变不再成比例,进入了非线性阶段。不过在 σ_e 以前如果卸除载荷,变形将完全恢复,这正是弹性的基本特征。而在应力超出 σ_e 以后,应力与应变之间也是非线性关系,如果不卸载,尚不能与前一阶段的非线性弹性相区别;但如果卸除载荷,试件将保留一段永久伸长,这一部分变形称为塑性变

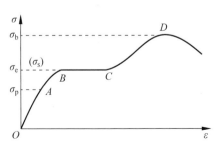

图 6.1.1 典型拉伸应力-应变曲线

形。因此弹性和塑性的根本区别不在于它们的应力-应变关系是否是线性,而在于卸载时,是否保留一个永久变形,以及在卸载过程中应力与应变之间是否仍按照原来的弹性规律变化。变形的不可恢复性是塑性的基本特征。弹性极限的确定随着应变测量仪器精度的不同而异,因而一般工程上还约定在永久塑性应变为 0.2% 时的应力为弹性极限 σ_e 或屈服应力 σ_s,这两者在以后将不再区分。

在超过弹性极限后,如果在任一点 C 处卸载,应力与应变之间将不再沿原有曲线退回原点,而是沿一条接近平行于 OA 线的 CFG 线(图 6.1.2(a))变化,直到应力下降为零,这时应变并不退回到零,OG 线是保留下来的永久应变,称为塑性应变,将以 ε^p 代表。如果从 G 点重新开始拉伸,应力与应变将沿一条很接近于 CFG 的线 $GF'C'$ 变化,直至应力超过 C 点的应力以后才会发生新的塑性变形。看起来在经过前次塑性变形以后,弹性极限提高了,新的弹性极限以 σ_s^+ 代表,为了与初始的屈服应力相区别,也称之为加载应力($\sigma_s^+ > \sigma_s$),这种现象称为强化(或硬化)现象。对于低碳钢一类材料,在屈服阶段中,σ-ε 曲线在这里是水平的,卸载后重新加载并没有上述强化现象,被称为理想塑性或塑性流动阶段。

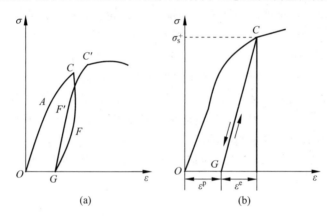

图 6.1.2　在超过弹性极限后的加载和卸载特性

线段 CFG 和 $GF'C'$ 严格讲并不重合,它们组成一个滞后回线,其平均斜率和初始弹性阶段的杨氏模量 E 相近。对于一般金属来说,这两条线的差别很小,往往可以忽略不计,从而可将加卸载的过程理想化为图 6.1.2(b) 的形式,并取 CG 的斜率为 E。在 CG 段中变形处于弹性阶段,它和 OA 段的区别是多了一个初始应变 ε^p,总的应变现在是

$$\varepsilon = \varepsilon^e + \varepsilon^p \tag{6.1.1}$$

式中,

$$\varepsilon^e = \sigma/E = \varepsilon - \varepsilon^p \tag{6.1.2}$$

所以又有

$$\varepsilon^p = \varepsilon - \sigma/E \tag{6.1.3}$$

在 CG 段中 ε^p 不变,在 BCD 曲线上(图 6.1.1)ε^p 随着应力而改变,

$$\varepsilon^p = \varepsilon^p(\sigma) \tag{6.1.4}$$

图 6.1.1 中的 D 点是载荷达到最高点时的应力,称为强度极限 σ_b。在 D 点以后名义应力开始下降,不过,实际上由于试件出现颈缩,承载面积减小了,在颈部的真实应力仍在增加,直到最后形成一个杯-锥形的破坏为止。如果材料试验机能够及时降低载荷,我们可

以得到 D 点以后的 σ-ε 曲线,从而得出最大的真实应力。

以上描述的是简单的单向拉伸实验的现象,在单向压缩时其弹性极限和拉伸时的弹性极限接近相等,如图 6.1.3(b)中的 B 与 B' 两点。如果在实验中,不单是全部卸去拉伸载荷,而且逐渐在相反方向加上压缩载荷,则从 σ-ε 图上可以看到(图 6.1.3(a)),在 σ 轴的负方向,继续有一直线段 GH,对应于 H 点的应力为 σ_s^-,当压应力再增长时,将出现压缩的塑性变形。一般地说,$|\sigma_s^-|<\sigma_s$,这是由于经过拉伸塑性变形后改变了材料内部的微观结构,使得在压缩时的屈服应力有所降低;同样,在压缩时经过压缩塑性变形提高压缩的屈服应力后,拉伸的屈服应力也会有所降低,这种现象叫作包兴格效应(Bauschinger effect)[36],以后简称包氏效应,如图 6.1.3(b)所示。对某些材料并没有包氏效应,相反,由于拉伸而提高其加载应力时,在压缩时的加载应力也同样得到提高,如图 6.1.3(c)所示。这种强化特性叫作等向强化(或各向同性强化),它和单晶体的塑性变形性质有关。

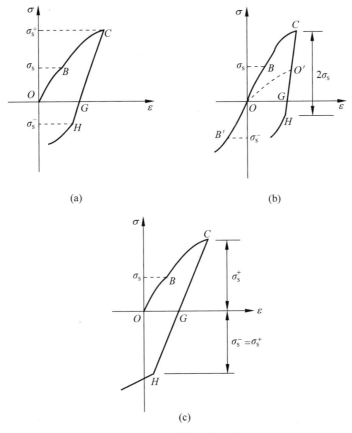

图 6.1.3 拉伸压缩特性

6.1.2 应力空间,π 平面

上面讨论的是单向拉伸或者压缩,即一维应力状态下的屈服情况。而在实际情况中,通常都是复杂应力状态,为了研究复杂应力情况下的屈服情况即屈服准则,我们在应力空间中讨论。在应力空间中,一点的应力状态要用六个应力分量 σ_x,σ_y,σ_z,τ_{xy},τ_{yz},τ_{zx} 刻画。

在六个分量为坐标轴的应力空间中可以用一个点来表示一点的应力状态。一点应力状态的变化,就可以用这个应力空间中的某一曲线来表示。但六维应力空间无法直观表示,在主应力方向为已知的情况下,就可以选取主应力 $\sigma_1, \sigma_2, \sigma_3$ 为坐标轴,将一点的应力状态用主应力空间上的点来表示。由于主应力空间是三维的,我们可以得到比较直观的几何图像。

在主应力空间中,一点的应力状态可由向量 $\overrightarrow{OP}$ 描述(图 6.1.4)。设以 $\boldsymbol{i}, \boldsymbol{j}, \boldsymbol{k}$ 表示主应力空间中三个坐标轴方向的单位向量,则

$$\overrightarrow{OP} = \sigma_1 \boldsymbol{i} + \sigma_2 \boldsymbol{j} + \sigma_3 \boldsymbol{k} = (s_1 \boldsymbol{i} + s_2 \boldsymbol{j} + s_3 \boldsymbol{k}) + (\sigma_m \boldsymbol{i} + \sigma_m \boldsymbol{j} + \sigma_m \boldsymbol{k}) = \overrightarrow{OQ} + \overrightarrow{ON}$$

$$(6.1.5)$$

式中, $\sigma_m = \dfrac{1}{3}(\sigma_1 + \sigma_2 + \sigma_3)$ 是平均应力。从图 6.1.4 中看出, $\overrightarrow{OQ}$ 向量就是主应力偏向量, $\overrightarrow{ON}$ 向量与 $\sigma_1, \sigma_2, \sigma_3$ 轴的夹角相等,因此它必正交于下列过原点的平面

$$\sigma_1 + \sigma_2 + \sigma_3 = 0 \qquad (6.1.6)$$

这是一个平均正应力等于零的平面,称为 π 平面。 π 平面也是主应力空间中的等倾面。因为 $\overrightarrow{OQ}$ 的三个分量 s_1, s_2, s_3 满足下列关系:

$$s_1 + s_2 + s_3 = 0 \qquad (6.1.7)$$

所以应力偏向量 $\overrightarrow{OQ}$ 总是在 π 平面内,因而只要用两个参数就可以确定它。我们在 π 平面内取坐标系 Oxy ,其中 y 轴方向与 σ_2 轴在 π 平面上的投影一致,如图 6.1.5 所示。向量 $\overrightarrow{OQ}$ 与 x 轴的夹角为 θ_σ ,而 $|\overrightarrow{OQ}| = r_\sigma$ 。

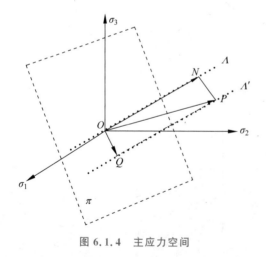

图 6.1.4　主应力空间

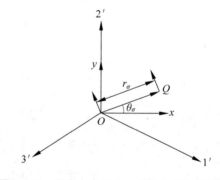

图 6.1.5　主应力空间应力点在 π 平面上的投影

现在我们顺着 $\overrightarrow{ON}$ 轴的反方向,即从上向下地看 π 平面,图 6.1.5 中的 $\overrightarrow{O1'}, \overrightarrow{O2'}, \overrightarrow{O3'}$ 表示 $\sigma_1, \sigma_2, \sigma_3$ 三个轴在 π 平面上的投影。由于 π 平面也是主应力空间中的等倾面,所以 $\overrightarrow{O1'}, \overrightarrow{O2'}, \overrightarrow{O3'}$ 之间的夹角为 $120°$ 。为建立主应力空间中一点与 π 平面上一点的定量对应关系,先求出单位向量 $\boldsymbol{i}, \boldsymbol{j}, \boldsymbol{k}$ 在 π 平面上的投影长度。

设向量 $\boldsymbol{i}$ 的端点是 σ_1 轴上的点 1,它在 π 平面上的投影用 $1'$ 表示,类似地,向量 $\boldsymbol{j}$ 的端点是 σ_2 轴上的点 2,它在 π 平面上的投影用 $2'$ 表示(参看图 6.1.6)。向量 $\overrightarrow{12}$ 的长度是: $|\overrightarrow{12}| = \sqrt{|\boldsymbol{i}|^2 + |\boldsymbol{j}|^2} = \sqrt{2}$ 。由于向量 $\overrightarrow{12}$ 与 π 平面平行,因此其在 π 平面上的投影值 $|\overrightarrow{1'2'}|$ 就是 $\sqrt{2}$ 。

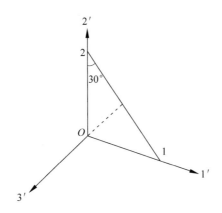

图 6.1.6　主应力轴在 π 平面上的投影

在 π 平面上向量 $\overrightarrow{O1'}$ 的长度与 $\overrightarrow{1'2'}$ 的长度之间满足关系

$$|\overrightarrow{O1'}| = \frac{|\overrightarrow{1'2'}|}{2} \frac{1}{\cos 30°} = \frac{1}{\sqrt{2}} \frac{2}{\sqrt{3}} = \sqrt{\frac{2}{3}} \ |\overrightarrow{O1}| \tag{6.1.8}$$

故点 $1'$ 在 π 平面上的坐标将是：$x = |\overrightarrow{O1'}| \cos 30° = \sqrt{\frac{2}{3}} \times \sqrt{\frac{3}{2}} = \frac{\sqrt{2}}{2}$，$y = -|\overrightarrow{O1'}| \sin 30° =$

$-\sqrt{\frac{2}{3}} \times \frac{1}{2} = \frac{-1}{\sqrt{6}}$。点 $(\sigma_1, 0, 0)$ 在 π 平面上投影的坐标是 $\left(\frac{\sqrt{2}}{2} \sigma_1, \frac{-\sigma_1}{\sqrt{6}} \right)$。类似地，$|\overrightarrow{O2'}| =$

$\sqrt{\frac{2}{3}} |\overrightarrow{O2}|$，$|\overrightarrow{O3'}| = \sqrt{\frac{2}{3}} |\overrightarrow{O3}|$，点 $(0, \sigma_2, 0)$ 对应的坐标是：$\left(0, \sqrt{\frac{2}{3}} \sigma_2 \right)$，点 $(0, 0, \sigma_3)$ 对应的

坐标是：$\left(-\frac{\sqrt{2}}{2} \sigma_3, \frac{-1}{\sqrt{6}} \sigma_3 \right)$。因此，考虑到式(6.1.5)，得到向量 $\overrightarrow{OP}$ 在 x, y 平面上投影的坐

标，也即 Q 点的坐标为

$$\begin{cases} x = \dfrac{\sqrt{2}}{2} (\sigma_1 - \sigma_3) = \dfrac{\sqrt{2}}{2} (s_1 - s_3) \\[2mm] y = \dfrac{2\sigma_2 - \sigma_1 - \sigma_3}{\sqrt{6}} = \dfrac{2s_2 - s_1 - s_3}{\sqrt{6}} \end{cases} \tag{6.1.9}$$

由此得到

$$r_\sigma = \sqrt{x^2 + y^2} = \sqrt{\frac{1}{2} (\sigma_1 - \sigma_3)^2 + \frac{1}{6} (2\sigma_2 - \sigma_1 - \sigma_3)^2}$$

$$= \sqrt{2J_2'} = \sqrt{2} \bar{\tau} = \sqrt{3} \tau_0 \tag{6.1.10}$$

$$\tan \theta_\sigma = \frac{y}{x} = \frac{1}{\sqrt{3}} \frac{2\sigma_2 - \sigma_1 - \sigma_3}{\sigma_1 - \sigma_3} \tag{6.1.11}$$

式中，$\bar{\tau}$ 和 τ_0 分别是有效剪应力和八面体剪应力(见 4.7 节)。通常把

$$\mu_\sigma = \frac{2\sigma_2 - \sigma_1 - \sigma_3}{\sigma_1 - \sigma_3} = \frac{\tau_3 - \tau_1}{\tau_2} \tag{6.1.12}$$

称为洛德(Lode)参数，代表应力状态的中间主应力与其他两个主应力的相对比值。当各应

力分量按比例增加时，μ_σ 不变。

比较式(6.1.11)和式(6.1.12),得

$$\mu_\sigma = \sqrt{3}\tan\theta_\sigma \qquad (6.1.13)$$

当规定 $\sigma_1 \geq \sigma_2 \geq \sigma_3$ 时,则有 $-1 \leq \mu_\sigma \leq 1$,$-30° \leq \theta_\sigma \leq 30°$。

$$\begin{cases} \text{在纯剪时:} \sigma_2=0,\sigma_1=\tau,\sigma_3=-\tau;\ \mu_\sigma=0,\theta_\sigma=0 \\ \text{在纯拉时:} \sigma_1=\sigma_0,\sigma_2=\sigma_3=0;\ \mu_\sigma=-1,\theta_\sigma=-30° \\ \text{在纯压时:} \sigma_3=-\sigma_0,\sigma_1=\sigma_2=0;\ \mu_\sigma=1,\theta_\sigma=30° \end{cases} \qquad (6.1.14)$$

反过来,也可以用 r_σ,θ_σ 表示 s_1,s_2,s_3。以 $\boldsymbol{\alpha}$ 表示沿 $\overrightarrow{OQ}$ 方向的单位向量,以 $\boldsymbol{\beta}$ 表示沿 π 平面 y 轴方向的单位向量,由式(6.1.9)看出,单位向量 $\boldsymbol{i},\boldsymbol{j},\boldsymbol{k}$ 在 π 平面的 y 值分别为: $\frac{-1}{\sqrt{6}},\frac{2}{\sqrt{6}},\frac{-1}{\sqrt{6}}$,向量 $\overrightarrow{OP}$ 的 $\boldsymbol{i},\boldsymbol{j},\boldsymbol{k}$ 分量在 π 平面的 y 值分别为: $-\frac{1}{\sqrt{6}}\sigma_1,\frac{2}{\sqrt{6}}\sigma_2,-\frac{1}{\sqrt{6}}\sigma_3$。因此它也就是 $\boldsymbol{\beta}$ 向量在 $\boldsymbol{i},\boldsymbol{j},\boldsymbol{k}$ 坐标轴的方向余弦,设 $\boldsymbol{\beta}=\beta_1\boldsymbol{i}+\beta_2\boldsymbol{j}+\beta_3\boldsymbol{k}$。设 $\boldsymbol{\alpha}$ 的分量分别用 $\alpha_1,\alpha_2,\alpha_3$ 表示,则有

$$\boldsymbol{\beta}\cdot\sigma_1\boldsymbol{i}=-\frac{1}{\sqrt{6}}\sigma_1, \quad \boldsymbol{\beta}\cdot\sigma_2\boldsymbol{j}=\frac{2}{\sqrt{6}}\sigma_2, \quad \boldsymbol{\beta}\cdot\sigma_3\boldsymbol{k}=-\frac{1}{\sqrt{6}}\sigma_3$$

$$\boldsymbol{\alpha}=\alpha_1\boldsymbol{i}+\alpha_2\boldsymbol{j}+\alpha_3\boldsymbol{k} \quad \boldsymbol{\beta}=\frac{1}{\sqrt{6}}(-\boldsymbol{i}+2\boldsymbol{j}-\boldsymbol{k}) \qquad (6.1.15)$$

$$\overrightarrow{OQ}=s_1\boldsymbol{i}+s_2\boldsymbol{j}+s_3\boldsymbol{k}=r_\sigma\boldsymbol{\alpha}=(r_\sigma\alpha_1\boldsymbol{i}+r_\sigma\alpha_2\boldsymbol{j}+r_\sigma\alpha_3\boldsymbol{k}) \qquad (6.1.16)$$

$\alpha_1,\alpha_2,\alpha_3$ 应满足下列关系:

$$\alpha_1^2+\alpha_2^2+\alpha_3^2=1 \qquad (6.1.17)$$

$$\alpha_1+\alpha_2+\alpha_3=\frac{1}{r_\sigma}(s_1+s_2+s_3)=0 \qquad (6.1.18)$$

$$\boldsymbol{\alpha}\cdot\boldsymbol{\beta}=\frac{1}{\sqrt{6}}(-\alpha_1+2\alpha_2-\alpha_3)=\sin\theta_\sigma \qquad (6.1.19)$$

由式(6.1.18)得 $-\alpha_1-\alpha_3=\alpha_2$,代入式(6.1.19)得

$$\alpha_2=\sqrt{\frac{2}{3}}\sin\theta_\sigma \qquad (6.1.20)$$

将 $\alpha_3=-(\alpha_1+\alpha_2)$ 代入式(6.1.17)得

$$\alpha_1^2+\alpha_1\alpha_2+\alpha_2^2-\frac{1}{2}=0 \qquad (6.1.21)$$

解出

$$\alpha_1=\frac{-\alpha_2\pm\sqrt{2-3\alpha_2^2}}{2}=\sqrt{\frac{2}{3}}\sin\left(\theta_\sigma+\frac{2\pi}{3}\right) \text{(取+号)} \qquad (6.1.22)$$

$$\alpha_3=-\alpha_1-\alpha_2=\sqrt{\frac{2}{3}}\sin\left(\theta_\sigma-\frac{2\pi}{3}\right) \qquad (6.1.23)$$

由此得用 r_σ,θ_σ 表示的 s_1,s_2,s_3

$$\begin{cases} s_1=\sqrt{\frac{2}{3}}r_\sigma\sin\left(\theta_\sigma+\frac{2\pi}{3}\right) \\ s_2=\sqrt{\frac{2}{3}}r_\sigma\sin\theta_\sigma \\ s_3=\sqrt{\frac{2}{3}}r_\sigma\sin\left(\theta_\sigma-\frac{2\pi}{3}\right) \end{cases} \qquad (6.1.24)$$

6.1.3 屈服条件,屈服曲面

前面已经提到,在单向拉压时,材料从初始弹性状态进入塑性状态时的应力值为拉伸和压缩屈服极限,它们就是初始弹性状态的界限,在复杂应力状态下的初始弹性状态的界限称为屈服条件。一般说来它可以是应力 σ_{ij}、应变 ε_{ij}、时间 t、温度 T 等的函数,可以写成

$$\Phi(\sigma_{ij},\varepsilon_{ij},t,T)=0 \tag{6.1.25}$$

在不考虑时间效应及接近常温的情况下,时间 t 及温度 T 对塑性状态没有什么影响,那么在 Φ 中将不包含 t 和 T。另外,当材料在初始屈服之前是处于弹性状态的,应力和应变之间有一一对应关系,可将 Φ 中的 ε_{ij} 用 σ_{ij} 表示,这样,屈服条件就仅仅只是应力分量的函数了,我们将其表示成

$$F(\sigma_{ij})=0 \tag{6.1.26}$$

如果我们以 σ_{ij} 的六个应力分量作坐标轴,则六维应力空间中,方程 $F(\sigma_{ij})=0$ 表示一个包围原点的曲面,称为屈服曲面。当应力点 σ_{ij} 位于此曲面之内时,即 $F(\sigma_{ij})<0$,材料处于弹性状态。当应力点位于此曲面上时,即 $F(\sigma_{ij})=0$,材料开始屈服。

为了研究屈服条件,我们按一般的塑性理论[36],将处理的问题加以限制,做以下一些假设:①初始各向同性假设;②忽略时间因素的影响;③连续性假设;④稳定材料假设;⑤变形规律与应力梯度无关的假设;⑥静水应力部分只产生弹性的体积变化,而且不影响塑性变形规律,如不影响 σ_s 等。下面我们利用这些假设,将式(6.1.26)的屈服条件进一步简化。

首先根据材料是初始各向同性的假设,屈服条件应与坐标轴方向的选取无关,因此可以写成只是应力不变量的函数

$$f(J_1,J_2,J_3)=0 \tag{6.1.27}$$

或者写成只是主应力的函数

$$F(\sigma_1,\sigma_2,\sigma_3)=0 \tag{6.1.28}$$

因此它可以用主应力空间 $\sigma_1,\sigma_2,\sigma_3$ 的一个曲面来表示。

另外,根据静水应力不影响塑性状态的假定,f 只应和应力偏量的不变量有关,即

$$f(J_1',J_2',J_3')=f(J_2',J_3')=0 \tag{6.1.29}$$

为了在主应力空间中讨论屈服面,现引进直线 Λ。直线 Λ 是通过原点 O 并与三个坐标轴成等倾角($54°44'$)的直线,其方向余弦 $\nu_1=\nu_2=\nu_3=\dfrac{1}{\sqrt{3}}$,即如图 6.1.4 所示的矢量 $\overrightarrow{ON}$。直线 Λ 上所有点表示的应力状态为只有球形应力张量,而无应力偏量张量。这种应力状态称为静水应力状态,它对材料的屈服无影响。由于矢量 $\overrightarrow{OQ}$ 代表点 P 应力状态的应力偏量张量部分,屈服就是由它引起的。

现过点 P 作一条与直线 Λ 平行的直线 Λ',如图 6.1.4 所示。显然,直线 Λ' 上所有点的应力矢量在平面 π 上的分矢量都与点 P 的应力矢量 $\overrightarrow{OP}$ 在平面 π 上的分矢量 $\overrightarrow{OQ}$ 相同,即它们都具有与点 P 相同的应力偏量张量;它们之间应力状态的差异只是在直线 Λ 上的分矢量不同,即它们的球形应力张量不同。既然影响材料屈服的只是应力偏量张量,如果点 P 是屈服点,那么直线 Λ' 上所有点必然都是屈服点。因此,在主应力空间内,屈服面是一个以直线 Λ 为轴线且母线平行于直线 Λ(垂直于平面 π)的正圆柱面,如图 6.1.7(a)所示。

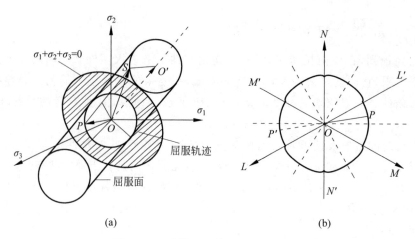

图 6.1.7　屈服面及其屈服线的对称性

一点的应力状态如果处于屈服面内,那么此点就处于弹性状态;一点的应力状态如果处于屈服面上,那么这点就要开始屈服。

从物理意义上考虑屈服可知,位于平面 π 内的屈服曲线具有一些重要特性:

(1) 屈服曲线是一条封闭曲线,坐标原点被原点包围在内。这是因为坐标原点为无应力状态,显然材料不会在此状态下屈服,因此,屈服曲线不会通过坐标原点,只可能把它包围在内。屈服曲线内部是弹性应力状态,其外部则是塑性应力状态。如果曲线不封闭,就会出现在某些很高应力值的应力状态下仍不屈服,这显然是不可能的。

(2) 屈服曲线与任一条从坐标原点出发的向径必然相交一次,而且仅相交一次。前者显然成立;至于后者,因为材料既然出现了初始屈服,就不可能又在比同一应力状态大的应力状态下再次达到屈服。

(3) 屈服曲线对于三个坐标轴及其垂线均对称。由于 π 平面与三个主应力轴等倾,故三个主应力($\sigma_1,\sigma_2,\sigma_3$)轴在平面 π 上的投影 OL、OM、ON 是互成 $120°$ 夹角的三根轴,如图 6.1.7(b)所示。由于材料初始屈服是各向同性的,因而如果($\sigma_1,\sigma_2,\sigma_3$)是屈服应力,那么($\sigma_1,\sigma_3,\sigma_2$)也一定是屈服应力,因此屈服曲线一定对称于 σ_1 轴在平面 π 上的投影 LL'。同理,屈服曲线也一定对称于 MM' 和 NN'。对材料还有另一假定:正屈服应力和负屈服应力相等。因此,通过点 O 的直线一定和屈服曲线相交在等距离的地方,因而屈服曲线不仅对称于 LL'、MM'、NN' 三个轴,而且也一定对称于这三个轴的分角线。

综上所述,屈服曲线有六条对称线,这六条直线把屈服曲线分割成十二个成 $30°$ 角的形状相同的扇形,只要求出这十二个中的任何一个,就可根据对称性作出整个屈服曲线。

6.2　两个常用的屈服准则

有两个屈服准则经过大量实践证明是比较符合实际工程金属材料的,而且使用起来也比较方便,一个是特雷斯卡(Tresca)屈服准则,另一个是米泽斯(Mises)屈服准则[36-39]。

6.2.1　特雷斯卡屈服准则

特雷斯卡屈服准则又称为最大剪应力屈服条件[36-39]，认为：当最大剪应力达到某个临界值时，即

$$\tau_{\max}=\tau_s \tag{6.2.1}$$

材料将开始屈服。式中，τ_s 是材料的剪切屈服应力，可由实验确定。

当主应力的大小次序已知，即 $\sigma_1>\sigma_2>\sigma_3$ 时，最大剪应力为

$$\tau_{\max}=\frac{\sigma_1-\sigma_3}{2} \tag{6.2.2}$$

因此，特雷斯卡屈服准则可写成

$$\frac{\sigma_1-\sigma_3}{2}=\tau_s \tag{6.2.3}$$

对于简单拉伸情况，由于 $\sigma_1>0,\sigma_2=\sigma_3=0$，故最大剪应力为 $\tau_{\max}=\dfrac{\sigma_1}{2}$。当简单拉伸开始出现屈服时，$\sigma_1=\sigma_s$。$\sigma_s$ 为简单拉伸屈服应力，因而此时最大剪应力为 $\tau_{\max}=\dfrac{\sigma_s}{2}$。与屈服准则对照，因而有 $\tau_s=\dfrac{\sigma_s}{2}$。由此可见，按照特雷斯卡准则，材料的剪切屈服应力 τ_s 应为其简单拉伸屈服应力 σ_s 的一半。

将 $\tau_s=\dfrac{\sigma_s}{2}$ 代入 $\dfrac{\sigma_1-\sigma_3}{2}=\tau_s$，得 $\sigma_1-\sigma_3=\sigma_s$。因而，当主应力的大小次序已知，即 $\sigma_1>\sigma_2>\sigma_3$ 时，特雷斯卡准则为

$$\frac{\sigma_1-\sigma_3}{2}=\tau_s=\frac{\sigma_s}{2} \tag{6.2.4}$$

或

$$\sigma_1-\sigma_3=\sigma_s \tag{6.2.5}$$

当主应力的大小次序未知时，准则可表示为

$$|\sigma_1-\sigma_2|=\sigma_s,\quad |\sigma_2-\sigma_3|=\sigma_s,\quad |\sigma_3-\sigma_1|=\sigma_s \tag{6.2.6}$$

只要上述条件式(6.2.6)中的任何一式成立，材料将开始屈服。也可将上述条件写成统一形式，即

$$\tau_{\max}=\frac{1}{2}\max\{|\sigma_1-\sigma_2|,|\sigma_2-\sigma_3|,|\sigma_3-\sigma_1|\}=\tau_s=\frac{\sigma_s}{2} \tag{6.2.7}$$

只要式(6.2.7)的 $\dfrac{1}{2}|\sigma_1-\sigma_2|$、$\dfrac{1}{2}|\sigma_2-\sigma_3|$、$\dfrac{1}{2}|\sigma_3-\sigma_1|$ 这三项中任何一项达到 τ_s，材料将开始屈服；如果这三项都小于 τ_s，则材料仍处于弹性状态。由准则的表达式可看出，式中只出现了最大主应力 σ_1 和最小主应力 σ_3，而中间主应力 σ_2 未包含在内，显然准则认为中间主应力不影响屈服，即准则未考虑中间主应力对屈服的影响。

由特雷斯卡准则的统一表达式(6.2.7)可知，在主应力空间，表示特雷斯卡准则的屈服曲面是一个垂直于平面 π 的正六角柱体面，如图6.2.1(a)所示；通常称此正六角柱面为特

雷斯卡六角柱面。屈服曲面在平面 π 上的屈服曲线是一个正六边形,如图 6.2.1(b)所示;通常称此正六边形为特雷斯卡正六边形。

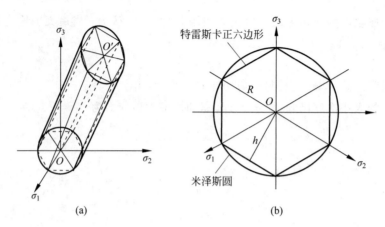

图 6.2.1 特雷斯卡屈服准则的正六角柱体面和 π 平面上的正六边形

对于平面应力状态,$\sigma_3 = 0$,准则可简化为

$$|\sigma_1 - \sigma_2| = \sigma_s, \quad |\sigma_2| = \sigma_s, \quad |\sigma_1| = \sigma_s \tag{6.2.8}$$

此式在 $\sigma_1 - \sigma_2$ 平面内的图形是一个斜六边形,如图 6.2.2 所示。通常称此斜六边形为特雷斯卡六边形,它就是特雷斯卡六角柱体与 σ_1-σ_2 平面的交线。

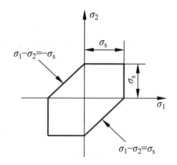

图 6.2.2 平面应力状态下特雷斯卡屈服准则在 σ_1-σ_2 平面上的斜六边形

特雷斯卡屈服条件的数学表达式很简单,与实验结果也较符合。但在使用该条件时,需预先知道主应力的大小次序,这样才能求出最大剪应力 τ_{max}。而一般情况下,主应力的大小次序是未知的,而且主应力的大小次序还可能随加载的变化而改变,因而使用起来比较困难。

6.2.2 米泽斯屈服准则

开始提出米泽斯屈服准则的出发点是为了简化计算。应该指出,平面 π 上的特雷斯卡六边形的六个顶点是实验得到的,但是连接这六个顶点的直线都是假定的,而且六边形的不连续性会引起数学处理上的困难。于是,米泽斯认为[36-39],如果用一个圆将这六个顶点连接起来可能更合理,他提出的屈服条件的数学表达式为

$$(\sigma_1 - \sigma_2)^2 + (\sigma_2 - \sigma_3)^2 + (\sigma_3 - \sigma_1)^2 = 6k^2 \tag{6.2.9}$$

如果$(\sigma_1-\sigma_2)^2+(\sigma_2-\sigma_3)^2+(\sigma_3-\sigma_1)^2<6k^2$,材料将仍处于弹性状态;如果应力状态一旦满足屈服条件式(6.2.9),材料将开始屈服。

Hencky对此屈服条件的物理意义进行了解释[36-39]。他指出,米泽斯方程(6.2.9)相当于认为弹性应变能U达到某个临界值时材料将开始屈服。由于平均正应力σ_m(静水应力)对材料的屈服没有贡献,也就是说弹性应变能U中的体积应变能U_v对屈服不起作用,因而可认为决定屈服的只是弹性应变能U中的形状变化应变能U_d(又称畸变能)。所以,他提出屈服准则可表达为:当畸变能达到某个临界值时,材料将开始屈服。故而米泽斯屈服准则又称为畸变能屈服条件。

由于畸变能$U_d=\dfrac{1}{2G}J_2'$,即$J_2'=2GU_d$。于是,米泽斯屈服准则的表达式可写成

$$J_2'=k^2 \tag{6.2.10}$$

式中,J_2'为应力偏量张量的第二不变量,见4.6节;k为表征材料屈服特性的参数,不同材料的k值可由简单拉伸实验确定。

式(6.2.9)与式(6.2.10)实际上是等价的,因为

$$J_2'=k^2 \tag{6.2.11}$$

而

$$J_2'=\frac{1}{6}\left[(\sigma_1-\sigma_2)^2+(\sigma_2-\sigma_3)^2+(\sigma_3-\sigma_1)^2\right] \tag{6.2.12}$$

故

$$\frac{1}{6}\left[(\sigma_1-\sigma_2)^2+(\sigma_2-\sigma_3)^2+(\sigma_3-\sigma_1)^2\right]=k^2 \tag{6.2.13}$$

即

$$(\sigma_1-\sigma_2)^2+(\sigma_2-\sigma_3)^2+(\sigma_3-\sigma_1)^2=6k^2 \tag{6.2.14}$$

简单拉伸屈服时,$\sigma_1=\sigma_s$,$\sigma_2=\sigma_3=0$,代入式(6.2.14)可得

$$k=\frac{1}{\sqrt{3}}\sigma_s \tag{6.2.15}$$

纯剪切屈服时,$\sigma_1=-\sigma_3=\tau_y$,$\sigma_2=0$,同样代入式(6.2.14)可得

$$k=\tau_y \tag{6.2.16}$$

将简单拉伸屈服时与纯剪切屈服时所得到的结果加以比较,可得

$$\tau_y=\frac{1}{\sqrt{3}}\sigma_s \tag{6.2.17}$$

由此可知,按照此准则,剪切屈服应力τ_y应为简单拉伸屈服应力σ_s的$1/\sqrt{3}\approx0.577$。

将$k=\dfrac{1}{\sqrt{3}}\sigma_s$代入准则,即

$$J_2'=\frac{1}{6}\left[(\sigma_1-\sigma_2)^2+(\sigma_2-\sigma_3)^2+(\sigma_3-\sigma_1)^2\right]=k^2=\frac{1}{3}\sigma_s^2 \tag{6.2.18}$$

也即

$$(\sigma_1-\sigma_2)^2+(\sigma_2-\sigma_3)^2+(\sigma_3-\sigma_1)^2=2\sigma_s^2 \tag{6.2.19}$$

很明显,在主应力空间,方程(6.2.19)表示的屈服面是一个垂直于平面π的圆柱面,如

图 6.2.1(a)所示。通常称此圆柱面为米泽斯圆柱面。它在平面 π 上的屈服曲线是一个圆，如图 6.2.1(b)所示。

可以证明，米泽斯圆柱面就是特雷斯卡正六角柱面的外接圆柱面；在平面 π 上的米泽斯圆就是特雷斯卡正六边形的外接圆，而且此外接圆半径为 $r = \sqrt{2J_2'} = \sqrt{\dfrac{2}{3}}\sigma_s$。

对于平面应力状态，$\sigma_3 = 0$，由式(6.2.19)可知，米泽斯准则这时可简化为

$$\sigma_1^2 - \sigma_1\sigma_2 + \sigma_2^2 = \sigma_s^2 \tag{6.2.20}$$

即

$$\left(\frac{\sigma_1}{\sigma_s}\right)^2 - \left(\frac{\sigma_1}{\sigma_s}\right)\left(\frac{\sigma_2}{\sigma_s}\right) + \left(\frac{\sigma_2}{\sigma_s}\right)^2 = 1 \tag{6.2.21}$$

此方程在 σ_1-σ_2 平面内的图形是一个椭圆，如图 6.2.3 所示，通常称此椭圆为米泽斯椭圆，它就是米泽斯圆柱体与 σ_1-σ_2 平面的交线。

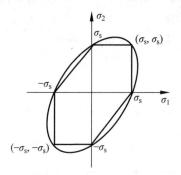

图 6.2.3　平面应力状态下特雷斯卡屈服准则在 σ_1-σ_2 平面上的斜六边形和
米泽斯屈服准则在 σ_1-σ_2 平面上的椭圆

对于米泽斯屈服曲线准则的讨论，还应提到苏联学者伊留申的工作[37-38]。他把应力强度 $\bar{\sigma}$(即第 4 章中的等效应力)概念引入了屈服条件，把米泽斯准则解释为：当应力强度 $\bar{\sigma}$ 达到简单拉伸屈服应力 σ_s 时，材料将开始屈服。伊留申的解释为

$$\bar{\sigma} = \frac{1}{\sqrt{2}}\left[(\sigma_1 - \sigma_2)^2 + (\sigma_2 - \sigma_3)^2 + (\sigma_3 - \sigma_1)^2\right]^{1/2} = \sigma_s \tag{6.2.22}$$

这相当于

$$(\sigma_1 - \sigma_2)^2 + (\sigma_2 - \sigma_3)^2 + (\sigma_3 - \sigma_1)^2 = 2\sigma_s^2 \tag{6.2.23}$$

此式即式(6.2.19)，也即米泽斯准则。

伊留申把复杂应力状态的屈服条件通过有效应力 $\bar{\sigma}$ 与简单拉伸屈服应力 σ_s 联系起来，使得米泽斯屈服条件的物理意义更加明晰，并对建立弹塑性变形理论具有重要意义。

6.2.3　屈服条件的实验验证

当规定 $\sigma_1 \geqslant \sigma_2 \geqslant \sigma_3$ 时，有 $-1 \leqslant \mu_\sigma \leqslant 1$，$-30° \leqslant \theta_\sigma \leqslant 30°$。在纯拉伸屈服时，由式(6.1.10)～式(6.1.12)有

$$\begin{cases} \sigma_1 = \sigma_s,\ \sigma_2 = \sigma_3 = 0,\ \mu_\sigma = -1,\ \theta_\sigma = -30° \\[2mm] r_\sigma = \sqrt{2J_2'} = \sqrt{\dfrac{2}{3}}\sigma_s \end{cases} \tag{6.2.24}$$

在纯剪切屈服时,类似的可求出

$$\begin{cases} \sigma_1 = \tau_s, \sigma_2 = 0, \sigma_3 = -\tau_s, \mu_\sigma = 0, \theta_\sigma = 0 \\ r_\sigma = \sqrt{2}\,\tau_s \end{cases} \qquad (6.2.25)$$

因此,通过这两个实验,可以确定 π 平面上屈服曲线上的相应点 A 及 B(图 6.2.4),AB 之间的屈服曲线($-30° \leqslant \theta_\sigma \leqslant 0, -1 \leqslant \mu_\sigma \leqslant 0$)可以通过双向应力的实验来决定,通常用薄壁圆筒同时承受拉伸及内压的实验,或让薄壁圆筒同时受拉伸与扭转作用,使得在管壁内产生双向应力。

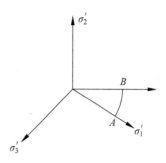

图 6.2.4　π 平面上的一段屈服曲线

设薄壁圆筒的平均半径为 R,壁厚为 h,并且 $h/R \ll 1$,这时管中的应力可以近似看成均匀的。在受拉力 T 及内压 p 作用的情况、管中的周向应力 σ_θ、轴向应力 σ_z 及径向应力 σ_r 分别为

$$\sigma_\theta = p\,\frac{R}{h}, \quad \sigma_z = \frac{T}{2\pi Rh}, \quad \sigma_r \approx 0 \qquad (6.2.26)$$

式中,σ_r 从内壁的 $-p$ 变到外壁的零,和其他两个主应力相比可以略去。如果 $\sigma_\theta \geqslant \sigma_z$,则可取 $\sigma_1 = \sigma_\theta, \sigma_2 = \sigma_z, \sigma_3 = \sigma_r = 0$,于是

$$\mu_\sigma = \frac{2\sigma_2 - \sigma_1 - \sigma_3}{\sigma_1 - \sigma_3} = \frac{2\sigma_z - \sigma_\theta}{\sigma_\theta} = \frac{T - \pi R^2 p}{\pi R^2 p} \qquad (6.2.27)$$

当 $T = 0$ 时 $\mu_\sigma = -1, \theta_\sigma = -30°$;当 $T = \pi R^2 p$ 时,$\mu_\sigma = 0, \theta_\sigma = 0°$。因此只要控制 T, p 满足 $\pi R^2 p \geqslant T \geqslant 0$ 就能实现 $-1 \leqslant \mu_\sigma \leqslant 0, -30° \leqslant \theta_\sigma \leqslant 0$ 的条件。

对于薄壁圆筒受拉力 T 及扭矩 M 作用的情形,类似地可得出

$$\sigma_z = \frac{T}{2\pi Rh}, \quad \tau_{\theta z} = \frac{M}{2\pi R^2 h} \qquad (6.2.28)$$

$$\sigma_1 = \frac{\sigma_z}{2} + \frac{1}{2}\sqrt{\sigma_z^2 + 4\tau_{\theta z}^2}, \quad \sigma_2 = 0, \quad \sigma_3 = \frac{\sigma_z}{2} - \frac{1}{2}\sqrt{\sigma_z^2 + 4\tau_{\theta z}^2} \qquad (6.2.29)$$

$$\mu_\sigma = \frac{-\sigma_z}{\sqrt{\sigma_z^2 + 4\tau_{\theta z}^2}} = \frac{-T}{\sqrt{T^2 + \dfrac{4M^2}{R^2}}} \qquad (6.2.30)$$

当 $T = 0$ 时,$\mu_\sigma = 0, \theta_\sigma = 0$;当 $M = 0$ 时,$\mu_\sigma = -1, \theta_\sigma = -30°$。因此只要满足 $T \geqslant 0$,则 $-1 \leqslant \mu_\sigma \leqslant 0$ 的条件就可以实现。

特雷斯卡屈服条件和米泽斯屈服条件最主要的差别在于中间主应力是否影响屈服。下面我们介绍的两个实验结果,都表明米泽斯屈服条件比特雷斯卡条件更接近于实验结果,也即中间主应力对屈服是有影响的。

(1) 洛德(Lode)在 1925 年分别对铁、铜和镍做成的薄圆筒,在拉伸和内压力联合作用下进行了屈服实验[36]。其结果表示在图 6.2.5 中。图中的横坐标是 μ_σ,变化范围是 $-1 \leqslant \mu_\sigma \leqslant 1$,纵坐标是 $(\sigma_1 - \sigma_3)/\sigma_s$。并规定在简单拉伸时两个屈服条件重合,这时米泽斯条件和特雷斯卡条件分别采用式(6.2.11)和式(6.2.7)的表达式,并规定 $\sigma_1 \geqslant \sigma_2 \geqslant \sigma_3$。对特雷斯卡屈服条件有

$$\tau_{max} = \frac{\sigma_1 - \sigma_3}{2} = \frac{\sigma_s}{2} \qquad (6.2.31)$$

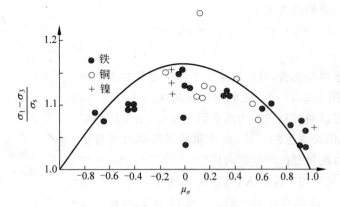

图 6.2.5 洛德(Lode)屈服实验结果[36]

即

$$\frac{\sigma_1 - \sigma_3}{\sigma_s} = 1 \qquad (6.2.32)$$

对米泽斯屈服条件,这时有 $J_2' = \sigma_s^2/3$,在 π 平面上圆的半径由式(6.1.10)求出

$$r_\sigma = \sqrt{2J_2'} = \sqrt{\frac{2}{3}}\,\sigma_s \qquad (6.2.33)$$

而

$$\begin{aligned} r_\sigma &= \sqrt{\frac{1}{2}(\sigma_1 - \sigma_3)^2 + \frac{1}{6}(2\sigma_2 - \sigma_1 - \sigma_3)^2} \\ &= \frac{(\sigma_1 - \sigma_3)}{\sqrt{6}}\sqrt{3 + \left(\frac{2\sigma_2 - \sigma_1 - \sigma_3}{\sigma_1 - \sigma_3}\right)^2} \\ &= \frac{(\sigma_1 - \sigma_3)}{\sqrt{6}}\sqrt{3 + \mu_\sigma^2} \qquad (6.2.34) \end{aligned}$$

比较以上两式,得

$$\frac{\sigma_1 - \sigma_3}{\sigma_s} = \frac{2}{\sqrt{3 + \mu_\sigma^2}} \qquad (6.2.35)$$

在做实验时 μ_σ 的值由式(6.2.27)给出。

表达式(6.2.32)、式(6.2.35)以及实验点都绘于图 6.2.5 上,可以看出,实验点更接近米泽斯屈服条件。

(2)泰勒-奎尼(Taylor-Quinney)在 1931 年分别对铜、铝、软钢做成的薄圆筒,在拉伸和扭转联合作用下进行了屈服实验[36]。同样规定在简单拉伸时,两个屈服条件重合,这时由式(6.2.29),对特雷斯卡屈服条件有

$$\tau_{\max} = \frac{\sigma_1 - \sigma_3}{2} = \frac{1}{2}\sqrt{\sigma_z^2 + 4\tau_{\theta z}^2} = \frac{\sigma_s}{2} \qquad (6.2.36)$$

对米泽斯屈服条件有

$$J_2' = \frac{1}{6}\left[2\sigma_z^2 + 6\tau_{\theta z}^2\right] = \frac{1}{3}\sigma_s^2 \qquad (6.2.37)$$

即

$$\sigma_z^2 + 3\tau_{\theta z}^2 = \sigma_s^2 \tag{6.2.38}$$

记 $\sigma = \sigma_z$，$\tau = \tau_{\theta z}$，则上两式可改写成

$$\begin{cases} \left(\dfrac{\sigma}{\sigma_s}\right)^2 + 4\left(\dfrac{\tau}{\sigma_s}\right)^2 = 1 \quad \text{特雷斯卡} \\[3mm] \left(\dfrac{\sigma}{\sigma_s}\right)^2 + 3\left(\dfrac{\tau}{\sigma_s}\right)^2 = 1 \quad \text{米泽斯} \end{cases} \tag{6.2.39}$$

将上述理论曲线和实验结果都绘在图 6.2.6 上，也可以看出实验结果更接近于米泽斯屈服
条件。

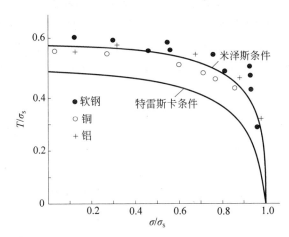

图 6.2.6　泰勒-奎尼屈服实验结果[40]

以上两个实验和其他一些实验结果表明，实验点更接近米泽斯屈服条件，但对于金属
材料而言，实验点多数落在这两个屈服条件所包围的范围之内。从图 6.2.5 看出，两个屈服
条件在 $\mu_\sigma = 0$ 时差别最大。这时特雷斯卡屈服条件给出 $\dfrac{\sigma_1 - \sigma_3}{\sigma_s} = 1$，米泽斯屈服条件给出

$\dfrac{\sigma_1 - \sigma_3}{\sigma_s} = \dfrac{2}{\sqrt{3}} = 1.154$，即两个屈服条件的最大差别不超过 15.5%。由于这两个屈服条件在
数学运算上各有其方便的地方，所以在实用上，这两种屈服条件都在使用。如果在具体问
题中 μ_σ 的变化不大(表示应力分量之间的比例变化不大)还可以设法使两者的差别缩小。
因为在图 6.2.5 中，我们使 $\mu_\sigma = -1$ 时两者重合，故在 $\mu_\sigma = 0$ 时两者差别最大。若取某一具
体 μ_σ 时两者重合，在 μ_σ 变化不大时则在其附近两者差别就可以较小。

6.3　弹塑性应力-应变关系的特点及几种理想模型

在弹性变形阶段，应力与应变之间成线性关系，服从胡克定律，使用线弹性的变形体模
型。但当应力超过屈服极限以后，材料将进入塑性阶段。在塑性阶段，应力与应变之间的
关系是非线性的，应变不仅与应力状态有关，而且与变形历史密切相关。

关于塑性阶段应力-应变关系的特点，可先从简单拉伸时的情况了解，如图 6.3.1 所示。

简单拉伸时当应力 σ 超过材料的屈服极限 σ_s 以后,材料将进入弹塑性变形阶段,其总应变 ε_{ij} 可分解为弹性应变 ε_{ij}^e 和塑性应变 ε_{ij}^p 两部分,即

$$\varepsilon_{ij} = \varepsilon_{ij}^e + \varepsilon_{ij}^p, \quad \varepsilon = \varepsilon^e + \varepsilon^p \tag{6.3.1}$$

此时如果卸载,例如从拉伸曲线上的点 D 开始卸载,其应力-应变关系将不再沿原加载路径 OCD 的反向变化并回到原始状态点 O,而是沿着与线段 OC 平行的线段 DE 改变,即只是其弹性应变 ε_{ij}^e 在卸载过程中服从胡克定律,并在卸载后仍能回到零;而塑性应变 ε_{ij}^p 则在卸载过程中一直保持不变,并在卸载后保持下来成为残余应变。

塑性应力-应变关系的特点是非线性和不唯一性。所谓非线性是指应力-应变关系不是线性关系;所谓不唯一性是指应变状态不能单值地由应力状态唯一确定。例如在图 6.3.1 中,点 D、G、E 都具有相同的塑性状态 ε^p,却对应着不同的应力。由此可充分说明,在塑性阶段,应变状态不仅与应力状态有关,而且与加载路径(也称加载历史)有关。

为便于讨论弹塑性应力与应变之间的复杂关系,在单轴应力状态下,建立了几种应力-应变关系的理想模型。

(1) 理想塑性模型

在屈服前处于刚体无变形状态,而一旦屈服后即进入不强化的理想塑性流动状态,如图 6.3.2 所示。其应力-应变关系的表达式为

$$\sigma = \sigma_s \tag{6.3.2}$$

只有在材料塑性变形很大且强化程度很低时,这种理想化才比较符合实际情况,因为此时弹性应变相对于大量塑性流动而言已很小,故可将其略去。

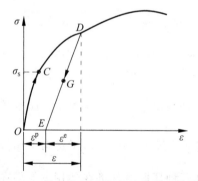

图 6.3.1 简单拉伸时应力-应变关系的特点

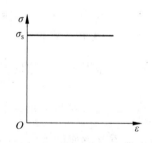

图 6.3.2 理想塑性模型

(2) 理想弹塑性模型

弹性阶段的应力-应变关系是线性的,屈服后是不强化的理想塑性流动状态,如图 6.3.3 所示。其应力-应变关系的表达式为

$$\sigma = \begin{cases} E\varepsilon, & \varepsilon \leqslant \varepsilon_s \\ \sigma_s, & \varepsilon > \varepsilon_s \end{cases} \tag{6.3.3}$$

塑性区受弹性区约束,塑性变形与弹性变形属同一量级,但一旦全截面都进入塑性状态,则塑性流动将无限制地进行下去。理想刚塑性模型和理想弹塑性模型合称为理想塑性模型。

(3) 刚塑性线性强化模型

屈服前为刚性无变形状态,屈服后为线性强化,即屈服后应力随塑性应变的增加而成

线性增加,如图 6.3.4 所示。其应力-应变关系的表达式为

$$\sigma = \sigma_s + E_1 \varepsilon \tag{6.3.4}$$

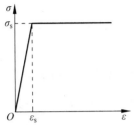
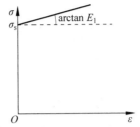

图 6.3.3 理想弹塑性模型　　　　图 6.3.4 刚塑性线性强化模型

（4）弹塑性线性强化模型

弹性阶段是线性的,屈服后线性强化,如图 6.3.5 所示。其应力-应变关系的表达式为

$$\sigma = \begin{cases} E\varepsilon, & \varepsilon \leqslant \varepsilon_s, \\ \sigma_s + E_1(\varepsilon - \varepsilon_s) & \varepsilon > \varepsilon_s \end{cases} \tag{6.3.5}$$

（5）幂强化模型

如图 6.3.6 所示,以一个幂函数来统一表达材料的应力-应变关系

$$\sigma = A\varepsilon^n \tag{6.3.6}$$

式中,A 和 n 均为材料常数。$A>0$,n 称为强化系数。当 $n=0$ 时,为理想刚塑性材料;当 $n=1$ 时,为理想线弹性体。由于式中只包含 A 和 n 两个参数,因而不能准确表示材料的性质,然而由于其表达式很简单,所以也常使用。

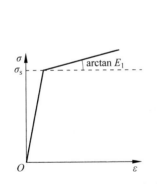
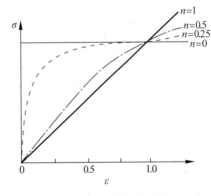

图 6.3.5 弹塑性线性强化模型　　　　图 6.3.6 幂强化模型

（6）Ramberg-Osgood 三参量模型

三参量模型考虑弹性变形阶段,可以表示为

$$\sigma = \begin{cases} E\varepsilon, & \varepsilon \leqslant \varepsilon_s \\ A\varepsilon^n + B, & \varepsilon > \varepsilon_s \end{cases} \tag{6.3.7}$$

其中常数 A、B 由 $\varepsilon = \varepsilon_s$ 处 σ 和 $d\sigma/d\varepsilon$ 的连续性要求决定,n 由强化的曲线决定。Ramberg-Osgood 模型用得较多,它可以写成如下形式:

$$\varepsilon = \frac{\sigma}{E}\left[1+\left(\frac{\sigma}{\sigma_s}\right)^m\right], \quad m>1 \tag{6.3.8}$$

当 σ 小时,右边括号内的第二项可以略去,这就和弹性时规律一样;而当 σ 大时,则接近幂次强化规律,由于用了统一表达式就不存在弹塑性交界面的问题。$\sigma=\sigma_s, \varepsilon=2\varepsilon_s=2\dfrac{\sigma_s}{E}$ 是各种 m 值曲线共同通过的点。

在应力改变符号并且在"反方向"产生屈服时,其加载曲线可以表示成 $f(\sigma, \varepsilon^p, \kappa)=0$ 的形式,这里 κ 是与塑性应变累积值 $\int|\mathrm{d}\varepsilon^p|$ 有关的参量。 最常用的加载曲线简化模型是下面介绍的两种,实验数据则分散在这两种模型之间。

(1) 等向强化模型(图 6.1.3(c))

在等向强化时,无论经历的是拉伸塑性应变还是压缩塑性应变都将同样影响强化,因此可以把强化规律表示成

$$f=|\sigma|-\sigma_s-\kappa=|\sigma|-\sigma_s-\kappa\left(\int|\mathrm{d}\varepsilon^p|\right)=0 \tag{6.3.9}$$

其中 $\kappa\left(\int|\mathrm{d}\varepsilon^p|\right)$ 的规律可以根据简单拉伸时的规律得出,这时有

$$f=|\sigma|-\sigma_s-\kappa(\varepsilon^p)=0 \quad \text{或者} \quad \sigma=\sigma_s+\kappa(\varepsilon^p) \tag{6.3.10}$$

(2) 随动强化模型(图 6.1.3(b))

在这种情况,由于包氏效应减少了"反方向"的屈服应力,使总的弹性范围的大小不变,故有

$$\sigma_s^+ - \sigma_s^- = 2\sigma_s \tag{6.3.11}$$

它也相当于 σ-ε 曲线的原点 O 随着强化率移动到 O' 点,如图 6.1.3(b)所示。设 O' 点的应力为 α,则式(6.3.11)可以表示成

$$f=|\sigma-\alpha|-\sigma_s=0 \tag{6.3.12}$$

在线性强化情形,$\alpha=c\varepsilon^p$,上式可写成

$$f=|\sigma-c\varepsilon^p|-\sigma_s=0 \tag{6.3.13}$$

系数 c 也可由简单拉伸时的规律来确定,这时由上式得

$$\sigma=\sigma_s+c\varepsilon^p=\sigma_s+c\left(\varepsilon-\frac{\sigma}{E}\right) \tag{6.3.14}$$

与式(6.3.5)作比较,可以得出

$$c=\frac{EE_1}{E-E_1}=H' \tag{6.3.15}$$

H' 也是刚塑性线性强化曲线的斜率。

在小弹塑性理论中用迭代法解弹塑性问题时,还常用下列数学表达式来描述强化规律:

$$\sigma=E\varepsilon[1-\omega(\varepsilon)] \tag{6.3.16}$$

当 $\varepsilon\leqslant\varepsilon_s=\dfrac{\sigma_s}{E}$ 时,$\omega=0$,而当 $\varepsilon\to\infty$ 时,应该有 $\omega(\varepsilon)\to1$。

如果材料是线性强化的,则有

$$\omega=\lambda\left(1-\frac{\varepsilon_s}{\varepsilon}\mathrm{sgn}\varepsilon\right), \quad |\varepsilon|\geqslant\varepsilon_s \tag{6.3.17}$$

式中,$\lambda=(E-E_1)/E$,$\mathrm{sgn}\varepsilon$ 只表示 ε 的符号。对于理想塑性材料,$E_1=0$,故 $\lambda=1$,对于线

性弹性材料,$E_1 = E$,$\lambda = 0$,因此,对一般材料 $0 \leqslant \lambda \leqslant 1$。式(6.3.16)只对加载时适用。

还应指出,在载荷作用下,变形体中有的部分可能仍处于弹性状态,有的部分可能已进入塑性状态,因而变形体可分为弹性区和塑性区。在弹性区,加载与卸载都服从胡克定律。但在塑性区,加载过程服从塑性规律,而卸载过程则服从胡克定律。材料的弹性性质不受塑性变形的影响。

由于在塑性状态下的应变与加载路径有关,因而欲求塑性阶段的总应变,就不能再像弹性阶段那样可简单地由应力直接用胡克定律求出应变,而只能由应变增量 $\mathrm{d}\varepsilon_{ij}$(即应变在加载过程中的微小变化)通过积分来求出总应变;总之,在塑性状态下应力与应变之间的关系本质上是增量关系,而不再是弹性状态下胡克定律所描述的那种全量关系。

论述材料在塑性状态下应力-应变关系的理论常用的有两类[36-39]:一类是增量理论,又称为流动理论;另一类是全量理论,又称为形变理论。增量理论描述的是材料在塑性状态下应力与应变增量之间的关系,反映了塑性变形的本质,适用于任何加载方式。常用的增量理论有 Levy-Mises 理论和 Prandtl-Reuss 理论,后者是在前者基础上的改进。全量理论描述的是在塑性状态下应力与应变全量之间的关系见 6.6 节。

6.4 加卸载条件和加载曲面

6.4.1 理想塑性材料的加载和卸载

在复杂应力状态下,理想塑性材料的屈服条件是不变的,即加载条件和屈服条件一样,在应力空间中,加载曲面的形状、大小和位置都和屈服曲面一样。当应力点保持在屈服面上时,我们称之为加载,这时塑性变形可任意增长(后面将证明,各塑性应变分量之间的比例不能任意,需要满足一定关系);当应力点从屈服面上变到屈服面内时就称为卸载。如果以 $f(\sigma_{ij}) = 0$ 表示屈服面,则可以把上述加载和卸载准则用数学形式表示如下:

$$\begin{cases} f(\sigma_{ij}) < 0, & \text{弹性状态} \\ f(\sigma_{ij}) = 0, \mathrm{d}f = f(\sigma_{ij} + \mathrm{d}\sigma_{ij}) - f(\sigma_{ij}) = \dfrac{\partial f}{\partial \sigma_{ij}} \mathrm{d}\sigma_{ij} = 0, & \text{加载} \\ f(\sigma_{ij}) = 0, \mathrm{d}f = f(\sigma_{ij} + \mathrm{d}\sigma_{ij}) - f(\sigma_{ij}) = \dfrac{\partial f}{\partial \sigma_{ij}} \mathrm{d}\sigma_{ij} < 0, & \text{卸载} \end{cases} \quad (6.4.1)$$

在应力空间中,屈服面的外法线方向 $\boldsymbol{n}$ 向量的分量与 $\dfrac{\partial f}{\partial \sigma_{ij}}$ 成正比,$\dfrac{\partial f}{\partial \sigma_{ij}} \mathrm{d}\sigma_{ij} < 0$ 表示应力增量向量指向屈服面内;$\dfrac{\partial f}{\partial \sigma_{ij}} \mathrm{d}\sigma_{ij} = 0$ 表示 $\boldsymbol{n} \cdot \mathrm{d}\boldsymbol{\sigma} = 0$,即应力点只能沿屈服面变化,乃属加载(图 6.4.1)。由于屈服面不能扩大,$\mathrm{d}\boldsymbol{\sigma}$ 不能指向屈服面外。

对于非正则屈服面(即 $\boldsymbol{n}$ 沿曲面的变化允许出现不连续性,像特雷斯卡屈服条件中在两个屈服条件的"交点"处),如设该屈服面由 n 个正则曲面 $f_k = 0(k = 1, l, n)$ 构成,则有

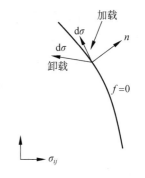

图 6.4.1 屈服面上的加载和卸载方向

$$\begin{cases} f_k(\sigma_{ij}) < 0, k=1,2,\cdots,n, \text{应力处在弹性状态} \end{cases} \tag{6.4.2a}$$

$$\left.\begin{cases} f_k(\sigma_{ij}) < 0, k=1,2,\cdots,n, k \neq l \\ f_l(\sigma_{ij}) = 0 \end{cases}\right\}, \text{应力处在} f_l = 0 \text{的曲面上} \tag{6.4.2b}$$

$$\left.\begin{cases} f_k(\sigma_{ij}) < 0, k=1,2,\cdots,n, k \neq l, k \neq m \\ f_l(\sigma_{ij}) = f_m(\sigma_{ij}) = 0, \end{cases}\right\} \begin{array}{l} \text{应力处在} f_l = 0 \text{及} f_m = 0 \\ \text{两曲面的交线上} \end{array} \tag{6.4.2c}$$

当应力点只处在 $f_l = 0$ 屈服面上时,其加载卸载准则将和式(6.4.1)一样,

$$\begin{cases} f_l = 0, \quad \mathrm{d}f_l = \dfrac{\partial f_l}{\partial \sigma_{ij}} \mathrm{d}\sigma_{ij} = 0, \quad 加载 \\ \\ f_l = 0, \quad \mathrm{d}f_l = \dfrac{\partial f_l}{\partial \sigma_{ij}} \mathrm{d}\sigma_{ij} < 0, \quad 卸载 \end{cases} \tag{6.4.3}$$

当应力点处在 $f_l = 0$ 及 $f_m = 0$ 两个屈服面的"交线"上时,其加载和卸载准则为

$$\begin{cases} 当 \mathrm{d}f_l < 0, \mathrm{d}f_m < 0, \quad 加载 \\ \\ 当 \max(\mathrm{d}f_l, \mathrm{d}f_m) = 0, \quad 卸载 \end{cases} \tag{6.4.4}$$

6.4.2 强化材料的加载条件以及加载和卸载准则

对于强化材料,加载条件和屈服条件不同,它随着塑性变形的发展而不断变化。先回顾一下单向应力的情况,那时应力空间是一维的,加载条件可写成

$$f = \sigma - \sigma_s^+ = 0 \tag{6.4.5}$$

式中,σ_s^+ 是一个随变形历史而单调增长的参量。在应力空间中,它描述一个向外移动的点,就是加载点。在复杂应力状态,加载条件在应力空间中表示为加载曲面。它一般可表示为

$$f(\sigma_{ij}, H_a) = 0 \tag{6.4.6}$$

其中 $H_a (\alpha = 1, 2, \cdots)$ 是表征由于塑性变形,引起了物质微观结构变化的参量,它们与塑性变形历史有关,可以是塑性应变各分量、塑性功或代表热力学状态的内变量。在应力空间内,加载曲面式(6.4.6)随 H_a 的变化而改变其形状、大小和位置。

以下讨论强化材料的加载和卸载准则,它和理想塑性材料不同之处是这时 $\mathrm{d}\boldsymbol{\sigma}$ 在指向加载面之外时才算加载(图6.4.2),而当 $\mathrm{d}\boldsymbol{\sigma}$ 正好沿着加载面变化时,加载面不会变化,这种变化过程叫作中性变载过程,它对应于应力状态从一个塑性状态过渡到另一个塑性状态,但不引起新的塑性变形。对单向应力状态或理想塑性材料没有这个过程。对于 $\mathrm{d}\boldsymbol{\sigma}$ 向着加载面内部变化时,则是卸载过程,用数学形式表示出来将有

$$\begin{cases} f=0, \quad 当 \dfrac{\partial f}{\partial \sigma_{ij}} \mathrm{d}\sigma_{ij} > 0, \quad 加载 \\ \\ \qquad\quad 当 \dfrac{\partial f}{\partial \sigma_{ij}} \mathrm{d}\sigma_{ij} = 0, \quad 中性变载 \\ \\ \qquad\quad 当 \dfrac{\partial f}{\partial \sigma_{ij}} \mathrm{d}\sigma_{ij} < 0, \quad 卸载 \end{cases} \tag{6.4.7}$$

对于处在 $f_l = 0$ 及 $f_m = 0$ 两个加载面"交线"处的应力,其加载和卸载准则为

$$\begin{cases} f_l = 0, f_m = 0, \quad \text{当} \max\left(\dfrac{\partial f_l}{\partial \sigma_{ij}} \mathrm{d}\sigma_{ij}, \dfrac{\partial f_m}{\partial \sigma_{ij}} \mathrm{d}\sigma_{ij}\right) > 0, \quad \text{加载} \\[3mm] \qquad\qquad \text{当} \max\left(\dfrac{\partial f_l}{\partial \sigma_{ij}} \mathrm{d}\sigma_{ij}, \dfrac{\partial f_m}{\partial \sigma_{ij}} \mathrm{d}\sigma_{ij}\right) = 0, \quad \text{中性变载} \qquad (6.4.8) \\[3mm] \qquad\qquad \text{当} \max\left(\dfrac{\partial f_l}{\partial \sigma_{ij}} \mathrm{d}\sigma_{ij}, \dfrac{\partial f_m}{\partial \sigma_{ij}} \mathrm{d}\sigma_{ij}\right) < 0, \quad \text{卸载} \end{cases}$$

例如对图 6.4.3 的 d$\boldsymbol{\sigma}$ 方向,它满足

$$\frac{\partial f_l}{\partial \sigma_{ij}} \mathrm{d}\sigma_{ij} = 0, \qquad \frac{\partial f_m}{\partial \sigma_{ij}} \mathrm{d}\sigma_{ij} > 0 \qquad\qquad (6.4.9)$$

属于加载过程。

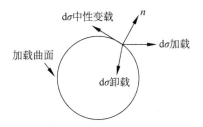

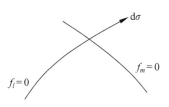

图 6.4.2　强化材料的加载和卸载准则　　　　图 6.4.3　加载过程

6.4.3　几种简化加载曲面

加载曲面式(6.4.4)是怎样变化的呢? 现有的资料表明,这个变化是很复杂的,不容易用实验方法来完全确定 f 的具体形式。特别是,随着塑性变形的增长,材料变形的各向异性效应愈益显著,问题就更加复杂了,因此,为了便于应用,不得不对强化条件进行若干简化假设,下面介绍几种简化方案。

1. 等向强化模型

这个方案认为加载面在应力空间中作形状相似的扩大。这种方案认为材料在塑性变形以后,仍然保持各向同性的性质,忽略了由于变形引起的各向异性的影响。只有在变形不大(这时各向异性的影响较小),以及应力偏量之间的相互比例改变不大时,用这种方案求得的结果和实际还比较符合。由于这种方案便于数学处理,所以使用得较多。下面我们将等向强化加载曲面用数学式子表示如下:

$$f(\sigma_{ij}, H_\alpha) = f^*(J_2', J_3') - \kappa = 0 \qquad\qquad (6.4.10)$$

式中,κ 是所经历塑性变形的函数。当 κ 等于零时,表示刚开始屈服,这时 $f^*(J_2', J_3') = 0$,故 $f^* = 0$ 就是初始屈服曲面。为了避免加载面与屈服面都用同一个 f 符号,因此屈服面用 $f^* = 0$ 表示。参数 κ 可以用单元所经历的塑性比功或总的塑性变形量来表示,它们是

$$\begin{cases} \displaystyle \int \mathrm{d}W^{\mathrm{p}} = \int \sigma_{ij} \, \mathrm{d}\varepsilon_{ij}^{\mathrm{p}} \\[3mm] \displaystyle \int \overline{\mathrm{d}\varepsilon^{\mathrm{p}}} = \int \sqrt{\frac{2}{3}} \sqrt{\mathrm{d}e_{ij}^{\mathrm{p}} \, \mathrm{d}e_{ij}^{\mathrm{p}}} \end{cases} \qquad\qquad (6.4.11)$$

注意 $\int \overline{\mathrm{d}\varepsilon^{\mathrm{p}}}$ 并不等于 $\overline{\varepsilon^{\mathrm{p}}} = \dfrac{\sqrt{2}}{3}\sqrt{e_{ij}^{\mathrm{p}}e_{ij}^{\mathrm{p}}}$，这里，$e_{ij}^{\mathrm{p}}$ 是应变偏量的塑性部分。只有在塑性应变增量各分量之间的比例保持不变时，两者才相等。这时 κ 可表示如下：

$$\kappa = F\left(\int \mathrm{d}W^{\mathrm{p}}\right) = H\left(\int \overline{\mathrm{d}\varepsilon^{\mathrm{p}}}\right) \tag{6.4.12}$$

对于初始屈服条件是米泽斯屈服条件的情形，

$$f^{*}(J_2',J_3') = \bar{\sigma} - \sigma_{\mathrm{s}} = 0 \tag{6.4.13}$$

这时等向强化加载条件变成

$$\begin{cases} \bar{\sigma} - \sigma_{\mathrm{s}} - F\left(\int \mathrm{d}W^{\mathrm{p}}\right) = 0 \\ \bar{\sigma} - \sigma_{\mathrm{s}} - H\left(\int \overline{\mathrm{d}\varepsilon^{\mathrm{p}}}\right) = 0 \end{cases} \tag{6.4.14}$$

在简单拉伸时，上式成为

$$\begin{cases} \sigma - \sigma_{\mathrm{s}} - F\left(\int \sigma \mathrm{d}\varepsilon^{\mathrm{p}}\right) = 0 \\ \sigma - \sigma_{\mathrm{s}} - H(\varepsilon^{\mathrm{p}}) = 0 \end{cases} \tag{6.4.15}$$

这样就可以利用简单拉伸的实验曲线，将函数 F、H 的曲线规律确定下来。

　　在应力空间中，这种加载面的大小只与最大的有效应力 $\bar{\sigma}$ 有关，而与中间的加载路径无关。在图 6.4.4(a) 中，路径 1 与路径 2 的最终应力状态都刚好对应于加载过程中的最大有效应力，因此两者的加载面是一样的；而路径 3 的最终应力状态不是最大有效应力，它的加载面由加载路径中的最大有效应力来定。

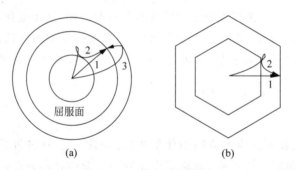

图 6.4.4　等向强化模型

　　对于特雷斯卡材料的等向强化可类似地表示在图 6.4.4(b) 中，即

$$\tau_{\max} = \kappa \tag{6.4.16}$$

其中 κ 表示在式(6.4.12)中。

2. 随动强化模型

　　当塑性变形较大，特别是应力有反复变化时，等向强化模型与实验结果不符合，6.3 节已经介绍过单向应力状态下的随动强化模型，这个模型可以考虑 Bauschinger 效应。普拉格(Prager)将这个模型推广到复杂应力状态情况[41]。他假定在塑性变形过程中，屈服曲面的大小和形状都不改变，只是在应力空间内作刚性平移(图 6.4.5)。设在应力空间中，屈服面内部中心的坐标用 α_{ij} 表示，它在初始屈服时等于零。这样，随动强化加载曲面可表示成

$$f(\sigma_{ij}, H_\alpha) = f(\sigma_{ij} - \alpha_{ij}) = f^*(\sigma_{ij} - \alpha_{ij}) - \kappa = 0 \tag{6.4.17}$$

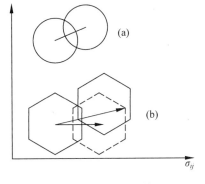

这里以 $f^*(\sigma_{ij} - \alpha_{ij}) - \kappa = 0$ 为初始屈服曲面。内变量 α_{ij} 是一个表征加载曲面中心移动的对称的二阶张量，叫作移动张量或背应力（the shift tensor 或 the back stress），有赖于塑性变形量。α_{ij} 的演化规律主要有线性随动强化模型[36]、Ziegler 模型[42] 以及 Eisenberg 和 Phillips 提出的非线性演化规律[43]。这里讨论 Shield 和 Ziegler[44] 提出的线性随动强化模型

图 6.4.5 随动强化模型

$$\dot{\alpha}_{ij} = c\dot{\varepsilon}_{ij}^{p} \tag{6.4.18}$$

式中 c 为常数，这时加载曲面沿应力点的外法线（即 $\dot{\varepsilon}_{ij}^{p}$）方向移动，并可写成

$$f^*(\sigma_{ij} - c\varepsilon_{ij}^{p}) - \kappa = 0 \tag{6.4.19}$$

对于初始屈服面为米泽斯屈服条件的情形（图 6.4.5(a)）

$$f^*(\sigma_{ij}) = \bar{\sigma} = \sqrt{\frac{3}{2}S_{ij}S_{ij}} \tag{6.4.20}$$

现在成为

$$f = \sqrt{\frac{3}{2}(S_{ij} - \alpha_{ij})(S_{ij} - \alpha_{ij})} - \sigma_s = 0 \tag{6.4.21}$$

或

$$f = \sqrt{\frac{3}{2}(S_{ij} - c\varepsilon_{ij}^{p})(S_{ij} - c\varepsilon_{ij}^{p})} - \sigma_s = 0 \tag{6.4.22}$$

在简单拉伸时式（6.4.22）成为

$$\sqrt{\frac{3}{2}}\sqrt{\left(\frac{2}{3}\sigma - c\varepsilon^{p}\right)^2 + 2\left(\frac{1}{3}\sigma - \frac{1}{2}c\varepsilon^{p}\right)^2} - \sigma_s = 0 \tag{6.4.23}$$

即

$$3\left(\frac{1}{3}\sigma - \frac{1}{2}c\varepsilon^{p}\right) - \sigma_s = 0, \quad \sigma = \sigma_s + \frac{3}{2}c\varepsilon^{p} \tag{6.4.24}$$

与 $\sigma - \sigma_s = H'\varepsilon^{p}$ 比较后得

$$c = \frac{2}{3}H' \tag{6.4.25}$$

对于特雷斯卡加材料的随动强化模型，它在 π 平面上的加载曲面将如图 6.4.5(b)所示。艾维（Ivey）[45]、Weng、菲利普（Phillips）[46] 对铝合金薄管做拉扭实验，其结果如图 6.4.6 所示。从图中可以看出，初始屈服面服从米泽斯屈服准则，即式（6.2.39）第 2 式，这里取 $\tau_s = \frac{1}{\sqrt{3}}\sigma_s$，但随着剪应力的增加，整个加载曲面都向剪应力增加的方向移动，接近于随动强化模型。另外，Naghdi 等[47] 在对 24S-T 铝合金所做的类似实验中，观察到随着剪应力的增加，初始时为圆的米泽斯屈服线将会在加载点附近逐渐形成尖角。这个现象接近于一些学者提出的"尖角模型"理论。"尖角模型"理论可以用来解释弹塑性分叉和稳定性中的某些实验现象。

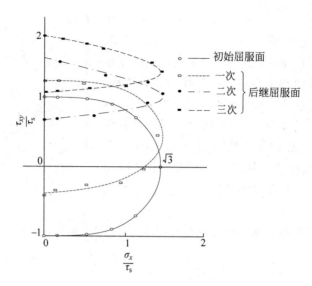

图 6.4.6　铝合金薄管的拉扭实验结果[45]

6.5　本构关系的增量理论

6.5.1　德鲁克强化公设

上面简要介绍了材料在塑性变形过程中的强化条件,以及加载、卸载、中性变载的准则。现在,介绍一个关于材料强化的重要假定——德鲁克(Drucker)强化公设。在这个公设的基础上,不但可以导出加载曲面(包括屈服曲面)的一个重要而普遍的几何性质——加载曲面必定是外凸的,而且根据这个公设,可以建立塑性状态下的本构方程,即塑性变形规律。

德鲁克分析强化材料的 σ-ε 曲线得到[36]:在塑性变形过程中所做的塑性功是不可逆的,即附加外力使应力从 σ^0 加载应力 $\mathrm{d}\sigma$ 到超过 σ_s(或加载点)后又卸去,则在此加载又卸载的循环中,附加外力恒做正功

$$\begin{cases} (\sigma - \sigma^0)\mathrm{d}\varepsilon^p > 0 \\ \mathrm{d}\sigma\,\mathrm{d}\varepsilon^p \geqslant 0 \end{cases} \tag{6.5.1}$$

式中,$\mathrm{d}\varepsilon^p$ 是在此加载又卸载的循环中所产生的塑性应变增量。

德鲁克[48]根据这一性质及有关热力学的规律,提出了弹塑性介质强化的假定,一般叫作德鲁克公设。后来,他又证明了任何材料如果不满足这个公设,就是不稳定的。因此,又可将这个公设作为材料稳定的准则。德鲁克公设可表述如下:

设在外力作用下处于平衡状态的材料单元体上,施加某种附加外力,使单元体的应力加载,然后移去附加外力,使单元体的应力卸载到原来的应力状态。于是,在施加应力增量(加载)的过程中,以及在施加和卸去应力增量的循环过程中,附加外力所做的功不为负。

如图 6.5.1 所示,设在 $t=0$ 时,原来的平衡应力状态为 σ_{ij}^0,它可位于加载曲面之内,或是位于加载曲面之上;$t=t_1$ 时,应力点正好开始到达加载曲面上,此后即加载过程,直到

$t=t_2(t_2>t_1)$，然后卸去附加应力（卸载），直到应力
状态又恢复到 σ_{ij}^0，设相应的时刻为 $t=t_3$。由于弹性
变形是可逆的，所以，在上述循环过程中，弹性应变能
的变化为零。塑性应变只在加载过程（$t_1 \leqslant t \leqslant t_2$）才
产生。于是在应力增量的施加和卸去循环过程中，附
加外力所做的比功为

$$A = \int_{t_1}^{t_2} (\sigma_{ij} - \sigma_{ij}^0) \dot{\varepsilon}_{ij}^p \, dt \qquad (6.5.2)$$

根据德鲁克公设，应该有

$$A = \int_{t_1}^{t_2} (\sigma_{ij} - \sigma_{ij}^0) \dot{\varepsilon}_{ij}^p \, dt \geqslant 0 \qquad (6.5.3)$$

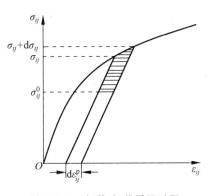

图 6.5.1　加载-卸载循环过程

上式应该在任何情况下都正确，设 $t_2 - t_1 = \delta t$ 是微小的量，于是可按泰勒级数展开

$$A = \left[(\sigma_{ij} - \sigma_{ij}^0)\dot{\varepsilon}_{ij}^p\right]_{t_1} \delta t + \frac{1}{2}\left[\dot{\sigma}_{ij}\dot{\varepsilon}_{ij}^p + (\sigma_{ij} - \sigma_{ij}^0)\ddot{\varepsilon}_{ij}^p\right]_{t_1}(\delta t)^2 + O((\delta t)^3) \quad (6.5.4)$$

当 $\sigma_{ij} \neq \sigma_{ij}^0$ 时，第二项可以略去，由 $A \geqslant 0$ 得

$$(\sigma_{ij} - \sigma_{ij}^0)\dot{\varepsilon}_{ij}^p \geqslant 0 \qquad (6.5.5)$$

当 $t=t_1$，$\sigma_{ij}=\sigma_{ij}^0$ 时，第一项为零，由 $A \geqslant 0$ 得

$$\dot{\sigma}_{ij}\dot{\varepsilon}_{ij}^p \geqslant 0 \qquad (6.5.6)$$

在简单拉伸时对应的是 $(\sigma - \sigma^0)\dot{\varepsilon}^p > 0$，$d\sigma d\varepsilon^p \geqslant 0$。在复杂应力状态下，允许有中性变载，所
以在式（6.5.5）中有等号成立。

式（6.5.3）又可写成 $\int_{t_1}^{t_2} \sigma_{ij}\dot{\varepsilon}_{ij}^p \, dt \geqslant \int_{t_1}^{t_2} \sigma_{ij}^0 \dot{\varepsilon}_{ij}^p \, dt$，左边就是塑性功，因此整个不等式又叫作
最大塑性功原理。显然，它与德鲁克公设是等价的。

　　下面我们要说明不等式（6.5.5）和不等式（6.5.6）的几何意义。首先我们证明加载面
是外凸的。在 m 维空间中，一个图形是外凸的充要条件是[49]：对于该图形的任一边界点，
总存在一个通过此点的 $(m-1)$ 维超平面，使该图形完全位于这个超平面的一侧。为证明加
载面的外凸性，我们将应力空间 σ_{ij} 和塑性应变空间 ε_{ij}^p 的坐标重合，如图 6.5.2 所示。并把
所有的"速率"都换成增量的形式。这时应力状态 σ_{ij}^0 用向量 $\overrightarrow{OA^0}$ 表示，塑性应变增量 $d\varepsilon_{ij}^p$
用向量 $\overrightarrow{AB}$ 表示，应力增量 $d\sigma_{ij}$ 用 $\overrightarrow{AC}$ 表示。$\sigma_{ij} - \sigma_{ij}^0$ 将是向量 $\overrightarrow{A^0A}$。这时不等式（6.5.5）
即 $(\sigma_{ij} - \sigma_{ij}^0)\dot{\varepsilon}_{ij}^p \geqslant 0$ 就表示为

$$\overrightarrow{A^0A} \cdot \overrightarrow{AB} \geqslant 0 \qquad (6.5.7)$$

它表示向量 $\overrightarrow{A^0A}$ 与 $\overrightarrow{AB}$ 的夹角不大于直角。设在 A 点作一超平面垂直于 $\overrightarrow{AB}$。要保证上
式成立，则 A^0 和 B 必须位于这一平面的不同侧。即位于加载曲面上或其内的所有应力点
A^0，只能在过曲面上任何点所作超平面的同侧，这就是说，加载曲面必须是外凸的。这里外
凸包括加载面是平的情形。

　　其次讨论代表 $d\varepsilon_{ij}^p$ 的向量 $\overrightarrow{AB}$ 的方向问题。假定 A 点处在光滑的加载面上，在这点的
外法线向量 $\boldsymbol{n}$ 存在而且唯一。我们证明 $\overrightarrow{AB}$ 的方向与 $\boldsymbol{n}$ 的方向一致。实际上如果向量 $\overrightarrow{AB}$
不与 $\boldsymbol{n}$ 的方向重合，则我们总可以找到一点 A^0（在加载面上和以内）使 $\overrightarrow{AB}$ 与 $\overrightarrow{A^0A}$ 的夹角

超过直角。只有 $\overrightarrow{AB}$ 与 $\boldsymbol{n}$ 重合后，$\overrightarrow{AB}$ 与 $\overrightarrow{A^0A}$ 的夹角才不会超过直角。这样，$\mathrm{d}\varepsilon_{ij}^{\mathrm{p}}$ 的方向就可以用数学形式表示成

$$\mathrm{d}\varepsilon_{ij}^{\mathrm{p}} = \mathrm{d}\lambda \frac{\partial f}{\partial \sigma_{ij}} \tag{6.5.8}$$

式中 $\mathrm{d}\lambda$ 为一比例系数，这里 $f(\sigma_{ij}) = 0$ 表示加载曲面，$\dfrac{\partial f}{\partial \sigma_{ij}}$ 表示加载面的外法面方向。

　　根据加载曲面必须是外凸的假定，在 π 平面上，如果某一加载曲面的某点 A 已为实验所确定，则可证明，加载曲线只能在正六边形 $ABCDEFA$ 及 $abcdefa$ 之间，如图 6.5.3 所示（建议读者自行证明）。

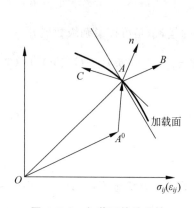

图 6.5.2　加载面的外凸性

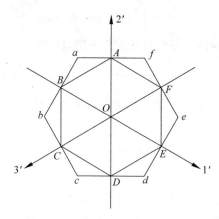

图 6.5.3　在 π 平面上的加载曲线

　　下面讨论式(6.5.6)的几何意义。它可以写成 $\overrightarrow{AC} \cdot \overrightarrow{AB} \geqslant 0$，或 $\overrightarrow{AC} \cdot \boldsymbol{n} \geqslant 0$。它表示当 $\mathrm{d}\varepsilon_{ij}^{\mathrm{p}}$ 不为零时，$\mathrm{d}\sigma_{ij}$ 必须指向加载面的外法线一侧，这就是加载准则，这时

$$\frac{\partial f}{\partial \sigma_{ij}} \mathrm{d}\sigma_{ij} > 0, \qquad \frac{\partial f}{\partial \boldsymbol{\sigma}} \cdot \mathrm{d}\boldsymbol{\sigma} > 0 \tag{6.5.9}$$

如果 $\mathrm{d}\sigma_{ij}$ 不指向外法线一侧，则只有 $\mathrm{d}\varepsilon_{ij}^{\mathrm{p}} = 0$ 才不违反上式。这就是卸载准则。

　　对于理想塑性材料，由于 $\mathrm{d}\sigma_{ij}$ 不能指向外法线一侧，因此不论加载和卸载都有

$$\mathrm{d}\sigma_{ij} \mathrm{d}\varepsilon_{ij}^{\mathrm{p}} = 0 \tag{6.5.10}$$

上式意味着加载时 $\overrightarrow{AC}$ 与 $\boldsymbol{n}$ 垂直，卸载时 $\mathrm{d}\varepsilon_{ij}^{\mathrm{p}} = 0$。最后再强调一下，塑性应变增量 $\mathrm{d}\varepsilon_{ij}^{\mathrm{p}}$ 的方向只依赖于 σ_{ij}，而与 $\mathrm{d}\sigma_{ij}$ 无关。但它的大小则与 $\mathrm{d}\sigma_{ij}$ 有关。

6.5.2　塑性位势理论和理想塑性材料的增量本构关系

　　6.4 节已提到，在一般塑性变形条件下，我们只能建立应力与应变在增量之间的关系（本构方程），这种用增量形式表示的本构关系，一般统称为增量理论或流动理论。

　　首先将应变增量 $\mathrm{d}\varepsilon_{ij}$ 分成弹性应变增量 $\mathrm{d}\varepsilon_{ij}^{\mathrm{e}}$ 与塑性应变增量 $\mathrm{d}\varepsilon_{ij}^{\mathrm{p}}$ 两部分，即

$$\mathrm{d}\varepsilon_{ij} = \mathrm{d}\varepsilon_{ij}^{\mathrm{e}} + \mathrm{d}\varepsilon_{ij}^{\mathrm{p}} \tag{6.5.11}$$

式中，$\mathrm{d}\varepsilon_{ij}^{\mathrm{e}}$ 与 $\mathrm{d}\sigma_{ij}$ 之间满足式(5.1.16)的广义胡克定律

$$\mathrm{d}\varepsilon_{ij}^{\mathrm{e}} = \frac{\mathrm{d}\sigma_{ij}}{2G} - \frac{\nu}{E} \mathrm{d}\Theta \delta_{ij} \tag{6.5.12}$$

下面我们将主要精力都放在建立 $\mathrm{d}\varepsilon_{ij}^{\mathrm{p}}$ 的公式上面。

1. 塑性位势理论

早先人们不了解 $\mathrm{d}\varepsilon_{ij}^{\mathrm{p}}$ 与加载面有什么关系,米泽斯在 1928 年类比了弹性应变增量可以用弹性位势函数对应力微分的表达式,提出了塑性位势的概念[36]。其数学形式是

$$\mathrm{d}\varepsilon_{ij}^{\mathrm{p}} = \mathrm{d}\lambda \frac{\partial g}{\partial \sigma_{ij}} \tag{6.5.13}$$

式中,g 是塑性位势函数,而上述公式称为塑性位势理论。在有了德鲁克公设以后,则在该公设成立的条件下,由式(6.5.8)必然得出 $g = f$,一般将 $g = f$ 的塑性本构关系称为与加载条件相关联的流动法则。下面我们先讨论理想塑性材料情况,这时的 f 就是屈服条件。在 f 是光滑屈服面的情形,将有

$$\begin{cases} \mathrm{d}\varepsilon_{ij}^{\mathrm{p}} = \mathrm{d}\lambda \dfrac{\partial f}{\partial \sigma_{ij}} \\[2mm] \mathrm{d}\lambda \begin{cases} = 0, & \text{当 } f < 0 \text{ 或 } f = 0, \mathrm{d}f < 0 \\ \geqslant 0, & \text{当 } f = 0, \mathrm{d}f = 0 \end{cases} \end{cases} \tag{6.5.14}$$

对一个单元来说,理想塑性材料达到屈服后,$\mathrm{d}\varepsilon_{ij}^{\mathrm{p}}$ 的大小就没有限制,因此 $\mathrm{d}\lambda$ 是任意的正值。如果单元体周围的物体还处在弹性阶段,它将限制这个单元体的塑性应变,使它不能任意增长,这时 $\mathrm{d}\lambda$ 的值是确定的,但它不能靠该单元本身的应力-应变关系求出,而是由问题的整体来确定。

对于由 n 个光滑屈服面构成的非正则加载面,将有

$$\begin{cases} \mathrm{d}\varepsilon_{ij}^{\mathrm{p}} = \sum_{k=1}^{n} \mathrm{d}\lambda_k \dfrac{\partial f_k}{\partial \sigma_{ij}} \\[3mm] \mathrm{d}\lambda_k \begin{cases} = 0, & \text{当 } f_k < 0 \text{ 或 } f_k = 0, \mathrm{d}f_k < 0 \\ \geqslant 0, & \text{当 } f_k = 0, \mathrm{d}f_k = 0 \end{cases} \end{cases}, \quad k = 1, 2, \cdots, n \tag{6.5.15}$$

上式说明在几个屈服面的交点处,塑性应变增量是各有关面上塑性应变增量的线性组合。对于理想塑性材料单从单元体本身是无法将 $\mathrm{d}\lambda_k$ 确定下来的。也只有在周围对单元体有约束时,从整体问题的解才能将 $\mathrm{d}\lambda_k$ 确定下来。初看起来,有几个加载面相交时未知数 $\mathrm{d}\lambda_k$ 是增多了,例如设有 f_l 和 f_m 二个面都达到屈服,则有 $\mathrm{d}\lambda_l$、$\mathrm{d}\lambda_m$ 两个未知数,但也多了一个方程,$f_l = f_m = 0$,相消之下,总的未知数并没有增多。

2. 与米泽斯屈服条件相关联的流动法则

米泽斯屈服条件及流动法则为

$$f = J_2' - \tau_s^2 = 0$$

这时

$$\begin{cases} \mathrm{d}\varepsilon_{ij}^{\mathrm{p}} = \mathrm{d}\lambda \dfrac{\partial J_2'}{\partial \sigma_{ij}} = \mathrm{d}\lambda S_{ij} \\[2mm] \mathrm{d}\lambda \begin{cases} = 0, & \text{当 } J_2' < \tau_s^2 \text{ 或 } J_2' = \tau_s^2, \mathrm{d}J_2' < 0 \\ \geqslant 0, & \text{当 } J_2' = \tau_s^2, \mathrm{d}J_2' = 0 \end{cases} \end{cases} \tag{6.5.16}$$

加上弹性应变增量式(5.1.19),得

$$
\begin{cases}
\mathrm{d}\varepsilon\,'_{ij} = \dfrac{1}{2G}\mathrm{d}S_{ij} + \mathrm{d}\lambda S_{ij} \\[2mm]
\mathrm{d}\varepsilon_{kk} = \dfrac{1-2\nu}{E}\mathrm{d}\sigma_{kk} \\[2mm]
\mathrm{d}\lambda \begin{cases} =0, & \text{当 } J'_2 < \tau_s^2 \text{ 或 } J'_2 = \tau_s^2, \mathrm{d}J'_2 < 0 \\[1mm] \geqslant 0, & \text{当 } J'_2 = \tau_s^2, \mathrm{d}J'_2 = 0 \end{cases}
\end{cases}
\tag{6.5.17}
$$

上式称为普朗特尔-劳埃斯(Prandtl-Reuss)关系[36]。式中 $\mathrm{d}\varepsilon\,'_{ij}$ 只有五个是独立的,因此要加上 $\mathrm{d}\varepsilon_{kk}$ 的一个方程,增加的 $\mathrm{d}\lambda$ 要联系屈服条件来解。

如果塑性应变增量比弹性应变增量大得多,则可以将弹性应变增量略去,得

$$
\mathrm{d}\varepsilon_{ij} = \mathrm{d}\varepsilon_{ij}^{\mathrm{p}} = \mathrm{d}\lambda S_{ij}
\tag{6.5.18}
$$

或写成

$$
\frac{\mathrm{d}\varepsilon_x}{S_x} = \frac{\mathrm{d}\varepsilon_y}{S_y} = \frac{\mathrm{d}\varepsilon_z}{S_z} = \frac{\mathrm{d}\varepsilon_{xy}}{S_{xy}} = \frac{\mathrm{d}\varepsilon_{yz}}{S_{yz}} = \frac{\mathrm{d}\varepsilon_{zx}}{S_{zx}}
\tag{6.5.19}
$$

上式称为莱维-米泽斯(Levy-Mises)关系,表示应变增量和应力偏量成比例。

从式(6.5.17)看出,当给定了 σ_{ij} 与 $\mathrm{d}\sigma_{ij}$ 后,$\mathrm{d}\lambda$ 还是定不出来的,因而 $\mathrm{d}\varepsilon\,'_{ij}$ 也定不出来。但反过来,如果给定 σ_{ij} 与 $\mathrm{d}\varepsilon_{ij}$,则 $\mathrm{d}\sigma_{ij}$ 可以求出。实际上由

$$
\mathrm{d}W = S_{ij}\mathrm{d}\varepsilon\,'_{ij} = S_{ij}\left(\frac{\mathrm{d}S_{ij}}{2G} + \mathrm{d}\lambda S_{ij}\right)
$$

$$
= \frac{1}{2G}\mathrm{d}J'_2 + \mathrm{d}\lambda\, 2J'_2 = 2\tau_s^2\,\mathrm{d}\lambda
\tag{6.5.20}
$$

$$
\mathrm{d}\lambda = \frac{\mathrm{d}W}{2\tau_s^2}
\tag{6.5.21}
$$

这里用到理想塑性材料 $\mathrm{d}J'_2 = 0$ 的关系。因此当 σ_{ij} 与 $\mathrm{d}\varepsilon_{ij}$ 给定后,则 S_{ij}、$\mathrm{d}\varepsilon\,'_{ij}$、$\mathrm{d}\lambda$ 等都确定,由式(6.5.17)可以求出 $\mathrm{d}\sigma_{ij}$。

对于莱维-米泽斯关系,在给定 S_{ij} 后不能确定 $\mathrm{d}\varepsilon_{ij}$,但反之却可以由 $\mathrm{d}\varepsilon_{ij}$ 确定 S_{ij}。由

$$
J'_2 = \frac{1}{2}S_{ij}S_{ij} = \frac{1}{2}\,\frac{1}{(\mathrm{d}\lambda)^2}\mathrm{d}\varepsilon_{ij}\mathrm{d}\varepsilon_{ij} = \tau_s^2
\tag{6.5.22}
$$

得

$$
\mathrm{d}\lambda = \frac{1}{\sqrt{2}\,\tau_s}\sqrt{\mathrm{d}\varepsilon_{ij}\mathrm{d}\varepsilon_{ij}} = \frac{\mathrm{d}\Gamma}{2\tau_s}
\tag{6.5.23}
$$

则给定 $\mathrm{d}\varepsilon_{ij}$ 可求出 $\mathrm{d}\lambda$,然后由式(6.5.19)求出 S_{ij}。或将式(6.5.19)写成

$$
S_{ij} = \frac{\mathrm{d}\varepsilon_{ij}}{\mathrm{d}\lambda} = \sqrt{2}\,\tau_s\,\frac{\mathrm{d}\varepsilon_{ij}}{\sqrt{\mathrm{d}\varepsilon_{kl}\mathrm{d}\varepsilon_{kl}}} = \sqrt{2}\,\tau_s\,\frac{\dot{\varepsilon}_{ij}}{\sqrt{\dot{\varepsilon}_{kl}\dot{\varepsilon}_{kl}}}
\tag{6.5.24}
$$

上式与黏性流体的本构关系 $S_{ij} = 2\mu\dot{\varepsilon}\,'_{ij}$ 很相似。但在流体中 μ 是常数,当时间尺度改变使 $\dot{\varepsilon}\,'_{ij}$ 改变时,S_{ij} 也要改变。但在塑性力学中因不考虑黏性影响,式(6.5.19)两侧对时间是齐次的,从式(6.5.24)看出 $\dot{\varepsilon}_{ij}$ 对时间是零次的,当它改变时 S_{ij} 并不改变。

由于理想塑性材料 $\mathrm{d}\varepsilon_{ij}^{\mathrm{p}}$ 一般只能给出确定的比值,我们就称 $\mathrm{d}\varepsilon_{ij}^{\mathrm{p}}$ 为塑性机构,当塑性机构给定时,由式(6.5.24)得出 S_{ij} 是与塑性机构单值对应的。在平面问题中由于有一个应力分量是已知的或者不独立的,可以得出应力张量 σ_{ij} 与塑性机构单值对应。例如在平

面应力情况(设 $\sigma_3 = 0$),米泽斯屈服条件为

$$f = \sigma_1^2 - \sigma_1\sigma_2 + \sigma_2^2 - \sigma_s^2 = 0, \quad d\varepsilon_1^P = d\lambda(2\sigma_1 - \sigma_2), \quad d\varepsilon_2^P = d\lambda(2\sigma_2 - \sigma_1)$$

$$(6.5.25)$$

当 $\dfrac{d\varepsilon_1^P}{d\varepsilon_2^P} = \alpha$ 为给定时

$$d\varepsilon_3^P = -(d\varepsilon_1^P + d\varepsilon_2^P) = -(1 + \alpha)d\varepsilon_2^P \qquad (6.5.26)$$

也就给定了塑性机构。这里用到了由式(6.5.16)得到的塑性不可压的条件,即 $d\varepsilon_{ii}^P = d\lambda S_{ii} = 0$。而由上式导出

$$\sigma_1 = (2d\varepsilon_1^P + d\varepsilon_2^P)/3d\lambda, \quad \sigma_2 = (d\varepsilon_1^P + 2d\varepsilon_2^P)/3d\lambda \qquad (6.5.27)$$

代入屈服条件后得

$$d\lambda = \frac{\sqrt{1 + \alpha + \alpha^2}\, d\varepsilon_2^P}{\sqrt{3}\,\sigma_s} \qquad (6.5.28)$$

于是得

$$\sigma_1 = \frac{(1 + 2\alpha)\sigma_s}{\sqrt{3(1 + \alpha + \alpha^2)}}, \quad \sigma_2 = \frac{(2 + \alpha)\sigma_s}{\sqrt{3(1 + \alpha + \alpha^2)}} \qquad (6.5.29)$$

式(6.5.19)还可以写成下列形式:

$$\frac{d\varepsilon_x^P}{S_x} = \frac{d\varepsilon_y^P}{S_y} = \frac{d\varepsilon_z^P}{S_z} = \frac{d\varepsilon_{xy}^P}{S_{xy}} = \frac{d\varepsilon_{yz}^P}{S_{yz}} = \frac{d\varepsilon_{zx}^P}{S_{zx}} \qquad (6.5.30)$$

这里共有五个独立的关系,后三式表明应力的主轴方向和塑性应变增量的主轴方向重合。如果这个关系成立,则剩下的两个关系就可以在同一个 π 平面上来考虑(我们把主应力空间和主应变空间重叠),在 π 平面上,应力主偏量 S_i 位于圆上。根据流动法则,$d\varepsilon_i^P$ 的 $\theta_{d\varepsilon^P}$ 和 S_i 的 θ_σ 应该相等,如图6.5.4所示。由

$$\mu_\sigma = \sqrt{3}\tan\theta_\sigma, \quad \mu_{d\varepsilon^P} = \sqrt{3}\tan\theta_{d\varepsilon^P} \qquad (6.5.31)$$

式中,

$$\mu_{d\varepsilon^P} = \frac{2d\varepsilon_2^P - d\varepsilon_1^P - d\varepsilon_3^P}{d\varepsilon_1^P - d\varepsilon_3^P} \qquad (6.5.32)$$

并规定 $d\varepsilon_1^P \geqslant d\varepsilon_2^P \geqslant d\varepsilon_3^P$,则 $\mu_{d\varepsilon^P}$ 是塑性应变增量的洛德参数,进行薄管实验检验时,只要

$$\mu_\sigma = \mu_{d\varepsilon^P} \qquad (6.5.33)$$

成立,连同主轴一致条件就能保证式(6.5.30)成立。

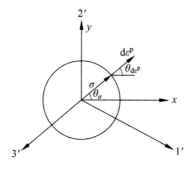

图6.5.4 π 平面上主应力空间和主应变空间重叠

泰勒和奎尼(Taylor-Quinney)用铜、铝、软钢做的薄管进行了联合拉扭实验[50]，在实验中让应力主轴不断变化,结果发现塑性应变增量主轴与应力主轴基本上是重合的,误差不超过 2°。至于式(6.5.33)，则发现实验结果和理论上的直线有系统偏差,如图 6.5.5 所示。偏差原因据后来的分析是没有很好地消去各向异性的影响。在 Lians 等[51] 和 Ohashi 等[52] 实验中较好地消去了各向异性的影响后,实验结果与式(6.5.33)符合得就较好。

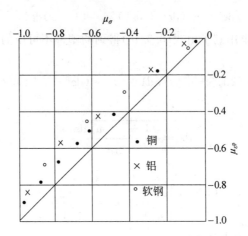

图 6.5.5　泰勒和奎尼关于薄管的联合拉扭实验[50]

6.5.3　光滑加载面的塑性增量本构关系

根据德鲁克公设,塑性应变增量和加载面之间满足式(6.5.8)，即

$$\mathrm{d}\varepsilon_{ij}^{\mathrm{p}} = \mathrm{d}\lambda\,\frac{\partial f}{\partial \sigma_{ij}} \tag{6.5.34}$$

而且仅当

$$\mathrm{d}f = \frac{\partial f}{\partial \sigma_{ij}}\mathrm{d}\sigma_{ij} > 0 \tag{6.5.35}$$

时,$\mathrm{d}\lambda > 0$。因此很自然地将 $\mathrm{d}\lambda$ 与 $\mathrm{d}f$ 联系起来,即令

$$\mathrm{d}\lambda = h\,\mathrm{d}f \tag{6.5.36}$$

式中,h 叫作强化模量或强化函数,它的具体内容和加载面还有关系。但根据塑性规律与时间效应无关的假定,我们使 $\mathrm{d}t$ 增加 k 倍,即 $\mathrm{d}\sigma_{ij}$ 与 $\mathrm{d}\varepsilon_{ij}^{\mathrm{p}}$ 都增加 k 倍,而从

$$\mathrm{d}\varepsilon_{ij}^{\mathrm{p}} = \mathrm{d}\lambda\,\frac{\partial f}{\partial \sigma_{ij}} \tag{6.5.37}$$

及

$$\mathrm{d}f = \frac{\partial f}{\partial \sigma_{ij}}\mathrm{d}\sigma_{ij} \tag{6.5.38}$$

知 $\mathrm{d}\lambda$ 及 $\mathrm{d}f$ 也增加了 k 倍。代入式(6.5.36)发现 h 将不改变,因此如 h 是 $\mathrm{d}\sigma_{ij}$ 的函数,它只能是 $\mathrm{d}\sigma_{ij}$ 的零次齐次函数,目前一般假定 h 与 $\mathrm{d}\sigma_{ij}$ 无关。因此由式(6.5.38)得

$$\mathrm{d}\varepsilon_{ij}^{\mathrm{p}} = h\,\frac{\partial f}{\partial \sigma_{ij}}\,\frac{\partial f}{\partial \sigma_{kl}}\mathrm{d}\sigma_{kl} \tag{6.5.39}$$

注意在 $\mathrm{d}\sigma_{kl}$ 前面的函数 h、f 中都不含 $\mathrm{d}\sigma_{kl}$,这就表示 $\mathrm{d}\varepsilon_{ij}^{\mathrm{p}}$ 与 $\mathrm{d}\sigma_{ij}$ 之间成线性关系,这种塑

性本构关系叫作线性增量理论。下面我们只讨论初始屈服面是米泽斯屈服条件情形,分别对不同的强化模型进行分析。

1. 米泽斯等向强化加载面

我们采用式(6.4.15)的第二式,由此导出的公式使用起来较方便,这时

$$f = \bar{\sigma} - \sigma_s - H\left(\int \overline{\mathrm{d}\varepsilon^{\mathrm{p}}}\right) = 0 \tag{6.5.40}$$

在加载时,应力点必须保持在加载面上,故有 $\mathrm{d}f = 0$,即

$$\mathrm{d}f = \mathrm{d}f^* - \mathrm{d}\kappa = \mathrm{d}\bar{\sigma} - H'\overline{\mathrm{d}\varepsilon^{\mathrm{p}}} = 0 \tag{6.5.41}$$

式中 H' 是函数 H 对其自变量的导数,由式(6.5.39)得

$$\mathrm{d}\varepsilon_{ij}^{\mathrm{p}} = h\,\frac{\partial \bar{\sigma}}{\partial \sigma_{ij}}\,\frac{\partial \bar{\sigma}}{\partial \sigma_{kl}}\mathrm{d}\sigma_{kl} = h\,\frac{\partial \bar{\sigma}}{\partial \sigma_{ij}}\mathrm{d}\bar{\sigma} = hH'\,\frac{\partial \bar{\sigma}}{\partial \sigma_{ij}}\overline{\mathrm{d}\varepsilon^{\mathrm{p}}} \tag{6.5.42}$$

注意到 $J_2' = \dfrac{\bar{\sigma}^2}{3}$,

$$\frac{\partial J_2'}{\partial \sigma_{ij}} = S_{ij} = \frac{2}{3}\bar{\sigma}\,\frac{\partial \bar{\sigma}}{\partial \sigma_{ij}}, \qquad \frac{\partial \bar{\sigma}}{\partial \sigma_{ij}} = \frac{3S_{ij}}{2\bar{\sigma}} \tag{6.5.43}$$

代入式(6.5.42)得

$$\mathrm{d}\varepsilon_{ij}^{\mathrm{p}} = \frac{3}{2}hH'\,\frac{\overline{\mathrm{d}\varepsilon^{\mathrm{p}}}}{\bar{\sigma}}S_{ij} \tag{6.5.44}$$

为求 h,将此式进行自乘,得

$$\frac{3}{2}\left(\overline{\mathrm{d}\varepsilon^{\mathrm{p}}}\right)^2 = \mathrm{d}\varepsilon_{ij}^{\mathrm{p}}\mathrm{d}\varepsilon_{ij}^{\mathrm{p}} = \left(\frac{3}{2}hH'\,\frac{\overline{\mathrm{d}\varepsilon^{\mathrm{p}}}}{\bar{\sigma}}\right)^2 S_{ij}S_{ij} = \left[\frac{3}{2}hH'\,\frac{\overline{\mathrm{d}\varepsilon^{\mathrm{p}}}}{\bar{\sigma}}\right]^2\frac{2}{3}\bar{\sigma}^2 \tag{6.5.45}$$

由此得

$$1 = h^2 H'^2 \tag{6.5.46}$$

即

$$h = \frac{1}{H'} \tag{6.5.47}$$

代回式(6.5.44),得

$$\mathrm{d}\varepsilon_{ij}^{\mathrm{p}} = \frac{3}{2H'}\,\frac{\mathrm{d}\bar{\sigma}}{\bar{\sigma}}S_{ij} \tag{6.5.48}$$

H' 有简单的物理意义,在简单拉伸时由式(6.4.14)

$$\mathrm{d}\sigma = H'\mathrm{d}\varepsilon^{\mathrm{p}} \tag{6.5.49}$$

即

$$H' = \frac{\mathrm{d}\sigma}{\mathrm{d}\varepsilon^{\mathrm{p}}} \tag{6.5.50}$$

在线性强化时 $H' = \mathrm{const}$。

2. 米泽斯线性随动强化

加载函数表现为式(6.4.22)。在加载时,应力点必须保持在加载面上,故有 $\mathrm{d}f = 0$,称为一致性条件,即

$$\frac{\partial f^*}{\partial S_{ij}}(dS_{ij} - c d\varepsilon_{ij}^{p}) = 0 \qquad (6.5.51)$$

或

$$c \frac{\partial f^*}{\partial S_{ij}} d\varepsilon_{ij}^{p} = \frac{\partial f^*}{\partial S_{ij}} dS_{ij} \qquad (6.5.52)$$

将式(6.5.8)代入并利用式(6.4.25),得

$$d\lambda = \frac{3}{2H'} \frac{(\partial f^*/\partial S_{ij}) dS_{ij}}{(\partial f^*/\partial S_{kl})(\partial f^*/\partial S_{kl})} \qquad (6.5.53)$$

式中,

$$f^* = \left[\frac{3}{2}(S_{ij} - c\varepsilon_{ij}^{p})(S_{ij} - c\varepsilon_{ij}^{p})\right]^{1/2} \qquad (6.5.54)$$

因

$$\partial f^*/\partial S_{ij} = \frac{3}{2}(S_{ij} - c\varepsilon_{ij}^{p})/f^* \qquad (6.5.55)$$

可以验证这时 $h = 1/H'$,与等向线性强化时所得的 h 一样。代回式(6.5.8)又可写成

$$d\varepsilon_{ij}^{p} = \frac{3}{2H'} \frac{S_{ij} - c\varepsilon_{ij}^{p}}{f^*} df^* \qquad (6.5.56)$$

普拉格(Prager)[41]在开始研究随动强化模型时是在平面应力条件下进行的,设在平面应力空间 (σ_1, σ_2) 上初始屈服曲线是

$$\sigma_1^2 - \sigma_1 \sigma_2 + \sigma_2^2 = \sigma_s^2 \qquad (6.5.57)$$

它表示一个椭圆,普拉格[41]的随动强化模型认为加载后,椭圆环的大小和形状不变,只是在应力平面上平移。它的数学表达式将是

$$f = (\sigma_1 - c\varepsilon_1^{p})^2 - (\sigma_1 - c\varepsilon_1^{p})(\sigma_2 - c\varepsilon_2^{p}) + (\sigma_2 - c\varepsilon_2^{p})^2 - \sigma_s^2 = 0 \qquad (6.5.58)$$

在低维应力空间直接将屈服曲线作平动的模型称为简单随动强化模型。而前面在六维应力空间中将屈服面作平动(或在三维主应力空间中作平动)的模型称为完全随动强化模型。简单随动强化模型使用起来比较简单,是完全随动强化模型的一个较好的近似,不过,有时会出现一些矛盾,而完全随动强化模型则可避免这些矛盾[41,44]。

在完全随动强化模型中,加载面沿外法线方向(即 $d\varepsilon_{ij}^{p}$)移动,但在从九维应力空间降到低维应力空间时,加载面会变形,Ziegler 提出了一个修正[42],他建议移动张量或背应力从式(6.4.18)的形式改为

$$d\alpha_{ij} = d\eta(\sigma_{ij} - \alpha_{ij}) \qquad (6.5.59)$$

式中 $d\eta$ 是大于零的标量。上式表示加载面沿上次加载面的中心到它的应力点的连线方向平移,它便于代表简单拉压曲线,在图 6.5.6 中,$d\alpha_{ij}$ 是沿 $O'P$ 方向平移,从加载要求 $df=0$ 可定出 $d\eta$

$$df = (\partial f/\partial \sigma_{ij})(d\sigma_{ij} - d\alpha_{ij}) = 0 \qquad (6.5.60)$$

用式(6.5.59)代入可得

$$d\eta = \frac{(\partial f/\partial \sigma_{ij}) d\sigma_{ij}}{(\partial f/\partial \sigma_{kl})(\sigma_{kl} - \alpha_{kl})} \qquad (6.5.61)$$

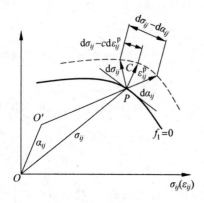

图 6.5.6　加载面的平移

由于将式(6.4.18)改为式(6.5.59),OO' 现在已不再

代表总塑性应变,这是 Ziegler 修正的一个缺点。不过也有一个优点,就是式(6.5.8)中的 $d\lambda$ 是代表塑性应变增量的大小的,现在可以用来调节,使得式(6.5.59)代表任何类型的简单拉压强化曲线。选定 $d\lambda$ 的最简单办法,是设 $c\,de_{ij}^p$ 为 $d\sigma_{ij}$(因而也是 $d\alpha_{ij}$)在加载面(图 6.5.6 中的 $f_1=0$)的外法线上的投影,这种选定使修正法则和原来的法则在许多情形下是重合的。这样选定 $d\lambda$ 后,总塑性应变为沿加载面在应力点处外法线方向上的无限小平移之和。因

$$(d\sigma_{ij} - c\,d\varepsilon_{ij}^p)df/\partial\sigma_{ij} = 0 \qquad (6.5.62)$$

从式(6.5.8)得

$$d\lambda = \frac{1}{c}\frac{(\partial f/\partial\sigma_{ij})\,d\sigma_{ij}}{(\partial f/\partial\sigma_{kl})(\partial f/\partial\sigma_{kl})} \qquad (6.5.63)$$

在米泽斯屈服条件的情形和式(6.5.44)结果一致。在 c 为常数时,就是线性强化的情形。

用米泽斯随动强化模型来解题时不如等向强化方便,对于加载面是逐段线性的情形,这时等向强化和随动强化模型使用起来都较方便[36]。

例 6.5.1 已知由不可压缩理想弹塑性材料制成的薄壁圆筒承受轴向拉力和扭矩的作用,材料服从米泽斯屈服条件。若首先使管的剪切应变 $\gamma = \dfrac{\sigma_s}{\sqrt{3}\,G}$,从而使管进入屈服状态,然后再拉伸使拉应变 $\varepsilon = \dfrac{\sigma_s}{E} = \dfrac{\sigma_s}{3G}$,试用普朗特-路埃斯(Prandtl-Ruess)理论计算此时管中的应力 σ 和 τ 的值。

[解] 在此情况下,普朗特-路埃斯方程的形式为

$$\begin{cases} \dot\varepsilon_z' = \dfrac{1}{2G}\dot S_z + \dot\lambda S_z \\[2mm] \dot\gamma_{z\theta} = \dfrac{1}{G}\dot\tau_{z\theta} + 2\dot\lambda\tau_{z\theta} \end{cases} \qquad (a)$$

当采用圆柱坐标时,则有

$$\sigma_z = \sigma, \quad \sigma_r = \sigma_\theta = 0, \quad \tau_{r\theta} = \tau_{zr} = 0, \quad \tau_{z\theta} = 0, \quad \sigma_m = \frac{\sigma}{3}$$

由此可得

$$S_z = \sigma - \frac{\sigma}{3} = \frac{2}{3}\sigma, \quad S_r = S_\theta = -\frac{\sigma}{3} \qquad (b)$$

$$\varepsilon_z' = \frac{\sigma_s}{3G}, \quad \varepsilon_r' = \varepsilon_\theta' = -\frac{\sigma_s}{6G}, \quad \gamma_{z\theta} = \frac{\sigma_s}{\sqrt{3}\,G}, \quad \gamma_{r\theta} = \gamma_{zr} = 0 \qquad (c)$$

塑性功率为

$$\begin{aligned}
\dot W &= S_r\dot\varepsilon_r' + S_z\dot\varepsilon_z' + S_\theta\dot\varepsilon_\theta' + \tau_{\theta z}\dot\gamma_{\theta z} \\
&= \left(-\frac{S_z}{2}\right)\left(-\frac{1}{2}\dot\varepsilon_z'\right) + \left(-\frac{S_z}{2}\right)\left(-\frac{1}{2}\dot\varepsilon_z'\right) + S_z\dot\varepsilon_z' + \tau_{\theta z}\dot\gamma_{\theta z} \\
&= \frac{3}{2}S_z\dot\varepsilon_z' + \tau_{\theta z}\dot\gamma_{\theta z} \\
&= \frac{3}{2}\cdot\frac{2}{3}\sigma\dot\varepsilon_z + \tau\dot\gamma = \sigma\dot\varepsilon + \tau\dot\gamma
\end{aligned}$$

由此得

$$\dot{\lambda} = \frac{\dot{W}}{2k^2} = \frac{3(\sigma\dot{\varepsilon} + \tau\dot{\gamma})}{2\sigma_s^2} \tag{d}$$

考虑式(b)、式(c)、式(d)以及不可压缩条件后,可得

$$\begin{cases} \dot{\varepsilon} = \dfrac{\dot{\sigma}}{3G} + \dfrac{\tau\dot{\gamma} + \sigma\dot{\varepsilon}}{\sigma_s^2}\sigma \\[3mm] \dot{\gamma} = \dfrac{\dot{\tau}}{G} + \dfrac{3\tau(\tau\dot{\gamma} + \sigma\dot{\varepsilon})}{\sigma_s^2} \end{cases} \tag{e}$$

由于是先扭后拉,即当 $\gamma = \dfrac{\sigma_s}{\sqrt{3}\,G} = \text{const.}$ 时再拉伸,应有 $\dfrac{\mathrm{d}\gamma}{\mathrm{d}t} = \dot{\gamma} = 0$,因此由式(e)的第一式可得

$$3G\,\mathrm{d}\varepsilon = \frac{\mathrm{d}\sigma}{1 - \left(\dfrac{\sigma}{\sigma_s}\right)^2} \tag{f}$$

将式(f)积分后,则得

$$3G\varepsilon = \sigma_s \operatorname{arcth} \frac{\sigma}{\sigma_s} + C$$

由于当 $\varepsilon = 0$ 时, $\sigma = 0$,故 $C = 0$

$$\varepsilon = \frac{\sigma_s}{3G} \operatorname{arcth} \frac{\sigma}{\sigma_s}$$

即

$$\sigma = \sigma_s \operatorname{th} \frac{3G\varepsilon}{\sigma_s} \tag{g}$$

若将 $\varepsilon = \dfrac{\sigma_s}{3G}$ 代入式(g)后,得

$$\sigma = \sigma_s \operatorname{th} 1 = 0.762\sigma_s$$

由屈服条件

$$\sigma^2 + 3\tau^2 = \sigma_s^2 \tag{h}$$

得

$$\tau = \frac{\sigma_s}{\sqrt{3}\cosh 1} = 0.374\sigma_s$$

也可这样求解,由式(a)可得

$$\begin{cases} \lambda = \dfrac{3}{2\sigma}\left(\dot{\varepsilon}_z - \dfrac{\dot{\sigma}}{3G}\right) \\[3mm] \lambda = \dfrac{1}{2\tau}\left(\dot{\gamma} - \dfrac{\dot{\tau}}{G}\right) \end{cases} \tag{i}$$

由式(i)消去 λ 后,得

$$\frac{3}{2\sigma}\left(\dot{\varepsilon} - \frac{\dot{\sigma}}{3G}\right) = \frac{1}{2\tau}\left(\dot{\gamma} - \frac{\dot{\tau}}{G}\right) \tag{j}$$

由屈服条件式(h),可得

$$\begin{cases} \tau = \dfrac{1}{\sqrt{3}}\sqrt{\sigma_s^2 - \sigma^2} \\[3mm] \dot{\tau} = -\dfrac{\sigma\dot{\sigma}}{3\tau} = -\dfrac{\sigma\dot{\sigma}}{\sqrt{3}\sqrt{\sigma_s^2 - \sigma^2}} \end{cases} \qquad (k)$$

将式(k)代入式(j)后,得

$$\frac{3G(\sigma_s^2 - \sigma^2)}{\sigma_s^2} - \frac{\sqrt{3}\,G\sqrt{\sigma_s^2 - \sigma^2}}{\sigma_s^2}\frac{\dot{\gamma}\sigma}{\dot{\varepsilon}} = \frac{\dot{\sigma}}{\dot{\varepsilon}} \qquad (l)$$

由于是先扭后拉,故在拉伸过程中 $\dot{\gamma}=0$,由式(l)可得

$$3G\dot{\varepsilon} = \frac{\dot{\sigma}}{1 - \left(\dfrac{\sigma}{\sigma_s}\right)^2} \qquad (m)$$

或写成微分形式

$$3G\,\mathrm{d}\varepsilon = \frac{\mathrm{d}\sigma}{1 - \left(\dfrac{\sigma}{\sigma_s}\right)^2}$$

上式与式(f)的形式完全一样,因此最后所得应力的值也应是一样的。

6.6　简单加载时的全量理论

前面已说明塑性时的本构关系都是指应力和应变在增量之间的关系,但如果知道了应力变化的历史,也即在应力空间中知道了加载路径,则沿这个路径可以进行积分得出应力和应变全量之间的关系,称为全量理论,又称为形变量论。

6.6.1　简单加载和单一曲线假定

简单加载是指单元体的应力张量各分量之间的比值保持不变,按同一参量单调增长,不满足上述条件的叫作复杂加载。很明显,在简单加载条件下,既没有卸载,也没有中性变载。由于要求应力分量之间的比值不变,因此在加载过程中主方向不变,我们可以在 π 平面上讨论加载路径。在 π 平面上简单加载路径表示为 $\theta_\sigma=\mathrm{const.}$ 的射线。我们假设材料的初始屈服曲线是米泽斯屈服条件,它表示一个圆,因圆的法线方向与 r_σ 的方向一致,这时 $\mathrm{d}\varepsilon_i^p$ 方向的夹角 $\theta_{\mathrm{d}\varepsilon}$ 将和 θ_σ 一致。在加载过程中,加载面可能不再是一个圆了。但从加载点附近的对称性来看,加载面的法线方向还应该与 θ_σ 方向一致,即 $\theta_{\mathrm{d}\varepsilon}$ 还等于 θ_σ(图 6.6.1)。也就是说在简单加载的特殊条件下,即使不用等向强化的模型也能得出

$$\mu_\sigma = \mu_{\mathrm{d}\varepsilon}, \quad \mathrm{d}\varepsilon_{ij}^p = \mathrm{d}\lambda S_{ij} \qquad (6.6.1)$$

即下式成立

$$\begin{cases} \mathrm{d}\varepsilon_{ij}' = \dfrac{1}{2G}\mathrm{d}S_{ij} + S_{ij}\,\mathrm{d}\lambda \\[3mm] \mathrm{d}\varepsilon_{kk} = \dfrac{1-2\nu}{E}\mathrm{d}\sigma_{kk} \end{cases} \qquad (6.6.2)$$

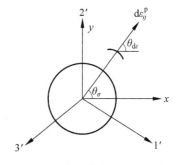

图 6.6.1　简单加载情况下的加载方向

这与理想塑性材料的普朗特尔-劳埃斯(Prandtl-Ruess)关系式(6.5.17)形式上完全一样(dλ 的含义不同)。由于应力按比例增加,可设

$$\sigma_{ij} = \sigma_{ij}^0 t, \quad S_{ij} = S_{ij}^0 t \tag{6.6.3}$$

在小变形条件,积分式(6.6.2),得

$$\varepsilon'_{ij} = \frac{1}{2G} S_{ij} + S_{ij} \int_0^t t\,\mathrm{d}\lambda / t = \left(\frac{1}{2G} + \varphi\right) S_{ij}, \quad \varepsilon_{kk} = \frac{1-2\nu}{E}\sigma_{kk}, \quad \varphi = \frac{1}{t}\int_0^t t\,\mathrm{d}\lambda \tag{6.6.4}$$

现在的问题是 φ 应如何确定。我们引进

$$\frac{1}{2G_s} = \frac{1}{2G} + \varphi \tag{6.6.5}$$

现有

$$\varepsilon'_{ij} = \frac{1}{2G_s} S_{ij} \tag{6.6.6}$$

由 $\varepsilon'_{ij}\varepsilon'_{ij} = S_{ij}S_{ij}/4G_s^2$,得

$$G_s = \frac{1}{2}\frac{\sqrt{S_{ij}S_{ij}}}{\sqrt{\varepsilon'_{kl}\varepsilon'_{kl}}} = \frac{T}{\Gamma} = \frac{\bar{\sigma}}{3\bar{\varepsilon}} \tag{6.6.7}$$

在式(6.6.6)中,左边是应变,右边是应力的函数,因此 $G_s = G_s(\sigma)$。如果 $\bar{\varepsilon}$ 是 $\bar{\sigma}$ 的单值函数:$\bar{\varepsilon} = \bar{\varepsilon}(\bar{\sigma})$,或者 $\bar{\sigma}$ 是 $\bar{\varepsilon}$ 的单值函数,则式(6.6.6)表明 ε'_{ij} 可以唯一地由 S_{ij} 确定,或者 S_{ij} 可以唯一地由 ε'_{ij} 确定。也就是说在简单加载的条件下 $\bar{\sigma}\text{-}\bar{\varepsilon}$ 曲线是单值对应的。实验已经证实,当材料几乎为不可压时,由不同的应力组合所得的 $\bar{\sigma}\text{-}\bar{\varepsilon}$ 曲线与简单拉伸的 $\sigma\text{-}\varepsilon$ 曲线十分接近,如图 6.6.2 所示[53]为八面体应力 σ_0 和八面体应变 ε_0 的关系。认为 $\bar{\sigma}\text{-}\bar{\varepsilon}$ 曲线是单值的假定称为单一曲线假定,这时全量理论的应力-应变关系可表示成

$$\begin{cases} S_{ij} = 2G_s\varepsilon'_{ij}, \quad G_s = \frac{T}{\Gamma} = \frac{\bar{\sigma}}{3\bar{\varepsilon}} \\ \sigma_{kk} = \frac{1}{3}k\varepsilon_{kk} \end{cases} \tag{6.6.8}$$

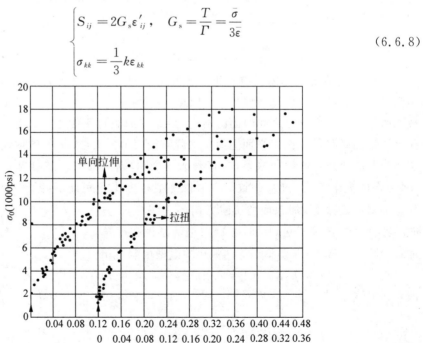

图 6.6.2 简单加载的条件下 $\bar{\sigma}\text{-}\bar{\varepsilon}$ 曲线和简单拉伸的 $\sigma\text{-}\varepsilon$ 曲线

上式也可以写成式(6.3.16)的形式,即

$$
\begin{cases}
S_{ij} = \dfrac{2}{3} E(1-\omega)\varepsilon'_{ij} \\[2mm]
\sigma_{kk} = 3k\varepsilon_{kk} \\[2mm]
\text{当 } \bar\varepsilon \leqslant \varepsilon_s \text{ 时},\omega = 0 \\[2mm]
\text{当 } \bar\varepsilon \geqslant \varepsilon_s \text{ 时},0 \leqslant \omega \leqslant 1
\end{cases}
\tag{6.6.9}
$$

6.6.2 简单加载定理

前面已经提到单元体在简单加载条件下能建立塑性应力-应变之间的全量关系。现在要问物体处在什么条件下[36,53],能保证内部的每一个单元体都处在简单加载情况,依留辛提出了四个条件[39],满足了这四个条件,就能保证每一个单元体处在简单加载情况,这四个条件是:①小变形;②$\nu = \dfrac{1}{2}$,材料不可压缩;③载荷是按比例单调增长,如有位移边条件,只能是零位移边条件;④材料的 $\bar\sigma$-$\bar\varepsilon$ 曲线具有 $\bar\sigma = A\bar\varepsilon^n$ 的幂函数形式。这就是简单加载定理,下面我们介绍一下该定理的证明。

设某一初始时刻,物体内有应力场 σ_{ij}^*、应变场 ε_{ij}^* 及位移场 u_i^*。它们满足下列方程:

(1) 平衡方程

$$\sigma_{ij,j}^* + F_i^* = 0 \tag{a}$$

式中,F_i^* 是单位体积的力。

(2) 几何关系(小变形时)

$$\varepsilon_{ij}^* = \frac{1}{2}(u_{i,j}^* + u_{j,i}^*) \tag{b}$$

(3) 本构关系

$$S_{ij}^* = \frac{2\bar\sigma^*}{3\bar\varepsilon^*}\varepsilon_{ij}^* = \frac{2}{3}A(\bar\varepsilon^*)^{n-1}\varepsilon_{ij}^* \tag{c}$$

(4) 应力边条件

$$S_T : \sigma_{ij}^* n_j = T_i^* \tag{d}$$

(5) 位移边条件

$$S_u : u_i^* = 0 \tag{e}$$

当外载按比例增加,即 $F_i = F_i^* t, T_i = T_i^* t$ 时,可以证明应力 $\sigma_{ij} = \sigma_{ij}^* t$,应变 $\varepsilon_{ij} = \varepsilon_{ij}^* \sqrt[n]{t}$,及位移 $u_i = u_i^* \sqrt[n]{t}$ 能满足上述全部方程和边条件如下:

$$\sigma_{ij,j} = \sigma_{ij,j}^* t = -F_i^* t = -F_i$$

$$\varepsilon_{ij} = \varepsilon_{ij}^* \sqrt[n]{t} = \frac{1}{2}(u_{i,j}^* + u_{j,i}^*)\sqrt[n]{t} = \frac{1}{2}(u_{i,j} + u_{j,i})$$

$$S_{ij} = S_{ij}^* t = \frac{2}{3}A(\bar\varepsilon^*)^{n-1}\varepsilon_{ij}^* t = \frac{2}{3}A\bar\varepsilon^{n-1}\varepsilon_{ij} = \frac{2}{3}\frac{\bar\sigma}{\bar\varepsilon}\varepsilon_{ij} \quad (\text{因 } \nu = \frac{1}{2}, \varepsilon_{ij} = \varepsilon'_{ij})$$

$$S_T : \sigma_{ij} n_j = \sigma_{ij}^* t n_j = T_i^* t = T_i$$

$$S_u : u_i = u_i^* t = 0$$

前述四个条件的作用可分述如下：① 小变形，上述平衡方程和几何关系都是在小变形假定下成立的；② 当 $\nu \neq \dfrac{1}{2}$ 时，$\varepsilon_{kk}^* = \dfrac{1-2\nu}{E}\sigma_{kk}^*$，而

$$\varepsilon_{kk} = \sqrt[n]{t}\,\varepsilon_{kk}^* = \sqrt[n]{t}\,\dfrac{1-2\nu}{E}\sigma_{kk}^* \neq \dfrac{1-2\nu}{E}\sigma_{kk}$$

但是这个条件并不必要，因为我们只需要让应力偏量 S_{ij} 与应变偏量 ε_{ij}' 按比例变化就行了，这时 $S_{ij} = \dfrac{2}{3}\dfrac{\bar{\sigma}}{\bar{\varepsilon}}\varepsilon_{ij}'$ 仍然成立，至于静水应力部分与体应变，可在求解的最后叠加上去。③ 载荷如不按比例增加，在表面上的各应力分量也就不按比例增加了。④ 用幂次强化，就可以不必区分弹性区和塑性区，使证明简便得多，但不一定必要，即不是幂次强化也可能导致简单加载成立。

例 6.6.1 已知两端封闭的薄圆管容器，由内压 p 引起塑性变形，如轴向塑性应变为 ε_z^p，周向塑性应变为 ε_θ^p，径向塑性应变为 ε_r^p，试求 ε_z^p、ε_θ^p 和 ε_r^p 的比值，并求出 ε_θ^p 和压力 p 之间的关系，设材料的塑性应力-应变关系为

$$\varepsilon_i^p = \left[(\sigma_i - \sigma_s)/E_1\right]^{1/n}$$

[解] 受内压 p 作用的两端封闭的薄圆筒的主应力为

$$\sigma_\theta = \frac{pr}{t}, \quad \sigma_z = \frac{pr}{2t}, \quad \sigma_r = 0 \tag{a}$$

式中，t 是薄圆管的厚度。由以上各式可得应力偏量的分量为

$$S_\theta = \frac{pr}{2t}, \quad S_z = 0, \quad S_r = -\frac{pr}{2t} \tag{b}$$

塑性应变的比值为

$$\varepsilon_r^p : \varepsilon_\theta^p : \varepsilon_z^p = S_r : S_\theta : S_z = (-1) : 1 : 0$$

根据形变理论的应力-应变关系式 (6.6.7)，有

$$\varepsilon_\theta^p = \frac{\varepsilon_i^p}{\sigma_i}\left[\sigma_\theta - \frac{1}{2}(\sigma_r + \sigma_z)\right] = \frac{3\varepsilon_i^p}{4\sigma_i}\sigma_\theta \tag{c}$$

由于应力强度 σ_i 为

$$\sigma_i = \frac{1}{\sqrt{2}}\sqrt{(\sigma_\theta - \sigma_z)^2 + (\sigma_r - \sigma_z)^2 + (\sigma_\theta - \sigma_r)^2} = \frac{\sqrt{3}}{2}\sigma_\theta \tag{d}$$

由式 (a)、式 (b)、式 (c) 和式 (d) 可得

$$\varepsilon_\theta^p = \frac{3}{4}\sigma_\theta\frac{\varepsilon_i^p}{\dfrac{\sqrt{3}}{2}\sigma_\theta} = \frac{\sqrt{3}}{2}\varepsilon_i^p \tag{e}$$

根据题设，塑性应力-应变关系为

$$\varepsilon_i^p = \left[(\sigma_i - \sigma_s)/E_1\right]^{1/n} = \left[\left(\frac{\sqrt{3}}{2}\sigma_\theta - \sigma_s\right)\right]^{1/n}E_1^{-1/n} = \left(\frac{\sqrt{3}}{2}\frac{pr}{t} - \sigma_s\right)^{1/n}E_1^{-1/n}$$

因此最后得

$$\varepsilon_\theta^p = \frac{\sqrt{3}}{2}E_1^{-1/n}\left(\frac{\sqrt{3}\,pr}{2t} - \sigma_s\right)^{1/n}$$

或者

$$p = \frac{2t}{\sqrt{3}\,r} \left[E_1 \left(\frac{2}{\sqrt{3}} \varepsilon_\theta^{\mathrm{p}} \right)^n + \sigma_{\mathrm{s}} \right]$$

6.7　简单弹塑性问题

当塑性变形与弹性变形的数量级相当时,弹性变形与塑性变形相比不可忽略,则一般应按弹塑性问题加以考虑。对于梁的弹塑性弯曲和杆的弹塑性扭转以及轴对称和球对称等问题,由于平衡方程与屈服条件中的未知函数和方程的数目相等,因此,考虑边界条件一般便可找出结构中应力分布的规律。这类问题称为静定问题,而应变和位移则可根据物理关系和几何连续条件分别求出。

6.7.1　梁的弹塑性弯曲问题

在梁的弯曲问题中,认为基本假设和《材料力学》中的假设是一致的[54],即假设:①梁在弯曲变形过程中,截面始终保持为平面,即伯努利(Bernoulli)假设;②剪力及纵向纤维间的侧向应力可以忽略不计。如果梁没有对称面,则截面由弹性进入塑性范围时,截面的中性轴不仅有移动而且还可能有转动。但当有对称面时,弹性阶段的中性轴在塑性阶段仍将为中性轴。

这里,讨论理想弹塑性的纯弯曲问题。如图5.10.3所示梁的两端受弯矩 M 作用。按照梁的初等理论,梁内应力为

$$\sigma_x = \sigma(y), \quad \tau_{xy} = 0, \quad \sigma_y = \sigma_z = \tau_{xz} = \tau_{yz} = 0 \tag{6.7.1}$$

所以,梁内材料(近似地)处于单向应力状态。设梁的挠度为 w,以向下为正,则在小变形情况下,应变与挠度的关系为

$$\varepsilon_x(y) = \varepsilon(y) = -y \frac{\mathrm{d}^2 w}{\mathrm{d}x^2} = \kappa y, \quad \kappa = -\frac{\mathrm{d}^2 w}{\mathrm{d}x^2} \tag{6.7.2}$$

κ 是梁的挠度曲线的曲率,曲率中心位在上面时为正(即位于 y 轴的负向为正),截面上的弯矩为

$$M = \iint_{A_1} \sigma(y) y \, \mathrm{d}A_1 + \iint_{A_2} \sigma(y) y \, \mathrm{d}A_2 \tag{6.7.3}$$

式中,A_1 表示中性轴之上梁截面的面积,A_2 表示中性轴之下梁截面的面积,如图6.7.1所示。M 以 y 轴正向的外层纤维受拉为正,如图5.10.3所示。当弯矩 M 由零逐渐增大时,起初整个截面都处于弹性状态,因此

$$\sigma(y) = E\varepsilon = E\kappa y \tag{6.7.4}$$

代入式(6.7.3),得到

$$M = EI\kappa \tag{6.7.5}$$

式中 $I = \iint_{A_1} y^2 \, \mathrm{d}A_1 + \iint_{A_2} y^2 \, \mathrm{d}A_2$ 为截面的惯性矩。若梁是高为 h、宽为 b 的矩形截面,则 $I = bh^3/12$。

下面讨论截面是矩形的情况。M 与 κ 是线性关系。显然，当 M 增大时，最外层纤维将最先到达屈服，设与此对应的曲率为 κ_e，则

$$\left| \sigma\left(y = \pm \frac{h}{2}\right) \right| = E\kappa_e \frac{h}{2} = \sigma_s \tag{6.7.6}$$

即 $\kappa_e = \dfrac{2\sigma_s}{Eh}$。此处及以后，$\kappa_e$ 均取正值。对应于 κ_e 的弯矩用 M_e（亦取正值）表示，叫作弹性极限弯矩

$$M_e = EI\kappa_e = \frac{bh^2}{6}\sigma_s \tag{6.7.7}$$

当 $M > M_e$ 时，梁截面的外层纤维的应变继续增大，但应力值保持为 σ_s，塑性区向截面内扩展，如图 6.7.1 所示，设弹塑性区的交界为

$$y = \zeta\frac{h}{2}, \quad 0 \leqslant |\zeta| \leqslant 1 \tag{6.7.8}$$

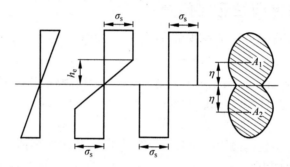

图 6.7.1　理想弹塑性纯弯曲梁中的应力分布

在该处，$|\sigma| = \sigma_s$。于是对应的曲率为

$$|\sigma| = E|\kappa||\zeta|\frac{h}{2} = \sigma_s, \quad |\kappa| = \frac{2\sigma_s}{Eh} \cdot \frac{1}{|\zeta|} = \frac{\kappa_e}{|\zeta|}, \quad \zeta = \frac{\kappa_e}{|\kappa|}\mathrm{sgn}\,y \tag{6.7.9}$$

显然，κ 是 ζ 的函数，其符号和 M 相同。与 $\kappa(\zeta)$ 对应的弯矩为

$$|M(\zeta)| = 2b\left(\int_0^{\zeta h/2} E|\kappa|y^2\mathrm{d}y + \int_{\zeta h/2}^{h/2}\sigma_s y\,\mathrm{d}y\right)$$

$$= \frac{\sigma_s}{12}bh^2(3 - \zeta^2) = \frac{1}{2}M_e(3 - \zeta^2) \tag{6.7.10}$$

将式（6.7.9）代入，可得

$$\frac{|M(\zeta)|}{M_e} = \frac{1}{2}\left[3 - \left(\frac{\kappa_e}{\kappa}\right)^2\right] \tag{6.7.11}$$

或者

$$\frac{M(\zeta)}{M_e} = \frac{1}{2}\left[3 - \left(\frac{\kappa_e}{\kappa}\right)^2\right]\mathrm{sgn}\,M, \quad \zeta = \sqrt{3 - \frac{2|M(\zeta)|}{M_e}}\,\mathrm{sgn}\,y \tag{6.7.12}$$

当 $\zeta \to 0$ 时，截面全部进入塑性状态，此时，$|\kappa| \to \infty$，对应的弯矩用 M_s（恒取正值）表示，叫作塑性极限弯矩，或者简称极限弯矩，从式（6.7.10）得到

$$\frac{M_{s}}{M_{e}}=\chi=1.5, \quad M_{s}=\frac{1}{4}bh^{2}\sigma_{s} \tag{6.7.13}$$

因此,对于理想弹塑性材料,截面上的应力分布随着进入塑性阶段的不同,可能有三种情况,即双三角形表示的弹性状态、双梯形表示的弹塑性状态以及双矩形表示的塑性极限状态(图6.7.1)。

如果截面是任意形状,则对于理想弹塑性材料,其塑性极限弯矩为

$$M_{s}=\iint\limits_{A_{1}}\sigma_{s}\eta dA_{1}+\iint\limits_{A_{2}}\sigma_{s}\eta dA_{2} \tag{6.7.14}$$

对于对称的截面,应有

$$\iint\limits_{A_{1}}\eta dA_{1}=\iint\limits_{A_{2}}\eta dA_{2}=S_{y}(\eta) \tag{6.7.15}$$

故此时塑性弯矩可表示为

$$M_{s}=2\sigma_{s}S_{y}(\eta) \tag{6.7.16}$$

若材料是线强化的,则在塑性区的应力和应变关系可以写成如下形式:

$$\sigma=E_{1}\varepsilon+\sigma_{s}\left(1-\frac{E_{1}}{E}\right) \tag{6.7.17}$$

式中,E_{1}为线弹性强化模量(图6.7.2)。将上式代入式(6.7.3)得到弯矩的表达式为

$$\frac{M}{M_{e}}=\frac{1}{2}\left[3-\left(\frac{\kappa_{e}}{\kappa}\right)^{2}\right]+\frac{1}{2}\frac{E}{E_{1}}\left[\frac{\kappa}{\kappa_{e}}+\left(\frac{\kappa_{e}}{\kappa}\right)^{2}\right] \tag{6.7.18}$$

由式(6.7.13)定义的$\chi=M_{s}/M_{e}$叫作截面形状系数,是不小于1的值。χ为按塑性极限弯矩设计与按弹性极限弯矩设计时梁截面的强度比。因为χ一般大于1,所以按前者设计可以更充分发挥材料的潜力。王仁给出了常见的截面形状系数[36]。

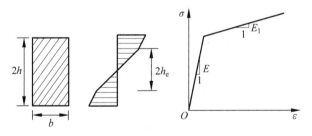

图6.7.2　线性强化材料截面上的应力

为简单记,采用下列无量纲量:

$$m=\frac{M}{M_{e}}, \quad k=\frac{\kappa}{\kappa_{e}}, \quad \bar{y}=2\frac{y}{h} \tag{6.7.19}$$

于是,m-k的关系为

$$\begin{cases} m=k, & k\leqslant 1 \\ |m|=\frac{1}{2}\left(3-\frac{1}{k^{2}}\right), & k\geqslant 1 \\ k=\sqrt{\frac{1}{3-2|m|}}\operatorname{sgn}m, & 1.5\geqslant|m|\geqslant 1 \end{cases} \tag{6.7.20}$$

上式的若干对应值列于表 6.7.1。m-k 曲线如图 6.7.3,它以 $m=m_s=1.5$ 为渐近线。由图 6.7.3 可见,虽然材料的 σ-ε 曲线采用了理想弹塑性模型,但当 $k>1$ 时,m-k 曲线仍然是曲线,这对计算很不方便。但从表 6.7.1 可见,当 $k=5$ 时,m 即极接近于 $m_s=1.5$,因此,可将 m-k 曲线进一步简化成图 6.7.4(a)。相应地,式(6.7.20)简化为

$$\begin{cases} m=k, & \text{当 } k \leqslant k_s=1.5, \quad m \leqslant m_s=1.5 \\ m=m_s=1.5, & \text{当 } k \geqslant k_s \end{cases} \quad (6.7.21)$$

表 6.7.1

k	1	2	3	4	5
m	1	1.375	1.444	1.468	1.480

按照这个简化模型,当截面全部进入塑性状态($m=1$)后,曲率可以任意增长,k 可以是大于 k_s 的任意值。这时,可将截面形象地看作一个铰,称为塑性铰,它和通常铰链不同,具有以下特征:①弯矩值保持为极限弯矩 $|M|=M_s$;②铰的转角 θ 可任意增大,但必须同弯矩 M 的方向一致,即 $M\theta=M_s|\theta|>0$,因此它是个单向转动的铰。若截面上 $|M|$ 从 M_s 减小,也即卸载,铰就停止转动,保持一个残余转角。考虑到截面全部进入塑性状态后,变形可任意增长,因而弹性变形可以忽略不计,还可将 m-k 曲线进一步简化,如图 6.7.4(b)所示,叫作理想刚塑性铰。其表达式为

$$\begin{aligned} k=0, & \quad m < m_s \\ k>0, & \quad m=m_s \end{aligned} \quad (6.7.22)$$

由于截面全面屈服时,理想弹塑性模型和理想刚塑性模型的极限弯矩相同。

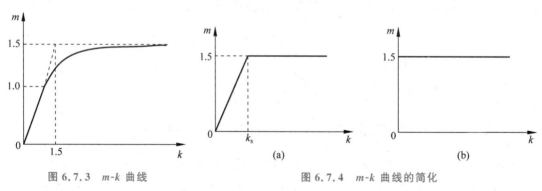

图 6.7.3　m-k 曲线　　　　图 6.7.4　m-k 曲线的简化

6.7.2　杆件的弹塑性扭转

杆件的弹塑性扭转也是静定问题,利用平衡方程,塑性条件及边界条件一般就可以找出杆件中应力分布的规律。在弹塑性扭转问题中,圆形截面的扭转是最简单的情况。

1. 圆形截面杆件的弹塑性扭转

设有半径为 R、长为 l 的圆形截面杆件,受扭矩 M 的作用,如杆件的相对扭角为 φ,则在任意半径 r 处的剪应变 γ 应为 $\gamma=\dfrac{r}{l}\varphi$。这时,扭矩应为

$$M = 2\pi \int_0^R \tau r^2 \, \mathrm{d}r \qquad (6.7.23)$$

在弹性范围,应用胡克定律,即 $\tau = G\gamma$,有

$$M = G\theta \frac{\pi R^4}{2} = G\theta I_0 \qquad (6.7.24)$$

若此时外载荷继续增加,则在圆柱最外层开始屈服,如 r_s 为弹塑性区的分界线,如图 6.7.5 所示,则有

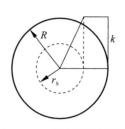

图 6.7.5 圆形截面杆件的弹塑性扭转

$$\begin{cases} \text{在弹性区,即 } r_s > r > 0 \text{ 处}, \tau = G\gamma = Gr\theta \\ \text{在塑性区,即 } R > r > r_s, \tau = k \end{cases} \qquad (6.7.25)$$

这里,当使用米泽斯屈服条件时,$k = \dfrac{\sigma_s}{\sqrt{3}}$,当使用特雷斯卡屈服条件时,$k = \dfrac{\sigma_s}{2}$。由式(6.7.23)可得,在弹塑性状态时扭矩 M_s 应为

$$M_s = 2\pi \left[\int_0^{r_s} k \frac{r}{r_s} r^2 \, \mathrm{d}r + \int_{r_s}^R k r^2 \, \mathrm{d}r \right] = \frac{2}{3} \pi R^3 k \left[1 - \frac{1}{4} \left(\frac{r_s}{R} \right)^3 \right] \qquad (6.7.26)$$

当 $r_s = R$ 时,圆柱体开始屈服,$M_e = \dfrac{1}{2} \pi R^3 k$;当 $r_s = 0$ 时,圆柱体全部屈服,$M_s = \dfrac{2}{3} \pi R^3 k$。

2. 薄壁圆筒的剪应力和扭矩的关系

在薄壁圆筒情况下,剪应力 τ 和扭矩 M 的关系为

$$\tau = \frac{M}{2\pi r^2 t} \qquad (6.7.27)$$

若 k 为纯剪切时的屈服应力,则开始屈服时的扭矩 M_e 为

$$M_e = 2\pi r^2 t k \qquad (6.7.28)$$

式中 r 为圆筒的半径,t 为圆筒的厚度。

3. 内半径为 r_i,外半径为 R 的厚壁圆筒的弹塑性扭转问题

类似地,可以得到内半径为 r_i,外半径为 R 的厚壁圆筒所能承受的弹塑性扭矩为

$$M = \frac{2\pi}{3} R^3 k \left[1 - \frac{1}{4} \left(\frac{r_s}{R} \right)^3 - \frac{3}{4} \frac{r_i}{r_s} \left(\frac{r_i}{R} \right)^3 \right] \qquad (6.7.29)$$

当 $r_s = R$ 时,

$$M_e = \frac{\pi R^3}{2} k \left[1 - \left(\frac{r_i}{R} \right)^4 \right] \qquad (6.7.30)$$

当 $r_s = r_i$ 时,

$$M_s = \frac{2\pi}{3} R^3 k \left[1 - \left(\frac{r_i}{R} \right)^3 \right] \qquad (6.7.31)$$

4. 纳达依的沙堆比拟法[38,55-56]

纳达依(Nadai)提出扭转问题的沙堆比拟法。在弹性扭转问题中,有

$$\sigma_x = \sigma_y = \sigma_z = \tau_{xy} = 0, \quad \tau_{xz} = \frac{\partial \phi}{\partial y}, \quad \tau_{yz} = -\frac{\partial \phi}{\partial x} \qquad (6.7.32)$$

式中 ϕ 为应力函数。其相应的边界条件为(请读者自行推导)

$$\tau_{zx}\mathrm{d}y - \tau_{zy}\mathrm{d}x = 0 \tag{6.7.33}$$

或者用应力函数表示为

$$\frac{\partial\phi}{\partial x}\mathrm{d}x + \frac{\partial\phi}{\partial y}\mathrm{d}y = 0 \tag{6.7.34}$$

积分后得到 $\phi = C$。这里 C 是常数。对于单连通截面，C 一般取为零。由弹性力学关于扭转问题我们有扭矩为

$$M = 2\iint\phi\,\mathrm{d}x\,\mathrm{d}y \tag{6.7.35}$$

若整个截面都处于塑性状态，则由米泽斯屈服条件得

$$\tau_{zx}^2 + \tau_{zy}^2 = k^2 \tag{6.7.36}$$

若将应力函数代入上式后，则有

$$\sqrt{\tau_{zx}^2 + \tau_{zy}^2} = \sqrt{\left(\frac{\partial\phi}{\partial y}\right)^2 + \left(\frac{\partial\phi}{\partial x}\right)^2} = |\,\mathrm{grad}\phi\,| = k \tag{6.7.37}$$

上式代表一点的总剪切应力，在物理上便是在薄膜表面一点的最大斜率。如果 k 表示纯剪切时的屈服应力，于是当一点屈服时便应满足式(6.7.37)，这就是对一点梯度可能达到的值给以限制。当梯度数值一经达到，则再增加扭矩就使得发生屈服的面积扩展。梯度保持为常数这一情况，可以想象为，是在与杆截面相同形状的基础上，建造一个常斜率的顶盖。方程(6.7.37)和理想沙丘方程是类似的，即

$$|\,\mathrm{grad}w\,| = \tan\alpha \tag{6.7.38}$$

式中，w 是沙丘的高度，而 α 为内摩擦角。

在单连通区域以及完全塑性的截面中，$\phi = 0$ 的边界条件对应于 $w = 0$ 上，这一点可以在所分析的截面上通过建造一个沙堆得到。这一问题最初曾被纳达依注意到[55]，这一点在实际中意义是很大的，因为建造一个沙堆是很容易的，而知道了沙丘的形状便可以确定应力的分布。由式(6.7.37)和式(6.7.38)的比拟关系知道

$$\frac{\varphi}{k} = \frac{w}{\tan\alpha} \tag{6.7.39}$$

因此，应有扭矩为

$$M_s = 2\,\frac{k}{\tan\alpha}\iint w\,\mathrm{d}x\,\mathrm{d}y = \frac{2k}{\tan\alpha}V \tag{6.7.40}$$

式中，V 是具有内摩擦角 α 沙堆的体积。知道了沙堆的体积，便可计算出相应的扭矩 M_s，此 M_s 为使整个截面进入塑性时的扭矩，也就是截面受扭时的极限承载能力。V 的值可以直接用几何方法计算，此时即可得到扭矩公式。对于几何简单情况，扭矩是很容易计算的。例如：

(1) 半径为 R 的圆柱体。这时沙堆是一圆锥体，其高度为 $h = R\cdot\tan\alpha$。因而

$$V = \frac{1}{3}R^2\pi\tan\alpha, \quad M_s = \frac{2}{3}\pi R^3 k \tag{6.7.41}$$

与 M_e 比较，增加了 30%。

(2) 边长为 a 的等边三角形截面柱体。这时沙堆是一个角锥体，其底面积为 $3\sqrt{3}a^2$，高

为 ka，则扭矩为

$$M_s = 2 \times \frac{1}{3} \times 3\sqrt{3}\,a^2 \times ka = 2\sqrt{3}\,ka^3 \tag{6.7.42}$$

5. 圆形截面杆件受扭矩 M_s 作用后的残余应力

如圆形截面杆件受扭矩 M_s 作用后，将 M_s 卸去，则弹性应力将恢复，残余应力的表达式可写为

$$\tau_r = \tau - \tau_e \tag{6.7.43}$$

而弹性剪应力为 $\tau_e = \dfrac{M_s}{I_0}r$。因此，在弹性区即 $0 < r < r_s$ 范围内，

$$\tau_r = k\frac{r}{r_s} - \frac{M_s}{I_0}r = k\left(\frac{r}{r_s}\right)\left\{1 - \frac{4}{3}\left(\frac{r_s}{R}\right)\left[1 - \frac{1}{4}\left(\frac{r_s}{R}\right)^3\right]\right\} \tag{6.7.44}$$

在塑性区，即 $r_s < r < R$ 处

$$\tau_r = k - \frac{M_s}{I_0}r = k\left\{1 - \frac{4}{3}\left(\frac{r}{R}\right)\left[1 - \frac{1}{4}\left(\frac{r_s}{R}\right)^3\right]\right\} \tag{6.7.45}$$

如果整个截面都已进入塑性状态(图 6.7.6(a)中的 $r_s=0$)后再卸载，则残余应力为

$$\tau_r = k\left(1 - \frac{4}{3}\frac{r}{R}\right) \tag{6.7.46}$$

上式表明，当 $r = \dfrac{3}{4}R$ 时，残余应力 $\tau_r = 0$。弹塑性阶段和全塑性阶段的残余应力如图 6.7.6(b)所示。

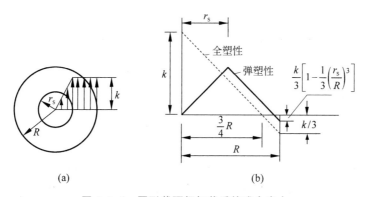

图 6.7.6 圆形截面杆卸载后的残余应力

另外，残余扭转角 θ_r 也可以通过将塑性状态时的扭转角减去弹性扭转角得到，即

$$\theta_r = \theta - \theta_e \tag{6.7.47}$$

扭转角 θ 和 r_s 之间关系为 $r_s\theta = \dfrac{k}{G}$，因此得 $\theta = \dfrac{k}{Gr_s}$。但 $\theta_e = \dfrac{M_s}{GI_0}$，因此我们最后得残余扭转角的表达式为

$$\theta_r = \frac{k}{Gr_s} - \frac{M_s}{GI_0} = \frac{k}{Gr_s}\left\{1 - \frac{4r_s}{3R}\left[1 - \frac{1}{4}\left(\frac{r_s}{R}\right)^3\right]\right\} \tag{6.7.48}$$

6.7.3　旋转圆盘

在轴对称载荷的作用下,圆盘和环盘问题是一维问题,因为所有应力和应变分量都只是半径 r 的函数。当盘匀速旋转时,其平衡方程为

$$r\frac{\mathrm{d}\sigma_r}{\mathrm{d}r} = (\sigma_\theta - \sigma_r) - \frac{\gamma\omega^2 r^2}{g} \tag{6.7.49}$$

式中,ω 为转盘的均匀角速度,γ 是单位体积的质量,g 是重力加速度。

在弹性状态下,其位移和应力的表达式为

$$\begin{cases} u = \dfrac{(1-\nu)A}{E}r + \dfrac{(1+\nu)}{E}\dfrac{C}{r} - \dfrac{\gamma\omega^2(1-\nu^2)}{8Eg}r^3 \\[3mm] \sigma_r = A - \dfrac{C}{r^2} - \dfrac{\gamma\omega^2(3+\nu)}{8g}r^2 \\[3mm] \sigma_\theta = A + \dfrac{C}{r^2} - \dfrac{\gamma\omega^2(1+3\nu)}{8g}r^2 \end{cases} \tag{6.7.50}$$

式中常数 A、C 可由边界条件确定。

在理想塑性情况下,屈服条件中只有应力,此时将屈服条件和平衡方程联合求解,便可求出应力的表达式。当使用非线性的米泽斯屈服条件时,在积分过程中将遇到较大的困难,此时可利用参数方程求解。在使用特雷斯卡屈服条件时,虽然积分较为简单,然而此时则需要分析所得结果在什么范围内是可用的。

在自由旋转的圆盘中,一般有 $\sigma_\theta > \sigma_r > 0$,此时特雷斯卡屈服条件是

$$\sigma_\theta = \sigma_s \tag{6.7.51}$$

当旋转圆盘完全进入塑性状态时,两个边界条件可以用来确定积分常数和极限转速 ω,而在弹塑性应力状态时,除通常使用的边界条件外,在弹、塑性区分界处应力还应该相等,因此这些积分常数不用分析变形就能求出。若将所求的积分常数代入应力表达式后,在塑性区不满足 $\sigma_\theta \geqslant \sigma_r \geqslant 0$ 的条件时,则应分别考虑以下两种情况,即①当 $\sigma_r \geqslant \sigma_\theta \geqslant 0$ 时,取 $\sigma_r = \sigma_s$;②当 $\sigma_\theta \geqslant 0 \geqslant \sigma_r$ 时,取 $\sigma_\theta - \sigma_r = \sigma_s$。当圆盘开始屈服时的旋转角速度,称为弹性极限角速度,以 ω_e 表示,当圆盘全部进入塑性时,则称此时的旋转角速度为塑性极限速度,并以 ω_p 表示。

例 6.7.1　设有一半径为 b 的弹塑性材料制成的实心旋转圆盘以旋转速度 ω 旋转,若 $\omega_e < \omega < \omega_p$,即实心圆盘中部分为弹性区,部分为塑性区,以 $r = r_s$ 表示塑性区和弹性区的分界线,试求弹塑性分界区的半径 r_s 和转速 ω 之间的关系。

[解]　在弹性阶段,对于边缘自由的圆盘,其边界条件为:当 $r=0$ 时,应力为有限值;当 $r=b$ 时,$\sigma_r = 0$。这样得到的应力为

$$\begin{cases} \sigma_r = \dfrac{\gamma(3+\nu)\omega^2}{8g}(b^2 - r^2) \\[3mm] \sigma_\theta = \dfrac{\gamma\omega^2}{8g}\left[(3+\nu)b^2 - (1+3\nu)r^2\right] \end{cases} \tag{a}$$

由上式有 $\sigma_\theta > \sigma_r \geqslant \sigma_z = 0$,$\sigma_\theta$ 在 $r=0$ 处最大,塑性将先在此开始。因此在塑性区,特雷斯卡屈服条件应取为

$$\sigma_\theta = \sigma_s \qquad (b)$$

将式(b)代入式(a),并令 $r=0$ 得到弹性极限转速为

$$\omega_e = \frac{2}{b}\sqrt{\frac{2g\sigma_s}{(3+\nu)\gamma}} \qquad (c)$$

若 $\omega_e < \omega < \omega_p$,即实心圆盘中部分为弹性区,部分为塑性区。在塑性区,即 $0 \leqslant r \leqslant r_s$,将式(b)代入平衡方程(6.7.49)并积分可得

$$\sigma_r = \sigma_s - \frac{1}{3}\frac{\gamma\omega^2}{g}r^2 + \frac{D}{r} \qquad (d)$$

在盘心处,即当 $r=0$ 时,应力应为有限值,因此 $D=0$,由此应力表达式为

$$\sigma_r = \sigma_s - \frac{1}{3}\frac{\gamma\omega^2}{g}r^2, \quad \sigma_\theta = \sigma_s \qquad (e)$$

在弹性区,即 $r_s \leqslant r \leqslant b$,应力表达式可用式(6.7.50)表示,其中常数 A、C 由边界条件和弹塑性交界处应力的连续条件确定,边界条件为:当 $r=b$ 时,$\sigma_r=0$;应力的连续条件为,当 $r=r_s$ 时,$(\sigma_r)_e = (\sigma_r)_p$,$(\sigma_\theta)_e = (\sigma_\theta)_p$,其中 $(\sigma_r)_e$ 表示在弹性区域中 $r=r_s$ 时得出的 σ_r,而 $(\sigma_r)_p$ 表示在塑性区域中 $r=r_s$ 时得出的 σ_r,此时有

$$\sigma_r(r=b) = A - \frac{C}{b^2} - \frac{3+\nu}{8}\frac{\gamma}{g}\omega^2 b^2 = 0 \qquad (f)$$

$$\sigma_r(r=r_s) = A - \frac{C}{r_s^2} - \frac{3+\nu}{8}\frac{\gamma}{g}\omega^2 r_s^2 = \sigma_s - \frac{1}{3}\frac{\gamma}{g}\omega^2 r_s^2 \qquad (g)$$

$$\sigma_\theta(r=r_s) = A + \frac{C}{r_s^2} - \frac{1+3\nu}{8}\frac{\gamma}{g}\omega^2 r_s^2 = \sigma_s \qquad (h)$$

联立解上述(f)、(g)两个方程,则得到常数 A 和 C。因此得到弹性区的应力公式为

$$\sigma_r = -\frac{3+\nu}{8}\frac{\gamma}{g}\omega^2 r^2 + \sigma_s + \frac{1+3\nu}{12}\frac{\gamma}{g}\omega^2 r_s^2 - \frac{1+3\nu}{24}\frac{\gamma}{g}\frac{\omega^2 r_s^4}{r^2} \qquad (i)$$

$$\sigma_\theta = -\frac{1+3\nu}{8}\frac{\gamma}{g}\omega^2 r^2 + \sigma_s + \frac{1+3\nu}{12}\frac{\gamma}{g}\omega^2 r_s^2 + \frac{1+3\nu}{24}\frac{\gamma}{g}\frac{\omega^2 r_s^4}{r^2} \qquad (j)$$

当 $r=b$ 时,$\sigma_r=0$,由此得到

$$\omega = \omega_s^2 = \frac{24\sigma_s b^2}{m[(1+3\nu)r_s^4 - 2(1+3\nu)b^2 r_s^2 + 3(3+\nu)b^4]} \qquad (k)$$

其中 $m=\gamma/g$。上式给出了部分塑性时的转速与弹塑性交界处的半径 r_s 的关系。在开始屈服时,$r_s=0$,

$$\omega_s = \frac{1}{b}\sqrt{\frac{8}{3+\nu}\frac{\sigma_s}{m}} = \omega_e \qquad (l)$$

在全部进入塑性状态的极限状态时,则有 $r_s=b$,

$$\omega_s = \frac{1}{b}\sqrt{\frac{3\sigma_s}{m}} = \omega_p \qquad (m)$$

例 6.7.2 已知内半径为 a、外半径为 b 的自由旋转均质圆盘,试给出此旋转圆盘在极限状态下 σ_r 的表达式及 σ_r 的最大值。给出当 a 趋近于 b(薄环情况)和趋近于零时 σ_r 的最大值。

[解]　由于在旋转均质圆盘中 $\sigma_\theta > \sigma_r > 0$,故屈服条件取为

$$\sigma_\theta = \sigma_s \tag{a}$$

将式(a)代入平衡方程并积分后,得

$$\sigma_r = \sigma_s - \frac{\gamma\omega^2}{3g}r^2 + \frac{C}{r} \tag{b}$$

由边界条件有,当 $r=a$ 时,$\sigma_r=0$,可得应力为

$$\sigma_r = \sigma_s\left(1 - \frac{a}{r}\right) - \frac{\gamma\omega^2}{3g}\left(r^2 - \frac{a^3}{r}\right) \tag{c}$$

当 $r=b$ 时,$\sigma_r=0$,得极限转速为

$$\omega_p^2 = \frac{3g\sigma_s}{\gamma(a^2 + ab + b^2)} \tag{d}$$

将此式代入 σ_r 的表达式后得

$$\sigma_r = \sigma_s\left[1 - \frac{ab(a+b)}{b^2 + ab + a^2} \cdot \frac{1}{r} - \frac{r^2}{b^2 + ab + a^2}\right] \tag{e}$$

为了求 σ_r 的最大值,由 $\dfrac{d\sigma_r}{dr}=0$ 的条件可得

$$r = \sqrt[3]{\frac{ab(a+b)}{2}} \tag{f}$$

由此得

$$[\sigma_r]_{max} = \sigma_s\left[1 - \frac{3}{b^2 + ab + a^2}\left(\frac{ab(a+b)}{2}\right)^{\frac{2}{3}}\right] \tag{g}$$

当 $a=0$ 时,$(\sigma_r)_{max}=\sigma_s$;当 $a=b$ 时,$(\sigma_r)_{max}=0$(薄圆环的极限情况)。

6.7.4　轴对称平面问题

在极坐标中,当有轴对称载荷时,而且结构和边界条件也都是轴对称的,这时应力分量和应变分量都只是半径 r 的函数。在轴对称的平面应变问题中,应有如下关系:

位移分量,$u=u(r)$,$v=w=0$ $\hspace{2cm}$ (6.7.52)

应变分量,$\varepsilon_r = \dfrac{du}{dr}$,$\varepsilon_\theta = \dfrac{u}{r}$,$\varepsilon_z = \gamma_{\theta z} = \gamma_{rz} = \gamma_{r\theta} = 0$ $\hspace{1cm}$ (6.7.53)

屈服条件,$\begin{cases} (\sigma_\theta - \sigma_r) = \sigma_s, & \text{特雷斯卡屈服条件} \\ (\sigma_\theta - \sigma_r) = \dfrac{2}{\sqrt{3}}\sigma_s, & \text{米泽斯屈服条件} \end{cases}$ $\hspace{1cm}$ (6.7.54)

平衡方程,$r\dfrac{d\sigma_r}{dr} = \sigma_\theta - \sigma_r$ $\hspace{2cm}$ (6.7.55)

在轴对称的平面应力问题中,则有

应力分量,$\sigma_r = \sigma_r(r)$,$\sigma_\theta = \sigma_\theta(r)$,$\sigma_z = \sigma_{\theta z} = \sigma_{rz} = \sigma_{r\theta} = 0$ $\hspace{0.5cm}$ (6.7.56)

屈服条件,$\begin{cases} (\sigma_\theta - \sigma_r) = \sigma_s, & \text{特雷斯卡屈服条件} \\ \sigma_r^2 - \sigma_\theta\sigma_r + \sigma_\theta^2 = \sigma_s^2, & \text{米泽斯屈服条件} \end{cases}$ $\hspace{1cm}$ (6.7.57)

在使用米泽斯屈服条件时,往往采用参数方程来简化计算的过程。

例 6.7.3 设有理想弹塑性材料制成的厚壁圆筒受内压 p 的作用,处于平面应变状态。如内半径为 a,外半径为 b,弹塑性分界半径为 r_s,试用米泽斯屈服条件,求出内压 p 和 r_s 之间关系的表达式。

〔解〕 现在讨论刚进入塑性状态时的弹性区域的情况,根据弹性力学厚壁圆筒的应力表达式(5.11.61),应有

$$\sigma_r = -\frac{p}{\frac{b^2}{a^2}-1}\left(\frac{b^2}{r^2}-1\right), \quad \sigma_\theta = \frac{p}{\frac{b^2}{a^2}-1}\left(\frac{b^2}{r^2}+1\right) \tag{a}$$

由平面应变状态的法则,在 $r=a$ 处最先进入塑性状态,这时的弹性极限压力 p_e 为

$$p_e = \left(1-\frac{a^2}{b^2}\right)\frac{1}{\sqrt{3}}\sigma_s \tag{b}$$

现在讨论部分弹性部分塑性的情况,则 $a \leq r \leq r_s$ 为塑性区,$r_s \leq r \leq b$ 为弹性区。在塑性区 $a \leq r \leq r_s$,将平面应变状态的屈服条件代入平衡方程,则得到

$$\frac{d\sigma_r}{dr} - \frac{2}{\sqrt{3}}\frac{\sigma_s}{r} = 0 \tag{c}$$

将上式积分并利用边界条件 $\sigma_r(r=a)=-p$,得到塑性区的应力分布为

$$\sigma_r = -p + \frac{2}{\sqrt{3}}\sigma_s\ln\frac{r}{a}, \quad \sigma_\theta = \frac{2}{\sqrt{3}}\sigma_s - p + \frac{2}{\sqrt{3}}\sigma_s\ln\frac{r}{a} \tag{d}$$

现在讨论在 $r_s \leq r \leq b$ 的弹性区的应力分布情况。在 $r=r_s$ 的交界处的径向应力 σ_r 应该连续,则由式(a)和式(d)有

$$-\frac{p}{\frac{b^2}{a^2}-1}\left(\frac{b^2}{r_s^2}-1\right) = -p + \frac{2}{\sqrt{3}}\sigma_s\ln\frac{r_s}{a} \tag{e}$$

当 $r_s=b$ 时的塑性极限压力 p_s 为

$$p_s = \frac{2}{\sqrt{3}}\sigma_s\ln\frac{b}{a} \tag{f}$$

6.7.5 厚壁球壳

在球对称载荷的作用下,厚壁球壳的平衡方程为(图 6.7.7)

$$\frac{d\sigma_r}{dr} = 2\frac{\sigma_\theta - \sigma_r}{r} \tag{6.7.58}$$

当内压力为 p_i,外压力为 p 时,内半径为 a,外半径为 b,在弹性状态下的径向应力和周向应力分别为

$$\begin{cases} \sigma_r = \frac{pb^3(r^3-a^3)}{r^3(a^3-b^3)} + \frac{p_i a^3(b^3-r^3)}{r^3(a^3-b^3)} \\ \sigma_\varphi = \sigma_\theta = \frac{pb^3(2r^3+a^3)}{2r^3(a^3-b^3)} - \frac{p_i a^3(2r^3+b^3)}{2r^3(a^3-b^3)} \end{cases} \tag{6.7.59}$$

在球对称的情况下,米泽斯屈服条件和特雷斯卡屈服条件具有相同的形式,即

$$\sigma_\theta - \sigma_r = \sigma_s \tag{6.7.60}$$

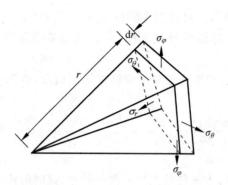

图 6.7.7　厚壁球壳的平衡方程

在弹塑性状态下,在塑性区应满足上式。当只有内压作用时,用 $r=a$ 处 $\sigma_r=-p$ 的边界条件,可以得到在 $r=a$ 处最先进入塑性状态,这时的弹性极限压力 p_e 为

$$p_e=\frac{2\sigma_s}{3}\left(1-\frac{a^3}{b^3}\right) \tag{6.7.61}$$

现在讨论部分弹性部分塑性的情况,则 $a\leqslant r\leqslant r_s$ 为塑性区,$r_s\leqslant r\leqslant b$ 为弹性区。在塑性区 $a\leqslant r\leqslant r_s$,将屈服条件式(6.7.60)代入平衡方程并积分后得到

$$\sigma_r=2\sigma_s\ln\frac{r}{a}-p_i,\quad \sigma_\theta=\sigma_s\left(1+2\ln\frac{r}{a}\right)-p_i \tag{6.7.62}$$

根据在弹塑性区分界处应力是连续的条件可以求出在 $r_s\leqslant r\leqslant b$ 弹性区内的应力为

$$\begin{cases}\sigma_r=2\sigma_s\dfrac{r_s^2}{3b^3}\left(1-\dfrac{b^3}{r^3}\right)\\[3mm]\sigma_\theta=2\sigma_s\dfrac{r_s^2}{3b^3}\left(1+\dfrac{b^3}{r^3}\right)\end{cases} \tag{6.7.63}$$

同时可以求出压力 p_i 和分界半径 r_s 之间的关系如下:

$$p_i=2\sigma_s\left[\ln\frac{r_s}{a}+\frac{1}{3}\left(1-\frac{r_s^3}{b^3}\right)\right] \tag{6.7.64}$$

当 $r_s=b$ 时,整个球壳都处于塑性状态,由上式可以求得塑性极限压力 p_s 为

$$p_s=2\sigma_s\ln\frac{b}{a} \tag{6.7.65}$$

6.7.6　例题

例 6.7.4　梁的弹塑性弯曲。已知受均布载荷 q 的作用的由理想弹塑性材料制成的简支梁,如图 6.7.8 所示。若 ε_s 已知,试求当 $\varepsilon_{max}=0.01$ 时载荷 q_1 的表达式,并求出当弹性区的高度 $h_e=\dfrac{h}{2}$ (在梁的中点处)时,q_2 的表达式以及在已知载荷 q 的作用下的梁的弹塑性分界线的方程。

[解]　设坐标原点位于梁的中点,则弯矩表达式为

$$M=\frac{q}{2}(l^2-x^2) \tag{a}$$

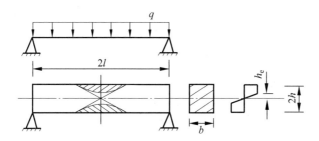

图 6.7.8　梁的弹塑性弯曲

最大弯矩值为

$$M_{\max} = \frac{1}{2}ql^2 \tag{b}$$

对于矩形截面,弹性核的高度为 h_e,则弹塑性弯矩为

$$M = 2\int_0^{h_e} b\eta\sigma_x \mathrm{d}\eta + \int_{h_e}^{h} b\eta\sigma_x \mathrm{d}\eta \tag{c}$$

并且应力分布为

$$\begin{cases} 0 < \eta < h_e, & \sigma_x = \dfrac{\eta}{h_e}\sigma_s \\ h_e < \eta < h, & \sigma_x = \sigma_s \end{cases} \tag{d}$$

这样得到弹塑性弯矩与弹性核 h_e 之间的关系为

$$\frac{M}{M_e} = \frac{3}{2}\left[1 - \frac{1}{3}\left(\frac{h_e}{h}\right)^2\right] \tag{e}$$

其中当 $h_e = h$ 时,$M = M_e = \dfrac{2}{3}bh^2\sigma_s$;当 $h_e = 0$ 时,$M = M_p = bh^2\sigma_s$。

由式(e)可得

$$\left(\frac{h_e}{h}\right)^2 = 3\left[1 - \frac{2}{3}\cdot\frac{M}{M_e}\right] \tag{f}$$

弹性核 h_e 是弯矩 M 的函数,即 h_e 随着 M 的变化而变化,由式(f)看出 M 值越大,h_e 的值越小。

由式(a)知,在 $x = 0$ 处有 $M = \dfrac{ql^2}{2}$,因此由式(f)得

$$\left(\frac{h_e}{h}\right)^2 = 3\left[1 - \frac{2}{3}\cdot\frac{\dfrac{ql^2}{2}}{\dfrac{2}{3}bh^2\sigma_s}\right]$$

将上式化简后,得

$$q = \frac{2bh^2\sigma_s}{l^2}\left[1 - \frac{1}{3}\left(\frac{h_e}{h}\right)^2\right] \tag{g}$$

由于

$$\frac{h_e}{h} = \frac{\varepsilon_s}{\varepsilon_{\max}} = \frac{\varepsilon_s}{0.01} = 100\varepsilon_s$$

因此由上式和式(g)可得 q_1 的表达式为

$$q_1 = \frac{2bh^2\sigma_s}{l^2}\left[1 - \frac{(100\varepsilon_s)^2}{3}\right]$$

在梁的中点处,当 $h_e = \frac{h}{2}$ 时,由式(g)得

$$q_1 = \frac{2bh^2\sigma_s}{l^2}\left[1 - \frac{1}{3}\left(\frac{1}{2}\right)^2\right] = \frac{11}{6} \cdot \frac{bh^2\sigma_s}{l^2} \qquad\text{(h)}$$

弹塑性分界线方程可以通过将弯矩表达式(a)代入式(f)后得到,即

$$h_e^2 = 3h^2\left[1 - \frac{2}{3} \cdot \frac{\frac{1}{2}q(l^2 - x^2)}{\frac{2}{3}bh^2\sigma_s}\right] = 3h^2\left[1 - \frac{1}{2}\frac{q(l^2 - x^2)}{bh^2\sigma_s}\right] \qquad\text{(i)}$$

在极限状态时,在梁的中点处,$h_e = 0$,由式(c)可得

$$M_p = \frac{3}{2}M_e = bh^2\sigma_s$$

由式(a)可得

$$q = \frac{2M_p}{l^2} = \frac{2\sigma_s bh^2}{l^2} \qquad\text{(j)}$$

将式(j)代入式(i)后,则有

$$h_e^2 = 3h^2\left[1 - \frac{1}{2} \cdot \frac{2\sigma_s bh^2}{l^2} \cdot \frac{(l^2 - x^2)}{bh^2\sigma_s}\right] = 3h^2 \cdot \frac{x^2}{l^2} \qquad\text{(k)}$$

由此得

$$h_e = \sqrt{3}\,h\,\frac{x}{l} \qquad\text{(l)}$$

由式(l)可见,h_e 是 x 的线性函数,当 $x = 0$ 时,$h_e = 0$,当 $h_e = h$ 时,$x = \frac{l}{\sqrt{3}}$。

例 6.7.5 设有不均匀厚壁圆筒,沿圆筒半径屈服极限的平均值为 σ_s,屈服极限按如下两种规律变化:① $\sigma = \left(2\gamma - \frac{1}{2}\right)\sigma_s$;② $\sigma = \left(\frac{5}{2} - 2\gamma\right)\sigma_s$。式中 $\gamma = \frac{r}{b}$ 在 $0.5 \sim 1$ 之间变化。在此两种情况下,满足条件 $\frac{1}{2}\sigma_s \leqslant \sigma \leqslant \frac{3}{2}\sigma_s$。若厚壁圆筒内外半径之比 $\frac{a}{b} = \frac{1}{2}$,厚壁圆筒内压为 p_i,外压为 p_e,材料是不可压缩的,并服从特雷斯卡屈服条件,处于平面应变状态,试将①和②两种情况的承载能力与具有均匀屈服极限为 σ_s 的厚壁圆筒承载能力相比较。

[解] 先求具有均匀屈服极限的厚壁圆筒的极限承载能力。圆形厚壁圆筒的平衡方程为

$$\frac{d\sigma_r}{dr} = \frac{\sigma_\theta - \sigma_r}{r} \qquad\text{(a)}$$

由上式及屈服条件得

$$\sigma_r = \sigma_s \ln r + C \qquad\text{(b)}$$

利用边界条件

$$\begin{cases} r = a, & \sigma_r = -p_i \\ r = b, & \sigma_r = -p_e \end{cases} \tag{c}$$

得

$$\begin{cases} -p_i = \sigma_s \ln a + C \\ -p_e = \sigma_s \ln b + C \end{cases} \tag{d}$$

将式(d)中的两式相减可以消去常数 C，从而得

$$p_i - p_e = \sigma_s \ln \frac{b}{a} = 0.639\sigma_s$$

当屈服极限 $\sigma = \sigma_s \left(2\gamma - \dfrac{1}{2} \right)$ 时，由平衡方程(a)可得

$$\frac{\mathrm{d}\sigma_r}{\mathrm{d}r} = \frac{1}{r}\left(\frac{2r}{b} - \frac{1}{2} \right)\sigma = \left(\frac{1}{a} - \frac{1}{2r} \right)\sigma_s \tag{e}$$

积分式(e)后，得

$$\sigma_r = \sigma_s \left(\frac{r}{a} - \frac{1}{2}\ln r \right) + C_1 \tag{f}$$

利用边界条件(c)，可得

$$\begin{cases} -p_i = \sigma_s \left(\dfrac{a}{a} - \dfrac{1}{2}\ln a \right) + C_1 \\ -p_e = \sigma_s \left(\dfrac{b}{a} - \dfrac{1}{2}\ln b \right) + C_1 \end{cases} \tag{g}$$

将式(g)中的两式相减并消去积分常数 C_1 后，得

$$p_i - p_e = \sigma_s \left(1 - \frac{1}{2}\ln 2 \right) = 0.653\sigma_s \tag{h}$$

当屈服极限 $\sigma = \left(\dfrac{5}{2} - 2\gamma \right)\sigma_s$ 时，厚壁筒的极限承载能力用与前面类似的方法求出。将屈服条件 $\sigma = \left(\dfrac{5}{2} - \dfrac{2r}{b} \right)\sigma_s$ 代入平衡方程并考虑 $b = 2a$，积分后，可得

$$\sigma_r = \sigma_s \left(\frac{5}{2}\ln r - \frac{r}{a} \right) + C_2 \tag{i}$$

利用边界条件式(c)，由式(i)可得

$$\begin{cases} -p_i = \sigma_s \left(\dfrac{5}{2}\ln a - \dfrac{a}{a} \right) + C_2 \\ -p_e = \sigma_s \left(\dfrac{5}{2}\ln b - \dfrac{b}{a} \right) + C_2 \end{cases} \tag{j}$$

将式(j)中的两式相减后，可以消去积分常数 C_2，得

$$p_i - p_e = \sigma_s \left(\frac{5}{2}\ln \frac{b}{a} - 1 \right) = \sigma_s \left(\frac{5}{2} \times 0.639 - 1 \right) = 0.733\sigma_s$$

由以上所得结果可见，厚壁圆筒总是首先由内壁开始屈服，内壁材料的屈服极限低时（即情况①），承载能力小，而内壁材料的屈服极限高时（即情况②），承载能力大，而具有平均屈服极限情况时，厚壁圆筒的承载能力介于两者之间。故在设计时，应将较好材料放在厚壁圆筒的内部。

习题

6.1 如图所示的薄壁圆管受拉力 p 和扭矩 M 的作用,试写出此情况下的米泽斯条件和特雷斯卡条件。

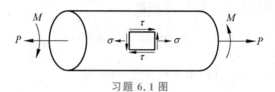

习题 6.1 图

6.2 已知两端封闭的薄壁圆管,平均半径为 r_0,管的厚度为 t_0,受内压 p 的作用。试分别按米泽斯屈服条件和特雷斯卡屈服条件写出此薄壁圆管在屈服时 p 的表达式。

6.3 求出特雷斯卡屈服准则的等向强化模型和随动强化模型的屈服函数,并在 π 平面上进行讨论。

6.4 为了使幂强化曲线在 $\varepsilon \leqslant \varepsilon_s$ 时满足胡克定律,可以用如下公式表示:

$$\sigma = \begin{cases} E\varepsilon, & \varepsilon \leqslant \varepsilon_s \\ B(\varepsilon - \varepsilon_e)^n, & \varepsilon > \varepsilon_s \end{cases}$$

试求:(1)为保证 σ 和 $\dfrac{\mathrm{d}\sigma}{\mathrm{d}\varepsilon}$ 在 $\varepsilon = \varepsilon_s$ 处连续,试确定 B 和 ε_e 的值;(2)如将该曲线表示成 $\sigma = E\varepsilon[1 - \omega(\varepsilon)]$ 的形式,试给出 $\omega(\varepsilon)$ 的表达式。

6.5 已知两端封闭的薄壁圆筒,平均半径为 r,壁厚为 t,承受内压 p 的作用而产生塑性变形,假设材料是各向同性的,并忽略弹性应变,试求屈服时的周向、轴向和径向应变增量之比。

6.6 已知应力状态为 $\sigma_1 = \dfrac{\sigma_s}{\sqrt{3}}$,$\sigma_2 = -\dfrac{\sigma_s}{\sqrt{3}}$,$\sigma_3 = 0$,$d\varepsilon_1^p = c$,试求其他的应变增量、应变强度以及塑性功增量的表达式。

6.7 已知材料的应力-应变曲线为 $\varepsilon = \dfrac{\sigma}{E} + \dfrac{\sigma - \sigma_s}{E_1}$,如图(a)所示,用此材料制成的薄壁圆筒受拉力和扭转应力的作用。试用增量理论按如下加载路线计算轴向应变 ε_z 和剪切应变 $\gamma_{\theta z}$,如图(b)所示。

(1) 开始时沿 z 轴方向加载至 $\sigma_z = \sigma_s$,保持此应力值,再增加剪应力直至 $\tau_{r\theta} = \dfrac{\sigma_s}{\sqrt{3}}$。

(2) 开始时使剪应力达到 $\tau_{r\theta} = \dfrac{\sigma_s}{\sqrt{3}}$,保持 $\tau_{r\theta}$ 的值不变,再增加轴向应力 σ_z,使其达到 σ_s。

(3) 轴向应力和剪应力按 $\sqrt{3} : 1$ 的比例增加直至 $\sigma_z = \sigma_s$,$\tau_{\theta z} = \dfrac{\sigma_s}{\sqrt{3}}$。

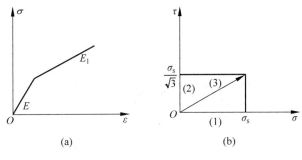

习题 6.7 图

6.8 已知圆形截面梁，如图所示，截面半径为 R，在弹塑性状态时，$h_e = \dfrac{R}{2}$，且已知 $\dfrac{\rho_e}{\rho} = \dfrac{R}{h_e}$，试求此时 $\dfrac{M}{M_e}$ 的值。

6.9 已知材料拉伸和压缩时的应力-应变曲线相同，为 $\sigma = E\varepsilon^n$。试求高为 h，宽为 b 的矩形截面的 M 和曲率半径 ρ 之间的关系，以及截面上的应力分布规律。

6.10 已知半径为 R 的圆轴，当单位扭转角达到 θ 时，圆轴进入塑性阶段。若杆件材料的应力-应变曲线为 $\tau = H\gamma^n$，试求扭矩 M_s 以及卸载后残余应力 τ_r 的表达式，并求当 $n = \dfrac{1}{2}$，残余应力为零时的位置。

6.11 已知外半径为 b，内半径为 a 的自由旋转环盘，厚度为常数，材料的屈服极限为 σ_s。试用特雷斯卡条件求出此环盘的屈服极限转速 ω_p。

6.12 如图所示，已知厚壁球壳材料的上屈服极限为 σ_{su}，下屈服极限为 σ_{sl}，试求此厚壁球壳部分进入塑性状态后内压力 p 的表达式。

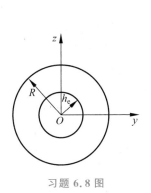

习题 6.8 图

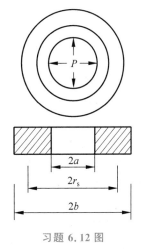

习题 6.12 图

第 7 章

均质材料断裂力学

断裂力学是 20 世纪 50 到 60 年代发展起来的固体力学的一个重要分支。它是从构件实际上存在裂纹缺陷这一真实情况出发,对构件进行强度研究与计算的科学。因此,也可以认为断裂力学是研究裂纹的产生、发展及扩展规律的科学。本章我们只讨论均质材料断裂力学[3],对于非均质材料如复合材料、涂层和薄膜中的裂纹问题读者可以参考有关专著或者文献[57]和文献[58]等。

7.1 传统强度理论和裂纹的分类

7.1.1 传统强度理论的局限性

我们知道,按传统强度理论设计工程构件的要求是

$$\sigma \leqslant [\sigma], \quad [\sigma] = \begin{cases} \dfrac{\sigma_s}{k}, & \text{塑性材料} \\[2mm] \dfrac{\sigma_b}{k}, & \text{脆性材料} \end{cases} \tag{7.1.1}$$

即要求构件的工作应力 σ 必须小于或等于材料的许用应力 $[\sigma]$,这里 σ_s 是材料屈服强度,σ_b 是材料的抗拉强度,k 是安全系数,一般取 k 为 1.3~2.0。如对外加载荷引起构件的应力 σ 计算准确,所选取试样测得的 σ_s(或 σ_b)能够准确地代表构件内部材料对破坏的抗力的话,则可适当降低 k。使各种工程构件满足式(7.1.1)的要求,是传统设计所采用的方法。但是近几十年来,世界各国生产实践表明:按传统强度理论设计的构件,有时会意外地发生低应力断裂事故。无情的事实尖锐地揭示了这种传统强度设计理论的局限性。

例如 20 世纪 50 年代美国完全按照传统强度设计与验收的北极星导弹固体燃料发动机压力壳,在发射时却出乎意料地发生低应力脆断。原因在于:所用的超高强度钢($\sigma_s = 140 \text{ kg/mm}^2$,$K_{Ic} = 200 \text{ kg/mm}^{3/2}$)在淬火后马上进行回火,出现了裂纹。裂纹源可能是焊缝、咬边、杂质或晶界开裂等。

低应力脆断在日常生活中也经常遇到,像玻璃、陶瓷之类的制品,当它们稍有裂纹时,往往在很小的外力作用下就会断裂。实验表明:其断裂应力 σ_c 与裂纹深度 a 的平方根成反比,即

$$\sigma_c \propto \frac{1}{\sqrt{a}} \tag{7.1.2}$$

如图 7.1.1 所示，写成等式就是

$$\sigma_c = \sqrt{\frac{2ES_e}{\pi a(1-\nu^2)}} \qquad (7.1.3)$$

式中，E 是弹性模量，S_e 是裂纹的弹性表面能，ν 是泊松比，a 是裂纹的长度。

图 7.1.1　断裂应力与裂纹长度的依赖关系

进一步研究发现：断裂应力不仅与裂纹尺寸有关，还与裂纹几何形状（是贯穿裂纹还是埋藏裂纹或表面裂纹）、边界条件（是边裂纹还是中央裂纹，是有限板还是无限板）及受力状态（是受拉、受剪、受扭、受弯还是受复合应力）有关。我们用 Y 表示这一影响系数（称为形状系数），有如下等式：

$$Y\sigma_c\sqrt{\pi a} = \text{const.} \qquad (7.1.4)$$

此常数只与材料本身有关，称为材料的断裂韧性（表示材料抵抗裂纹失稳扩展能力的一个物理参量），用 $K_{\mathrm{I}C}$ 表示。因此，式(7.1.4)又可以写为

$$Y\sigma_c\sqrt{\pi a} = K_{\mathrm{I}C} \qquad (7.1.5)$$

前述的北极星导弹壳体的脆断事故，从断裂力学角度来看是自然的。因为线弹性断裂力学的判据认为：当裂纹构件的应力强度因子（表示裂纹尖端附近应力场强弱程度的因子）K_{I} 达到材料固有的临界值即断裂韧性 $K_{\mathrm{I}C}$ 时，裂纹构件就发生失稳断裂，即此时

$$K_{\mathrm{I}} = Y\sigma\sqrt{\pi a} = K_{\mathrm{I}C} \qquad (7.1.6)$$

式中 $Y=1\sim1.2$，现取 $Y=1.2$ 代入上式，便可求得北极星导弹壳体发生断裂时的临界裂纹尺寸

$$a_c = \frac{K_{\mathrm{I}C}^2}{Y^2\pi\sigma^2} \qquad (7.1.7)$$

取 $\sigma=\sigma_s/1.6$，$\sigma_{水压}=1.3\sigma=0.81\sigma_s$，壳体材料为 D_6AC，属超高强度钢，其 $\sigma_s=140\ \mathrm{kg/mm^2}$，$K_{\mathrm{I}C}=200\ \mathrm{kg/mm^{3/2}}$。代入式(7.1.7)得发生断裂时的临界裂纹尺寸为

$$a_c = 0.3\left(\frac{K_{\mathrm{I}C}}{\sigma_s}\right)^2 \approx 0.6\ \mathrm{mm} \qquad (7.1.8)$$

这么小的临界裂纹尺寸，常常在探伤时检查不出或漏检，因此发生低应力脆断是不足为奇的。

按传统强度理论，如选用强度更高的材料，则$(K_{\mathrm{I}C}/\sigma_s)$更低，由式(7.1.8)可知，其产生低应力脆断的临界裂纹尺寸也就更小，或者说，对于相同的裂纹尺寸，其脆断应力更低。此时强度有余，而韧性不足，故易引起脆性断裂。可见，提高材料强度不起作用却反而降低了材料的韧性$(K_{\mathrm{I}C}/\sigma_s)$。这就是传统强度理论无法解释而线弹性断裂力学却能简单解释的工程构件（压力壳）低应力脆断的内在原因。断裂力学能抓住 $K_{\mathrm{I}C}$ 与 σ_s 之间的辩证关系，使构件能兼顾强度与断裂韧性。

人们于 20 世纪初得知，材料的理论极限强度 σ_t 可近似按下式估算：

$$\sigma_t = \left(\frac{E\gamma}{b}\right)^{1/2} \qquad (7.1.9)$$

对于大多数金属，其弹性模量 $E=2\times10^6\ \mathrm{kg/cm^2}$，表面能 $\gamma\approx2\times10^{-3}\ \mathrm{kg\cdot cm/cm^2}$，原子间

距 $b \approx 2 \times 10^{-8}$ cm，由此可算得 $\sigma_t \approx 4.4 \times 10^5$ kg/cm²。但实际断裂强度要比此值小得多，原因何在？Inglis 在 1913 年首先指出[59]：这是因为实际材料中存在着不可避免的各种缺陷，如微观裂纹、空穴、切口、刻痕等，其尖端附近存在局部高应力（或高应变）集中区域，该区域应力数倍于远离尖端的应力，从而成为断裂的"裂源"。

Griffith 理论即脆性断裂理论，是基于能量分析基础上提出的[59]。它被认为是断裂力学的开始。Griffith 于 1921 年提出又在 1924 年修正后的表达式为

$$\sigma_c = \begin{cases} \sqrt{\dfrac{2ES_e}{\pi a}}, & \text{平面应力} \\[3mm] \sqrt{\dfrac{2ES_e}{\pi a} \cdot \dfrac{1}{1-\nu^2}}, & \text{平面应变} \end{cases} \tag{7.1.10}$$

式中 S_e 为单位面积的裂纹弹性表面能。

总结起来，传统的强度设计方法存在下述弊端[57]：

(1) 从物理学角度上，它不能识别固体材料的典型特征破坏过程。这些特征破坏过程包括：①从微裂纹形核、亚临界扩展、微裂纹汇合成宏观裂纹，并发展至灾难性失稳扩展的脆性断裂过程；②从孔洞形核、长大、片状汇合到持续撕裂的韧性断裂过程；③从驻留滑移带处累积塑性变形到疲劳裂纹形核，继而呈花纹状碾压扩展的疲劳断裂过程。

(2) 从力学角度上，它不能描述由于裂纹状态缺陷存在而于裂纹尖端产生的严重应力集中。材料的强度不仅与载荷水平有关，还与裂纹几何有关。传统强度理论无法表征裂纹尖端的奇异场。

(3) 从材料科学角度上，它不能解释理论强度远高于实际强度的原因。对于这些原因的探索导致了材料强韧化力学的诞生。

(4) 从工程应用角度上，它不足以防止工程结构的破坏。在第二次世界大战中出现的大量低应力脆断事故加速了断裂力学发展为一门前沿学科的进程。

7.1.2 裂纹的三种类型

在平面问题的应力场中，按照裂纹的位置与应力方向之间的关系可将裂纹附近的应力、应变场分为三种基本类型。

(1) 张开型（Ⅰ型）裂纹

裂纹面与应力 σ 垂直，且在 σ 作用下裂纹尖端张开，其扩展方向与 σ 垂直，这种裂纹称为张开型（Ⅰ型）裂纹，如图 7.1.2(a)所示。图 7.1.2(b)是它的左视图。如图 7.1.2(c)所示的圆筒形容器的纵向裂纹及如图 7.1.2(d)所示的受拉试件的横向裂纹均属 Ⅰ 型裂纹。

(2) 滑开型（Ⅱ型）裂纹

裂纹面与剪应力 τ 平行，且在 τ 的作用下裂纹滑开扩展，其扩展方向与 τ 成一定角度，这种裂纹称为滑开型（Ⅱ型）或面内剪切型裂纹，如图 7.1.3(a)所示。一般用如图 7.1.3(b)所示的左视图表示。如图 7.1.3(c)所示的螺栓，在板交界面存在的裂纹就是 Ⅱ 型裂纹，图 7.1.3(d)所示是它的受力图。

(3) 撕开型（Ⅲ型）裂纹

裂纹面与剪应力 τ 平行，且在 τ 的作用下裂纹沿原来裂纹面错开（而不是滑开），但裂纹扩

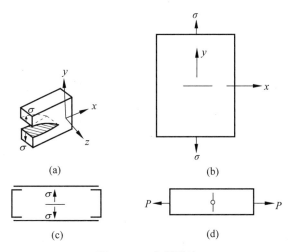

图 7.1.2　Ⅰ型裂纹

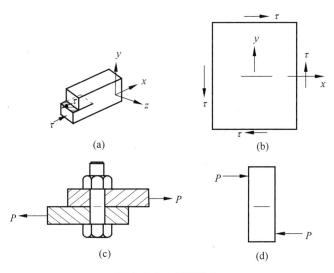

图 7.1.3　Ⅱ型裂纹

展方向与 τ 垂直,这种裂纹称为撕开型(Ⅲ型)或反平面剪切型或扭转型裂纹,如图 7.1.4(a)所示。一般可用图 7.1.4(b)表示。如先用剪刀开口然后撕布,就是Ⅲ型裂纹扩展的情况;工程上受扭圆轴的径向裂纹也属于Ⅲ型裂纹,其受力情况如图 7.1.4(c)和图 7.1.4(d)所示。

材料变形时,各质点都要发生位移。Ⅰ型及Ⅱ型裂纹不会发生厚度方向的变形,即 $u \neq 0$, $v \neq 0$, $w = 0$。但Ⅲ型裂纹则不然,变形时 $u = v = 0$, $w \neq 0$。这里,u、v、w 分别为 x、y、z 方向上的位移。

如果体内裂纹同时受到正应力和剪应力的作用或裂纹与正应力成一角度(如薄壁容器的斜裂纹),这时就同时存在Ⅰ型和Ⅱ型(或Ⅰ型和Ⅲ型)裂纹,称为复合型裂纹。

张开型(Ⅰ型)裂纹是最危险的,容易引起低应力脆断。实际裂纹即使是复合型的,也往往把它当作张开型来处理,这样既简单又安全。因此在断裂力学的研究中,重点是研究Ⅰ型裂纹。

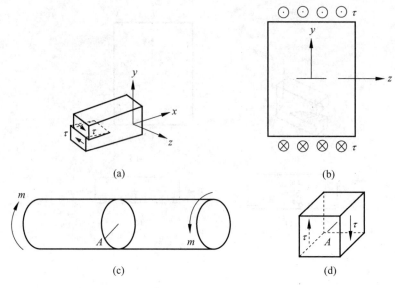

图 7.1.4　Ⅲ型裂纹

7.2　韦斯特加德应力函数

韦斯特加德(Westergaard)提出如下应力函数:

$$\varphi = \mathrm{Re}\bar{\bar{Z}} + y\,\mathrm{Im}\bar{Z} \tag{7.2.1}$$

它可以用来求解张开型(Ⅰ型)裂纹的应力、应变场强度。式中,Z 是复数 $z=x+\mathrm{i}y$ 的函数,即 $Z=Z(z)$,$\bar{Z}$ 是 Z 的积分,$\bar{\bar{Z}}$ 是 $\bar{Z}$ 的积分。此应力函数 φ 是平面问题的应力函数,它也满足双调和方程$\nabla^2\nabla^2\varphi=0$,现证明如下:

由于$\nabla^2\varphi=\nabla^2\mathrm{Re}\bar{\bar{Z}}+\nabla^2(y\mathrm{Im}\bar{Z})$,而 $\bar{\bar{Z}}$ 是解析函数,又任何解析函数的实部和虚部都是调和函数,故

$$\nabla^2\mathrm{Re}\bar{\bar{Z}}=0 \tag{7.2.2}$$

即

$$\nabla^2\varphi=\nabla^2(y\mathrm{Im}\bar{Z})=y\,\nabla^2\mathrm{Im}\bar{Z}+2\frac{\partial\mathrm{Im}\bar{Z}}{\partial y} \tag{7.2.3}$$

因为 $\bar{Z}$ 也是解析函数,故$\nabla^2\mathrm{Im}\bar{Z}=0$。又由于

$$\mathrm{Re}Z=\frac{\partial\mathrm{Re}\bar{Z}}{\partial x}=\frac{\partial\mathrm{Im}\bar{Z}}{\partial y} \tag{7.2.4}$$

故式(7.2.3)又可写为

$$\nabla^2\varphi=2\mathrm{Re}Z \tag{7.2.5}$$

所以

$$\nabla^2\nabla^2\varphi=\nabla^2(2\mathrm{Re}Z)=2\nabla^2\mathrm{Re}Z \tag{7.2.6}$$

由于 Z 是解析函数,而实部 $\mathrm{Re}Z$ 又是调和函数,即 $\nabla^2\mathrm{Re}Z=0$,故上式满足 $\nabla^2\nabla^2\varphi=0$。说明式(7.2.1)定义的 φ 是平面问题的应力函数。

由应力函数 φ 求出应力分量

$$\sigma_x=\frac{\partial^2\varphi}{\partial y^2}=\frac{\partial^2}{\partial y^2}(\mathrm{Re}\bar{\bar{Z}}+y\,\mathrm{Im}\bar{Z})=\frac{\partial}{\partial y}\Big(\frac{\partial\mathrm{Re}\bar{\bar{Z}}}{\partial y}+y\,\frac{\partial\mathrm{Im}\bar{Z}}{\partial y}+\mathrm{Im}\bar{Z}\Big) \qquad (7.2.7)$$

再由 $\dfrac{\partial\mathrm{Re}\bar{\bar{Z}}}{\partial y}=-\mathrm{Im}\bar{Z}$ 和 $\dfrac{\partial\mathrm{Im}\bar{Z}}{\partial y}=\mathrm{Re}Z$,得

$$\sigma_x=\frac{\partial}{\partial y}(-\mathrm{Im}\bar{Z}+y\mathrm{Re}Z+\mathrm{Im}\bar{Z})=y\,\frac{\partial\mathrm{Re}Z}{\partial y}+\mathrm{Re}Z \qquad (7.2.8)$$

又由 $\dfrac{\partial\mathrm{Re}Z}{\partial y}=-\mathrm{Im}Z'$,有

$$\sigma_x=\mathrm{Re}Z-y\mathrm{Im}Z' \qquad (7.2.9)$$

式中,$Z'=\mathrm{d}Z(z)/\mathrm{d}z$。类似地,可以得到应力分量 σ_y 和 τ_{xy},即综合起来有

$$\begin{cases}\sigma_x=\mathrm{Re}Z-y\mathrm{Im}Z'\\[1mm]\sigma_y=\mathrm{Re}Z+y\mathrm{Im}Z'\\[1mm]\tau_{xy}=-y\mathrm{Re}Z'\end{cases} \qquad (7.2.10)$$

实际计算时,还要考虑具体的裂纹形状、几何边界及受力情况。下一节我们将利用式(7.2.10)分别找出Ⅰ型裂纹尖端附近的 σ_x、σ_y、τ_{xy} 与外应力、裂纹尺寸及该点位置的关系。

根据胡克定律(第5章)和式(7.2.10)可得如下各应变分量:

$$\begin{cases}\varepsilon_x=\dfrac{1}{2G(1+\nu')}(\sigma_x-\nu'\sigma_y)=\dfrac{1}{2G(1+\nu')}\big[(1-\nu')\mathrm{Re}Z-(1+\nu')y\mathrm{Im}Z'\big]\\[3mm]\varepsilon_y=\dfrac{1}{2G(1+\nu')}(\sigma_y-\nu'\sigma_x)=\dfrac{1}{2G(1+\nu')}\big[(1-\nu')\mathrm{Re}Z+(1+\nu')y\mathrm{Im}Z'\big]\\[3mm]\gamma_{xy}=\dfrac{\tau_{xy}}{G}=-\dfrac{1}{G}y\mathrm{Re}Z'\end{cases}$$

$$(7.2.11)$$

式中,ν' 对应于平面应力和平面应变的定义见第5章。

联系应变位移方程并积分,可得 x 方向的位移分量为

$$u=\int\varepsilon_x\,\mathrm{d}x=\frac{1}{2G(1+\nu')}\Big[(1-\nu')\int\mathrm{Re}Z\,\mathrm{d}x-(1+\nu')\int y\mathrm{Im}Z'\,\mathrm{d}x\Big] \qquad (7.2.12)$$

而由 $\mathrm{Re}Z=\dfrac{\partial\mathrm{Re}\bar{Z}}{\partial x}$,$\mathrm{Re}\bar{Z}=\int\mathrm{Re}Z\,\mathrm{d}x$,又由 $\mathrm{Im}Z'=\dfrac{\partial\mathrm{Im}Z}{\partial x}$,得到 $\mathrm{Im}Z=\int\mathrm{Im}Z'\,\mathrm{d}x$,所以

$$u=\frac{1}{2G(1+\nu')}\big[(1-\nu')\mathrm{Re}\bar{Z}-(1+\nu')y\mathrm{Im}Z\big] \qquad (7.2.13\mathrm{a})$$

类似地,可以得到 y 方向的位移为

$$v=\frac{1}{2G(1+\nu')}\big[2\mathrm{Im}\bar{Z}-(1+\nu')y\mathrm{Re}Z\big] \qquad (7.2.13\mathrm{b})$$

7.3　Ⅰ型裂纹尖端附近的弹性应力场

7.3.1　双向拉伸

如图 7.3.1 所示的无限大板内有一长为 $2a$ 的中心贯穿裂纹,在无限远处作用着双向拉应力 σ。这是一个平面问题。因为裂纹贯穿板厚,每一个 xOy 平面的应力状态是相同的(即应力和应变不随厚度而变)。如板很薄,是平面应力问题;如板很厚,则是平面应变问题。

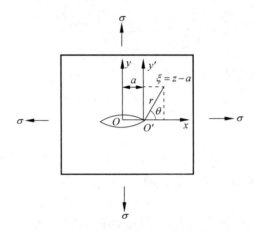

图 7.3.1　受双向拉应力作用Ⅰ型裂纹

前面我们已经得到平面问题的复变函数解,即式(7.2.10)～式(7.2.14)。现在我们来确定在图 7.3.1 的边界条件下的 $Z(z)$ 函数。若 $Z(z)$ 确定了,则代入式(7.2.10)、式(7.2.11)和式(7.2.13a)、式(7.2.13b)就能得到裂纹尖端附近的应力、应变和位移场。

对于受双向拉应力的Ⅰ型裂纹,其边界条件如下:

(1) $y=0, -a<x<a$ 处 $\sigma_y=0$。因为裂纹内部是空腔,没有应力,即在 $|x|<a$ 处,全部应力分量为零。

(2) $y=0, |x|>a$ 处,$\sigma_y>\sigma$,且 x 越接近 a,σ_y 越大。因为裂纹尖端有应力集中,且越接近裂纹尖端,应力集中程度越大。

(3) $y=0, x\to\pm\infty$ 处,$\sigma_y=\sigma$,$\sigma_x=\sigma$。因为离裂纹远处,由裂纹产生的应力集中效应消失,应力便等于外加应力。

下面分别就以上三种应力边界条件来选定 $Z(z)$ 函数。由式(7.2.10)知:$y=0$,$\sigma_y=$ ReZ 是一个实函数。又 $z=x+\mathrm{i}y=x$(因为 $y=0$)。在满足(2)和(3)两边界条件的前提下,即满足 $x\to\infty$ 时 $\sigma_y=\sigma$ 以及 $x>a$,$\sigma_y>\sigma$ 且 x 越接近 a 时,σ_y 越大,最简单的应力函数为

$$Z(x,0)=\frac{\sigma}{1-\dfrac{a}{x}} \tag{7.3.1}$$

因为应力分布具有对称性,即 $x\to-\infty$ 时 $\sigma_y=\sigma$,$-x<-a$ 处(即左端裂纹以外)$\sigma_y>\sigma$,因

此应力函数可选为

$$Z(x,0) = \frac{\sigma}{1 - \left(\dfrac{a}{x}\right)^2} \tag{7.3.2}$$

显然,该函数满足(2)和(3)两个边界条件。但它是否满足边界条件(1)要求的 $|x| < a$ 时 $\sigma_y = 0$ 就得考究一下。由式(7.2.10)我们知道,$y = 0$ 时 $\sigma_y = \mathrm{Re}Z$ 是一个实函数。如能使 $|x| < a$ 时 $Z(z)$ 函数是纯虚函数(这样其实部就为零,$\sigma_y = \mathrm{Re}Z = 0$),而当 $|x| > a$ 时,$Z(z)$ 是纯实函数,问题就解决了。为此,我们可把上面的函数改为

$$Z(x,0) = \frac{\sigma}{\sqrt{1 - \left(\dfrac{a}{x}\right)^2}} = \frac{\sigma x}{\sqrt{x^2 - a^2}} \tag{7.3.3}$$

当 $|x| < a$ 时,

$$Z(x,0) = \frac{\sigma x}{\sqrt{-(a^2 - x^2)}} = \frac{\sigma x}{\mathrm{i}\sqrt{a^2 - x^2}} = 0 + \mathrm{i}\frac{-\sigma x}{\sqrt{a^2 - x^2}}, \quad \text{纯虚函数} \tag{7.3.4}$$

即 $\sigma_y = \mathrm{Re}Z(x,0) = 0$。当 $|x| > a$ 时

$$\sigma_y = \mathrm{Re}Z(x,0) = \frac{\sigma x}{\sqrt{x^2 - a^2}} + \mathrm{i} \times 0, \quad \text{纯实函数} \tag{7.3.5}$$

因此,我们所选择的应力函数 $Z(x,0)$ 可以是

$$Z(x,0) = \frac{\sigma x}{\sqrt{x^2 - a^2}} \tag{7.3.6}$$

上述应力函数是在 $y = 0$,$z = x$ 这个特殊条件下推出来的。对于 $y \neq 0$(即超出 x 轴)的情况,可把上式中的 x 用 $z = x + \mathrm{i}y$ 代替,即

$$Z = \frac{\sigma}{\sqrt{1 - \left(\dfrac{a}{x}\right)^2}} = \frac{\sigma z}{\sqrt{z^2 - a^2}} \tag{7.3.7}$$

这样的应力函数 $Z(z)$ 必然满足 Ⅰ 型裂纹的全部边界条件。把它代入式(7.2.10)~式(7.2.14),就可得到相应的应力、应变和位移值。

如把图 7.3.1 中的坐标原点从裂纹中心 O 移到裂纹尖端 O',复平面上的点 $z(x,y)$ 变为 $\xi(r,\theta)$,即把直角坐标变为极坐标,则

$$r\sin\theta = y, \quad r\cos\theta = x - a \tag{7.3.8}$$

即

$$\xi(r,\theta) = r\mathrm{e}^{\mathrm{i}\theta} = r\cos\theta + \mathrm{i}r\sin\theta = (x - a) + \mathrm{i}y = (x + \mathrm{i}y) - a = z - a \tag{7.3.9}$$

在断裂力学中,我们最关心的是裂纹尖端附近的应力、应变场。所以,我们把注意力集中在裂纹尖端区域,即 $r \ll a$,$r \to 0$ 的区域。

由上可知,当 $r \to 0$ 时,$\xi = r\mathrm{e}^{\mathrm{i}\theta} \to 0$,又 $\xi = z - a$,从而 $z = \xi + a \to a$,$z + a \to 2a$。把它们代入式(7.3.7)得

$$Z = \frac{\sigma z}{\sqrt{(z + a)(z - a)}} = \frac{\sigma a}{\sqrt{2a\xi}} = \sigma\sqrt{\frac{a}{2}}\xi^{-1/2} = \sigma\sqrt{\frac{a}{2}} \cdot r^{-1/2} \cdot \mathrm{e}^{-\mathrm{i}\theta/2} \tag{7.3.10}$$

上式展开得

$$Z = \sigma \sqrt{\frac{a}{2r}} \cos \frac{\theta}{2} + \mathrm{i}\left(-\sigma \sqrt{\frac{a}{2r}} \cdot \sin \frac{\theta}{2}\right) \qquad (7.3.11)$$

同时可以得到

$$Z' = \frac{\mathrm{d}Z}{\mathrm{d}z} = \frac{\mathrm{d}Z}{\mathrm{d}\xi} = -\frac{\sigma}{2r}\sqrt{\frac{a}{2r}} \cos \frac{3}{2}\theta + \mathrm{i} \frac{\sigma}{2r} \sqrt{\frac{a}{2r}} \sin \frac{3}{2}\theta \qquad (7.3.12)$$

$$\bar{Z} = \int Z \mathrm{d}z = \int Z \mathrm{d}\xi = \sigma \sqrt{2ar} \cos \frac{\theta}{2} + \mathrm{i}\sigma \sqrt{2ar} \sin \frac{\theta}{2} \qquad (7.3.13)$$

将式(7.3.11)的实部 $\mathrm{Re}Z = \sigma \sqrt{\dfrac{a}{2r}} \cos \dfrac{\theta}{2}$，式(7.3.12)的虚部 $\mathrm{Im}Z' = \dfrac{\sigma}{2r}\sqrt{\dfrac{a}{2r}} \sin \dfrac{3}{2}\theta$ 以及

$y = r\sin\theta = 2r\sin\dfrac{\theta}{2}\cos\dfrac{\theta}{2}$ 代入式(7.2.10)，得

$$\begin{cases} \sigma_x = \mathrm{Re}Z - y\mathrm{Im}Z' = \dfrac{\sigma \sqrt{\pi a}}{\sqrt{2\pi r}} \cos \dfrac{\theta}{2}\left(1 - \sin \dfrac{\theta}{2}\sin \dfrac{3}{2}\theta\right) \\[3mm] \sigma_y = \mathrm{Re}Z + y\mathrm{Im}Z' = \dfrac{\sigma \sqrt{\pi a}}{\sqrt{2\pi r}} \cos \dfrac{\theta}{2}\left(1 + \sin \dfrac{\theta}{2}\sin \dfrac{3}{2}\theta\right) \\[3mm] \tau_{xy} = -y\mathrm{Re}Z' = \dfrac{\sigma \sqrt{\pi a}}{\sqrt{2\pi r}} \cos \dfrac{\theta}{2}\sin \dfrac{\theta}{2}\cos \dfrac{3}{2}\theta \end{cases} \qquad (7.3.14)$$

令 $K_{\mathrm{I}} = \sigma \sqrt{\pi a}$，则上式可写为

$$\begin{cases} \sigma_x = \dfrac{K_{\mathrm{I}}}{\sqrt{2\pi r}} \cos \dfrac{\theta}{2}\left(1 - \sin \dfrac{\theta}{2}\sin \dfrac{3\theta}{2}\right) \\[3mm] \sigma_y = \dfrac{K_{\mathrm{I}}}{\sqrt{2\pi r}} \cos \dfrac{\theta}{2}\left(1 + \sin \dfrac{\theta}{2}\sin \dfrac{3\theta}{2}\right) \\[3mm] \tau_{xy} = \dfrac{K_{\mathrm{I}}}{\sqrt{2\pi r}} \cos \dfrac{\theta}{2}\sin \dfrac{\theta}{2}\cos \dfrac{3\theta}{2} \end{cases} \qquad (7.3.15)$$

另外，将由式(7.3.11)～式(7.3.13)得到的 $\mathrm{Re}Z$、$\mathrm{Re}Z'$、$\mathrm{Re}\bar{Z}$、$\mathrm{Im}Z$、$\mathrm{Im}Z'$、$\mathrm{Im}\bar{Z}$ 等代入式(7.2.11)和式(7.2.13a)和式(7.2.13b)又可得到应变和位移的表达式，结果如下：

$$\begin{cases} \varepsilon_x = \dfrac{1}{2G(1+\nu')} \dfrac{K_{\mathrm{I}}}{\sqrt{2\pi r}} \cos \dfrac{\theta}{2}\left[(1-\nu') - (1+\nu')\sin \dfrac{\theta}{2}\sin \dfrac{3\theta}{2}\right] \\[3mm] \varepsilon_y = \dfrac{1}{2G(1+\nu')} \dfrac{K_{\mathrm{I}}}{\sqrt{2\pi r}} \cos \dfrac{\theta}{2}\left[(1-\nu') + (1+\nu')\sin \dfrac{\theta}{2}\sin \dfrac{3\theta}{2}\right] \\[3mm] \gamma_{xy} = \dfrac{1}{G} \dfrac{K_{\mathrm{I}}}{\sqrt{2\pi r}} \cos \dfrac{\theta}{2}\sin \dfrac{\theta}{2}\cos \dfrac{3\theta}{2} \\[3mm] u = \dfrac{K_{\mathrm{I}}}{G(1+\nu')} \cdot \sqrt{\dfrac{r}{2\pi}} \cos \dfrac{\theta}{2}\left[(1-\nu') + (1+\nu')\sin^2 \dfrac{\theta}{2}\right] \\[3mm] v = \dfrac{K_{\mathrm{I}}}{G(1+\nu')} \cdot \sqrt{\dfrac{r}{2\pi}} \sin \dfrac{\theta}{2}\left[2 - (1+\nu')\cos^2 \dfrac{\theta}{2}\right] \end{cases} \qquad (7.3.16a)$$

由式(7.3.7)可以导出另一个实用的关系，即裂纹面 y 方向的位移表达式。在裂纹面上，$y=0$，$-a < x < a$，式(7.3.7)所表示的函数 $Z(z)$ 仅有虚部，即 $\mathrm{Re}Z(z) = 0$。代入

式(7.2.13b)得到裂纹面位移为

$$v = \frac{1}{G(1+\nu')}\left[2\mathrm{Im}\bar{Z} - (1+\nu')y\mathrm{Re}Z\right] = \frac{\kappa+1}{4G}\sigma\sqrt{a^2-x^2} \tag{7.3.16b}$$

式中，

$$\kappa = \begin{cases} 3-4\nu, & \text{平面应变} \\ \dfrac{3-\nu}{4+\nu}, & \text{平面应力} \end{cases} \tag{7.3.16c}$$

7.3.2　单向拉伸

上面得到的式(7.3.15)、式(7.3.16)是在双向拉伸应力下裂纹尖端附近的应力、应变和位移表达式。为了得到单向拉伸下裂纹尖端附近的应力场，我们可在式(7.2.1)上增加一项，使应力函数变为

$$\Phi = \mathrm{Re}\bar{\bar{Z}} + y\mathrm{Im}\bar{Z} + \frac{A}{2}(x^2-y^2) \tag{7.3.17}$$

式中 A 是由边界条件待定的常数。由此，式(7.2.10)变为

$$\begin{cases} \sigma_x = \dfrac{\partial^2\Phi}{\partial y^2} = \mathrm{Re}Z - y\mathrm{Im}Z' - A \\ \sigma_y = \dfrac{\partial^2\Phi}{\partial x^2} = \mathrm{Re}Z + y\mathrm{Im}Z' + A \\ \tau_{xy} = -\dfrac{\partial^2\Phi}{\partial x\partial y} = -y\mathrm{Re}Z' \end{cases} \tag{7.3.18}$$

对于单向拉伸，边界条件也有三个。前两个和双向拉伸的一样，即 $|x|<a$ 时，$\sigma_y=0$；$|x|>a$ 时，$\sigma_y>\sigma$。前面推导过，要满足这两个边界条件，应力函数必须满足 $y=0$ 时

$$\sigma_y = \frac{\sigma}{\sqrt{1-\left(\dfrac{a}{x}\right)^2}} \tag{7.3.19}$$

而由式(7.3.18)知 $\sigma_y=\mathrm{Re}Z+A$，故有

$$\mathrm{Re}Z + A = \frac{\sigma}{\sqrt{1-\left(\dfrac{a}{x}\right)^2}}, \quad \text{即 } \mathrm{Re}Z = \frac{\sigma x}{\sqrt{x^2-a^2}} - A \tag{7.3.20}$$

故应力函数为

$$Z = \frac{\sigma z}{\sqrt{z^2-a^2}} - A \tag{7.3.21}$$

单向拉伸的第三个边界条件和双向拉伸时不同，它在 $x\to\pm\infty$ 时，$\sigma_y=\sigma$，$\sigma_x=0$（双向拉伸则为 $\sigma_y=\sigma_x=\sigma$）。由式(7.3.18)知，当 $x\to\pm\infty$ 时（$y=0$）有

$$\sigma_y = \mathrm{Re}Z + A = \lim_{x\to\infty}\left[\frac{\sigma}{\sqrt{1-(a/x)^2}} - A\right] + A = \sigma \tag{7.3.22}$$

于是有 $\mathrm{Re}Z=\sigma-A$。而

$$\sigma_x = \mathrm{Re}Z - A = \lim_{x\to\infty}\left[\frac{\sigma}{\sqrt{1-(a/x)^2}} - A\right] - A = \sigma - 2A \tag{7.3.23}$$

因为 $\sigma_x = 0$，即 $\sigma - 2A = 0$，所以 $A = \dfrac{\sigma}{2}$。将 A 值代入式(7.3.21)就得

$$Z = \frac{\sigma z}{\sqrt{z^2 - a^2}} - \frac{\sigma}{2} \tag{7.3.24}$$

在裂纹尖端附近，$r \ll a$，$\xi = z - a \to 0$。因此上式中的前项

$$\frac{\sigma z}{\sqrt{z^2 - a^2}} = \frac{\sigma(\xi + a)}{\sqrt{(\xi + a)^2 - a^2}} = \frac{\sigma(\xi + a)}{\sqrt{\xi^2 + 2a\xi}} = \frac{\sigma a}{\sqrt{2a\xi}} = \frac{\sigma\sqrt{a}}{\sqrt{2\xi}} = \sigma\sqrt{\frac{a}{2}}\xi^{-1/2} \tag{7.3.25}$$

所以

$$\begin{cases} Z = \left[\sigma\sqrt{\dfrac{a}{2r}}\cos\dfrac{\theta}{2} - \dfrac{\sigma}{2}\right] - \mathrm{i}\left[\sigma\sqrt{\dfrac{a}{2r}}\sin\dfrac{\theta}{2}\right] \\ Z' = -\dfrac{\sigma}{2r}\sqrt{\dfrac{a}{2r}}\cos\dfrac{3\theta}{2} + \mathrm{i}\left[\dfrac{\sigma}{2r}\sqrt{\dfrac{a}{2r}}\sin\dfrac{3\theta}{2}\right] \end{cases} \tag{7.3.26}$$

把它们代入式(7.3.18)得

$$\begin{cases} \sigma_x = \dfrac{K_{\mathrm{I}}}{\sqrt{2\pi r}}\cos\dfrac{\theta}{2}\left(1 - \sin\dfrac{\theta}{2}\sin\dfrac{3\theta}{2}\right) - \sigma \\ \sigma_y = \dfrac{K_{\mathrm{I}}}{\sqrt{2\pi r}}\cos\dfrac{\theta}{2}\left(1 + \sin\dfrac{\theta}{2}\sin\dfrac{3\theta}{2}\right) \\ \tau_{xy} = \dfrac{K_{\mathrm{I}}}{\sqrt{2\pi r}}\cos\dfrac{\theta}{2}\sin\dfrac{\theta}{2}\cos\dfrac{3\theta}{2} \end{cases} \tag{7.3.27}$$

比较式(7.3.27)和式(7.3.15)可知，单向拉伸时裂纹尖端附近的应力场和双向拉伸的应力场仅在 σ_x 上差一个常数项 $-\sigma$。应力场的奇异项(即含 $1/\sqrt{r}$ 的项，当 $r \to 0$ 时，这一项趋于无限大，故称为奇异项)完全一样，K_{I} 也一样。考虑到 r 很小时奇异项远比附加项($-\sigma$)大得多，因此，在通常情况下，亦可用式(7.3.15)和式(7.3.16)作为单向拉伸时的应力、应变场计算式。也就是说，式(7.3.15)、式(7.3.16)对单向拉伸的无限大板和双向拉伸的无限大板都适用。

7.4　Ⅱ型裂纹和Ⅲ型裂纹尖端附近的弹性应力场

7.4.1　Ⅱ型裂纹

如图 7.1.3(b)所示是受均匀纯剪切的Ⅱ型裂纹，其平面应力状态可用图 7.4.1 表示。选取的应力函数为

$$\Phi_{\mathrm{II}} = -y\mathrm{Re}\overline{Z} \tag{7.4.1}$$

我们很容易证明上式满足双调和方程，即[59]

$$\nabla^4\Phi_{\mathrm{II}} = 0 \tag{7.4.2}$$

由应力函数式(7.4.1)可以得到Ⅱ型裂纹的应力及位移表达式为

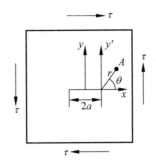

图 7.4.1 受均匀纯剪切的 Ⅱ 型裂纹

$$\begin{cases} \sigma_x = \dfrac{\partial^2 \Phi_{\text{Ⅱ}}}{\partial y^2} = -\dfrac{\partial}{\partial y}\left[\dfrac{\partial}{\partial y} y \operatorname{Re}\overline{Z}\right] = 2\operatorname{Im}Z + y\operatorname{Re}Z' \\[2mm] \sigma_y = \dfrac{\partial^2 \Phi_{\text{Ⅱ}}}{\partial x^2} = -\dfrac{\partial}{\partial x}\left[\dfrac{\partial}{\partial x} y \operatorname{Re}\overline{Z}\right] = -y\operatorname{Re}Z' \\[2mm] \tau_{xy} = -\dfrac{\partial^2 \Phi_{\text{Ⅱ}}}{\partial x \partial y} = -\dfrac{\partial}{\partial x}\left[\dfrac{\partial}{\partial y}(-y\operatorname{Re}\overline{Z})\right] = \operatorname{Re}Z - y\operatorname{Im}Z' \end{cases} \tag{7.4.3}$$

又由胡克定律知

$$\varepsilon_x = \frac{1}{2G(1+\nu')}(\sigma_x - \nu'\sigma_y), \quad \varepsilon_y = \frac{1}{2G(1+\nu')}(\sigma_y - \nu'\sigma_x) \tag{7.4.4}$$

所以

$$\begin{cases} u = \displaystyle\int \varepsilon_x \mathrm{d}x = \frac{1}{2G(1+\nu')}\left[\int 2\operatorname{Im}Z\,\mathrm{d}x + \int y\operatorname{Re}Z'\,\mathrm{d}x - \nu'\int -y\operatorname{Re}Z'\,\mathrm{d}x\right] \\[2mm] \qquad = \dfrac{1}{2G(1+\nu')}[2\operatorname{Im}\overline{Z} + (1+\nu')y\operatorname{Re}Z] \\[2mm] v = \displaystyle\int \varepsilon_y \mathrm{d}y = \frac{1}{2G(1+\nu')}\left[\int -y\operatorname{Re}Z'\,\mathrm{d}y - \nu'\int 2\operatorname{Im}Z\,\mathrm{d}y - \nu'\int y\operatorname{Re}Z'\,\mathrm{d}y\right] \\[2mm] \qquad = \dfrac{1}{2G(1+\nu')}[(-1+\nu')\operatorname{Re}\overline{Z} - (1+\nu')y\operatorname{Im}Z] \end{cases} \tag{7.4.5}$$

对于 Ⅱ 型裂纹,因为当 $y=0$ 时,$\tau_{xy} = \operatorname{Re}Z$,与 Ⅰ 型裂纹类似,它也满足三个边界条件(只要把 σ 改为 τ 就行)。即 $|x| < a$ 时,$\tau_{xy} = 0$;$|x| > a$ 时,$\tau_{xy} > \tau$,且 x 越接近 a,τ_{xy} 越大;$x \to \pm\infty$ 时,$\tau_{xy} = \tau$。因此与 Ⅰ 型裂纹类似,可选

$$Z = \frac{\tau z}{\sqrt{z^2 - a^2}} \tag{7.4.6}$$

当 $r \ll a$ 时(参考前面的式(7.3.10))有

$$Z = \tau\sqrt{\frac{a}{2}}\,\xi^{-\frac{1}{2}} = \tau\sqrt{\frac{a}{2}}\,r^{-\frac{1}{2}}\mathrm{e}^{-\mathrm{i}\theta/2} = \tau\sqrt{\frac{a}{2r}}\cos\frac{\theta}{2} + \mathrm{i}\left(-\tau\sqrt{\frac{a}{2r}}\sin\frac{\theta}{2}\right) \tag{7.4.7}$$

把上式代入式(7.4.3)得

$$\sigma_x = \frac{-\tau\sqrt{\pi a}}{\sqrt{2\pi r}}\sin\frac{\theta}{2}\left(2 + \cos\frac{\theta}{2}\cos\frac{3\theta}{2}\right) \tag{7.4.8}$$

由式(7.4.3)可知,Ⅱ 型的 σ_y 与 Ⅰ 型的 τ_{xy} 一样,Ⅱ 型的 τ_{xy} 又与 Ⅰ 型的 σ_x 一样,至于

位移 u 和 v 则与 I 型的 u 和 v 相似。令 $K_{\mathrm{II}}=\tau\sqrt{\pi a}$,则结果如下:

$$
\begin{cases}
\sigma_x = \dfrac{-K_{\mathrm{II}}}{\sqrt{2\pi r}}\sin\dfrac{\theta}{2}\left(2+\cos\dfrac{\theta}{2}\cos\dfrac{3\theta}{2}\right) \\[3mm]
\sigma_y = \dfrac{K_{\mathrm{II}}}{\sqrt{2\pi r}}\cos\dfrac{\theta}{2}\sin\dfrac{\theta}{2}\cos\dfrac{3\theta}{2} \\[3mm]
\tau_{xy} = \dfrac{K_{\mathrm{II}}}{\sqrt{2\pi r}}\cos\dfrac{\theta}{2}\left(1-\sin\dfrac{\theta}{2}\sin\dfrac{3\theta}{2}\right) \\[3mm]
u = \dfrac{K_{\mathrm{II}}}{G(1+\nu')}\sqrt{\dfrac{r}{2\pi}}\sin\dfrac{\theta}{2}\left[2+(1+\nu')\cos^2\dfrac{\theta}{2}\right] \\[3mm]
v = \dfrac{K_{\mathrm{II}}}{G(1+\nu')}\sqrt{\dfrac{r}{2\pi}}\cos\dfrac{\theta}{2}\left[(-1+\nu')+(1+\nu')\sin^2\dfrac{\theta}{2}\right]
\end{cases}
\tag{7.4.9}
$$

7.4.2 Ⅲ型裂纹

如图 7.1.4(b)所示是受剪切的反平面剪切型裂纹。其应力状态如图 7.4.2 所示,裂纹面沿垂直于 xOy 平面的方向前后错开。xOy 平面没有发生畸变,即 $u=v=0$,而 z 方向位移 $w\neq0$。

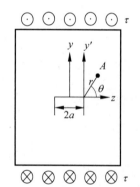

图 7.4.2 受剪切的反平面
剪切型裂纹

故平衡方程、应力和应变分别为

$$
\frac{\partial \tau_{xz}}{\partial x}+\frac{\partial \tau_{yz}}{\partial y}=0
\tag{7.4.10}
$$

$$
\begin{cases}
\gamma_{xz}=\dfrac{\partial u}{\partial z}+\dfrac{\partial w}{\partial x}=\dfrac{\partial w}{\partial x}=\dfrac{\tau_{xz}}{G} \\[3mm]
\tau_{xz}=G\dfrac{\partial w}{\partial x} \\[3mm]
\gamma_{yz}=\dfrac{\partial v}{\partial z}+\dfrac{\partial w}{\partial y}=\dfrac{\partial w}{\partial y}=\dfrac{\tau_{yz}}{G} \\[3mm]
\tau_{yz}=G\dfrac{\partial w}{\partial y}
\end{cases}
\tag{7.4.11}
$$

把式(7.4.11)的第二式对 x 微分,第四式对 y 微分,并代入式(7.4.10),得

$$
\nabla^2 w=\frac{\partial^2 w}{\partial x^2}+\frac{\partial^2 w}{\partial y^2}=0
\tag{7.4.12}
$$

此即位移 w 的调和方程。

如果选取

$$
w=\frac{1}{G}\operatorname{Im}\overline{Z}
\tag{7.4.13}
$$

则可以证明它满足式(7.4.12),因为

$$
\frac{1}{G}\frac{\partial}{\partial x}\left[\frac{\partial}{\partial x}\operatorname{Im}\overline{Z}\right]=\frac{1}{G}\frac{\partial}{\partial x}\operatorname{Im}Z=\frac{1}{G}\operatorname{Im}Z'
\tag{7.4.14}
$$

而

$$
\frac{1}{G}\frac{\partial}{\partial y}\left[\frac{\partial}{\partial y}\operatorname{Im}\overline{Z}\right]=\frac{1}{G}\frac{\partial}{\partial y}\operatorname{Re}Z=-\frac{1}{G}\operatorname{Im}Z'
\tag{7.4.15}
$$

故

$$\nabla^2 w = \frac{\partial^2 w}{\partial x^2} + \frac{\partial^2 w}{\partial y^2} = 0 \qquad (7.4.16)$$

把式(7.4.13)代入式(7.4.11)的第二式和第四式,则得

$$\begin{cases} \tau_{xz} = G\dfrac{\partial w}{\partial x} = \dfrac{\partial \mathrm{Im}\overline{Z}}{\partial x} = \mathrm{Im}Z \\[3mm] \tau_{yz} = G\dfrac{\partial w}{\partial y} = \dfrac{\partial \mathrm{Im}\overline{Z}}{\partial y} = \mathrm{Re}Z \end{cases} \qquad (7.4.17)$$

因为当 $y=0$ 时,$\tau_{yz}=\mathrm{Re}Z$,与Ⅱ型裂纹一样,故同样可选

$$Z = \frac{\tau z}{\sqrt{z^2 - a^2}} \qquad (7.4.18)$$

它也满足前面所说的三个边界条件。这里的 τ 是 xy 平面内沿 z 方向的剪应力,它使裂纹面前后错开。同样

$$Z = \tau\sqrt{\frac{a}{2}}\,\xi^{-1/2} = \tau\sqrt{\frac{a}{2r}}\cos\frac{\theta}{2} + \mathrm{i}\left(-\tau\sqrt{\frac{a}{2r}}\sin\frac{\theta}{2}\right) \qquad (7.4.19)$$

由前面知

$$\tau_{xz} = \mathrm{Im}Z = -\tau\sqrt{\frac{a}{2r}}\sin\frac{\theta}{2} = \frac{-\tau\sqrt{\pi a}}{\sqrt{2\pi r}}\sin\frac{\theta}{2} = \frac{-K_{\mathrm{III}}}{\sqrt{2\pi r}}\sin\frac{\theta}{2} \qquad (7.4.20)$$

$$\tau_{yz} = \mathrm{Re}Z = -\tau\sqrt{\frac{a}{2r}}\cos\frac{\theta}{2} = \frac{\tau\sqrt{\pi a}}{\sqrt{2\pi r}}\cos\frac{\theta}{2} = \frac{K_{\mathrm{III}}}{\sqrt{2\pi r}}\cos\frac{\theta}{2} \qquad (7.4.21)$$

把式(7.3.13)中的虚部代入式(7.4.13),得

$$w = \frac{1}{G}\mathrm{Im}\overline{Z} = \frac{1}{G}\tau\sqrt{2ar}\sin\frac{\theta}{2}$$

$$= \frac{1}{G}\frac{\tau\sqrt{\pi a}}{\sqrt{\pi}}\sqrt{2r}\sin\frac{\theta}{2} = \frac{K_{\mathrm{III}}}{G}\frac{\sqrt{2r}}{\sqrt{\pi}}\sin\frac{\theta}{2} \qquad (7.4.22)$$

式中,$K_{\mathrm{III}} = \tau\sqrt{\pi a}$,称为Ⅲ型裂纹的应力强度因子。

7.5　应力强度因子及其解析求解

7.5.1　应力强度因子

前面研究了裂纹尖端附近区域的应力场,得出了Ⅰ型、Ⅱ型、Ⅲ型裂纹问题的应力分量和位移分量的表达式,这些表达式描述了裂纹尖端附近区域的应力和变形状态。

对于Ⅰ型、Ⅱ型、Ⅲ型裂纹应力分量的全解表达式,可以统一表示为

$$\sigma_{ij} = \frac{K_m}{\sqrt{2\pi r}}\tilde{\sigma}_{ij}(\theta) + O(r^0) + \cdots \qquad (7.5.1)$$

因为在裂纹尖端区域 r 很小,所以上式的首项远大于后面诸项,略去 r 零次幂以后各项后有

$$\sigma_{ij} = \frac{K_m}{\sqrt{2\pi r}}\tilde{\sigma}_{ij}(\theta) \qquad (7.5.2)$$

此式表示裂纹尖端附近区域的应力解(简称裂尖解或渐近解)。式中 $\tilde{\sigma}_{ij}(\theta)$ 是极角 θ 的函数,称为角分布函数。K_m 表征了裂纹尖端附近区域应力场强弱的程度,下标 m 分别取 I、II、III,即 K_{I}、K_{II}、K_{III},分别代表 I 型、II 型、III 型裂纹尖端应力场之强弱程度,简称应力强度因子或 K 因子。

由式(7.5.2)可见,$r \to 0$ 时,$\sigma_{ij} \to \infty$,即应力场在裂纹尖端处具有奇异性,称为奇异性应力场。因此,K 因子是表征奇异性应力场强弱程度的参量。裂纹尖端能用 K_m 来描述的区域称为 K 主导区。这就是说,式(7.5.2)只有在 $r \ll a$ 时才能使用。它表示的仅是全解式(7.5.1)中的首项(即主奇项)。随着 r 的增大,全解中首项以后的各项,即(r^0)、($r^{1/2}$)、(r)等非奇异项将迅速增大,这时若再用裂尖解式(7.5.2)代替全解式(7.5.1),误差就会太大而失去意义。至于 K 主导区到底有多大,应根据不同的问题和要求精度来确定。

在线弹性断裂力学中,由于裂纹尖端应力场的强弱程度主要由 K_m 参量来描述,故通过它可以建立 $K_{\mathrm{I}} = K_{\mathrm{IC}}$ 或 $K_m = K_{mC}(m = \mathrm{I}$、$\mathrm{II}$、$\mathrm{III})$ 的断裂准则(亦称 K 准则),以解决工程实际的脆断问题。因此,人们更关心的是应力强度因子 K_m 的求解。

K_m 的大小与外载的性质、裂纹及裂纹弹性体几何形状等因素有关,写成通式为

$$\begin{cases} K_{\mathrm{I}} = \alpha\sigma\sqrt{\pi a} \\ K_{\mathrm{II}} = \beta\tau\sqrt{\pi a} \\ K_{\mathrm{III}} = \gamma\tau_l\sqrt{\pi a} \end{cases} \tag{7.5.3}$$

式中,α、β 和 γ 分别称为 I 型、II 型和 III 型裂纹的几何因子。σ 为拉应力,τ 和 τ_l 分别为面内切应力和面外切应力。

确定应力强度因子是线弹性断裂力学的重要内容,对于 I 型、II 型、III 型裂纹确定应力强度因子的关键是确定裂纹几何形状因子。在一般情况下,裂纹几何形状因子的确定是相当复杂的。

确定应力强度因子的方法,大体可分为解析法、权函数法、数值法和实验法。在几何形状比较简单的情况下,可用解析法,但在较复杂的情况下,往往难以得到严格的解析解,故常用数值法,在某些情况下,还可以用实验来测定应力强度因子。

7.5.2　普遍形式的复变函数法

前面已介绍的韦斯特加德应力函数法,是用复变函数求解应力强度因子的一种特殊方法,但更普遍的复变函数法是柯洛索夫-穆斯海里什维利(Kolosov-Muskhelishvili)应力函数法。其详细推导可参看有关弹性理论的书籍[3,31,60],此处只介绍其结果在二维裂纹问题中的应用[61]。

应力函数的表达式为

$$\Phi = \mathrm{Re}[\bar{z}\varphi(z) + \chi(z)] = \frac{1}{2}[\bar{z}\varphi(z) + z\overline{\varphi(z)} + \chi(z) + \overline{\chi(z)}]\varphi \tag{7.5.4}$$

式中,$\varphi(z)$、$\chi(z)$ 为复变解析函数,$\bar{z}$ 为 z 的共轭复变量,$\bar{z} = x - \mathrm{i}y$;$\overline{\varphi(z)}$ 为 $\varphi(z)$ 的共轭复变解析函数,其表示为

$$\overline{\varphi(z)} = p(x, y) - \mathrm{i}q(x, y) \tag{7.5.5}$$

平面应变情况下的应力和位移可表示为

$$\begin{cases} \sigma_x + \sigma_y = 2[\varphi'(z) + \overline{\varphi'(z)}] = 4\mathrm{Re}[\varphi'(z)] \\ \sigma_y - \sigma_x + \mathrm{i}2\tau_{xy} = 2[\bar{z}\varphi''(z) + \chi''(z)] \\ u + \mathrm{i}v = \dfrac{\kappa}{2G}\varphi(z) - \dfrac{1}{2G}[z\overline{\varphi'(z)} + \overline{\chi'(z)}] \end{cases} \tag{7.5.6}$$

式中，κ 由式(7.3.16c)给出。

设有一Ⅰ型与Ⅱ型复合型裂纹问题，取复数形式表示的应力强度因子 K 为

$$K = K_{\mathrm{I}} - \mathrm{i}K_{\mathrm{II}} \tag{7.5.7}$$

则由式(7.5.6)可求得 K 的表达式。兹推导如下：

由Ⅰ型及Ⅱ型裂纹尖端附近的应力式(7.3.27)和式(7.4.9)，有

$$\sigma_x + \sigma_y = \frac{2K_{\mathrm{I}}}{\sqrt{2\pi r}}\cos\frac{\theta}{2} - \frac{2K_{\mathrm{II}}}{\sqrt{2\pi r}}\sin\frac{\theta}{2} \tag{7.5.8}$$

由式(7.5.7)与式(7.5.8)，可得

$$\sigma_x + \sigma_y = \mathrm{Re}\left\{ K\left[\frac{2}{\pi(z-z_0)}\right]^{\frac{1}{2}} \right\} \tag{7.5.9}$$

z_0 为裂纹右尖端的坐标，$z - z_0 = r\mathrm{e}^{\mathrm{i}\theta}$。显然，将式(7.5.9)右端括号内的函数展开为

$$K\left[\frac{2}{\pi(z-z_0)}\right]^{1/2} = (K_{\mathrm{I}} - \mathrm{i}K_{\mathrm{II}}) \times \sqrt{\frac{2}{\pi}}\left[r^{-1/2}\left(\cos\frac{\theta}{2} - \mathrm{i}\sin\frac{\theta}{2}\right)\right]$$
$$= \left(\frac{2}{\pi r}\right)^{1/2}\left[K_{\mathrm{I}}\cos\frac{\theta}{2} - K_{\mathrm{II}}\sin\frac{\theta}{2} - K_{\mathrm{I}}\mathrm{i}\sin\frac{\theta}{2} - K_{\mathrm{II}}\mathrm{i}\cos\frac{\theta}{2}\right] \tag{7.5.10}$$

取其实部，即得式(7.5.8)右端。又由式(7.5.6)有

$$\sigma_x + \sigma_y = 4\mathrm{Re}[\varphi'(z)] \tag{7.5.11}$$

代入式(7.5.9)，则有

$$\mathrm{Re}\left\{(K_{\mathrm{I}} - \mathrm{i}K_{\mathrm{II}})\left[\frac{2}{\pi}\frac{1}{(z-z_0)}\right]^{1/2}\right\} = 4\mathrm{Re}[\varphi'(z)] \tag{7.5.12}$$

式(7.5.12)只适用于裂纹尖端附近的区域。将式(7.5.12)移项得

$$K = K_{\mathrm{I}} - \mathrm{i}K_{\mathrm{II}} = 2\sqrt{2\pi}\lim_{z\to z_0}\sqrt{(z-z_0)}\,\varphi'(z) \tag{7.5.13}$$

因此，为了确定应力强度因子 K_{I} 与 K_{II}，只需要确定一个解析函数 $\varphi(z)$。对于构件的几何形状或受载荷条件比较复杂的问题，通常可应用复变函数的保角映射原理，将 $z = x + \mathrm{i}y$ 平面内的边界几何图形，通过 $z = w(\eta)$ 关系映射到 $\eta = \xi + \mathrm{i}\zeta$ 平面中，成为简单的几何边界图形，使解题过程大为简化。

例 7.5.1　无限大平板，有一长度为 $2a$ 的穿透型裂纹，其坐标原点取在裂纹中点处，裂纹的右尖端坐标为 $y=0$，$x=a$。在裂纹右上表面 $z=b$ 处作用有一个集中力 F，按单位厚度平板上的力来计算，$F = P - \mathrm{i}Q$，如图 7.5.1(a)所示。求裂纹尖端的应力强度因子。

［解］　取映射函数

$$z = w(\eta) = \frac{a}{2}\left(\eta + \frac{1}{\eta}\right) \tag{7.5.14}$$

将图 7.5.1(a)中 z 平面内 $2a$ 长度的裂纹，变换为图 7.5.1(b)中 η 平面内的一个单位圆。变换后，式(7.5.14)为

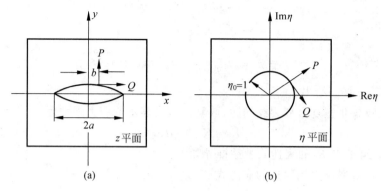

图 7.5.1　物理平面和像平面上的穿透裂纹

$$K = 2\sqrt{2\pi}\lim_{\eta \to \eta_0}\left[w(\eta) - w(\eta_0)\right]^{1/2} \times \frac{\varphi'(\eta)}{w'(\eta)} \qquad (7.5.15)$$

由于 η_0 和 $z_0 = a$ 相对应，由映射函数式(7.5.14)可得 $\eta_0 = 1$。将 $z = \dfrac{a}{2}\left(\eta + \dfrac{1}{\eta}\right)$ 和 $\eta_0 = 1$ 代入式(7.5.15)，得

$$K = 2\sqrt{2\pi}\lim_{\eta \to 1}\left[\frac{a}{2}\left(\eta + \frac{1}{\eta}\right) - \frac{a}{2}\left(1 + \frac{1}{1}\right)\right]^{1/2} \times \frac{\varphi'(\eta)}{\dfrac{a}{2}\left(1 - \dfrac{1}{\eta^2}\right)}$$

$$= 2\sqrt{2\pi}\cdot\sqrt{\frac{2}{a}}\lim_{\eta \to 1}\sqrt{\eta}\left(1 - \frac{1}{\eta}\right) \times \frac{\varphi'(\eta)}{\left(1 - \dfrac{1}{\eta}\right)\left(1 + \dfrac{1}{\eta}\right)} = 4\sqrt{\frac{\pi}{a}}\cdot\frac{\varphi'(1)}{2} = 2\sqrt{\frac{\pi}{a}}\varphi'(1)$$

$$(7.5.16)$$

式(7.5.17)是在 η 平面内计算裂纹尖端应力强度因子的公式。

当裂纹的右上表面 $z = b$ 处，单位板厚上作用有集中力 $F = P - iQ$ 时，类似于 7.3 节和 7.4 节的处理，在满足边界条件的情况下，可得到如下形式的应力函数 $\varphi(\eta)$：

$$\varphi(\eta) = \frac{Fa}{4\pi(a^2 - b^2)^{1/2}}\left\{-\frac{1}{\eta} + \left(\frac{\eta_1}{\eta_1 - \eta}\right) \times \left[\left(\eta + \frac{1}{\eta}\right) - \left(\eta_1 + \frac{1}{\eta_1}\right)\right] + \right.$$

$$\left.\left(\eta_1 - \frac{1}{\eta_1}\right) \times \left[\frac{\kappa}{1 + \kappa}\ln\eta - \ln(\eta_1 - \eta)\right]\right\} \qquad (7.5.17)$$

式中，η 平面内的 η_1 点相当于 z 平面内的 $z = b$ 点(即 F 力作用点)，于是 $\dfrac{a}{2}\left(\eta_1 + \dfrac{1}{\eta_1}\right) = b$ 或 $\left(\eta_1 + \dfrac{1}{\eta_1}\right) = \dfrac{2b}{a}$。$\kappa$ 为与材料的泊松比 ν 有关的系数，在式(7.3.16b)中已经给出其表达式。

此函数能满足所研究裂纹问题的全部边界条件，即裂纹上、下表面除 $z = b$ 点外均无外力，在平板的无限远边界上无外力。现将 $\varphi(\eta)$ 对 η 取一阶导数

$$\varphi'(\eta) = \frac{d\varphi(\eta)}{d\eta} = \frac{Fa}{4\pi(a^2 - b^2)^{1/2}} \times \left\{\frac{1}{\eta^2} + \frac{\eta_1}{(\eta_1 - \eta)^2}\left[\left(\eta + \frac{1}{\eta}\right) - \left(\eta_1 + \frac{1}{\eta_1}\right)\right] + \right.$$

$$\left.\frac{\eta_1}{\eta_1 - \eta}\left(1 - \frac{1}{\eta^2}\right) + \left(\eta_1 - \frac{1}{\eta_1}\right) \times \left(\frac{\kappa}{1 + \kappa}\cdot\frac{1}{\eta} + \frac{1}{\eta_1 - \eta}\right)\right\} \qquad (7.5.18)$$

将 $\eta=1$ 和 $\eta_1+\dfrac{1}{\eta_1}=\dfrac{2b}{a}$ 代入，经化简后，即得

$$\varphi'(1)=\frac{F}{4\pi}\left[\left(\frac{a+b}{a-b}\right)^{1/2}+\mathrm{i}\left(\frac{\kappa-1}{\kappa+1}\right)\right] \tag{7.5.19}$$

将式(7.5.19)代入式(7.5.16)，并将 F 写作 $F=P-\mathrm{i}Q$，即得

$$K=K_{\mathrm{I}}-\mathrm{i}K_{\mathrm{II}}=\frac{P-\mathrm{i}Q}{2\sqrt{\pi a}}\left[\left(\frac{a+b}{a-b}\right)^{1/2}+\mathrm{i}\left(\frac{\kappa-1}{\kappa+1}\right)\right]$$

$$=\frac{1}{2\sqrt{\pi a}}\left[P\left(\frac{a+b}{a-b}\right)^{1/2}+Q\left(\frac{\kappa-1}{\kappa+1}\right)+\mathrm{i}P\left(\frac{\kappa-1}{\kappa+1}\right)-\mathrm{i}Q\left(\frac{a+b}{a-b}\right)^{1/2}\right] \tag{7.5.20}$$

分开上式的虚部和实部，即

$$K_{\mathrm{I}}=\frac{P}{2\sqrt{\pi a}}\left[\frac{a+b}{a-b}\right]^{1/2}+\frac{Q}{2\sqrt{\pi a}}\left(\frac{\kappa-1}{\kappa+1}\right) \tag{7.5.21}$$

$$K_{\mathrm{II}}=-\frac{P}{2\sqrt{\pi a}}\left(\frac{\kappa-1}{\kappa+1}\right)+\frac{Q}{2\sqrt{\pi a}}\left[\frac{a+b}{a-b}\right]^{1/2} \tag{7.5.22}$$

应用以上二式时，应注意 P、Q 力的方向和作用点的位置，仅适用于图7.5.1(a)表示的情况。

7.5.3　积分变换法

1. 积分变换

设在 $-\infty<x<\infty$ 域定义的分段连续函数 $\Phi(x)$，且 $\int_{-\infty}^{\infty}|\Phi^*(x)|\,\mathrm{d}x$ 是有限的，则积分

$$\Phi^*(\xi)=\int_{-\infty}^{\infty}\Phi(x)\mathrm{e}^{\mathrm{i}\xi x}\mathrm{d}x \tag{7.5.23}$$

存在，并有以下关系式：

$$\Phi(x)=\frac{1}{2\pi}\int_{-\infty}^{\infty}\Phi^*(\xi)\mathrm{e}^{-\mathrm{i}\xi x}\mathrm{d}\xi \tag{7.5.24}$$

积分式(7.5.23)称为函数 $\Phi(x)$ 的傅里叶(Fourier)变换，记为 $\Phi^*(\xi)$；关系式(7.5.24)称为傅里叶变换的逆变换。

若上面定义的 $\Phi(x)$ 是偶函数，则有傅里叶余弦变换和它的逆变换如下：

$$\Phi^*(\xi)=\int_0^{\infty}\Phi(x)\cos(\xi x)\mathrm{d}x \tag{7.5.25}$$

$$\Phi(x)=\frac{2}{\pi}\int_0^{\infty}\Phi^*(\xi)\cos(\xi x)\mathrm{d}\xi \tag{7.5.26}$$

若上面定义的 $\Phi(x)$ 是奇函数，则有傅里叶正弦变换和它的逆变换如下：

$$\Phi^*(\xi)=\int_0^{\infty}\Phi(x)\sin(\xi x)\mathrm{d}x \tag{7.5.27}$$

$$\Phi(x)=-\frac{2}{\pi}\int_0^{\infty}\Phi^*(\xi)\sin(\xi x)\mathrm{d}\xi \tag{7.5.28}$$

傅里叶积分有以下性质：当函数 $\Phi(x)$ 及其各阶导数 $\Phi'(x),\Phi''(x),\cdots,\Phi^{(n)}(x)$ 都是

在 $-\infty < x < \infty$ 定义的分段连续,且 $\int_{-\infty}^{\infty} |\Phi'(x)| \,dx, \cdots, \int_{-\infty}^{\infty} |\Phi^{(n)}(x)| \,dx$ 有限时,则有

$$\Phi^{*(n)}(\xi) = (-i\xi)^n \Phi^*(\xi) \tag{7.5.29}$$

2. 求应力强度因子的积分变换法

用积分变换法求裂纹体应力强度因子的思路,是将弹性力学求应力、应变场的边界值

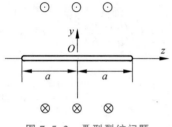

图 7.5.2　Ⅲ型裂纹问题

问题所需要满足的微分方程(如平面问题的双调和方程等)进行积分变换,在给定边界值的情况下,求出应力场,然后进行逆变换。

下面用一个简单的例子说明用积分变换法求裂纹尖端应力强度因子的主要步骤。设在无限大板中,有一长为 $2a$ 的穿透裂纹,板的两端作用切应力 $\tau_{yz} = \tau$,如图 7.5.2 所示,这一问题为撕开型(或Ⅲ型)裂纹问题。

该问题的应力和位移分量仅依赖于坐标 x 和 y,而与 z 无关,是二维的反平面问题,应力分量只有 τ_{xz} 和 τ_{yz} 不为零,位移分量只剩下 w,其余应力和位移分量都为零。

在这种情况下,平衡方程为

$$\frac{\partial \tau_{xz}}{\partial x} + \frac{\partial \tau_{yz}}{\partial y} = 0 \tag{7.5.30}$$

几何方程为

$$\gamma_{xz} = \frac{\partial w}{\partial x}, \quad \gamma_{yz} = \frac{\partial w}{\partial y} \tag{7.5.31}$$

物理方程为

$$\tau_{xz} = G\gamma_{xz}, \quad \tau_{yz} = G\gamma_{yz} \tag{7.5.32}$$

将式(7.5.31)和式(7.5.32)代入式(7.5.30),得位移分量 $w(x,y)$ 所需要满足的调和方程

$$\nabla^2 w = \left(\frac{\partial^2}{\partial x^2} + \frac{\partial^2}{\partial y^2}\right) w = 0 \tag{7.5.33}$$

问题归结为在给定边界条件下解调和方程(7.5.33)。由于问题对 x、z 平面为反对称,可以仅讨论 $y > 0$ 的半无限体。该问题的边界条件为

$$\begin{cases} \tau_{yz} = \tau, & y \to \infty \\ \tau_{yz} = 0, & y = 0, \ -a \leqslant x \leqslant a \\ w = 0, & y = 0, \ |x| > a \end{cases} \tag{7.5.34}$$

由边界条件式(7.5.34)知,问题对 y 轴对称,可采用傅里叶余弦变换。对调和方程(7.5.33)进行傅里叶变换,因为

$$\int_0^\infty (\nabla^2 w)\cos(\xi x)\,dx = \left(\frac{d^2}{dy^2} - \xi^2\right)\int_0^\infty w(x,y)\cos(\xi x)\,dx = \left(\frac{d^2}{dy^2} - \xi^2\right)w^*(\xi, y) \tag{7.5.35}$$

故有

$$\frac{\mathrm{d}^2}{\mathrm{d}y^2}w^*(\xi,y) - \xi^2 w^*(\xi,y) = 0 \tag{7.5.36}$$

式中，

$$w^*(\xi,y) = \int_0^\infty w(x,y)\cos(\xi x)\mathrm{d}x \tag{7.5.37}$$

且有逆变换

$$w(x,y) = \frac{2}{\pi}\int_0^\infty w^*(\xi,y)\cos(\xi,x)\mathrm{d}\xi \tag{7.5.38}$$

这样，问题归结为解常微分方程(7.5.36)，它的通解为

$$w^*(\xi,y) = A(\xi)\mathrm{e}^{-\xi y} + B(\xi)\mathrm{e}^{\xi y} \tag{7.5.39}$$

式中，$A(\xi)$ 和 $B(\xi)$ 是待定的函数。由于在 $y\to\infty$ 时，应力和位移是有限值，故有 $B(\xi)=0$，函数 $A(\xi)$ 将由边界条件确定。式(7.5.39)简化为

$$w^*(\xi,y) = A(\xi)\mathrm{e}^{-\xi y} \tag{7.5.40}$$

根据傅里叶逆变换公式(7.5.38)，由式(7.5.40)得位移分量

$$w(x,y) = \frac{2}{\pi}\int_0^\infty A(\xi)\mathrm{e}^{-\xi y}\cos(\xi x)\mathrm{d}\xi \tag{7.5.41}$$

当 $y\to\infty$ 时，边界条件有

$$\begin{cases} \tau_{yz}\big|_{y\to\infty} = G\gamma_{yz}\big|_{y\to\infty} = G\dfrac{\partial w}{\partial y}\Big|_{y\to\infty} = \tau \\ w\big|_{y\to\infty} = 0 \end{cases} \tag{7.5.42}$$

选取如下的位移方程：

$$w(x,y) = \frac{\tau}{G}\left[y + \frac{2}{\pi}\int_0^\infty A(\xi)\mathrm{e}^{-\xi y}\cos(\xi x)\mathrm{d}\xi\right] \tag{7.5.43}$$

能够自动满足调和方程(7.5.33)，又能满足当 $y\to\infty$ 的边界条件式(7.5.42)，读者可自行验证。

将式(7.5.43)代入式(7.5.42)，再由式(7.5.32)得应力分量

$$\begin{cases} \tau_{xz} = -\dfrac{2\tau}{\pi}\int_0^\infty \xi A(\xi)\mathrm{e}^{-\xi y}\sin(\xi x)\mathrm{d}\xi \\ \tau_{yz} = \tau\left[1 - \dfrac{2}{\pi}\int_0^\infty \xi A(\xi)\mathrm{e}^{-\xi y}\cos(\xi x)\mathrm{d}\xi\right] \end{cases} \tag{7.5.44}$$

于是，剩下尚需满足在裂纹平面 $y=0$ 上的边界条件式(7.5.34)成为

$$\begin{cases} \dfrac{2}{\pi}\int_0^\infty \xi A(\xi)\cos(\xi x)\mathrm{d}\xi = 1, & |x|\leqslant a \\ \displaystyle\int_0^\infty A(\xi)\cos(\xi x)\mathrm{d}\xi = 0, & |x| > a \end{cases} \tag{7.5.45}$$

上式是对偶积分方程，有以下解[62]：

$$A(\xi) = \frac{\pi}{2}a\xi^{-1}\mathrm{J}_1(a\xi) \tag{7.5.46}$$

式中，$\mathrm{J}_1(a\xi)$ 为贝塞尔函数。

将式(7.5.46)代入应力和位移分量表达式得到

$$\begin{cases} \tau_{xz} = -a\tau \int_0^\infty J_1(a\xi) e^{-\xi y} \sin(\xi x) d\xi \\ \tau_{yz} = \tau \left[1 - a \int_0^\infty J_1(a\xi) e^{-\xi y} \cos(\xi x) d\xi \right] \\ w = \frac{\tau}{G} \left[y + a \int_0^\infty \xi^{-1} J_1(a\xi) e^{-\xi y} \cos(\xi x) d\xi \right] \end{cases} \tag{7.5.47}$$

将式(7.5.47)的前两式表成复数形式

$$\tau_{yz} + i\tau_{xz} = \tau \left[1 - a \int_0^\infty J_1(a\xi) e^{i\xi(x+iy)} d\xi \right] \tag{7.5.48}$$

令 $z = x + iy = re^{i\theta}, z - a = r_1 e^{i\theta_1}, z + a = r_2 e^{i\theta_2}$，如图 7.5.3 所示。将贝塞尔函数的展开式代入上式后积分，得到

$$\tau_{yz} + i\tau_{xz} = \tau \{ 1 - [1 - (iz)(a^2 + (iz)^2)^{-1/2}] \} = \tau re^{i\theta}(r_1 r_2)^{-1/2} e^{-i(\theta_1+\theta_2)/2}$$
$$= \frac{\tau r}{(r_1 r_2)^{1/2}} e^{i\left(\theta - \frac{\theta_1}{2} - \frac{\theta_2}{2}\right)} \tag{7.5.49}$$

将式(7.5.49)的实部与虚部分开后，有

$$\begin{cases} \tau_{xz} = \tau \frac{r}{(r_1 r_2)^{1/2}} \sin\left(\theta - \frac{1}{2}\theta_1 - \frac{1}{2}\theta_2\right) \\ \tau_{yz} = \tau \frac{r}{(r_1 r_2)^{1/2}} \cos\left(\theta - \frac{1}{2}\theta_1 - \frac{1}{2}\theta_2\right) \end{cases} \tag{7.5.50}$$

由上式看出，在裂纹尖端应力具有奇异性。

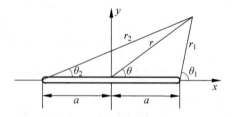

图 7.5.3 裂纹尖端的极坐标

在裂纹尖端附近，即 $y=0, |x| \approx a$ 处，有

$$\tau_{yz} = \begin{cases} 0, & |x| \leqslant a \\ \frac{\tau x}{\sqrt{x^2 - a^2}}, & |x| > a \end{cases} \tag{7.5.51}$$

当 $x \to a$ 时，$\tau_{yz} \to \infty$。

定义Ⅲ型裂纹的应力强度因子为

$$K_{\text{III}} = \lim_{x \to a} \sqrt{2\pi(x-a)} \tau_{yz}(x,0) \tag{7.5.52}$$

或

$$K_{\text{III}} = \lim_{r_1 \to 0} \sqrt{2\pi r_1} \tau_{yz}(x,0) \tag{7.5.53}$$

将式(7.5.51)代入上式，得

$$K_{\text{III}} = \tau \sqrt{\pi a} \tag{7.5.54}$$

于是,在 $r_1 \ll a$ 的情况下,裂纹尖端附近的应力分量为

$$
\begin{cases}
\tau_{xz}(r_1, \theta_1) = \dfrac{K_{\text{Ⅲ}}}{\sqrt{2\pi r_1}} \sin \dfrac{1}{2}\theta_1 \\[3mm]
\tau_{yz}(r_1, \theta_1) = \dfrac{K_{\text{Ⅲ}}}{\sqrt{2\pi r_1}} \cos \dfrac{1}{2}\theta_1
\end{cases}
\tag{7.5.55}
$$

7.5.4 求应力强度因子的叠加原理及常用应力强度因子资料

前面介绍了有关应力强度因子的计算方法,目前工程中已将各种构件在不同加载情况下的应力强度因子的计算公式汇编成手册[63],可作为工程中使用参考。在选用这些公式时,可以采用叠加原理。

1. 求应力强度因子的叠加原理

叠加原理的应用有两方面内容。第一,对于同一类型的裂纹问题,例如都是Ⅰ型裂纹问题或都是Ⅱ型裂纹问题,当几个载荷共同作用时,可以先求出每一个载荷单独作用下的应力强度因子 K,然后把各载荷作用的 K 相叠加,得到诸载荷共同作用时的 K。但是必须注意,对于不同类型的裂纹问题,不能将 K 直接相叠加,而需应用复合型准则。应用这一原理,通常可将一个复杂的受力问题分解为数个简单受力问题,利用现有公式进行计算。

第二,对于载荷复杂或形状复杂的裂纹体,求解裂纹尖端的应力强度因子时,可以先假定其为无裂纹,按常规应力计算方法,求出裂纹所在截面的裂纹表面处的应力值,然后将求得的应力以相反的方向作用于裂纹表面,求出在此分布应力作用下裂纹尖端的应力强度因子,其值就是原构件在载荷作用下的应力强度因子。现举例简要说明如下:例如,具有中心裂纹的平板,在两端较远处受均匀拉应力 σ 作用,如图 7.5.4(a)所示,求其应力强度因子。

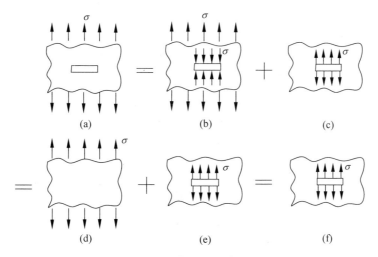

图 7.5.4 叠加原理的应用

对于如图 7.5.4(a)所示的无限板,我们若在裂纹面上施加两组平衡力,其中一组的大小等于 σ,而其指向是促使裂纹闭合的均布力;另一组均布力的大小也等于 σ,但是其指向与前一组均布力相反。这样一来,就可以把本来是如图 7.5.4(a)所示的受载情况转化为如

图 7.5.4(b)和(c)所示的两种受载情况的叠加,而并不改变板的受力和变形情况。进一步分析可以看出,如图 7.5.4(b)所示的情况实际上就是无裂纹板,其应力强度因子为零。因此,如图 7.5.4(a)所示的无限板的应力强度因子就与如图 7.5.4(c)所示情况的应力强度因子相同。

2. 应力强度因子资料[61,63]

(1)无限大平板具有长度为 $2a$ 的穿透裂纹,在裂纹上、下表面距离中心为 b 处各作用有一对集中力 P,如图 7.5.5 所示。则其应力强度因子为

$$K_{\mathrm{I}} = \frac{2P}{\sqrt{\pi}} \frac{\sqrt{a}}{\sqrt{a^2 - b^2}} \tag{7.5.56}$$

(2)无限大平板具有长度为 $2a$ 的穿透裂纹,在裂纹上、下表面作用有均匀分布载荷 σ,如图 7.5.6 所示。则其应力强度因子为

$$K_{\mathrm{I}} = 2\sigma \sqrt{\frac{a}{\pi}} \arcsin\left(\frac{b}{a}\right) \tag{7.5.57}$$

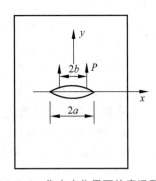

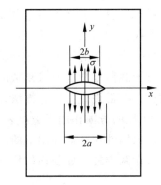

图 7.5.5 集中力作用下的穿透裂纹   图 7.5.6 裂纹上、下表面作用有均匀分布载荷

(3)无限大平板,裂纹表面作用有如图 7.5.7 所示的分布载荷。则其应力强度因子为

$$K_{\mathrm{I}} = 2\sigma \sqrt{\frac{a}{\pi}} \arccos\left(\frac{b}{a}\right) \tag{7.5.58}$$

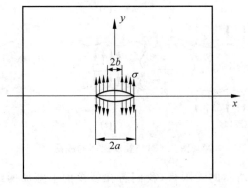

图 7.5.7 裂纹上、下表面作用有分布载荷

（4）无限大板，在裂纹上端板上有力 $P+\mathrm{i}Q$ 和力矩 M 作用，如图7.5.8所示。裂纹右端，其应力强度因子为

$$K=K_{\mathrm{I}}-\mathrm{i}K_{\mathrm{II}}=\frac{1}{2(\pi a)^{1/2}(1+\kappa)}\left\langle(P+\mathrm{i}Q)\times\left[\frac{a+z_0}{(z_0^2-a^2)^{1/2}}-\frac{\kappa(a+z_0)}{(\bar{z}_0^2-a^2)^{1/2}}-1+\kappa\right]+\right.$$

$$\left.\frac{a(P-\mathrm{i}Q)(\bar{z}_0-z_0)+a\mathrm{i}(1+\kappa)M}{(\bar{z}_0-a)(\bar{z}_0^2-a^2)^{1/2}}\right\rangle \tag{7.5.59}$$

式中，$z_0=x_0+\mathrm{i}y_0$，$\bar{z}_0=x_0-\mathrm{i}y_0$。

（5）无限大板，裂纹表面作用有分布应力 $\sigma_y(x,0)$ 和 $\tau_{xy}(x,0)$，如图7.5.9所示。则其应力强度因子为

$$K=K_{\mathrm{I}}-\mathrm{i}K_{\mathrm{II}}=\frac{1}{\pi\sqrt{a}}\int_{-a}^{\infty}\left[\sigma_y(x,0)-\mathrm{i}\tau_{xy}(x,0)\right]\times\sqrt{\frac{a+x}{a-x}}\,\mathrm{d}x \tag{7.5.60}$$

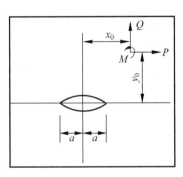

图 7.5.8 裂纹上端板上有力和力矩作用

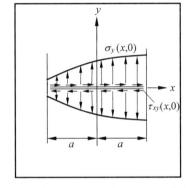

图 7.5.9 裂纹表面作用有分布拉应力和剪应力的作用

（6）无限大板，具有与均匀拉应力 σ 成 β 角的任意斜裂纹，如图7.5.10所示。则其应力强度因子为

$$K_{\mathrm{I}}=\sigma(\pi a)^{1/2}\sin^2\beta, \quad K_{\mathrm{II}}=\sigma(\pi a)^{1/2}\sin\beta\cos\beta \tag{5.5.61}$$

（7）无限大板，在圆孔边产生裂纹，如图7.5.11所示。则其应力强度因子为

$$K_{\mathrm{I}}=\sigma\sqrt{\pi a}F\left(\frac{L}{r}\right), \quad K_{\mathrm{II}}=0 \tag{7.5.62}$$

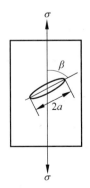

图 7.5.10 具有与均匀拉应力 σ 成 β 角的任意斜裂纹

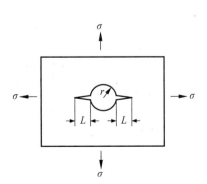

图 7.5.11 在圆孔边产生裂纹

式中, $F\left(\dfrac{L}{r}\right)$ 由表 7.5.1 查得。

表 7.5.1 系数 $F\left(\dfrac{L}{r}\right)$

$\dfrac{L}{r}$	一个裂纹		两个裂纹	
	单轴应力	双轴应力	单轴应力	双轴应力
0.00	3.39	2.26	3.39	2.26
0.10	2.73	1.93	2.73	1.98
0.20	2.30	1.82	2.41	1.83
0.30	2.04	1.67	2.15	1.70
0.40	1.86	1.58	1.96	1.61
0.50	1.73	1.49	1.83	1.57
0.60	1.64	1.42	1.71	1.52
0.80	1.47	1.32	1.58	1.43
1.0	1.37	1.22	1.45	1.38
1.5	1.18	1.06	1.29	1.26
2.0	1.06	1.01	1.21	1.20
3.0	0.94	0.93	1.14	1.13
5.0	0.81	0.81	1.07	1.06
10.0	0.75	0.75	1.03	1.03
∞	0.707	0.707	1.00	1.00

(8) 无限大板中,同一直线上有两个尺寸相等的裂纹,如图 7.5.12 所示。则其应力强度因子为

裂纹内尖端:

$$K_{\mathrm{I}} = \sigma(\pi/a)^{1/2} \frac{b^2 \dfrac{\varPhi_0}{\varPhi(k)} - a^2}{(b^2 - a^2)^{1/2}}, \quad K_{\mathrm{II}} = \tau(\pi/a)^{1/2} \frac{b^2 \dfrac{\varPhi_0}{\varPhi(k)} - a^2}{(b^2 - a^2)^{1/2}} \quad (7.5.63)$$

裂纹外尖端:

$$K_{\mathrm{I}} = \sigma(\pi b)^{1/2} \left[\frac{1}{k} - \frac{\varPhi_0}{k\varPhi(k)}\right], \quad K_{\mathrm{II}} = \tau(\pi b)^{1/2} \left[\frac{1}{k} - \frac{\varPhi_0}{k\varPhi(k)}\right] \quad (7.5.64)$$

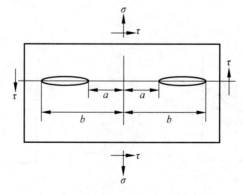

图 7.5.12 同一直线上有两个尺寸相等的裂纹

式中，$k = [1-(b/a)^2]^{1/2}$，$\varPhi(k)$ 是第一类完全椭圆积分，$\varPhi(k) = \displaystyle\int_0^{\pi/2} \sqrt{1-k^2\sin^2\varphi}\, \mathrm{d}\varphi$，$\varPhi_0$ 是

第二类完全椭圆积分，$\varPhi_0 = \displaystyle\int_0^{\pi/2} \left[\sin^2\varphi + \left(\frac{a}{b}\right)^2 \cos^2\varphi\right]^{1/2} \mathrm{d}\varphi$。

（9）无限大板中，在一直线上有一列裂纹，如图 7.5.13 所示。在用 e 表示的一端，其应力强度因子为

$$\begin{cases} K_{\mathrm{I}} = \dfrac{\sigma(4b)^{1/2} \sin\dfrac{\pi c}{2b}}{\left[\cos\dfrac{\pi e}{2b}\left(\sin\dfrac{\pi e}{2b} + \sin\dfrac{2b}{\pi c}\right)\right]^{1/2}} + \dfrac{P\left(\sin\dfrac{2b}{\pi c}\right)^{1/2}}{\left[b\sin\dfrac{\pi e}{2b}\cos\dfrac{\pi e}{2b}\left(\sin\dfrac{\pi e}{2b} + \sin\dfrac{\pi c}{2b}\right)\right]^{1/2}} \\ K_{\mathrm{II}} = 0 \end{cases}$$

$$(7.5.65)$$

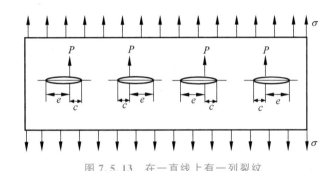

图 7.5.13　在一直线上有一列裂纹

（10）具有边裂纹的半无限大板，受均布载荷 σ 和 τ 作用，如图 7.5.14 所示。则其应力强度因子为

$$\begin{cases} K_{\mathrm{I}} = \alpha\sigma\sqrt{\pi a}, \quad a = \sqrt{2} \times 0.7930 = 1.122 \\ K_{\mathrm{II}} = \beta\tau\sqrt{\pi a}, \quad \beta = 1.122 \end{cases}$$

$$(7.5.66)$$

（11）具有边裂纹的半无限大板，受直线分布载荷 $\sigma(x) = \sigma\displaystyle\sum_{n=0}^{1} C_n\left(\frac{x}{a}\right)^n$ 作用，如图 7.5.15 所示。则其应力强度因子为

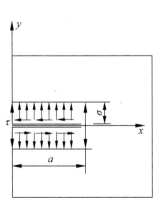

图 7.5.14　具有边裂纹的半无限大板受
均布载荷的作用

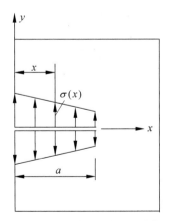

图 7.5.15　具有边裂纹的半无限大板受直线
分布载荷的作用

$$K_{\mathrm{I}} = \alpha \sigma \sqrt{\pi a}, \quad K_{\mathrm{II}} = K_{\mathrm{III}} = 0 \tag{7.5.67}$$

式中，$\alpha = \sqrt{2} \times (0.7930 C_0 + 0.4829 C_1)$。

（12）受均匀拉伸作用的无限长的有限宽板，中央具有贯穿裂纹，如图 7.5.16 所示，则其应力强度因子为

$$K_{\mathrm{I}} = \sigma \sqrt{\pi a} \sqrt{\sec \frac{\pi a}{2b}} \tag{7.5.68}$$

或

$$K_{\mathrm{I}} = \sigma \sqrt{\pi a} \frac{1}{\sqrt{\pi}} (1.77 + 0.227\xi - 0.510\xi^2 + 2.7\xi^3), \quad K_{\mathrm{II}} = K_{\mathrm{III}} = 0 \tag{7.5.69}$$

式中，$\xi = \dfrac{a}{b} < 0.7$。

（13）一侧具有贯穿裂纹的长方形板，受均匀拉伸，如图 7.5.17 所示。则其应力强度因子为

$$K_{\mathrm{I}} = \sigma \sqrt{\pi a} F\left(\frac{a}{b}\right) \tag{7.5.70}$$

$F\left(\dfrac{a}{b}\right)$ 由表 7.5.2 查出，或当 $\dfrac{L}{2b} = \infty$ 时，有

$$K_{\mathrm{I}} = \sigma \sqrt{\pi a} \frac{1}{\sqrt{\pi}} (1.99 - 0.4\xi + 18.70\xi^2 - 38.48\xi^3 + 53.85\xi^4),$$
$$K_{\mathrm{II}} = K_{\mathrm{III}} = 0 \tag{7.5.71}$$

式中，$\xi = \dfrac{a}{2b} \leqslant 0.6$。

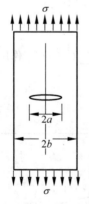

图 7.5.16　中央具有贯穿裂纹的有限宽板

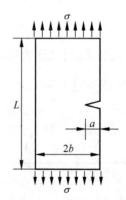

图 7.5.17　一侧具有贯穿裂纹的长方形板

表 7.5.2　系数 $F\left(\dfrac{a}{b}\right)$

a/b	0.10	0.20	0.30	0.40	0.50	0.60	0.70	0.80	0.90	1.00
$F(a/b)$	1.14	1.19	1.29	1.37	1.50	1.66	1.87	2.12	2.44	2.82

(14) 楔形断面杆的撕裂，如图 7.5.18 所示。则其应力强度因子为

楔子的情形：

$$K_{\text{I}} = \frac{\sqrt{3}\,Eh\,\sqrt{c^3}}{4a^2}, \quad K_{\text{II}} = 0, \quad a \gg 2c \tag{7.5.72}$$

撕裂力的情形：

$$K_{\text{I}} = \frac{2\sqrt{3}\,Pa}{\sqrt{c^3}}, \quad K_{\text{II}} = 0 \tag{7.5.73}$$

(15) 具有切口的圆柱试样，如图 7.5.19 所示。则其应力强度因子为

$$K_{\text{I}} = \frac{P}{D^{3/2}}\left[1.72\left(\frac{D}{d_0}\right) - 1.27\right] \tag{7.5.74}$$

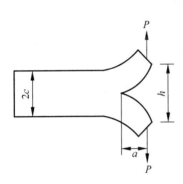

图 7.5.18　楔形断面杆的撕裂

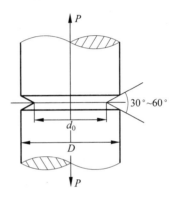

图 7.5.19　具有切口的圆柱试样

(16) 圆轴内具有圆盘形内裂纹，如图 7.5.20 所示。则其应力强度因子为

$$K_{\text{I}} = \left[F_p\left(\frac{a}{b}\right)P + F_M\left(\frac{a}{b}\right)\frac{4Ma}{(b^2+a^2)}\right] \times \frac{\sqrt{a/b}}{\pi(b^2+a^2)}\sqrt{a}\,,$$

$$K_{\text{II}} = 0, \quad K_{\text{III}} = F_1\left(\frac{a}{b}\right)\frac{Ta\sqrt{c/b}}{\pi(b^4-a^4)}\sqrt{a} \tag{7.5.75}$$

式中，

$$\begin{cases} F_p\left(\dfrac{a}{b}\right) = \dfrac{2}{\pi}\left[1 + \dfrac{1}{2}\left(\dfrac{a}{b}\right) - \dfrac{5}{8}\left(\dfrac{a}{b}\right)^2\right] + 0.268\left(\dfrac{a}{b}\right)^3 \\[3mm] F_M\left(\dfrac{a}{b}\right) = \dfrac{4}{3\pi}\left[1 + \dfrac{1}{2}\left(\dfrac{a}{b}\right) + \dfrac{3}{8}\left(\dfrac{a}{b}\right)^2 + \dfrac{5}{16}\left(\dfrac{a}{b}\right)^3 - \dfrac{93}{128}\left(\dfrac{a}{b}\right)^4 + 0.483\left(\dfrac{a}{b}\right)^5\right] \\[3mm] F_1\left(\dfrac{a}{b}\right) = \dfrac{4}{3\pi}\left[1 + \dfrac{1}{2}\left(\dfrac{a}{b}\right) + \dfrac{3}{8}\left(\dfrac{a}{b}\right)^2 + \dfrac{1}{3}\left(\dfrac{a}{b}\right)^3 - \dfrac{93}{128}\left(\dfrac{a}{b}\right)^4 + 0.038\left(\dfrac{a}{b}\right)^5\right] \end{cases} \tag{7.5.76}$$

(17) 具有圆盘形裂纹的构件，裂纹表面作用有轴对称分布的载荷 $P(r)$，如图 7.5.21 所示。则其应力强度因子为

$$K_{\text{I}} = -\frac{2}{\sqrt{\pi a}}\int_0^a \frac{rP(r)}{\sqrt{a^2-r^2}}\mathrm{d}r, \quad K_{\text{II}} = 0 \tag{7.5.77}$$

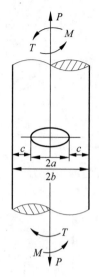

图 7.5.20 圆轴内具有圆盘形内裂纹

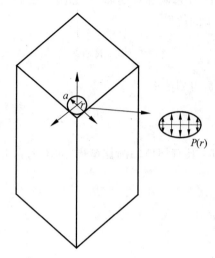

图 7.5.21 具有圆盘形裂纹的构件

(18) 具有直径相等、相互平行的两平行圆盘裂纹的无限体,受均匀拉应力 σ 作用,如图 7.5.22 所示。当 a/b 足够小时,则其应力强度因子为

$$\begin{cases} K_{\text{I}} = \dfrac{2\sigma\sqrt{a}}{\pi}\left[1 - \dfrac{2}{3\pi}\left(\dfrac{a}{b}\right)^3 + O\left(\dfrac{a}{b}\right)^5\right] \\ K_{\text{II}} = -\dfrac{2\sigma\sqrt{a}}{3\pi^2}\left[\left(\dfrac{a}{b}\right)^2 - \dfrac{4}{5}\left(\dfrac{a}{b}\right)^4 + O\left(\dfrac{a}{b}\right)^6\right] \\ K_{\text{III}} = 0 \end{cases} \qquad (7.5.78)$$

(19) 无限大体在 $A\text{-}A$ 界面处有如图 7.5.23 所示的角裂纹,受均匀拉伸应力时,其应力强度因子为

$$K_{\text{I}} = m\sigma\sqrt{\pi a}$$

式中,m 为扩大系数,按 $\dfrac{\theta}{90°}$ 值查表 7.5.3。

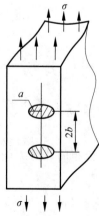

图 7.5.22 具有直径相等、相互平行的两平行圆盘裂
纹的无限体受均匀拉应力作用

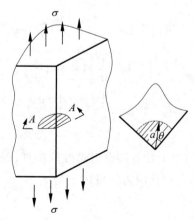

图 7.5.23 无限大体在 $A\text{-}A$ 界面处有角裂纹

表 7.5.3　扩大系数 m

$\theta/90°$	0	0.2	0.4	0.5	0.6	0.8	1.0
m	0.705	0.650	0.625	0.620	0.630	0.650	0.705

7.6　应力强度因子的权函数求法

应力强度因子与裂纹几何和载荷配置有关,后两者的组合可派生出很多情况,从而使应力强度因子的求解变得繁琐。权函数法给出了研究这两类影响的途径。针对任一裂纹几何,均可求出适应于该几何的权函数,而该裂纹几何在任意载荷下的应力强度因子(乃至位移场)都可由该载荷经权函数加权积分求得。Bueckner 在 1970 年最早提出权函数法[64]。后经 Rice 加以理论升华[65],并由 Freund 和 Rice 推广到动力学问题[66]。权函数法所得到的第一部应力强度因子手册由吴学仁和 Carlsson 给出[67]。

考虑如图 7.6.1 所示有裂纹的同一物体的两种状态(平面问题),裂纹长为 a,在这两种状态下①是参考状态,是已知状态,②是所求的状态。则状态②的应力强度因子为

$$K_{\mathrm{I}}^{(2)} = \frac{H}{2K_{\mathrm{I}}^{(1)}} \left(\int_{S_t} \boldsymbol{t}^{*(2)} \cdot \frac{\partial \boldsymbol{u}^{(1)}}{\partial a} \mathrm{d}S - \int_{S_u} \boldsymbol{u}^{*(2)} \cdot \frac{\partial \boldsymbol{t}^{(1)}}{\partial a} \mathrm{d}S + \int_A \boldsymbol{f}^{*(2)} \cdot \frac{\partial \boldsymbol{u}^{(1)}}{\partial a} \mathrm{d}A \right) \quad (7.6.1)$$

式中,

$$H = \begin{cases} E, & \text{平面应力} \\ \dfrac{E}{1-\nu^2}, & \text{平面应变} \end{cases} \quad (7.6.2)$$

而且位移向上为正,向下为负。定义各权函数为

$$\boldsymbol{h}^t = \frac{H}{2K_{\mathrm{I}}^{(1)}} \frac{\partial \boldsymbol{u}^{(1)}}{\partial a}, \quad \boldsymbol{h}^u = -\frac{H}{2K_{\mathrm{I}}^{(1)}} \frac{\partial \boldsymbol{t}^{(1)}}{\partial a}, \quad \boldsymbol{h}^f = \frac{H}{2K_{\mathrm{I}}^{(1)}} \frac{\partial \boldsymbol{u}^{(1)}}{\partial a} \quad (7.6.3)$$

则式(7.6.1)可表示为

$$K_{\mathrm{I}}^{(2)} = \int_{S_t} \boldsymbol{t}^{*(2)} \cdot \boldsymbol{h}^t \mathrm{d}S + \int_{S_u} \boldsymbol{u}^{*(2)} \cdot \boldsymbol{h}^u \mathrm{d}S + \int_A \boldsymbol{f}^{*(2)} \cdot \boldsymbol{h}^f \mathrm{d}A \quad (7.6.4)$$

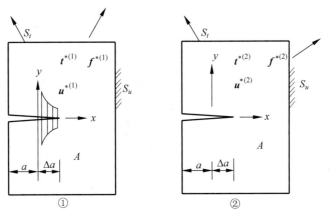

图 7.6.1　有裂纹的同一物体的两种状态

式中，$t^{*(2)}$、$u^{*(2)}$ 和 $f^{*(2)}$ 是裂纹面的面力，而 S_t、S_u 和 A 分别是面力边界、位移边界和体积。

如果在裂纹面上受分布力 $P(x)$ 的作用，如图 7.6.2 所示，而其他地方既无体载荷，又无面位移，则

$$K_{\mathrm{I}}^{(2)} = \frac{H}{2K_{\mathrm{I}}^{(1)}} \int_{S_t} t^{*(2)} \cdot \frac{\partial u^{(1)}}{\partial a} \mathrm{d}S = \int_0^a p(x) m(x,a) \mathrm{d}x \qquad (7.6.5)$$

式中权函数 $m(x,a)$ 为

$$m(x,a) = \frac{H}{2K_{\mathrm{I}}^{(1)}} \frac{\partial v(x,a)}{\partial a} \qquad (7.6.6)$$

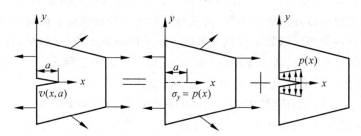

图 7.6.2　裂纹面上受分布力的作用

现举例说明权函数法在求应力强度因子中的应用。设一带中心裂纹的无限大板，在无限远处受与裂纹面垂直的拉伸应力 σ 作用，已知其应力强度因子和裂纹张开位移即式(7.3.16b)分别为

$$K_{\mathrm{I}} = \sigma\sqrt{\pi a}, \quad v = \frac{\kappa+1}{4G}\sigma\sqrt{a^2-x^2} \qquad (7.6.7)$$

将上式代入式(7.6.6)，求出权函数为

$$m(x,a) = \sqrt{\frac{a}{\pi(a^2-x^2)}} \qquad (7.6.8)$$

如果在同一无限大板上，无限远处不受力，只在裂纹面上受分布力 $P(x)$ 作用，如图 7.6.3 所示。应用权函数法，将式(7.6.6)和式(7.6.7)代入式(7.6.5)，求出应力强度因子为

$$K_{\mathrm{I}}^{(2)} = 2\sqrt{\frac{a}{\pi}} \int_0^a \frac{P(x)}{\sqrt{a^2-x^2}} \mathrm{d}x \qquad (7.6.9)$$

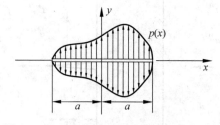

图 7.6.3　无限板的裂纹面上受分布力作用

举例如下：

(1) 在裂纹上、下表面的 $x = \pm d$ 线段内受均匀拉力 P 作用，如图 7.6.4 所示。由

式(7.6.9)知,其应力强度因子为

$$K_{\mathrm{I}}^{(2)} = 2P\sqrt{\frac{a}{\pi}}\int_0^d \frac{\mathrm{d}x}{\sqrt{a^2 - x^2}} = 2\sqrt{\frac{a}{\pi}}P\arcsin\left(\frac{d}{a}\right) \qquad (7.6.10)$$

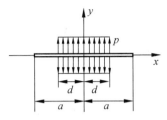

图 7.6.4   在裂纹上、下表面的 $x = \pm d$ 线段内受均匀拉力 P 作用

(2) 在裂纹中央的上、下表面作用一对集中力 P,这问题上例中令 $P = \lim\limits_{d \to 0} 2Pd$,由式(7.6.9)求出应力强度因子为

$$K_{\mathrm{I}}^{(2)} = \lim_{d \to 0} 2\sqrt{\frac{a}{\pi}}\,\frac{P}{2d}\arcsin\left(\frac{d}{a}\right) = \frac{P}{\sqrt{\pi a}} \qquad (7.6.11)$$

7.7   求应力强度因子的数值法

前面介绍的用韦斯特加德应力函数或穆斯海里什维利应力函数求解裂纹尖端应力强度因子的方法,适用于"无限大"平板中的简单裂纹情况,而对于实际构件以及各种试样,当裂纹尺寸与构件或试样其他特征尺寸相比并不是很小时,应计及自由边界对裂纹尖端应力强度因子的影响。对于这类问题很难获得严格的解析解,只能通过一些数值的方法求得近似解[68]。

在数值法中,广泛使用的是边界配位法和有限单元法。所谓边界配位法,就是用一组线性代数方程去代替弹性力学的微分方程。它主要用于计算有限尺寸板的裂纹问题。目前,二维问题的单边裂纹试样的应力强度因子很多都是用边界配位法计算的。所谓有限单元法,就是将连续体离散成有限单元来分析。每一个单元通过节点与周围的单元连接,以此来代替原来的连续体。单元之间的相互联系力,可以用节点位移来表达,而各节点的力又相互平衡,从而可以根据节点的平衡方程组解出全部节点位移的近似值。然后利用节点位移求出应力分量,进而求出应力强度因子。用有限单元法确定裂纹体的应力强度因子,有其突出的优点,单元的布局灵活,节点的配置方式比较任意,对裂纹的形状、位置都没有特殊的限制。因此,对几何形状和载荷比较复杂的裂纹体能得到比较符合实际的解答。本节只对边界配位法及有限单元法作一简单介绍。

7.7.1   边界配位法

由裂纹尖端应力公式知,在 x 轴上(即 $\theta = 0$)有

$$\sigma_x = \sigma_y = K_{\mathrm{I}} / \sqrt{2\pi r}, \quad r \ll a \qquad (7.7.1)$$

当 $r \to 0$ 时,$\sigma_y \to \infty$,$\sigma_x \to \infty$,这就是所谓裂纹尖端应力场的奇异性。应力强度因子 K_{I} 就是

用来描述这种奇异性应力场强度的参量。若用应力的极限来定义 K_{I}，则有

$$K_{\mathrm{I}} = \lim_{r \to 0} \sqrt{2\pi r}\, \sigma_y \Big|_{\theta=0} \tag{7.7.2}$$

对于有限体内的穿透裂纹（如三点弯曲试样图 7.7.1，紧凑拉伸试样图 7.7.2 等），只要能求出裂纹线上 σ_y 的表达式，则由式(7.7.2)，即可求得应力强度因子 K_{I}。威廉斯(Williams)于 1957 年提出一个由无穷级数表示的应力函数来处理有限尺寸的平面穿透裂纹问题[68-69]。对于 I 型裂纹，威廉斯的应力函数为

$$\Phi(r,\theta) = \sum_{j=1}^{\infty} C_j r^{\frac{j}{2}+1} \left[-\cos\left(\frac{j}{2}-1\right)\theta + \frac{\frac{j}{2}+(-1)^j}{\frac{j}{2}+1}\cos\left(\frac{j}{2}+1\right)\theta \right] \tag{7.7.3}$$

式中，r、θ 是以裂尖为原点的极坐标，C_j 为待定系数。

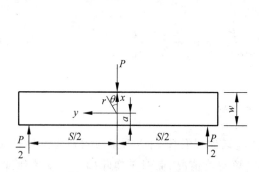

图 7.7.1　三点弯曲试样

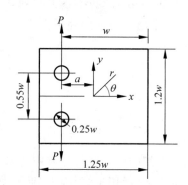

图 7.7.2　紧凑拉伸试样

可以证明，上述应力函数 $\Phi(r,\theta)$ 不仅能满足双调和方程 $\nabla^2\nabla^2\Phi(r,\theta)=0$，而且不论系数取什么值，总能满足裂纹面边界条件，即在 $\theta=\pm\pi$ 处 $\sigma_y=0$，$\tau_{yx}=0$。对于其余边界条件，只有当 C_j 取适当值时才能满足。据此，只要利用有限尺寸的试样在边界上选足够多的点，然后用这些点的边界条件，反过来确定系数 C_j，从而使函数 $\Phi(r,\theta)$ 基本上满足有限板的其余边界条件。这样确定的函数 $\Phi(r,\theta)$ 就是所研究裂纹问题的近似解。此方法就称为边界配位法。为了保证近似解有足够的精度，必须选取相当数量的边界点边界条件以确定此无穷级数而截取有限项的系数 C_j，这就需要解一个相当庞大的线性代数方程组，以求出 C_j，这项工作可借助于计算机来完成。

由于式(7.7.3)所示应力函数是对于裂纹线对称的函数，所以，它只适用于试样几何形状和载荷分布都与裂纹线对称的问题。下面首先导出用威廉斯应力函数表示应力分量及应力强度因子表达式。

因为 Φ 是 r、θ 的函数，r、θ 又是 x、y 的函数，故有

$$\begin{cases} \dfrac{\partial\Phi}{\partial x} = \dfrac{\partial\Phi}{\partial r}\dfrac{\partial r}{\partial x} + \dfrac{\partial\Phi}{\partial\theta}\dfrac{\partial\theta}{\partial x} \\[3mm] \dfrac{\partial\Phi}{\partial y} = \dfrac{\partial\Phi}{\partial r}\dfrac{\partial r}{\partial y} + \dfrac{\partial\Phi}{\partial\theta}\dfrac{\partial\theta}{\partial y} \end{cases} \tag{7.7.4}$$

由于极坐标 (r,θ) 与直角坐标 (x,y) 之间存在如下变换关系，如图 7.7.3 所示

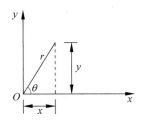

图 7.7.3 极坐标与直角坐标之间的关系

$$r = \sqrt{x^2 + y^2}, \quad \theta = \arctan\left(\frac{y}{x}\right) \tag{7.7.5}$$

故有

$$\frac{\partial r}{\partial x} = \frac{x}{r} = \cos\theta, \quad \frac{\partial \theta}{\partial x} = -\frac{y}{r^2} = -\frac{\sin\theta}{r} \tag{7.7.6a}$$

$$\frac{\partial r}{\partial y} = \frac{y}{r} = \sin\theta, \quad \frac{\partial \theta}{\partial y} = \frac{x}{r^2} = \frac{\cos\theta}{r} \tag{7.7.6b}$$

由式(7.7.3)和上面的变换关系得

$$
\begin{cases}
\sigma_x = \dfrac{\partial^2 \Phi}{\partial y^2} = \dfrac{\partial}{\partial y}\left(\dfrac{\partial \Phi}{\partial y}\right) = \dfrac{\partial \Phi}{\partial r}\left(\dfrac{\partial \Phi}{\partial y}\right)\dfrac{\partial r}{\partial y} + \dfrac{\partial \Phi}{\partial \theta}\left(\dfrac{\partial \Phi}{\partial y}\right)\dfrac{\partial \theta}{\partial y} \\[2mm]
\qquad = \displaystyle\sum_{j=1}^{\infty} C_j r^{j/2-1}\,\dfrac{j}{2}\left\{-\left[\dfrac{j}{2}+2+(-1)^j\right]\cos\left(\dfrac{j}{2}-1\right)\theta + \left(\dfrac{j}{2}-1\right)\cos\left(\dfrac{j}{2}-3\right)\theta\right\} \\[4mm]
\sigma_y = \dfrac{\partial^2 \Phi}{\partial x^2} = \displaystyle\sum_{j=1}^{\infty} C_j r^{j/2-1}\,\dfrac{j}{2}\left\{\left[\dfrac{j}{2}-2+(-1)^j\right]\cos\left(\dfrac{j}{2}-1\right)\theta - \left(\dfrac{j}{2}-1\right)\cos\left(\dfrac{j}{2}-3\right)\theta\right\} \\[4mm]
\tau_{xy} = -\dfrac{\partial^2 \Phi}{\partial x \partial y} = \displaystyle\sum_{j=1}^{\infty} C_j r^{j/2-1}\,\dfrac{j}{2}\left\{\dfrac{j}{2}+(-1)\sin\left(\dfrac{j}{2}-1\right)\theta - \left(\dfrac{j}{2}-1\right)\sin\left(\dfrac{j}{2}-3\right)\theta\right\}
\end{cases}
$$

$$\tag{7.7.7}$$

由此式可见,应力分量中的第一项($j=1$)与 $1/\sqrt{r}$ 成比例,第二项($j=2$)与 r^0 成比例,第三项($j=3$)与 $\sqrt{r}$ 成比例。因此,当 r 很小时,即对于 $r \ll a$ 的裂尖区域,$j \geqslant 2$ 以后的各项的值远小于 $j=1$ 的首项的值,故而可以略去不计。因此,在裂纹尖端区域 $r \ll a$,应力分量的主项($j=1$)为

$$
\begin{cases}
\sigma_x = -\dfrac{C_1}{\sqrt{r}}\left(\dfrac{3}{4}\cos\dfrac{\theta}{2} + \dfrac{1}{4}\cos\dfrac{5}{2}\theta\right) \\[3mm]
\sigma_y = -\dfrac{C_1}{\sqrt{r}}\left(\dfrac{5}{4}\cos\dfrac{\theta}{2} - \dfrac{1}{4}\cos\dfrac{5}{2}\theta\right) \\[3mm]
\tau_{xy} = -\dfrac{C_1}{\sqrt{r}}\left(-\dfrac{1}{4}\sin\dfrac{\theta}{2} + \dfrac{1}{4}\sin\dfrac{5}{2}\theta\right)
\end{cases}
\tag{7.7.8}
$$

由应力强度因子 K_{I} 的应力定义式(7.7.2),即

$$K_{\mathrm{I}} = \lim_{r \to 0} \sqrt{2\pi r}\,\sigma_y\big|_{\theta=0} = \sqrt{2\pi r}\left(-\frac{C_1}{\sqrt{r}}\right) \tag{7.7.9}$$

故

$$K_{\mathrm{I}} = -C_1\sqrt{2\pi} \qquad\qquad (7.7.10)$$

可见,只要确定无穷级数的第一项系数 C_1 即可求得应力强度因子。若将 $\cos\dfrac{5}{2}\theta$ 及 $\sin\dfrac{5}{2}\theta$ 按和角公式展开,则

$$\begin{cases} \sigma_x = \dfrac{K_{\mathrm{I}}}{\sqrt{2\pi r}}\cos\dfrac{\theta}{2}\left(1 - \sin\dfrac{\theta}{2}\sin\dfrac{3\theta}{2}\right) \\[3mm] \sigma_y = \dfrac{K_{\mathrm{I}}}{\sqrt{2\pi r}}\cos\dfrac{\theta}{2}\left(1 + \sin\dfrac{\theta}{2}\sin\dfrac{3\theta}{2}\right) \\[3mm] \tau_{xy} = \dfrac{K_{\mathrm{I}}}{\sqrt{2\pi r}}\sin\dfrac{\theta}{2}\cos\dfrac{\theta}{2}\cos\dfrac{3\theta}{2} \end{cases} \qquad (7.7.11)$$

式(7.7.11)与裂纹尖端应力公式(7.3.15)完全相同,这表明有限边界体内的 Ⅰ 型裂纹尖端区域的应力场与"无限大"平板 Ⅰ 型裂纹的裂尖应力场具有相同形式的表达式,都由 K_{I} 这个场强度参量来决定。但对不同的裂纹 $K_{\mathrm{I}} = -C_1\sqrt{2\pi}$ 中的 C_1 要由具体的边界条件确定。

对于有限体内的 Ⅱ 型裂纹问题,威廉斯应力函数的形式为

$$\Phi_{\mathrm{II}}(r,\theta) = \sum_{j=1}^{\infty} D_j r^{j/2+1}\left[-\sin\left(\dfrac{j}{2}-1\right)\theta + \dfrac{\dfrac{j}{2}-(-1)^j}{\dfrac{j}{2}+1}\sin\left(\dfrac{j}{2}+1\right)\theta\right] \qquad (7.7.12)$$

用同样的方法求得 Ⅱ 型裂纹在裂尖区域($r \ll a$)的应力分量为

$$\begin{cases} \sigma_x = \sum\limits_{j=1}^{\infty} D_j r^{\frac{j}{2}-1}\dfrac{j}{2}\left\{-\left[\dfrac{j}{2}+2+(-1)^j\right]\sin\left(\dfrac{j}{2}-1\right)\theta + \left(\dfrac{j}{2}-1\right)\sin\left(\dfrac{j}{2}-3\right)\theta\right\} \\[3mm] \sigma_y = \sum\limits_{j=1}^{\infty} D_j r^{\frac{j}{2}-1}\dfrac{j}{2}\left\{\left[\dfrac{j}{2}-2-(-1)^j\right]\sin\left(\dfrac{j}{2}-1\right)\theta - \left(\dfrac{j}{2}-1\right)\sin\left(\dfrac{j}{2}-3\right)\theta\right\} \\[3mm] \tau_{xy} = \sum\limits_{j=1}^{\infty} D_j r^{\frac{j}{2}-1}\dfrac{j}{2}\left\{-\left[\dfrac{j}{2}-(-1)^j\right]\cos\left(\dfrac{j}{2}-1\right)\theta + \left(\dfrac{j}{2}-1\right)\cos\left(\dfrac{j}{2}-3\right)\theta\right\} \end{cases}$$

$$(7.7.13)$$

可以证明,其主项($j=1$)给出的应力分量与 Ⅱ 型裂纹问题在裂纹尖端附近的应力场表达式(7.4.9)相同。裂尖应力强度因子 K_{II},可由此无穷级数的首项($j=1$)的系数 D_1 来表示。

$$K_{\mathrm{II}} = -D_1\sqrt{2\pi} \qquad\qquad (7.7.14)$$

下面以三点弯曲试样为例来说明边界配位法求 K 因子的原理。

如图 7.7.4 所示为用于断裂韧性测试的三点弯曲试样,用边界配位法可求裂纹尖端应力强度因子 K_{I} 的表达式。

所谓边界配位法,前面已经说过,其基本思想是在有限尺寸试样边界上选取足够多的点,用这些点的边界条件来确定系数 C_j,由于根据 C_j 所确定的应力函数 Φ 近似地满足整个试样的边界条件,因此,Φ 就是此裂纹问题的近似解,而由首项系数 C_1 按式(7.7.10)定出 K_{I} 也就是所求应力强度因子的近似解。具体讲,边界配位法有以下要点。

(1) 将无穷级数截取有限项。如($j=2m$)$2m$ 项,则有 $2m$ 个待定系数 $C_1, C_2, \cdots, C_{2m}$。当在边界上选取 m 个点进行配位时,每个点有两个边界条件,故可建立 $2m$ 个包括 $2m$ 个系数的线性代数方程组。

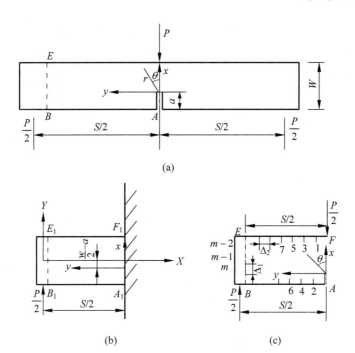

图 7.7.4 三点弯曲试样

设在 AB 边界上布 $\left(\dfrac{m}{2}-2\right)$ 个点，编号为 $2,4,\cdots,(m-4)$；在 EF 边界上布 $\left(\dfrac{m}{2}-1\right)$ 个点，编号为 $1,3,\cdots,(m-3)$；在 BE 边界上布三个点，编号为 $m,(m-1),(m-2)$，各段上布点之间的距离设为 Δ_1 和 Δ_2，如图 7.7.4(c) 所示。

（2）每点处可建立两个边界条件。边界上任何一点的边界条件可用 (σ_x,τ_{xy}) 或 (σ_y,τ_{xy}) 来描述；也可以用应力函数 $\left(\varPhi,\dfrac{\partial\varPhi}{\partial n}\right)$ 或 $\left(\varPhi,\dfrac{\partial\varPhi}{\partial t}\right)$ 来描述，其中 n 为边界外法线方向，t 是边界切线方向。一般认为用 $\left(\varPhi,\dfrac{\partial\varPhi}{\partial n}\right)$ 作为边界条件较好。

对三点弯曲试样，凡平行于 x 轴的边界，其法线与 Oy 轴同向，故 $\dfrac{\partial\varPhi}{\partial n}=\pm\dfrac{\partial\varPhi}{\partial y}$，凡平行于 y 轴的边界，其法线与 x 轴同向，故 $\dfrac{\partial\varPhi}{\partial n}=\pm\dfrac{\partial\varPhi}{\partial x}$。

将边界点的坐标 (r_i,θ_i) 代入式(7.7.3)，可得出边界上各点的 $\left(\varPhi,\dfrac{\partial\varPhi}{\partial x}\right)$ 或 $\left(\varPhi,\dfrac{\partial\varPhi}{\partial y}\right)$ 值的表达式，即

$$
\begin{cases}
\varPhi(r_i,\theta_i)=\displaystyle\sum_{j=1}^{2m}C_j r_i^{\frac{j}{2}+1}\left[-\cos\left(\frac{j}{2}-1\right)\theta_i+\frac{j/2+(-1)^j}{j/2+1}\cos\left(\frac{j}{2}+1\right)\theta_i\right]\\[3mm]
\dfrac{\partial\varPhi(r_i,\theta_i)}{\partial x}=\displaystyle\sum_{j=1}^{2m}C_j r_i^{\frac{j}{2}}\left\{-\frac{j}{2}\cos\left(\frac{j}{2}-2\right)\theta_i+\left[\frac{j}{2}-1+(-1)^j\right]\cos\frac{j}{2}\theta_i\right\}\\[3mm]
\dfrac{\partial\varPhi(r_i,\theta_i)}{\partial y}=\displaystyle\sum_{j=1}^{2m}C_j r_i^{\frac{j}{2}}\left\{\frac{j}{2}\sin\left(\frac{j}{2}-2\right)\theta_i-\left[\frac{j}{2}+1+(-1)^j\right]\sin\frac{j}{2}\theta_i\right\}
\end{cases}
$$

$$(7.7.15)$$

式(7.7.15)中含有 $2m$ 个待定系数 C_j，为了求出 C_j，需确定配位点的已知边界值。比较图 7.7.4(a)和(b)，可以看到，含裂纹三点弯曲试样左半段的受力状态和一个长为 $S/2$，高为 W，端部受到集中力 $-P/2$ 作用的悬臂梁一样。故可以认为，在远离裂纹尖端的边界 $ABEF$ 上（为避开支座的集中力，选 BE 为端部边界，$\overline{AB}=\dfrac{S'}{2}<\dfrac{S}{2}$）各点的应力函数，应力及应变值应当和无裂纹悬臂梁 $A_1B_1E_1F_1$ 边界上的相等。因此，可利用无裂纹悬臂梁的边界条件来确定 C_j。

由《材料力学》的初等解知[54]，当选用参考坐标 X-Y 时（图 7.7.4(b)），悬臂梁横截面上的剪应力为

$$\tau_{XY}=\frac{Q}{2I}\left(\frac{W^2}{4}-Y^2\right)=-\frac{P}{4I}\left(\frac{W^2}{4}-Y^2\right) \tag{7.7.16}$$

式中，$I=\dfrac{BW^2}{12}$，B 为试样的厚度。

由 $\tau_{XY}=-\dfrac{\partial^2\Phi_0}{\partial X\partial Y}$，可求得无裂纹悬臂梁的应力函数为

$$\Phi_0(X,Y)=-\frac{PX}{B}\left[\left(\frac{Y+W/2}{W}\right)^3-\frac{3}{2}\left(\frac{Y+W/2}{W}\right)^2\right] \tag{7.7.17}$$

式中，用下标"0"表示无裂纹状态。由图 7.7.4(b)知，X，Y 坐标与 x，y 坐标（以裂纹尖端为坐标原点）之间的关系为

$$X=-y+S/2,\quad Y=x-(W/2-a) \tag{7.7.18}$$

代入式(7.7.17)可得

$$\begin{cases}\Phi_0(x,y)=-\dfrac{P}{B}\left(\dfrac{S}{2}-y\right)\left[\left(\dfrac{x+a}{W}\right)^3-\dfrac{3}{2}\left(\dfrac{x+a}{W}\right)^2\right]\\[3mm]\dfrac{\partial\Phi_0}{\partial x}=-\dfrac{P}{B}\left(\dfrac{S}{2}-y\right)\left[\left(\dfrac{x+a}{W}\right)^2-\dfrac{x+a}{W}\right]\dfrac{3}{W}\\[3mm]\dfrac{\partial\Phi_0}{\partial y}=\dfrac{P}{B}\left[\left(\dfrac{x+a}{W}\right)^3-\dfrac{3}{2}\left(\dfrac{x+a}{W}\right)^2\right]\end{cases} \tag{7.7.19}$$

（3）建立线性代数方程组，求解系数 C_j。在边界上选 m 个点，例如 $m=20$，则在 AB 上有 8 个点，EF 上有 9 个点，BE 上有 3 个点，设每点之间间距相等（$\Delta_1=\Delta_2$），各点的坐标为已知，分别为 (r_1,θ_1)、(r_2,θ_2) 等，将所选点譬如第一点的坐标 (r_1,θ_1) 代入式(7.7.15)，可得

$$\begin{cases}\Phi(r_1,\theta_1)=\displaystyle\sum_{j=1}^{2m}C_jr_1^{\frac{j}{2}+1}\left\{-\cos\left(\frac{j}{2}-1\right)\theta_1+\frac{j/2+(-1)^j}{j/2+1}\cos\left(\frac{j}{2}+1\right)\theta_1\right\}=\displaystyle\sum_{j=1}^{2m}C_jA_{1j}\\[3mm]\dfrac{\partial\Phi(r_1,\theta_1)}{\partial x}=\displaystyle\sum_{j=1}^{2m}C_jr_1^{\frac{j}{2}}\left\{-\frac{j}{2}\cos\left(\frac{j}{2}-2\right)\theta_1+\left[\frac{j}{2}-1+(-1)^j\right]\cos\frac{j}{2}\theta_1\right\}=\displaystyle\sum_{j=1}^{2m}C_jB_{1j}\end{cases}$$
$$\tag{7.7.20}$$

同时又将第一点的坐标 (x_1,y_1) 代入式(7.7.19)，则有

$$\begin{cases}\Phi_0(x_1,y_1)=-\dfrac{P}{B}\left(\dfrac{S}{2}-y_1\right)\left[\left(\dfrac{x_1+a}{W}\right)^3-\dfrac{3}{2}\left(\dfrac{x_1+a}{W}\right)^2\right]=E_1\\[3mm]\dfrac{\partial\Phi_0(x_1,y_1)}{\partial x}=-\dfrac{P}{B}\left(\dfrac{S}{2}-y_1\right)\dfrac{3}{W}\left[\left(\dfrac{x_1+a}{W}\right)^2-\left(\dfrac{x_1+a}{W}\right)\right]=F_1\end{cases} \tag{7.7.21}$$

因为含裂纹试样边界上的边界条件 $\left(\Phi, \dfrac{\partial \Phi}{\partial x}\right)$ 与无裂纹悬臂梁边界上的边界条件 $\left(\Phi_0, \dfrac{\partial \Phi_0}{\partial x}\right)$ 相等,故

$$\sum_{j=1}^{2m} C_j A_{1j} = E_1, \quad \sum_{j=1}^{2m} C_j B_{1j} = F_1 \tag{7.7.22}$$

从边界上的每一点都可得上述两个代数方程,由 m 个点则可得 $2m$ 个代数方程,由此即可解出 $2m$ 个未知系数 $C_1, C_2, \cdots, C_{2m}$,把获得的 C_1 代入式(7.7.10)得应力强度因子 K_{I}。

(4) 确定三点弯曲试样 K 因子表达式。因为 E_i、F_i 随 a、W、S 而变化,对于不同的 a、W、S 可得到不同的 C_1。数值计算时,为方便起见,将式(7.7.10)无量纲化,对于三点弯曲试样,得

$$\frac{K_{\text{I}} B W^{3/2}}{M} = -C_1 \sqrt{2\pi} \, \frac{B W^{3/2}}{M}$$

式中,弯矩 $M = \dfrac{1}{4} PS$,令 $Y = -C_1 \sqrt{2\pi} \dfrac{B W^{3/2}}{M}$,则

$$K_{\text{I}} = \frac{M}{B W^{3/2}} Y \tag{7.7.23}$$

在不同的 S/W、a/W 下,若采用 $m = 20 \sim 40$ 个点进行计算,其结果比较稳定。对于 $S/W = 4$ 的标准三点弯曲试样,在三种 m 和不同 a/W 下的 Y 值列于表7.7.1中。

表 7.7.1 不同 a/W 下的 Y 值

m	a/W										
	0.25	0.30	0.35	0.40	0.45	0.50	0.55	0.60	0.65	0.70	0.75
20	5.35	6.10	6.95	7.96	9.18	10.71	12.65	15.23	18.75	23.83	31.62
22	5.47	6.20	7.05	8.04	9.24	10.75	12.68	15.23	18.73	23.77	31.50
30	5.62	6.40	7.24	8.22	9.39	10.87	12.75	15.25	18.72	23.68	31.31

由表7.7.1可见,当 S/W 一定时,Y 和 a/W 有关,即 $Y = Y(a/W)$,将表7.7.1中计算得到的 Y 与 a/W 的关系用一多项式表示,并按最小二乘法拟合可得

$$Y = Y\left(\frac{a}{W}\right) = 4 \left[2.9 \left(\frac{a}{W}\right)^{1/2} - 4.6 \left(\frac{a}{W}\right)^{3/2} + 21.8 \left(\frac{a}{W}\right)^{5/2} - 37.6 \left(\frac{a}{W}\right)^{7/2} + 38.7 \left(\frac{a}{W}\right)^{9/2} \right] \tag{7.7.24}$$

对于三点弯曲试样,$M = PS/4$,代入式(7.7.23),可得 K_{I} 的表达式为

$$K_{\text{I}} = \frac{PS/4}{B W^{3/2}} Y(a/W) = \frac{PS}{B W^{3/2}} f(a/W) \tag{7.7.25}$$

式中,$f\left(\dfrac{a}{W}\right) = \dfrac{1}{4} Y\left(\dfrac{a}{W}\right)$。式(7.7.25)正是 ASTM. E399-72 规范中曾推荐过的三点弯曲试样的计算式,其中 (a/W) 的多项式即由边界配位法求出[68]。

7.7.2 有限单元法

有限单元法是求应力强度因子近似解的另一种数值分析法。由于有限单元法能解决

复杂几何形状,各种边界条件下的平面和空间问题以及各向异性,热应力和非线性问题,并能获得较高的精度,因而已成为确定应力强度因子的最有效方法。

为阐明用有限单元法确定裂纹尖端应力强度因子的基本原理,这里首先介绍常规有限单元法的"直接法"。直接法是用有限单元法求出裂纹体裂纹尖端附近一些节点(例如沿 $\theta = 0°$ 的裂纹线上)处应力分量或 $\theta = \pi$ 的裂纹面上位移分量的数值(图 7.7.5(a)),代入裂纹尖端应力或位移的渐近解表达式,计算这些节点的表观应力强度因子,然后外推到裂纹尖端而得到裂尖 K_{I} 的数值解。

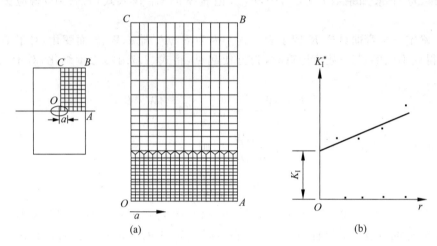

图 7.7.5　有限单元位移法计算裂纹尖端应力强度因子

由式(7.3.16b)有,在 $\theta = \pi$ 的裂纹面上

$$v = \frac{K_{\mathrm{I}}}{2G} \sqrt{\frac{r}{2\pi}} (\kappa + 1), \quad r \ll a \tag{7.7.26}$$

用有限单元法可得出裂纹尖端区域裂纹面上一些节点的位移值 v_i,代入式(7.7.26),即可求得这些节点处的表观应力强度因子 K_{I}^{*},即

$$K_{\mathrm{I}}^{*} = \frac{2Gv_i}{(\kappa + 1)} \sqrt{\frac{2\pi}{r_i}} \tag{7.7.27}$$

或改写为

$$K_{\mathrm{I}}^{*} = \frac{E}{(1+\nu)(\kappa + 1)} v_i \sqrt{\frac{2\pi}{r_i}} \tag{7.7.28}$$

由式(7.7.28)算出的表观应力强度因子 K_{I}^{*} 和对应的节点位置有关。即 K_{I}^{*} 与 r 有关,在 r 很小的范围内,可近似认为 K_{I}^{*} 与 r 成线性关系,即 $K_{\mathrm{I}}^{*} = M + Nr$,从而

$$K_{\mathrm{I}} = \lim_{r \to 0} K_{\mathrm{I}}^{*} = M \tag{7.7.29}$$

将有限单元法求出的对于不同 r 下的 K_{I}^{*} 及 r 画在直角坐标系中,按最小二乘法处理,绘出的最佳直线如图 7.7.5(b)所示,此直线外推到 $r \to 0$ 处,与纵坐标相交所得的截距 M,即裂纹尖端的 K_{I} 值。

用这种有限单元法计算 K_{I},在非常靠近和离裂纹尖端较远处选取节点,都不能得到令人满意的结果。因为在靠近裂纹尖端处常应变单元不能正确反映裂纹尖端应力场的奇异性,除非把裂尖区域的网格划分得十分细密。离裂纹尖端远处误差较大的原因,至少是由于该区域内,只取主奇项的渐近展开式不够精确。

与位移法相类似的还有应力法。在 $\theta=0$ 的裂纹线上

$$\sigma_y = \frac{K_{\mathrm{I}}}{\sqrt{2\pi r}} \tag{7.7.30}$$

于是,用有限单元法可求得裂纹尖端区域裂纹线上一些节点的应力值,然后代入上式求得相应节点处的表观应力强度因子 K_{I}^*,即

$$K_{\mathrm{I}}^* = \sqrt{2\pi r}\,\sigma_y \tag{7.7.31}$$

用与上述位移法完全相似的方法去处理,在 r 很小的范围内,近似认为

$$K_{\mathrm{I}}^* = A + Br \tag{7.7.32}$$

从而

$$K_{\mathrm{I}} = \lim_{r\to 0} K_{\mathrm{I}}^* = A \tag{7.7.33}$$

由此得到的 K_{I}^* 与 r 曲线,外推到裂纹尖端即求出 K_{I} 的数值解。一般用直接法求解时多采用位移法,因为其精度高于应力法。

为克服常规有限单元网格过细,且不能直接求出裂纹尖端处的应力强度因子等缺点,20 世纪 70 年代国内外在这方面的研究工作十分活跃,提出很多方法,取得大量研究成果,发展较快且比较成熟的是奇异裂纹单元的应用[54]。

三角形单元由 Wilson 提出,后经 Tracey 进一步发展,围绕裂纹尖端取若干三角形单元构成奇异性,外层仍为常规单元(图 7.7.6)。奇异区内的三角形单元,取位移模式为

$$\begin{cases} u = u_0 + \left(\dfrac{\theta_j - \theta}{\theta_j - \theta_i} u_i + \dfrac{\theta - \theta_i}{\theta_j - \theta_i} u_j \right) \left(\dfrac{r}{R} \right)^{1/2} \\[2mm] v = v_0 + \left(\dfrac{\theta_j - \theta}{\theta_j - \theta_i} v_i + \dfrac{\theta - \theta_i}{\theta_j - \theta_i} v_j \right) \left(\dfrac{r}{R} \right)^{1/2} \end{cases} \tag{7.7.34}$$

式中,u_0 和 v_0 为裂纹尖端的位移。位移随 θ 成线性关系,而与 $\sqrt{r}$ 成正比,故这种位移模式既能保证两个相邻单元界面的连续,又能够反映裂纹尖端的奇异性,但在裂纹尖端奇异性单元与周围常规元之间仅在两个共同节点处才是连续的。

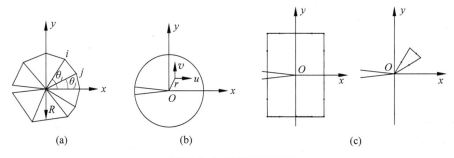

图 7.7.6　奇应变圆单元

Wilson 对弹性平面裂纹问题还提出另一种处理方法,即在裂纹尖端附近取一个奇应变圆单元,圆心位于裂纹尖端,如图 7.7.6(b)所示,圆单元内采用位移模式为

$$u = u_0 + \bar{u}(r,\theta), \quad v = v_0 + \bar{v}(r,\theta) \tag{7.7.35}$$

式中,u_0 和 v_0 为裂纹尖端的位移,$\bar{u}$ 与 $\bar{v}$ 可以选用裂纹尖端位移分量表达式(7.3.16b)所表示的位移渐近表达式,因此可以保证裂纹尖端应力具有 $1/\sqrt{r}$ 的奇异性。因为裂纹尖端位移分量表达式只相当于威廉斯应力函数对称部分的首项。故圆单元必须取得很小尺寸。为增大奇应变圆的半径,Byskov 和 Wilson 提出高阶奇应变圆单元的方法,即在位移模式中取 $\bar{u}(r,\theta)$ 和 $\bar{v}(r,\theta)$ 为威廉斯位移表达式中的前若干项。对于 II 型裂纹问题,$\bar{u}$ 与 $\bar{v}$ 则可选用对应于威廉斯应力函数反对称部分的位移项。对于 I 、II 复合型裂纹问题,只要将对称的和反对称的位移项分别相加即可。

应用较广泛的是等参数奇异元[68]。Hensbell 和 Barsum 指出,可以不必采用特殊的裂纹尖端奇异性单元,只要把裂纹尖端周围的等参单元的边中的节点移至靠裂纹尖端的 1/4 分点处,就可使裂尖角点的应力具有 $1/\sqrt{r}$ 的奇异性。图 7.7.6(c)示出裂纹尖端八节点四边形奇异性等参元。尤其后来提出在裂尖采用退化的六节点三角单元,使计算精度得到了提高。

7.8 求应力强度因子的实验法

在线弹性断裂力学中,裂纹尖端应力强度因子的求解,尽管有解析法、数值法,但由于实际问题的多样性和复杂性,往往使计算遇到极大的困难,有时甚至无法解决,在这种情况下,实验测定不失为一种有用的手段。再者对三维问题、弹塑性断裂问题以及动态断裂问题等,都常要依赖于试验提供科学依据,且实测法还具有直观性和模拟性的特点。

求解裂纹尖端应力强度因子的实测法有柔度法、网格法、光弹性法、激光全息法和激光散斑法、云纹法等。本节只对光弹性法作简要介绍[68]。

光弹性法是选用透光材料(如有机玻璃)做成含裂纹构件的模型,当用激光源照射下,在照片上可以看到一组以裂纹尖端为中心的明暗交替的条纹,亮条纹处光的强度最大,暗条纹处光的强度为零,可以证明,条纹中光的强度与试样中主应力 σ_1 和 σ_2 存在着一定的关系,于是通过条纹分析,便可以得到应力强度因子。

由第 4 章有

$$\tau_{\max} = \sqrt{\left(\frac{\sigma_x - \sigma_y}{2}\right)^2 + \tau_{xy}^2}, \quad (2\tau_{\max})^2 = (\sigma_x - \sigma_y)^2 + (2\tau_{xy})^2 \qquad (7.8.1)$$

由平面应力-光学定律,有[68]

$$2\tau_{\max} = nf/t \qquad (7.8.2)$$

式中,n 为光弹性材料试样上等差线条纹级数,f 为光弹性材料的条纹值(N/m·条),t 为光弹性试样的厚度(m)。对 I 型裂纹,将裂纹尖端应力场式(7.3.15)代入式(7.8.1)中,经整理化简后有

$$\left(\frac{nf}{t}\right)^2 = \frac{1}{2\pi r}(K_{\mathrm{I}} \sin\theta)^2 \qquad (7.8.3)$$

故

$$K_{\mathrm{I}} = \frac{\sqrt{2\pi r}}{\sin\theta} \frac{nf}{t} \qquad (7.8.4)$$

图 7.8.1 为平面光弹性 I 型裂纹试样的等差线条纹示意图。由此条纹图,可以测出 r_i、θ_i、n_i,当光弹性试样的厚度 t 及光弹性材料的条纹值 f 为已知时(t、f 均由实验测出),对应于 r_i、θ_i、n_i 的表现应力强度因子 K_I^* 即可由式(7.8.4)算出。将实验数据画在 K_I^*-r 坐标系中(图 7.8.2),经回归处理拟合出最佳 K_I^*-r 直线,外推到 $r\to 0$ 处,即有 $\lim\limits_{r\to 0} K_I^* \to K_I$。用光弹性法不仅可求出 K_I,也可求 K_{II}、K_{III} 以及 K_I、K_{II}、K_{III} 的复合型裂纹问题、三维裂纹问题、裂纹系问题等。

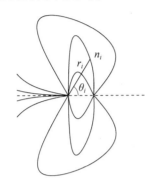

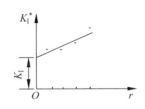

图 7.8.1　I 型裂纹等差线条纹图　　　　图 7.8.2　K_I^*-r 关系

7.9　小范围屈服下的塑性修正

通过对裂纹尖端附近弹性应力场的讨论,我们知道,在裂纹尖端存在着应力奇异性,即当无限接近裂纹尖端($r\to 0$)时,应力 σ_x、σ_y、τ_{xy} 就趋向于无限大。然而,对一般的金属材料来说,即使是超高强度的材料,当裂纹尖端附近的应力达到一定程度时,材料就发生塑性变形。这就意味着,围绕裂纹尖端总有一个发生塑性变形的区域,如果不考虑材料的硬化作用,其中的应力将停止在一定的水平上。在裂纹尖端的塑性区内,材料不再遵从弹性定律。因此,前面在研究 I 型裂纹尖端应力强度因子 K_I 时,所假定材料处于完全线弹性状态的线弹性断裂力学理论和方法,从原则上讲是不适用于塑性区的。但是,当塑性区尺寸远较裂纹尺寸小时,即所谓在"小范围屈服"的情况下,其塑性区周围的广大区域仍是弹性区,于是经过适当的修正,线弹性断裂力学的结论仍可近似地推广使用。

由《材料力学》可知,在单向拉伸情况下,只要材料所受的应力达到屈服点 σ_s 时就要屈服,产生塑性变形。而在复杂应力状态下,对于塑性材料,通常用来建立屈服条件的有两种理论,即特雷斯卡屈服准则和米泽斯屈服准则(见第 6 章)。对于含有裂纹的构件,即使外加载荷是单向拉伸的情况,其裂纹尖端附近区域也是处于复杂应力状态。对于薄板,是平面应力问题,为二向应力状态;对于厚板,是平面应变问题,为三向应力状态。因此,对于裂纹尖端附近区域应按特雷斯卡屈服准则和米泽斯屈服准则来建立屈服条件。

7.9.1　小范围屈服下裂纹尖端的塑性区

这里仍以 I 型裂纹问题为例讨论裂纹尖端的塑性区。我们知道,对于 I 型裂纹问题,裂纹尖端附近区域的应力分量由式(7.3.15)确定。由第 4 章可知[69],主应力的计算公式为

$$\begin{cases} \left.\begin{matrix} \sigma_1 \\ \sigma_2 \end{matrix}\right\} = \dfrac{\sigma_x + \sigma_{yy}}{2} \pm \sqrt{\left(\dfrac{\sigma_x - \sigma_y}{2}\right)^2 + \tau_{xy}^2} \\ \sigma_3 = \begin{cases} 0, & \text{平面应力} \\ \nu(\sigma_1 + \sigma_2), & \text{平面应变} \end{cases} \end{cases} \tag{7.9.1}$$

将式(7.3.15)代入式(7.9.1),便可得裂纹尖端附近区域的主应力为

$$\begin{cases} \sigma_1 = \dfrac{K_{\text{I}}}{\sqrt{2\pi r}} \cos\dfrac{\theta}{2}\left(1 + \sin\dfrac{\theta}{2}\right) \\ \sigma_2 = \dfrac{K_{\text{I}}}{\sqrt{2\pi r}} \cos\dfrac{\theta}{2}\left(1 - \sin\dfrac{\theta}{2}\right) \\ \sigma_3 = \begin{cases} 0, & \text{平面应力} \\ 2\nu\,\dfrac{K_{\text{I}}}{\sqrt{2\pi r}} \cos\dfrac{\theta}{2}, & \text{平面应变} \end{cases} \end{cases} \tag{7.9.2}$$

知道了主应力表达式,就可以由屈服准则确定裂纹尖端塑性区的形状和尺寸。

(1) 特雷斯卡屈服准则的塑性区形状。对于平面应力问题,$\sigma_3 = 0$,则由式(6.2.5)得

$$\sigma_1 = \sigma_s \tag{7.9.3}$$

由式(7.9.2)有

$$\frac{K_{\text{I}}}{\sqrt{2\pi r}} \cos\frac{\theta}{2}\left(1 + \sin\frac{\theta}{2}\right) = \sigma_s \tag{7.9.4}$$

由此得

$$r(\theta) = \frac{1}{2\pi}\left(\frac{K_{\text{I}}}{\sigma_s}\right)^2 \cos^2\frac{\theta}{2}\left(1 + \sin\frac{\theta}{2}\right)^2 \tag{7.9.5}$$

这就是平面应力情况下,用极坐标表示的 I 型裂纹尖端塑性区的边界方程。在裂纹延长线上,$\theta = 0$,则

$$r_0 = \frac{1}{2\pi}\left(\frac{K_{\text{I}}}{\sigma_s}\right)^2 \tag{7.9.6}$$

用 r_0 除式(7.9.5)两边,得无量纲方程为

$$\frac{r(\theta)}{r_0} = \cos^2\frac{\theta}{2}\left(1 + \sin\frac{\theta}{2}\right)^2 \tag{7.9.7}$$

图 7.9.1 中的实线是以无量纲方程(7.9.7)绘出的塑性区的边界曲线。

对于平面应变问题,$\sigma_3 = 2\nu\,\dfrac{K_{\text{I}}}{\sqrt{2\pi r}}\cos\dfrac{\theta}{2}$,则由式(6.2.5)得

$$\frac{K_{\text{I}}}{\sqrt{2\pi r}}\cos\frac{\theta}{2}\left(1 + \sin\frac{\theta}{2}\right) - 2\nu\,\frac{K_{\text{I}}}{\sqrt{2\pi r}}\cos\frac{\theta}{2} = \sigma_s \tag{7.9.8}$$

由此解出

$$r(\theta) = \frac{1}{2\pi}\left(\frac{K_{\text{I}}}{\sigma_s}\right)^2 \cos^2\frac{\theta}{2}\left(1 - 2\nu + \sin\frac{\theta}{2}\right)^2 \tag{7.9.9}$$

这就是平面应变情况下,用极坐标表示 I 型裂纹尖端塑性区的边界方程。与平面应力情况相同,用 r_0 除式(7.9.9)两边,得无量纲方程为

$$\frac{r(\theta)}{r_0} = \cos^2\frac{\theta}{2}\left(1 - 2\nu + \sin\frac{\theta}{2}\right)^2 \tag{7.9.10}$$

若取材料的 $\nu=0.33$,则由上式表示的无量纲塑性区的边界曲线如图7.9.1中的虚线所示。

（2）米泽斯屈服准则的塑性区形状。对于平面应力情况,将式(7.9.2)代入式(6.2.9),经化简后,得

$$\frac{K_I^2}{2\pi r}\left[\cos^2\frac{\theta}{2}\left(1 + 3\sin^2\frac{\theta}{2}\right)\right] = \sigma_s^2 \tag{7.9.11}$$

或

$$r(\theta) = \frac{1}{2\pi}\left(\frac{K_I}{\sigma_s}\right)^2\left[\cos^2\frac{\theta}{2}\left(1 + 3\sin^2\frac{\theta}{2}\right)\right] \tag{7.9.12}$$

式(7.9.12)表示在平面应力情况下,裂纹尖端塑性区的边界曲线方程。在裂纹延长线上,即 $\theta=0$ 的 x 轴上,塑性区边界到裂纹的距离为

$$r_0 = \frac{1}{2\pi}\left(\frac{K_I}{\sigma_s}\right)^2 \tag{7.9.13}$$

用 r_0 除式(7.9.12)的两边,得无量纲方程为

$$\frac{r(\theta)}{r_0} = \cos^2\frac{\theta}{2}\left(1 + 3\sin^2\frac{\theta}{2}\right) \tag{7.9.14}$$

图7.9.2中的实线是以无量纲方程(7.9.14)绘出的塑性边界曲线。

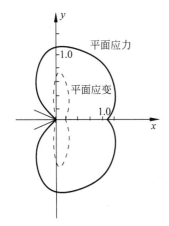

图 7.9.1　特雷斯卡屈服准则下的塑性边界曲线

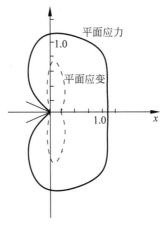

图 7.9.2　米泽斯屈服准则下的塑性边界曲线

对于平面应变情况,将式(7.9.2)代入式(6.2.9),经化简后得

$$\frac{K_I^2}{2\pi r}\left[\frac{3}{4}\sin^2\theta + (1-2\nu)^2\cos^2\frac{\theta}{2}\right] = \sigma_s^2 \tag{7.9.15}$$

或

$$r(\theta) = \frac{1}{2\pi}\left(\frac{K_I}{\sigma_s}\right)^2\cos^2\frac{\theta}{2}\left[(1-2\nu)^2 + 3\sin^2\frac{\theta}{2}\right] \tag{7.9.16}$$

式(7.9.16)表示在平面应变情况下,裂纹尖端塑性区的边界曲线方程。

与平面应力情况相同,用 r_0 除式(7.9.16)的两边,得无量纲方程为

$$\frac{r(\theta)}{r_0} = \cos^2\frac{\theta}{2}\left[(1-2\nu)^2 + 3\sin^2\frac{\theta}{2}\right] \tag{7.9.17}$$

若取材料的 $\nu=0.33$，则由上式表示的无量纲塑性区的边界曲线如图 7.9.2 中的虚线所示。

裂纹尖端塑性区的大小，一般用塑性区在裂纹延长线上的尺寸 r_0 来表示，r_0 称为塑性区的尺寸。由上述分析可知

$$r_0 = \begin{cases} \dfrac{1}{2\pi}\left(\dfrac{K_{\mathrm{I}}}{\sigma_{\mathrm{s}}}\right)^2, & \text{平面应力} \\[3mm] \dfrac{1}{2\pi}\left(\dfrac{K_{\mathrm{I}}}{\sigma_{\mathrm{s}}}\right)^2(1-2\nu)^2, & \text{平面应变} \end{cases} \tag{7.9.18}$$

可见，平面应变情况下的塑性区要比平面应力情况下的塑性区小得多。沿 x 轴（$\theta=0$），平面应变状态下的 $r(\theta)$ 远小于平面应力状态下的 $r(\theta)$。假设 $\nu=0.33$，$r(\theta)$（平面应变状态）$=0.12r(\theta)$（平面应力状态），这是因为在平面应变状态下，沿板厚 z 方向的弹性约束使裂纹尖端材料处于三向拉应力的作用，此时不易发生塑性变形。

7.9.2　有效屈服应力与塑性约束系数

我们把塑性区中的最大主应力 σ_1 叫作有效屈服应力，用 σ_{ys} 表示。显然 σ_{ys} 不一定总是等于材料的屈服点 σ_{s}。通常又把有效屈服应力与材料屈服点的比值称作塑性约束系数，用 C 表示，即

$$C = \frac{\sigma_{\mathrm{ys}}}{\sigma_{\mathrm{s}}} \tag{7.9.19}$$

材料屈服，就意味着这三个主应力满足屈服准则。可以通过特雷斯卡屈服准则或米泽斯屈服准则导出有效应力及塑性约束系数。下面根据特雷斯卡屈服准则来确定裂纹延长线上的有效屈服应力及塑性约束系数。

裂纹尖端附近区域任一点的主应力由式(7.9.2)给出。若用 $\theta=0$ 代入，就得到裂纹延长线上各点的主应力为

$$\begin{cases} \sigma_1 = \sigma_2 = \dfrac{K_{\mathrm{I}}}{\sqrt{2\pi r}} \\[3mm] \sigma_3 = \begin{cases} 0, & \text{平面应力} \\ 2\nu\sigma_1, & \text{平面应变} \end{cases} \end{cases} \tag{7.9.20}$$

将式(7.9.2)代入特雷斯卡准则式(6.2.5)有

$$\begin{cases} \text{对平面应力：} \sigma_1 - 0 = \sigma_{\mathrm{s}}，\text{故} \sigma_1 = \sigma_{\mathrm{s}} \\[2mm] \text{对平面应变：} \sigma_1 - 2\nu\sigma_1 = \sigma_{\mathrm{s}}，\text{故} \sigma_1 = \dfrac{\sigma_{\mathrm{s}}}{1-2\nu} \end{cases}$$

按有效屈服应力定义：$\sigma_{\mathrm{ys}}=\sigma_1$，有

$$\begin{cases} \text{对平面应力：} \sigma_{\mathrm{ys}} = \sigma_{\mathrm{s}} \\[2mm] \text{对平面应变：} \sigma_{\mathrm{ys}} = \dfrac{\sigma_{\mathrm{s}}}{1-2\nu} \end{cases} \tag{7.9.21}$$

可见，在平面应变状态下，沿板厚 z 方向的弹性约束使裂纹尖端材料受到三向拉应力作用。此时不易发生塑性变形，使有效屈服应力 σ_{ys} 高于单向拉伸屈服应力 σ_{s}。

用具有环状切口试样做拉伸实验的结果表明，材料在三向拉伸情况下的有效屈服应力为 $\sigma_{\mathrm{ys}}=2\sqrt{2}\sigma_{\mathrm{s}}\approx 1.7\sigma_{\mathrm{s}}$，因此 Irwin 建议[68,70]，实用上对平面应变状态，有效屈服应力取为

$$\sigma_{ys} = 2\sqrt{2}\,\sigma_s \approx 1.7\sigma_s \tag{7.9.22}$$

在引入有效屈服应力概念后,就可以把平面应力和平面应变两种情况下塑性区的特征尺寸,写成一个统一的表达式,即

$$r_0 = \frac{1}{2\pi}\left(\frac{K_{\mathrm{I}}}{\sigma_{ys}}\right)^2 \tag{7.9.23}$$

式中,

$$\sigma_{ys} = \begin{cases} \sigma_s, & \text{平面应力} \\ \sigma_s/(1-2\nu) \ \text{或} \ 2\sqrt{2}\,\sigma_s, & \text{平面应变} \end{cases} \tag{7.9.24}$$

由式(7.9.19),对塑性约束系数一般约定如下:

$$\begin{cases} \text{对平面应力情况:} & \sigma_{ys} = \sigma_s, C = 1 \\ \text{对平面应变情况:} & \sigma_{ys} = \sigma_s/(1-2\nu), \nu = \dfrac{1}{3}, C = 3 \\ \text{或} & \sigma_{ys} = 2\sqrt{2}\,\sigma_s, C = 2\sqrt{2} \approx 1.7 \end{cases} \tag{7.9.25}$$

应当指出,在平面应变情况下,实验结果表明,塑性约束系数 C 都比 3 要小,大都介于 1.5 和 2 之间。这是由于试样表面总是处于平面应力状态以及裂纹的钝化效应等因素造成的。因此,实用上采用 Irwin 的建议[68,70],把 $C = 2\sqrt{2}$ 规定为平面应变的塑性约束系数。

塑性约束系数反映了塑性约束的程度。由已经获得的结果可知,如果 $C = 3$,则平板表面处于平面应力状态下塑性区的特征尺寸是厚板中间处于平面应变状态塑性区特征尺寸的 9 倍。若取 $C = 1.7$,则名义平面应变状态下的

$$r_0 \approx \frac{1}{6\pi}\left(\frac{K_{\mathrm{I}}}{\sigma_s}\right)^2 \tag{7.9.26}$$

7.9.3 应力松弛对塑性区的影响

在塑性区内,由于材料发生塑性变形,会使塑性区中的应力重新分布而引起应力松弛,塑性区域进而扩大。由式(7.3.15)知,在 $\theta = 0$ 的线上,裂纹尖端附近的应力分量随 r 而变化,即

$$\sigma_y\big|_{\theta=0} = \frac{K_{\mathrm{I}}}{\sqrt{2\pi r}} \tag{7.9.27}$$

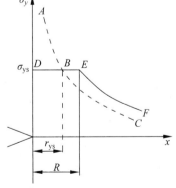

图 7.9.3 净截面上 σ_y 的分布

沿 x 轴的变化用虚线 ABC 示于图 7.9.3 中,此时,应力 σ_y 在其净截面上产生的应力总和(即曲线 ABC 以下的面积)应与外力平衡。考虑到塑性区的材料因产生塑性变形而引起应力松弛,虚线上的 AB 段将下降到 DB(即有效屈服应力)的水平。与此同时,塑性区域的尺寸将从 r_{ys} 增大到 R,这是因为裂纹尖端区域发生屈服时,若按理想弹塑性材料考虑,最大应力 $\sigma_y = \sigma_{ys}$,且当应力 σ_y 重新分布后仍使净截面的应力总和与外力平衡。由于 AB 段应力水平的下降,BC 段的应力水平将要相应升高,其中一部分将升高到有效屈服应力 σ_{ys}。故裂纹尖端的塑性区将进一步扩大。

也就是说,在裂纹尖端沿 x 轴,用虚线 ABC 所示的 σ_y 的分布规律,因塑性变形而改变为由实线 $DBEF$ 所代替。塑性区的尺寸将由 $DB(r_{ys})$ 扩大到 $DE(R)$,这就是人们所说的应力松弛现象。根据应力松弛前后净截面上的总内力相等这一条件,可以确定应力松弛后裂纹尖端的塑性区尺寸。

由虚线 ABC 下的面积应等于实线 $DBEF$ 下的面积,再考虑到 EF 和 BC 两段曲线均代表弹性应力场的应力变化规律,可以认为它们曲线的形状相同,曲线下的面积近似相等。于是剩下 AB 曲线下的面积应等于 DE 直线下的面积,即

$$R\sigma_{ys} = \int_0^{r_{ys}} \sigma_y \mid_{\theta=0} \mathrm{d}x \tag{7.9.28}$$

式中,r_{ys} 是在 $\sigma_y \mid_{\theta=0}$ 这一应力等于有效屈服应力 σ_{ys} 时的 r_0 值。将式(7.9.27)代入上式,即

$$R\sigma_{ys} = \int_0^{r_{ys}} \sigma_y \mid_{\theta=0} \mathrm{d}x = \int_0^{r_{ys}} \frac{K_{\mathrm{I}}}{\sqrt{2\pi r}} \mathrm{d}r = \frac{2K_{\mathrm{I}}}{\sqrt{2\pi}} (r_{ys})^{1/2} \tag{7.9.29}$$

由式(7.9.23)知

$$r_{ys} = \frac{1}{2\pi} \left(\frac{K_{\mathrm{I}}}{\sigma_{ys}} \right)^2 \tag{7.9.30}$$

代入式(7.9.29)得

$$R = 2 \frac{1}{2\pi} \left(\frac{K_{\mathrm{I}}}{\sigma_{ys}} \right)^2 = 2r_{ys} \tag{7.9.31}$$

可见,无论是平面应力问题还是平面应变问题,考虑应力松弛后,塑性尺寸在 x 轴上均扩大了一倍。

对于平面应力情况,由于 $\sigma_{ys} = \sigma_s$,$r_{ys} = \frac{1}{2\pi} \left(\frac{K_{\mathrm{I}}}{\sigma_{ys}} \right)^2$,于是

$$R = \frac{1}{\pi} \left(\frac{K_{\mathrm{I}}}{\sigma_{ys}} \right)^2 \tag{7.9.32}$$

对于平面应变情况,由于 $\sigma_{ys} = \sigma_s/(1-2\nu)$,$r_{ys} = \frac{1}{2\pi}(1-2\nu)^2 \left(\frac{K_{\mathrm{I}}}{\sigma_s} \right)^2$,于是

$$R = \frac{1}{\pi}(1-2\nu)^2 \left(\frac{K_{\mathrm{I}}}{\sigma_s} \right)^2 \tag{7.9.33}$$

或由 $\sigma_{ys} = 2\sqrt{2}\sigma_s$,$r_{ys} = \frac{1}{4\sqrt{2}} \frac{1}{\pi} \left(\frac{K_{\mathrm{I}}}{\sigma_s} \right)^2$,于是

$$R = \frac{1}{2\sqrt{2}} \frac{1}{\pi} \left(\frac{K_{\mathrm{I}}}{\sigma_s} \right)^2 \tag{7.9.34}$$

以上对裂纹尖端附近塑性区形状和尺寸的讨论,是基于"假定材料为理想弹塑性材料",即材料发生屈服后无强化。而对工程中常用的金属材料,大都有强化现象,此时裂纹尖端塑性尺寸要比前面所得的结果小。

7.9.4　应力强度因子 K_{I} 的塑性修正

前面介绍的有关计算应力强度因子 K_{I} 的方法,都是建立在线弹性理论的基础之上,它

假定裂纹尖端区域均处于理想的线弹性应力场中。实际上当裂纹尖端附近存在塑性区时，裂纹应力场就不完全是弹性应力场。因此对于有塑性变形发生的材料,线弹性断裂理论还能不能应用? 普遍认为[68],当裂纹尖端塑性区很小,即"小范围屈服"时,则裂纹尖端塑性区周围被广大弹性区包围,此时,只要对塑性区影响作出考虑,仍可用线弹性断裂理论处理。对此,Irwin 提出了一个简便适用的"有效裂纹尺寸"法,用它对应力强度因子 K_{I} 进行修正,得到所谓"有效应力强度因子",作为考虑塑性区影响的修正[68,70-71]。

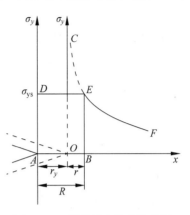

图 7.9.4 裂纹长度的塑性修正

(1) Irwin 的有效裂纹尺寸。假设发生应力松弛后,裂纹尖端附近的塑性区在 x 轴上的尺寸为 $R=AB$,实际的应力分布规律由图 7.9.4 中的实线 DEF 示出。

为使线弹性理论解 $\sigma_y\big|_{\theta=0}=\dfrac{K_{\text{I}}}{\sqrt{2\pi r}}$ 仍然适用,则假想地将裂纹尖端向右移到 O 点,把实际的弹塑性应力场改用一个虚构的弹性应力场代替。也即使由虚线代替的弹性应力 σ_y 的变化规律曲线,正好与塑性区边界 E 点处由实线代表的弹塑性应力的变化规律曲线的弹性部分重合。以 O 点为假想裂纹的尖点时,则在 $r=R-r_y$ 处,$\sigma_y(r)\big|_{\theta=0}=\sigma_{\text{ys}}$,由式(7.9.27)得

$$\sigma_y(r)\big|_{\theta=0}=\frac{K_{\text{I}}}{\sqrt{2\pi r}}=\frac{K_{\text{I}}}{\sqrt{2\pi r(R-r_y)}}=\sigma_{\text{ys}} \tag{7.9.35}$$

由此解出

$$r_y=R-\frac{1}{2\pi}\left(\frac{K_{\text{I}}}{\sigma_{\text{ys}}}\right)^2 \tag{7.9.36}$$

对于平面应力情况,由于 $R=\dfrac{1}{\pi}\left(\dfrac{K_{\text{I}}}{\sigma_{\text{ys}}}\right)^2$,$\sigma_{\text{ys}}=\sigma_s$,故

$$r_y=\frac{1}{\pi}\left(\frac{K_{\text{I}}}{\sigma_s}\right)^2-\frac{1}{2\pi}\left(\frac{K_{\text{I}}}{\sigma_s}\right)^2=\frac{1}{2\pi}\left(\frac{K_{\text{I}}}{\sigma_s}\right)^2 \tag{7.9.37}$$

对于平面应变情况,由于 $R=\dfrac{1}{2\sqrt{2}\,\pi}\left(\dfrac{K_{\text{I}}}{\sigma_s}\right)^2$,$\sigma_{\text{ys}}=2\sqrt{2}\,\sigma_s$,故

$$r_y=\frac{1}{2\sqrt{2}\,\pi}\left(\frac{K_{\text{I}}}{\sigma_s}\right)^2-\frac{1}{2\pi}\left(\frac{K_{\text{I}}}{2\sqrt{2}}\right)^2=\frac{1}{4\sqrt{2}\,\pi}\left(\frac{K_{\text{I}}}{\sigma_s}\right)^2 \tag{7.9.38}$$

由式(7.9.37)、式(7.9.38)可以看到,不论是平面应力还是平面应变问题,裂纹长度的修正值 r_y 都恰好等于塑性区尺寸 R 的一半,即修正裂纹(有效裂纹)的裂尖,正好位于 x 轴上塑性区的中心。

(2) K 因子的修正。r_y 求出后,即可算出有效裂纹长度 $a^*=a+r_y$,其中 a 为原始实际裂纹长度。在用弹性理论计算小范围屈服条件下的 K_{I} 时,只需用有效裂纹长度 a^* 代替原实际裂纹长度 a 即可。

由于应力强度因子 K_{I} 是 a^* 的函数($K_{\text{I}}=\alpha\sigma\sqrt{\pi a^*}$),而 $a^*=a+r_y$,r_y 又是 K_{I} 的函数,所以,对裂尖应力强度因子 K_{I} 进行塑性修正是比较复杂的。

对于普遍形式的裂纹问题,当考虑塑性修正时,K_I 的表达式可写为

$$K_I = \alpha\sigma\sqrt{\pi a^*} = \alpha\sigma\sqrt{\pi(a+r_y)} \tag{7.9.39}$$

分别将平面应力及平面应变条件下,r_y 的表达式(7.9.37)、式(7.9.38)代入上式,并化简后得

$$平面应力条件:K_I = \alpha\sigma\sqrt{\pi a}\,\frac{1}{\sqrt{1-\dfrac{\alpha^2}{2}\left(\dfrac{\sigma}{\sigma_s}\right)^2}} \tag{7.9.40}$$

$$平面应变条件:K_I = \alpha\sigma\sqrt{\pi a}\,\frac{1}{\sqrt{1-\dfrac{\alpha^2}{4\sqrt{2}}\left(\dfrac{\sigma}{\sigma_s}\right)^2}} \tag{7.9.41}$$

可见,考虑塑性区的影响后,K_I 有所增大,其增大系数为

$$M_P = \frac{1}{\sqrt{1-\dfrac{\alpha^2}{2}\left(\dfrac{\sigma}{\sigma_s}\right)^2}}, \quad 平面应力 \tag{7.9.42}$$

$$M_P = \frac{1}{\sqrt{1-\dfrac{\alpha^2}{4\sqrt{2}}\left(\dfrac{\sigma}{\sigma_s}\right)^2}}, \quad 平面应变 \tag{7.9.43}$$

通常将 M_P 称为塑性修正系数。

现在讨论工程上常见的表面半椭圆片状裂纹问题。半无限体表面半椭圆裂纹最深点处的应力强度因子 K_I 的表达式为

$$K_I = M_1\frac{\sigma\sqrt{\pi a}}{\Phi_0} = \left[1.0+0.12\left(1-\frac{a}{2c}\right)^2\right]\frac{\sigma\sqrt{\pi a}}{\Phi_0} \tag{7.9.44}$$

式中,Φ_0 是第二类完整的椭圆积分

$$\Phi_0 = \int_0^{\pi/2}\left(\sin^2\theta+\frac{a^2}{c^2}\cos^2\theta\right)^{1/2}\mathrm{d}\theta \tag{7.9.45}$$

这里,椭圆片的长轴为 $2c$,短轴为 $2a$。在式(7.9.44)中,令 $\alpha=M_1/\Phi_0$,考虑塑性区影响,对平面应变情况,将 $\alpha=M_1/\Phi_0$ 代入式(7.9.43),并取 $M_1=1.12$,得塑性修正系数为

$$M_P = \frac{\Phi_0}{\sqrt{\Phi_0^2-0.222\left(\dfrac{\sigma}{\sigma_s}\right)^2}} \tag{7.9.46}$$

可见,考虑塑性修正,式(7.9.44)可改写为

$$K_I = \frac{M_1 M_P\sigma\sqrt{\pi a}}{\Phi_0} = \frac{M_1\sigma\sqrt{\pi a}}{\sqrt{\Phi_0^2-0.222\left(\dfrac{\sigma}{\sigma_s}\right)^2}} \tag{7.9.47}$$

对板厚为 w 的有限厚板表面半椭圆片状裂纹,裂纹最深点处的应力强度因子 K_I 的表达式为

$$K_I = M_1 M_2\frac{\sigma\sqrt{\pi a}}{\Phi_0} = \frac{M_e\sigma\pi a}{\Phi_0} \tag{7.9.48}$$

式中,

$$M_1 = \left[1 + 0.12\left(1 - \frac{a}{2c}\right)^2\right], \quad M_2 = \left(\frac{2w}{\pi a}\tan\frac{\pi a}{2w}\right) \tag{7.9.49}$$

在式(7.9.48)中,令 $\alpha = M_e/\Phi_0$,考虑塑性区影响,对平面应变情况,将 $\alpha = M_e/\Phi_0$ 代入式(7.9.43),并取 $M_e = 1.1$(工程上近似计算),得塑性修正系数为

$$M_P = \frac{\Phi_0}{\sqrt{\Phi_0^2 - 0.212\left(\dfrac{\sigma}{\sigma_s}\right)^2}} \tag{7.9.50}$$

可见,考虑塑性修正,式(7.9.48)可改写为

$$K_1 = \frac{M_e M_P \sigma\sqrt{\pi a}}{\Phi_0} = \frac{M_e \sigma\sqrt{\pi a}}{\sqrt{\Phi_0^2 - 0.212\left(\dfrac{\sigma}{\sigma_s}\right)^2}} \tag{7.9.51}$$

需要指出,上面的分析只适用于"小范围屈服",即裂纹尖端塑性尺寸与裂纹长度及构件尺寸相比小于一个数量级以上时才可在塑性修正后仍用线弹性断裂理论来处理,对于裂纹尖端区域的"大范围屈服"或者全面屈服问题,则必须用弹塑性断裂理论处理。

7.9.5　线弹性断裂力学的适应范围

由前面的分析可知,对于非完全弹性体而言,在裂纹尖端总有一个塑性区,当塑性区尺寸足够小时,大量实验及弹塑性问题的有限元分析证明,塑性区外的弹性区,应力强度因子仍可能作为塑性区裂纹开始扩展的依据。这样就使得线弹性断裂力学的应用范围扩大到非完全弹性体。但是,塑性区的尺寸必须足够小,即所谓"小范围屈服"。下面就来讨论对塑性区尺寸的限制。

如7.3节所述,由式(7.3.15)表示的应力分量只是其主项(奇异项),这时 $r \ll a$ 是足够精确的,但当 r 增大时,被忽略的高次项的影响就会增大,这就要影响解的精确度。

例如,对具有中心穿透裂纹的无限大平板,其精确解为

$$\sigma_y^*(r, 0) = \sigma\,\frac{a+r}{\sqrt{2ar + r^2}} \tag{7.9.52}$$

而近似解为

$$\sigma_y(r, 0) = \frac{K_I}{\sqrt{2\pi r}} = \sigma\sqrt{\frac{a}{2r}} \tag{7.9.53}$$

因此,近似解的相对误差为

$$\Delta = \frac{\sigma_y(r, 0) - \sigma_y^*(r, 0)}{\sigma_y^*(r, 0)} = \frac{\sqrt{1 + \dfrac{r}{2a}}}{\left(1 + \dfrac{r}{a}\right)} - 1 \tag{7.9.54}$$

当 $r/a = 1/5$ 时,相对误差 Δ 为 -13%;当 $r/a = 1/10$ 时,则 Δ 为 -7%。可见,只有在 $r/a \leqslant 1/10$ 时,近似解才能给出工程上满意的结果。由此,考虑线弹性断裂力学的精确度,r 有一个上限,即 $r \leqslant a/10$。另外,式(7.3.15)只适用于弹性区,即只适用于 $r \geqslant R$ 的区域,故若考虑线弹性断裂力学的有效性,则 r 应有一个下限,即 $r \geqslant R$。因此,为了保证线弹性断裂力学的精确度和有效性,r 必须限制在如下范围内,即

$$R \leqslant r \leqslant a/10 \tag{7.9.55}$$

于是，塑性尺寸至少必须有

$$R \leqslant a/10 \tag{7.9.56}$$

对于平面应变，由式(7.9.33)知

$$R = \frac{1}{\pi}(1-2\nu)^2 \left(\frac{K_{\mathrm{I}}}{\sigma_{\mathrm{s}}}\right)^2 \approx \frac{1}{6\pi}\left(\frac{K_{\mathrm{I}}}{\sigma_{\mathrm{s}}}\right)^2, \quad \nu = 0.3 \tag{7.9.57}$$

故当 $R \leqslant a/10$ 时

$$a \geqslant 0.5\left(\frac{K_{\mathrm{I}}}{\sigma_{\mathrm{s}}}\right)^2 \tag{7.9.58}$$

此即裂纹的最小尺寸。

上述条件也可以改用应力水平来表示，为此，只需以 $K_{\mathrm{I}} = \sigma\sqrt{\pi a}$ 代入式(7.9.58)，即可得

$$\frac{\sigma}{\sigma_{\mathrm{s}}} \leqslant 0.8 \tag{7.9.59}$$

这就表明，只有在应力水平 $\sigma/\sigma_{\mathrm{s}}$ 不超过 0.8 时，线弹性断裂力学才适用。

对于平面应力情况，经同样处理后，可得

$$a \geqslant 3.2\left(\frac{K_{\mathrm{I}}}{\sigma_{\mathrm{s}}}\right)^2 \quad 或 \quad \frac{\sigma}{\sigma_{\mathrm{s}}} \leqslant 0.31 \tag{7.9.60}$$

即应力水平 $\sigma/\sigma_{\mathrm{s}}$ 不超过 0.31。

综合考虑平面应变和平面应力后，为使线弹性断裂力学可用，一般限制应力水平

$$\frac{\sigma}{\sigma_{\mathrm{s}}} \leqslant 0.5 \tag{7.9.61}$$

对于紧凑拉伸与三点弯曲试样，仅当 $\dfrac{r}{a} \leqslant \dfrac{1}{15\pi}$ 时，才能保证相对误差 $\Delta < 7\%$。于是平面应变状态下，要求

$$a \geqslant 2.5\left(\frac{K_{\mathrm{IC}}}{\sigma_{\mathrm{s}}}\right)^2 \tag{7.9.62}$$

以及

$$W - a \geqslant 2.5\left(\frac{K_{\mathrm{IC}}}{\sigma_{\mathrm{s}}}\right)^2 \tag{7.9.63}$$

式中，W 是试样的宽度，通常称 $W - a$ 为韧带尺寸。

7.10　断裂判据和断裂韧性

7.10.1　应力强度因子断裂准则

应力强度因子 K 是描述裂纹尖端附近应力场强弱程度的参量。裂纹是否会发生失稳扩展取决于 K 的大小，因此可用 K 因子建立断裂准则(亦称 K 准则)，即 $K = K_{\mathrm{C}}$，其含义是：当含裂纹的弹性体在外载荷的作用下，裂纹尖端的 K 因子达到裂纹发生失稳扩展时材料的临界值 K_{C}，裂纹就发生失稳扩展而导致裂纹体的断裂。

对于 Ⅰ 型裂纹,在平面应变条件下,其裂纹准则为

$$K_{\text{I}} = K_{\text{IC}} \tag{7.10.1}$$

式中,K_{I} 是 Ⅰ 型裂纹的应力强度因子,是带裂纹构件所承受的载荷,是裂纹几何形状和尺寸等因素的函数。K_{IC} 是平面应变情况下 K_{I} 的临界值,是材料常数,称为材料平面应变断裂韧性,可以通过实验测定。

对于 Ⅱ 型、Ⅲ 型和复合型裂纹,原则上可仿照式(7.10.1)建立相应的断裂准则。但 K_{IIC} 和 K_{IIIC} 测试困难。目前一般都是通过复合型断裂准则来建立 K_{IIC}、K_{IIIC} 与 K_{IC} 之间的关系。

建立了断裂准则,就可以解决常规强度设计中不能解决的带裂纹构件的断裂问题。但必须指出,在应用"K 准则"作断裂分析时,首先要用无损探伤技术,例如目前常用的超声波探伤、磁粉探伤和荧光探伤等技术,把缺陷的位置、形状、尺寸搞清楚,然后把缺陷简化成分析的裂纹模型。如果是设计构件,估计可能出现的最大裂纹尺寸,作为抗断裂的依据,另外还要准确地测出材料的断裂韧性 K_{IC} 值。

用"K 准则"可解决以下问题:

(1) 确定带裂纹构件的临界载荷。若已知构件的几何因素、裂纹尺寸和材料断裂韧性值,运用"K 准则"可确定带裂纹构件的临界载荷。

(2) 确定裂纹容限尺寸。当给定载荷、材料的断裂韧性值以及裂纹体的几何形状后,运用"K 准则"可以确定裂纹的容限尺寸,即裂纹失稳扩展时对应的裂纹尺寸。

(3) 确定带裂纹构件的安全度。

(4) 选择与评定材料。按照传统的设计思想,选择与评定材料主要依据屈服极限 σ_{s} 或强度极限 σ_{b},对于交应变应力作用则为持久极限。但按抗断裂观点应选用 K_{IC} 高的材料。一般情况下,材料的 σ_{s} 越高,K_{IC} 反而越低,所以选择与评定材料应该两者兼顾,全面考虑。

7.10.2 裂纹扩展的能量准则

1. 裂纹扩展阻力 R

现在我们来研究裂纹扩展过程中的能量关系,由此可以更清楚地揭示断裂韧性的物理含义。很明显,裂纹扩展中要消耗能量。如裂纹扩展,裂纹表面积就增加,裂纹表面能为 γ,裂纹扩展时形成上下两个新表面,故裂纹扩展单位面积所需要消耗的表面能为 2γ。对金属材料来说,裂纹扩展前都要产生塑性变形,这也要消耗能量,称为塑性变形功。设裂纹扩展单位面积所消耗的塑性变形功为 γ_{p},对金属材料,γ_{p} 远大于 γ,例如 $\gamma_{\text{p}} = 10^2 \gamma \sim 10^4 \gamma$。总起来,裂纹扩展单位面积所需要消耗的能量用 R 表示,即

$$R = 2\gamma + \gamma_{\text{p}} \tag{7.10.2}$$

很明显,R 就是裂纹扩展的阻力。随裂纹扩展,γ 保持不变(它是单位面积能量),但 γ_{p} 却有可能升高,这可能和裂纹尖端塑性区大小及其中的变形量有关。因此,随裂纹扩展,R 也不断升高或很快达到稳态。阻力曲线(R-Δa 曲线)如图 7.10.1 所示。它不仅和 $K_{\text{IC}}/\sigma_{\text{s}}$ 以及材料的本质有关,也和试样的尺寸有关。一般来说,在平面应力条件下(试样厚度 B 远比 $(K_{\text{IC}}/\sigma_{\text{s}})^2$ 要小),随裂纹扩展,R 明显升高,如图 7.10.1 所示。在平面应变条件下,即 $B \geqslant$

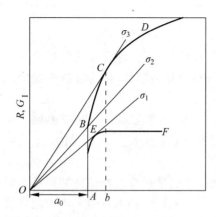

图 7.10.1　裂纹扩展的阻力曲线和动力曲线

$2.5(K_{IC}/\sigma_s)^2$,裂纹少量扩展后 R 也就趋于饱和,如曲线 AEF 所示,它也是大多数脆性材料的阻力曲线。但对于 TiAl 和 Ti_3Al+Nb 金属间化合物,其平面应变曲线如 $ABCD$ 所示,即类似韧性材料的阻力曲线[72]。

2. 裂纹扩展动力 G_I

要使裂纹扩展,必须提供动力。设裂纹扩展单位面积系统提供的动力为 G_I,则在裂纹扩展过程中,$G_I \geqslant R$。设整个系统(试样和实验机一起构成一个系统)的能量(即势能)用 U 表示,则裂纹扩展 ΔA 面积需要消耗的能量为 $R\Delta A = G_I \Delta A$。这就相当于系统势能下降 $-\Delta U$(因为裂纹扩展所需的能量由系统势能来提供,裂纹扩展,系统势能下降),即 $G_I \Delta A = -\Delta U$。在极限条件下就有

$$G_I = -\frac{\partial U}{\partial A} \tag{7.10.3}$$

G_I 就是裂纹扩展单位面积系统能量的下降率(或称系统能量释放率),它是裂纹扩展的动力,下标 I 表示 I 型裂纹。对长为 a 的贯穿裂纹,$dA = B da$,B 是试样厚度,对单位厚试样 $B=1$,因此

$$G_I = -\frac{\partial U}{\partial a} \tag{7.10.4}$$

即 G_I 是裂纹扩展单位长度系统势能的下降率,称为裂纹扩展力。

含裂纹试样加外力 P,试样伸长 $d\delta$,从而外力做功 $dW = Pd\delta$,试样伸长的同时,弹性能增加 $dE = \sigma \cdot \varepsilon \cdot V/2 = (P/A)(d\delta/L)V/2 = Pd\delta/2$。裂纹扩展过程中所消耗的能量就是系统应当提供的能量,即 $G_I dA$(裂纹扩展单位面积应当提供的能量为 G_I)。很显然,在裂纹扩展过程中,外力做功的增量 dW 一方面使体内应变能增加 $d\Omega$,另一方面使裂纹扩展,即 $dW = d\Omega + G_I dA$,则

$$G_I = -\frac{\partial(\Omega - W)}{\partial A} \tag{7.10.5}$$

与式(7.10.4)相比可知

$$U = \Omega - W \tag{7.10.6}$$

对恒位移试样,$\delta=$常数,$d\delta=0$,$dW=0$,从而有

$$G_I = -\frac{\partial \Omega}{\partial A} = -\frac{\partial \Omega}{\partial a}, \quad B=1 \tag{7.10.7}$$

上式表明,随着裂纹的扩展,原来储存的弹性应变能要释放,当释放出来的弹性应变能 $-d\Omega$ 等于或大于裂纹扩展所消耗的能量 Rda 时,裂纹就能自动扩展,即在恒位移条件下,G_I 可以叫作裂纹扩展应变能释放率。但在恒载荷或拉伸条件下,随着裂纹的扩展,储存的弹性应变能不是释放而是增加,外力做功的增量 dW 在扣除应变能增加量 dE 后,用于裂纹扩展。这时 G_I 就不能叫作应变能释放率,当 $dW - dE \geqslant G_I da$ 时,裂纹就能扩展。

3. G_{I} 和 K_{I} 的关系

既然 G_{I} 与 K_{I} 同是控制裂纹扩展的应力、应变场参量,那么它们之间就必然存在某种联系。下面讨论 G_{I} 与 K_{I} 之间的关系。考虑如图 7.10.2 所示的裂纹模型[71],假设板两端固定。这样,当裂纹发生扩展时,板的应变能就会降低。显然,裂纹扩展时所释放出来的应变能,在数值上应该等于迫使已扩展的裂纹重新闭合到原来状态所应给予的功。这样一来,就可以把计算应变能的降低量问题转化为计算此项功的问题。由图 7.10.2(c) 的分析得到迫使裂纹闭合的功 $\Delta \overline{W}$ 为

$$\Delta \overline{W} = 4B \int_0^{\Delta a} \frac{1}{2} \sigma_y(r,0) v(r,\pi) \mathrm{d}x \tag{7.10.8}$$

式中,$\sigma_y(r,0) = \dfrac{K_{\mathrm{I}}}{\sqrt{2\pi x}}$,$v(r,\pi)$ 则为裂纹在闭合过程中裂纹面上各点的位移量,其值可以用 $\theta = \pi, r = \Delta a - x$ 代入式 (7.3.16a) 中,为

$$v(r,\pi) = \frac{(\kappa+1)K_{\mathrm{I}}}{2G} \sqrt{\frac{\Delta a - x}{2\pi}} \tag{7.10.9}$$

将 $\sigma_y(r,0)$ 和 $v(r,\pi)$ 代入式 (7.10.8),有

$$\Delta \overline{W} = \frac{(\kappa+1)(1+\nu)}{4E} \Delta A K_{\mathrm{I}}^2 \tag{7.10.10}$$

式中,$\Delta A = 2B \Delta a$。

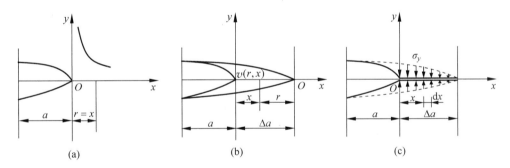

图 7.10.2 求裂纹闭合施加的分布力示意图

由于裂纹在扩展过程中系统所释放的应变能,在数值上应等于迫使裂纹闭合回原来状态所应给予的功,故有

$$-\Delta \Omega = \Delta \overline{W} = \frac{(\kappa+1)(1+\nu)}{4E} \Delta A K_{\mathrm{I}}^2 \tag{7.10.11}$$

将式 (7.10.11) 代入式 (7.10.7),即可得到裂纹的扩展力 G_{I} 和应力强度因子 K_{I} 之间的关系,为

$$G_{\mathrm{I}} = \frac{(\kappa+1)(1+\nu)}{4E} K_{\mathrm{I}}^2, \quad B = 1 \tag{7.10.12}$$

上式也可以写成

$$G_{\mathrm{I}} = K_{\mathrm{I}}^2 / H \tag{7.10.13}$$

式中,H 如式 (7.6.2) 中所定义。可以证明,对于 II 型和 III 型裂纹,也有类似的关系,为

$$G_{\text{II}}=\frac{K_{\text{II}}^2}{H}, \quad G_{\text{III}}=\frac{(1+\nu)K_{\text{III}}^2}{E} \tag{7.10.14}$$

利用式(7.3.15),对中心贯穿裂纹,$K_{\text{I}}^2=\sigma^2\pi a$ 即 $G_{\text{I}}=\sigma^2\pi a/H$。不同外加应力 σ 下的动力曲线(G_{I}-a 曲线)是过原点的直线,如图 7.10.1 的直线 OE、OB、OC 所示。

7.10.3 断裂韧性和临界断裂应力

1. 临界裂纹扩展力和断裂韧性

很显然,只有当 $G_{\text{I}}\geqslant R$ 时裂纹才能扩展。图 7.10.1 表明,随着裂纹扩展,R 和 G_{I} 均增大。但是如果 $\mathrm{d}R/\mathrm{d}a$ 大于 $\mathrm{d}G_{\text{I}}/\mathrm{d}a$,裂纹扩展一段距离后 $G_{\text{I}}<R$,那么就会停止扩展,构件不会断裂。如外加恒应力 σ_2,则动力曲线为 OB,它和韧性材料(或平面应力)阻力曲线 $ABCD$ 相交于 B 点。在 B 点以下,$G_{\text{I}}>R$,故裂纹能扩展;但超过 B 之后,$G_{\text{I}}<R$ 裂纹停止扩展。如果外加恒应力为 σ_3,则动力曲线为 OC,它和阻力曲线相切。随着裂纹扩展,G_{I} 永远大于(或等于)R,即裂纹能一直扩展直至试样断裂。动力曲线和阻力曲线的切点 C 就对应裂纹失稳扩展的临界状态。让动力曲线的斜率 $\mathrm{d}G_{\text{I}}/\mathrm{d}a$ 和阻力曲线的斜率 $\mathrm{d}R/\mathrm{d}a$ 相等就可求出临界点(切点)C 的坐标,即令 $\mathrm{d}G_{\text{I}}/\mathrm{d}a=\mathrm{d}R/\mathrm{d}a$,可求出临界点 C 所对应的裂纹长度 a_c(即 Ob)和外加应力 σ_3。代入式(7.10.13),就可获得导致裂纹失稳扩展的临界动力 $G_{\text{IC}}=\sigma_3^2 a_c/H$,它等于裂纹失稳扩展的临界阻力 $R_c=2\gamma+\gamma_{\text{pC}}$。

因为当试样不满足平面应变条件时,其阻力曲线的形状与试样厚度 B 有关,从而临界阻力 $R_c=G_{\text{IC}}$ 也和厚度有关。一旦试样满足平面应变条件,例如 $B>2.5(K_{\text{IC}}/\sigma_s)^2$,则阻力曲线就不再随试样厚度而改变,其形状如图 7.10.1 曲线 AEF 所示。大量实验表明,在平面应变条件下,临界点 C(阻力曲线和动力曲线的切点)所对应的临界裂纹长度为 $a_c=1.02a_0$(a_0 为原始裂纹长度)。在临界点,裂纹相对扩展量 $\Delta a/a_0$ 为 2%。这就是说,在平面应变条件下,裂纹相对扩展 2% 以后就将失稳扩展,导致断裂。这时的临界裂纹扩展阻力 $R_c=G_{\text{IC}}$ 就是一个最低的稳定值,它是材料常数,也称为材料的断裂韧性,因为它是材料抵抗裂纹失稳扩展能力的度量,即

$$G_{\text{IC}}=R_c=2\gamma+\gamma_{\text{pC}} \tag{7.10.15}$$

平面应变条件下的 G_{IC} 和 K_{IC} 都是材料抵抗裂纹失稳扩展能力的度量,都称为断裂韧性。通过式(7.10.13),可把两者联系起来,即平面应变条件下

$$G_{\text{IC}}=(1-\nu^2)K_{\text{IC}}^2/E=2\gamma+\gamma_{\text{p}} \tag{7.10.16}$$

这里的 γ_{p} 就是式(7.10.15)的 γ_{pC}。在平面应力条件下所测出的 $G_{\text{IC}}=R_c$ 不是材料常数(它和试样厚度有关)。因此,只有在平面应变条件下测出的 $G_{\text{IC}}=R_c$ 以及 K_{IC} 才和试样厚度无关,是材料常数,称为材料的断裂韧性。

由图 7.10.1 可知,一旦裂纹扩展动力 $G_{\text{I}}\geqslant R_c=G_{\text{IC}}$(临界点的阻力),则随裂纹扩展,动力远大于阻力,不用增大外应力,裂纹就能自动扩展直至试样(构件)断裂。因为 $G_{\text{I}}=(1-\nu^2)K_{\text{I}}^2/E$,因此,$G_{\text{I}}\geqslant G_{\text{IC}}$ 和 $K_{\text{I}}\geqslant K_{\text{IC}}$ 等价。这就是说,裂纹失稳扩展从而试样断裂的力学判据为

$$G_{\text{I}}\geqslant G_{\text{IC}}=R_c, \quad K_{\text{I}}\geqslant K_{\text{IC}} \tag{7.10.17}$$

2. 断裂韧性 K_{IC} 的测试

实验测量 $G_I = -\mathrm{d}U/\mathrm{d}a$ 以及 $R = 2\gamma + \gamma_p$ 很困难。但因为 $K_I = \sigma Y a^{1/2}$，对具体的试样，Y 是已知的，因而通过测量外应力就可求出 K_I，进而可算出 $G_I = K_I^2/H$。只要能确定裂纹失稳扩展的临界点，临界点的 K_I 就是断裂韧性 K_{IC}。上节指出，在平面应变条件下，阻力曲线和动力曲线相切的临界点和 $\Delta a/a_0 = 2\%$ 相对应，因而可把 $\Delta a/a_0 = 2\%$ 作为平面应变裂纹失稳扩展的临界点。

因为 K_{IC} 是材料常数，故可以用多种类型的试样测出 K_{IC}。目前通用的是三点弯曲试样(图 7.10.3(a))和紧凑拉伸试样(图 7.10.3(b))。在某些条件下，表面裂纹试样、中心贯穿裂纹试样以及其他类型的试样也各有特点[72]。我们知道，裂纹尖端的应力强度因子为 $K_I = Y\sigma a^{1/2}$，其中 Y 是和裂纹形状、试样类型有关的量，$\sigma = P/Bw$，$Y = f(a/w)$，$f(a/w)$ 可查表。如对标准紧凑拉伸试样[72]

$$K_I = \frac{P}{Bw} f_1\left(\frac{a}{w}\right)\sqrt{a} \qquad (7.10.18)$$

故已知载荷 P，可按上式算出 K_I。把裂纹失稳扩展临界点(即 $\Delta a/a_0 = 2\%$)对应的临界载荷 P_c 代入，就可求出断裂韧性 K_{IC}。

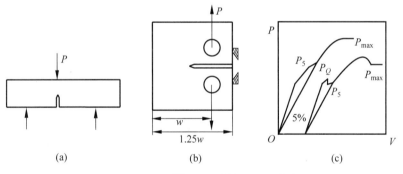

图 7.10.3　测量 K_{IC} 试样和 P-V 曲线

试样先预制疲劳裂纹(a 一定)，缺口两侧贴刀口，如图 7.10.3(b)所示；接引申计，测裂纹张开位移 V。把试样拉伸至断裂，记录 P-V 曲线。可以证明，临界点 $\Delta a/a_0 = 2\%$ 就相当 $\Delta V/V = 5\%$，就是斜率比 P-V 弹性直线低 5% 的 OP_5 直线和 P-V 曲线的交点 P_5，如图 7.10.3(c)所示。如 P_5 前有更大载荷，则用它作为 P_Q(否则 $P_5 = P_Q$)。把 P_Q 代入式(7.10.18)可得 K_{IQ}，如果满足下述条件：

$$P_{max}/P_Q \leqslant 1.1, \quad B \geqslant 2.5(K_{IQ}/\sigma_s)^2 \qquad (7.10.19)$$

式中，P_{max} 是 P-V 曲线上最大载荷，这时 K_{IQ} 就是 K_{IC}。

3. 含裂纹构件的安全性

对于 I 型裂纹，按式(7.10.17)，当 $K_I = K_{IC}$ 时，裂纹就将失稳扩展从而导致试样(或构件)断裂，利用 $K_I = K_{IC}$ 这个断裂判据可对裂纹构件进行安全性评估。K_{IC} 是材料常数，实验测出的 K_{IC} 就等于构件的 K_{IC}。而构件中各种真实裂纹的 $K_I = \sigma Y\sqrt{a}$ 可以查应力强度因子手册，或直接计算，参考 7.5 节至 7.8 节。其中含有两个重要参量，一个是工作应力(外加应力或残余应力或两者之和)σ,另一个是初始裂纹长度 a_0。如 a_0 已知(用无损探伤法求出),则可用 $K_I=\sigma Y a_0^{1/2}=K_{IC}$ 求出使裂纹失稳扩展,从而构件断裂的应力为 $\sigma_c=K_{IC}/Y a_0^{1/2}$。如工作应力低于这个断裂应力,则构件是安全的。如果工作应力 σ 已知,由断裂判据 $K_I=\sigma Y a^{1/2}=K_{IC}$ 可求出断裂时所对应的最大裂纹尺寸 $a_c=(K_{IC}/\sigma Y)^2$。如果探伤发现的初始裂纹长度 $a_0<a_c$,则构件是安全的。

如果构件受到交变应力,则初始裂纹会通过疲劳裂纹扩展而不断长大,当裂纹从 a_0 扩展到 $a_c=(K_{IC}/\sigma_{max}Y)^2$ 时,构件就将断裂。裂纹从 a_0 扩展到 a_c 所经历的疲劳周次就是构件的疲劳寿命。如构件中有氢或在应力腐蚀环境下工作,则即使在恒定的工作应力下,通过应力腐蚀或氢致开裂,初始 a_0 也能不断长大至 $a_c=(K_{IC}/\sigma Y)^2$,从而导致构件断裂。对工程构件进行安全性评估包含三部分工作,即用满足平面应变条件的试样测出材料的断裂韧性 K_{IC},用无损探伤法测出构件中裂纹的位置、形状和大小;正确计算工作应力,然后用断裂力学方法算出该裂纹的 K_I 值。当 $K_I<K_{IC}$ 时,该构件是安全的,可用 K_{IC}/K_I 作为含裂纹构件安全性的度量。

4. 含裂纹构件的断裂应力

如已知 K_{IC},则含裂纹构件的断裂应力 $\sigma_c=K_{IC}/Y\sqrt{a}$,对长为 $2a$ 的中心贯穿裂纹,$Y=\sqrt{\pi}$,故

$$\sigma_c=\frac{K_{IC}}{\sqrt{\pi a}} \tag{7.10.20}$$

由式(7.10.16)可求出 $K_{IC}^2=(2\gamma+\gamma_p)E/(1-\nu^2)$,把它代入式(7.10.20),可得

$$\sigma_c=\sqrt{\frac{(2\gamma+\gamma_p)E}{\pi a(1-\nu^2)}} \tag{7.10.21}$$

这就是奥罗万(Orowan)断裂理论[71-73]。对没有局部塑性变形的脆性材料(如玻璃,陶瓷),$\gamma_p=0$,故上式就变为

$$\sigma_c=\sqrt{\frac{2\gamma E}{\pi a(1-\nu^2)}} \tag{7.10.22}$$

这就是格里菲斯(Griffith)理论[71-72]。应当指出,对金属材料,即使是脆性的金属间化合物,γ_p 仍远大于 2γ,故必须应用奥罗万公式[71-73]。

习题

7.1 已知 I 型裂纹问题的应力函数为 $\varphi_I(z)=\mathrm{Re}\bar{\bar{Z}}_I(z)+y\mathrm{Im}\bar{Z}_I(z)$,其中 $\bar{\bar{Z}}_I(z)$ 和 $\bar{Z}_I(z)$ 分别为复变函数 $Z_I(z)$ 的二次积分和一次积分,试求出对应的应力分量。

7.2 如图所示无限大板中含有一长度为 $2a$ 的中心贯穿裂纹,设 I 型裂纹问题的应力函数为 $\varphi_I(z)=\mathrm{Re}\bar{\bar{Z}}_I(z)+y\mathrm{Im}\bar{Z}_I(z)$(双向拉伸),或为 $\varphi_I(z)=\mathrm{Re}\bar{\bar{Z}}_I(z)+y\mathrm{Im}\bar{Z}_I(z)-\frac{A}{2}(x^2-y^2)$(单向拉伸)。其中 $\bar{\bar{Z}}_I(z)$ 和 $\bar{Z}_I(z)$ 分别为复变函数 $Z_I(z)$ 的二次积分和一次

积分,试推导只要当 $z \to a$ 时,$Z_I(z) \to \dfrac{K_I}{\sqrt{2\pi(z-a)}}$,由此得 $K_I = \lim\limits_{z \to a}\left[\sqrt{2\pi(z-a)}\,Z_I(z)\right]$。

7.3 如图所示无限大板中含有一长度为 $2a$ 的中心贯穿裂纹,在裂纹中点处作用有一对劈开力 P,试求此情形下裂纹尖端处的应力强度因子。

7.4 试求如图所示无限大板含长度为 $2a$ 的中心贯穿裂纹的右尖端的应力强度因子。

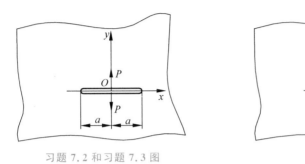

习题 7.2 和习题 7.3 图　　　　　　　　　习题 7.4 图

7.5 按叠加原理,用习题 7.4 的结果试求如图所示各图中的各无限大体Ⅰ型裂纹尖端的应力强度因子。

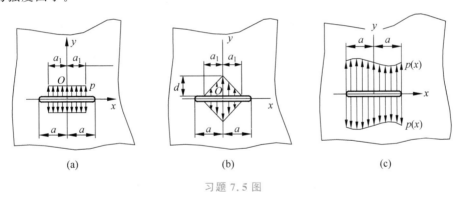

(a)　　　　　　　　　(b)　　　　　　　　　(c)

习题 7.5 图

7.6 如图(a)所示无限大平板,有一长度为 $2a$ 的中心穿透裂纹,其坐标原点取在裂纹中点处,裂纹的右尖端坐标为 $y=0$,$x=a$。在裂纹右上表面 $z=b$ 处作用有一个集中应力 F,按单位厚度平板上的力来计算,$F=P-\mathrm{i}Q$。其裂纹尖端的应力强度因子为

$$K_I = \frac{P}{2\sqrt{\pi a}}\left(\frac{a+b}{a-b}\right)^{1/2} + \frac{Q}{2\sqrt{\pi a}}\left(\frac{k-1}{k+1}\right)$$

$$K_{II} = -\frac{P}{2\sqrt{\pi a}}\left(\frac{k-1}{k+1}\right) + \frac{Q}{2\sqrt{\pi a}}\left(\frac{a+b}{a-b}\right)^{1/2}$$

式中,$k = \dfrac{3-\nu}{1+\nu}$(平面应力),$k = 3-4\nu$(平面应变)。试求如图(b)和(c)所示无限大平板裂纹右尖端的应力强度因子。

7.7 如图所示,无限大板在两个方向承受均匀拉应力 σ 的作用,在 x 轴上有一系列长

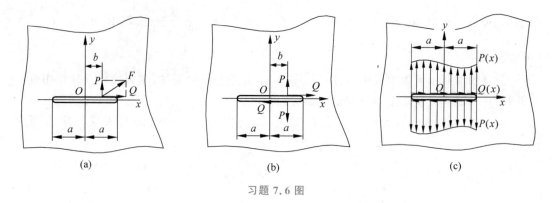

习题 7.6 图

度为 $2a$ 的周期性出现的中心贯穿裂纹,其间距为 $2b$。试求在此情形下裂纹尖端处的应力强度因子。

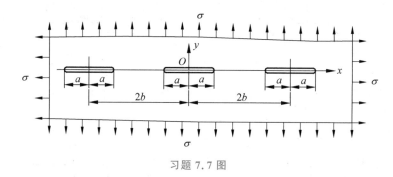

习题 7.7 图

7.8 如图所示,无限大板在 x 轴上有一系列长度为 $2a$ 的周期性出现的中心贯穿裂纹,其间距为 $2b$,所受载荷如图所示。试求其裂纹尖端处的应力强度因子。

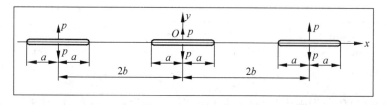

习题 7.8 图

7.9 如图所示,已知半无限长裂纹受集中力 Q 作用,其应力函数为 $Z_{\mathbb{I}} = \dfrac{Q\sqrt{b}}{\pi(z+b)\sqrt{z}}$。试检查该应力函数所对应的应力是否满足边界条件,并求出该问题的应力强度因子。

7.10 如图所示,已知半无限体上Ⅲ型裂纹长度为 a,受集中力 R 作用,试求该Ⅲ型裂纹问题的应力强度因子 $K_{\mathbb{II}}$。

7.11 按叠加原理,试求如图(a)所示裂纹尖端的应力强度因子。

7.12 如图所示的平面裂纹体,若 b 远小于 a,而且在端部的相对位移为 v,试求此情形下的应变能量释放率 $G_{\mathbb{I}}$。

7.13 如图 7.3.1 所示的Ⅰ型平面裂纹问题,设在平面应变状态下,$2a = 2.5$ cm,对于

$\nu = 0.3$，$\dfrac{\sigma}{E} = 0.1\%$ 和 $\dfrac{\sigma}{E} = 0.5\%$ 两种情形，分别计算裂纹中心处的张开位移 $2\nu^*$ 的大小，并说明这么大的位移是否容易观察得到。

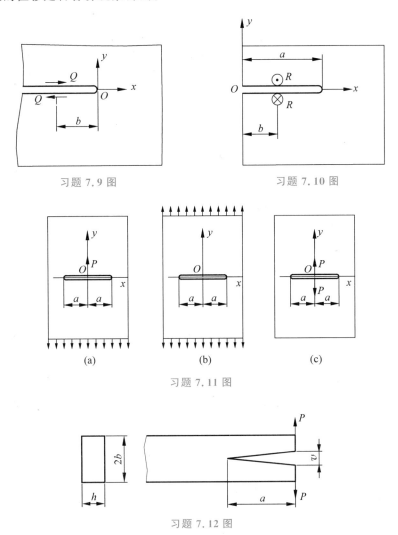

习题 7.9 图　　　　　　　　习题 7.10 图

(a)　　　　　　(b)　　　　　　(c)

习题 7.11 图

习题 7.12 图

7.14　某压力容器壁厚为 h，半径为 R，所用材料的屈服极限 $\sigma_s = 1000 \ \mathrm{N/mm^2}$，断裂韧性 $K_{IC} = 1200 \ \mathrm{N \cdot mm^{-\frac{3}{2}}}$，设容器含有轴线方向的穿透型裂纹，其长度为 $2a = 3.8 \ \mathrm{mm}$，试求容器发生脆断的临界压力 p_{IC} 的大小。

7.15　具有中心穿透裂纹的长板条，两端受均匀拉力作用，板宽 $W = 200 \ \mathrm{mm}$，板厚 $h = 10 \ \mathrm{mm}$，作用拉力之和为 $P = 1.26 \ \mathrm{MN}$，裂纹全长为 $20 \ \mathrm{mm}$，已知板材的拉伸屈服极限为 $\sigma_{0.2} = 1120 \ \mathrm{MPa}$，试求裂纹尖端的应力强度因子 K_I。若考虑裂纹尖端的塑性区修正，K_I 将增大到何值？

7.16　若某板材 $\sigma_s = 588 \ \mathrm{MPa}$，$2a = 8 \ \mathrm{mm}$，在 $K_I = 6.20 \ \mathrm{MPa}\sqrt{\mathrm{m}}$ 的条件下，请按平面应力和平面应变两种情况计算其裂纹尖端塑性区尺寸，并比较两种状态哪一种更危险。

第 8 章

热 应 力

在前面各章中,我们主要考虑了由外加机械载荷引起的变形、应力及破坏现象。但通常的材料都具有热胀冷缩的性质,当温度改变时,物体各部分就会因膨胀或收缩而改变其形状或尺寸。当这种变形由于受外部约束或内部的变形协调要求而不能自由发生时,物体内就会引起附加的压力。这种因物体温度变化而引起的压力称为温度应力,或热应力。这种应力有时是很大的,甚至可以使构件或整个结构发生破坏[3]。

8.1 变形体的热力学基础

在不考虑温度情况下弹性固体的状态,即其变形状态,可由应变张量$\boldsymbol{\varepsilon}$完全确定,但在热弹性问题中为了确定它的状态,还应补充温度。就是说,应变张量$\boldsymbol{\varepsilon}$和温度T构成弹性固体完备的状态量集,其他任何依赖于状态的量均可表示为状态变量$\boldsymbol{\varepsilon}$和T的函数。此外,无论弹性固体实际发生的状态变化是否为可逆变化,在其任意两个始末状态之间总存在可逆过程,因此可以避免涉及不可逆过程热力学[31,74]。

假定在物体中任取一部分,其体积为V,表面积为S,表面外法线的方向为$\boldsymbol{v}$。物体所受的表面力矢量为$\boldsymbol{t}=\boldsymbol{\sigma}\cdot\boldsymbol{v}$。以$\boldsymbol{f}$表示单位体积的体力矢量,$\dot{\boldsymbol{u}}$表示速度,则外力所做功率为

$$\dot{A}=\int_S \boldsymbol{t}\cdot\dot{\boldsymbol{u}}\,\mathrm{d}S+\int_V \boldsymbol{f}\cdot\dot{\boldsymbol{u}}\,\mathrm{d}V=\int_S \sigma_{ij}\nu_j\dot{u}_i\,\mathrm{d}S+\int_V f_i\dot{u}_i\,\mathrm{d}V \tag{8.1.1}$$

利用高斯公式将上式中的面积分化为体积分,得

$$\dot{A}=\int_V (\sigma_{ij,j}\dot{u}_i+\sigma_{ij}\dot{u}_{i,j})\,\mathrm{d}V+\int_V f_i\dot{u}_i\,\mathrm{d}V \tag{8.1.2}$$

以γ表示单位质量的热生成率,$\boldsymbol{q}$为热流密度矢量,则物体中的热能增加率为

$$\dot{Q}=-\int_S \boldsymbol{q}\cdot\boldsymbol{v}\,\mathrm{d}S+\int_V \rho\gamma\,\mathrm{d}V=-\int_V q_{i,i}\,\mathrm{d}V+\int_V \rho\gamma\,\mathrm{d}V \tag{8.1.3}$$

上式右边第一项为由边界传入物体的热量,第二项为物体内热源产生的热量,ρ为物体的密度。系统的动能为

$$K=\int_V \frac{1}{2}\rho\dot{\boldsymbol{u}}\cdot\dot{\boldsymbol{u}}\,\mathrm{d}V \tag{8.1.4}$$

以e表示单位质量的内能,则总能量的变化率为

$$\dot{K}+\dot{E}=\frac{\mathrm{d}}{\mathrm{d}t}\int_V \frac{1}{2}\rho\dot{\boldsymbol{u}}\cdot\dot{\boldsymbol{u}}\,\mathrm{d}V+\int_V \rho\dot{e}\,\mathrm{d}V=\int_V (\dot{u}_i\ddot{u}_i+\dot{e})\rho\,\mathrm{d}V \tag{8.1.5}$$

按照热力学第一定律,总能量变化率等于外力功率与热量增加率之和,故由式(8.1.2)、式(8.1.3)和式(8.1.5)得

$$\int_V \rho(\dot{u}_i\ddot{u}_i + \dot{e})\mathrm{d}V = \int_V (\sigma_{ij,j}\dot{u}_i + \sigma_{ij}\dot{u}_{i,j} + f_i\dot{u}_i)\mathrm{d}V - \int_V q_{i,i}\mathrm{d}V + \int_V \rho\gamma\mathrm{d}V \quad (8.1.6)$$

利用运动方程

$$\sigma_{ij,j} + f_i = \rho\ddot{u}_i \quad (8.1.7)$$

上式可简化为

$$\int_V \rho(\dot{e} - \gamma)\mathrm{d}V = \int_V \sigma_{ij}\dot{u}_{i,j}\mathrm{d}V - \int_V q_{i,i}\mathrm{d}V = \int_V \sigma_{ij}\dot{\varepsilon}_{ij}\mathrm{d}V - \int_V q_{i,i}\mathrm{d}V \quad (8.1.8)$$

上式中用到 $\dot{u}_{i,j} = \dot{\varepsilon}_{ij}$,式(8.1.8)对物体中的任意部分 V 均成立,因而有

$$\rho(\dot{e} - \gamma) = -\boldsymbol{q}\cdot\nabla + \boldsymbol{\sigma}:\dot{\boldsymbol{\varepsilon}}, \quad \rho(\dot{e} - \gamma) = \sigma_{ij}\dot{\varepsilon}_{ij} - q_{i,i} \quad (8.1.9)$$

这就是可变形连续体中热力学第一定律的微分形式。

以 T 表示热力学温度,η 表示单位质量的熵密度,即

$$S = \int_V \rho\eta\mathrm{d}V \quad (8.1.10)$$

而热力学第二定律有

$$T\dot{S} = T\dot{S}_e + T\dot{S}_i \geqslant \dot{Q} \quad (8.1.11)$$

式中,$\dot{S}_e$ 为外界对系统的供熵率(entropy supply),又称熵流;$\dot{S}_i$ 为系统内部的产熵(entropy production),又称熵生成率;$\dot{Q}$ 为系统从外界吸收的热量率。这样有

$$\dot{S} \geqslant -\int_S \frac{1}{T}\boldsymbol{q}\cdot\mathrm{d}\boldsymbol{S} + \int_V \frac{1}{T}\rho\gamma\mathrm{d}V \quad (8.1.12)$$

式中,$\boldsymbol{q}/T$ 称为熵流,γ/T 称为熵源。式(8.1.12)称为熵不等式,或克劳修斯-杜亨(Clausius-Duhem)不等式,也称为积分形式的热力学第二定律。对于塑性变形等不可逆过程,式(8.1.12)中取">"号,对于弹性变形等可逆过程,则取"="。式(8.1.12)右端表明 V 域从邻域或从外域吸收热量的结果是使其总熵增加,熵的实际增加超过式(8.1.12)右端这一增加量的部分是不可逆的,即式(8.1.11)中的熵的生成率 $\dot{S}_i$,则由式(8.1.11)和式(8.1.12)有

$$\dot{S} = \int_V \dot{\eta}\rho\mathrm{d}V = -\int_S \frac{1}{T}\boldsymbol{q}\cdot\mathrm{d}\boldsymbol{S} + \int_V \frac{1}{T}\rho\gamma\mathrm{d}V + \dot{S}_i \quad (8.1.13)$$

且 $\dot{S}_i \geqslant 0$,若以 κ 表示每单位质量的熵生成率,则

$$\dot{S}_i = \int_V \rho\kappa\mathrm{d}V, \quad \kappa \geqslant 0 \quad (8.1.14)$$

式(8.1.13)称为积分形式的熵平衡方程(或熵平衡率)。将式(8.1.13)的第一个积分化为体积分,则可得热力学第二定律的微分形式

$$\rho T\dot{\eta} = \rho\gamma - q_{i,i} + \frac{q_i}{T}T_{,i} + \rho T\kappa \quad (8.1.15)$$

即

$$T\kappa = T\kappa_{\text{th}} + T\kappa_{\text{int}} \geqslant 0 \quad (8.1.16)$$

式中,

$$T\kappa_{\text{th}} = -\frac{q_i}{\rho T}T_{,i}, \quad T\dot{\kappa}_{\text{int}} = T\dot{\eta} - \left(\gamma - \frac{1}{\rho}q_{i,i}\right) \tag{8.1.17}$$

式(8.1.16)表明熵生成率 κ 可分成两部分:一部分 κ_{th} 是由热传导产生的熵生成率,另一部分 κ_{int} 是由于熵增率 $\dot{\eta}$ 超过每单位质量从邻域及从外部吸收的热产生的熵生成率。κ_{int} 称为内禀(intrinsic)熵生成率。热力学第二定律要求 κ_{th} 与 κ_{int} 之和 $\kappa \geqslant 0$,但是人们通常都更多地假设 κ_{th} 与 κ_{int} 分别都 $\geqslant 0$,即

$$T\kappa_{\text{th}} \geqslant 0, \quad T\kappa_{\text{int}} \geqslant 0 \tag{8.1.18}$$

$T\kappa$、$T\kappa_{\text{th}}$ 与 $T\kappa_{\text{int}}$ 分别称为单位质量的总耗散率、热耗散率与内禀耗散率。由式(8.1.17)有,$T\kappa_{\text{th}} \geqslant 0$ 的意义是热流矢量 $\boldsymbol{q}$ 必与温度梯度 $T_{,i}$ 成钝角。对于热学性质各向同性的材料,按傅里叶热传导定律

$$\boldsymbol{q} = -k\nabla T \tag{8.1.19}$$

k 为热传导系数,上式表明热流矢量 q_i 与温度梯度 $T_{,i}$ 成正比,而方向相反。

利用微分形式热力学第一定律式(8.1.9),可将式(8.1.17)的第二式改写为

$$T\kappa_{\text{int}} = T\dot{\eta} - \left(\dot{e} - \frac{1}{\rho}\boldsymbol{\sigma}:\dot{\boldsymbol{\varepsilon}}\right) \tag{8.1.20}$$

式中右端物理量上面的(·)表示每单位质量内能增加率超过每单位质量变形功率的部分,它正是式(8.1.17)第二式右端(·)表示的每单位质量吸收热的率。

如果我们为了方便,不以熵 η 为自变量,而采用温度 T 为自变量,可以不采用内能 e 为热力学函数,而采用每单位质量的亥姆霍兹自由能量 ψ 为热力学函数,其定义为

$$\psi = e - T\eta \tag{8.1.21}$$

因此

$$\dot{\psi} + \eta\dot{T} = \dot{e} - T\dot{\eta} \tag{8.1.22}$$

式(8.1.20)可改写为

$$T\kappa_{\text{int}} = -\eta\dot{T} - \left(\dot{\psi} - \frac{1}{\rho}\boldsymbol{\sigma}:\dot{\boldsymbol{\varepsilon}}\right) \tag{8.1.23}$$

由于温度 T 及应变$\boldsymbol{\varepsilon}$ 发生变化时,变形体的状态发生变化,并且只有存在温度梯度 T 时才有热流发生,因此,一般说亥姆霍兹自由能 ψ 应是 T、$\boldsymbol{\varepsilon}$ 与 ∇T 的函数。另外,当变形体发生变形时,可能会出现塑性应变$\boldsymbol{\varepsilon}^{\text{p}}$、内部发生损伤等微观结构变化,这样有关状态量如应力$\boldsymbol{\sigma}$、内能 e、熵 η 和 Hemholtz 自由能 ψ 还应该是内变量 ξ 的函数。实验发现,在等温过程中,非弹性应变对自由能的影响可以忽略[75-76],因此在经典的塑性力学中,认为状态量如应力$\boldsymbol{\sigma}$、内能 e、熵 η 和 Hemholtz 自由能 ψ 对应变$\boldsymbol{\varepsilon}$ 和塑性应变$\boldsymbol{\varepsilon}^{\text{p}}$ 的依赖关系是通过弹性应变$\boldsymbol{\varepsilon}^{\text{e}} = \boldsymbol{\varepsilon} - \boldsymbol{\varepsilon}^{\text{p}}$ 而得到的,故

$$\boldsymbol{\sigma} = \boldsymbol{\sigma}(\boldsymbol{\varepsilon}^{\text{e}}, \xi, T, \nabla T), \quad e = e(\boldsymbol{\varepsilon}^{\text{e}}, \xi, T, \nabla T), \quad \eta = \eta(\boldsymbol{\varepsilon}^{\text{e}}, \xi, T, \nabla T)$$
$$\psi = \psi(\boldsymbol{\varepsilon}^{\text{e}}, \xi, T, \nabla T) \tag{8.1.24}$$

这样,我们有

$$\dot{\psi} = \frac{\partial \psi}{\partial \boldsymbol{\varepsilon}^{\text{e}}}:\dot{\boldsymbol{\varepsilon}}^{\text{e}} + \frac{\partial \psi}{\partial T}\dot{T} + \frac{\partial \psi}{\partial \nabla T} \cdot \nabla\dot{T} + \frac{\partial \psi}{\partial \xi}\dot{\xi} \tag{8.1.25}$$

将式(8.1.22)代入热力学第一定律式(8.1.9),消去 $\dot{e}$ 后,再利用式(8.1.25)可得

$$\left(\rho \frac{\partial \psi}{\partial \boldsymbol{\varepsilon}^{\mathrm{e}}} - \boldsymbol{\sigma}\right) : \dot{\boldsymbol{\varepsilon}}^{\mathrm{e}} + \rho\left(\frac{\partial \psi}{\partial T} + \eta\right)\dot{T} + \rho \frac{\partial \psi}{\partial \nabla T} \cdot \nabla \dot{T} + \rho(T\dot{\eta} - \gamma) + \nabla \cdot \boldsymbol{q} - \rho \frac{\partial \psi}{\partial \boldsymbol{\varepsilon}^{\mathrm{e}}} : \dot{\boldsymbol{\varepsilon}}^{\mathrm{p}} + \rho \frac{\partial \psi}{\partial \xi}\dot{\xi} = 0$$

$$(8.1.26)$$

上式应对任意的 $\dot{\boldsymbol{\varepsilon}}^{\mathrm{e}}$、$\dot{T}$、$\nabla \dot{T}$ 均成立,故得到

$$\boldsymbol{\sigma} = \rho \frac{\partial \psi}{\partial \boldsymbol{\varepsilon}^{\mathrm{e}}} \tag{8.1.27}$$

$$\eta = -\frac{\partial \psi}{\partial T} \tag{8.1.28}$$

$$\frac{\partial \psi}{\partial \nabla T} = \boldsymbol{0} \tag{8.1.29}$$

$$\rho(T\dot{\eta} - \gamma) + \nabla \cdot \boldsymbol{q} + \rho \frac{\partial \psi}{\partial \xi}\dot{\xi} - \rho \frac{\partial \psi}{\partial \boldsymbol{\varepsilon}^{\mathrm{e}}} : \dot{\boldsymbol{\varepsilon}}^{\mathrm{p}} = 0 \tag{8.1.30}$$

式(8.1.27)就是变形体的本构关系。式(8.1.28)是熵密度的表达式,式(8.1.29)表明自由能 ψ 是与温度梯度 ∇T 无关,仅为 $\boldsymbol{\varepsilon}$ 与 T 的函数,式(8.1.30)是热传导方程。将式(8.1.27)、式(8.1.28)代入式(8.1.30),消去 η 后可得

$$\nabla \cdot \boldsymbol{q} = \rho\gamma + \rho T\left(\frac{\partial^2 \psi}{\partial \boldsymbol{\varepsilon}^{\mathrm{e}}\partial T} : \dot{\boldsymbol{\varepsilon}}^{\mathrm{e}} + \frac{\partial^2 \psi}{\partial T^2}\dot{T}\right) + \rho\left(T \frac{\partial^2 \psi}{\partial \xi \partial T} - \frac{\partial \psi}{\partial \xi}\right)\dot{\xi} + \boldsymbol{\sigma} : \dot{\boldsymbol{\varepsilon}}^{\mathrm{p}} \tag{8.1.31}$$

式中,含 $\dot{\boldsymbol{\varepsilon}}$ 的项反映了物体变形对温度场的影响,所以称式(8.1.31)为考虑热-力耦合效应的热传导方程。

8.2 热弹性体的本构关系

在小变形和小温变情况下,式(8.1.27)可简化成线性热弹性本构方程。设参考状态下物体的初始温度为 T_0,初应变和初应力均为零,实际状态下物体的温度和应变分别为 T 和 $\boldsymbol{\varepsilon}$(在弹性状态下,为方便起见省略上标"e",而用 $\boldsymbol{\varepsilon}$ 表示弹性应变 $\boldsymbol{\varepsilon}^{\mathrm{e}}$),温度变化为

$$\theta = T - T_0 \tag{8.2.1}$$

无量纲化后得

$$\theta' = \frac{\theta}{T_0} = \frac{T - T_0}{T_0} \tag{8.2.2}$$

对小温变情况 $|\theta'| \ll 1$。

对小应变情况 $|\boldsymbol{\varepsilon}| \ll 1$,密度 ρ 与 $\boldsymbol{\varepsilon}$ 无关,式(8.1.27)可以写成

$$\boldsymbol{\sigma} = \frac{\partial(\rho\psi)}{\partial \boldsymbol{\varepsilon}} \tag{8.2.3}$$

将单位体积自由能 $\rho\psi$ 在参考状态附近展开成对 $\boldsymbol{\varepsilon}$ 与 θ' 的级数,略去高阶项后得到

$$\rho\psi = \rho\psi_0 + D_{ij}\varepsilon_{ij} + b'\theta' + \frac{1}{2}C_{ijkl}\varepsilon_{ij}\varepsilon_{kl} + b'_{ij}\varepsilon_{ij}\theta' + \frac{1}{2}d'\theta'^2 \tag{8.2.4}$$

式中,ψ_0 为参考状态的自由能,可令其为零。对均质材料,系数 D_{ij}、b'、C_{ijkl}、b'_{ij} 及 d' 均与坐标 x_i 无关。将式(8.2.4)代入式(8.2.3),令 $b'_{ij} = T_0 b_{ij}$,有

$$\sigma_{ij} = D_{ij} + C_{ijkl}\varepsilon_{kl} + b_{ij}\theta \tag{8.2.5}$$

由于参考状态($\varepsilon_{kl}=0,\theta=0$)时初应力为零,故 $D_{ij}=0$,由此得线性热弹性材料的本构关系为

$$\sigma_{ij}=C_{ijkl}\varepsilon_{kl}+b_{ij}\theta, \quad \boldsymbol{\sigma}=\boldsymbol{C}:\boldsymbol{\varepsilon}+\boldsymbol{b}\theta \tag{8.2.6}$$

对于等温弹性问题($\theta=0$),上式简化为广义胡克定律。对于各向异性的一般情况,四阶弹性张量 C_{ijkl} 有 21 个独立分量,对各向同性材料则简化为

$$\sigma_{ij}=C_{ijkl}\varepsilon_{kl}=2G\varepsilon_{ij}+\lambda(tr\boldsymbol{\varepsilon})\delta_{ij}, \quad \boldsymbol{\sigma}=2G\boldsymbol{\varepsilon}+\lambda(tr\boldsymbol{\varepsilon})\boldsymbol{I} \tag{8.2.7}$$

式中,只含两个独立弹性常数 G 和 λ。

对于全约束($\varepsilon_{kl}=0$)热弹性问题,式(8.2.6)简化为

$$\sigma_{ij}=b_{ij}\theta \tag{8.2.8}$$

由于温度 θ 为标量,故上式要求 b_{ij} 和 σ_{ij} 一样是二阶对称张量,对各向异性的一般情况有 6 个独立的热模量。在第 3 章已指出,二阶对称张量有三个主方向和相应的三个主分量,对于各向同性材料,热模量的值与方向无关,所以 b_{ij} 应是三个主分量互等的球形张量,可记为

$$b_{ij}=\beta\delta_{ij}, \quad \boldsymbol{b}=\beta\boldsymbol{I} \tag{8.2.9}$$

将式(8.2.7)和式(8.2.9)代入式(8.2.6),得各向同性热弹性材料的逆本构关系为

$$\sigma_{ij}=2G\varepsilon_{ij}+\lambda(tr\boldsymbol{\varepsilon})\delta_{ij}+\beta\theta\delta_{ij}, \quad \boldsymbol{\sigma}=2G\boldsymbol{\varepsilon}+\lambda(tr\boldsymbol{\varepsilon})\boldsymbol{I}+\beta\theta\boldsymbol{I} \tag{8.2.10}$$

相应的热弹性本构关系为

$$\begin{cases} \varepsilon_{ij}=\dfrac{1}{2G}\left(\sigma_{ij}-\dfrac{\lambda}{2G+3\lambda}\sigma_{kk}\delta_{ij}\right)+\alpha\theta\delta_{ij} \\[3mm] \boldsymbol{\varepsilon}=\dfrac{1}{2G}\left[\boldsymbol{\sigma}-\dfrac{\lambda}{2G+3\lambda}(tr\boldsymbol{\sigma})\boldsymbol{I}\right]+\alpha\theta\boldsymbol{I} \end{cases} \tag{8.2.11}$$

式中,

$$\alpha=-\frac{1-2\nu}{E}\beta \quad 或 \quad \beta=-\frac{E}{1-2\nu}\alpha \tag{8.2.12}$$

由式(8.2.11)可见,α 的物理意义为无应力($\sigma_{ij}=0$)时温度升高 1℃所引起的正应变,即线膨胀系数。

在直角坐标系中,式(8.2.10)的展开式为

$$\begin{cases} \sigma_x=2G\varepsilon_x+\lambda\varepsilon_v-\dfrac{\alpha E\theta}{1-2\nu}, \quad \tau_{yz}=G\gamma_{yz} \\[3mm] \sigma_y=2G\varepsilon_y+\lambda\varepsilon_v-\dfrac{\alpha E\theta}{1-2\nu}, \quad \tau_{xz}=G\gamma_{xz} \\[3mm] \sigma_z=2G\varepsilon_z+\lambda\varepsilon_v-\dfrac{\alpha E\theta}{1-2\nu}, \quad \tau_{xy}=G\gamma_{xy} \end{cases} \tag{8.2.13}$$

式中,$\varepsilon_v=\varepsilon_x+\varepsilon_y+\varepsilon_z$ 为体积应变。式(8.2.11)的展开式为

$$\begin{cases} \varepsilon_x=\dfrac{1}{E}[\sigma_x-\nu(\sigma_y+\sigma_z)]+\alpha\theta, \quad \gamma_{yz}=\dfrac{1}{G}\tau_{yz} \\[3mm] \varepsilon_y=\dfrac{1}{E}[\sigma_y-\nu(\sigma_z+\sigma_x)]+\alpha\theta, \quad \gamma_{xz}=\dfrac{1}{G}\tau_{xz} \\[3mm] \varepsilon_z=\dfrac{1}{E}[\sigma_z-\nu(\sigma_x+\sigma_y)]+\alpha\theta, \quad \gamma_{xy}=\dfrac{1}{G}\tau_{xy} \end{cases} \tag{8.2.14}$$

将式(8.2.4)代入式(8.1.31),注意到 $\dot{\xi}=0,\dot{\boldsymbol{\varepsilon}}^p=\boldsymbol{0}$,并令 $d'=T_0^2 d$,可得到线性热弹性体中的热传导方程为

$$\nabla \cdot \boldsymbol{q} = T_0(\boldsymbol{b} : \dot{\boldsymbol{\varepsilon}} + \mathrm{d}\dot{T}) + \rho\gamma \tag{8.2.15}$$

由于 $|\theta'| \ll 1$，上式中用 T_0 近似代替了 T。将式(8.1.19)和式(8.2.9)代入式(8.2.15)，并利用式(8.2.12)可得

$$(-T_0 d)\dot{T} - (kT_{,i})_{,i} = \rho\gamma - \frac{E\alpha}{1-2\nu}T_0\dot{\varepsilon}_{kk} \tag{8.2.16}$$

上式也可写成

$$\rho C_v \frac{\partial T}{\partial t} = (kT_{,i})_{,i} + \rho\gamma - \frac{E\alpha}{1-2\nu}T_0\dot{\varepsilon}_{kk} \tag{8.2.17}$$

式中，C_v 就是无应变时的比热，或者称为等容比热。对于固体来说，等压比热 C_p 与等容比热相差较小，我们在下面的分析中将它们不做区别。由此可见，对各向同性材料，纯剪切变形不产生热效应，只有体积变化($\dot{\varepsilon}_{kk} \neq 0$)才导致应变场与温度场的耦合关系。从式(8.2.11)和式(8.2.17)可以看出，热膨胀对应变的贡献由 α 表示，应变对温度的贡献由 $-\dfrac{E\alpha}{1-2\nu}T_0\dot{\varepsilon}_{kk}$ 表示，即耦合项 $-\dfrac{E\alpha}{1-2\nu}T_0\dot{\varepsilon}_{kk}$ 可看作是热源 $\rho\gamma$ 的附加量，压缩时($\dot{\varepsilon}_{kk} < 0$)放出热量，膨胀时($\dot{\varepsilon}_{kk} > 0$)吸收热量。这就是力-热耦合效应，完全由 α 表示。

在考虑热固耦合效应的热弹性一般理论中，需要联立求解热传导方程(含应变率附加项的热传导方程(8.2.16)和方程(8.2.17))和热应力问题(平衡方程、几何方程及含温度附加项的热弹性本构关系式(8.2.11))才能确定弹性体内的温度、位移和应力，因而难度较大。许多工程实际问题可以简化为缓慢加载的弹性力学静力问题，即 $\dot{\varepsilon}_{kk} = 0$，因而热传导方程中的应变附加项可以忽略，于是退化为仅考虑温度对弹性变形影响的非耦合热弹性问题。

8.3 热弹性基本方程及其求解

热弹性分析中的基本方程仍然是几何方程、运动方程及物理方程。由于应变与位移间的几何关系与引起位移的原因无关，因此几何方程与等温弹性问题中的相同。在小变形情况下

$$\varepsilon_{ij} = \frac{1}{2}(u_{i,j} + u_{j,i}) \tag{8.3.1}$$

由于运动方程只考虑物体所受的力与运动间的关系，与产生这种力的原因无关，因而也与等温弹性问题中的相同。在有体积力时为

$$\sigma_{ij,j} + f_i = \rho\ddot{u}_i \tag{8.3.2}$$

在准静态问题中忽略物体的惯性力，于是运动方程(8.3.2)成为平衡方程

$$\sigma_{ij,j} + f_i = 0 \tag{8.3.3}$$

在 8.2 节中，我们已经根据热力学分析导出了各向同性线性热弹性材料的本构关系为

$$\sigma_{ij} = 2G\varepsilon_{ij} + \lambda\varepsilon_{kk}\delta_{ij} + \beta\theta\delta_{ij} \tag{8.3.4}$$

或

$$\varepsilon_{ij} = \frac{1}{2G}\left(\sigma_{ij} - \frac{\lambda}{2G+3\lambda}\sigma_{kk}\delta_{ij}\right) + \alpha\theta\delta_{ij} \tag{8.3.5}$$

式中,α 为线膨胀系数,且 $\beta=-E\alpha/(1-2\nu)$。式(8.3.4)和式(8.3.5)在直角坐标系中的展开形式在式(8.2.13)和式(8.2.14)中给出。

求解热弹性问题的边界条件仍与等温弹性问题的一样。其位移及应力边界条件分别为

$$\begin{cases} u_i = \bar{u}_i, & \text{在 } S_u \text{ 上} \\ \sigma_{ij}v_j = \bar{X}_i, & \text{在 } S_\sigma \text{ 上} \end{cases} \qquad (8.3.6)$$

在线性热弹性问题中,所有基本方程及边界条件都是线性的,因而当温度变化与载荷作用同时存在时,可以将它们分别求解,再进行叠加。

现在讨论以上基本方程的求解,由于方程(8.3.1)、方程(8.3.3)~方程(8.3.5)是线性的,因而易于从中消去某些未知变量,得到仅含有位移 u_i 或应力 σ_{ij} 的方程。在不考虑体积力及边界表面载荷时,平衡方程(8.3.3)及边界条件式(8.3.6)成为

$$\sigma_{ij,j} = 0, \quad \text{在 } V \text{ 域内} \qquad (8.3.7)$$

$$\sigma_{ij}v_j = 0, \quad \text{在 } S_\sigma \text{ 上} \qquad (8.3.8)$$

将式(8.3.1)代入式(8.3.4),得到以位移 u_i 表示的逆本构关系为

$$\sigma_{ij} = G(u_{i,j} + u_{j,i}) + \lambda \varepsilon_v \delta_{ij} + \beta\theta\delta_{ij} \qquad (8.3.9)$$

式中,$\varepsilon_v = \varepsilon_{kk} = \varepsilon_x + \varepsilon_y + \varepsilon_z$。

将式(8.3.9)代入式(8.3.7),得到以位移 u_i 表示的平衡方程为

$$Gu_{i,kk} + (\lambda + G)\varepsilon_{v,i} + \beta\theta_{,i} = 0 \qquad (8.3.10)$$

以位移 u_i 表示的应力边界条件,可由将式(8.3.9)代入式(8.3.8)得到

$$G(u_{i,j} + u_{j,i})v_j + \lambda\varepsilon_v v_i = -\beta\theta v_i \qquad (8.3.11)$$

将式(8.3.10)及式(8.3.11)分别与式(5.6.8)及式(5.6.11)比较可见,在热弹性情况下,由变温 θ 所产生的位移场,就等于在等温弹性情况下,由假想的体力 $\beta\theta_{,i}$ 及假想的边界力 $(-\beta\theta v_i)$ 作用下产生的位移场。这种将热弹性问题与等温弹性问题进行类比的方法称为杜汉梅-诺依曼(Duhamel-Neumann)原理。

为了得到以应力 σ_{ij} 为基本变量的应力协调方程,将式(8.3.10)对坐标 x_j 求导得

$$Gu_{i,jkk} + (\lambda + G)\varepsilon_{v,ij} + \beta\theta_{,ij} = 0 \qquad (8.3.12)$$

上式中的指标 i,j 互换后得到

$$Gu_{j,ikk} + (\lambda + G)\varepsilon_{v,ji} + \beta\theta_{,ji} = 0 \qquad (8.3.13)$$

将式(8.3.12)和式(8.3.13)两式相加,利用几何方程(8.3.1),并注意到 $\varepsilon_{v,ij} = \varepsilon_{v,ji}$,$\theta_{,ij} = \theta_{,ji}$,得

$$G\varepsilon_{ij,kk} + (\lambda + G)\varepsilon_{v,ij} + \beta\theta_{,ij} = 0 \qquad (8.3.14)$$

在上式中将指标 i,j 缩并得到

$$(\lambda + 2G)\varepsilon_{v,kk} = -\beta\theta_{,kk} \qquad (8.3.15)$$

将本构关系式(8.3.5)中的指标 i,j 缩并,得到热弹性问题中体积应变 ε_v 与第一应力不变量 $\Theta = \sigma_{ii}$ 间的关系

$$\varepsilon_v = \frac{1}{2G + 3\lambda}\Theta + 3\alpha\theta \qquad (8.3.16)$$

将式(8.3.16)代入式(8.3.15),得

$$\Theta_{,kk} = -\frac{4G(2G+3\lambda)}{\lambda+2G}\alpha\theta_{,kk} \tag{8.3.17}$$

将本构关系式(8.3.5)及式(8.3.16)代入式(8.3.14),并利用式(8.3.17)化简,最后可得应力协调方程为

$$(1+\nu)\nabla^2\sigma_{ij} + \frac{\partial^2\Theta}{\partial x_i \partial x_j} = -E\alpha\left(\frac{\partial^2\theta}{\partial x_i \partial x_j} + \frac{1+\nu}{1-\nu}\nabla^2\theta\delta_{ij}\right) \tag{8.3.18}$$

为了便于求解,常将 σ_{ij} 以应力函数表示,于是得到应力函数的协调方程,详见第5章的讨论。

应力协调方程(8.3.18)也可改写为另外的形式。首先将本构方程(8.3.4)改写为

$$\sigma_{ij} = \sigma_{ij}^* + \beta\theta\delta_{ij} \tag{8.3.19}$$

式中,

$$\sigma_{ij}^* = 2G\varepsilon_{ij} + \lambda\varepsilon_v\delta_{ij} \tag{8.3.20}$$

即 σ_{ij}^* 满足等温弹性情况的胡克定律。将式(8.3.19)分别代入平衡方程(8.3.7),应力边界条件式(8.3.8)及应力协调方程(8.3.18)后得到

$$\sigma_{ij,j}^* + \beta\theta_{,i} = 0 \tag{8.3.21}$$

$$\sigma_{ij}^* v_j = -\beta\theta v_i \tag{8.3.22}$$

$$\nabla^2\sigma_{ij}^* + \frac{1}{1+\nu}\Theta_{,ij}^* = -\beta\left(\frac{\nu}{1-\nu}\theta_{,kk}\delta_{ij} + 2\theta_{,ij}\right) \tag{8.3.23}$$

式中,Θ^* 为 σ_{ij}^* 的第一应力不变量,由式(8.3.19)可知

$$\Theta^* = \Theta - 3\beta\theta \tag{8.3.24}$$

将式(8.3.20)~式(8.3.23)分别与等温弹性问题中的相应公式比较可见,应力 σ_{ij}^* 等于在等温弹性问题中,由假想的体力 $\beta\theta_{,i}$ 与假想的边界力 $(-\beta\theta v_i)$ 作用下所产生的应力。而热弹性问题中的真实应力 σ_{ij} 应按式(8.3.19)由 σ_{ij}^* 与 $\beta\theta\delta_{ij}$ 叠加而得。这就是对热弹性应力解的杜汉梅-诺依曼原理。

运用杜汉梅-诺依曼原理,可以把求解温度应力的问题转化为求解受等效外力载荷作用的问题。这种转化为温度力的模型试验为研究带来了很大的便利。

位移平衡方程(8.3.10)是一组线性非齐次方程,它的解可由特解 u_i' 及对应齐次方程的一般解 u_i'' 两部分组成。对特解只要求满足非齐次方程,不一定满足边界条件。边界条件将由齐次解与特解叠加来满足。通常令特解 u_i' 为某一函数 $\varphi(x_i,t)$ 的偏导数

$$u_i' = \varphi_{,i} \tag{8.3.25}$$

函数 $\varphi(x_i,t)$ 称为热弹性位移势。将式(8.3.25)代入式(8.3.10)得到 ϕ 必须满足的方程为

$$\varphi_{,kki} = -\frac{\beta}{\lambda+2G}\theta_{,i} = \frac{1+\nu}{1-\nu}\alpha\theta_{,i} \tag{8.3.26}$$

将上式对坐标 x_i 作积分,略去积分常数得到

$$\varphi_{,kk} = \frac{1+\nu}{1-\nu}\alpha\theta \tag{8.3.27}$$

由于特解和边界条件无关,因此由式(8.3.27)求出的任一特解均可应用。对于无源非定常温度场,当参考状态的温度 T_0 为常数时,式(8.3.27)的解为

$$\varphi = \frac{1+\nu}{1-\nu}\alpha a\int_0^t \theta\,\mathrm{d}t + t\Phi_1 + \Phi_0 \tag{8.3.28}$$

式中，$a=k/\rho C_p$ 为导温系数。$\Phi_1(x_i)$ 为任意的调和函数，$\nabla^2\Phi_1=0$。$\Phi_0(x_i)$ 为 $t=0$ 时的热弹性位移势，不失一般性可取其为零。将式(8.3.28)代入式(8.3.27)，并利用非耦合的热传导方程(8.2.17)即取 $\dot\epsilon_{kk}=0$，而且取其中 $\gamma=0$，就很容易证明式(8.3.28)确为方程(8.3.27)的解。

将式(8.3.25)代入式(8.3.9)，并利用式(8.3.27)，就得到以热弹性位移势 φ 表示的与特解 u_i' 对应的应力分量

$$\sigma_{ij}=2G(\varphi_{,ij}-\varphi_{,kk}\delta_{ij}) \tag{8.3.29}$$

方程(8.3.10)的齐次解 u_i'' 即满足如下方程的解：

$$Gu_{i,kk}''+(\lambda+G)\epsilon_{v,i}''=0 \tag{8.3.30}$$

该方程的求解在第 5 章中已详细讨论。

上面介绍了以位移 u_i 及以应力 σ_{ij} 为未知量的两种基本求解方法，并分别得到了方程(8.3.10)及方程(8.3.18)。在一定的边界条件下求解这些方程就可得到位移或应力分布。我们还可用格林函数法研究因变温引起的位移，此时采用基于可能功原理的如下积分公式往往更便利：

$$u_i(P)=\alpha\int_V\overline\Theta_i(P,Q)\theta(Q)\mathrm{d}V(Q) \tag{8.3.31}$$

式中，$\theta(Q)$ 为物体中的变温分布；$u_i(P)$ 为仅仅由于温度改变 θ 而引起 P 点沿坐标 x_i 方向的位移；α 为线膨胀系数；$\overline\Theta_i(P,Q)$ 为等温状态时($\theta=0$)，在 P 点沿 x_i 方向作用的单位集中力，在物体中的任意一点 Q 所引起的正应力之和 $\overline\Theta_i=\sigma_x+\sigma_y+\sigma_z$。

式(8.3.31)可证明如下。考虑弹性体的两种受力及变形状态。状态 I 为等温弹性状态，仅在物体中的 P 点沿 x_i 方向作用一单位集中力 $\boldsymbol{F}=\boldsymbol{e}_i$，物体中产生的应力 $\bar\sigma_{ij}$ 与应变 $\bar\epsilon_{ij}$ 符合等温弹性情况的胡克定律

$$\bar\sigma_{ij}=2G\bar\epsilon_{ij}+\lambda\bar\epsilon_{kk}\delta_{ij} \tag{8.3.32}$$

在状态 II 中，物体从自由的参考状态起纯粹因温度变化 θ 而发生变形，物体不受体力与边界表面力作用。此时 P 点将有位移 $\boldsymbol{u}(P)$，体内各点也将产生热应力 σ_{ij} 与热应变 ϵ_{ij}，它们之间满足式(8.3.5)。假定状态 I 与状态 II 中的边界位移约束为零，即

$$u_i=0，\quad 在 S_u 上 \tag{8.3.33}$$

由可能功原理

$$\int_Vf_i^{(s)}u_i^{(k)}\mathrm{d}V+\int_{S_\sigma}P_i^{(s)}u_i^{(k)}\mathrm{d}S+\int_{S_u}P_i^{(s)}u_i^{(k)}\mathrm{d}S=\int_V\sigma_{ij}^{(s)}\epsilon_{ij}^{(k)}\mathrm{d}V \tag{8.3.34}$$

式中，(k)表示变形可能状态，(s)表示静力可能状态，请读者自行证明可能功原理。当取状态 I 为(s)状态，状态 II 为(k)状态时，由式(8.3.34)得

$$u_i(P)=\int_V\bar\sigma_{ij}\epsilon_{ij}\mathrm{d}V \tag{8.3.35}$$

式中，$u_i(P)$ 为 P 点在 x_i 方向的位移。当取状态 I 为(k)状态，状态 II 为(s)状态时，由式(8.3.34)得

$$\int_V\sigma_{ij}\bar\epsilon_{ij}\mathrm{d}V=0 \tag{8.3.36}$$

将式(8.3.35)与式(8.3.36)相减

$$u_i(P)=\int_V(\bar\sigma_{ij}\epsilon_{ij}-\sigma_{ij}\bar\epsilon_{ij})\mathrm{d}V \tag{8.3.37}$$

将式(8.3.32)与式(8.3.5)代入上式,消去 $\bar{\sigma}_{ij}$ 与 $\bar{\varepsilon}_{ij}$,化简后就得到式(8.3.31)。

按照式(8.3.31),只需计算等温情况下由单位集中载荷产生的应力场,以及变温的温度场分布,就可得到由变温引起的位移。当等温弹性问题中由单位集中力所产生的应力场已知时,这种方法就显得特别方便。

8.4 平面热应力问题

与等温弹性问题类似,在热弹性问题中也存在平面应变与平面应力两种特殊情况。在平面应变热弹性问题中,物体一般为等截面长柱体,垂直于轴线的载荷沿轴向 z 均匀分布,柱体表面的传热条件沿柱体母线保持不变。物体的轴向位移分量为零,所有应力与应变均为横截面内坐标 x、y 的函数。于是

$$\varepsilon_z = \gamma_{xz} = \gamma_{yz} = 0 \tag{8.4.1}$$

由热弹性胡克定律式(8.2.14)

$$\tau_{xz} = \tau_{yz} = 0, \quad \sigma_z = \nu(\sigma_x + \sigma_y) - E\alpha\theta \tag{8.4.2}$$

利用以上 σ_z 的表达式,面内应力与应变分量间的关系可以写为

$$\begin{cases} \varepsilon_x = \dfrac{1-\nu^2}{E}\left(\sigma_x - \dfrac{\nu}{1-\nu}\sigma_y\right) + (1+\nu)\alpha\theta \\[2mm] \varepsilon_y = \dfrac{1-\nu^2}{E}\left(\sigma_y - \dfrac{\nu}{1-\nu}\sigma_x\right) + (1+\nu)\alpha\theta \\[2mm] \gamma_{xy} = \dfrac{1}{G}\tau_{xy} \end{cases} \tag{8.4.3}$$

在平面应力热弹性问题中,物体一般为薄板型构件,只在薄板边缘上受面内载荷。沿着板厚(z 方向)热学条件保持不变。薄板上下表面无载荷作用,板内应力满足

$$\sigma_z = \tau_{xz} = \tau_{yz} = 0 \tag{8.4.4}$$

于是由式(8.2.14)

$$\gamma_{xz} = \gamma_{yz} = 0, \quad \varepsilon_z = -\dfrac{\nu}{E}(\sigma_x + \sigma_y) + \alpha\theta \tag{8.4.5}$$

面内应力、应变间的关系为

$$\begin{cases} \varepsilon_x = \dfrac{1}{E}(\sigma_x - \nu\sigma_y) + \alpha\theta \\[2mm] \varepsilon_y = \dfrac{1}{E}(\sigma_y - \nu\sigma_x) + \alpha\theta \\[2mm] \gamma_{xy} = \dfrac{1}{G}\tau_{xy} \end{cases} \tag{8.4.6}$$

比较式(8.4.3)与式(8.4.6)可见,它们可以写成如下统一的形式:

$$\begin{cases} \varepsilon_x = \dfrac{1}{E_1}(\sigma_x - \nu_1\sigma_y) + \alpha_1\theta \\[2mm] \varepsilon_y = \dfrac{1}{E_1}(\sigma_y - \nu_1\sigma_x) + \alpha_1\theta \\[2mm] \gamma_{xy} = \dfrac{1}{G}\tau_{xy} \end{cases} \tag{8.4.7}$$

其中材料常数 E_1、ν_1、α_1 对平面应变问题取为

$$E_1 = \frac{E}{1-\nu^2}, \quad \nu_1 = \frac{\nu}{1-\nu}, \quad \alpha_1 = (1+\nu)\alpha \qquad (8.4.8)$$

对平面应力问题取为

$$E_1 = E, \quad \nu_1 = \nu, \quad \alpha_1 = \alpha \qquad (8.4.9)$$

式(8.4.7)的逆关系为

$$\begin{cases} \sigma_x = \dfrac{E_1}{1-\nu_1^2}\left[\varepsilon_x + \nu_1\varepsilon_y - (1+\nu_1)\alpha_1\theta\right] \\[2mm] \sigma_y = \dfrac{E_1}{1-\nu_1^2}\left[\varepsilon_y + \nu_1\varepsilon_x - (1+\nu_1)\alpha_1\theta\right] \\[2mm] \tau_{xy} = G\gamma_{xy} \end{cases} \qquad (8.4.10)$$

平衡方程、几何方程及面内应变分量的协调方程对两类平面问题是相同的。在无体力时平衡方程为

$$\frac{\partial \sigma_x}{\partial x} + \frac{\partial \tau_{xy}}{\partial y} = 0, \quad \frac{\partial \tau_{xy}}{\partial x} + \frac{\partial \sigma_y}{\partial y} = 0 \qquad (8.4.11)$$

几何方程为

$$\varepsilon_x = \frac{\partial u}{\partial x}, \quad \varepsilon_y = \frac{\partial \nu}{\partial y}, \quad \gamma_{xy} = \frac{\partial u}{\partial y} + \frac{\partial \nu}{\partial x} \qquad (8.4.12)$$

协调方程为

$$\frac{\partial^2 \varepsilon_x}{\partial y^2} + \frac{\partial^2 \varepsilon_y}{\partial x^2} = \frac{\partial^2 \gamma_{xy}}{\partial x \partial y} \qquad (8.4.13)$$

在平面热弹性问题中,当变温分布 θ 已知时,利用式(8.4.7)、式(8.4.11)与式(8.4.12)这几组方程,再结合平面内的边界条件,就可求解面内的应力、应变与位移分量。在面内应力确定之后,由式(8.4.2)可计算平面应变问题的轴向应力,由式(8.4.5)可计算平面应力问题中的轴向应变。

上述基本方程的求解可以采用位移法或应力函数法。将几何方程(8.4.12)代入式(8.4.10),再代入式(8.4.11),得到以位移表示的平衡方程

$$\begin{cases} \nabla^2 u + \dfrac{1+\nu_1}{1-\nu_1}\dfrac{\partial}{\partial x}\left(\dfrac{\partial u}{\partial x} + \dfrac{\partial \nu}{\partial y}\right) = 2\dfrac{1+\nu_1}{1-\nu_1}\alpha_1\dfrac{\partial \theta}{\partial x} \\[3mm] \nabla^2 \nu + \dfrac{1+\nu_1}{1-\nu_1}\dfrac{\partial}{\partial y}\left(\dfrac{\partial u}{\partial x} + \dfrac{\partial \nu}{\partial y}\right) = 2\dfrac{1+\nu_1}{1-\nu_1}\alpha_1\dfrac{\partial \theta}{\partial y} \end{cases} \qquad (8.4.14)$$

在采用应力函数求解时,令

$$\sigma_x = \frac{\partial^2 \varphi}{\partial y^2}, \quad \sigma_y = \frac{\partial^2 \varphi}{\partial x^2}, \quad \tau_{xy} = -\frac{\partial^2 \varphi}{\partial x \partial y} \qquad (8.4.15)$$

式中 $\varphi(x,y)$ 为应力函数。按上式确定的应力分量使平衡方程(8.4.11)自动满足。将式(8.4.15)代入式(8.4.7),再代入式(8.4.13),得到以应力函数 φ 表示的变形协调方程为

$$\nabla^2\nabla^2\varphi = -E_1\alpha_1\nabla^2\theta \qquad (8.4.16)$$

式中,

$$\nabla^2\nabla^2 = \left(\frac{\partial^2}{\partial x^2} + \frac{\partial^2}{\partial y^2}\right)\left(\frac{\partial^2}{\partial x^2} + \frac{\partial^2}{\partial y^2}\right) = \frac{\partial^4}{\partial x^4} + 2\frac{\partial^4}{\partial x^2 \partial y^2} + \frac{\partial^4}{\partial y^4} \qquad (8.4.17)$$

平面热弹性问题的边界条件表示法与等温弹性问题类似,读者可参阅第 5 章。

平面问题的一种特殊情况是平面轴对称问题。此时物体的形状及温度分布沿轴向无变化,并具有轴对称性。在采用柱坐标 r、θ、z 描述时,所有量都仅是坐标 r 的函数,并且有

$$u_\theta = 0, \quad \varepsilon_{\theta z} = \varepsilon_{rz} = \varepsilon_{r\theta} = 0, \quad \tau_{\theta z} = \tau_{rz} = \tau_{r\theta} = 0 \tag{8.4.18}$$

这就极大简化了热弹性问题的求解。

平面轴对称热应力问题的基本方程为平衡方程

$$\frac{\mathrm{d}\sigma_r}{\mathrm{d}r} + \frac{\sigma_r - \sigma_\theta}{r} = 0 \tag{8.4.19}$$

几何方程

$$\varepsilon_r = \frac{\mathrm{d}u_r}{\mathrm{d}r}, \quad \varepsilon_\theta = \frac{u_r}{r} \tag{8.4.20}$$

由式(8.4.20)消去 u_r 得到应变协调方程

$$\frac{\mathrm{d}}{\mathrm{d}r}(r\varepsilon_\theta) - \varepsilon_r = 0 \tag{8.4.21}$$

面内应力、应变间的物理方程为

$$\begin{cases} \varepsilon_r = \dfrac{1}{E_1}(\sigma_r - \nu_1 \sigma_\theta) + \alpha_1 \theta \\[2mm] \varepsilon_\theta = \dfrac{1}{E_1}(\sigma_\theta - \nu_1 \sigma_r) + \alpha_1 \theta \\[2mm] \gamma_{r\theta} = \dfrac{1}{G}\tau_{r\theta} \end{cases} \tag{8.4.22}$$

或

$$\begin{cases} \sigma_r = \dfrac{E_1}{1 - \nu_1^2}[\varepsilon_r + \nu_1 \varepsilon_\theta - (1 + \nu_1)\alpha_1 \theta] \\[2mm] \sigma_\theta = \dfrac{E_1}{1 - \nu_1^2}[\varepsilon_\theta + \nu_1 \varepsilon_r - (1 + \nu_1)\alpha_1 \theta] \\[2mm] \tau_{r\theta} = G\gamma_{r\theta} \end{cases} \tag{8.4.23}$$

式中,E_1、ν_1 及 α_1 见式(8.4.8)与式(8.4.9)。

由式(8.4.2),平面应变问题的轴向应力为

$$\sigma_z = \nu(\sigma_r + \sigma_\theta) - E\alpha\theta \tag{8.4.24}$$

由式(8.4.5),平面应力问题的轴向应变为

$$\varepsilon_z = -\frac{\nu}{E}(\sigma_r + \sigma_\theta) + \alpha\theta \tag{8.4.25}$$

在用位移法求解时,将式(8.4.23)代入式(8.4.19),可得以应变表示的平衡方程

$$r\frac{\mathrm{d}}{\mathrm{d}r}(\varepsilon_r + \nu_1 \varepsilon_\theta) + (1 - \nu_1)(\varepsilon_r - \varepsilon_\theta) = (1 + \nu_1)\alpha_1 r\frac{\mathrm{d}\theta}{\mathrm{d}r} \tag{8.4.26}$$

再将几何方程(8.4.20)代入,就得到以位移表示的平衡方程

$$\frac{\mathrm{d}^2 u_r}{\mathrm{d}r^2} + \frac{1}{r}\frac{\mathrm{d}u_r}{\mathrm{d}r} - \frac{u_r}{r^2} = (1 + \nu_1)\alpha_1 \frac{\mathrm{d}\theta}{\mathrm{d}r} \tag{8.4.27}$$

它可以改写为

$$\frac{\mathrm{d}}{\mathrm{d}r}\left[\frac{1}{r}\frac{\mathrm{d}}{\mathrm{d}r}(ru_r)\right]=(1+\nu_1)\alpha_1\frac{\mathrm{d}\theta}{\mathrm{d}r} \tag{8.4.28}$$

对上式直接积分得出位移 u_r 的一般解为

$$u_r=(1+\nu_1)\alpha_1\frac{1}{r}\int_a^r\theta\rho\mathrm{d}\rho+C_1r+\frac{C_2}{r} \tag{8.4.29}$$

式中 C_1、C_2 为积分常数。积分下限 a 可以任意选取，为了方便，可取 a 为轴对称体的内孔半径，对实心体取 a 为零。

将式(8.4.29)代入式(8.4.20)，可求得应变 ε_r、ε_θ，再代入式(8.4.23)，可求得应力分量为

$$\sigma_r=-\alpha_1E_1\frac{1}{r^2}\int_a^r\theta\rho\mathrm{d}\rho+\frac{E_1}{1-\nu_1^2}\times\left[C_1(1+\nu_1)-C_2(1-\nu_1)\frac{1}{r^2}\right] \tag{8.4.30}$$

$$\sigma_\theta=\alpha_1E_1\frac{1}{r^2}\int_a^r\theta\rho\mathrm{d}\rho-\alpha_1E_1\theta+\frac{E_1}{1-\nu_1^2}\times\left[C_1(1+\nu_1)+C_2(1-\nu_1)\frac{1}{r^2}\right] \tag{8.4.31}$$

式中的常数 C_1、C_2 需由边界条件确定。由于

$$\lim_{r\to0}\frac{1}{r}\int_0^r\theta\rho\mathrm{d}\rho=0 \tag{8.4.32}$$

对实心柱体，考虑到 $r=0$ 时，u_r 应为有界，故由式(8.4.29)知 $C_2=0$。此时 C_1 可由实心体周边的边界条件决定。

在采用应力函数法求解时，将平衡方程(8.4.19)改写为

$$\frac{\mathrm{d}(r\sigma_r)}{\mathrm{d}r}-\sigma_\theta=0 \tag{8.4.33}$$

容易看出，若引入函数 $\varphi(r)$，使

$$\sigma_r=\frac{\varphi}{r},\quad\sigma_\theta=\frac{\mathrm{d}\varphi}{\mathrm{d}r} \tag{8.4.34}$$

则平衡方程(8.4.33)自动满足。将式(8.4.34)代入式(8.4.22)求得 ε_r、ε_θ，再代入式(8.4.21)，则协调方程成为

$$\frac{\mathrm{d}}{\mathrm{d}r}\left[\frac{1}{r}\frac{\mathrm{d}}{\mathrm{d}r}(r\varphi)\right]=-\alpha_1E_1\frac{\mathrm{d}\theta}{\mathrm{d}r} \tag{8.4.35}$$

对上式直接积分，得出应力函数 φ 的一般解为

$$\varphi=-\alpha_1E_1\frac{1}{r}\int_a^r\theta\rho\mathrm{d}\rho+D_1r+\frac{D_2}{r} \tag{8.4.36}$$

将上式与式(8.4.29)比较可见，这里应力函数 φ 的一般解与位移 u_r 的一般解具有相同的形式。式中 a 取轴对称体的内孔半径，对实心体 a 取零。积分常数 D_1 与 D_2 需由边界条件决定。对实心轴对称体，$D_2=0$。

将式(8.4.36)代入式(8.4.34)可得到应力分量

$$\sigma_r=-\alpha_1E_1\frac{1}{r^2}\int_a^r\theta\rho\mathrm{d}\rho+D_1+\frac{D_2}{r^2} \tag{8.4.37}$$

$$\sigma_\theta=\alpha_1E_1\left(-\theta+\frac{1}{r^2}\int_a^r\theta\rho\mathrm{d}\rho\right)+D_1-\frac{D_2}{r^2} \tag{8.4.38}$$

以上结果对平面应变及平面应力均适用。当 E_1、α_1、ν_1 按式(8.4.8)或式(8.4.9)取值时，就

分别得到这两种问题的具体结果。

将式(8.4.37)和式(8.4.38)代入式(8.4.24),并利用式(8.4.8),就得到平面应变问题中的轴向应力

$$\sigma_z = -\frac{\alpha E}{1-\nu}\theta + 2\nu D_1 \tag{8.4.39}$$

对两端固定的长轴对称体,为了使轴向位移 $w=0$,必须在它的两端作用如式(8.4.39)的轴向应力 σ_z。它们在端面上的合力为

$$N_z = \int_a^b 2\pi r\sigma_z \mathrm{d}r = -\frac{2\pi\alpha E}{1-\nu}\int_a^b \theta r\,\mathrm{d}r + 2\pi\nu(b^2-a^2)D_1 \tag{8.4.40}$$

式中 a、b 分别为内外半径。

如果柱体不是两端固定而是受轴力 P 作用,或柱体两端自由($P=0$),则必须按广义平面应变问题处理,在上面所得的位移及应力解上叠加由单向拉伸所产生的位移及应力。单向拉伸的轴力为

$$N = P - N_z \tag{8.4.41}$$

由轴力 N 在横截面上产生的均布应力为

$$\sigma_z = \frac{N}{\pi(b^2-a^2)} = \frac{P}{\pi(b^2-a^2)} + \frac{2\alpha E}{1-\nu}\cdot\frac{1}{b^2-a^2}\int_a^b \theta r\,\mathrm{d}r - 2\nu D_1 \tag{8.4.42}$$

将式(8.4.39)与式(8.4.42)叠加,就得到长圆柱体端部受轴力 P 时,横截面上的应力 σ_z 为

$$\sigma_z = \frac{P}{\pi(b^2-a^2)} + \frac{\alpha E}{1-\nu}\left(\frac{2}{b^2-a^2}\int_a^b \theta r\,\mathrm{d}r - \theta\right) \tag{8.4.43}$$

按照圣维南原理,在离端部较远处,横截面上的轴向应力如式(8.4.43)所示。应力 σ_r、σ_θ 不受单向拉伸的影响,但位移 u_r 会有变化。

例 8.4.1 一厚壁圆筒,内半径为 a,外半径为 b,两端自由且绝热,内外壁自由。筒内无热源,初始时温度均匀。经加热外壁升温 T_b,内壁升温 T_a,求热应力。

本例为轴对称问题。利用式(8.4.37),由 $r=a$ 及 $r=b$ 处 $\sigma_r=0$ 的条件得

$$D_1 + \frac{D_2}{a^2} = 0 \tag{8.4.37a}$$

$$D_1 + \frac{D_2}{b^2} - \alpha_1 E_1 \frac{1}{b^2}\int_a^b \theta\rho\,\mathrm{d}\rho = 0$$

解之得

$$D_1 = \frac{\alpha_1 E_1}{b^2-a^2}\int_a^b \theta\rho\,\mathrm{d}\rho, \quad D_2 = \frac{a^2}{a^2-b^2}\alpha_1 E_1\int_a^b \theta\rho\,\mathrm{d}\rho \tag{8.4.37b}$$

代入式(8.4.37)和式(8.4.38)得

$$\sigma_r = \frac{\alpha_1 E_1}{r^2}\left(\frac{r^2-a^2}{b^2-a^2}\int_a^b \theta\rho\,\mathrm{d}\rho - \int_a^r \theta\rho\,\mathrm{d}\rho\right) \tag{8.4.44}$$

$$\sigma_\theta = \frac{\alpha_1 E_1}{r^2}\left(\frac{r^2+a^2}{b^2-a^2}\int_a^b \theta\rho\,\mathrm{d}\rho - \int_a^r \theta\rho\,\mathrm{d}\rho - \theta r^2\right) \tag{8.4.45}$$

由于轴对称并且轴向无热流,温度场应该仅仅是 r 的函数,且满足定常无热源的热传导方程。利用柱坐标中拉普拉斯算子的轴对称形式得

$$\nabla^2\theta = \left(\frac{\mathrm{d}^2}{\mathrm{d}r^2} + \frac{1}{r}\frac{\mathrm{d}}{\mathrm{d}r}\right)\theta = 0 \qquad (8.4.46)$$

即

$$\frac{1}{r}\frac{\mathrm{d}}{\mathrm{d}r}\left(r\frac{\mathrm{d}\theta}{\mathrm{d}r}\right) = 0 \qquad (8.4.46a)$$

其一般解为

$$\theta = A\ln r + B \qquad (8.4.46b)$$

由内外壁处的边界条件 $\theta|_{r=a} = T_a$，$\theta|_{r=b} = T_b$ 确定常数 A、B，最后得到变温分布为

$$\theta = T_a + (T_b - T_a)\frac{\ln(r/a)}{\ln(b/a)} \qquad (8.4.46c)$$

将式(8.4.46c)代入式(8.4.44)和式(8.4.45)作积分，并按式(8.4.8)作弹性常数及膨胀系数的替换后得

$$\sigma_r = \frac{\alpha E}{1-\nu}\frac{T_a - T_b}{2\ln(b/a)}\left[-\ln\frac{b}{r} + \frac{a^2}{b^2 - a^2}\left(\frac{b^2}{r^2} - 1\right)\ln\frac{b}{a}\right] \qquad (8.4.47)$$

$$\sigma_\theta = \frac{\alpha E}{1-\nu}\frac{T_a - T_b}{2\ln(b/a)}\left[1 - \ln\frac{b}{r} - \frac{a^2}{b^2 - a^2}\left(\frac{b^2}{r^2} + 1\right)\ln\frac{b}{a}\right] \qquad (8.4.48)$$

将式(8.4.46c)代入式(8.4.43)，并取其中 $P = 0$ 可得

$$\sigma_z = \frac{\alpha E}{1-\nu}\frac{T_a - T_b}{2\ln(b/a)}\left(1 - 2\ln\frac{b}{r} - \frac{2a^2}{b^2 - a^2}\ln\frac{b}{a}\right) \qquad (8.4.49)$$

当 $T_a > T_b$ 时，圆筒内的应力分布大致如图 8.4.1 所示。在圆筒的内外表面，σ_θ 及 σ_z 具有最大值。

$$\sigma_\theta|_{r=a} = \sigma_z|_{r=a} = \frac{\alpha E}{1-\nu}(T_a - T_b)\left[\frac{1}{2\ln(b/a)} - \frac{b^2}{b^2 - a^2}\right] \qquad (8.4.50)$$

$$\sigma_\theta|_{r=b} = \sigma_z|_{r=b} = \frac{\alpha E}{1-\nu}(T_a - T_b)\left[\frac{1}{2\ln(b/a)} - \frac{b^2}{b^2 - a^2}\right] \qquad (8.4.51)$$

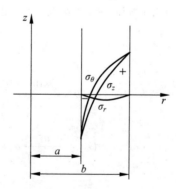

图 8.4.1 圆筒内的应力分布

8.5 板中的热应力

考虑一弹性薄板，受任意变温分布 $\theta(x,y,z)$ 的影响。一般说来，板不仅在其中面内产生拉伸或压缩，而且在沿板厚变化的变温 $\theta(x,y,z)$ 作用下还将产生弯曲。

假设薄板是小挠度弯曲,即与中面平行的各层互不挤压的假设

$$\varepsilon_z = \gamma_{xz} = \gamma_{yz} = 0, \quad \sigma_z = 0 \tag{8.5.1}$$

以 u^0、v^0、w^0 及 ε_x^0、ε_y^0、γ_{zy}^0 分别表示中面的位移及应变,它们都只是坐标(x,y)的函数。采用与薄板弯曲问题中类似的分析即位移是厚度方向 z 的一次函数,可得板内其余各点的位移及应变为

$$u = u^0 - z\frac{\partial w}{\partial x}, \quad v = v^0 - z\frac{\partial w}{\partial y}, \quad w = w^0 \tag{8.5.2}$$

$$\varepsilon_x = \varepsilon_x^0 - z\frac{\partial^2 w}{\partial x^2}, \quad \varepsilon_y = \varepsilon_y^0 - z\frac{\partial^2 w}{\partial y^2} \tag{8.5.3}$$

$$\gamma_{xy} = \gamma_{xy}^0 - 2z\frac{\partial^2 w}{\partial x \partial y} \tag{8.5.4}$$

由式(8.2.14),并注意到式(8.5.1)的基本假设,得到考虑温度影响的应力-应变关系为

$$\begin{cases} \varepsilon_x = \varepsilon_x^0 - z\dfrac{\partial^2 w}{\partial x^2} = \dfrac{1}{E}(\sigma_x - \nu\sigma_y) + \alpha\theta \\[2mm] \varepsilon_y = \varepsilon_y^0 - z\dfrac{\partial^2 w}{\partial y^2} = \dfrac{1}{E}(\sigma_y - \nu\sigma_x) + \alpha\theta \\[2mm] \gamma_{xy} = \gamma_{xy}^0 - 2z\dfrac{\partial^2 w}{\partial x \partial y} = \dfrac{2(1+\nu)}{E}\tau_{xy} \end{cases} \tag{8.5.5}$$

上式或改写为以应变表示应力的形式

$$\begin{cases} \sigma_x = \dfrac{E}{1-\nu^2}\left[\varepsilon_x^0 + \nu\varepsilon_y^0 - z\left(\dfrac{\partial^2 w}{\partial x^2} + \nu\dfrac{\partial^2 w}{\partial y^2}\right) - (1+\nu)\alpha\theta\right] \\[3mm] \sigma_y = \dfrac{E}{1-\nu^2}\left[\varepsilon_y^0 + \nu\varepsilon_x^0 - z\left(\dfrac{\partial^2 w}{\partial y^2} + \nu\dfrac{\partial^2 w}{\partial x^2}\right) - (1+\nu)\alpha\theta\right] \\[3mm] \tau_{xy} = \dfrac{E}{2(1+\nu)}\left(\gamma_{xy}^0 - 2z\dfrac{\partial^2 w}{\partial x \partial y}\right) \end{cases} \tag{8.5.6}$$

记板厚为 h,考虑如图8.5.1所示的微元,微元侧面上的受力如图所示。其中

$$\begin{cases} N_x = \displaystyle\int_{-h/2}^{h/2} \sigma_x \, \mathrm{d}z, \qquad N_y = \displaystyle\int_{-h/2}^{h/2} \sigma_y \, \mathrm{d}z \\[3mm] N_{xy} = \displaystyle\int_{-h/2}^{h/2} \tau_{xy} \, \mathrm{d}z, \quad M_x = \displaystyle\int_{-h/2}^{h/2} \sigma_x z \, \mathrm{d}z \\[3mm] M_y = \displaystyle\int_{-h/2}^{h/2} \sigma_y z \, \mathrm{d}z, \quad M_{xy} = \displaystyle\int_{-h/2}^{h/2} \tau_{xy} z \, \mathrm{d}z \\[3mm] Q_x = \displaystyle\int_{-h/2}^{h/2} \tau_{xz} \, \mathrm{d}z, \qquad Q_y = \displaystyle\int_{-h/2}^{h/2} \tau_{yz} \, \mathrm{d}z \end{cases} \tag{8.5.7}$$

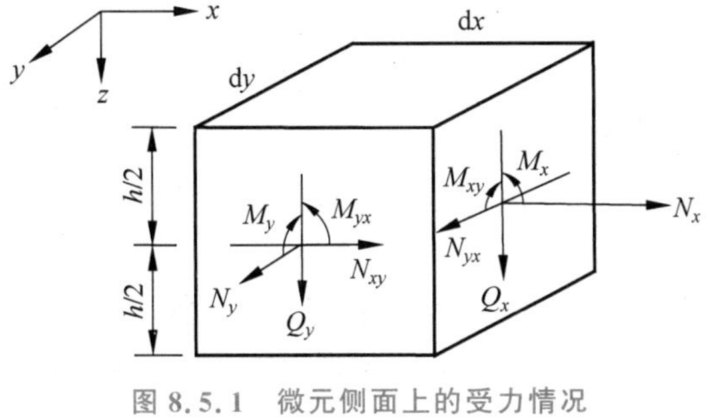

图 8.5.1　微元侧面上的受力情况

式中，N_x、N_y、N_{xy} 为作用在中面单位宽度上的力，它们在板内引起薄膜应力；M_x、M_y、M_{xy} 为作用在微元体侧面单位宽度上的弯矩及扭矩，它们在板内引起弯曲应力。Q_x 和 Q_y 为横剪力。将式(8.5.6)代入式(8.5.7)，可将中面力及力矩表达为

$$N_x = \frac{Eh}{1-\nu^2}\left[\varepsilon_x^0 + \nu\varepsilon_y^0 - (1+\nu)\alpha n_T\right]$$

$$N_y = \frac{Eh}{1-\nu^2}\left[\varepsilon_y^0 + \nu\varepsilon_x^0 - (1+\nu)\alpha n_T\right]$$

$$N_{xy} = \frac{Eh}{2(1+\nu)}\gamma_{xy}^0 \tag{8.5.8}$$

$$\begin{cases} M_x = -D\left(\dfrac{\partial^2 w}{\partial x^2} + \nu\dfrac{\partial^2 w}{\partial y^2}\right) - M_T \\[2mm] M_y = -D\left(\dfrac{\partial^2 w}{\partial y^2} + \nu\dfrac{\partial^2 w}{\partial x^2}\right) - M_T \\[2mm] M_{xy} = M_{yx} = -D(1-\nu)\dfrac{\partial^2 w}{\partial x\partial y} \end{cases} \tag{8.5.9}$$

式中，

$$D = \frac{Eh^3}{12(1-\nu^2)} \tag{8.5.10}$$

为板的弯曲刚度；

$$n_T = \frac{1}{h}\int_{-h/2}^{h/2}\theta\,\mathrm{d}z, \quad M_T = \frac{E\alpha}{1-\nu}\int_{-h/2}^{h/2}\theta z\,\mathrm{d}z \tag{8.5.11}$$

式中，n_T 为沿板厚的平均变温，M_T 为变温等效弯矩。

分别由式(8.5.8)、式(8.5.9)解出 ε_x^0、ε_y^0、γ_{xy}^0 及 $\dfrac{\partial^2 w}{\partial x^2}$、$\dfrac{\partial^2 w}{\partial y^2}$、$\dfrac{\partial^2 w}{\partial x\partial y}$ 后，代入式(8.5.6)可得

$$\begin{cases} \sigma_x = \dfrac{N_x}{h} + \dfrac{12}{h^3}(M_x + M_T)z + \dfrac{E\alpha}{1-\nu}(n_T - \theta) \\[2mm] \sigma_y = \dfrac{N_y}{h} + \dfrac{12}{h^3}(M_y + M_T)z + \dfrac{E\alpha}{1-\nu}(n_T - \theta) \\[2mm] \tau_{xy} = \dfrac{N_{xy}}{h} + \dfrac{12}{h^3}M_{xy}z \end{cases} \tag{8.5.12}$$

在求得内力 N_x、N_y、N_{xy} 及力矩 M_x、M_y、M_{xy} 后，由上式可计算板中的应力。

现在考虑单元体的平衡。由中面内的力平衡得出

$$\frac{\partial N_x}{\partial x} + \frac{\partial N_{xy}}{\partial y} = 0, \quad \frac{\partial N_{xy}}{\partial x} + \frac{\partial N_y}{\partial y} = 0 \tag{8.5.13}$$

由关于 x、y 轴的力矩平衡可得

$$\frac{\partial M_{xy}}{\partial x} + \frac{\partial M_y}{\partial y} = Q_y, \quad \frac{\partial M_x}{\partial x} + \frac{\partial M_{xy}}{\partial y} = Q_x \tag{8.5.14}$$

请读者自行推导式(8.5.13)和式(8.5.14)。在考虑 z 方向力的平衡时，除必须考虑横剪力 Q_x、Q_y 在单元体各面上的变化，还必须考虑薄膜力 N_x、N_y、N_{xy} 的 z 方向分量在单元体各

面上的变化。以如图 8.5.2 所示的单元体为例。在 $x=$ const. 的面上，由于板的变形，薄膜力 N_x 和 N_{xy} 在 z 轴方向的分量分别为 $N_x \dfrac{\partial w}{\partial x}$ 和 $N_{xy} \dfrac{\partial w}{\partial y}$。同理在 $y=$ const. 的面上，薄膜力 N_y 和 N_{yx} 在 z 轴方向也有分量 $N_y \dfrac{\partial w}{\partial y}$ 和 $N_{xy} \dfrac{\partial w}{\partial x}$。考虑到以上因素，假定在板的表面上没有横向载荷作用，可得 z 方向力的平衡方程为

$$\frac{\partial}{\partial x}\left(Q_x + N_x \frac{\partial w}{\partial x} + N_{xy} \frac{\partial w}{\partial y}\right) + \frac{\partial}{\partial y}\left(Q_y + N_y \frac{\partial w}{\partial y} + N_{xy} \frac{\partial w}{\partial x}\right) = 0 \qquad (8.5.15)$$

即

$$\frac{\partial Q_x}{\partial x} + \frac{\partial Q_y}{\partial y} + N_x \frac{\partial^2 w}{\partial x^2} + 2N_{xy} \frac{\partial^2 w}{\partial x \partial y} + N_y \frac{\partial^2 w}{\partial y^2} = 0 \qquad (8.5.16)$$

在导出此式时利用了 x、y 面内的平衡方程(8.5.13)。

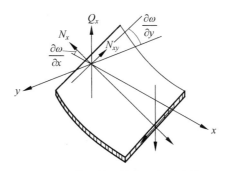

图 8.5.2　单元体上的变形与受力情况

将式(8.5.14)代入式(8.5.16)，并利用式(8.5.9)，得到变温情况下弹性薄板的挠曲面方程为

$$D \nabla^2 \nabla^2 w = -\nabla^2 M_T + N_x \frac{\partial^2 w}{\partial x^2} + 2N_{xy} \frac{\partial^2 w}{\partial x \partial y} + N_y \frac{\partial^2 w}{\partial y^2} \qquad (8.5.17)$$

式(8.5.17)右端后三项表示薄膜力对位移 w 的影响。在小变形且薄膜力不大时，这三项可以忽略。于是薄板的挠曲微分方程为

$$D \nabla^2 \nabla^2 w = -\nabla^2 M_T \qquad (8.5.18)$$

式中的 $(-\nabla^2 M_T)$ 称为变温等效横向载荷。在已知变温分布 θ 之后，由式(8.5.11)可求得变温等效弯矩 M_T，进而可得变温等效横向载荷。在一定的边界条件下求解方程(8.5.18)，得出板的挠度 w 后，代入式(8.5.9)可求出弯矩 M_x、M_y 及扭矩 M_{xy}。值得注意的是，在涉及弯矩的边界条件中，弯矩的计算必须采用式(8.5.9)，其中的 M_T 项不可忽略。

为了确定薄膜力 N_x、N_y、N_{xy}，必须求解式(8.5.13)。引入应力函数 $\varphi(x,y)$，使

$$\frac{N_x}{h} = \frac{\partial^2 \varphi}{\partial y^2}, \quad \frac{N_{xy}}{h} = -\frac{\partial^2 \varphi}{\partial x \partial y}, \quad \frac{N_y}{h} = \frac{\partial^2 \varphi}{\partial x^2} \qquad (8.5.19)$$

则式(8.5.13)自然满足。再由满足变形协调的要求就可决定函数 φ。中面应变 ε_x^0、ε_y^0、γ_{xy}^0 的变形协调要求为

$$\frac{\partial^2 \varepsilon_x^0}{\partial y^2} + \frac{\partial^2 \varepsilon_y^0}{\partial x^2} = \frac{\partial^2 \gamma_{xy}^0}{\partial x \partial y} \qquad (8.5.20)$$

由式(8.5.8)解出 ε_x^0、ε_y^0、γ_{xy}^0,并代入上式得

$$\frac{\partial^2}{\partial y^2}\left(\frac{N_x - \nu N_y}{h} + E\alpha n_T\right) - 2(1+\nu)\frac{\partial^2}{\partial x \partial y}\left(\frac{N_{xy}}{h}\right) + \frac{\partial^2}{\partial x^2}\left(\frac{N_y - \nu N_x}{h} + E\alpha n_T\right) = 0$$

$$(8.5.21)$$

将式(8.5.19)代入上式,得出应力函数 φ 应满足的方程为

$$\nabla^2 \nabla^2 \varphi = -E\alpha \nabla^2 n_T \qquad (8.5.22)$$

已知变温分布 θ 后,在一定的边界条件下求解方程(8.5.22)可得到应力函数 φ,再由式(8.5.19)可计算薄膜力。在得到薄膜力 N_x、N_y、N_{xy},弯矩 M_x、M_y 及扭矩 M_{xy} 后,由式(8.5.12)可计算板中的应力。

方程(8.5.18)与方程(8.5.22)适用于任意坐标系。代入某一坐标系中 ∇^2 的表达式后,就得到该坐标系中的定解方程。

由式(8.5.18)与式(8.5.22)可以看出,板的变形及受力状态与板内的变温 θ 分布有关。下面讨论几种具体情况。

1. 平面应力热弹性问题

如果变温 θ 沿板的厚度没有变化,而只是 x 和 y 的函数,即 $\theta = \theta(x, y)$,那么由式(8.5.11)可见,此时有

$$n_T = \theta(x, y), \quad M_T = 0 \qquad (8.5.23)$$

不难看出,$w = 0$ 将满足一切边界条件。并且式(8.5.9)给出

$$M_x = M_y = M_{xy} = 0 \qquad (8.5.24)$$

所以当板内的变温 θ 沿板的厚度不变时,板将不产生弯曲,即板处于平面应力状态。前面的所有方程都将退化到平面应力基本方程。

2. 变温 θ 仅沿板厚变化

如果变温 θ 不随 x、y 变化,而只是 z 的函数,$\theta = \theta(z)$,那么由式(8.5.11)可见,n_T 及 M_T 均为常数。方程(8.5.18)和方程(8.5.22)分别成为

$$\nabla^2 \nabla^2 w = 0 \qquad (8.5.25)$$

$$\nabla^2 \nabla^2 \varphi = 0 \qquad (8.5.26)$$

此时考虑如下两种特殊情况:

(1) 周边自由的板。如果取

$$N_x = N_y = N_{xy} = 0 \qquad (8.5.27)$$

则式(8.5.26)得到满足。如果同时取

$$M_x = M_y = M_{xy} = 0 \qquad (8.5.28)$$

则由式(8.5.9)得

$$\frac{\partial^2 w}{\partial x^2} = \frac{\partial^2 w}{\partial y^2} = -\frac{M_T}{D(1+\nu)} = \text{const.}, \quad \frac{\partial^2 w}{\partial x \partial y} = 0 \qquad (8.5.29)$$

由上式解得

$$w = -\frac{M_T}{2D(1+\nu)}(x^2 + y^2) \qquad (8.5.30)$$

这个解满足方程(8.5.25)。由式(8.5.27)、式(8.5.28)及式(8.5.30)所表示的内力与位移解使所有方程及自由边边界条件都被满足,因此它们就是正确解答。此时板只产生挠度而没有任何内力。

如果 $M_T = 0$,由式(8.5.30)得出 $w = 0$。因此如果温度关于中间平面 $z = 0$ 对称,那么板仍保持为平面。

板中的应力可由式(8.5.12)得出为

$$\sigma_x = \sigma_y = \frac{12}{h^3} M_T z + \frac{E\alpha}{1-\nu}(n_T - \theta), \quad \tau_{xy} = 0 \tag{8.5.31}$$

上述应力沿板厚度的积分为零,在板的边缘处,它们组成自平衡的力系,满足周边自由的边界条件。

(2) 周边固定的板。取 $w = 0$,则方程(8.5.25)及固支边的边界条件均被满足。此时由式(8.5.9)可得

$$M_x = M_y = -M_T = \text{const.}, \quad M_{xy} = 0 \tag{8.5.32}$$

即板内各处有均匀的弯矩。如果板中面的位移 u^0 和 v^0 也被完全限制,那么 $\varepsilon_x^0 = \varepsilon_y^0 = \gamma_{xy}^0 = 0$。由式(8.5.8)得出

$$N_x = N_y = -\frac{Eh}{1-\nu}\alpha n_T = \text{const.}, \quad N_{xy} = 0 \tag{8.5.33}$$

即还存在均匀薄膜力。将式(8.5.30)、式(8.5.33)代入式(8.5.12),得板中的应力为

$$\sigma_x = \sigma_y = -\frac{E\alpha}{1-\nu}\theta, \quad \tau_{xy} = 0 \tag{8.5.34}$$

8.6 热冲击和热冲击阻抗的估算

很早以前人们就认识到脆性材料在热冲击的情况下易于发生破坏,我们基于下面两种破坏准则来讨论脆性材料抵抗热冲击的能力:①最大正应力准则,②基于威布尔(Weibull)统计理论的最大破裂危险准则。这两种破坏准则的应用,都需事先将热冲击的应力算出。在工程上,为了简便,热应力的计算一般采用准静态的方法,而不采用动态热应力的计算方法。这样,所得到的结论就成为近似的,或者说,是一种估算。基于这两种破坏准则的理论,分别称为临界应力理论和热冲击阻抗统计理论[77]。下面,我们分别进行讨论。

8.6.1 临界应力理论

这一理论认为,如果物体内任一点的应力达到一定的临界值 σ_f,就假定材料产生了损坏。现在,我们用算例来说明这一理论的具体内容和应用。

取厚为 $2b$ 的厚板,如图 8.6.1 所示,其初始温度 $T_0 = 0$。将板突然放入温度为 T_A 的介质中,则板的温度变化 $\theta(y, t)$ 由 Takeuti 和 Furukawa[78] 得到,为

$$\theta(y, t) = T_A \left[1 - 2 \sum_{n=1}^{\infty} \frac{\sin\omega_n \cos\left(\omega_n \frac{y}{b}\right)}{\omega_n + \sin\omega_n \cos\omega_n} e^{-\frac{\omega_n^2}{b^2} k_d t} \right] \tag{8.6.1}$$

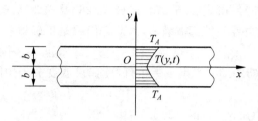

图 8.6.1 厚板的热冲击问题

ω_n 是下列方程的根

$$-\omega_n \sin\omega_n + hb\cos\omega_n = 0 \qquad (8.6.2)$$

式中,$h = \xi/k$ 是与介质之间的相对换热系数,ξ 是换热系数,$k_d = k/\rho C_p$。然后,用准静态的方法计算热应力 σ_x 和 σ_z。对于这种一维问题,可以用更简单的方法得到 σ_x 和 σ_z。由于板在 x、z 方向的尺寸比起 y 方向的尺寸要大得多,我们近似认为是平面应力,而且关于 x、z 方向对称。设 ε_0 为板的中性面(x,z 面)上由于热膨胀和热应力的作用而产生的热应变,则由式(8.4.7)可以得到板上任意点对应于热应力的应变为[79]

$$\varepsilon_x = \varepsilon_z = \varepsilon_0 - \alpha\theta \qquad (8.6.3)$$

式中,ε_0 是待定的函数,α 为热膨胀系数。热应力 σ_x 和 σ_z 等于

$$\sigma_x = \sigma_z = \sigma = \frac{E}{1-\nu^2}(\varepsilon_x + \nu\varepsilon_z) = \frac{E}{1-\nu}(\varepsilon_0 - \alpha\theta) \qquad (8.6.4)$$

设板的周边是自由的,则边界条件为

$$\int_{-b}^{b} \sigma_x \mathrm{d}y = \int_{-b}^{b} \sigma_z \mathrm{d}y = 0 \qquad (8.6.5)$$

应用这个边界条件(即将 σ_x 或 σ_z 表达式代入此条件)可得

$$\varepsilon_0 = \frac{\alpha}{2b}\int_{-b}^{b} \theta(y,t)\mathrm{d}y \qquad (8.6.6)$$

于是,热应力可写成

$$\sigma = \frac{\alpha E}{1-\nu}\left[-\theta(y,t) + \frac{1}{2b}\int_{-b}^{b}\theta(y,t)\mathrm{d}y\right] \qquad (8.6.7)$$

以 θ_m 表示板沿厚度方向的平均温升,即

$$\theta_m = \frac{1}{2b}\int_{-b}^{b}\theta(y,t)\mathrm{d}y \qquad (8.6.8)$$

则热应力又可写成

$$\sigma = \frac{\alpha E}{1-\nu}(\theta_m - \theta) \qquad (8.6.9)$$

将式(8.6.1)代入式(8.6.8)和式(8.6.9),就得到热应力 σ 的最后表达式。以 σ^* 表示无量纲的热应力,等于

$$\sigma^* = \sigma \cdot \frac{1-\nu}{E\alpha(T_A - T_0)} = \sigma \cdot \frac{1-\nu}{E\alpha T_A} \qquad (8.6.10)$$

并定义一个无量纲的换热系数 β 及无量纲时间 τ 为

$$\beta = bh, \quad \tau = t\frac{k_d}{b^2} \qquad (8.6.11)$$

则在给定材料的物性系数 α 和 k_d 后,热应力 σ^* 将取决于 β。这是由于温度场 $\theta(y,t)$ 取决于式(8.6.2)所给出的 ω_n,而 ω_n 只依赖于 β。我们称 β 为比奥特(Biot)数。

临界应力理论中,以 β 为参数计算出板表面的无量纲热应力 σ^*(板表面热应力大于内部的热应力)与无量纲时间 τ 的关系,如图 8.6.2 所示。由图 8.6.2 可见,对于各种 β 值,无量纲热应力 σ^* 经过一段时间后到达最大应力 σ^*_{max}。此后,σ^* 随时间增大而减少直至消失。同时还可以看出,对于不同的 β 有不同的 σ^*_{max}。我们的目的在于找出最大的热应力,并检验该热应力是否达到 σ_f,而不必考虑 σ^* 达到 σ^*_{max} 所需的时间。因此,绘出 β 与 σ^*_{max} 的关系图,如图 8.6.3 和图 8.6.4 所示。

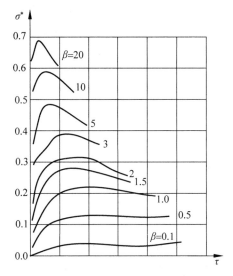

图 8.6.2 板表面的无量纲热应力与
无量纲时间的关系

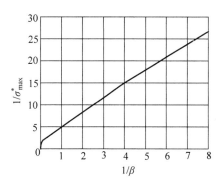

图 8.6.3 最大无量纲热应力的倒数与
比奥特数的倒数的关系

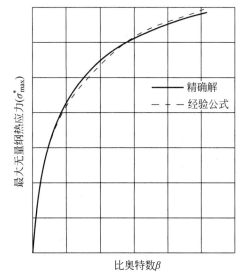

图 8.6.4 最大无量纲热应力与比奥特数的关系

根据图 8.6.4,可以得到以下近似经验公式:

$$\frac{1}{\sigma_{\max}^{*}} = 1.5 + \frac{3.25}{\beta} - 0.5e^{-16/\beta} \tag{8.6.12}$$

当 β 较小时,式(8.6.12)可写成

$$\frac{1}{\sigma_{\max}^{*}} = \frac{3.25}{\beta} \tag{8.6.13}$$

许多研究者提出类似此式的其他表达式,如 $1/\sigma_{\max}^{*} \approx 4/\beta$,$1/\sigma_{\max}^{*} \approx 3/\beta$ 等。将此式代入式(8.6.10),得

$$T_A - T_0 = \frac{3.25(1-\nu)\sigma_{\max}}{\beta E\alpha} = \frac{k\sigma_{\max}}{E\alpha} \cdot \frac{3.25(1-\nu)}{b\xi} \tag{8.6.14}$$

我们定义热冲击阻抗为[77],在给定表面换热系数 ξ 的情况下材料出现损坏的最低温差 $(T_A - T_0)_f$。由式(8.6.14)可知厚板的热冲击阻抗 $(T_A - T_0)_f$ 为

$$(T_A - T_0)_f = \frac{k\sigma_f}{E\alpha}(1-\nu) \cdot \frac{3.25}{b\xi} \tag{8.6.15}$$

定义热冲击阻抗系数 R 为[77]

$$R = \frac{k\sigma_f}{E\alpha}(1-\nu) \tag{8.6.16}$$

以 S 表示形状系数,它等于某给定常数 C(此处 $C = 3.25$)与 b 的比值。并以 ΔT_f 表示热冲击阻抗,则式(8.6.15)可写成

$$\Delta T_f = R \cdot S \cdot \frac{1}{\xi} \tag{8.6.17}$$

这一公式也可以应用到其他形状的物体上。例如半径为 r_m 的圆盘,其周边受到温度为 T_A 的介质的传热,上下两表面为绝热状态。取 $\beta = hr_m = \frac{\xi}{k}r_m$,$\tau = t \cdot k_d/r_m^2$,则可以得到与图 8.6.2 和图 8.6.3 相似的 σ^*-τ 图和 $\sigma_{\max}^*$-β 图,分别如图 8.6.5 和 8.6.6 所示。

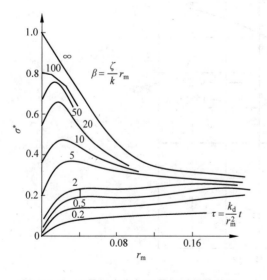

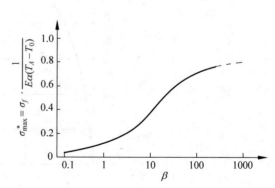

图 8.6.5　无量纲应力与无量纲时间的关系　　　　图 8.6.6　无量纲应力与比奥特数的关系

因此,圆盘的热冲击阻抗 ΔT_f 也由式(8.6.17)表达。式中 $S = C/r_m$(C 不等于 3.25)。此外,和平板上应力分布情况类似,圆盘的最大热应力 $\sigma(\sigma_\theta)$ 也在边缘上,即在 $r = r_m$ 处。

显然,以上的热应力强度分析中未考虑动力项的影响,因而只是近似的。但作为工程问题的一种估算方法,是可行的。

8.6.2 热冲击阻抗统计理论

以上的临界应力理论并不是对各种情况都有效。对一些试件进行实验,试件损坏时测定的应力取决于试件上应力的分布状态。Weibull 公式则是基于脆性材料中裂纹的分布和每个微元体的应力对材料损坏危险性的贡献[80]。所以 Weibull 理论适用于由于应力分布引起的材料损坏。下面,我们对这一理论作简要的说明,并介绍它的应用。

以 S_i 表示单位体积材料的损坏概率,$0 \leqslant S_i \leqslant 1$,是应力的函数,且函数曲线是一个分布曲线,如图 8.6.7 所示。

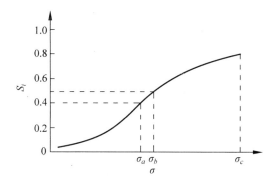

图 8.6.7 损坏概率与应力的函数关系

图中,应力 σ_a 对应试件 40% 已经损坏,σ_b 对应 50% 已经损坏,σ_c 则对应全部试件损坏。体积为 V 的试件在均匀的应力作用下,损坏概率 S_V 和 S_i 的关系由以下统计理论基本方程表示:

$$S_V = 1 - e^{V/V_0 \ln(1-S_i)} \tag{8.6.18}$$

式中,V_0 是参考体积。Weibull 定义破裂危险 R 为式(8.6.18)中指数的负值,即

$$R \equiv -\frac{V}{V_0} \ln(1 - S_i) \tag{8.6.19}$$

于是

$$S_V = 1 - e^{-R} \tag{8.6.20}$$

式(8.6.19)表明,破裂危险 R 的增长同时取决于应力和体积的增大。设物体内任一点上开始破裂于某给定的应力 σ_i,则

$$dR = f(\sigma_i) \frac{dV}{V_0} \tag{8.6.21}$$

对于整体有

$$R = \frac{1}{V_0} \int_V f(\sigma_i) dV \tag{8.6.22}$$

于是损坏的概率 S_V 就可写成

$$S_V = 1 - e^{-\int_V f(\sigma_i) dV} \tag{8.6.23}$$

对于各种材料的分布曲线，Weibull 用以下方程表达：

$$f(\sigma_i) = \left(\frac{\sigma}{\sigma_0}\right)^n \tag{8.6.24}$$

式中，σ_0 是材料的应力常数，n 是表征损坏分布曲线形状的材料常数。取极限情况 $n = \infty$，则当 $\sigma < \sigma_0$ 时，$S_V = 0$；当 $\sigma > \sigma_0$ 时，$S_V = 1$。这种情况相应于损坏的临界应力理论，且 σ_0 就是材料的破坏应力。

将 $f(\sigma_i)$ 的近似表达式(8.6.24)代入式(8.6.22)中，得

$$R = \frac{1}{V_0 \sigma_0^n} \int_V \sigma^n dV \tag{8.6.25}$$

这样，损坏概率 S_V 就可写成以应力表达的一般形式

$$S_V = 1 - e^{(-1/V_0 \sigma_0^n) \cdot \int_V \sigma^n dV} \tag{8.6.26}$$

式中 σ_0 和 n 可以通过一系列实验确定。

我们将上述理论用于圆盘的热冲击问题。设圆盘半径为 r_m，初始温度为 T_0，介质温度为 T_A，$\beta = r_m h = r_m \xi / k$。定义无量纲热应力 σ^* 为

$$\sigma^* = \frac{\sigma}{E\alpha(T_A - T_0)} \tag{8.6.27}$$

并设圆盘上下表面是绝热的。取单位厚度的圆盘，则 R 等于

$$R = \frac{2\pi}{\pi r_m^2 \sigma_0^n} \int_0^{r_m} \sigma^n r dr = \frac{2}{r_m^2 \sigma_0^n} [E\alpha(T_A - T_0)]^n \int_0^{r_m} \sigma^{*n} r dr \tag{8.6.28}$$

对于以上所述圆盘，取 $\beta = 10$，可算出盘上的温度场 $T(r,t)$ 及相应的热应力 σ^*。图 8.6.8 给出 $\tau = 0.05 (\tau = t k_d / r_m^2)$ 瞬时 σ^* 与 r 的关系曲线。将这个曲线的关系式 $\sigma^* = \sigma^*(r, \tau)$ 代入式(8.6.28)，则积分 $\int_0^{r_m} \sigma^{*n} r dr$ 即可得出。但是，图 8.6.8 中的曲线积分是比较困难的。我们可以将 σ^* 为正值的部分划分成三部分，并用抛物线近似地表达每一部分，即

$$\sigma^* = p + qr^2 \tag{8.6.29}$$

对于曲线中 mB 段，p 和 q 分别等于

$$p = \frac{(2r_m^2 - 3r_B^2)\sigma_m^*}{3(r_m^2 - r_B^2)}, \quad q = \frac{\sigma_m^*}{3(r_m^2 - r_B^2)} \tag{8.6.30}$$

式中 r_m 和 r_B 及图中的 r_c 和 r_D，分别对应于热应力 σ_m^*、$2\sigma_m^*/3$、$\sigma_m^*/3$、0。

Weibull 考虑到脆性材料可以承受一定的压应力，所以认为压应力对材料损坏的贡献可略去不计。图中 BC 段和 CD 段都可用抛物线近似表达。我们分别对 mB、BC、CD 段进行积分，然后求和得到

$$R = \frac{[E\alpha(T_A - T_0)]^n}{\sigma_0^n(n+1)} [\sigma^* \varphi(\beta, n)]^n \tag{8.6.31}$$

式中 $\varphi(\beta, n)$ 为

$$\varphi(\beta, n) \equiv \frac{1}{3} \left[(3^{n+1} - 2^{n+1}) + (2^{n+2} - 3^{n+1} - 1)\left(\frac{r_B}{r_m}\right)^2 + (2 - 2^{n+1})\left(\frac{r_C}{r_m}\right)^2 - \left(\frac{r_D}{r_m}\right)^2 \right]^{1/n}$$

$$\tag{8.6.32}$$

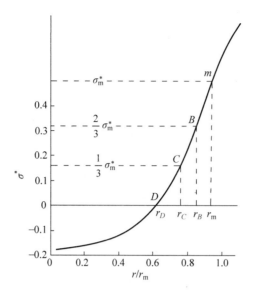

图 8.6.8　圆盘中无量纲应力与无量纲半径的关系

以上的分析是在 $\tau=0.05$ 的条件下进行的。对于不同的 τ 可以得到不同的 R。从而就可确定最大破裂危险 $R_{\max}$。它对应的 τ 值以 τ_R 表示。在 τ_R 瞬时的表面热应力以 $\sigma_{m,R}^*$ 表示，相应的半径比值分别以 $(r_B/r_m)_R$、$(r_C/r_m)_R$ 和 $(r_D/r_m)_R$ 表示。这些值都是 β 的函数。为了简化表达式(8.6.31)，我们令

$$P(\beta,n)\equiv\frac{\sigma_{m,R}^*}{\sigma_{\max}^*} \qquad (8.6.33)$$

式中 $\sigma_{\max}^*$ 是圆盘在整个热传导过程中的最大无量纲表面应力。由式(8.6.32)和式(8.6.33)，最大破裂危险 $R_{\max}$ 可以写成以下简化形式：

$$R_{\max}=\frac{[E\alpha(T_A-T_0)]^n}{\sigma_0^n(n+1)}P^n\sigma_{\max}^{*n}\varphi^n \qquad (8.6.34)$$

由此式可以得到热冲击阻抗 $(T_A-T_0)_f$ 为

$$(T_A-T_0)_f=(n+1)^{1/n}\frac{(R_{\max})^{1/n}}{E\alpha}\cdot\frac{\sigma_0}{P\sigma_{\max}^*\varphi} \qquad (8.6.35)$$

即热冲击阻抗 $(T_A-T_0)_f$ 取决于材料参数 n、σ_0、k 和参数 $(R_{\max})^{1/n}/E\alpha$。以上就是热冲击阻抗统计理论的简要说明。

8.7　耦合热弹性问题

在式(8.2.17)给出的热传导方程的耦合项如果不能忽略的话，温度场 $T(x,t)$ 就不能独立地由热传导方程解出，而必须与运动方程耦合求解。在导出热传导方程(8.2.17)的过程中，我们并未涉及热弹性运动方程。这表明，只要问题是非定常的，无论热弹性运动方程是动态或是准静态的，热传导方程中总是有耦合项存在。

因此，热传导方程中包含耦合项乃是热传导现象的规律。物体中温度的变化不仅取决于

周围介质的热量传输和内热源给出的热流,同时也取决于物体内部的应变率。由式(8.2.17)可以看出,物体的体积应变率为负值时,温度变化率将增大。对于绝热且无内热源的情况,式(8.2.17)退化为

$$\rho C_v \dot{T} + T_0 \frac{E\alpha}{1-2\nu} \dot{\varepsilon}_{kk} = 0 \tag{8.7.1}$$

积分后可得

$$\rho C_v \theta + T_0 \frac{E\alpha}{1-2\nu} \varepsilon_{kk} = \text{const.} \tag{8.7.2}$$

式中,$\theta = T - T_0$。如果当 $\theta = 0$ 时,$\varepsilon_{kk} = 0$,则积分常数为零。由此可见

$$\theta = \frac{1}{\rho C_v} \frac{E T_0 \alpha}{1-2\nu} (-\varepsilon_{kk}) \tag{8.7.3}$$

即温度的升高正比于体积的减少。这个表达式充分表示了耦合项的意义。

　　一般认为,耦合的影响与应变率相联系,所以耦合热弹性问题作为动态问题处理时才有较大的意义[81]。但是,也有另一种看法,认为对于常用的金属材料耦合项的影响看来比动力项的影响更大[82],所以耦合热弹性问题也可以作为准静态问题来处理。

　　Boley 和 Weiner 引入一个无量纲的参数 δ 表示耦合项的影响,并称为耦合系数[83]。在式(8.2.17)中略去热源项 $\rho\gamma$,则热传导方程可以写成

$$(kT_{,i})_{,i} = \rho C_p \dot{T} \left(1 + \frac{T_0 \beta\alpha}{\rho C_p} \frac{\dot{\varepsilon}_{kk}}{\alpha\dot{T}} \right) \tag{8.7.4}$$

式中,$\beta = E\alpha/(1-2\nu) = (3\lambda + 2\mu)\alpha$,其中 μ 为剪切弹性模量。以 v_e 表示弹性波在物体中的传播速度,等于 $[(\lambda + 2\mu)/\rho]^{1/2}$,则式(8.7.4)括号内的系数为

$$\frac{T_0 \beta\alpha}{\rho C_p} = \frac{(3\lambda + 2\mu)^2 \alpha^2 T_0}{\rho^2 C_p v_e^2} \cdot \frac{\lambda + 2\mu}{3\lambda + 2\mu} \tag{8.7.5}$$

则 Boley 和 Weiner 定义的耦合系数 δ 就是

$$\delta = \frac{(3\lambda + 2\mu)^2 \alpha^2 T_0}{\rho^2 C_p v_e^2} \tag{8.7.6}$$

于是,热传导方程可写成

$$(kT_{,i})_{,i} = \rho C_p \dot{T} \left(1 + \delta \cdot \frac{\lambda + 2\mu}{3\lambda + 2\mu} \cdot \frac{\dot{\varepsilon}_{kk}}{\alpha\dot{T}} \right) \tag{8.7.7}$$

在这个方程中可以将 $\dot{\varepsilon}_{kk}$ 与 $\alpha\dot{T}$ 视为同阶的量,$(\lambda + 2\mu)$ 与 $(3\lambda + 2\mu)$ 也是同阶的量。因此,如果 δ 的值远小于 1,则耦合项的影响就可以略去不计,方程(8.7.7)退化成非耦合的热传导方程。

　　由式(8.7.6)可知,对于给定的材料,δ 是可以计算的。例如取 $T_0 = 93.3℃$,得到钢的 δ 为 0.014,铝为 0.029[81]。因此,在式(8.7.7)中略去耦合项是有理由的,不过近年来工程实际中应用的材料越来越多样化,对于一些塑料,如果把它们近似地看作弹性材料,其 δ 高达 0.5[81]。

　　竹内洋一朗将泊松比 ν 引入式(8.7.7),则式(8.7.7)也可以写成如下形式[79]:

$$(kT_{,i})_{,i} = \rho C_p \dot{T} \left[1 + \delta \cdot \frac{1-\nu}{1+\nu} \cdot \left(\frac{\dot{\varepsilon}_{kk}}{\alpha\dot{T}} \right) \right] \tag{8.7.8}$$

并令

$$\delta' = \delta \frac{1-\nu}{1+\nu}, \quad \eta = \frac{\dot{\epsilon}_{kk}}{\alpha \dot{T}} \qquad (8.7.9)$$

则有

$$(kT_{,i})_{,i} = \rho C_p \dot{T} (1 + \delta' \cdot \eta) \qquad (8.7.10)$$

上式中的 δ' 是与材料性能有关的系数,η 是与变形速度有关的项,于是耦合项的影响程度就由 δ' 和热冲击变形速度相关的 η 确定。

下面我们讨论厚板与周围介质换热时耦合系数 δ 的影响[77]。我们用准静态的方法来处理,即略去控制方程中的动力项,只考虑方程中耦合项的影响。设板的厚度为 $2b$,初始温度为 T_0,以 T_A 表示与周围介质温度 T_B 与 T_0 之差,即 $T_A = T_B - T_0$,板上坐标轴如图 8.6.1 所示。并设板的周边上沿 y 和 z 方向的位移是不受限制的。

以 u_x 表示 x 方向的位移,θ 表示温差 $T - T_0$,则热传导方程为

$$\frac{\partial^2 \theta}{\partial x^2} - \frac{1}{k_d} \cdot \frac{\partial \theta}{\partial t} = \frac{(3\lambda + 2\mu)\alpha T_0}{k} \dot{\epsilon}_{kk} \qquad (8.7.11)$$

以 w_y 和 w_z 分别表示

$$w_y \equiv \epsilon_y, \quad w_z \equiv \epsilon_z \qquad (8.7.12)$$

则式(8.7.11)可写成

$$\frac{\partial^2 \theta}{\partial x^2} - \frac{1}{k_d} \frac{\partial \theta}{\partial t} = \frac{(3\lambda + 2\mu)\alpha T_0}{k} \cdot \frac{\partial}{\partial t}\left(\frac{\partial u_x}{\partial x} + w_y + w_z\right) \qquad (8.7.13)$$

在热弹性运动方程中略去动力项,即式(8.3.10),得到准静态的热弹性方程为

$$\frac{\partial^2 u_x}{\partial x^2} = \frac{1+\nu}{1-\nu}\alpha \cdot \frac{\partial \theta}{\partial x} \qquad (8.7.14)$$

相应的本构方程即式(8.3.9)为

$$\begin{cases} \sigma_{11} \equiv \sigma_x = \dfrac{(1-\nu)E}{(1+\nu)(1-2\nu)} \cdot \dfrac{\partial u_x}{\partial x} + \dfrac{\nu E}{(1+\nu)(1-2\nu)}(w_y + w_z) - \dfrac{\alpha E}{1-2\nu}\theta \\[2mm] \sigma_{22} \equiv \sigma_y = \dfrac{(1-\nu)E}{(1+\nu)(1-2\nu)}\left[w_y + \dfrac{\nu(w_z + \partial u_x/\partial x)}{(1-\nu)}\right] - \dfrac{\alpha E}{1-2\nu}\theta \\[2mm] \sigma_{33} \equiv \sigma_z = \dfrac{(1-\nu)E}{(1+\nu)(1-2\nu)}\left[w_z + \dfrac{\nu(w_y + \partial u_x/\partial x)}{(1-\nu)}\right] - \dfrac{\alpha E}{1-2\nu}\theta \end{cases} \qquad (8.7.15)$$

板的热力学边界条件为

$$\frac{\partial \theta}{\partial x}\bigg|_{x=\pm b} = \mp h(\theta - T_A) \qquad (8.7.16)$$

力学边界条件为

$$\int_{-b}^{b} \sigma_y \, dx = \int_{-b}^{b} \sigma_z \, dx = 0, \quad \sigma_x\big|_{x=\pm b} = 0 \qquad (8.7.17)$$

初始条件为

$$\begin{cases} \theta\big|_{t=0} = 0 \\ u_x\big|_{t=0} = w_y\big|_{t=0} = w_z\big|_{t=0} = 0 \end{cases} \qquad (8.7.18)$$

为了简化以上各方程,使之无量纲化,我们取下面的无量纲变量:

$$X = \frac{x}{b}, \quad Y = \frac{y}{b}, \quad Z = \frac{z}{b}, \quad \eta = \frac{\theta}{T_A}, \quad \tau = t\frac{k_d}{b^2}, \quad H = hb \qquad (8.7.19)$$

并取无量纲变量 $u_1, W_y, W_z, \sigma_1, \sigma_2, \sigma_3$ 等,它们等于

$$\begin{cases} u_1 = \dfrac{u_x}{b(1+\nu)\left(\dfrac{\alpha T_A}{1-\nu}\right)}, \quad \begin{bmatrix} W_y & W_z \end{bmatrix}^T = \dfrac{1}{(1+\nu)\left(\dfrac{\alpha T_A}{1-\nu}\right)}\begin{bmatrix} w_y & w_z \end{bmatrix}^T \\[4mm] \begin{bmatrix} \sigma_1 & \sigma_2 & \sigma_3 \end{bmatrix}^T = \dfrac{1}{E\left(\dfrac{\alpha T_A}{1-\nu}\right)}\begin{bmatrix} \sigma_x & \sigma_y & \sigma_z \end{bmatrix}^T \end{cases} \qquad (8.7.20)$$

式中 $[\quad]^T$ 表示列阵。

注意到耦合系数 δ 也是无量纲的,式(8.7.6)等于

$$\delta = \frac{(3\lambda + 2\mu)^2 \alpha^2 T_0}{\rho^2 C_p v_e^2} = \frac{(1+\nu)E}{(1-\nu)(1-2\nu)} \cdot \frac{\alpha^2 T_0}{\rho C_p} \qquad (8.7.21)$$

将这些无量纲的变量代换以上控制方程中各变量,得到以下的无量纲方程:

热传导方程

$$\frac{\partial^2 \eta}{\partial X^2} - \frac{\partial \eta}{\partial \tau} = \delta \frac{\partial}{\partial \tau}\left(\frac{\partial u_1}{\partial X} + W_y + W_z\right) \qquad (8.7.22)$$

热弹性方程

$$\frac{\partial^2 u_1}{\partial X^2} = \frac{\partial \eta}{\partial X} \qquad (8.7.23)$$

本构方程

$$\begin{cases} \sigma_1 = \dfrac{1-\nu}{1-2\nu}\left[\dfrac{\partial u_1}{\partial X} + \dfrac{\nu}{1-\nu}(W_y + W_z) - \eta\right] \\[3mm] \sigma_2 = \dfrac{1-\nu}{1-2\nu}\left[W_y + \dfrac{\nu}{1-\nu}\left(W_z + \dfrac{\partial u_1}{\partial X}\right) - \eta\right] \\[3mm] \sigma_3 = \dfrac{1-\nu}{1-2\nu}\left[W_z + \dfrac{\nu}{1-\nu}\left(\dfrac{\partial u_1}{\partial X} + W_y\right) - \eta\right] \end{cases} \qquad (8.7.24)$$

边界条件

$$\left.\frac{\partial \eta}{\partial X}\right|_{X=\pm 1} = \mp H(\eta - 1) \qquad (8.7.25)$$

$$\sigma_1|_{X=\pm 1} = 0, \quad \int_{-1}^{1} \sigma_2 \, dX = \int_{-1}^{1} \sigma_3 \, dX = 0 \qquad (8.7.26)$$

初始条件

$$\eta|_{\tau=0} = 0 \qquad (8.7.27)$$

$$u_1|_{\tau=0} = W_y|_{\tau=0} = W_z|_{\tau=0} = 0 \qquad (8.7.28)$$

现在,我们应用拉普拉斯变换法求解以上方程。以 $\bar{u}_1$ 和 $\bar{\eta}$ 分别表示 $u_1(X,\tau)$ 和 $\eta(X,\tau)$ 的拉普拉斯变换

$$\bar{u}_1 \equiv \bar{u}_1(X,s) = L[u_1(X,\tau)], \quad \bar{\eta} \equiv \bar{\eta}(X,s) = L[\eta(X,\tau)] \qquad (8.7.29)$$

相应的其他变量的拉普拉斯变换以 $\overline{W}_y, \overline{W}_z, \bar{\sigma}_1, \bar{\sigma}_2$ 和 $\bar{\sigma}_3$ 表示。考虑了初始条件式(8.7.27) 后,热传导方程(8.7.22)变换成

$$\frac{\mathrm{d}_2\bar{\eta}}{\mathrm{d}X^2} - s\bar{\eta} = \delta s\left(\frac{\mathrm{d}\bar{u}_1}{\mathrm{d}X} + \overline{W}_y + \overline{W}_z\right) \tag{8.7.30}$$

热弹性方程(8.7.23)变换成

$$\frac{\mathrm{d}^2\bar{u}_1}{\mathrm{d}X^2} = \frac{\mathrm{d}\bar{\eta}}{\mathrm{d}X} \tag{8.7.31}$$

将此式积分一次,以 W 表示积分常数,得

$$\frac{\mathrm{d}\bar{u}_1}{\mathrm{d}X} = \bar{\eta} + W \tag{8.7.32}$$

将它代入式(8.7.30)中,热传导方程的变换式可写成

$$\frac{\mathrm{d}^2\bar{\eta}}{\mathrm{d}X^2} - s(1+\delta)\bar{\eta} = \delta s(W + \overline{W}_y + \overline{W}_z) \tag{8.7.33}$$

以 q 表示 $\sqrt{s(1+\delta)}$,这一方程的齐次解可写成

$$\bar{\eta}_1(X,s) = A\cosh qX \tag{8.7.34}$$

式中,A 为常系数。方程的特解 $\bar{\eta}_2$ 可写成

$$\bar{\eta}_2 = -\frac{\delta}{1+\delta}(W + \overline{W}_y + \overline{W}_z) \tag{8.7.35}$$

于是 $\bar{\eta}(X,s)$ 等于

$$\bar{\eta}(X,s) = A\cosh qX - \frac{\delta}{1+\delta}(W + \overline{W}_y + \overline{W}_z) \tag{8.7.36}$$

将此式代入式(8.7.32)中,再积分一次,得

$$\bar{u}_1(X,s) = \frac{A}{q}\sinh qX - \frac{\delta}{1+\delta}X(\overline{W}_y + \overline{W}_z) + \frac{1}{1+\delta}WX \tag{8.7.37}$$

由以上的 $\bar{\eta}$ 和 $\bar{u}_1$,可以得到热应力的拉普拉斯变换式为

$$\begin{cases} \bar{\sigma}_1 = \dfrac{\nu}{1-2\nu}\left(\overline{W}_y + \overline{W}_z + \dfrac{1-\nu}{\nu}W\right) \\[2mm] \bar{\sigma}_2 = -A\cosh qX + \dfrac{[1-\nu+(2-3\nu)\delta]}{(1-2\nu)(1+\delta)}\overline{W}_y + \dfrac{[\nu+(1-\nu)\delta]}{(1-2\nu)(1+\delta)}(\overline{W}_y + W) \\[2mm] \bar{\sigma}_3 = -A\cosh qX + \dfrac{[\nu+(1-\nu)\delta]}{(1-2\nu)(1+\delta)}\cdot(\overline{W}_y + W) + \dfrac{[1-\nu+(2-3\nu)\delta]}{(1-2\nu)(1+\delta)}\overline{W}_z \end{cases} \tag{8.7.38}$$

边界条件的变换式为

$$\frac{\mathrm{d}\bar{\eta}}{\mathrm{d}X}\Big|_{X=\pm 1} = \mp H\left[\eta(\pm 1,s) - \frac{1}{s}\right], \quad \bar{\sigma}_1\big|_{X=\pm 1} = 0, \quad \int_{-1}^{1}\bar{\sigma}_2\,\mathrm{d}X = \int_{-1}^{1}\bar{\sigma}_3\,\mathrm{d}X = 0 \tag{8.7.39}$$

借助于这些条件,解出 A、W 和 $\overline{W}_y(\overline{W}_y = \overline{W}_z)$。于是得到

$$\begin{cases} \bar{\eta}(X,s) = Q\left(\cosh qX - R\,\dfrac{\sinh q}{q}\right), \quad \bar{u}_1(X,s) = Q\left(\sinh q - PX\,\dfrac{\sinh q}{q}\right) \\[2mm] \bar{\sigma}_1(X,s) = 0, \quad \bar{\sigma}_2(X,s) = \bar{\sigma}_3(X,s) = Q\left(-\cosh qX + \dfrac{\sinh q}{q}\right) \end{cases} \tag{8.7.40}$$

式中 P、R、Q 分别表示为

$$\begin{cases} P = 2\dfrac{\nu + (1-\nu)\delta}{1 + \nu + 3(1-\nu)\delta}, \quad R = 2\dfrac{(1-2\nu)\delta}{1 + \nu + 3(1-\nu)\delta} \\ Q = \dfrac{H}{s}\left(q\sinh q + H\cosh q - HR\dfrac{\sinh q}{q}\right)^{-1} \end{cases} \quad (8.7.41)$$

应用留数定理,进行逆变换,得到无量纲的温度场 $\eta(X,\tau)$、位移 $u_1(X,\tau)$、热应力 $\sigma_1(X,\tau)$、$\sigma_2(X,\tau)$ 和 $\sigma_3(X,\tau)$ 的表达式为

$$\eta(X,\tau) = 1 - \sum_{n=1}^{\infty} B_n\left[\cos(p_n X) - R\frac{\sin p_n}{p_n}\right]e^{-p_n^2\tau(1+\delta)} \quad (8.7.42)$$

$$u_1(X,\tau) = \frac{1-\nu}{1+\nu}X - \sum_{n=1}^{\infty} B_n\left[\sin\frac{(p_n X)}{p_n} - PX\frac{\sin p_n}{p_n}\right]e^{-p_n^2\tau(1+\delta)} \quad (8.7.43)$$

$$\sigma_1(X,\tau) = 0, \quad \sigma_2(X,\tau) = \sigma_3(X,\tau) = -\sum_{n=1}^{\infty} B_n\left(-X\cos p_n + \frac{\sin p_n}{p_n}\right)e^{-p_n^2\tau(1+\delta)}$$

$$(8.7.44)$$

式中,p_n 是方程

$$Hp_n\cos p_n - (p_n^2 + HR)\sin p_n = 0, \quad n = 1,2,\cdots \quad (8.7.45)$$

的第 n 个正根。B_n 表示为

$$B_n = \frac{2p_n\sin p_n}{p_n^2 + p_n\sin p_n\cos p_n - 2R\sin^2 p_n} \quad (8.7.46)$$

取 $\nu = 1/3$,$H = 10$ 和 $\delta = 0.1$ 进行计算,这些数值比较符合实际[84]。对于普通的合金,耦合系数取 0.1 是可行的,例如在室温 20℃,即 $T_0 = 293\mathrm{K}$ 下,铅的耦合系数 $\delta = 0.079$。根据计算结果可绘出 $\eta = \theta/T_A$ 的变化曲线。图 8.7.1 为板的横截面($0 \leqslant X \leqslant 1$)上,温度在 $\tau = 0.05, 0.2, 0.4, 0.7$ 时的变化曲线。图 8.7.2 为在 $X = 0$(中间层),$X = 0.7$ 和 $X = 1.0$(边界面)处,温度 η 随时间 τ 的变化曲线。横坐标 τ 采用了对数坐标。图 8.7.3 为 y 方向和 z 方向无量纲热应力 σ_2 和 σ_3 在不同坐标 X 上随时间 τ 的变化曲线。时间坐标轴和图 8.7.2 一样,采用了对数坐标。

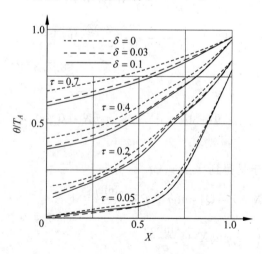

图 8.7.1 无量纲温度的空间分布

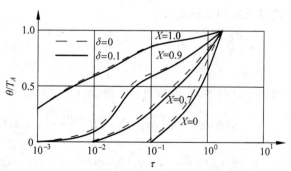

图 8.7.2 无量纲温度与无量纲时间的关系

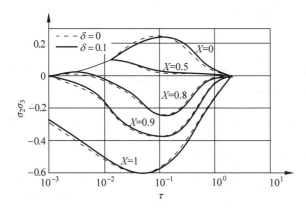

图 8.7.3 无量纲应力与无量纲时间的关系

以上各图中,实线表示 $\delta=0.1$ 的计算结果,虚线表示 $\delta=0$ 情况下的计算结果。比较图中实线和虚线,可以看出耦合系数对温度场和热应力场的影响:

(1) 耦合系数 δ 使温度降低。在边界面上,δ 的影响甚小。距边界面越远,δ 的影响越显著。由图 8.7.1 可看出,在 $X=0$ 处,当 $\tau=0.4$ 时,δ 使 η 降低 10% 左右。因此可以认为,耦合系数对热流的传播产生阻抗作用。

(2) 耦合系数对热应力的影响是:在热应力未达到最大值(绝对值)之前,δ 使热应力减弱;在越达最大值之后,δ 使热应力增大。此外,δ 使热应力的最大值略有增大。

总之,耦合系数的影响是明显的。

Takeuti 和 Furukawa[84] 将耦合热弹性问题中耦合项的影响与动力项的影响进行比较发现,对于一般的金属,耦合效应远大于动力效应。所以在热冲击问题中,考虑耦合效应比考虑动力效应更为重要。

根据这个结论,在实际的热冲击问题中,可以应用拟静态的热弹性方程,但热传导方程中需考虑耦合项。

习题

8.1 如图所示,将一圆锥体固定在两壁间,计算温度由 T_1 升高到 T_2 时所产生的压缩热应力。

8.2 如图所示,两根材料和长度都不相同的平行棒,它们的一端各自被固定,而另一端连接在刚体板上可以一起轴向活动,通过弹簧受到另一壁的反作用,设两棒分别从最初的无应力状态下温度升高了 T_1 和 T_2,试计算两棒中的热应力。

8.3 如图所示,质量为 $P=9072$ kg 的刚体块,吊在长为 $L_1=30.5$ cm 的钢棒和长为 $L_2=61$ cm 的铝棒下,现温度升高 56℃。其中钢棒:$E_1=2.1\times10^6$ kg/cm^2,$\alpha_1=1.22\times10^{-5}$,$S_1=5.16$ cm^2;铝棒:$E_2=0.7\times10^6$ kg/cm^2,$\alpha_2=$

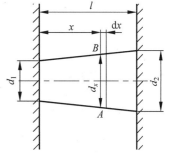

习题 8.1 图

2.22×10^{-5}, $S_2=10.32$ cm^2。不考虑各棒的自重,且认为棒受压后不会弯曲,试求各棒中的热应力。

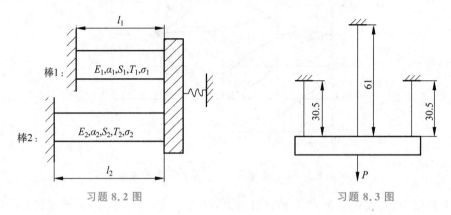

习题 8.2 图　　　　　　　　　　　　习题 8.3 图

8.4 将钢制螺钉拧进铜管中长 L,假定螺钉与铜管的截面积之比为 $S_1/S_2=1/2$,钢制螺钉的纵向弹性系数为 $E_1=2\times10^6$ kg/cm^2, $\alpha_1=1.1\times10^{-5}$/℃,铜管的纵向弹性系数为 $E_2=10^6$ kg/cm^2, $\alpha_2=1.65\times10^{-5}$/℃,试计算温度由20℃上升到220℃时的热应力。

8.5 证明:在二维热弹性问题中,使面内应力 $\sigma_x=\sigma_y=\tau_{xy}=0$ 的变温分布 T 一定满足拉普拉斯方程 $\nabla^2 T=0$。

8.6 证明:在平面应力热弹性问题中,杜汉梅-偌依曼原理可表述为:若在无体力及表面力作用时因变温 $T^{(1)}$ 引起的位移及应力 $u_\alpha^{(1)}$ 与 $\sigma_{\alpha\beta}^{(1)}$($\alpha,\beta=1,2$)。而该同一弹性体在等温情况下由体力 $\left(-\dfrac{\alpha E}{1-\nu}T_{,\alpha}^{(1)}\right)$ 及表面力 $\left(\dfrac{\alpha E}{1-\nu}T^{(1)}\nu_\alpha\right)$ 所引起的位移及应力为 $u_\alpha^{(2)}$ 与 $\sigma_{\alpha\beta}^{(2)}$($\alpha,\beta=1,2$),那么 $u_\alpha^{(1)}=u_\alpha^{(2)}$, $\sigma_{\alpha\beta}^{(1)}=\sigma_{\alpha\beta}^{(2)}-\dfrac{\alpha E}{1-\nu}T^{(1)}\delta_{\alpha\beta}$。

8.7 如图所示,一等厚度的矩形薄板,其温度只沿高度方向按 $T=T(y)$ 变化,板端不固定,试计算因温度分布不均匀而引起的热应力,并据不同的约束情况和温度分布情况讨论热应力的分布。

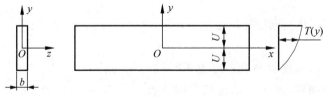

习题 8.7 图

8.8 一个四边自由的厚矩形板,例如可认为习题 8.7 图中的 b 很大,并把它视为板宽,可以把 $2c$ 视为板的厚度而得到的厚矩形板。其温度沿厚度方向按 $T=T(y)$ 变化,试计算因温度分布不均匀而引起的热应力,并据温度分布情况讨论热应力的分布。

8.9 试证明:对于平面温度场,当设区域内的任意闭曲线为 Γ 时,不产生热应力的充要条件是:$\nabla^2 T=0$,且 $\oint_\Gamma \dfrac{\partial T}{\partial n}ds=0$(闭曲线内部无热源)和 $\oint_\Gamma P(z)dz$(位移单值性),其中

$P(z)$ 是实部为 T 的解析函数。

8.10 试分析坐标原点处热源引起的温度场。

8.11 设热量通过如图所示板的上下表面向周围进行传递,试推导求解此定常温度场所产生的热应力的基本微分方程。

8.12 试求初始温度为 T_0,半径为 b 的实心圆柱体表面被冷却到 0℃ 时的非定常热应力。

8.13 试求初始温度为 0℃,半径为 b 的实心圆柱体放入温度为 T_A 的介质中时的非定常热应力。

8.14 空心圆柱辊子的外直径为 $2b = 400 \text{ mm}$,内圆孔直径为 $2a = 80 \text{ mm}$,线膨胀系数 $\alpha = 12 \times 10^{-6} /℃$,弹性模量 $E = 2.16 \times 10^5 \text{ N/mm}^2$,泊松比 $\nu = 0.3$,辊子外侧表面温度为 T_b,内孔表面温度为 T_a,试求该空心圆柱辊子的非定常热应力。

8.15 如图所示,无限长楔形坝体的中心角为 2β,坝体的中心轴为 x 轴。首先,假定变温在中心轴上为 $T = T_0$,在两边为 $T = 0$。（1）变温按 $\cos\theta$ 的一次式变化：$T = T_0 \dfrac{\cos\theta - \cos\beta}{1 - \cos\beta}$；（2）变温与 r 成正比,并按 $\cos\theta$ 的一次式变化：$T = T_0 \dfrac{r(\cos\theta - \cos\beta)}{h(1 - \cos\beta)}$,其中 h 为某指定长度,例如坝高的一部分。试分别求该楔形坝体中的非定常热应力。

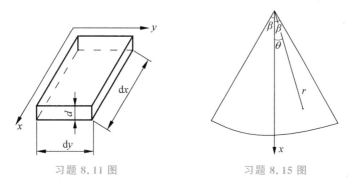

习题 8.11 图　　　　　　　习题 8.15 图

8.16 请研究耦合系数 $\delta = 1$ 的一维耦合热弹性问题。以半无限长的细长杆为例,考虑在以下三种边界条件下耦合效应的影响：（1）端点温度由 T_0 突变为 T_A；（2）端点应变突变为给定的应变；（3）端点的速度突变。

8.17 请研究耦合系数 $\delta \neq 1$ 的一维耦合热弹性问题。以半无限长的细长杆为例,考虑在以下三种边界条件下耦合效应的影响：（1）端点温度由 T_0 突变为 T_A；（2）端点应变突变为给定的应变；（3）端点的速度突变。

第 9 章

薄膜的力学性能

为什么墙壁表面的粉刷层经常脱落？绝大部分金属材料的表面都有一层人为涂上或者自动生成的保护层，这一层经常会脱落，这又是为什么呢？电子元器件几乎都是由薄膜做成的，电子元器件失效的重要原因之一就是薄膜脱落，这些薄膜为什么会脱落？薄膜的种类繁多，五花八门，它们"坏"了有哪些共性和规律性？本章从薄膜的概述出发，通过分析薄膜的应力-应变关系、薄膜的残余应力、薄膜的断裂韧性、铁电薄膜的断裂与极化和可延展性薄膜的屈曲来讨论薄膜的力学性能。

9.1　薄膜概述

说起薄膜的历史，可追溯到 1000 多年以前，距今已经过了漫长的岁月，而真正作为一门新型的薄膜科学与技术，还是近 30 年来的事情。时至今日，薄膜材料已是材料学领域中一个重要的分支。它已涉及物理、化学、电子学、冶金学等学科，有着十分广泛的应用，尤其是在国防、通信、航空、航天、电子工业、光学工业等方面有着特殊的应用，已成为材料学中最为活跃的领域之一，并逐步成为一门独立的学科"薄膜学"。

薄膜材料可用各种单质元素及无机化合物或有机材料制作，也可用固体、液体或气体物质合成。薄膜与块状物体一样，可以由单晶、多晶、微晶、纳米晶、多层和超晶格结构等组成。在讨论薄膜材料之前，首先说明薄膜的定义。即什么是薄膜（thin film），多"薄"的膜才算薄膜？我们知道薄膜这个词是随着科学和技术的发展而自然出现的，有时与类似的词汇"涂层"（coating）、"层"（layer）、"箔"（foil）等有相同的意义，但有时又有些差别；人们常常是用厚度对薄膜加以描写，通常是把膜层无基片而能独立成形的厚度作为薄膜厚度的一个大致标准，规定其厚度在 1 μm 左右。随着科技工作的不断发展和深入，薄膜领域也在不断扩展，不同应用领域对薄膜厚度有不同要求。薄膜可定义为用物理的、化学的或者其他方法，在金属或非金属基底表面形成一层具有一定厚度的不同于基底材料，且具有一定强化、防护或特殊功能的覆盖层[85-87]。目前，制备薄膜的方法很多，如气相生成法（气相外延法）、液相生成法（液相外延法）、氧化法、扩散法、电镀法等。其中，每一类制备薄膜的方法又分为若干种方法。

根据不同的分类方法，薄膜可分为不同的种类[85]。按薄膜的性质，分为天然薄膜和合成薄膜；按薄膜的用途，分为减磨耐磨薄膜、装饰薄膜、导电薄膜、磁性薄膜、压电薄膜等；

按薄膜的力学性质,分为脆性薄膜和韧性薄膜;按薄膜存在的几何形态,分为自由薄膜、部分受约束薄膜和完全受约束薄膜等,如图 9.1.1 所示。

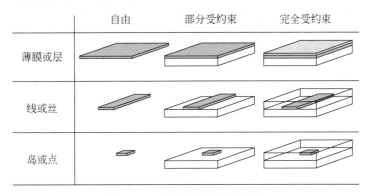

图 9.1.1　薄膜存在的几何形态

　　下面对薄膜几何形态的分类方式加以简单说明[85]。以几何形态确定参考坐标系的取向,根据三个正交方向上固体的相对长度对几何形态进行分类。约束度可根据薄膜结构和与其结合或接触的可变形固体之间的相互作用来决定。前一种情况要求变形协调,而后者要求对其运动有制约。几何形态分类可分为薄膜(或层)、线(或丝)和岛(或点);约束分类可分为自由的、部分受约束的和完全受约束的。图 9.1.1 总结的薄膜系统分类是基于相对的物理尺寸,而没有涉及反映材料基本结构的任何长度单位。这种分类示意图对理解本领域各种概念的应用范围很有帮助。

　　按照图 9.1.1,一个方向上的长度比其他两个方向上的长度小时,这种结构称为薄膜。这里所用修饰词"小"的意思是最大尺寸至少比小尺寸大 20 倍,而更一般的情况是要大几百倍以上。一个结构的两个方向长度比第三个方向的长度小时称为线或丝。当一个结构在三个方向上的长度比这种情况下它的周围尺寸都小时,称为岛或点。关于变形的约束程度,如果与薄尺寸相关的边界能不受限制地自由位移,就称这种小结构是自由的。另外,如果与薄尺寸相关的所有边界受约束而抵抗变形,则称这种结构是完全受约束的。实质上,所有情况下边界上的约束都是由于另一材料分享了作为共同界面的该边界而产生,如果与某些而不是全部薄方向相关的边界位移是不受限制的,结构就是部分受约束的。

　　本章我们主要关注部分受约束的薄膜,这类薄膜具有各种用途,都有固定的形状、尺寸和平整度,而膜厚一般都小于 10 μm。单凭薄膜本身的机械强度是无法满足要求的,在制作时总是将它们附着在各种各样的基底上。薄膜和基底之间的结合强度将直接影响薄膜的各种性能,界面结合不好会导致薄膜无法使用。此外,薄膜在制造过程中,其结构受到工艺条件的影响很大,薄膜内部可能会产生一定的应力。基底与薄膜之间热膨胀系数的不同,也会使薄膜产生应力。过大的内应力将使薄膜卷曲或开裂从而导致失效,所以在各种应用领域中,薄膜的结合强度和内应力都是首先需要研究的问题。在某些场合还必须考虑薄膜的其他机械性能,如超硬薄膜主要用于增强基底的硬度与耐摩擦能力,此时需要考察薄膜的硬度与摩擦磨损性能。

　　薄膜的微观结构、物理和化学性能与相应的大块材料完全不一样。类似地,薄膜的力学性能也与相应的大块材料不一样。哪些薄膜的力学性能应该值得我们关注? 我们又如何来得到这些性能呢？许多学者在研究薄膜力学性能方面做出了杰出的贡献，就本书作者所知，到目前为止最权威的专著应该是由著名力学科学家 Freund 和著名材料科学家 Suresh 合著于 2003 年在剑桥大学出版社出版的 *Thin Film Materials：Stress，Defect Formation，and Surface Evolution*[85]。有兴趣的读者，建议好好研读这本专著。本章主要涉及薄膜力学性能的表征。

9.2 薄膜杨氏模量和应力-应变关系

9.2.1 薄膜的弹性模量

弹性模量是材料最基本的力学性能参数之一。由于薄膜某些本质的不同之处，其弹性模量可能完全不同于同组分的大块材料[88]。现有的弹性模量测量方法主要有动态法、静态法及压入法三大类[89]。①动态法利用材料的共振频率确定弹性模量，包括超声波速法和簧片振动法。这两种方法各有其局限性，超声波速法需要单质薄膜，而簧片振动法需已知薄膜的密度。②静态法利用胡克定律确定弹性模量，如单轴拉伸法和鼓包法。这些方法需要精确测量试样的应力和应变，且都需要把试样从基底上剥离下来，对仪器和制样精度要求很高，实验成功率低。③压入法是以金刚石压头压入薄膜试样中，通过载荷-压入位移曲线求得弹性模量。纳米压痕法是最典型的压入法之一，该法测得的弹性模量往往受到基底的影响。本节主要介绍三点弯曲法和压痕法。

1. 三点弯曲法[89]

如图 9.2.1 所示，加载和挠度的测量均在两支点中心位置，两支点的跨距为 L，h_s 和 h_f 分别是薄膜和基底的厚度，在小挠度下载荷增量 ΔF 与中心挠度增量 $\Delta \delta$ 有以下关系：

$$\Delta F = \frac{48\Delta \delta}{L^3}EI \tag{9.2.1}$$

式中，EI 为梁的抗弯刚度。单面镀膜的膜基复合梁的抗弯刚度 EI 为

$$EI = E_s I_s + E_f I_f \tag{9.2.2}$$

式中，E_s 和 E_f 分别是薄膜和基底的弹性模量，I_s 和 I_f 分别是基底部分和薄膜部分对 z 轴的惯性矩

$$I_s = \int_{-h_s/2}^{h_s/2} y^2 b \, \mathrm{d}y, \quad I_f = \int_{h_s/2}^{h_s/2+h_f} y^2 b \, \mathrm{d}y \tag{9.2.3}$$

式中，b 为薄膜横截面的宽度。

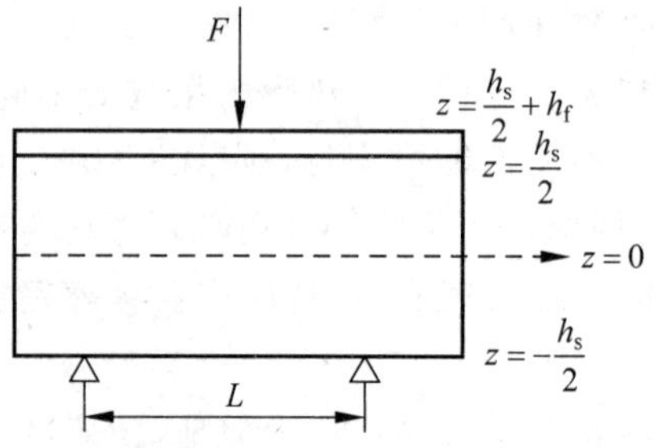

实验测出载荷增量 ΔF 与中心挠度增量 $\Delta \delta$ 的近似线性关系曲线后，由式（9.2.1）求出梁的抗弯刚度 EI。若基底弹性模量已知，则利用式（9.2.2）可求得薄膜的弹性模量 E_f。

实验测量结果的误差主要来自挠度测量误差以及加载点和挠度测量点偏离中心点引起的误差。因此，在研究梁的小挠度变形时，对位移传感器分辨率

图 9.2.1 三点弯曲法示意图

以及加载点和挠度测量点瞄准中心点的要求很高。

2. 压痕法[90-91]

压痕法作为一种试验方法用来测量材料的弹性模量,始于20世纪70年代。纳米压痕(nanoindentation)技术近年来已被广泛用于测量薄膜材料的力学性能。该技术的显著特点在于具有极高的力分辨率和位移分辨率,能连续记录加载与卸载期间载荷与位移的变化,因此特别适合于薄膜材料力学性能的测量。纳米压痕技术可用于测定薄膜的硬度 H、弹性模量 E 以及薄膜的蠕变行为等,其理论基础是 Sneddon 关于轴对称压头载荷与压头深度之间的弹性解析分析[90]。纳米压痕的加卸载曲线如图9.2.2所示,其中 h_r 为卸载后的残余深度,P_{max} 为最大载荷,h_{max} 为最大压入深度。根据 Oliver-Pharr 方法由卸载曲线顶部的斜率可以得到刚度为[90]

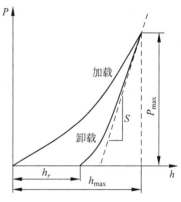

图 9.2.2 载荷与压痕深度的关系

$$S = \frac{\mathrm{d}P}{\mathrm{d}h} = \frac{2}{\sqrt{\pi}} E^* \sqrt{A} \qquad (9.2.4)$$

式中,P 和 h 分别为压头的载荷和压痕深度,A 为压头的接触面积。约化弹性模量 E^* 定义为

$$\frac{1}{E^*} = \frac{1-\nu^2}{E} + \frac{1-\nu_i^2}{E_i} \qquad (9.2.5)$$

式中,E 和 E_i 是被测薄膜材料和压头的弹性模量,ν 和 ν_i 分别是被测薄膜材料和压头的泊松比。被测试材料的硬度 H 定义为

$$H = P_{max}/A \qquad (9.2.6)$$

当 A、$\mathrm{d}P/\mathrm{d}h$ 和 P_{max} 确定后,可利用式(9.2.4)、式(9.2.5)和式(9.2.6)分别求出薄膜的弹性模量 E 和硬度 H。

9.2.2 薄膜的应力-应变关系

应力-应变关系是材料的基本力学性能,材料的制备和应用过程中首先应该对其应力-应变关系有一个比较深入的了解。类似地,对于韧性的薄膜材料我们也必须详细了解其应力-应变关系,可是我们在第2章中测量大块材料应力-应变关系的基本方法是一维单向拉伸和一维单向压缩。对于薄膜,还是这么测量吗? 显然不行,因为没有办法得到一维单向拉伸或者压缩的试样。下面就简要地介绍拉伸法和压痕法获得薄膜应力-应变关系的基本思路。

1. 拉伸法[92]

在知道基底应力-应变关系 $\sigma_s(\varepsilon)$ 的前提下,通过测量薄膜/基底复合体的应力-应变关系 $\sigma_c(\varepsilon)$,就可以得到双面等厚薄膜应力-应变关系 $\sigma_f(\varepsilon)$。由下式确定

$$\sigma_f(\varepsilon) = [\sigma_c(\varepsilon) \cdot (t_s + 2t_f) - \sigma_s(\varepsilon) \cdot t_s]/2t_f \qquad (9.2.7)$$

式中,下标 s 和 f 分别表示基底和薄膜,t_s 和 t_f 分别是基底和薄膜的厚度。假设拉伸过程中薄膜和基底没有分离,两者的变形一致

$$\varepsilon = \varepsilon_s = \varepsilon_f \tag{9.2.8}$$

2. 压痕法[93-94]

在压痕法确定薄膜应力-应变关系方面许多学者做出了努力,也取得了非常好的成果,但还远未取得满意的结果。对于脆性材料只要测量其杨氏模量和硬度就可以了,因此相对来说要容易得多。但对于韧性材料,由于要测量薄膜应力-应变关系,问题就复杂得多。这里,假设薄膜比较厚,在压痕实验时基底的影响忽略不计,那读者马上会回答压得比较浅不就可以了! 可是,浅到什么程度呢? 另外,太浅的话又有尺度效应! 怎么办? 目前根据经验,压痕深度在超过 $4 \sim 5~\mu m$ 时尺度效应可以忽略,压痕深度小于膜厚的 $1/3$ 时,基底的影响可以忽略不计。基于这些限制条件,下面介绍 Dao 等用尖形压头的压痕法测量弹塑性应力-应变关系的基本思想[93]。

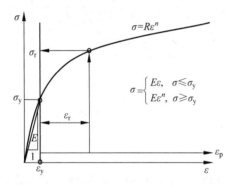

图 9.2.3　幂指数强化模型的应力-应变关系曲线图

假设韧性材料的单轴应力-应变关系如图 9.2.3 所示,在屈服前服从胡克定律,在屈服后服从幂指数强化规律,即

$$\sigma = \begin{cases} E\varepsilon, & \sigma \leqslant \sigma_y \\ R\varepsilon^n, & \sigma \geqslant \sigma_y \end{cases} \tag{9.2.9}$$

式中,σ_y、n、E、R 分别代表被压材料的屈服强度、应变硬化指数、弹性模量、强化系数。当 $\sigma = \sigma_y$ 时,有

$$\sigma_y = E\varepsilon_y = R\varepsilon^n \tag{9.2.10}$$

式中,ε_y 为 σ_y 对应的应变值,即屈服应变。而

$$\varepsilon = \varepsilon_y + \varepsilon_p \tag{9.2.11}$$

式中,ε 为总应变,ε_p 为总应变中超出屈服应变的非线性部分,如图 9.2.3 所示。故应力-应变关系式可以化为如下形式:

$$\sigma = \begin{cases} E\varepsilon, & \sigma \leqslant \sigma_y \\ \sigma_y \left(1 + \dfrac{E}{\sigma_y}\varepsilon_p\right)^n, & \sigma \geqslant \sigma_y \end{cases} \tag{9.2.12}$$

若能获得弹性模量 E、屈服强度 σ_y、应变硬化指数 n,那么上面的应力-应变关系式就能确定。压痕法获得应力-应变关系的主要思想是由韧性材料压痕加卸载过程中的载荷-位移曲线(图 9.2.2)推算出材料的弹塑性性能参数 E、σ_y、n(我们称为反推过程),然后利用幂指数强化模型而获得应力-应变关系。下面主要介绍如何由加卸载过程中的载荷-位移曲线推算出材料的弹塑性性能参数 E、σ_y、n。

对于尖压头压痕试验,加载过程中载荷-位移关系用 Kick 模型可简单地表示为

$$P = Ch^2 \tag{9.2.13}$$

其中,C 是加载系数。对于符合幂指数强化模型的弹塑性材料,压痕加载载荷 P 表示成被压材料的基本力学性能、压入深度以及压头的弹性模量和泊松比的函数,即

$$P = P(h, E, \nu, E_i, \nu_i, \sigma_y, n) \tag{9.2.14}$$

由式(9.2.5),可以将上式简化为

$$P = P(h, E^*, \sigma_y, n) \tag{9.2.15}$$

上式又可写成

$$P = P(h, E^*, \sigma_r, n) \qquad (9.2.16)$$

式中，σ_r 称为表示应力，即 $\varepsilon_p = \varepsilon_r$ 时的流动应力。将 σ_r 和 h 作为基本量，应用 Π 定理(Π 定理是研究和分析材料力学性能十分重要和非常有用的工具，建议读者阅读有关教材和专著，学习 Π 定理并用其解决具体问题)[94]，式(9.2.16)化为

$$P = \sigma_r h^2 \Pi_1\left(\frac{E^*}{\sigma_r}, n\right) \qquad (9.2.17)$$

即有

$$C = \frac{P}{h^2} = \sigma_r \Pi_1\left(\frac{E^*}{\sigma_r}, n\right) \qquad (9.2.18)$$

式(9.2.17)中 Π_1 为无量纲函数。

同样，将卸载曲率 $\dfrac{dP_u}{dh}$ 也表示成被压材料的基本力学性能、压入深度以及压头的弹性模量和泊松比的函数，即有

$$\frac{dP_u}{dh} = \frac{dP_u}{dh}(h, h_m, E^*, \sigma_r, n) \qquad (9.2.19)$$

将 E^* 和 h 作为基本量，应用 Π 定理，式(9.2.19)在 $h = h_m$ 时可化为

$$\left.\frac{dP_u}{dh}\right|_{h_m} = E^* h_m \Pi_2\left(\frac{E^*}{\sigma_r}, n\right) \qquad (9.2.20)$$

卸载载荷 P_u 本身也可表示成如下形式：

$$P_u = P_u(h, h_m, E^*, \sigma_r, n) = E^* h^2 \Pi_u\left(\frac{h_m}{h}, \frac{\sigma_r}{E^*}, n\right) \qquad (9.2.21)$$

当 $P_u = 0$ 时，卸载完全，故有 $h = h_r$，可得

$$0 = \Pi_u\left(\frac{h_m}{h_r}, \frac{\sigma_r}{E^*}, n\right) \qquad (9.2.22)$$

故有

$$\frac{h_r}{h_m} = \Pi_3\left(\frac{\sigma_r}{E^*}, n\right) \qquad (9.2.23)$$

在 Dao 等[93]的文献中，给出另外两个无量纲函数如下：

$$\Pi_4\left(\frac{h_r}{h_m}\right) = \frac{P_{ave}}{E^*}, \quad \Pi_5\left(\frac{h_r}{h_m}\right) = \frac{W_p}{W_t} \qquad (9.2.24)$$

这里，平均载荷为 $P_{ave} = \dfrac{P_m}{A_m}$，$A_m$ 为最大压坑的投影面积 $A_m = \pi a_m^2$(对于圆锥形压头)；W_t 和 W_p 分别为加载过程中载荷所做总功和塑性功。

对于式(9.2.18)，

$$\Pi_1\left(\frac{E^*}{\sigma_r}, n\right) = \frac{C}{\sigma_r} \qquad (9.2.25)$$

选择不同的 σ_r、ε_r，无量纲函数 Π_1 的具体形式必定有所不同。Dao 等[93]在对 76 种参数组合(相当于所有金属材料的情况)的分析中发现，取 $\varepsilon_r = 0.033$ 时，无量纲函数 Π_1 表现出与参量 n 无关的特性，即有

$$\Pi_1\left(\frac{E^*}{\sigma_{0.033}}\right)=\frac{C}{\sigma_{0.033}} \tag{9.2.26}$$

Dao 等通过有限元数值模拟的方法[93]，计算了 76 种不同的弹性模量（范围为 10～210 GPa）、不同屈服强度（范围为 30～3000 MPa）与不同应变硬化指数（范围为 0～0.5）的组合，得到了五个无量纲函数 Π_1、Π_2、Π_3、Π_4、Π_5 的具体表达式

$$\Pi_1=-1.131\left[\ln\left(\frac{E^*}{\sigma_{0.033}}\right)\right]^3+13.635\left[\ln\left(\frac{E^*}{\sigma_{0.033}}\right)\right]^2-$$
$$30.594\left[\ln\left(\frac{E^*}{\sigma_{0.033}}\right)\right]+29.267 \tag{9.2.27}$$

$$\Pi_2=(-1.405\,57n^3+0.775\,26n^2+0.158\,30n-0.068\,31)\left[\ln\left(\frac{E^*}{\sigma_{0.033}}\right)\right]^3+$$
$$(17.930\,06n^3-9.220\,91n^2-2.377\,33n+0.862\,95)\left[\ln\left(\frac{E^*}{\sigma_{0.033}}\right)\right]^2+$$
$$(-79.997\,15n^3+40.556\,20n^2+9.001\,57n-2.545\,43)\left[\ln\left(\frac{E^*}{\sigma_{0.033}}\right)\right]+$$
$$(122.650\,69n^3-63.884\,18n^2-9.589\,36n+6.200\,45) \tag{9.2.28}$$

$$\Pi_3=(0.010\,100n^2+0.001\,763\,9n-0.004\,083\,7)\left[\ln\left(\frac{\sigma_{0.033}}{E^*}\right)\right]^3+$$
$$(0.143\,86n^2+0.018\,153n-0.088\,198)\left[\ln\left(\frac{\sigma_{0.033}}{E^*}\right)\right]^2+$$
$$(0.595\,05n^2+0.034\,074n-0.654\,17)\left[\ln\left(\frac{\sigma_{0.033}}{E^*}\right)\right]+$$
$$(0.581\,80n^2-0.088\,460n-0.672\,90) \tag{9.2.29}$$

$$\Pi_4\approx0.268\,536\left(0.995\,249\,5-\frac{h_r}{h_m}\right)^{1.114\,273\,5} \tag{9.2.30}$$

$$\Pi_5=1.612\,17\left\{1.131\,11-1.747\,56\left[-1.492\,91\left(\frac{h_r}{h_m}\right)^{2.535\,334}\right]-0.075\,187\left(\frac{h_r}{h_m}\right)^{1.135\,826}\right\} \tag{9.2.31}$$

由式（9.2.27）～式（9.2.31）的五个无量纲表达式 Π_1、Π_2（或者 Π_3）、Π_4 和 Π_5，Dao 等[93]首先得到了正分析过程：由材料的应力-应变关系（即已知 E、n、σ_y、ν），就可以得到 C、h_r（或者 $\frac{W_p}{W_t}$）、h_m（或者 P_m）、$\left.\frac{dP_u}{dh}\right|_{h_m}$，也就是说可以得到压痕试验的载荷-位移（压痕深度）曲线。正分析过程的结果与压痕试验的结果非常接近，这就证明正分析过程是合适的。另外，也可以进行逆分析或者称为反推过程：由实验测得的载荷-位移曲线可以得到 C、h_r（或者 $\frac{W_p}{W_t}$）、h_m（或者 P_m）、$\left.\frac{dP_u}{dh}\right|_{h_m}$，可以建立五个无量纲函数与材料的性能参数 E^*、A_m、P_{ave}、$\sigma_{0.033}$、σ_y、n 之间的关系，也就是说由实验测得的载荷-位移曲线可以获得 E^*、σ_y、n 的值，从而可得到幂指数强化模型的应力-应变关系。由载荷-位移曲线推算材料性能参数 E^*、σ_y、n 的流程图，如图 9.2.4 所示。

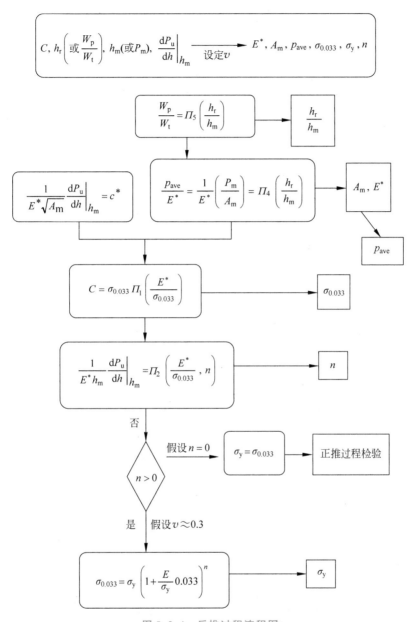

图 9.2.4 反推过程流程图

Dao 等对 7075-T651 铝和 6061-T6511 铝两种材料进行单轴压缩实验和压痕实验[93]。对于反推过程,实验 P-h 曲线参量被用来推断被压材料的弹塑性性能参数,其结果比 Oliver 和 Pharr[90] 以及 Doerner 和 Nix[95] 方法给出的 E^* 更准确。虽然在有些情况下,从个别 P-h 曲线所获得的力学性能参量误差相对较大,但对大量压痕实验所取的平均值是可靠的。

正推过程的结果与实验结果相当一致。也就是说,只要知道材料的应力-应变关系就不需要进行压痕实验,可直接通过计算得到材料的硬度和材料压痕的载荷-位移曲线。但这并不意味着反推过程是正确的,即只要知道材料压痕的载荷-位移曲线就一定能够得到材料的应力-应变关系。这是因为反推过程实际上是一个求反函数的过程,而通常情况下求反函数是不唯一的。Cheng 和 Cheng 通过分析发现[96]，由压痕的载荷-位移曲线确实不能唯一地确定材料的应力-应变关系。但 Dao 等认为[93]：对于高分子材料和非金属材料比如陶瓷材料，这种情况下求反函数确实不唯一，其原因主要是式(9.2.12)应力-应变关系的假设对于高分子材料和非金属材料是不合适的。因此，Dao 等认为对于金属材料由压痕的载荷-位移曲线还是可以唯一确定其应力-应变关系的[93]。

从反推过程的流程图 9.2.4 可知，当 E^* 和 $\sigma_{0.033}$ 确定后，应变硬化指数 n 可以由无量纲函数 Π_2 或者 Π_3 确定下来。但实验发现当 $\dfrac{E}{\sigma_y} \geqslant 0.033$ 和 $n > 0.3$ 时，根据无量纲函数 Π_2 很难将应变硬化指数 n 准确地求出，此时应该用无量纲函数 Π_3 求解应变硬化指数 n。从图 9.2.5 和图 9.2.6 中看出来，当 $\dfrac{E}{\sigma_y} \geqslant 0.033$ 和 $n > 0.3$ 时，$n = 0.5$ 的曲线和其他三条曲线交叉在一起，使得 n 难以精确确定。在确定应变硬化指数 n 时，可以由无量纲函数 Π_2 确定，也可以由 Π_3 确定。原因是 Π_2 和 Π_3 不是相互独立的，而是相互关联的。因此，我们建议对于 $\dfrac{E^*}{\sigma_{0.033}}$ 比较大时应用 Π_2 确定应变硬化指数 n，而对于 $\dfrac{\sigma_{0.033}}{E^*}$ 比较大时应用 Π_3 确定应变硬化指数 n。另外，Liao、Zhou、Huang 和 Jiang 等考虑了基底的影响后得到了由 P-h 曲线表征薄膜应力-应变关系的解析表达式[92]。

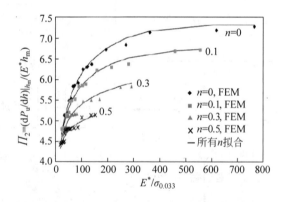

图 9.2.5　取不同 n 时的 Π_2-$\dfrac{E^*}{\sigma_{0.033}}$ 曲线

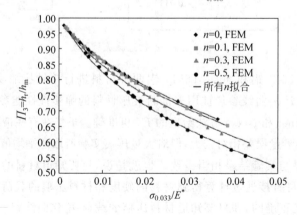

图 9.2.6　取不同 n 时的 Π_3-$\dfrac{E^*}{\sigma_{0.033}}$ 曲线

9.3 薄膜的残余应力

9.3.1 残余应力的来源

薄膜中残余应力的存在将会影响薄膜的质量与性能。例如薄膜中的残余拉应力会加剧材料内部的应力集中,使薄膜或界面发生开裂现象,并促进裂纹的萌生或加剧微裂纹的扩展;而残余压应力会松弛材料内部的应力集中,可以提高材料的疲劳性能[97-98],但过大的压应力却会使薄膜起包或分层[99]。对于各种薄膜电子和光学元器件,薄膜的内应力问题非常重要,它直接关系到薄膜元器件的成品率、稳定性和可靠性。因此,研究薄膜中的残余应力是非常有必要的。

通常认为,薄膜中的残余应力分为热应力和内应力两种。热应力是由于薄膜和基底材料热膨胀系数的差异引起的,所以也称为热失配应力。热膨胀系数是材料的固有性质,不同种类材料之间的热膨胀系数可能有很大的差异,这种差异是薄膜在基底上外延生长时产生残余应力的主要原因[100]。热应力对应的弹性应变为

$$\varepsilon_{th} = M_f \int [\alpha_f(T) - \alpha_s(T)] dT \tag{9.3.1}$$

式中,$M_f = \dfrac{E}{1-\nu_f}$ 为薄膜的双轴弹性模量,α_f 和 α_s 分别为薄膜和基底的热膨胀系数。根据胡克定律,可得热失配应力与应变的关系

$$\sigma_{th} = \frac{E_f}{1-\nu_f} \varepsilon_{th} \tag{9.3.2}$$

式中,E_f 和 ν_f 分别代表薄膜的弹性模量和泊松比。

内应力也称为本征应力,其起因比较复杂。目前存在一些不同观点,其中一种观点认为内应力是由晶格失配引起的,晶格失配产生了刃型位错,位错在其周围形成相应的弹性应力场。失配度 $(a_s - a_f)/a_f$ 表征晶格失配程度的大小,a_f 和 a_s 分别为薄膜和基底的晶格常数。

薄膜/基底体系中,晶格常数失配在薄膜中产生的内应力 σ_i 由霍夫曼晶界松弛模型得到[101]

$$\sigma_i = \left(\frac{E_f}{1-\nu_f}\right) \frac{x-a}{a} = \left(\frac{E_f}{1-\nu_f}\right) \frac{\Delta}{L_g} \tag{9.3.3}$$

式中,a 为薄膜材料无残余应力时的晶格常数,$x-a$ 为薄膜晶格常数的变化,Δ 为晶界松弛距离,L_g 为晶粒最终尺寸。

通常薄膜中的内应力要大于热应力。程开甲等[102]指出,在薄膜中传统意义上的内应力、热应力的量级通常低于 1 GPa,而实验测量结果发现薄膜中的应力水平可达到几吉帕。程开甲应用改进的 TFD 理论和弹性力学方法分析了薄膜本征应力的产生机制[102]。指出本征应力起源于薄膜与基底材料的表面电子密度差,是界面电子密度连续条件导致的必然结果。薄膜和基底在界面附近两侧为了使电子密度达到一个相等的值,就会在界面处产生较大的应力。根据程开甲理论[102],薄膜本征应力大小为

$$\sigma_{in} \approx (dp/dn)_f (n_{s0} - n_{f0}) \tag{9.3.4}$$

式中，$(\mathrm{d}p/\mathrm{d}n)_{\mathrm{f}}$ 是薄膜材料的内压力对电子密度的微分，n_{f0} 和 n_{s0} 分别是薄膜与基底的原子表面电子密度。对于同一种薄膜材料 $(\mathrm{d}p/\mathrm{d}n)_{\mathrm{f}}$ 为定值，薄膜本征应力正比于薄膜和基底的表面电子密度差。该理论揭示了一条控制薄膜残余应力的途径，通过适当的掺杂，使基底与薄膜的表面电子密度差降低，即可减小残余应力。

9.3.2 残余应力的测量

1. 挠曲的曲率半径测量法

（1）薄膜残余应力测量的斯托尼（Stoney）公式

在薄膜残余应力的作用下，基底会发生挠曲[103-104]。这种变形尽管很微小，但通过激光干涉仪或者表面轮廓仪，能够测量到挠曲的曲率半径。基底挠曲的程度反映了薄膜残余应力的大小，斯托尼给出了二者之间的关系

$$\sigma_{\mathrm{f}} = \frac{E_{\mathrm{s}}}{1-\nu_{\mathrm{s}}} \frac{t_{\mathrm{s}}^2}{6rt_{\mathrm{f}}} \qquad (9.3.5)$$

式中，t_{f} 和 t_{s} 分别是薄膜和基底的厚度，r 为曲率半径，E_{s} 和 ν_{s} 分别是基底的弹性模量和泊松比。

斯托尼公式广泛应用于薄膜残余应力的测量，但使用时应明确该公式的适用范围。斯托尼公式采取了如下假设：①$t_{\mathrm{f}} \ll t_{\mathrm{s}}$，即薄膜厚度远小于基底厚度。这一条件通常都能满足，实际情况下薄膜和基底厚度相差非常大。②$E_{\mathrm{f}} = E_{\mathrm{s}}$，即薄膜与基底的弹性模量相近。③基底材料是均质的、各向同性的、线弹性的，且基底初始状态没有挠曲。④薄膜材料是各向同性的，薄膜残余应力为双轴应力。⑤薄膜残余应力沿厚度方向均匀分布。⑥小变形，并且薄膜边缘部分对应力的影响非常微小。实际上，很多情况并不能完全满足上述假设，因此斯托尼公式需要作适当的修正。

（2）多层薄膜的情形[104]

在多层薄膜情况下，尽管薄膜有很多层，但与基底的厚度相比，薄膜的总厚度还是非常小，仍然满足斯托尼公式的第一条假设。每沉积一层薄膜，该层薄膜中的残余应力对基底施加一个单独的弯矩作用，从而使基底的曲率发生变化。各层薄膜对基底的弯矩作用满足线性叠加原理，所以对于 n 层薄膜斯托尼公式化为如下形式：

$$\frac{1}{r_1} + \frac{1}{r_2} + \cdots + \frac{1}{r_n} = \frac{1-\nu_{\mathrm{s}}}{E_{\mathrm{s}}} \frac{6}{t_{\mathrm{s}}^2} (\sigma_{\mathrm{f1}} t_{\mathrm{f1}} + \sigma_{\mathrm{f2}} t_{\mathrm{f2}} + \cdots + \sigma_{\mathrm{fn}} t_{\mathrm{fn}}) \qquad (9.3.6)$$

式中，下标 $1,2,\cdots,n$ 分别代表各层薄膜，σ 为薄膜中的残余应力。

（3）薄膜厚度与基底厚度可比较时的情形[105]

如图 9.3.1 所示的柱坐标系，当 t_{f} 和 t_{s} 相差不大时，不为零的残余应力分量只有 $\sigma_r(r,z)$ 和 $\sigma_\theta(r,z)$，相应的弹性应变能密度为

$$U(r,z) = \frac{E}{2(1-\nu^2)} [\varepsilon_r^2(r,z) + \varepsilon_\theta^2(r,z) + 2\nu\varepsilon_r(r,z)\varepsilon_\theta(r,z)] \qquad (9.3.7)$$

式中，ε_r 和 ε_θ 分别为径向和环向方向的应变分量。如图 9.3.2 所示，它们分别等于

$$\varepsilon_r = u'(r) - zw''(r) + \varepsilon_{\mathrm{m}} \qquad (9.3.8)$$

$$\varepsilon_\theta = u(r)/r - zw'(r)/r + \varepsilon_{\mathrm{m}} \qquad (9.3.9)$$

式中,ε_m 是失配度,$u(r)$ 和 $w(r)$ 分别代表基底中面在径向和轴向方向的位移,$w(r)$ 也称为挠度。

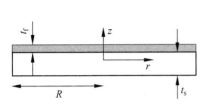

图 9.3.1 柱坐标系

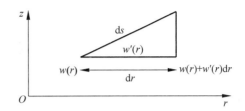

图 9.3.2 柱坐标系下由于基底中面转动引起的应变

小变形时,$u(r)$ 和 $w(r)$ 分别为

$$u(r) = \varepsilon_0 r + \varepsilon_m, \quad w(r) = \frac{1}{2}\kappa r^2 \qquad (9.3.10)$$

式中,ε_0 是基底中面的应变,基底的曲率用 κ 表示。由式(9.3.7)~式(9.3.10),得到用 ε_0 和 κ 表示的应变总能量

$$V(\varepsilon_0,\kappa) = 2\pi \int_0^R \int_{-t_s/2}^{t_f+t_s/2} U(r,z)r\,\mathrm{d}r\,\mathrm{d}z \qquad (9.3.11)$$

应变能处于平衡状态需满足 $\partial V/\partial \varepsilon_0 = 0, \partial V/\partial \kappa = 0$。即导出

$$\kappa = \frac{6\varepsilon_m}{t_s} lm \left[\frac{1+l}{1+lm(4+6l+4l^2)+l^4 m^2} \right] \qquad (9.3.12)$$

式中,$l = t_f/t_s$ 为薄膜与基底的厚度比,$m = E_f'/E_s'$ 为薄膜与基底的双轴模量比。当 $t_f \ll t_s (l \rightarrow 0)$ 时,式(9.3.12)退化为斯托尼公式。但当薄膜厚度与基底厚度可比时,例如 $m=1,l=0.1$ 的情况,斯托尼公式(9.3.5)会有 30% 左右的误差。

(4)一级近似的薄膜应力梯度分布

前面介绍的斯托尼公式假定薄膜的厚度很薄,残余应力在薄膜厚度方向是均匀分布的。实际上,薄膜中的残余应力在厚度方向上是有变化的,这可从图 9.3.3 来理解。图中的微梁结构在腐蚀掉一薄层后即发生了偏转,如果应力只是均匀分布,那么微梁只会伸长或缩短,而不会发生图中所示的变形状况。

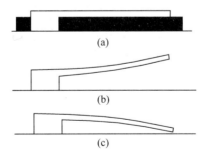

图 9.3.3 应力沿厚度方向有梯度的微梁结构

(a) 释放前的微梁结构;(b) 释放后向上弯曲的微梁结构;(c) 释放后向下弯曲的微梁结构

通常,薄膜的单轴应力沿厚度方向的分布可用多项式表示为

$$\sigma_{\text{total}} = \sum_{k=0}^{\infty} \sigma_k \left(\frac{z}{t/2} \right)^k \qquad (9.3.13)$$

式中,z 为厚度方向的坐标,t 为薄膜厚度。一般计算取一级近似 $k=1$ 的情况:

$$\sigma = \sigma_0 \pm \frac{z}{t/2}\sigma_1 \tag{9.3.14}$$

式中,"$+$"对应拉应力,"$-$"对应压应力。

2. 悬臂梁法[103,106]

膜内应力的存在使膜基复合体产生一定程度的弯曲变形。根据弹性力学理论,由镀膜前后悬臂梁的曲率半径、中性面位置和抗弯刚度的变化,可得到镀膜悬臂梁任意横截面上应力对中性面产生的弯矩 M 为

$$M = \frac{E_s}{1-\nu_s} \frac{bt_s^3}{12}\left(\frac{1}{r}-\frac{1}{r_0}\right)\left\{1+\eta k\left[3\frac{(1+k)^2}{1+\eta k}+k^2\right]\right\} \tag{9.3.15}$$

式中,$\eta = E_f/E_s$,$k = t_f/t_s$,E、ν 和 t 分别为弹性模量、泊松比和厚度,下标 f 和 s 分别表示薄膜和基底,r_0 和 r 分别是悬臂梁镀膜前后的曲率半径,b 为基底宽度,式(9.3.15)是在薄膜和基底泊松比相等的条件下导出的。

在通常情况下,$t_f \ll t_s$,式(9.3.15)可近似为

$$M \approx \frac{E_s}{1-\nu_s}\frac{bt_s^3}{12}\left(\frac{1}{r}-\frac{1}{r_0}\right)(1+3\eta k) \tag{9.3.16}$$

另外,设膜厚为 t_f 时膜内的平均应力为 σ,弯矩 M 为

$$M = \frac{b\sigma}{2}t_f(t_s+t_f) \tag{9.3.17}$$

由于 $t_f \ll t_s$,式(9.3.17)可近似为

$$M \approx \frac{b\sigma}{2}t_f t_s \tag{9.3.18}$$

由式(9.3.16)和式(9.3.18)可得平均应力的表达式为

$$\sigma \approx \frac{E_s t_s^2}{6(1-\nu_s)t_f}\left(1+\frac{3E_f}{E_s}\cdot\frac{t_f}{t_s}\right)\left(\frac{1}{r}-\frac{1}{r_0}\right) \tag{9.3.19}$$

在 $t_f \ll t_s$ 的条件下,式(9.3.19)简化为

$$\sigma \approx \frac{E_s t_s^2}{6(1-\nu_s)t_f}\left(\frac{1}{r}-\frac{1}{r_0}\right) \tag{9.3.20}$$

镀膜前,基底处于平直状态,即 $r_0 = +\infty$;镀膜后,$r \approx L^2/(2\delta)$。L 为悬臂梁长度,δ 为悬臂梁镀膜后自由端的挠度,式(9.3.20)转化为

$$\sigma \approx \frac{E_s t_s^2}{3(1-\nu_s)L^2}\frac{\delta}{t_f} \tag{9.3.21}$$

此式即斯托尼公式。Berry 对斯托尼公式进行了修正,用基底的平面应变模量 $E_s/(1-\nu_s^2)$ 代替双向模量 $E_s/(1-\nu_s)$,那么,式(9.3.21)变为

$$\sigma \approx \frac{E_s t_s^2}{3(1-\nu_s^2)L^2}\frac{\delta}{t_f} \tag{9.3.22}$$

由此式可以看出,求解膜内残余应力时不需要知道薄膜的弹性模量。

3. 压痕法

假设薄膜内的残余应力不改变薄膜的硬度[107-108],对有残余应力和无残余应力的薄膜

做相同深度的压痕实验,获得 $P\text{-}h$、$P_0\text{-}h_0$ 两条曲线。对比两条曲线,按图 9.3.4 确定残余应力的符号[109]。

根据下式确定达到最大载荷 P_{max} 时的真实接触面积 A:

$$A = \left(\frac{\mathrm{d}P}{\mathrm{d}h} \cdot \frac{1}{C_u E_r}\right)^2 \qquad (9.3.23)$$

式中,$E_r = \left(\frac{1-\nu_f^2}{E_f} + \frac{1-\nu_i^2}{E_i}\right)^{-1}$,$E_f$ 和 ν_f 分别为薄膜的弹性模量和泊松比,E_i 和 ν_i 分别为压头的弹性模量和泊松比。对于 Vickers 压头,$C_u = 1.142$;对于 Berkovich 压头,$C_u = 1.167$。平均载荷 p_{ave} 可表示为

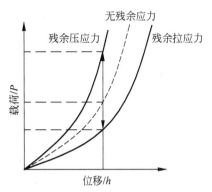

图 9.3.4　根据曲线位置判断残余应力的符号

$$p_{ave} = \frac{P}{A} \qquad (9.3.24)$$

P_0、A_0、h_0 分别为无残余应力时载荷、真实接触面积和压入深度。A_0 可以表示如下:

$$A_0 = \left(\frac{\mathrm{d}P_0}{\mathrm{d}h_0} \cdot \frac{1}{C_u E_r}\right)^2 \qquad (9.3.25)$$

则

$$\frac{A}{A_0} = \left(\frac{\mathrm{d}P}{\mathrm{d}h}\right)^2 \left(\frac{\mathrm{d}P_0}{\mathrm{d}h_0}\right)^2 \qquad (9.3.26)$$

获得 $\dfrac{A}{A_0}$、p_{ave} 后,对于残余拉应力,代入下式

$$\frac{A}{A_0} = \left(1 + \frac{\sigma_R}{p_{ave}}\right)^{-1} \qquad (9.3.27)$$

计算得到 σ_R。对于残余压应力,代入下式

$$\frac{A}{A_0} = \left(1 - \frac{\sigma_R \sin\alpha}{p_{ave}}\right)^{-1} \qquad (9.3.28)$$

计算得到 σ_R。其中对于 Vickers 压头,$\alpha = 22°$;对于 Berkovich,压头 $\alpha = 24.7°$;对于圆锥压头,$\alpha = 19.7°$。

4. 压痕断裂法

Lawn 和 Fuller 最早将压痕法用于薄膜中残余应力的测量[110]。这里必须说明,该方法只适用于脆性薄膜和脆性基底,对于不易出现裂纹的韧性薄膜和韧性基底该方法不适用。

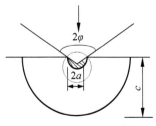

图 9.3.5　Vickers 压痕模型

（1）GLFW 模型

GLFW 模型是 Gruninger、Lawn、Farabaugh 和 Wachtman[111] 于 1987 年提出来的。以如图 9.3.5 所示的 Vickers 压痕模型为例[112]:中位裂纹首先在压头底下的形变区成核,形成一个被包含在接触表面底下的缺口硬币状。为了克服阻碍裂纹充分发展的初级势垒,压头必须对受压体施加一个临界载荷,这样裂纹才得以充分发展至一定深度,并突然穿出试样的自由表面,成为半硬币状的径向/中

位裂纹。如果径向/中位裂纹在压头完成了接触加载和卸载周期之后达到平衡,就可根据薄膜中裂纹尖端应力强度因子 K 表达式来求出导致材料断裂的临界裂纹尺寸。

$$\frac{P}{c_0^{3/2}}=\frac{K_{\mathrm{C}}'}{\chi}=\mathrm{const.} \tag{9.3.29}$$

由此式可知,$P/c_0^{3/2}$ 与裂纹尺寸无关。其中 c_0 为达到平衡状态时裂纹深度,K_{C}' 为此时应力强度因子。

再考虑图 9.3.6(b)的状态,假设基底材料在先受到图 9.3.6(a)的压痕载荷后再镀膜。在这个镀膜过程中,基底中不可避免地要产生残余应力,设这个镀膜过程造成基底中的残余应力为 σ_{s},它对图 9.3.6(b)的裂纹进一步扩展有贡献。设它在基底中所产生的应力强度因子为 K_{s},则根据应力场叠加原理,处于平衡态的基底中的裂纹体系的应力强度因子,以及基底材料的断裂韧性 K_{C} 可表示为

$$K=K_{\mathrm{r}}+K_{\mathrm{s}}=K_{\mathrm{C}} \tag{9.3.30}$$

由 GLFW 模型[111]可知,由 σ_{s} 产生的应力强度因子 K_{s} 为

$$K_{\mathrm{s}}=\gamma\sigma_{\mathrm{s}}c^{1/2} \tag{9.3.31}$$

式中,γ 为无量纲的裂纹几何因子,近似为 1.0。这样式(9.3.30)变成

$$\frac{P}{c_{\mathrm{II}}^{3/2}}=\frac{P}{c_0^{3/2}}[1-(\gamma\sigma_{\mathrm{s}}/K_{\mathrm{C}})c_{\mathrm{II}}^{3/2}] \tag{9.3.32}$$

式中,c_{II} 表示图 9.3.6(b)状态,即压头和薄膜中残余应力共同作用下基底中裂纹的长度。由此式可知,随着裂纹尺寸的增加,P/c_{II} 的变化不仅与裂纹的长度 c_{II} 有关,还与基底中的残余应力 σ_{s} 有关。

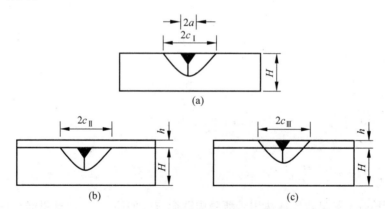

图 9.3.6 三种状态的 Vickers 压痕

(a) 无薄膜状态;(b) 基底先受压后镀膜;(c) 基底镀膜后受压

再分析实际的情况即图 9.3.6(c)的情况,这个过程是在基底上镀好薄膜后再进行加载而形成裂纹。这时不仅要考虑镀膜过程中基底内的残余应力,而且要考虑薄膜中的残余应力 σ_{f} 对基底中裂纹扩展的贡献。Lawn 和 Fuller 已经推导出薄膜应力强度因子 K_{f}[110]

$$K_{\mathrm{f}}=2\gamma\sigma_{\mathrm{f}}\sqrt{t_{\mathrm{f}}} \tag{9.3.33}$$

式中,t_{f} 为薄膜的厚度;与式(9.3.31)中的 γ 一样,γ 为几何因子。

根据应力场叠加原理,此时处于平衡态的基底中裂纹体系的应力强度因子为

$$K=K_{\mathrm{r}}+K_{\mathrm{s}}+K_{\mathrm{f}} \tag{9.3.34}$$

由式(9.3.29)～式(9.3.34),当裂纹达到平衡状态 $K=K_C$ 时,图9.3.6(c)的情况可表示为

$$\frac{P}{c_{\text{Ⅲ}}^{3/2}} = \frac{K_c - K_s - K_f}{\chi} \tag{9.3.35a}$$

$$\frac{P}{c_{\text{Ⅲ}}^{3/2}} = \frac{P}{c_{\text{Ⅰ}}^{3/2}}[1 - \gamma\sigma_s c_{\text{Ⅲ}}^{1/2}/K_C - 2\gamma\sigma_f\sqrt{t_f}/K_C] \tag{9.3.35b}$$

式中,$c_{\text{Ⅲ}}$ 表示图9.3.6(c)状态贯穿薄膜和基底的裂纹的长度。在实际情况中,由于薄膜厚度比较小,$c_{\text{Ⅲ}}$ 就是在薄膜表面能观察到的裂纹长度。由式(9.3.35)可知,随着裂纹尺寸的增加,$P/c^{3/2}$ 的变化不仅与裂纹的长度 $c_{\text{Ⅲ}}$ 有关,与基底中的残余应力 σ_s 有关,也与薄膜中的残余应力 σ_f 有关。根据式(9.3.29)、式(9.3.32)和式(9.3.35)可知,只要测出三种情况即图9.3.6(a)、(b)和(c)下载荷与裂纹长度的关系 $P(c)$,就可得到薄膜和基底中存在的残余应力。

由于图9.3.6(b)的情况难以实现,我们可以用下式进行简化[110]

$$\sigma_s = -\frac{t_f}{t_s}\sigma_f \tag{9.3.36}$$

式中,t_s 是基底的厚度。这样式(9.3.35b)就变为

$$\frac{P}{c_{\text{Ⅲ}}^{3/2}} = \frac{P}{c_{\text{Ⅰ}}^{3/2}}\left[1 + \frac{\gamma t_f \sigma_f}{K_C}\left(\frac{c_{\text{Ⅲ}}^{1/2}}{t_s} - \frac{2}{\sqrt{t_f}}\right)\right] \tag{9.3.37}$$

由此,只要考虑图9.3.6(a)和(c)的情况,再测量对应于某一载荷下的裂纹长度,以及相应的材料参数,就可以由式(9.3.29)和式(9.3.27)得出薄膜中存在的残余应力。

(2) ZCF 模型

ZCF 模型是由 Zhang、Chen 和 Fu[112] 于1999年提出来的。在压头的机械载荷和薄膜中残余应力的共同作用下,薄膜和基底中会形成裂纹。假设裂纹是如图9.3.7所示的半便士裂纹(A half-penny crack),则薄膜中的残余应力 σ_f 在 (r,θ) 处形成的应力强度因子(SIF)为

$$K_r(\theta) = \frac{2\sigma_f}{(\pi c)^{1/2}}\int_0^{t_f}\text{d}y\int_{-(c^2-y^2)^{1/2}}^{(c^2-y^2)^{1/2}}\text{d}x\,\frac{(c^2-x^2-y^2)^{1/2}}{c^2-2cx\cos\theta+2cy\sin\theta+x^2+y^2} \tag{9.3.38}$$

式中,假设薄膜中的残余应力 σ_f 是均匀的。根据 Zhang 等[112] 的计算发现,$K_r(\theta)$ 强烈地依赖于 θ,在 $\theta=0$ 即表面最大,随着 θ 的增加而迅速减少。这一方面,说明压痕实验中为什么裂纹总是在表面产生,并逐步向基底扩展;另一方面,也说明残余应力的存在对薄膜的应用是相当有害的。如果取 $\theta=0$,即认为裂纹只是表面裂纹的话,则式(9.3.38)就是式(9.3.33),即 $K_r=2\gamma\sigma_f\sqrt{t_f}$。事实上,对无论是表面裂纹还是基底内的裂纹,平衡方程

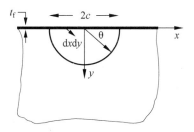

图 9.3.7　半便士裂纹

(9.3.30)都是成立的。这样,ZCF 模型不像 GLFW 模型只取 $\theta=0$,而是对 θ 取平均,即

$$\bar{K}_r = \frac{2}{\pi}\int_0^{\pi/2}\frac{2\sigma_f\text{d}\theta}{(\pi c)^{1/2}}\int_0^{t_f}\text{d}y\int_{-\sqrt{c^2-y^2}}^{\sqrt{c^2-y^2}}\frac{\sqrt{c^2-x^2-y^2}}{c^2-2cx\cos\theta+x^2+y^2}\text{d}x \tag{9.3.39}$$

因为膜厚比裂纹长度小得多,所以可近似认为 $\text{d}y=h$,$y=0$,这样上式化为

$$\bar{K}_r = \frac{4\sigma_f t_f}{\pi(\pi c)^{1/2}}\int_0^{\pi/2}\int_{-c}^{c}\frac{(c^2-x^2)}{c^2-2cx\cos\theta+x^2}\text{d}x\,\text{d}\theta = 3.545\frac{\sigma_f t_f}{c^{1/2}} = \beta\frac{\sigma_f t_f}{c^{1/2}} \tag{9.3.40}$$

这时,总应力强度因子为

$$K = K_p + \overline{K}_r \qquad (9.3.41)$$

式中,K_p 是压痕载荷产生的应力强度因子。当裂纹达到平衡状态 $K = K_C$ 时,由式(9.3.28)、式(9.3.30)和式(9.3.31)可得出

$$\frac{P}{c^{3/2}} = \frac{K_C}{\chi} + \frac{\eta}{c^{1/2}} \qquad (9.3.42)$$

式中,$\eta = -\delta\sigma_f h$,$\delta = \dfrac{\beta}{\chi}$。由此,只要测量出对应于某一载荷下裂纹的长度,以及相应的材料参数,就可以由式(9.3.42)得出薄膜中的残余应力 σ_f。

下面对 GLFW 模型和 ZCF 模型进行讨论。在 GLFW 模型即式(9.3.37)中载荷和裂纹长度的关系为 $P/c^{3/2} = Ac^{1/2} + B$,即 $P/c^{3/2}$ 与 $c^{1/2}$ 是成比例的,而在 ZCF 模型即式(9.3.42)中,载荷和裂纹长度的关系为 $P/c^{3/2} = E/c^{1/2} + F$,即 $P/c^{3/2}$ 与 $c^{1/2}$ 是成反比例的。从式(9.3.38)的分析中已经看到,只要在式(9.3.38)中取 $\theta = 0$,即认为裂纹只是表面裂纹的话,ZCF 模型即式(9.3.42)就同 GLFW 模型即式(9.3.37)一致。Zhou 等利用上述模型,对 PZT 铁电薄膜的残余应力进行了测量[112]。

9.4　薄膜的界面断裂韧性

9.4.1　膜与基底界面间结合类型

由于膜层的界面行为直接决定膜层的结合性能与使用效果,因此深入研究各种膜层的结合机理是优化膜层的成分、结构和制备工艺,获得优质膜层的前提条件和基础工作。膜与基底界面间结合大致可以分为以下几种类型[114]:

(1) 冶金结合界面。当膜层与基底材料之间的界面结合是通过处于熔融状态的膜层材料沿处于半熔化状态的固态基底表面向外凝固结晶而形成时,膜层与基底之间的结合就是冶金结合,形成的界面称为冶金结合界面。其实质是金属键结合,结合强度很高,可以承受较大的外力或载荷,不易在使用过程中发生剥落。

(2) 扩散结合界面。两个固相直接接触,通过抽真空、加热、加压、界面扩散和反应等途径所形成的结合界面即扩散结合界面。其特点是膜层与基底之间存在化学梯度变化,并形成了原子级别的混合或合金化。离子注入工艺获得的界面可以看成扩散结合界面的一种特殊形式,有时也称为"类扩散"界面,因为它是靠高能量的粒子束强行进入基底内部的。

(3) 外延生长界面。当工艺条件合适时,在单晶基底沿原来的结晶轴向生成一层晶格完整的新单晶层的工艺过程,称为外延生长,形成的界面就是外延生长界面。外延生长工艺主要有两类:一类是气相外延,如化学气相沉积技术;另一类是液相外延,如电镀技术等。实际工艺过程中,外延的程度取决于基底材料与外延层的晶格类型和晶格常数。以电镀为例,在两种金属是同种或晶格常数相差不大的情况下都可以出现外延,外延厚度可达 $0.1 \sim 400$ nm。由于外延生长界面在膜层与基底之间的晶体取向一致,因此两者原则上应有较好的结合强度。但具体的结合强度高低则应该取决于所形成的单晶层与基底的结合类型,如分子键、共价键、离子键或金属键等。

(4) 化学键结合界面。当膜层与基底材料之间发生化学反应,形成成分固定的化合物时,两种材料的界面就称为化学键结合界面。例如,在钛合金的表面气相沉积一层 TiN 和 TiC 膜,TiN 和 TiC 中的氮和碳原子将部分与基底金属中的钛原子作用,形成 Ti-N、Ti-C 化学键。化学键结合的优点是结合强度较高,缺点是界面的韧性较差,在冲击载荷或热冲击作用下,容易发生脆性断裂或剥落。

(5) 分子键结合界面。分子键结合界面是指膜层与基底表面以范德瓦耳斯力结合的界面。这种界面的特征是膜层与基底之间没有发生扩散或化学作用。部分物理气相沉积层、涂装技术中有机黏结膜层与基底的结合界面等均属于典型的分子键结合界面。

(6) 机械结合界面。机械结合界面指膜层与基底之间的结合界面主要通过两种材料相互镶嵌的机械连接作用而形成。表面工程技术中膜层与基底之间以机械结合方式结合的主要包括热喷涂与包镀技术等。

以上所述基本上概括了各种典型的界面结合状态。实际上,界面的结合机理常常是上述几种机理的综合。

9.4.2 界面断裂韧性的测量方法

1. 胶带法[115]

胶带法是 Strong 于 1935 年提出的一种测量薄膜界面结合强度的方法,Strong 用此方法测试了铝膜/玻璃基底的结合强度。具体做法如下:先把具有黏着能力的胶带贴到薄膜表面上,然后剥离胶带,测出其施加的力,并观察残留在基底上与胶带上薄膜材料的残余量,从而得出薄膜对基底的附着强弱。胶带法只能得出定性的结论,且当薄膜与基底的界面结合强度超过胶带的强度时,该方法完全失去作用。

2. 拉伸法[116]

拉伸法通过施加一与薄膜和基底界面相垂直的拉力从基底上剥离薄膜,根据剥离时所施加的拉力定出附着力。具体来说,在薄膜的表面上黏结一平滑的圆板,再把基底固定住,然后在与圆板相垂直的方向施加一拉力使薄膜从基底脱落,同时测出剥离时所加的力。

3. 压入断裂法[117-118]

在所有测试方法中,划痕法是目前较为成熟的,也是应用最广泛的一种。它的定量精度较高,监控破坏点的手段也较多。划痕法测试时压头(通常是洛氏 C 型金刚石压头)以一定的速度在试样表面划过,同时作用于压头上的垂直压力逐步或连续地增大直到薄膜脱离。实际在划痕内只有很少量的薄膜是完全剥落的,该方法十分便于膜/基界面临界载荷的确定。划痕法中,作用在压头上的垂直压力加载方式有两种:步进式和连续式。薄膜从基底剥落的最小压力称为临界载荷,记为 L_c。Zheng 等[117-118]利用压入断裂模型,对 PZT 铁电薄膜(厚度约为 350 nm)的界面断裂韧性进行了测量,发现其范围在 $0.921 \sim 35.468 \, \mathrm{J/m^2}$。

4. 剪力滞后模型[119]

对于韧性基底,膜内存在裂纹时,膜是否从基底上脱落,取决于界面结合能力和基底的屈服强度。σ_c 和 Y 分别是薄膜的断裂强度和基底的屈服强度,当 $\sigma_c/Y > 0.2$ 时,可用剪力滞后(shear lag)模型(图 9.4.1)得到

$$\sigma_c = \frac{L\tau}{t_f}, \quad P_L = \frac{1}{L} = \frac{\tau}{t_f \sigma_c} \tag{9.4.1}$$

式中,t_f 为膜厚,L 为裂纹间距,P_L 为裂纹密度,τ 为界面剪切强度。界面断裂韧性 K_C 满足

$$K_C = \tau \sqrt{\pi L} \tag{9.4.2}$$

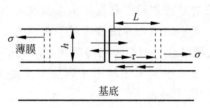

图 9.4.1　剪力滞后模型示意图

5. SH 模型[120]

Suo 和 Hutchinson 建立了两个半无限大各向同性弹性层材料界面裂纹问题的求解模型。该模型的基本解可以在以下两个方面得到应用:一是附着在基底上薄膜内残余应力驱动的界面裂纹问题;二是分析测试薄膜的界面断裂韧性。

Suo 和 Hutchinson 给出材料界面裂纹的能量释放率满足如下关系:

$$G = \frac{c_1}{16}\left(\frac{P^2}{At_f} + \frac{M^2}{It_f^3} + 2\frac{PM}{\sqrt{AI}t_f^2}\sin\gamma\right) \tag{9.4.3}$$

式中,$c_1 = \dfrac{\kappa_1+1}{\mu_1}$,$\kappa_1 = \begin{cases} 3-4\nu, & \text{平面应变} \\ \dfrac{3-\nu}{1+\nu}, & \text{平面应力} \end{cases}$,$A = \dfrac{1}{1+\Sigma(4\eta+6\eta^2+3\eta^3)}$,$I = \dfrac{1}{12(1+\Sigma\eta^3)}$,

$\sin\gamma = 6\Sigma\eta^2(1+\eta)\sqrt{AI}$,$\Sigma = \dfrac{1+\alpha}{1-\alpha}$,$\eta = \dfrac{t_f}{t_s}$,$\alpha = \dfrac{\Gamma(\kappa_2+1)-(\kappa_1+1)}{\Gamma(\kappa_2+1)+(\kappa_1+1)}$,$\beta = \dfrac{\Gamma(\kappa_2-1)-(\kappa_1-1)}{\Gamma(\kappa_2+1)+(\kappa_1+1)}$,

$\Gamma = \mu_1/\mu_2$,ν 为泊松比,μ 为剪切模量,t_f 为薄膜的厚度,t_s 为基底的厚度。下标 1、2 分别代表薄膜和基底的相关量。P 和 M 为等效边界载荷和弯矩,而应力强度因子与能量释放率的关系为

$$|K| = \frac{4\cosh\pi\varepsilon}{\sqrt{c_1+c_2}}\sqrt{G} \tag{9.4.4}$$

式中,$c_2 = \dfrac{\kappa_2+1}{\mu_2}$,$\varepsilon = \dfrac{1}{2\pi}\ln\dfrac{1-\beta}{1+\beta}$ 为双相材料参数。具体到单向拉伸试件,Q 为拉应力,则

$$P = -c_1 Q, \quad M = 0 \tag{9.4.5}$$

若为四点弯曲试件

$$P = c_2 \frac{P_0(L'-L)}{4bt_f}, \quad M = c_3 \frac{P_0(L'-L)}{4b} \tag{9.4.6}$$

式中,P_0 为外载荷,参数 c_3 定义参见文献[120],L 和 L' 如图 9.4.2 所示。

6. 鼓包法

准备试样前,在平整的基底上预制一个穿透孔,然后将薄膜沉积到基底上。实验时将

油压的液体注入孔中使薄膜起包,达到临界压力时,薄膜沿界面脱胶并扩展,如图 9.4.3 所示。根据薄膜的性质、孔径的大小以及脱胶扩展时所需要的液体压力等参数可以定出界面的强度。该方法中试样的准备过程比较复杂。

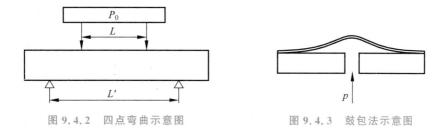

图 9.4.2　四点弯曲示意图　　　　　　　　图 9.4.3　鼓包法示意图

　　理论模型的示意图如图 9.4.3 所示,在油压 p 的逐渐加大过程中,界面裂纹将逐渐扩展,薄膜将逐步被剥离。假设被剥离的部分是各向同性的,半径为 a 的固支圆板,用冯卡门非线性板理论来分析被剥离的部分[121]。这样在外载荷油压 p 的作用下,系统的总势能为

$$U_s^{\text{plate}} = \pi D \int_0^a r\,dr \left\{ (\nabla^2 w)^2 - \frac{2}{r}(1-\nu_1)w'w'' + \frac{12}{t_f^2}\left[\varepsilon_1^2 + 2(\nu_1-1)\varepsilon_2\right] - \frac{2wp}{D} \right\}$$

(9.4.7)

式中,u 和 w 分别是板的中线在 r 和 z 方向的位移,D 是弯曲刚度 $D = E_1 h^3/12(1-\nu_1^2)$,$\nabla^2 = \dfrac{d^2}{dr^2} + \dfrac{1}{r}\dfrac{d}{dr}$ 是拉普拉斯算子,E_1、ν_1 和 t_f 分别是板的弹性模量、泊松比和厚度,ε_1 和 ε_2 分别是第一和第二不变量。

　　应用欧拉-拉格朗日变分原理,可以得到在固支边界条件下关于位移 u 和 w 的欧拉-拉格朗日耦合微分方程。由这个微分方程可以得到 u 和 w,进一步可以得到无量纲的膜应力 S_r^0 和无量纲的弯矩 M_r^0 分别为

$$S_r^0 = \frac{c_1^0 N_r\mid_{r=a}}{t_f} = \left(\frac{3p}{2\eta^3 k^2}\right)^2 \left\{ \frac{8}{k^2} + \frac{3}{2} - \left[\frac{I_0(k)}{I_1(k)}\right]^2 - \frac{2}{k}\frac{I_0(k)}{I_1(k)} \right\}$$

(9.4.8)

$$M_r^0 = \frac{c_1^0 M_r\mid_{r=a}}{t_f^2} = \frac{p}{2\eta^2 k^2}\left[\frac{kI_0(k)}{I_1(k)} - 2\right] = \frac{p}{2\eta^2}f(k)$$

(9.4.9)

这里各符号的意义见参考文献[121]。对于比较小的外载荷 p,圆板中心点的挠度为

$$w(0) = p\frac{3(1-\nu_1^2)a^4}{16E_1 t_f^3}$$

(9.4.10)

　　另外,在膜应力 S_r^0 和弯矩 M_r^0 作用下,由 Suo 和 Hutchinson 得到界面裂纹能量释放率为 G_a,见式(9.4.3),其无量纲形式 $\overline{G}_a = \dfrac{1}{3}\left(\dfrac{16\eta^2}{p}\right)^2\dfrac{c_1^0 G_a}{t_f}$ 可表示为

$$\overline{G}_a = \frac{1}{3}\left(\frac{4\eta^2}{p}\right)^2\left[\frac{(S_r^0)^2}{A} + \frac{(M_r^0)^2}{I} - 2\frac{S_r^0 M_r^0}{\sqrt{AI}}\sin\gamma\right]$$

$$= \frac{4}{3}\frac{1}{I}f^2(k)(\lambda^2 + 1 - 2\lambda\sin\gamma)$$

(9.4.11)

这里,无量纲参数 $\lambda = \sqrt{\dfrac{I}{A}}\dfrac{S_r^0}{M_r^0}$,其他无量纲参数 A、I、Σ 和 $\sin\gamma$ 与式(9.4.3)相同。 进一

步,可得到只依赖于无量纲参数 p/η^4 数据拟合公式为

$$\bar{G}_a = \exp\left[-\sum_{i=1}^{9} a_i \left(\frac{3p}{128\eta^4} - \bar{a}\right)^{i-1}\right], \quad \lambda = \sqrt{\frac{I}{A}}\left[\sum_{i=1}^{7} b_i \left(\frac{3p}{128\eta^4} - \bar{b}\right)^{i-1}\right] \quad (9.4.12)$$

无量纲参数 p/η^4 为

$$\frac{p}{\eta^4} = c_1^0 q/\eta^4 = \frac{8(1-\nu_1^2)q}{E_1}\left(\frac{a}{t_f}\right)^4 \quad (9.4.13)$$

式中,a_i 和 b_i 是相关系数,其具体值见参考文献[121]。界面裂纹是混合型裂纹,采用相角表示裂纹Ⅰ和裂纹Ⅱ的贡献

$$\psi = \arctan\left[\frac{\lambda\sin\omega - \cos(\omega+\gamma)}{\lambda\cos\omega + \sin(\omega+\gamma)}\right] \quad (9.4.14)$$

式中,角度量 ω 依赖于几何参数 $\eta_0 = t_f/t_s$ 及 Dundurs 参数 α 和 β[120]。

9.5　铁电薄膜的断裂与极化

9.5.1　铁电薄膜断裂的概念

无机非金属材料由于其独特的多种功能(电、磁、光、声、力、热、红外、超导、透波、反射等)相继被发现,使其在现代高新技术中的应用得到迅猛发展。姚熹院士主编的《经典电介质科学丛书》是目前唯一一本介绍固体无机化合物尤其是金属氧化物化学平衡的著作[122]。作为功能陶瓷的铁电材料,膜/基结构是其应用领域中一种十分普遍的几何形态,因而引起了广泛的研究[123]。一般来说,薄膜材料有着与之对应块体材料不同的性质[124]。薄膜制备过程中受到基底机械约束而产生的残余应力是薄膜研究中的首要问题。残余应力在薄膜的微观结构演变过程中扮演了重要角色。虽然一层沉积于基底上的极薄薄膜能够承受大的弹性失配应变,但是一旦厚度超过其临界值,膜/基体系会通过产生失配位错和/或者失配孪晶[125]、形成裂纹[126]、引起表面不稳定[127]、改变微观结构[128]等形式来释放失配应变。铁电薄膜沉积在镀有金属电极的硅基底上,其中裂纹问题是极其重要的问题之一。

考虑残余拉应力造成薄膜的断裂已经受到广泛的关注[126,129-130]。当薄膜厚度大于某个临界厚度时,薄膜中的残余拉应力可能引起薄膜裂纹。如果薄膜厚度小于该临界值,将不会产生裂纹。薄膜研究中的另一个重要问题是裂纹密度,它可以定义为裂纹之间的间距。低的裂纹密度意味着微器件中产生裂纹的可能性较低。Zhao 等[129]系统研究了 PZT 薄膜的裂纹行为。当薄膜厚度低于薄膜产生裂纹的临界值时,薄膜应力将会给铁电薄膜带来益处。由于受到基底机械约束,铁电薄膜材料性能将会与相应块体材料在应力自由状态的性能有着很大的不同。Wang 和 Zhang 通过热力学分析[128]、数值计算[131]和相场模拟[132]研究了铁电薄膜的性能。

9.5.2　铁电薄膜断裂性能表征

1. 铁电薄膜的裂纹密度[129]

用光学显微镜检测由旋涂方法沉积在 Pt/Ti/Si(100)基底上的 PZT 薄膜发现,在厚膜中

沿硅片$\langle 100 \rangle$方向发现裂纹。图 9.5.1(a) 和 (b) 所示分别是厚度为 0.93 μm 薄膜和 1.12 μm 薄膜中典型的裂纹情况。对于厚度为 1.12 μm 薄膜,其裂纹数目明显高于厚度为 0.93 μm 的薄膜。为了定量地描述裂纹数目,引入裂纹密度的概念,它定义为薄膜表面单位面积内所观察到裂纹长度的总和。由于裂纹网格看起来是长度远大于宽度的矩形,所以裂纹密度近似等于裂纹之间的间距。对每片薄膜表面一个实际面积为 225 mm^2 的区域放大 100 倍,通过计算其光学照片中的裂纹长度可测量每片薄膜的裂纹密度。

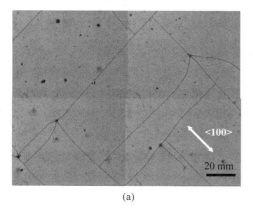 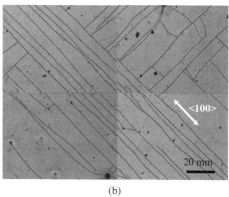

(a)　　　　　　　　　　　　　　　　(b)

图 9.5.1　薄膜表面裂纹情况

(a) 裂纹密度为 1.00 mm/mm^2,厚度为 0.93 μm 的 PZT 薄膜;
(b) 裂纹密度为 2.37 mm/mm^2,厚度为 1.12 μm 的 PZT 薄膜

如图 9.5.2 所示为裂纹密度和薄膜厚度之间的变化关系,可以看出当薄膜厚度小于 0.7588 μm 时将不会有裂纹产生。当薄膜厚度大于 0.7963 μm 时,裂纹密度随着薄膜厚度的增加而急剧增大。实验观测表明,对于沉积在 Pt/Ti/Si 基底上含裂纹的 PZT 薄膜存在临界厚度。如图 9.5.3 所示为扫描电子显微镜(SEM)照片,可以看出薄膜裂纹止于 PZT 薄膜和金属层的界面处。在厚度为 0.903 μm 的 PZT 薄膜中,裂纹尖端已钝化,且裂纹张开位移为 0.1 μm。韧性金属层的塑性变形会钝化裂纹尖端和释放残余应力,相当于减弱了裂纹渗透的驱动力,故薄膜裂纹不可能穿过界面层。根据实验观测结果,Zhao 等提出了一个弹塑性复合裂纹的剪力滞后(shear lag)模型来预测韧性衬底上脆性薄膜的裂纹行为[129]。

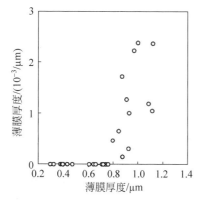 

图 9.5.2　裂纹密度和薄膜厚度之间的关系　　　图 9.5.3　PZT 薄膜的裂纹张开位移的 SEM 照片

2. 弹塑性复合裂纹的剪力滞后模型[129]

用如图 9.5.4 所示的示意图来说明弹塑性复合裂纹的剪力滞后模型,相关的无量纲参数为

$$s = \frac{l}{t_f}, \quad \xi = \frac{t_s}{t_f}, \quad \chi = \frac{r}{t_f}, \quad \gamma = \frac{\tau}{\sigma}, \quad \eta = \xi\sqrt{\frac{1}{(1-\nu_s)\left(1+\frac{E_s^*}{E_f^*}\xi\right)}}, \quad R = \frac{\Gamma_f E_f^*}{\pi\sigma^2 t_f}$$

$$(9.5.1)$$

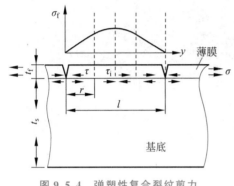

图 9.5.4　弹塑性复合裂纹剪力
滞后模型示意图

式中,l 为周期性裂纹的间距,r 为坐标变量,$E^* = E/(1-\nu^2)$,h、E 和 ν 分别是厚度、杨氏模量和泊松比。下标"f"和"s"分别代表薄膜和基底。σ 为薄膜中的残余应力,Γ_f 为临界能量释放率,R 称为抗裂性。对于给定的一系列参数,使总的能量变化最低就要求裂纹间距的均衡。一般来说,大的裂纹抗裂性 R 将会对应于大的裂纹间距 S,这和弹性情况是类似的[126]。这里,存在一个临界裂纹抗裂性 R_c,当 $R > R_c$ 时薄膜中不会有裂纹产生。裂纹抗裂性是在以下假定下测定的:对于单个裂纹,当裂纹深度等于薄膜

厚度时,整个系统总的能量变化为零。这时,单个裂纹必须满足的条件是裂纹间距趋近于无穷大($s \to \infty$),则有

$$R_c = \frac{1}{\pi}\left[(1+\gamma\eta)\eta + \frac{1}{3}\gamma^2\left(\frac{1}{\gamma}-\eta\right)^3 - 2(1-\gamma\eta)\gamma\eta^2\right] \tag{9.5.2}$$

如果基底足够厚,例如 $\eta \to \infty$,式(9.5.2)简化为

$$R_c = \frac{1}{3\pi\gamma} \tag{9.5.3}$$

式(9.5.3)同 Hu 和 Evans 对于单个裂纹大尺度屈服的结果[133]是一致的,在 Hu 和 Evans 的工作中忽略了弹性能量释放率。

当 γ 相对较小时,如 $\gamma \leqslant 1/100$,满足大范围屈服条件。如果屈服区不是足够大,薄膜中裂纹扩展释放的弹性应变能就应当计入总的能量变化中。图 9.5.5 中,实验所用的膜/基体系中,基底厚度 $t_s = 525~\mu m$,通过纳米压痕的方法测量了薄膜杨氏模量为 $E_f = 59.09~GPa$,泊松比近似为 $\nu_f = 0.23$。数值计算证明当 $\gamma = 1/350$ 时,预测的裂纹密度同试验数据可以近似吻合,如图 9.5.5 中实线所示。另外,从图 9.5.5 中可以看出实线上存在过渡点。当薄膜厚度稍大于临界厚度时,裂纹密度会从零跃升到 1000,称该处为过渡点。过渡点依赖于 γ,γ 越大,过渡点越高。如果想更好地拟合实验数据,就得使 γ 低于 $1/350$。然而,当使用较小的 γ 计算时,计算过程中出现很小的数会导致计算错误。作为对照,采用相同数据由文献[126]的方法所得到的弹性解也表示于图 9.5.5 中。在归一化裂纹间距大于 50 的情况下[126],由于弹性处理中忽略了裂纹之间的相互作用,故弹性解不能预测对应于大的裂纹间距在较低裂纹密度下的裂纹行为。

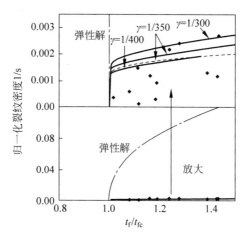

图 9.5.5　裂纹密度随着归一化的薄膜厚度变化曲线

实心圆：实验数据；实线：恒定薄膜应力状态下；虚线：薄膜应力随薄膜厚度变化；点划线：弹性解

9.5.3　非等双轴失配应变下外延铁电薄膜的极化

1. 失配应变对外延铁电薄膜相图的影响

最近的实验研究[134-136]表明：若铁电薄膜生长在四方基底上，沿一个晶轴方向的失配应变将不同于沿另一晶轴方向的失配应变。这一现象被称为非等双轴（或各向异性）失配应变。不等双轴失配应变可能导致新的材料性能，进而发展出电子器件设计的新方向。

Wang 和 Zhang[128]研究了外延生长在四方基底上的单畴铁电薄膜。假设残余应力仅存在于薄膜中，基底处于无应力状态，且顺电相被看成是无应力的。对应变采用沃伊特（Voigt）矩阵标记，对垂直于薄膜/基底界面的 x_3 轴采用直角坐标后，可将非等双轴失配应变定义成 $e_1=(b-a_0)/b$ 和 $e_2=(c-a_0)/c$，其中 b 和 c 是基底的晶格常数，而 a_0 是无应力状态下立方顺电相薄膜的晶格常数。因薄膜很薄，则假设只有 $e_1\neq 0$ 和 $e_2\neq 0$，其余应变都为零。非等双轴平面内失配应变作用下，Wang 和 Zhang[128]通过 Hemholtz 自由能的分析得到单畴铁电薄膜中存在的平衡相有：①a_1 相（$p_1\neq 0,p_2=p_3=0$）；②a_2 相（$p_2\neq 0,p_1=p_3=0$）；③c 相（$p_1=p_2=0,p_3\neq 0$）；④a_1c 相（$p_1\neq 0,p_2=0,p_3\neq 0$）；⑤$a_2c$ 相（$p_1=0,p_2\neq 0,p_3\neq 0$）；⑥$a_1a_2$ 相（$p_1\neq 0,p_2\neq 0,p_3=0$）；⑦$r$ 相（$p_1\neq 0,p_2\neq 0,p_3\neq 0$）。图 9.5.6(a)和(b)分别表示室温下外延 $BaTiO_3$（BT）和 $PbTiO_3$（PT）薄膜的失配应变相图。如图 9.5.6(a)所示，在 BT 薄膜中，当失配应变从 -0.008 增加到 0.008 时，r 相（单斜相）不存在于相图，其他六个相如 3 个正交相（a_1a_2、a_1c、a_2c）和 3 个四方相（c、a_1、a_2），在相图中的不同区域出现。热力学分析表明：a_1a_2 相转换到 a_1c、a_2c 相，a_1c 相转换到 a_2c 相是第一型相变，其他的相变为第二型相变。a_1 和 a_2 四方相仅当在非等双轴应变中一个是拉伸，一个是压缩时存在。当两个方向的失配应变均为压缩时，c 四方相存在；而 a_1a_2 单斜相仅当两个方向的失配应变均为拉伸时存在。如图 9.5.6(b)所示，在 PT 薄膜中，当失配应变从 -0.02 增加到 0.02 时 a_1c 相和 a_2c 相不存在于相图中。其他五个相如 r、a_1a_2、c、a_1 和 a_2 在相图中不同区域出现。a_1 和 a_2 四方相仅当两个非等双轴应变一个是拉伸，一个是压缩或拉伸时存在。对于 BT 和 PT 膜，要形成相等失配应变时不存在 a_1 和 a_2 四方相，非等轴失配应变中有一个是压缩应变是必须的。因此,为了得到所需的稳定平面四方相,必须通过基底将非等双轴失配应变加于薄膜上。

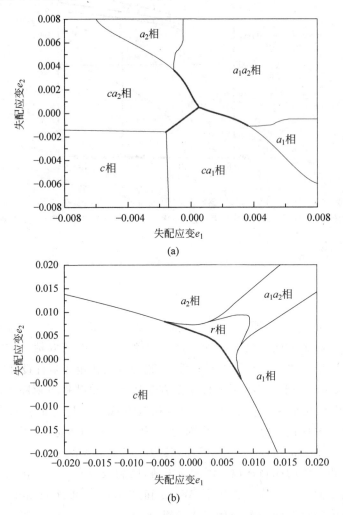

图 9.5.6 单畴铁电薄膜相图

(a) BaTiO$_3$ 薄膜;(b) PbTiO$_3$ 薄膜(粗线和细线分别表示第一型和第二型相变)

(请扫 10 页二维码看彩图)

实际的相图应该是三维的,二维的温度-应变相图是固定了一个失配应变后画出的。图 9.5.7(a)和(b)是当 $e_1 = 0.005$ 时,BT 和 PT 薄膜的二维温度-应变相图。从顺电相到一个单畴铁电相的相变发生在某一个温度 $T_c = \max[T_1, T_2, T_3]$,其中 T_1、T_2 和 T_3 分别表示顺电相转变到 a_1、a_2 和 c 相时的相变温度。BT 和 PT 薄膜的顺电-铁电相变温度 $T_c(e_2, e_1 = 0.005)$ 在 a_1 相之上存在一个稳定状态,这不同于等双轴失配应变时呈海鸥状的相变温度[137]。对于 BT 薄膜,加等双轴失配应变时,顺电相可以转变到 c、aa 或 r 铁电相;当加非等双轴失配应变 e_2 时($e_1 = 0.005$),顺电相可以转变到 c、a_1c、a_1、a_1a_2 或 a_2 铁电相。对于 PT 薄膜,加等双轴失配应变时顺电相可以转变到 c、aa 铁电相;当加非等双轴失配应变 e_2 时($e_1 = 0.005$),顺电相可能转变到 c、a_1、a_1a_2 或 a_2 铁电相中的一个相。非等双轴失配应变导致的一个显著特征是四方铁电相 a_1、a_2 的形成,这在加等双轴失配应变时是不存在的[137]。

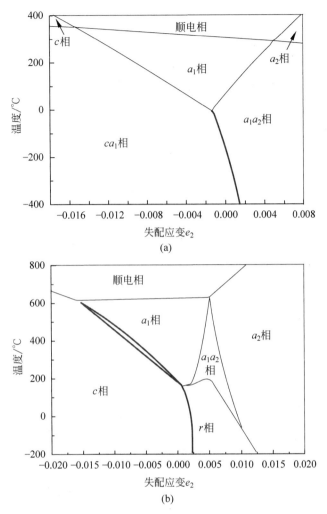

图 9.5.7　单畴薄膜相图

(a) BaTiO$_3$ 薄膜；(b) PbTiO$_3$ 薄膜(粗线和细线分别表示第二型相变，第一型相变)

(请扫 10 页二维码看彩图)

2. 失配应变对外延铁电薄膜介电性能的影响

失配应变导致相变时可能伴随着介电异常，可以分析失配应变对外延铁电薄膜介电性能的影响。因存在两个独立的失配应变 e_1 和 e_2，在给定温度下介电常数-非等轴失配应变关系是三维的。图 9.5.8(a) 和 (b) 表示在温度 300℃，x 方向失配应变为 0.005 时，单畴 PbTiO$_3$ 薄膜中极化和介电常数与失配应变 e_2 的关系图。图 9.5.8(a) 中，在 c 相和 a_1 相的边界处，极化分量 P_1、P_3 是不连续的，这表明是第一型相变。这也导致了如图 9.5.8(b) 所示 ε_{11}、ε_{33} 的异常及 ε_{22} 的跳跃，原因就是 ε_{22} 与 P_1 和 P_3 极化分量相关的。在 a_1a_2 相与 a_1 相和 a_1a_2 相与 a_2 相的边界处，极化分量 P_1 和 P_2 是连续的，但其斜率是不连续的。这说明相变是第二型相变。a_1a_2 相与 a_1 相边界处极化分量 P_2 斜率的不连续和 a_1a_2 相边界处极化分量 P_2 的趋近于零，导致了边界处介电常数 ε_{22} 趋近于无穷大。a_1a_2 相与 a_1 相边界处极化分量 P_1 斜率的不连续使边界处的 ε_{33} 产生了一个尖端。在单斜相 a_1a_2，等双轴失

配应变 $e_1 = 0.005 = e_2$ 导致介电常数在 $P_1 = P_2$ 处产生一个峰。同样在 a_1a_2 相与 a_2 相边界处,极化分量 P_1 斜率的不连续和 a_1a_2 相边界处极化分量 P_2 的趋近于零,导致了边界处介电常数 ε_{11} 趋近于无穷大。实验上,沿平面内两晶向的介电常数有显著不同,这种现象在沉积于 $NdGaO_3$(NGO)基底的 $(Pb,Sr)TiO_3$ 薄膜中被发现。这体现了非等双轴失配应变对介电常数的影响[134]。

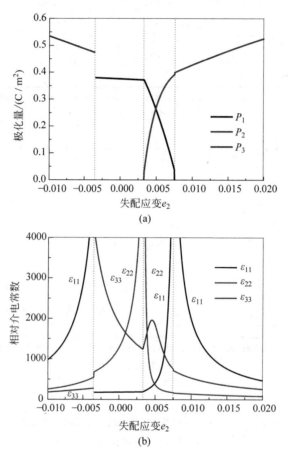

图 9.5.8　在温度为 300℃,x 方向失配应变为 0.005 时,单畴 $PbTiO_3$ 薄膜中(a)极化与失配应变 e_2 的关系图和(b)相对介电常数与失配应变 e_2 的关系图

（请扫 10 页二维码看彩图）

9.5.4　外延铁电薄膜中退极化对极化态的影响

　　铁电薄膜的表面与界面上的非补偿电荷和(或)薄膜中非均匀极化分布导致退极化场。开路边界条件下,表面电荷是非补偿的。然而,短路边界条件下表面电荷是完全补偿的,因此退极化场将仅由非均匀极化分布导致。非均匀极化分布可以归结于所谓的薄膜固有表面效应,这种效应可用朗道-德文希尔(Landau-Devonshire)理论中的外推长度表述,外推长度描述与极化为零的薄膜表面的距离[138]。为了描述非均匀极化场,薄膜的总自由能中应包括极化梯度能。平衡态的极化由解欧拉-拉格朗日方程得到,而欧拉-拉格朗日方程由求总自由能的极小值得到。一维情况下,用解析方法求解欧拉-拉格朗日方程几乎是不可能的,所以绝大多数情况下采用数值方法求解。Glinchuk 等[139]研究了考虑退极化场后铁电

薄膜的三维极化相图。他们引入了由表面引起的附加表面极化,并考虑了短路边界条件和等双轴失配应变[139]。如上所述,开路边界条件下薄膜表面电荷导致大的退极化场,进而改变铁电薄膜的平衡极化态。等双轴失配应变和非等双轴失配应变将导致不同的平衡极化态。Wang 和 Zhang[131] 研究了短路边界条件,开路边界条件下非等双轴失配应变时铁电薄膜的极化态。以下对研究结果作一个简要的介绍。

图 9.5.9 表示短路边界条件下外推长度 $\delta_1 = \delta_3 = 3$ nm 时失配应变-失配应变相图,其中实线和点-破折线分别表示有和没有退极化场时的相图。两种相图中都有一个单斜 r 相、两个正交相 a_1c、a_2c 相和一个四方相 c 相。两种相图是相似的,但退极化场使相边界偏移,所以平面外相的区域减小。通常外推长度 δ_1、δ_3 的值是不同的,因此采用不同 δ_1、δ_3 来研究外推长度对极化态的影响。例如,采用 $\delta_1 = 3$ nm 和 $\delta_3 = 4$ nm,短路边界条件下失配应变-失配应变相图如图 9.5.10 所示。与图 9.5.9 的相图比较,图 9.5.10 中的 c 相和 r 相的区域减小。若使用 $\delta_1 = 4$ nm 和 $\delta_3 = 3$ nm,仅存在一个 c 相。这些结果表明外推长度对铁电薄膜的平衡极化态有重大的影响。δ 应由第一性原理计算或设计出非常好的实验方法才能测量得到,这是目前研究的一个重要课题。

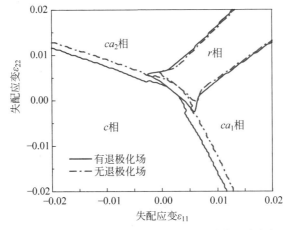

图 9.5.9 短路边界条件 $\delta_1 = \delta_3 = 3$ nm 时失配应变相图

(请扫 10 页二维码看彩图)

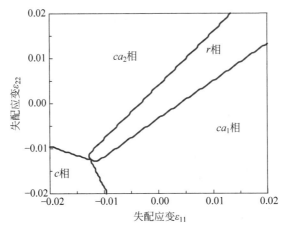

图 9.5.10 短路边界条件 $\delta_1 = 3$ nm,$\delta_3 = 4$ nm 时失配应变相图

(请扫 10 页二维码看彩图)

退极化场和失配应变是影响铁电薄膜性能的两个重要因素。现有的研究表明,当一定厚度薄膜加的拉应力超过临界值,或加一定拉应力时薄膜的厚度超过临界值时,薄膜都将产生裂纹。在临界值以下,人们可以利用薄膜应力优化极化结构和铁电薄膜性能。

9.6 可延展性薄膜的屈曲

9.6.1 可延展性薄膜的概念

电子学的进步主要来自于人们在增加电路运行速度和集成密度上所做的各种努力,目的就是降低电路的功耗并使显示系统能够拥有更大的区域范围。近年来更多的研究方向集中在寻求如何发展一种能承载高性能电路的方法和找到拥有特殊波形系数的非传统基底材料[140],例如像用于纸质显示器和光电扫描仪的柔塑性基底[141-145],用于焦平面阵列的球形曲面支架[146-147],以及用于集成机器人传感器的弹簧表面护板[148-149]。当很多电子材料被制备成薄膜的形状,并放置于薄的基底片层上[150-155]或是那些分层基底上近中性的机械平面上时[156-157],它们都能产生良好的弯曲性。在这种情况下,弯曲过程中这些材料所产生的应变能够很好地保持在诱发断裂的标准量级以下(约为 1%)。抗拉伸性能是一个更具挑战的特性,也是器件的必备特性,它要求器件能够弯曲和拉伸,或者在工作状态下能够达到弯曲的极限,或者对于其他设备而言能够以各种复杂的曲线形状被缠绕于支架上而保持形态不变。在这些系统中,电路级别上要求的形变超过了几乎所有已知电子材料的断裂极限,尤其是那些已经发展很好且具有稳定应用的电子材料。这个问题在某种程度上是可以巧妙解决的,通过利用可以拉伸的导线来连接那些刚性的孤立小岛[158-163]支撑的电子元器件。

黄永刚[164]报道了一种不同的方法,利用周期性波状几何形状可以获得优异的高品质单晶硅薄膜拉伸性能。这种结构能够承受由波幅和波长变化带来的巨大压缩和拉伸应变,而不是通过材料本身的设计提高破坏性应变。将电解质材料、掺杂物的模型、电极,以及薄的金属薄膜直接和这种可拉伸的波状硅集成在一起可以生产出高性能的可拉伸的电子设备。

9.6.2 弹性基底上波浪状单晶硅带状物的制备

图 9.6.1 描述了一种生长在弹性基底(橡胶)上的波浪状单晶硅带状物的制备流程[164]。首先利用光刻技术将一个抗蚀层置于 SOI 晶片上,然后用光刻移除裸露在顶部的硅。利用丙酮除去抗蚀层再用浓的氢氟酸光刻掉 SiO_2 埋层后,就会从下面的硅基底上显现出一条条丝带的形状。这些带子的终端和晶片相连以避免在刻蚀过程中被冲刷掉,这些抵抗线的宽度(5 μm 到 50 μm)和长度(约为 15 mm)界定了带子的维度,SOI 晶片上顶部硅的厚度(20 nm 到 320 nm)给出了带子的厚度。接下来,一个平的弹性基底(PDMS,1 mm 到 3 mm 厚)能够很自如地被拉伸并按照形状大小放置于带子上。然后剥离掉 PDMS,那么 SOI 晶片上的带形硅也就随着被剥离下来而黏结在 PDMS 表面。释放 PDMS 上的应变将导致表面变形,进而在硅和 PDMS 表面产生出清晰的波浪形状(图 9.6.2(a)和(b))。凸起的形貌就像正弦曲线,起伏的周期在 5 μm 到 50 μm 之间,振幅在 100 nm 到 1.5 μm 之间,

这都取决于硅的厚度和 PDMS 上预加应变的强度。对于给定的系统,即在不大于几平方厘米的面积内波动的周期和振幅是一致的。PDMS 中那些位于带子间平坦的部分以及相邻带子波动相位的缺失,都显示这些带子并没有被强有力地连接在一起。图 9.6.2(c)显示了硅峰的微拉曼测量结果,横坐标是沿着其中一条波形带子的距离。这些结果显示了应力分布的情况。

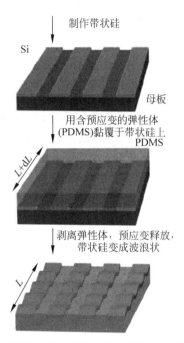

图 9.6.1 一种生长在弹性基底(橡胶)上的波浪状单晶硅带状物的制备流程图
(请扫 10 页二维码看彩图)

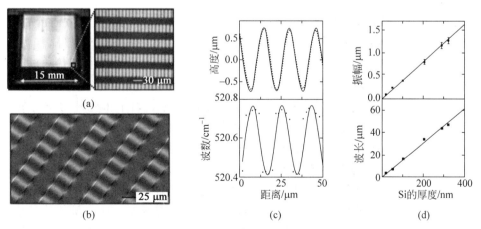

图 9.6.2 (a) PDMS 上单晶 Si 条带状(以下简称为带子)的大尺度阵列光学图。(b) 图(a)中四条波形 Si 带子的倾斜视角扫描电镜图。横跨阵列方向波形结构的波长和振幅均高度统一。(c) 硅峰的表面高度和波数的 AFM(上图)和显微拉曼(下图)测量结果,横坐标是沿着其中一条波形带子的距离,图中的曲线为数据的拟合曲线。(d) 波形 Si 带子的振幅(上图)和波长(下图)与 Si 厚度的函数曲线图。这些结果均是在 PDMS 上给定了预加应变条件下得出的
(请扫 10 页二维码看彩图)

9.6.3　可延展性薄膜的屈曲分析

静态波状材料的屈曲行为与半无限大低模量基底上支撑均一的薄的高模量层初始屈曲机制的非线性分析一致[164-166]

$$\lambda_0 = \frac{\pi h}{\sqrt{\varepsilon_c}}, \quad A_0 = h\sqrt{\frac{\varepsilon_{pre}}{\varepsilon_c} - 1} \tag{9.6.1}$$

式中，$\varepsilon_c = 0.52\left[\dfrac{E_{PDMS}(1-\nu_{Si}^2)}{E_{Si}(1-\nu_{PDMS}^2)}\right]^{\frac{2}{3}}$ 代表屈曲的临界应变，ε_{pre} 代表预加应变的强度。λ_0 表示波长，A_0 表示振幅，h 表示 Si 的厚度。ν 是泊松比，E 是杨氏模量，其下标特指 Si 和 PDMS 的特性。这种处理方法能够获取很多波状结构制备过程中的特征。例如，图 9.6.2(d)给出了当预应变值给定时，波长和振幅都与 Si 的厚度成线性变化的关系。波长并不依赖于预加应变的程度。此外，采用文献[167]和文献[168]提供的关于 Si 和 PDMS 力学性质的参数进行计算，得出的振幅和波长的值和测量值有 10%的误差。由带状 Si 材料的有效长度得到带子的应变值与 PDMS 上的预应变(达到 3.5%)近似相等。在波形为极值时，能够由式中 $\kappa h / 2$ 带子的厚度和曲率半径给出 Si 本身的最大应变。在波形存在的情况下，应变体系中 κ 代表曲率，临界应变要比附带挠度的最大应变小。图 9.6.2 中，Si 最大应变值为(0.36±0.8)%，这比带子的应变小了两倍多。在给定的预加应变下，这种 Si 的应变对于所有带子的厚度都是一样的。Si 最大应变中的合成机械效益远远小于带子的应变，这种机械效益对于获得延展性能至关重要。当金属和电解质材料被蒸发或旋涂在 PDMS 上时(和预成形的、转移的、单晶的元素和器件相比较)[169-171]，就可以观察到这种薄膜的屈曲。

波形结构在制备完后放在弹性基底上，其压应变和拉应变产生的动态响应对伸展的电子器件非常重要。为了揭示这个过程的力学性质，利用 AFM 可测出波形 Si 的几何构型。因为 AFM 施加于 PDMS 的力载荷能将其压缩或拉伸至平行于带子的维度。由于泊松效应的存在，这个力在沿着带子的水平方向和垂直方向均产生了应变，垂直方向上的应变主要导致了带子之间的 PDMS 部分发生变形。另外，沿着带子方向的应变可以随着波形结构的改变而作出相应的调节。如图 9.6.3(a)所示，三维高度图和表面形貌图给出波形 Si 处于一种被压缩、未受力、被拉伸三种状态。显然，带子变形过程中仍然保持其正弦曲线的形状，在这个范围内近似一半的波形结构都位于 PDMS 表面中未受外力位置的下方。图 9.6.3(b)是在未加外力的情况下波长和振幅相，压应变和拉应变与 PDMS 基底上的加载应变的函数关系曲线。其中的数据和 AFM 的统计测量结果相关，这些测量结果均是对大于 50 个带子进行测量得出。利用 AFM 直接进行表面测量以及由正弦波形得到的围道积分，都表明对于检测的结果来说，外加应变等同于带子上的应变。

另外，应变带来相应的振幅改变。在这种状态下，Si 的应变在 PDMS 被拉伸时减小，并且当外加应变等于预应变时，它会达到 0%。相反，在压缩的情况下，随着外加应变的增加，波长减小而振幅增加。这种力学响应和可折叠式风箱相似，它在性质上不同于拉伸时的行为。在受压过程中，由于在波峰和波谷处曲率半径的减小，Si 的应变随着外加应变的增大而增大。然而 Si 的应变的增加速率和量级都远远低于带子的应变，如图 9.6.3(b)所示。这些机制使其具备了延伸性能。

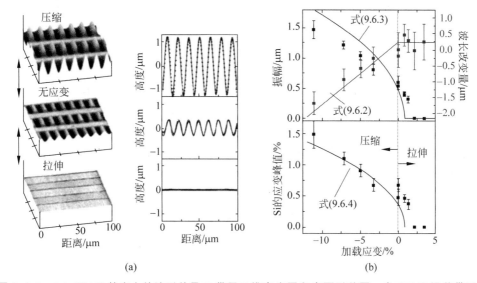

图 9.6.3 （a）PDMS 基底上的波形单晶 Si 带子三维高度图和表面形貌图。当 PDMS 沿着带子长
度方向分别受到 −7% 的压缩应变、无应变和 4.7% 的拉伸应变时，对应的上、中、下三幅
图，均在相近位置处测量。（b）波形 Si 带子的平均振幅（黑色）和波长改变（红色）与
PDMS 基底上的加载应变的函数关系图（上图）。对于波长的测量，不同的基底被用来拉
伸（圆圈）或压缩（方块）。Si 应变的峰值和外加应变的函数关系如图所示。图中曲线由
计算得到并无任何拟合参数

（请扫 10 页二维码看彩图）

在应变体系下，单晶 Si 带子的全响应和波浪的几何构型一致，可以通过一系列方程来
定量描述。方程由波长 λ 和初始屈曲状态下的 λ_0，以及外加应变 $\varepsilon_{\text{applied}}$ 给出。

$$\lambda = \begin{cases} \lambda_0, & \text{拉伸} \\ \lambda_0(1+\varepsilon_{\text{applied}}), & \text{压缩} \end{cases} \tag{9.6.2}$$

此时，拉伸和压缩情况下能够出现不对称性。例如，受压过程中，其来自于 PDMS 和 Si 上
凸起的部分之间产生的微小可逆剥离。对于这种情况，以及未出现不对称行为的系统，当
受到拉伸和压缩时，波的振幅 A 由一个单独的表达式给出

$$A = \sqrt{A_0^2 - h^2 \frac{\varepsilon_{\text{applied}}}{\varepsilon_c}} = h\sqrt{\frac{\varepsilon_{\text{pre}} - \varepsilon_{\text{applied}}}{\varepsilon_c} - 1} \tag{9.6.3}$$

式中，A_0 是初始屈曲状态下的值，对于适当的应变值（小于 10% 到 15% 之间的值）是适用
的。这个表达式定量地解释了实验结果，没有经过任何参数的拟合，如图 9.6.3（a）所示。
当在拉应变和压应变下波形形成时，Si 的最大应变主要由挠度项给出

$$\varepsilon_{\text{Si}}^{\text{peak}} = 2\varepsilon_c\sqrt{\frac{\varepsilon_{\text{pre}} - \varepsilon_{\text{applied}}}{\varepsilon_c} - 1} \tag{9.6.4}$$

此式与图 9.6.3(b) 中由曲率测得的应变符合得很好。这个解析式有助于很好地界定外加
应变值的范围，从而能让整个系统维持现状而不使 Si 发生断裂。对于 0.9% 的预应变，倘
若假设 Si 的破坏应变为 2%（压缩或拉伸的情况下均可），则范围可从 −27% 到 2.9%。通
过控制预应变的程度，能够使应变的范围（大约 30%）与预期的压缩和拉伸的变形能力达到
平衡。例如，3.5% 的预应变（检测到的最大值）可以达到从 −24% 到 5.5% 的范围。这样的

计算是假定外加应变等于带子上的应变,即使变形达到了极值。

9.6.4 可延展性薄膜的应用

Kim 等[172]已经制备出功能性可拉伸的器件,这里介绍薄的金属接触以及利用传统技术制备电解质层的过程。二极管和晶体管分别以两端或三端设备的方式生产,为电路的先进功能性提供了坚实的基础。集成的带形器件拥有双重的传送过程,首次将 SOI 晶片用在无形变的 PDMS 平板上,进而是受到预应变的基底上。它将制造出外带用于探测的金属接触波形器件。图 9.6.4(a)和(b)显示了 p-n 结型二极管的光学照片以及电学响应。在数据的离散度内,当器件受压缩或拉伸时器件的电学特性没有变化。曲线的弯曲主要取决于探针接触带来的变化。可以预见,这些 p-n 结型二极管能够用作光电探测器(在反向偏压的情况下)或者是光生伏特器件,另外还可用作常规的整流装置。在反向偏压为 −1 V 时,光电流密度大约为 35 mA/cm²。当加正向偏压,短路电流密度和断路电压分别约为 17 mA/cm² 和 0.2 V,由此可以导出填充系数为 0.3。这种响应的形态和模型相一致(图 9.6.4(b)中的实线)。即便上百次重复地压缩和拉伸,器件的性能并没有发生实质上的改变。图 9.6.4(c)描绘了可拉伸的波形 Si 的肖特基势垒金属氧化物半导体场效应晶体管(MOSFET)的伏安特性曲线,它的成形加工过程类似于 p-n 型二极管和将厚度为 40 nm 的 SiO₂ 集成薄层做成氧化物栅极的过程。

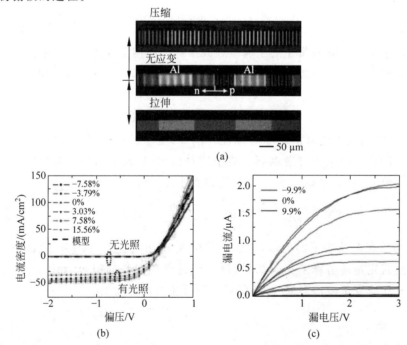

图 9.6.4　(a) 基于 PDMS 基底上一种可拉伸单晶 Si 的 p-n 型二极管,分别在 −11%(上图)、0%(中图)、11%(下图)的外加应变下的光学图像。Al 的区域和细的 Al 电极相连,粉红色和绿色区域和 Si 的 n 型以及 p 型掺杂区域相连。(b) 基于单晶 Si 的 p-n 型二极管,在不同程度的外加应变下,其电流密度和偏压的函数关系图。图中曲线用"细的"和"粗的"标记分别代表器件在光照条件和无光条件。(c) 可拉伸肖特基势垒 Si MOSFET 的伏安特性曲线,分别在 −9.9%、0%、9.9% 的外加应变下测得(触发电压从 0 V 到 −5 V 变化,步长为 1 V)

(请扫 10 页二维码看彩图)

在相同的工艺条件下,从波形晶体管的电学测量中得到器件参数可以和做在 SOI 上的器件相比。与 p-n 型二极管相比,这些波形晶体管能够被压缩或拉伸至很大的变形,并能恢复原貌而不使器件受到损坏或改变其固有的电学特性。对二极管和晶体管而言,PDMS 上超过器件末端部分的变形产生了带子的应变,这要比外加应变小。全部的拉伸特性都是由器件的拉伸特性和这类 PDMS 变形相互综合形成的结果。而对大于所观测到的压应变而言,PDMS 将会发生弯曲,这使得探测过程变得困难。在较大的拉应变下,带子要么断裂要么发生滑移,要么保持完好无损,则需视 Si 的厚度、带子的长度和 Si 与 PDMS 的结合强度而定。

这些可拉伸 Si 的金属氧化物半导体场效应晶体管(MOSFET)和 p-n 型二极管,仅仅只是多种可实现的波形电子器件中的两种。完整的电路板或是薄的 Si 金属板也能形成单轴或双轴波形结构。除了波形器件独特的力学性能,常出现在许多半导体器件中多种应变的耦合,对其电学性质的影响,可提供很多设计器件结构的机会,这些新奇的结构可以对应变进行机械上可调的周期性变化,从而能获取不寻常的电学响应。该领域对于未来的研究而言,都将充满无限光明和希望。

习题

9.1 试述薄膜的定义及分类。

9.2 查阅相关书籍,了解薄膜有哪些特殊用途。

9.3 推导公式(9.2.1)。

9.4 推导公式(9.2.7),并推导在单面薄膜时类似的公式。

9.5 压痕法能测量薄膜的哪些力学性能,试分别简要说明其原理。

9.6 为什么薄膜的双轴弹性模量为 $M_f = \dfrac{E}{1-\nu_f}$。

9.7 请证明斯托尼公式(式(9.3.5))。

9.8 请证明多层薄膜的斯托尼公式(式(9.3.6))。

9.9 请推导式(9.4.7)~式(9.4.9)。

9.10 已知薄膜中存在残余应力,做压痕实验的深度为 200 nm,$A=2\times10^6$ nm^2,$A_0=1\times10^6$ nm^2,$H=3$ GPa,求 σ_R。若 $A=1\times10^6$ nm^2,$A_0=2\times10^6$ nm^2,求 σ_R(Berkovich 压头)。

9.11 残余应力对薄膜性能会产生什么样的影响?

9.12 膜与基底界面间结合类型有哪些?

9.13 气包法测量界面断裂韧性时,试样是怎样准备的?

9.14 压痕法测量薄膜的硬度与传统硬度测试的根本区别是什么?

9.15 推导式(9.6.3)和式(9.6.4)。

第 10 章

电介质材料固体力学

　　电的现象广泛存在于自然界,电为人类生活带来了巨大的方便,为推动生产和社会的发展起到了无法比拟的作用。电一定存在于一定的物质或者介质材料中,介质材料由分子组成,分子内部由带正电的原子核和绕核运动的带负电的电子组成。从电磁学观点看,介质材料是一个带电粒子系统,其内部存在着不规则而又迅速变化的微观电磁场。我们所讨论的物理量是在一个包含大数目分子的物理小体积内的平均值,称为宏观物理量。本章在基于电动力学的基础上主要研究介质材料的电学性质,包括介电常数、介电极化机制、电介质材料的线性本构关系[173]。

10.1　介质的极化及连续介质力学理论

10.1.1　介质的极化和各向同性介质

　　存在两类电介质:一类介质分子的正电中心和负电中心重合,没有电偶极矩;另一类介质分子的正负电中心不重合,有分子电偶极矩,但是由于分子热运动的无规性,在物理小体积内的平均电偶极矩为零,因而也没有宏观电偶极矩分布。在外电场作用下,前一类分子的正负电中心被拉开,后一类介质的分子电偶极矩平均有一定取向,因此都出现宏观电偶极矩分布。宏观电偶极矩分布用电极化强度矢量 P 描述,等于物理小体积 ΔV 内的总电偶极矩与 ΔV 之比

$$P = \frac{\sum_i p_i}{\Delta V} \tag{10.1.1}$$

式中,p_i 为第 i 个分子的电偶极矩,求和符号表示对 ΔV 内所有分子求和,电极化强度的量纲是 C/m^2。非均匀介质材料极化后一般在整个介质内部出现束缚电荷的分布,在均匀介质内部,束缚电荷只出现在自由电荷附近以及介质界面处。介质极化会形成束缚电荷,极化强度 P 实际上也是一种"电场",只不过这个电场是由束缚电荷造成的,因此和自由电荷形成的电场 E 一样,单位体积束缚电荷密度 ρ_P 和极化强度 P 的关系为

$$\rho_P = -\nabla \cdot P \tag{10.1.2}$$

介质内的电现象包括两个方面:一方面电场使介质极化而产生束缚电荷分布;另一方面这些束缚电荷又反过来激发电场,两者是互相制约的。介质对宏观电场的作用就是通过束缚

电荷激发电场。因此,在麦克斯韦方程组中电荷密度 ρ 包括自由电荷密度 ρ_f 和束缚电荷密度 ρ_P,介质内的电荷密度和电场散度的关系为

$$\Upsilon_0 \nabla \cdot \boldsymbol{E} = \rho_f + \rho_P \tag{10.1.3}$$

式中,Υ_0 是真空介电常数,通常用 ε_0 表示真空介电常数,但本书已经用 ε 表示应变张量了,为了不出现混淆改为用 Υ_0 表示真空介电常数,其单位是 F/m＝C/(V·m)。式(4.2.2)～式(4.2.3)中用 ρ 表示材料密度,但在本书中都不考虑平衡微分方程的加速度项,这样材料密度几乎没有用到,因此我们用 ρ 表示电荷密度。另外,我们在式(3.1.18)～式(3.1.26)中用 $\boldsymbol{E}$ 表示格林(Green)应变张量,但由于本书都是考虑小变形,所有的应变张量都称为柯西(Cauchy)应变张量 $\boldsymbol{\varepsilon}$,格林(Green)应变张量 $\boldsymbol{E}$ 几乎没有用到,因此我们用 $\boldsymbol{E}$ 表示电场强度,量纲是 V/m＝N/C。

在实际问题中,自由电荷比较容易受实验条件的直接控制或者观测,而束缚电荷则不然。因此,对于各向同性介质引进电位移矢量 $\boldsymbol{D}$,为

$$\boldsymbol{D} = \Upsilon_0 \boldsymbol{E} + \boldsymbol{P} \tag{10.1.4}$$

电位移的量纲和电极化强度的量纲都是 C/m²。

由于极化是电场所引起,所以在极化不是很强的情况下,对于各向同性介质极化强度 $\boldsymbol{P}$ 和电场强度 $\boldsymbol{E}$ 有简单的线性关系,即

$$\boldsymbol{P} = \chi \boldsymbol{E} \tag{10.1.5}$$

式中,χ 称为介质的极化率,单位是 F/m。这样,对于各向同性介质

$$\boldsymbol{D} = \Upsilon_0 \boldsymbol{E} + \boldsymbol{P} = (\Upsilon_0 + \chi)\boldsymbol{E} = \Upsilon \boldsymbol{E} \tag{10.1.6}$$

式中,$\Upsilon = \Upsilon_0 + \chi$,称为介电常数。

10.1.2 各向异性介质

一般晶体都是各向异性的电介质,对于各向异性的电介质,实验上发现电极化强度矢量 $\boldsymbol{P}$、电位移矢量 $\boldsymbol{D}$、电场强度 $\boldsymbol{E}$ 的方向不完全相同,如图 10.1.1 所示。由于电位移矢量 $\boldsymbol{D}$ 是因为不方便研究束缚电荷而引进的物理量,所以式(10.1.6)在各向同性的情况下仍然成立。这样,类似于 5.1.2 节中讨论的各向异性弹性体,这里的介电常数 $\boldsymbol{\Upsilon}$ 和介质的极化率 $\boldsymbol{\chi}$ 就不是标量而是张量了。

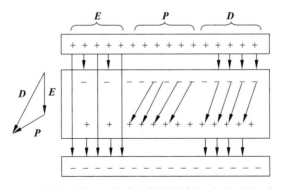

图 10.1.1 各向异性介质的平行板电容器中的电场、极化强度、电位移的关系

1. 电极化强度与电场强度的关系

类似于 5.1.2 节中关于各向异性弹性体的讨论,当介质在 x 方向受到电场 E_x 的作用时,不仅在 x 方向出现极化强度分量 $P_x^{(1)}$,而且在 y 方向和 z 方向分别出现极化强度分量 $P_y^{(1)}$ 和 $P_z^{(1)}$。如果极化强度不是很大,它们与电场 E_x 有线性关系

$$P_x^{(1)} = \chi_{11} E_x, \quad P_y^{(1)} = \chi_{21} E_x, \quad P_z^{(1)} = \chi_{31} E_x \tag{10.1.7}$$

同理,在介质的 y 方向和 z 方向分别受到电场 E_y 或者 E_z 的作用时,产生极化强度分量分别为

$$P_x^{(2)} = \chi_{12} E_y, \quad P_y^{(2)} = \chi_{22} E_y, \quad P_z^{(2)} = \chi_{32} E_y \tag{10.1.8}$$

$$P_x^{(3)} = \chi_{13} E_z, \quad P_y^{(3)} = \chi_{23} E_z, \quad P_z^{(3)} = \chi_{33} E_z \tag{10.1.9}$$

当介质受到任意方向电场 $\boldsymbol{E}(E_x, E_y, E_z)$ 的作用时,介质中产生的极化强度 $\boldsymbol{P}(P_x, P_y, P_z)$ 和 $\boldsymbol{E}$ 之间的关系为式(10.1.7)~式(10.1.9)三式的叠加,即

$$\begin{cases} P_x = P_x^{(1)} + P_x^{(2)} + P_x^{(3)} = \chi_{11} E_x + \chi_{12} E_y + \chi_{13} E_z \\ P_y = P_y^{(1)} + P_y^{(2)} + P_y^{(3)} = \chi_{21} E_x + \chi_{22} E_y + \chi_{23} E_z \\ P_z = P_z^{(1)} + P_z^{(2)} + P_z^{(3)} = \chi_{31} E_x + \chi_{32} E_y + \chi_{33} E_z \end{cases} \tag{10.1.10}$$

上式可以表示为张量的形式,

$$\boldsymbol{P} = \boldsymbol{\chi} \cdot \boldsymbol{E} \tag{10.1.11}$$

上式在笛卡儿直角坐标系中用分量写出为

$$\boldsymbol{P} = P_i \boldsymbol{e}_i = P_1 \boldsymbol{e}_1 + P_2 \boldsymbol{e}_2 + P_3 \boldsymbol{e}_3, \quad \boldsymbol{E} = E_i \boldsymbol{e}_i = E_1 \boldsymbol{e}_1 + E_2 \boldsymbol{e}_2 + E_3 \boldsymbol{e}_3 \tag{10.1.12}$$

$$\boldsymbol{\chi} = \chi_{ij} \boldsymbol{e}_i \boldsymbol{e}_j = \chi_{11} \boldsymbol{e}_1 \boldsymbol{e}_1 + \chi_{12} \boldsymbol{e}_1 \boldsymbol{e}_2 + \chi_{13} \boldsymbol{e}_1 \boldsymbol{e}_3 + \chi_{21} \boldsymbol{e}_2 \boldsymbol{e}_1 + \chi_{22} \boldsymbol{e}_2 \boldsymbol{e}_2 +$$
$$\chi_{23} \boldsymbol{e}_2 \boldsymbol{e}_3 + \chi_{31} \boldsymbol{e}_3 \boldsymbol{e}_1 + \chi_{32} \boldsymbol{e}_3 \boldsymbol{e}_2 + \chi_{33} \boldsymbol{e}_3 \boldsymbol{e}_3 \tag{10.1.13}$$

$$P_i = \chi_{ij} \cdot E_j \tag{10.1.14}$$

请读者自行练习一下,式(10.1.14)就是式(10.1.10)。实验上发现对于所有介质极化率张量 $\boldsymbol{\chi}$ 是对称的,即 $\chi_{ij} = \chi_{ji}$,这样极化率系数只有 6 个。张量形式(式(10.1.11))适应于任何坐标系,例如在球坐标系中

$$\boldsymbol{P} = P_r \boldsymbol{e}_r + P_\theta \boldsymbol{e}_\theta + P_\varphi \boldsymbol{e}_\varphi, \quad \boldsymbol{E} = E_r \boldsymbol{e}_r + E_\theta \boldsymbol{e}_\theta + E_\varphi \boldsymbol{e}_\varphi \tag{10.1.15}$$

$$\boldsymbol{\chi} = \chi_{rr} \boldsymbol{e}_r \boldsymbol{e}_r + \chi_{r\theta} \boldsymbol{e}_r \boldsymbol{e}_\theta + \chi_{r\varphi} \boldsymbol{e}_r \boldsymbol{e}_\varphi + \chi_{\theta r} \boldsymbol{e}_\theta \boldsymbol{e}_r + \chi_{\theta\theta} \boldsymbol{e}_\theta \boldsymbol{e}_\theta + \chi_{\theta\varphi} \boldsymbol{e}_\theta \boldsymbol{e}_\varphi + \chi_{\varphi r} \boldsymbol{e}_\varphi \boldsymbol{e}_r + \chi_{\varphi\theta} \boldsymbol{e}_\varphi \boldsymbol{e}_\theta + \chi_{\varphi\varphi} \boldsymbol{e}_\varphi \boldsymbol{e}_\varphi \tag{10.1.16}$$

$$P_r = \chi_{rr} E_r + \chi_{r\theta} E_\theta + \chi_{r\varphi} E_\varphi, \quad P_\theta = \chi_{\theta r} E_r + \chi_{\theta\theta} E_\theta + \chi_{\theta\varphi} E_\varphi, \quad P_\varphi = \chi_{\varphi r} E_r + \chi_{\varphi\theta} E_\theta + \chi_{\varphi\varphi} E_\varphi \tag{10.1.17}$$

介质极化率张量对称表示下标前后交换后的值相等,例如 $\chi_{r\theta} = \chi_{\theta r}$, $\chi_{r\varphi} = \chi_{\varphi r}$, $\chi_{\theta\varphi} = \chi_{\varphi\theta}$。读者可以练习一下在柱面坐标系中各分量的表达式。

2. 电位移矢量与电场强度的关系

由式(10.1.6)和式(10.1.11),有

$$\boldsymbol{D} = \Upsilon_0 \boldsymbol{E} + \boldsymbol{P} = \Upsilon_0 \boldsymbol{E} + \boldsymbol{\chi} \cdot \boldsymbol{E} = (\Upsilon_0 \boldsymbol{I} + \boldsymbol{\chi}) \cdot \boldsymbol{E} = \boldsymbol{\Upsilon} \cdot \boldsymbol{E} \tag{10.1.18}$$

式中,$\boldsymbol{I}$ 是单位张量,$\boldsymbol{\Upsilon}$ 是介电常数张量,由于 $\boldsymbol{\chi}$ 和 $\boldsymbol{I}$ 是对称张量,$\boldsymbol{\Upsilon}$ 也是对称张量。在笛卡儿直角坐标系中,

$$\boldsymbol{\Upsilon} = \Upsilon_{ij}\boldsymbol{e}_i\boldsymbol{e}_j = (\Upsilon_0 + \chi_{11})\boldsymbol{e}_1\boldsymbol{e}_1 + \chi_{12}\boldsymbol{e}_1\boldsymbol{e}_2 + \chi_{13}\boldsymbol{e}_1\boldsymbol{e}_3 + \chi_{21}\boldsymbol{e}_2\boldsymbol{e}_1 +$$
$$(\Upsilon_0 + \chi_{22})\boldsymbol{e}_2\boldsymbol{e}_2 + \chi_{23}\boldsymbol{e}_2\boldsymbol{e}_3 + \chi_{31}\boldsymbol{e}_3\boldsymbol{e}_1 + \chi_{32}\boldsymbol{e}_3\boldsymbol{e}_2 + (\Upsilon_0 + \chi_{33})\boldsymbol{e}_3\boldsymbol{e}_3 \quad (10.1.19)$$

$$D_i = \Upsilon_{ij} \cdot E_j \quad (10.1.20)$$

分量为

$$D_1 = \Upsilon_{11}E_1 + \Upsilon_{12}E_2 + \Upsilon_{13}E_3, \quad D_2 = \Upsilon_{21}E_1 + \Upsilon_{22}E_2 + \Upsilon_{23}E_3,$$
$$D_3 = \Upsilon_{31}E_1 + \Upsilon_{32}E_2 + \Upsilon_{33}E_3 \quad (10.1.21)$$

类似于式(10.1.15)~式(10.1.17),也可以得到球面坐标系中的各个分量。

10.1.3　基于极化能量密度得到电位移矢量与电场强度的关系

介质内的电场是一种物质,电场运动和其他物质运动形式之间是能够互相转换的。反映这种互相转换的运动量度就是能量。介质(包括导电物质)内既有自由电荷也有束缚电荷,这种情况下相互作用的系统包括三个方面:极化能、自由电荷和介质。由电动力学知道,描述电场能量的是能量密度和能流密度。能量密度 w 是场内单位体积的能量,是空间位置 $\boldsymbol{x}$ 和时间 t 的函数,即 $w = w(\boldsymbol{x}, t)$;场的能流密度 $\boldsymbol{\varXi}$ 描述能量在介质内的传输,其数值等于单位时间内垂直流过单位横截面的能量。

考虑介质空间某区域 V,其界面为 S,介质 V 内有自由电荷分布 $\rho(\boldsymbol{x}, t)$ 和自由电流密度 $\boldsymbol{J}(\boldsymbol{x}, t)$。以 $\boldsymbol{f}$ 表示电场对电荷的作用力密度,$\boldsymbol{v}$ 表示电荷运动速度,则场对电荷系统所做的功率为

$$\int_V \boldsymbol{f} \cdot \boldsymbol{v} \mathrm{d}V \quad (10.1.22)$$

介质 V 内能量增加率为

$$\frac{\mathrm{d}}{\mathrm{d}t} \int_V w \mathrm{d}V \quad (10.1.23)$$

通过界面 S 流入 V 内的能量为

$$-\oint \boldsymbol{\varXi} \cdot \mathrm{d}\boldsymbol{n} \quad (10.1.24)$$

上式中的负号是由于我们规定界面的法向向外所致。这样,能量守恒定律为

$$-\oint \boldsymbol{\varXi} \cdot \mathrm{d}\boldsymbol{n} = \int_V \boldsymbol{f} \cdot \boldsymbol{v} \mathrm{d}V + \frac{\mathrm{d}}{\mathrm{d}t} \int_V w \mathrm{d}V \quad (10.1.25)$$

相应的微分形式为

$$\nabla \cdot \boldsymbol{\varXi} + \frac{\partial w}{\partial t} = -\boldsymbol{f} \cdot \boldsymbol{v} \quad (10.1.26)$$

由洛伦兹力公式得

$$\boldsymbol{f} \cdot \boldsymbol{v} = \rho \boldsymbol{E} \cdot \boldsymbol{v} = \boldsymbol{J} \cdot \boldsymbol{E} \quad (10.1.27)$$

由麦克斯韦方程 $\boldsymbol{J} = -\dfrac{\partial \boldsymbol{D}}{\partial t}$ 得到

$$\boldsymbol{J} \cdot \boldsymbol{E} = -\boldsymbol{E} \cdot \frac{\partial \boldsymbol{D}}{\partial t} \quad (10.1.28)$$

这样式(10.1.26)为

$$\nabla \cdot \boldsymbol{\varXi} + \frac{\partial w}{\partial t} = \boldsymbol{E} \cdot \frac{\partial \boldsymbol{D}}{\partial t} \tag{10.1.29}$$

由电动力学知道,能流密度 $\boldsymbol{\varXi}$ 是电磁波传播问题的一个重要物理量,称为坡印亭(Poynting)矢量,如果是静电场,能流密度 $\boldsymbol{\varXi}$ 为零。所以,介质中能量的改变为

$$\delta w = \boldsymbol{E} \cdot \delta \boldsymbol{D} \tag{10.1.30}$$

如果没有损伤,按照热力学第二定律,熵增为零时微区域系统是可逆的,则上式为

$$\mathrm{d}w = \boldsymbol{E} \cdot \mathrm{d}\boldsymbol{D} \tag{10.1.31}$$

假设只有介质的极化能,根据热力学第一定律,即基于能量守恒定律电场对电荷做的功就全部转化为介质的内能 U

$$\mathrm{d}U = \mathrm{d}w = \boldsymbol{E} \cdot \mathrm{d}\boldsymbol{D} \tag{10.1.32}$$

根据勒让德变换,吉布斯自由能 G 为

$$G = U - \boldsymbol{E} \cdot \boldsymbol{D} \tag{10.1.33}$$

则

$$\mathrm{d}G = -\boldsymbol{D} \cdot \mathrm{d}\boldsymbol{E} \tag{10.1.34}$$

上式表明吉布斯自由能 G 是电场 $\boldsymbol{E}$ 的函数 $G(\boldsymbol{E})$,设电场近似为均匀分布,则可以将吉布斯自由能 G 作泰勒级数展开,

$$
\begin{aligned}
G(\boldsymbol{E}) &= G_0 + \left(\frac{\partial G}{\partial E_i}\right)\bigg|_{E_i = E_{0i}} E_i + \frac{1}{2}\left(\frac{\partial^2 G}{\partial E_i \partial E_j}\right)\bigg|_{E_i = E_{0i}} E_i E_j \\
&= G_0 + \left(\frac{\partial G}{\partial \boldsymbol{E}}\right)\bigg|_{E = E_0} \cdot \boldsymbol{E} + \frac{1}{2}\left(\frac{\partial^2 G}{\partial \boldsymbol{E} \partial \boldsymbol{E}}\right)\bigg|_{E = E_0} : \boldsymbol{E}\boldsymbol{E}
\end{aligned} \tag{10.1.35}
$$

电场 $\boldsymbol{E}_0$ 表示是均匀的平均电场矢量,展开为泰勒级数时只到二阶项。式(10.1.35)以直角坐标系的分量形式写出来纯粹是为了加深理解,张量形式是适合任何坐标系的。由式(10.1.35)得

$$
\begin{aligned}
\mathrm{d}G(\boldsymbol{E}) &= \left(\frac{\partial G}{\partial E_i}\right)\bigg|_{E_i = E_{0i}} \mathrm{d}E_i + \frac{1}{2}\left(\frac{\partial^2 G}{\partial E_i \partial E_j}\right)\bigg|_{E_i = E_{0i}} E_j \mathrm{d}E_i + \frac{1}{2}\left(\frac{\partial^2 G}{\partial E_i \partial E_j}\right)\bigg|_{E_i = E_{0i}} E_i \mathrm{d}E_j \\
&= \left(\frac{\partial G}{\partial \boldsymbol{E}}\right)\bigg|_{E = E_0} \cdot \mathrm{d}\boldsymbol{E} + \frac{1}{2}\left(\frac{\partial^2 G}{\partial \boldsymbol{E} \partial \boldsymbol{E}}\right)\bigg|_{E = E_0} : \boldsymbol{E}\mathrm{d}\boldsymbol{E} + \frac{1}{2}\left(\frac{\partial^2 G}{\partial \boldsymbol{E} \partial \boldsymbol{E}}\right)\bigg|_{E = E_0} : \boldsymbol{E}\mathrm{d}\boldsymbol{E}
\end{aligned}
$$

$$\tag{10.1.36}$$

对于连续电介质,态函数吉布斯自由能 G 对电场分量 E_i 和 E_j 求偏导数时与求导顺序无关。由式(10.1.34)有

$$
\left\{
\begin{aligned}
D_i &= -\left(\frac{\partial G}{\partial E_i}\right)\bigg|_{E_i = E_{0i}} - \left(\frac{\partial^2 G}{\partial E_i \partial E_j}\right)\bigg|_{E_i = E_{0i}} E_j \\
\boldsymbol{D} &= -\left(\frac{\partial G}{\partial \boldsymbol{E}}\right)\bigg|_{E = E_0} - \left(\frac{\partial^2 G}{\partial \boldsymbol{E} \partial \boldsymbol{E}}\right)\bigg|_{E = E_0} \cdot \boldsymbol{E}
\end{aligned}
\right. \tag{10.1.37}
$$

上式如果不考虑常数项即右边的第一项,则和式(10.1.20)比较可以看出

$$\boldsymbol{\varUpsilon}_{ij} = -\left(\frac{\partial^2 G}{\partial E_i \partial E_j}\right)\bigg|_{E_i = E_{0i}}, \qquad \boldsymbol{\varUpsilon} = -\left(\frac{\partial^2 G}{\partial \boldsymbol{E} \partial \boldsymbol{E}}\right)\bigg|_{E = E_0} \tag{10.1.38}$$

式(10.1.18)的分析已经指出介电常数张量 $\boldsymbol{\varUpsilon}$ 是对称张量,而上式表明不需要通过实验测量就可以看出 $\boldsymbol{\varUpsilon}$ 确实是对称张量。

10.2　电介质极化的对称性与独立介电常数

描述各向同性介质介电性质只要一个介电常数就可以了,而描述各向异性介质介电性质就需要 6 个独立的介电常数,即介电常数的数目与材料的对称性有关。在 32 种点群中有 21 个没有对称中心,这 21 种点群中有 20 种点群具有介电效应。这 20 种具有介电效应的晶体其介电常数列于表 10.2.1,本节具体分析。

从表中可以看出,属于三斜晶系的晶体结构对称性最低,是完全各向异性晶体,它的独立介电常数数目最多;其次是属于单斜晶系的晶体,对称性也较低;属于立方晶系的晶体,对称性最高,接近于各向同性晶体,介电常数数目最少,第二高的是六角晶系,对称性也较高。

表 10.2.1　具有介电效应晶体的介电常数

晶系	点群	介电常数数目	晶系	点群	介电常数数目	晶系	点群	介电常数数目
三斜	1	6	单斜	m	4	单斜	2	4
正交	$mm2$	3	正交	222	3	四方	4	2
四方	$\bar{4}$	2	四方	$4mm$	2	四方	$\bar{4}m2$	2
四方	422	2	三方	3	2	三方	$3m$	2
三方	32	2	六方	6	2	六方	$\bar{6}$	2
六方	$6mm$	2	六方	$\bar{6}m2$	2	六方	622	2
立方	23	1	立方	$\bar{4}3m$	1			

10.2.1　晶体的介电常数

现在介绍如何根据不同晶类的对称性确定它的独立介电常数。因为不同晶类的对称性不一样,或者说各向异性的程度不一样,其独立的介电常数数目就会不一样。完全各向异性体的独立介电常数有 6 个,完全各向同性体的独立介电常数只有 1 个,有介电效应晶体的对称性介于完全各向异性体和完全各向同性体之间,其独立介电常数的数目是 1~6 个。例如氯酸钠(NaClO$_3$)和溴酸钠(NaBrO$_3$)晶体是立方晶系 23 点群的介电晶体;碲化镉(CdTe)和硒化锌(ZnSe)晶体是属于立方晶系 $\bar{4}3m$ 点群的介电晶体,这些晶体的独立介电常数只有一个;属于四方晶系 $4mm$ 点群的钛酸钡(BaTiO$_3$)晶体、属于三方晶系 32 点群的 α 石英晶体和 $3m$ 点群的铌酸锂(LiNbO$_3$)晶体等都是介于完全各向异性体和各向同性体之间的晶体,这些晶体的独立介电常数只有 2 个。

1. 四方晶系晶体对称性与介电常数之间的关系

以四方晶系为例说明晶体对称性与介电常数之间的关系。四方晶系是具有 z 轴四次旋转轴的晶体,现在 z 轴四次旋转轴是表示当晶体绕 z 轴旋转 90°、180°、270° 后晶体的性质不变,各介电常数 Υ_{mn} 也保持不变。当晶体绕 z 轴转 90° 后晶体的 x' 轴与 y 轴重合,y' 轴与 x 轴的负方向轴重合,如图 10.2.1 所示。

若晶体旋转 270° 后,则晶体的 x' 轴与 y 轴负方向重合,y' 轴与 x 轴重合。根据张量的

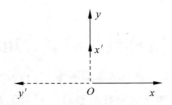

图 10.2.1 绕 z 轴旋转 90°后的坐标轴的变化

性质,我们可以非常容易求出独立的介电常数的性质。老坐标系为 e_1,e_2,e_3,旋转 270°后的新坐标系为 e_1',e_2',e_3',它们之间的关系为

$$e_1'=-e_2, \quad e_2'=e_1, \quad e_3'=e_3 \tag{10.2.1}$$

这样式(4.4.8)的变换矩阵 $[\beta]$ 为

$$[\beta]=\begin{bmatrix} l_1 & m_1 & n_1 \\ l_2 & m_2 & n_2 \\ l_3 & m_3 & n_3 \end{bmatrix}=\begin{bmatrix} e_1'\cdot e_1 & e_1'\cdot e_2 & e_1'\cdot e_3 \\ e_2'\cdot e_1 & e_2'\cdot e_2 & e_2'\cdot e_3 \\ e_3'\cdot e_1 & e_3'\cdot e_2 & e_3'\cdot e_3 \end{bmatrix}=\begin{bmatrix} 0 & -1 & 0 \\ 1 & 0 & 0 \\ 0 & 0 & 1 \end{bmatrix} \tag{10.2.2}$$

根据式(4.4.9),在新老坐标系中介电常数张量各分量间的关系为

$$[\Upsilon']=[\beta][\Upsilon][\beta]^{\mathrm{T}} \tag{10.2.3}$$

将式(10.2.2)代入上式得到

$$[\Upsilon']=\begin{bmatrix} \Upsilon_{11}' & \Upsilon_{12}' & \Upsilon_{13}' \\ \Upsilon_{21}' & \Upsilon_{22}' & \Upsilon_{23}' \\ \Upsilon_{31}' & \Upsilon_{32}' & \Upsilon_{33}' \end{bmatrix}=\begin{bmatrix} 0 & -1 & 0 \\ 1 & 0 & 0 \\ 0 & 0 & 1 \end{bmatrix}\begin{bmatrix} \Upsilon_{11} & \Upsilon_{12} & \Upsilon_{13} \\ \Upsilon_{21} & \Upsilon_{22} & \Upsilon_{23} \\ \Upsilon_{31} & \Upsilon_{32} & \Upsilon_{33} \end{bmatrix}\begin{bmatrix} 0 & 1 & 0 \\ -1 & 0 & 0 \\ 0 & 0 & 1 \end{bmatrix}$$

$$=\begin{bmatrix} \Upsilon_{22} & -\Upsilon_{21} & -\Upsilon_{23} \\ -\Upsilon_{12} & \Upsilon_{11} & \Upsilon_{13} \\ -\Upsilon_{32} & \Upsilon_{31} & \Upsilon_{33} \end{bmatrix} \tag{10.2.4}$$

由 $[\Upsilon']=[\Upsilon]$,有

$$\begin{bmatrix} \Upsilon_{22} & -\Upsilon_{21} & -\Upsilon_{23} \\ -\Upsilon_{12} & \Upsilon_{11} & \Upsilon_{13} \\ -\Upsilon_{32} & \Upsilon_{31} & \Upsilon_{33} \end{bmatrix}=\begin{bmatrix} \Upsilon_{11} & \Upsilon_{12} & \Upsilon_{13} \\ \Upsilon_{21} & \Upsilon_{22} & \Upsilon_{23} \\ \Upsilon_{31} & \Upsilon_{32} & \Upsilon_{33} \end{bmatrix} \tag{10.2.5}$$

由上式得到介电常数张量的矩阵为

$$\begin{bmatrix} \Upsilon_{11} & 0 & 0 \\ 0 & \Upsilon_{11} & 0 \\ 0 & 0 & \Upsilon_{33} \end{bmatrix} \tag{10.2.6}$$

读者可以自行验证当晶体绕 z 轴旋转 90°或者 180°后晶体的性质不变也可以推导式(10.2.6)的结果。

2. 正交晶系晶体对称性与介电常数之间的关系

正交晶系是有一个 2 次对称轴和一个对称面的晶系,如铌酸钡钠($Ba_2NaNb_5O_{15}$)晶体、镓酸锂($LiGaO_3$)晶体都是属于正交晶系 $mm2$ 点群的晶体,它们的 z 轴是 2 次轴,x、y 面是对称面。我们先分析对称面,如 x 面是对称面,即老坐标系为 e_1,e_2,e_3 和新坐标系为 e_1',

e_2', e_3' 之间的关系为

$$e_1' = -e_1, \quad e_2' = e_2, \quad e_3' = e_3 \tag{10.2.7}$$

类似于前面一样的分析得到介电常数张量的矩阵为

$$\begin{bmatrix} \varUpsilon_{11} & 0 & 0 \\ 0 & \varUpsilon_{22} & \varUpsilon_{23} \\ 0 & \varUpsilon_{32} & \varUpsilon_{33} \end{bmatrix} \tag{10.2.8}$$

z 轴是 2 次轴,即当晶体绕 z 轴旋转 180° 后老坐标系为 e_1, e_2, e_3 和新坐标系为 $e_1', e_2',$ e_3' 之间的关系为

$$e_1' = -e_1, \quad e_2' = -e_2, \quad e_3' = e_3 \tag{10.2.9}$$

类似于前面一样的分析并用式(10.2.8)得到介电常数张量的矩阵为

$$\begin{bmatrix} \varUpsilon_{11} & 0 & 0 \\ 0 & \varUpsilon_{22} & 0 \\ 0 & 0 & \varUpsilon_{33} \end{bmatrix} \tag{10.2.10}$$

即独立介电常数只有 3 个。读者可自行验证式(10.2.8)和式(10.2.10)。

10.2.2 七大晶系晶体的介电常数

三斜晶系

$$[\varUpsilon] = \begin{bmatrix} \varUpsilon_{11} & \varUpsilon_{12} & \varUpsilon_{13} \\ \varUpsilon_{12} & \varUpsilon_{22} & \varUpsilon_{23} \\ \varUpsilon_{13} & \varUpsilon_{23} & \varUpsilon_{33} \end{bmatrix} \tag{10.2.11}$$

单斜晶系

$$[\varUpsilon] = \begin{bmatrix} \varUpsilon_{11} & 0 & \varUpsilon_{13} \\ 0 & \varUpsilon_{22} & 0 \\ \varUpsilon_{13} & 0 & \varUpsilon_{33} \end{bmatrix} \tag{10.2.12}$$

正交晶系

$$[\varUpsilon] = \begin{bmatrix} \varUpsilon_{11} & 0 & 0 \\ 0 & \varUpsilon_{22} & 0 \\ 0 & 0 & \varUpsilon_{33} \end{bmatrix} \tag{10.2.13}$$

四方晶系、三方晶系和六方晶系

$$[\varUpsilon] = \begin{bmatrix} \varUpsilon_{11} & 0 & 0 \\ 0 & \varUpsilon_{11} & 0 \\ 0 & 0 & \varUpsilon_{33} \end{bmatrix} \tag{10.2.14}$$

立方晶系

$$[\varUpsilon] = \begin{bmatrix} \varUpsilon_{11} & 0 & 0 \\ 0 & \varUpsilon_{11} & 0 \\ 0 & 0 & \varUpsilon_{11} \end{bmatrix} \tag{10.2.15}$$

读者可以自行验证上面的介电常数张量。

10.3 介电极化机制的简单理论模型

本节主要介绍电介质材料的极化机制,以及这些极化机制对极化率的贡献。在电场作用下,电介质要产生极化或者极化状态的改变。从微观来看,介质极化的形成可以有以下3 种情形:①电子位移极化。组成介质的原子或者离子,在电场作用下其正负电荷中心不重合,即带正电的原子核与其壳层电子的负电中心不重合,因而产生感应偶极矩,称为电子位移极化,如图 10.3.1 所示为氢原子在外电场下产生极化的示意图。②离子位移极化。组成介质的正负离子在电场作用下产生相对位移,因为正负离子的距离发生改变而产生的感应偶极矩,称为离子位移极化。③取向极化。组成介质的分子为有机分子,即分子具有固有偶极矩,没有外电场作用时这些固有偶极矩的取向是无规则的,整个介质的偶极矩之和等于零。当有外电场时这些固有偶极矩将转向并沿电场方向排列。因固有偶极矩转向而在介质中产生的极化称为取向极化。

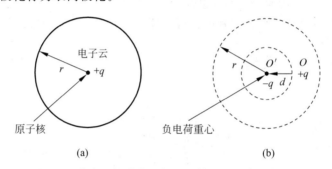

图 10.3.1 当 $E=0$ 时氢原子的电子轨道中心与原子核重心重合;当 $E \neq 0$ 时氢原子的电子轨道相对于原子核偏移,这时正负电荷中心不重合

(a) $\boldsymbol{E}=\boldsymbol{0}$;(b) $\boldsymbol{E} \neq \boldsymbol{0}$

10.3.1 电子位移极化

电子位移极化是电场的作用使正负电荷中心分离,但壳层电子与原子核之间的相互吸引力的作用是使正负电中心重合。在这两个力的作用下原子处于一种新的平衡状态,在这个新平衡状态中该原子具有一个有限大小的感应偶极矩,假设是一维状态,则用 P_e 表示感应偶极矩的大小,其与电场 E 的关系为

$$P_e = \alpha_e E \tag{10.3.1}$$

式中,α_e 称为电子位移极化率。为了估计一下电子位移极化率的大小,我们以氢原子为例进行说明。设电场 $\boldsymbol{E}$ 的方向与氢原子轨道平面垂直,电子轨道半径为 a,如图 10.3.2 所示。若电子轨道平面偏离原子核的距离为 x,则感应偶极矩为

$$P_e = ex \tag{10.3.2}$$

由式(10.3.1)和式(10.3.2)有

$$\alpha_e = \frac{ex}{E} \tag{10.3.3}$$

式中电子电荷和电场都是已知量,现在需要求出 x。因为壳层电子 $-e$ 是在电场力 $\boldsymbol{f}_1 = -e\boldsymbol{E}$

和原子核的吸引力 $f_2 = -\dfrac{e^2}{a^2+x^2}e_r$ 共同作用,这里 e_r 是
径向方向的单位矢量。电场力和原子核的吸引力的方向
示意图 10.3.2 所示,它们达到平衡时有

$$f_2\sin\theta = -eE \quad 或 \quad -\frac{e^2}{a^2+x^2}\sin\theta = -eE$$

$$(10.3.4)$$

即

$$-\frac{e^2}{a^2+x^2}\cdot\frac{x}{\sqrt{a^2+x^2}} = -eE \quad (10.3.5)$$

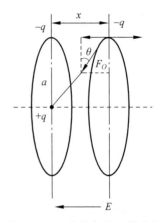

图 10.3.2 在外电场 E 的作用
下氢原子的壳层电
子轨道位移示意图

当电场不是很大时,正负电荷中心的偏离 x 很小,即
$x \ll a$,于是由式(10.3.5)得到

$$x = \frac{a^3 E}{e} \quad (10.3.6)$$

将上式代入式(10.3.3)得到

$$\alpha_e = a^3 \quad\quad\quad\quad\quad\quad\quad (10.3.7)$$

严格的量子力学推导可以得到

$$\alpha_e = \frac{9}{2}a^3 \quad\quad\quad\quad\quad (10.3.8)$$

将氢原子轨道半径 $a = 0.5\times10^{-8}$ cm 代入式(10.3.8),得到 $\alpha_e = 0.5625\times10^{-24}$ cm^3。
此结果和实验结果比较发现,两者数量级相同。虽然式(10.3.7)和式(10.3.8)是从最简单
的氢原子得到的,但电子位移极化率与轨道半径的立方成正比的关系仍然成立。从这个关
系还可以推断出:①因为原子内层电子受到原子核的束缚较大,所以内层电子在外电场作
用下产生的位移较小,因而对电子位移极化率的贡献也较小;原子的外层电子特别是价电
子受到原子核束缚较小,在外电场作用下这些电子产生的位移最大,因而对电子位移极化
率的贡献也最大,可以认为原子中价电子对电子位移极化率的贡献比较大。②离子的电子
位移极化率的性质与原子的电子位移极化率的性质大致相同,因为原子得到了电子就成
了负离子,原子失去了电子就成为正离子,所以一般负离子的电子位移极化率大于正离子
的电子位移极化率。③因为介质的极化强度等于其单位体积中的偶极矩之和,可见极化强
度的大小不仅与偶极矩的大小有关,而且与单位体积中的偶极矩数目有关,或者说与单位
体积内的粒子数有关。因此,常用 α_e/a^3 来衡量此离子的电子位移对介质极化率或者介电
常数的贡献大小。如果希望得到介电常数大的材料就应在材料中设法加入 α_e/a^3 大于 1 的
离子,如 O^{2-}、Pb^{2+}、Ti^{4+}、Zr^{4+}、Ce^{4+} 等。

10.3.2 离子位移极化

对于离子组成的介质,在电场作用下正负离子都要产生有限范围的位移,因而使介质
产生感应偶极矩。这种感应偶极矩是正负离子之间出现相对位移的结果。如果用 α_i 代表
离子位移极化率,P_i 代表离子位移的感应偶极矩大小,其与电场 E 的关系为

$$P_i = \alpha_i E \quad\quad\quad\quad\quad\quad (10.3.9)$$

为了估计离子位移极化率 α_i 的大小,我们以两个异性离子组成的分子如 HCl 为例说明如下:假设电场 $\boldsymbol{E}$ 的方向与该分子的轴线平行,如图 10.3.3 所示。

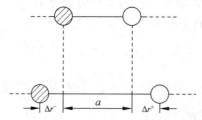

图 10.3.3　在电场 $\boldsymbol{E}$ 的作用下,正负离子产生相对位移示意图

当电场 $\boldsymbol{E}=0$ 时,两个异性离子之间的距离为 a ,$\boldsymbol{E}\neq0$ 时,两个异性离子之间的距离为 $r=a+\Delta r$,其中 Δr 为正负离子在电场作用下的相对位移。因离子位移而产生的感应偶极矩为

$$P_i = e\Delta r \tag{10.3.10}$$

将式(10.3.10)代入式(10.3.9),得到

$$\alpha_i = \frac{e\Delta r}{E} \tag{10.3.11}$$

可见只要把 Δr 也用已知量表示出来,α_i 的大小即可知道。求离子位移极化率的方法与求电子位移极化率的方法类似,因为正负离子也是电场力和正负离子间相互作用力的共同作用而达到新的力学平衡态的。作用在正负离子的电场力为

$$f_1 = eE \tag{10.3.12}$$

正负离子对之间的作用力有两个,其一为离子间的吸引力

$$f_2 = -\frac{e^2}{r^2} = -\frac{e^2}{(a+\Delta r)^2} \tag{10.3.13}$$

另外一个是离子间壳层电子的排斥力,即电子云之间的排斥力,

$$f_3 = \frac{a^{n-1}}{r^{n+1}}e^2 = \frac{a^{n-1}}{(a+\Delta r)^{n+1}}e^2 \tag{10.3.14}$$

上式中 n 随离子电子数的增加而增大,一般等于 $6\sim11$,可在相关物理手册上查到。根据力的平衡条件,有

$$f_1 + f_2 + f_3 = 0 \tag{10.3.15}$$

即

$$eE - \frac{e^2}{(a+\Delta r)^2} + \frac{a^{n-1}}{(a+\Delta r)^{n+1}}e^2 = 0 \tag{10.3.16}$$

当电场不是很大时,正负离子间的相对位移 Δr 很小,即 $\Delta r\ll a$ 。利用这个条件可对式(10.3.16)进行级数展开,

$$\frac{1}{(a+\Delta r)^2} = \frac{1}{a^2\left(1+\dfrac{\Delta r}{a}\right)^2} = \frac{1}{a^2}\left(1+\frac{\Delta r}{a}\right)^{-2} \approx \frac{1}{a^2}\left(1-\frac{2\Delta r}{a}\right) \tag{10.3.17}$$

$$\frac{1}{(a+\Delta r)^{n+1}} = \frac{1}{a^{n+1}}\left(1+\frac{\Delta r}{a}\right)^{-(n+1)} \approx \frac{1}{a^{n+1}}\left[1-(n+1)\frac{\Delta r}{a}\right] \tag{10.3.18}$$

将式(10.3.17)和式(10.3.18)代入式(10.3.16),得到

$$eE - e^2(n-1)\frac{\Delta r}{a^3} = 0 \tag{10.3.19}$$

上式表明,这正是电场力和位移引起的弹性力的平衡。由式(10.3.19)得到

$$\Delta r = \frac{a^3 E}{e(n-1)} \tag{10.3.20}$$

将式(10.3.20)代入式(10.3.11),得到

$$\alpha_i = \frac{a^3}{n-1} \tag{10.3.21}$$

可见离子位移极化率 α_i 与正负离子半径之和的立方成正比,若将离子间的距离看成离子半径之和,并用 r_+、r_- 分别代表正负离子的半径,式(10.3.20)可写成

$$\alpha_i = \frac{(r_+ + r_-)^3}{n-1} \tag{10.3.22}$$

因为离子半径位移的数量级为 10^{-8} cm,n 的数量级为 $6 \sim 11$,所以离子位移极化率与电子位移极化率同一数量级;或者说,离子位移对极化的贡献与电子位移对极化的贡献同一数量级。

10.3.3 固有电矩的转向极化

若分子具有固有电矩,则在外电场作用下,电矩的转向所产生的电极化称为转向极化。许多电介质,例如一些有极性的液体具有较大的介电系数,这与其中存在固有电矩有关。如果分子具有固有电矩,则在外电场作用下,它们将趋于转到与外场平行的方向,使介质的极化强度增大。特别重要的是,由于固有电矩间的相互作用具有长程的性质,一个分子的转向会带动周围许多分子的转向。这样,会使得介电系数具有较大的数值。

分子中固有电矩的存在,是由于分子结构上的不对称性。例如水和氯化氢都具有固有电矩。前者是由于 H_2O 分子并非直线结构,两个 OH 键间夹角为 $105°$,后者则由于电荷在原子周围分布的不均衡;在氢的一端具有较多的正电荷,在氯的一端具有较多的负电荷所致。又如 CH_3CH_2Br 中,由于用溴取代氢原子的结果,使得原来对称的分子 CH_3-CH_3 变为不对称,因而也具固有电矩。研究固有电矩和它们在外电场作用下的转向,亦即研究这部分极化对介电系数的贡献,可以提供关于介质微观结构的信息。

下面考虑固有电矩在外电场作用下的转向,从而求出其极化率 α_d。在这里的初步考虑中,将忽略固有电矩的相互作用,实际上这只适应于稀薄情况下的气体。

设气体包含大量相同的分子,而每个分子的固有电矩为 $\boldsymbol{P}_0$。在没有外电场作用时,由于热运动,这些电偶极子的排列完全无规则,因而就整个气体来看,并不具有电矩。当加上外电场 $\boldsymbol{E}$ 后,每个电矩都受到力矩的作用,趋于同外场平行,即趋于有序化。另外,热运动是电矩无序化。可见,同时存在有序化和无序化相矛盾的两个方面。在一定的温度和一定的外场 $\boldsymbol{E}$ 下,两方面的作用达到暂时的互相平衡。

固有电矩 $\boldsymbol{P}_0$ 在外电场 $\boldsymbol{E}$ 中的势能由电动力学已经求出,为

$$U = -\boldsymbol{P}_0 \cdot \boldsymbol{E} = -P_0 E \cos\theta \tag{10.3.23}$$

式中,θ 为 $\boldsymbol{P}_0$ 和 $\boldsymbol{E}$ 间的夹角。

按照玻尔兹曼统计,在外电场 $\boldsymbol{E}$ 中处于夹角 θ 和 $\theta+\mathrm{d}\theta$ 之间电矩为 $\boldsymbol{P}_0$ 的偶极子的概率正比于

$$2\pi\sin\theta\,\mathrm{d}\theta\cdot\exp\left(\frac{P_0E\cos\theta}{kT}\right) \tag{10.3.24}$$

因此,沿电场方向的平均电矩为

$$P_0\overline{\cos\theta}=\frac{\int_0^\pi P_0\cos\theta\sin\theta\,\mathrm{d}\theta\cdot\exp\left(\dfrac{P_0E\cos\theta}{kT}\right)\mathrm{d}\theta}{\int_0^\pi\sin\theta\,\mathrm{d}\theta\cdot\exp\left(\dfrac{P_0E\cos\theta}{kT}\right)\mathrm{d}\theta} \tag{10.3.25}$$

为了计算上式中的积分,令

$$\frac{P_0E\cos\theta}{kT}=x,\qquad\frac{P_0E}{kT}=a \tag{10.3.26}$$

这样,得到

$$\overline{\cos\theta}=\frac{1}{a}\frac{\int_{-a}^a x\mathrm{e}^x\,\mathrm{d}x}{\int_{-a}^a \mathrm{e}^x\,\mathrm{d}x}=\frac{\mathrm{e}^a+\mathrm{e}^{-a}}{\mathrm{e}^a-\mathrm{e}^{-a}}-\frac{1}{a}=L(a) \tag{10.3.27}$$

$L(a)$ 称为朗之万(P. Langevin)函数,因为是朗之万在考虑顺磁现象时得出的,它随温度的变化关系如图 10.3.4 所示。

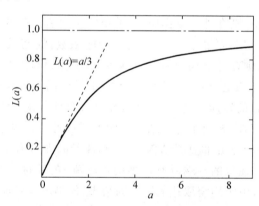

图 10.3.4　朗之万函数 $L(a)$ 与 a 的关系

由图 10.3.4 可见,对于很大的电场强度 E

$$P_0E\gg kT,\qquad\frac{P_0E}{kT}=a\gg1 \tag{10.3.28}$$

$L(a)$ 趋于饱和值 1,这表示在此情况下,电场的有序化作用远远超过热运动的无序化作用,使得所有的电矩都完全平行于电场方向,因此

$$P_0\overline{\cos\theta}=P_0 \tag{10.3.29}$$

在电场强度不太大、温度不太低时,即热运动的无序化作用占相当优势的情况下,可以认为 $P_0E\ll kT$,即 $a\ll1$,此时朗之万函数 $L(a)=a/3$,即

$$P_0\overline{\cos\theta}=\left(\frac{P_0^2}{3kT}\right)E,\qquad P_0E\ll kT \tag{10.3.30}$$

因而,得到固有电矩的转向极化率为

$$\alpha_d = \frac{P_0 \overline{\cos\theta}}{E} = \frac{P_0^2}{3kT}, \quad P_0 E \ll kT \tag{10.3.31}$$

再估计一下室温时,适合条件 $P_0 E = kT$ 的电场强度 E 的数量级。在室温时,假设温度 $T = 300$ K,则 $kT = 1.38 \times 10^{-16} \times 300$ erg $= 4.14 \times 10^{-14}$ erg,因此分子的固有电矩约为 $P_0 = e(r_+ + r_-) \approx 4.8 \times 10^{-10} \times 2 \times 10^{-8}$ erg $= 10^{-17}$ erg;对应于 $\frac{P_0 E}{kT} = 1$ 的电场强度

$$E = \frac{kT}{P_0} \approx \frac{4 \times 10^{-14}}{10^{-17}} \text{ V/cm} = 4 \times 10^3 \text{ V/cm} \tag{10.3.32}$$

由此可以看出室温时,电场 $E = 10^3$ V 仍能满足 $P_0 E \ll kT$ 的条件,就是说在通常条件下可以使用 $a \ll 1$ 的条件。

10.4 电极化的非线性效应

10.4.1 非线性介电张量

在展开式(10.1.18)中只近似取到一次项;如果保留更高次项,则展开式可写为

$$D_i = \Upsilon_{ij} E_j + \Upsilon_{ijk}^1 E_j E_k + \Upsilon_{ijkl}^2 E_j E_k E_l + \cdots \tag{10.4.1}$$

上节中已讨论了线性项系数 Υ_{ij},现在我们来讨论非线性的其余各项的系数 Υ_{ijk}^1 和 Υ_{ijkl}^2,以及它们所引起的物理效应。在低频情况下,如果用具有非线性效应的电介质填充电容器两极之间的空间,则电容器的电容量将随极间电压而变。对于大多数绝缘电介质来说,这种效应是很小的;而当电场强度增至足够高时,往往出现介质的电击穿,使非线性效应难以进行观测。只是在利用电介质的空间电荷效应制成的电容器中,非线性电容效应才比较显著;例如阻挡层的等效电容量,近年来,研究较多的是光频范围的电极化非线性效应;这种研究大大促进了非线性光学技术的发展。

用类似于推导式(3.2.5)的方法,可以证明式(10.4.1)展开式中的系数 Υ_{ijk}^1 是一个三阶张量的分量;而系数 Υ_{ijkl}^2 则是一个四阶张量的分量。在变换

$$x'_i = \beta_{i'i} x_i \tag{10.4.2}$$

中,这些三阶和四阶张量的分量遵从如下规律:

$$\Upsilon_{i'j'k'}^{'1} = \beta_{i'i}\beta_{j'j}\beta_{k'k} \Upsilon_{ijk}^1 \tag{10.4.3}$$

$$\Upsilon_{i'j'k'l'}^{'2} = \beta_{i'i}\beta_{j'j}\beta_{k'k}\beta_{ll'} \Upsilon_{ijkl}^2 \tag{10.4.4}$$

在展开式(10.4.1)中,Υ_{ijk}^1 是 D_i 对 E_j 和 E_k 的二次偏微商在零电场时的取值乘上一个常数因子;因为求偏微商的次序可以更换,故

$$\Upsilon_{ijk}^1 = \Upsilon_{ikj}^1 \tag{10.4.5}$$

因此,在三阶的二次非线性极化张量的 27 个分量中,由于有关系式 Υ_{ijk}^1,至多只有 18 个非零独立分量,类似地,四阶的三次非线性极化张量的各分量之间有关系

$$\Upsilon_{ijkl}^2 = \Upsilon_{ijlk}^2 = \Upsilon_{ilkj}^2 = \Upsilon_{ikjl}^2 \tag{10.4.6}$$

晶体的对称性使这些分量的非零独立个数大为减少,在具有中心对称的晶体中,奇数阶的所有非线性极化张量的分量全都等于零。

当展开式(10.4.1)的二次项系数不等于零时,在外电场 $E_0\cos(\omega t)$ 的作用下,含有因子 E_j^2 的项就会使电位移出现随时间变化为

$$(E_0\cos(\omega t))^2 = \frac{1}{2}E_0^2(1+\cos(2\omega t)) \tag{10.4.7}$$

的部分,电位移的这种变化就会使电介质成为辐射频率为 2ω 的电磁波的源;从而产生光频倍频效应。类似地,在两个外电场

$$E_i\cos(\omega_1 t) \quad 和 \quad E_j\cos(\omega_2 t) \tag{10.4.8}$$

的共同作用下,非线性电介质将发射出辐射频率为($\omega_1 \pm \omega_2$)的电磁波;出现光频的差频、和频效应,展开式(10.4.1)的更高次项导致三倍频等更丰富的物理效应,只是在激光技术出现之后,电介质的这些非线性效应才得以被充分研究和利用。

式(10.4.1)中的二次项给出的效应称为线性电光效应,或称泡克耳斯(Pockels)效应;三次项给出二次电光效应,或称克尔(Kerr)效应。

10.4.2　折射率椭球

因为目前研究电极化的非线性效应主要集中于光频范围,下面首先介绍一个描述各向异性介质的光学性质的常用方法。这个方法在讨论非线性光学效应时十分重要,由于所讨论的是光频问题,相对介电常数和折射率的平方被认为相等。

由于介电常数 Υ_{ij} 是一个对称张量的分量,其中只有 6 个分量独立,与第 3 章、第 4 章一样,我们可以引入一个直角坐标转轴变换,决定一个新坐标系需要 3 个参数,例如 3 个欧拉角。令 Υ_{ij} 的 6 个独立参数中的 3 个交叉参数等于零作为条件,以此来决定新坐标的 3 个参数,使得在新坐标系中介电张量只有 3 个对角分量不等于零,记这 3 个分量为 $\Upsilon_{11}=\Upsilon_1$,$\Upsilon_{22}=\Upsilon_2$,$\Upsilon_{33}=\Upsilon_3$。于是式(10.4.1)在新坐标系中简化为

$$D_1 = \Upsilon_1 E_1, \quad D_2 = \Upsilon_2 E_2, \quad D_3 = \Upsilon_3 E_3 \tag{10.4.9}$$

根据 10.2 节的讨论,如果晶体的对称性高于单斜晶体,则这里得到的新坐标系将和晶体对称主轴重合。然而,在单斜和三斜晶系中,这样的新坐标系和晶体的对称轴并无固定关系。

式(10.4.9)给出了各向异性电介质中由电场 E 得到电势移 D 的十分方便的方法,参见图 10.4.1,将矢量 E 分解成各坐标轴上的分量 E_1、E_2 和 E_3;根据式(10.4.9),由 E 的分量得到 D 的分量 D_1、D_2 和 D_3,由 3 个电位移分量得到矢量 D。由于各向异性,一般说来,矢量 D 与 E 的方向是不同的;除非电场与上述特别选定的坐标系中的一个坐标轴平行,在各向同性电介质中,由于 $\Upsilon_1=\Upsilon_2=\Upsilon_3=\Upsilon$,式(10.4.9)才能简单地写成矢量公式

$$D = \Upsilon E \tag{10.4.10}$$

这时矢量 D 与 E 同向。

利用上面找到的坐标系,可作出介电常数椭球,用来形象化地描述各向异性介电行为。称式(10.4.9)中的 Υ_1、Υ_2、Υ_3 为介电常数的主值。在所用坐标系中,有

$$\left(\frac{D_1}{\Upsilon_1}\right)^2 + \left(\frac{D_2}{\Upsilon_2}\right)^2 + \left(\frac{D_3}{\Upsilon_3}\right)^2 = E^2 \tag{10.4.11}$$

式中,E 表示矢量 E 的长度,令

$$\frac{D_1}{E} = x_1, \quad \frac{D_2}{E} = x_2, \quad \frac{D_3}{E} = x_3 \tag{10.4.12}$$

则上式可写为

$$\frac{x_1^2}{\Upsilon_1^2} + \frac{x_2^2}{\Upsilon_2^2} + \frac{x_3^2}{\Upsilon_3^2} = 1 \tag{10.4.13}$$

　　这是一个标准的椭球曲面方程,由此方程作出的椭球称为介电常数椭球,参见图10.4.2。由坐标原点到椭球面上任一点作矢径,则矢径长

$$(x_1^2 + x_2^2 + x_3^2)^{1/2} = \frac{D}{E} \tag{10.4.14}$$

式中,D 为电位移矢量长度,这个矢径与矢量 $\boldsymbol{D}$ 平行。因此椭球面的矢径代表了当 $\boldsymbol{D}$ 沿矢径方向时的介电常数值。介电常数的 3 个主值恰好等于椭球 3 个主轴长度的一半。

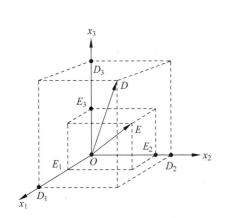

图 10.4.1　各向异性介质的电极化

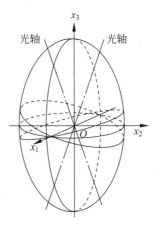

图 10.4.2　介电常数椭球

　　假设 $\Upsilon_1 < \Upsilon_2 < \Upsilon_3$,则过图 10.4.2 的 Ox_1 轴的平面一般与椭球面相交给出一个椭圆。总能找到而且只能找到两个这样的平面,它们与椭球面相交时恰好给出长短轴相等的椭圆,即恰好给出两个圆,这两个平面的法线就是晶体的光轴;三斜、单斜和正交晶系的晶体有两个光轴。对于具有更高对称性的晶体来说,因为 $\Upsilon_1 = \Upsilon_2$,故介电常数椭球变成一个旋转椭球;这时两个光轴重合而只有一个与椭球旋转轴(x_3 轴)重合的光轴。

　　可以用另一种方法定义椭球,将方程(10.1.20)反解得到

$$E_i = \eta_{ij} D_j \tag{10.4.15}$$

式中,η_{ij} 为逆介电张量的分量。有关系

$$\Upsilon_{ij}\eta_{kl} = \delta_{il} \tag{10.4.16}$$

因为

$$\boldsymbol{D} \cdot \boldsymbol{E} = D_i E_i = D_i \eta_{ij} E_j \tag{10.4.17}$$

令

$$x_1 = \frac{D_1}{\sqrt{D_i E_i}}, \quad x_2 = \frac{D_2}{\sqrt{D_i E_i}}, \quad x_3 = \frac{D_3}{\sqrt{D_i E_i}} \tag{10.4.18}$$

则有

$$\eta_{ij} x_i x_j = 1 \tag{10.4.19}$$

上式是一个二次曲面的方程。将坐标轴旋转到曲面的主轴上,则方程可化成标准形式,即

$$\eta_1 x_1^2 + \eta_2 x_2^2 + \eta_3 x_3^2 = 1 \tag{10.4.20}$$

如果沿介电常数椭球的主轴取坐标系来推导方程(10.4.20),则可得到

$$\frac{1}{\eta_1} = \Upsilon_1 = n_1^2, \quad \frac{1}{\eta_2} = \Upsilon_2 = n_2^2, \quad \frac{1}{\eta_3} = \Upsilon_3 = n_3^2 \tag{10.4.21}$$

其中 n_1、n_2、n_3 称为主折射率,于是方程(10.4.20)可写为

$$\frac{x_1^2}{n_1^2} + \frac{x_2^2}{n_2^2} + \frac{x_3^2}{n_3^2} = 1 \tag{10.4.22}$$

根据方程(10.4.20)或方程(10.4.22)作出的椭球称为折射率椭球。折射率椭球的矢径长的平方等于

$$x_1^2 + x_2^2 + x_3^2 = \frac{D^2}{D_i E_i} \tag{10.4.23}$$

在描述光频效应时,应用折射率椭球比应用介电常数椭球更为方便。在下面介绍的电光效应中,我们将把这种现象描述为外电场所引起的折射率椭球的畸变。

10.4.3　电光效应

电光效应是指某些各向同性的透明物质在电场作用下显示出光学各向异性的效应。电光效应包括克尔效应和泡克耳斯效应。折射率与所加电场强度的一次方成正比改变的为泡克耳斯效应或线性电光效应,1893 年由德国物理学家泡克耳斯(Friedrich Carl Alwin Pockels,1865—1913)发现。折射率与所加电场强度的二次方成正比改变的为克尔效应或二次电光效应,1875 年由英国物理学家克尔(John kerr,1824—1907)发现。

利用电光效应可以制作电光调制器、电光开关、电光偏转器等。可用于光闸、激光器的 Q 开关和光波调制,并在高速摄影、光速测量、光通信和激光测距等激光技术中获得了重要应用。当加在晶体上的电场方向与通光方向平行,称为纵向电光调制(也称为纵向运用);当通光方向与所加电场方向垂直,称为横向电光调制(也称为横向运用)。利用电光效应可以实现对光波的振幅调制和相位调制。

很多具有压电效应的晶体都有可能出现线性电光效应。具有其他点群对称的晶体,由于对称性使式(10.4.1)中三阶张量的分量 Υ_{ijk}^1 全部为零,故不可能出现线性电光效应。技术上常把线性电光效应用公式描述为

$$\Delta \eta_{ij} = \Delta \left(\frac{1}{n^2}\right)_{ij} = r_{ij,k} E_k \tag{10.4.24}$$

式中所描述的是折射率椭球在电场 E_k 作用下出现的畸变量。三阶张量的分量 $r_{ij,k}$ 对于下标 i 和 j 是对称的;这些分量系数的单位为 m/V。称 $r_{ij,k}$ 为线性电光系数,通常还用线性极化光系数 $f_{ij,k}$ 把效应描述为

$$\Delta \left(\frac{1}{n^2}\right)_{ij} = f_{ij,k} P_k \tag{10.4.25}$$

式中,P_k 为极化强度的分量,两种系数常分别简称为 EO 系数和 PO 系数,它们之间有关系

$$r_{ij,k} = [\Upsilon(k) - \Upsilon_0] f_{ij,k} \tag{10.4.26}$$

式中,$\Upsilon(k)$ 为沿 k 轴方向上的介电常数。一般说来,对于不同的材料,PO 系数 $f_{ij,k}$ 的变化

不大,EO 系数对温度的任何反常依赖关系与 $\Upsilon(k)$ 有关,而与 PO 系数无关。

所有晶体都显示出二次电光效应,二次 EO 系数和二次 PO 系数可分别通过下面的公式定义:

$$\Delta\left(\frac{1}{n^2}\right)_{ij} = R_{ij,kl}E_kE_l, \quad \Delta\left(\frac{1}{n^2}\right)_{ij} = g_{ij,kl}P_kP_l \quad (10.4.27)$$

两种二次效应的系数存在如下的关系:

$$R_{ij,kl}E_kE_l = [\Upsilon(k)-\Upsilon_0][\Upsilon(l)-\Upsilon_0]g_{ij,kl} \quad (10.4.28)$$

各向同性液体在强外电场作用下会变成光学各向异性液体;这时,电矢量平行于外电场的偏振光在液体中的折射率 $n_{//}$ 与电矢量垂直于外电场的相同波长的偏振光在液体中的折射率 $n_{\perp}$ 不同;这种由强电场在介质中诱导的光双折射现象称为克尔效应。外加电场可以是恒定的,也可以是交变的。频率不太高的电场引起的克尔效应为电致双折射。当外加电场频率高至光频时,效应便成为光致双折射(optically induced birefringence)效应,光致双折射效应曾为 Buckingham 所预言,并第一次被 Mayer 和 Gires 利用强激光束照射各种液体时观察到,强的光频电场可以导致物质的折射率增加,克尔效应可引起激光束的自聚焦作用。

液体中克尔效应的描述方法比较简单。实验表明,对于波长为 λ 的单色光,电场 E 使折射率产生的差值为

$$n_{//} - n_{\perp} = kE^2 \quad (10.4.29)$$

式中,k 为比例常数。当光线走过距离 l 之后,不同偏振方向的光获得程差

$$\delta = l(n_{//} - n_{\perp}) = klE^2 \quad (10.4.30)$$

这里,我们假设了电场是均匀的,并且光线进行的方向和电场垂直;因此任一方向偏振的光的电矢量均可分解为平行于外电场和垂直于电场的两个分量。用波长来计算程差 δ,得到相移

$$\frac{\varphi}{2\pi} = \frac{\delta}{\lambda} = BlE^2 \quad (10.4.31)$$

此式表明,相移和电场的正负无关;其中常数 $B = k/\lambda$ 称为克尔常数,对于大多数液体,$n_{//} > n_{\perp}$,即 $B > 0$。但也有些液体,例如乙醚、许多油类和醇类,它们的 B 小于零。各种物质的克尔常数的数值彼此相差悬殊。硝基苯 $C_6H_6 \cdot NO_2$ 的 B 较大,接近于 2×10^{-5} cgs 绝对静电单位;在这种液体中用长 $l = 5$ cm,间距 $d = 0.1$ cm 的平板电极,加上 1500 V 的电压,所得到的相差接近于 $\pi/2$;这时的电场强度等于 50 cgs 绝对静电单位。

气体和液体出现克尔效应的原因是其中的分子在光学上各向异性。这种各向异性表现为分子在光频电场中呈现出不同的极化率,这个微观极化率的大小与分子对光频电场的取向有关。在无外加电场时,组成介质的这些分子处于混乱的无规则状态;当光在其中传播时,由于热平均的结果,使介质宏观上表现为各向同性,但是如果加上一个足够强的外电场,造成某种取向占优势的现象,介质在宏观上就表现为各向异性。这时,气体和液体的宏观性质出现轴对称,对称轴 c_∞ 与外加电场平行。于是,折射率椭球在强外电场作用下由原来的球变为旋转椭球,实验表明,在大多数情况下存在如下关系:

$$n_{//} - n = 2(n - n_{\perp}) \quad (10.4.32)$$

式中,n 为无外电场时介质的折射率。

无固有电矩的分子,如果不是球对称(单原子分子),则必有一个较容易极化的方向,当电场与此方向平行时分子的极化率达到极大值。强外加电场的作用使得分子的容易极化方向沿电场取向,于是介质宏观地表现出沿此方向具有最大介电常数,即 $n_{\parallel} > n_{\perp}$ 这样的介质的克尔常数 $B > 0$。

具有固有电矩的分子情况稍微复杂一点。如果分子的固有电矩的方向与容易极化方向重合,则仍有 $B > 0$。如果这两个方向恰好垂直,则分子的固有电矩倾向于朝外电场取向;于是容易极化方向沿垂直于外加电场取向,这时应有 $n_{\parallel} < n_{\perp}$ 和 $B < 0$。当分子的电矩与容易极化方向成某一合适的角度时,可以预期会出现 $B = 0$ 的情况,符合此条件的介质不存在克尔效应。按照上述定性分析,我们容易了解,为什么有些物质,其固有电矩大小相近,而且介电常数相差也不大,但是在克尔效应方面有着显著的区别;例如溴甲烷(CH_3B_r)的克尔常数比甲醇(CH_3OH)的要大数百倍之多,而两者的固有电矩和介电常数并无显著的差别。

习题

10.1 推导式(10.1.11)在柱面坐标系和球面坐标系中的分量表达式。

10.2 推导式(10.1.37)在柱面坐标系和球面坐标系中的分量表达式,并分析其对称性。

10.3 推导式(10.2.8)和式(10.2.10)。

10.4 推导式(10.2.11)。

10.5 推导式(10.2.12)。

10.6 推导式(10.2.13)。

10.7 推导式(10.2.14)。

10.8 推导式(10.2.15)。

10.9 对于二维材料再推导式(10.2.11)~式(10.2.15)。

10.10 从量子力学推导式(10.3.8)。

10.11 分析极化环境下带电离子的传输问题。

第 11 章

压电材料固体力学

介质材料是一个带电粒子系统,其内部存在着不规则而又迅速变化的微观电磁场,微观物理现象的宏观表现就是介电现象。事实上微观带电粒子运动过程中会引起物质内部各物质点相对位置的变化,这种位置的变化就是变形。介质内部因为微观带电粒子运动过程引起的介电现象和变形是互相影响的,其宏观现象就是压电效应。本章基于连续介质变形力学和电动力学的理论基础研究压电材料的压电效应、压电常数与对称性,以及压电材料的本构关系[173]。

11.1　压电效应

11.1.1　正压电效应

当压电晶体受到外力而发生变形时,在它的某些表面上出现与外力成线性比例的电荷积累,这个现象称为压电效应。现以 α 石英晶体为例说明压电效应,因为 α 石英晶体在 1880 年就被发现有压电效应,是最早发现的压电晶体,也是目前应用最好的和最重要的压电晶体之一,它的最大特点是性能稳定和频率温度系数低,可以做到频率温度系数接近于零,在通信技术中有广泛的应用。

α 石英晶体属于三角晶系 32 点群,它的坐标系 $Oxyz$ 如图 11.1.1 所示。z 轴与天然石英晶体的上、下顶角连线重合,即与晶体的 c 轴重合。因为光线沿 z 轴通过石英晶体时不产生双折射,故称 z 轴为石英晶体的光轴。x 轴与石英晶体横截面上的对角线重合,即与晶体的 a 轴重合。因为沿 x 方向对晶体施加压力时,产生的压电效应最显著,故常称 x 轴

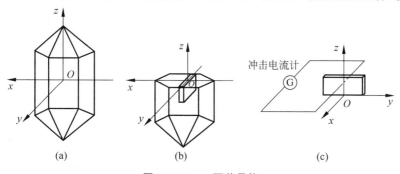

图 11.1.1　α 石英晶体

为石英晶体的电轴。x 轴与 z 轴的方向规定后,y 轴方向也就定了,如图 11.1.1(a) 所示。y 轴与石英晶体横截面对边的中点连线重合,常称为机械轴。

在石英晶体垂直于 x 轴的方向上,切下一块薄晶片,晶片面与 x 轴垂直,如图 11.1.1(b) 所示。这种切割方式称为 x 切割,即晶片的厚度沿 x 轴方向,长度沿 y 轴方向,也称为 xy 切割。该晶片的长度为 l,宽度为 l_w,厚度 l_t,与 x 轴垂直的两个晶面上涂上电极,并与用于测量电荷量的冲击电流计连接,如图 11.1.1(c) 所示。现在分别进行如下的实验:

(1) 当晶片受到沿 x 轴方向的力 F_x 作用时,如图 11.1.2(a) 和 (b) 所示,通过冲击电流计,可以测出在垂直于 x 轴方向电极面上的电荷 $q_1^{(1)}$,并发现垂直于 x 轴方向电极面上的电荷密度 $q_1^{(1)}/ll_w$ 的大小与 x 轴方向单位面积上的力 F_x/ll_w 成正比,即

$$\frac{q_1^{(1)}}{ll_w} \propto \frac{F_x}{ll_w} \tag{11.1.1}$$

因为 $q_1^{(1)}/ll_w$ 是极化强度分量 $P_1^{(1)}$,而 F_x/ll_w 正是 x 方向的应力 σ_{11},于是得到

$$P_1^{(1)} \propto \sigma_{11} \quad \text{或者} \quad P_1^{(1)} = d_{11}\sigma_{11} \tag{11.1.2}$$

式中,$P_1^{(1)}$ 表示晶片只受到沿 x 方向的应力 σ_{11} 作用时,在垂直于 x 轴的晶面上产生的极化强度分量,比例系数 d_{11} 称为压电常数,单位为 C/N。

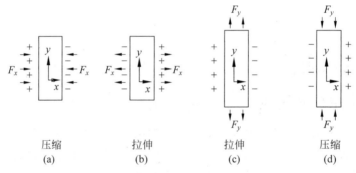

| 压缩 | 拉伸 | 拉伸 | 压缩 |
| (a) | (b) | (c) | (d) |

图 11.1.2　正应力引起的压电效应

(2) 当晶片沿 y 方向的力 F_y 作用时,如图 11.1.2(c) 和 (d) 所示,通过冲击电流计,可以测出在垂直于 x 轴方向电极面上的电荷 $q_1^{(2)}$,并发现垂直于 x 轴方向电极面上的电荷密度 $q_1^{(2)}/ll_w$ 的大小与 y 轴方向单位面积上的力 $F_y/l_w l_t$ 成正比,因为 $q_1^{(2)}/ll_w$ 是极化强度分量 $P_1^{(2)}$,而 $F_y/l_w l_t$ 正是 y 方向的应力 σ_{22},于是得到

$$P_1^{(2)} \propto \sigma_{22} \quad \text{或者} \quad P_1^{(2)} = d_{12}\sigma_{22} \tag{11.1.3}$$

式中,$P_1^{(2)}$ 表示晶片只受到沿 y 方向的应力 σ_{22} 作用时,在垂直于 x 轴的晶面上产生的极化强度分量,比例系数 d_{12} 也称为压电常数。

实验上还发现当 $\sigma_{11} = \sigma_{22}$ 时,存在 $P_1^{(2)} = -P_1^{(1)}$,由此可得 $d_{11} = -d_{12}$,即石英晶体的压电常数 d_{12} 的大小等于压电常数 d_{11} 的负值。

(3) 当晶片受到 z 方向的力 F_z 作用时,通过冲击电流计,并发现在垂直于 x 方向的电极面上不产生电荷,即有

$$P_1^{(3)} = d_{13}\sigma_{33} = 0 \tag{11.1.4}$$

因为 $\sigma_{33} \neq 0$,故压电常数 $d_{13} = 0$。由此可见,对于 x 切割的石英晶片,当 z 方向受到应

力 σ_{33} 的作用时，在 x 方向并不出现压电效应。

（4）当晶片受到切应力 σ_{23} 作用时，如图 11.1.3 所示，通过冲击电流计，可以测出在垂直于 x 轴方向电极面上的面电荷密度 $q_1^{(4)}/ll_w = P_1^{(4)}$，并发现 $P_1^{(4)}$ 与 σ_{23} 成正比，于是

$$P_1^{(4)} = d_{14}\sigma_{23} \tag{11.1.5}$$

式中，$P_1^{(4)}$ 为晶片只受到切应力 σ_{23} 作用时，在 x 方向产生的极化强度分量，比例系数 d_{14} 称为压电常数。

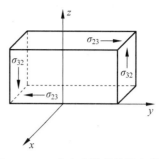

图 11.1.3　剪应力引起的压电效应

（5）当晶片受到切应力 σ_{31} 或 σ_{12} 作用时，通过冲击电流计，发现垂直于 x 方向电极面上不产生电荷，于是有

$$P_1^{(5)} = d_{15}\sigma_{31} = 0 \tag{11.1.6}$$

$$P_1^{(6)} = d_{16}\sigma_{12} = 0 \tag{11.1.7}$$

因为 $\sigma_{31} \neq 0, \sigma_{12} \neq 0$，故压电常数 $d_{15} = 0, d_{16} = 0$。由此可见，对于 x 切割的石英晶片，当受到切应力 σ_{31} 或者 σ_{12} 的作用时，在 x 方向并不出现压电效应。

综合上述实验结果得到，选垂直于 x 方向的晶面为电极面，当电场 $\boldsymbol{E} = \boldsymbol{0}$ 时，应力张量 $\boldsymbol{\sigma}$ 对 x 方向的极化强度分量 P_1 的贡献为

$$P_1\big|_{\boldsymbol{E}=\boldsymbol{0}} = d_{11}\sigma_{11} - d_{11}\sigma_{22} + d_{14}\sigma_{23} \tag{11.1.8}$$

当选 y 方向为电极面，重复上面的实验，类似地可以得到当电场 $\boldsymbol{E} = \boldsymbol{0}$ 时，应力张量 $\boldsymbol{\sigma}$ 对 y 方向的极化强度分量 P_2 的贡献为

$$P_2\big|_{\boldsymbol{E}=\boldsymbol{0}} = d_{25}\sigma_{31} + d_{26}\sigma_{12} = -d_{14}\sigma_{31} - 2d_{11}\sigma_{12} \tag{11.1.9}$$

即石英晶体的压电常数 $d_{25} = -d_{14}, d_{26} = -2d_{11}$。当选 z 方向为电极面，重复上面的实验，类似地可以得到当电场 $\boldsymbol{E} = \boldsymbol{0}$ 时，应力张量 $\boldsymbol{\sigma}$ 对 z 方向的极化强度分量 P_3 的贡献为

$$P_3\big|_{\boldsymbol{E}=\boldsymbol{0}} = 0 \tag{11.1.10}$$

根据式（11.1.8）、式（11.1.9）和式（11.1.10）的结果，可得到石英晶体的正向压电效应可以用矩阵的形式表示为

$$\begin{pmatrix} P_1 \\ P_2 \\ P_3 \end{pmatrix} = \begin{pmatrix} d_{11} & -d_{11} & 0 & d_{14} & 0 & 0 \\ 0 & 0 & 0 & 0 & -d_{14} & -2d_{11} \\ 0 & 0 & 0 & 0 & 0 & 0 \end{pmatrix} \begin{pmatrix} \sigma_{11} \\ \sigma_{22} \\ \sigma_{33} \\ \sigma_{23} \\ \sigma_{31} \\ \sigma_{12} \end{pmatrix} \tag{11.1.11}$$

由式（10.1.6）有，在压电物理学中常用电位移 $\boldsymbol{D}$ 代替极化强度 $\boldsymbol{P}$，当电场 $\boldsymbol{E} = \boldsymbol{0}$ 时，$\boldsymbol{D} = \Upsilon_0\boldsymbol{E} + \boldsymbol{P} = \boldsymbol{P}$。这样，由式（11.1.11）得到

$$\begin{pmatrix} D_1 \\ D_2 \\ D_3 \end{pmatrix}\Bigg|_{\boldsymbol{E}=\boldsymbol{0}} = \begin{pmatrix} d_{11} & -d_{11} & 0 & d_{14} & 0 & 0 \\ 0 & 0 & 0 & 0 & -d_{14} & -2d_{11} \\ 0 & 0 & 0 & 0 & 0 & 0 \end{pmatrix} \begin{pmatrix} \sigma_{11} \\ \sigma_{22} \\ \sigma_{33} \\ \sigma_{23} \\ \sigma_{31} \\ \sigma_{12} \end{pmatrix} \tag{11.1.12}$$

从式(11.1.12)可以看出,对于石英晶体不是在任何方向上都存在压电效应,只有在某些方向上、在某些应力作用下才能出现正压电效应。石英晶体的独立压电常数只有 d_{11} 与 d_{14} 两个,他们的数值是 $d_{11} = -2.31 \times 10^{-12}$ C/N, $d_{14} = 0.73 \times 10^{-12}$ C/N。对于一般的情况,如属于三斜晶系 $1(C_i)$ 点群的压电晶体是完全各向异性的,独立的压电常数共有 18 个,用矩阵表示为

$$
\begin{pmatrix}
d_{11} & d_{12} & d_{13} & d_{14} & d_{15} & d_{16} \\
d_{21} & d_{22} & d_{23} & d_{24} & d_{25} & d_{26} \\
d_{31} & d_{32} & d_{33} & d_{34} & d_{35} & d_{36}
\end{pmatrix}
\tag{11.1.13}
$$

电位移 $\boldsymbol{D}$ 是矢量,即一阶张量,应力 $\boldsymbol{\sigma}$ 是二阶张量,压电效应可以写成张量的形式

$$
\boldsymbol{D} = \boldsymbol{d} : \boldsymbol{\sigma}
\tag{11.1.14}
$$

根据张量理论的商定则,压电常数 $\boldsymbol{d}$ 一定是三阶张量,在直角坐标系中的分量为 d_{ijk},则式(11.1.14)的分量形式为

$$
D_i = d_{ijk}\sigma_{jk}
\tag{11.1.15}
$$

由于应力 $\boldsymbol{\sigma}$ 是对称二阶张量,所以压电系数张量 d_{ijk} 的第二、三指标一定是对称的。很多文献或者教材、专著为了计算的方便把式(11.1.15)写成矩阵形式,对张量 d_{ijk} 的第二、三指标进行如表 11.1.1 的规定。

表 11.1.1　压电系数张量 d_{ijk} 的第二、三指标与矩阵下标的对应关系

张量的第二、三指标	11	22	33	23	31	12
矩阵的行或者列	1	2	3	4	5	6

把三阶及以上张量转换为矩阵的表示称为沃伊特(Voigt)表示。这样,如果按照表 11.1.1 的规定,压电系数张量写成矩阵的形式后与二角标式(11.1.13)的关系为

$$
\begin{pmatrix}
d_{111} & d_{122} & d_{133} & d_{123} & d_{113} & d_{112} \\
d_{211} & d_{222} & d_{233} & d_{223} & d_{213} & d_{212} \\
d_{311} & d_{322} & d_{333} & d_{323} & d_{313} & d_{312}
\end{pmatrix}
=
\begin{pmatrix}
d_{11} & d_{12} & d_{13} & d_{14} & d_{15} & d_{16} \\
d_{21} & d_{22} & d_{23} & d_{24} & d_{25} & d_{26} \\
d_{31} & d_{32} & d_{33} & d_{34} & d_{35} & d_{36}
\end{pmatrix}
\tag{11.1.16}
$$

式(11.1.15)也可以用矩阵表示为

$$
\begin{pmatrix} D_1 \\ D_2 \\ D_3 \end{pmatrix}\Bigg|_{\boldsymbol{E}=0}
=
\begin{pmatrix}
d_{11} & d_{12} & d_{13} & d_{14} & d_{15} & d_{16} \\
d_{21} & d_{22} & d_{23} & d_{24} & d_{25} & d_{26} \\
d_{31} & d_{32} & d_{33} & d_{34} & d_{35} & d_{36}
\end{pmatrix}
\begin{pmatrix}
\sigma_{11} \\ \sigma_{22} \\ \sigma_{33} \\ \sigma_{23} \\ \sigma_{31} \\ \sigma_{12}
\end{pmatrix}
\tag{11.1.17}
$$

读者需特别注意,虽然通常基于表 11.1.1 的规则把三阶压电系数张量的分量 d_{ijk} 写成矩阵形式,但这都是在直角坐标系下。事实上,在许多实际情况用直角坐标系并不方便,需要用球坐标系或者柱坐标系,或者其他曲线坐标系,这时还是用张量形式式(11.1.14)更合适,因为张量形式不仅适应于任何坐标系,而且非常方便坐标系之间的变换。

11.1.2 逆压电效应

当晶体受到电场 $\boldsymbol{E}$ 的作用时,晶体产生与电场强度成线性关系的弹性变形,这个现象称为逆压电效应。逆压电效应的产生是由于压电晶体受到电场的作用时,在晶体内部产生应力,这个应力常称为压电应力。通过压电应力的作用,产生压电变形。仍以石英晶体为例说明,由实验总结的规律如下:

(1) 选用石英晶体的 x 切割晶片,以垂直于 x 轴的晶面为电极面。当晶片只受到 x 方向的电场分量 E_1 作用,而应力张量 $\boldsymbol{\sigma}=\boldsymbol{0}$ 时,分别在 x 方向和 y 方向产生应变 ε_{11} 和 ε_{22} 以及切应变 ε_{23},这些应变都与 E_1 成正比,即

$$\varepsilon_{11}|_{\sigma=0}=d_{11}E_1, \quad \varepsilon_{22}|_{\sigma=0}=d_{12}E_1=-d_{11}E_1, \quad \varepsilon_{23}|_{\sigma=0}=d_{14}E_1 \quad (11.1.18)$$

式中,下标表示应力张量 $\boldsymbol{\sigma}=\boldsymbol{0}$,这里在 y 方向产生应变 ε_{22} 是压应变,由于电场强度的量纲是 $V/m=N/C$,压电系数的量纲为 C/N,所以得到应变的量纲是1,这和第2章定义的应变的量纲是一致的。

(2) 以 y 面为电极面,当晶片只受到 y 方向的电场分量 E_2 作用时,分别产生切应变 ε_{31} 和 ε_{12},这些应变都与 E_2 成正比,即

$$\varepsilon_{31}|_{\sigma=0}=d_{25}E_2=-d_{14}E_2, \quad \varepsilon_{12}|_{\sigma=0}=d_{26}E_2=-2d_{11}E_2 \quad (11.1.19)$$

(3) 以 z 面为电极面,当晶片只受到 z 方向的电场分量 E_3 作用时,晶片不产生任何应变。

综合上述结果,得到描写石英晶体的逆压电效应的矩阵形式为

$$\begin{pmatrix}\varepsilon_{11}\\\varepsilon_{22}\\\varepsilon_{33}\\\varepsilon_{23}\\\varepsilon_{31}\\\varepsilon_{12}\end{pmatrix}=\begin{pmatrix}d_{11}&0&0\\-d_{11}&0&0\\0&0&0\\d_{14}&0&0\\0&-d_{14}&0\\0&-2d_{11}&0\end{pmatrix}\begin{pmatrix}E_1\\E_2\\E_3\end{pmatrix} \quad (11.1.20)$$

从上式可以看出,对于石英晶体不是在任何方向上都存在逆压电效应,只有在某些方向、在某些电场作用下才能产生逆压电效应。逆压电常数与正压电常数相同,并且一一对应,有正压电效应即有相应的逆压电效应。对于一般的情况,如三斜晶系中的压电晶体,它的逆压电效应矩阵表示为

$$\begin{pmatrix}\varepsilon_{11}\\\varepsilon_{22}\\\varepsilon_{33}\\\varepsilon_{23}\\\varepsilon_{31}\\\varepsilon_{12}\end{pmatrix}=\begin{pmatrix}d_{11}&d_{21}&d_{31}\\d_{12}&d_{22}&d_{32}\\d_{13}&d_{23}&d_{33}\\d_{14}&d_{24}&d_{34}\\d_{15}&d_{25}&d_{35}\\d_{16}&d_{26}&d_{36}\end{pmatrix}\begin{pmatrix}E_1\\E_2\\E_3\end{pmatrix} \quad (11.1.21)$$

将式(11.1.17)与式(11.1.21)比较,可见逆压电效应表示式用张量形式表示为

$$\boldsymbol{\varepsilon}=\boldsymbol{d}^{\mathrm{T}}\cdot\boldsymbol{E}, \quad \varepsilon_{jk}=d_{jki}E_i \quad (11.1.22)$$

压电系数张量 d_{ijk} 的第二、三指标是对称的,所以第二、三指标作为整体和第一指标的转置用上标"T"表示,即 $d_{ijk}^{\mathrm{T}}=d_{jki}$。压电晶体与其他只有介电性而没有压电性的晶体的主

要区别在于压电晶体的介电性质与弹性变形之间存在耦合关系,而压电常数就是反映这种耦合关系的物理量。请读者在球坐标系和柱坐标系下把式(11.1.21)推导出来。

11.2　压电常数与对称性

　　与介电常数和弹性常数一样,晶体的压电常数也与晶体的对称性有关。不同对称性的晶体,不仅压电常数的数值不同,而且独立的压电常数也不同。本节的主要内容是如何根据不同类型的压电晶体的对称性,来确定它的压电效应和压电常数。先介绍晶体的对称性与电偶极矩分布,其次以 α 石英晶体和钛酸钡晶体为例做进一步的分析讨论。

11.2.1　晶体的对称性与电偶极矩分布

　　压电晶体的特点是形变能使晶体产生极化,或者说能改变晶体的极化状态。而极化现象直接与电偶极矩的分布有关。因此,可以通过晶体内部的电偶极矩分布与晶体对称性之间的关系来讨论晶体的压电性。

1. 对称中心

　　具有对称中心的晶体是非压电晶体。如果具有对称中心的晶体在某一方向上存在电偶极矩,则根据对称中心的对称要求,也必定存在大小相等、方向相反的电偶极矩,如图 11.2.1 所示,这些一对对大小相等、方向相反的电偶极矩彼此抵消,对总极化无贡献。晶体的任何形变都不能改变这个中心对称性质。所以,凡具有对称中心的晶体肯定是非压电晶体。7 大晶系 32 类点群中,有 21 类不存在对称中心,而这 21 类无对称中心的晶体中,除去属于 432 点群的晶体未发现有压电效应,其余 20 类无中心对称的晶体都具有压电效应,见表 11.2.1。

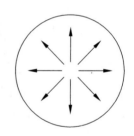

图 11.2.1　具有对称中心的电偶极矩分布图

表 11.2.1　具有介电效应晶体的介电常数

晶　系	点　群		压电晶体举例
	国际符号	熊夫利斯符号	
三斜	1	C_1	
单斜	2	C_2	硫酸锂($LiSO_3 \cdot H_2O$)、酒石酸钾($K_2C_4H_4O_6 \cdot 4H_2O$)
	m	C_s	
正交	222	D_2	罗谢盐($NaKC_4H_4O_6 \cdot 4H_2O$)
	$mm2$	C_{2v}	$Ba_2NaNb_5O_{15}$、$LiGaO_3$
四方	4	C_4	$Ba(SbO)_2C_4H_4O_6 \cdot H_2O$
	$\bar{4}$	S_4	
	422	D_4	氧化碲(TeO_2)
	$4mm$	C_{4v}	钛酸钡($BaTiO_3$)
	$\bar{4}2m$	D_{2d}	KDP、ADP

续表

晶　系	点　群		压电晶体举例
	国 际 符 号	熊夫利斯符号	
三方	3	C_3	
	32	D_3	α石英、$AlPO_4$
	$3m$	C_{3v}	$LiNbO_3$、$LiTaO_3$
六方	6	C_6	$KLiSO_4$
	$\overline{6}$	C_{3h}	
	622	D_6	β石英
	$6mm$	D_{6v}	BeO、CdSe、CdS
	$\overline{6}m2$	D_{3h}	
立方	23	T	$Bi_{12}GeO_{20}$、$NaClO_3$
	$\overline{4}3m$	T_d	GaSb、ZnTe、CdTe
	432	O	

2. 对称面

设 x 面为对称面,根据对称面的对称性要求,当晶体的坐标 $x \to -x$,$y \to y$,$z \to z$,晶体的性质应保持不变。如果在对称面的一侧,如 x 方向存在一个电偶极矩 P_x,则在对称面的另一侧,即 $-x$ 方向也一定存在一个大小相等、方向相反的电偶极矩 P'_x,如图 11.2.2 所示,才能满足 x 面是对称面的对称性要求。所以在沿 x 方向,或者说在垂直于镜面方向上的电偶极矩等于零,而平行于镜面的任何方向上可以存在不等于零的电偶极矩。就是说与镜面平行的电偶极矩可以不等于零。

3. 四阶轴

设 z 轴为四阶轴,根据四阶轴的对称性要求,当晶体绕 z 轴转 $90°$ 后,$x \to y$,$y \to -x$,当晶体绕 z 轴转 $180°$ 后,$x \to -x$,$y \to -y$,当晶体绕 z 轴转 $270°$ 后,$x \to -y$,$y \to x$。晶体经过上述转动后,晶体的性质保持不变。如果在 x 方向存在电偶极矩,则在 y 方向、$-y$ 方向和 $-x$ 方向上,也一定存在大小相等、方向相反的电偶极矩,如图 11.2.3 所示。这样才能满足 z 轴是四阶轴的对称性要求。所以在 x 方向和 y 方向的电偶极矩等于零。而 z 轴的情况与 x 轴和 y 轴不一样,在 z 轴方向上,可以存在不等于零的电偶极矩,这与 z 轴是四阶轴的

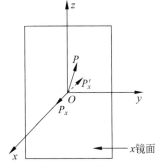

图 11.2.2　具有对称面的电偶极矩分布图

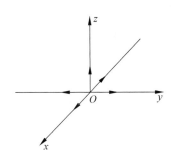

图 11.2.3　具有四阶轴的电偶极矩分布图

对称性要求不矛盾。就是说与四阶轴平行的电偶极矩可以不等于零。

4. 二阶轴、三阶轴和六阶轴

二阶轴、三阶轴、六阶轴的情况与四阶轴情况类似,即与二阶轴、三阶轴、六阶轴平行的电偶极矩可以不等于零。

5. 对称面和旋转轴

如果晶体同时存在对称面和旋转轴,则需结合对称面和旋转轴的对称性要求,综合分析讨论。

11.2.2 α石英晶体的对称性与压电性

α石英晶体(SiO_2)之所以能产生压电效应,是与石英晶体内部结构分不开的。组成α石英晶体的硅离子Si^{4+}与氧离子O^{2-}在垂直于晶体z轴的xy平面(或称为z面)上的投影位置如图11.2.4所示。当晶体未受到外界应力的作用时,Si^{4+}与O^{2-}在xy平面上的投影正好分布在六角形的顶点上,如图11.2.4(a)所示,这时由Si^{4+}与O^{2-}形成的电偶极矩大小相等,相互之间夹角为120°,如图11.2.5(a)所示。由于这些电偶极矩的矢量和等于零,即晶体的极化强度等于零,晶体表面不出现电荷。当晶体受到x方向的压力F_x作用时,晶体在x方向被压缩,如图11.2.4(b)所示。这时由Si^{4+}与O^{2-}所形成的电偶极矩大小不等,相互之间夹角也不等于120°了,如图11.2.5(b)所示。

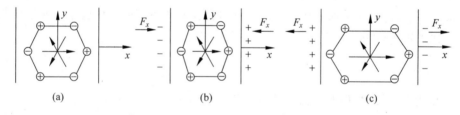

⊖ 氧原子   ⊕ 硅原子

图 11.2.4　硅原子和氧原子在z面上的投影位置,以及由于在x方向上受到压力或拉力作用时,产生正压电效应示意图

(a) 未受力作用时;(b) 受压力F_x作用时;(c) 受拉力F_x作用时

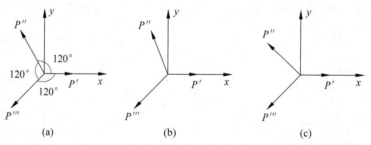

图 11.2.5　由α石英晶体的硅原子和氧原子形成的电偶极矩分布图

(a) 未受力作用时;(b) 受压力F_x作用时;(c) 受拉力F_x作用时

由于这些电偶极矩在x方向上的分量和不等于零,在y方向上的分量和仍等于零,所

以晶体在 z 面上出现电荷,即晶体在 x 方向出现正压电效应。同理,当晶体在 x 方向受到拉力 F_x 作用时,晶体在 x 方向被拉伸,如图 11.2.4(c)所示,这时电偶极矩在 x 方向上的分量和也不等于零,在 y 方向上的分量和仍等于零,如图 11.2.5(c)所示,所以晶体在 z 面上出现电荷,电荷的符号与压缩时相反,即晶体在 x 方向出现正压电效应。

在了解 α 石英晶体的压电效应的机制后,再回过头来讨论 α 石英晶体的对称性与压电效应之间的关系。α 石英晶体是属于三方晶系 32 点群,它的 z 轴是三阶轴,x 轴是二阶轴。当晶体绕 x 轴转 $180°$ 后,电偶极矩的方向就会从 $+z$ 方向变为 $-z$ 方向,于是晶体的性质就发生了变化。这与 x 轴是二阶轴的对称性要求相违背,所以在 z 轴方向上净电偶极矩等于零。而 x 轴的情况与 z 轴不一样,在 x 轴方向上可以存在电偶极矩。因为晶体的 x 轴是选定与晶体的 a 轴重合的,当晶体绕 z 轴转 $120°$ 或者 $240°$ 后,x 轴与另外两个电偶极矩重合,晶体的性质不会发生任何变化,如图 11.2.6 所示。由此可见,x 轴方向上存在电偶极矩与 z 轴是三阶轴的对称性要求不矛盾,与 x 轴是二阶轴的要求不矛盾,就是说,属于 32 点群的晶体,在其 xOy 平面内,可以存在 3 个大小相等,互成 $120°$ 夹角的偶极矩。这是根据 32 点群的晶体,在其 xOy 平面内,可以存在 3 个大小相等,互成 $120°$ 夹角的偶极矩。这是根据 32 点群晶体的对称性得到的结论。

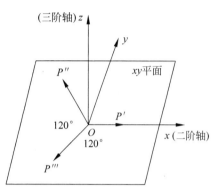

图 11.2.6 α 石英晶体的对称性与压电效应之间的关系

当晶体受到应力 σ_{11} 或者 σ_{22} 作用时,晶体在 x 方向、y 方向和 z 方向都要产生伸长或缩短的形变。因为 z 方向的伸缩形变不能改变 z 方向电偶极矩等于零的状态。所以在 z 方向不出现压电效应,这就要求 α 石英晶体的压电常数 $d_{31}=0$,$d_{32}=0$。因为 x 方向的伸缩形变,能使 P'、P''、P''' 在 x 方向的分量发生变化(如形变前 P'、P''、P''' 在 x 方向的分量和等于零,形变后在 x 方向的分量和不等于零),因而在 x 方向产生压电效应,这就要求 α 石英晶体的压电常数 $d_{11}\neq0$,$d_{12}\neq0$。因为 y 方向的伸缩形变,不能改变 P'、P''、P''' 在 y 方向的分量和等于零的状态,所以 y 方向的伸缩形变对压电效应无贡献,这就要求压电常数 $d_{21}=0$,$d_{22}=0$。当晶体受到 σ_{33} 作用时,晶体在 z 方向和 x、y 方向也要产生伸长或缩短的形变,因为 z 方向的伸缩对压电效应无贡献,故压电常数 $d_{33}=0$。因为 σ_{33} 作用在 x、y 方向产生相同的伸缩,不能改变原来 P'、P''、P''' 的分量和为零的状态,对压电效应无贡献,故压电常数 $d_{13}=0$,$d_{23}=0$。

11.2.3 钛酸钡晶体的对称性与压电性

钛酸钡是具有压电效应的铁电体,是继 α 石英晶体之后发现的另一类重要的具有广泛应用的压电材料。室温时钛酸钡处于四方相,原胞是一个长方体。通常可以认为 Ba^{2+} 位于长方体的 8 个角上,O^{2-} 位于长方体 6 个面的面心,Ti^{4+} 则位于长方体的中心之上(或者之下)的某一位置,如图 11.2.7 所示。因为正负电荷中心不重合,所以存在一个与 c 轴平行的电偶极矩,即钛酸钡晶体存在自发极化,c 轴是极化轴。这一点是钛酸钡晶体与 α 石英晶体不同的地方,石英晶体有压电效应,但无自发极化轴,所以它是非铁电性压电晶体。钛酸钡晶体具有自发极化,又有压电效应,所以钛酸钡晶体被称为铁电性压电晶体。

钛酸钡晶体属于四方晶系 $4mm$ 点群,z 轴是四阶轴,z 轴与 c 轴平行。x 面和 y 面(即 yz 平面和 zx 平面)是对称面。根据 z 轴是四阶轴的要求,只有与 z 轴平行的方向上,可以存在不为零的电偶极矩;又根据 x 面、y 面是对称面的对称性要求,只有 x 面与 y 面的交线平行方向上,可以存在不为零的电偶极矩。因为 x 面与 y 面的交线正好与 z 轴重合,可见只有在 z 轴方向,可以存在不为零的电偶极矩,在 x 轴方向和与 y 轴方向的电偶极矩等于零,如图 11.2.8 所示。就是说属于 $4mm$ 点群的晶体的对称性所得到的结论,与从钛酸钡晶胞结构得到的结论完全一致。

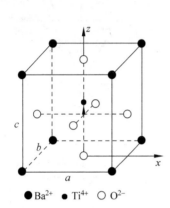

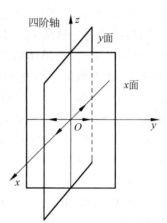

图 11.2.7　钛酸钡晶体的晶胞

图 11.2.8　z 轴是四阶轴,x 面和 y 面是对称
面时的电偶极矩分布图

知道了钛酸钡晶体的电偶极矩的分布后,就可以进一步讨论钛酸钡晶体的压电效应与压电常数。当晶体分别受到应力 σ_{11}、σ_{22} 或者 σ_{33} 作用,晶体在 x 方向、y 方向和 z 方向都要产生伸长或缩短的形变,因为 z 方向存在电偶极矩,z 方向的伸缩形变要改变这个电偶极矩的大小,因而在 z 方向产生压电效应,这就要求钛酸钡晶体的压电常数 $d_{31} \neq 0$,$d_{32} \neq 0$,$d_{33} \neq 0$。又由于 z 轴是四阶轴,x、y 互换并不改变晶体的性质,故有 $d_{31} = d_{32}$。因为 x 方向和 y 方向的伸缩应变,不能改变 x 方向和 y 方向电偶极矩等于零的状态,所以在 x 方向和 y 方向不出现压电效应,这就表明钛酸钡晶体的压电常数 $d_{11} = d_{12} = d_{13} = d_{21} = d_{22} = d_{23} = 0$。

当晶体受到切应力 σ_{23} 的作用时,晶体要产生切应变,并使原来与 z 轴平行的电偶极矩发生向 y 方向的偏转,其结果使 y 方向出现不等于零的电偶极矩。如图 11.2.9 所示,因而在 y 方向产生压电效应,这就表明钛酸钡的压电常数 $d_{24} \neq 0$。但是由 σ_{23} 引起的切应变,不改变原来 x 方向和 z 方向的电偶极矩状态,即在 x 方向和 z 方向不出现压电效应,故压电常数电偶极矩 $d_{14} = d_{34} = 0$。

当晶体受到切应力 σ_{31} 作用时,与 σ_{23} 情况类似,如图 11.2.10 所示。同理可得钛酸钡晶体压电常数 $d_{15} \neq 0$,$d_{25} = d_{35} = 0$。又由于 z 轴是四阶轴,x 轴和 y 轴可以互换而不改变晶体的性质,故有 $d_{24} = d_{15}$。因为 xy 平面上的电偶极矩为零,当晶体受到 σ_{12} 的作用产生的切应变,不能改变 x 方向、y 方向和 z 方向原来的电偶极矩状态,所以在 x 方向和 z 方向不

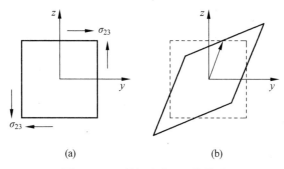

图 11.2.9 剪切应力 σ_{23} 的作用

（a）产生切应变前；（b）产生切应变后

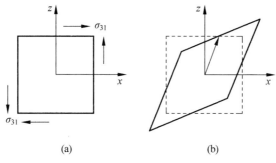

图 11.2.10 剪切应力 σ_{31} 的作用

（a）产生切应变前；（b）产生切应变后

出现压电效应,故有 $d_{16}=d_{26}=d_{36}=0$。最后得到钛酸钡晶体的压电常数用矩阵表示如下：

$$[d]=\begin{pmatrix} 0 & 0 & 0 & 0 & d_{15} & 0 \\ 0 & 0 & 0 & d_{15} & 0 & 0 \\ d_{31} & d_{31} & d_{33} & 0 & 0 & 0 \end{pmatrix} \tag{11.2.1}$$

可见钛酸钡晶体的独立压电常数为 $d_{15}=392\times10^{-12}$ C/N, $d_{31}=-34.5\times10^{-12}$ C/N, $d_{33}=85.6\times10^{-12}$ C/N。

11.2.4 20 个晶体点群与压电陶瓷的压电常数矩阵

与介电常数和弹性常数一样,也可以根据晶体的对称性,采用压电常数的角标代换法或者坐标变换法确定晶体的独立弹性常数。代换时应注意压电常数是一个三阶张量,压电常数的三角标与二角标的关系见式(11.1.16)。20 个晶体点群与压电陶瓷压的电常数矩阵可以采取和 11.2.3 节相同的方法得到,列入表 11.2.2 中。

表 11.2.2 20 个晶体点群与压电陶瓷的压电常数矩阵

晶 类	压电常数矩阵
三斜 1 点群	$\begin{pmatrix} d_{11} & d_{12} & d_{13} & d_{14} & d_{15} & d_{16} \\ d_{21} & d_{22} & d_{23} & d_{24} & d_{25} & d_{26} \\ d_{31} & d_{32} & d_{33} & d_{34} & d_{35} & d_{36} \end{pmatrix}$

续表

晶　类	压电常数矩阵
单斜 2 点群	$\begin{pmatrix} 0 & 0 & 0 & d_{14} & 0 & d_{16} \\ d_{21} & d_{22} & d_{23} & 0 & d_{25} & d_{26} \\ 0 & 0 & 0 & d_{34} & 0 & d_{36} \end{pmatrix}$
单斜 m 点群	$\begin{pmatrix} d_{11} & d_{12} & d_{13} & 0 & d_{15} & 0 \\ 0 & 0 & 0 & d_{24} & d_{25} & d_{26} \\ d_{31} & d_{32} & d_{33} & 0 & d_{35} & 0 \end{pmatrix}$
正交 222 点群	$\begin{pmatrix} 0 & 0 & 0 & d_{14} & 0 & 0 \\ 0 & 0 & 0 & 0 & d_{25} & 0 \\ 0 & 0 & 0 & 0 & 0 & d_{36} \end{pmatrix}$
正交 2mm 点群	$\begin{pmatrix} 0 & 0 & 0 & 0 & d_{15} & 0 \\ 0 & 0 & 0 & d_{24} & 0 & 0 \\ d_{31} & d_{32} & d_{33} & 0 & 0 & 0 \end{pmatrix}$
四方 4 点群	$\begin{pmatrix} 0 & 0 & 0 & d_{14} & d_{15} & 0 \\ 0 & 0 & 0 & d_{15} & -d_{14} & 0 \\ d_{31} & d_{31} & d_{33} & 0 & 0 & 0 \end{pmatrix}$
四方 $\bar{4}$ 点群	$\begin{pmatrix} 0 & 0 & 0 & d_{14} & d_{15} & 0 \\ 0 & 0 & 0 & -d_{15} & d_{14} & 0 \\ d_{31} & -d_{31} & 0 & 0 & 0 & d_{36} \end{pmatrix}$
六方 $\bar{6}$ 点群	$\begin{pmatrix} d_{11} & -d_{11} & d_{13} & 0 & 0 & -2d_{22} \\ -d_{22} & d_{22} & d_{23} & 0 & 0 & -2d_{11} \\ 0 & 0 & 0 & 0 & 0 & 0 \end{pmatrix}$
六方 622 点群	$\begin{pmatrix} 0 & 0 & 0 & d_{14} & 0 & 0 \\ 0 & 0 & 0 & 0 & d_{14} & 0 \\ 0 & 0 & 0 & 0 & 0 & 0 \end{pmatrix}$
六方 6mm 点群	$\begin{pmatrix} 0 & 0 & 0 & 0 & d_{15} & 0 \\ 0 & 0 & 0 & d_{15} & 0 & 0 \\ d_{31} & d_{31} & d_{33} & 0 & 0 & 0 \end{pmatrix}$
四方 422 点群	$\begin{pmatrix} 0 & 0 & 0 & d_{14} & 0 & 0 \\ 0 & 0 & 0 & 0 & -d_{14} & 0 \\ 0 & 0 & 0 & 0 & 0 & 0 \end{pmatrix}$
四方 4mm 点群	$\begin{pmatrix} 0 & 0 & 0 & 0 & d_{15} & 0 \\ 0 & 0 & 0 & d_{15} & 0 & 0 \\ d_{31} & d_{31} & d_{33} & 0 & 0 & 0 \end{pmatrix}$
四方 $\bar{4}2m$ 点群	$\begin{pmatrix} 0 & 0 & 0 & d_{14} & 0 & 0 \\ 0 & 0 & 0 & 0 & d_{14} & 0 \\ 0 & 0 & 0 & 0 & 0 & d_{36} \end{pmatrix}$
三方 3 点群	$\begin{pmatrix} d_{11} & -d_{12} & 0 & d_{14} & d_{15} & -2d_{22} \\ -d_{22} & d_{22} & 0 & d_{15} & -d_{14} & -2d_{11} \\ d_{31} & d_{31} & d_{33} & 0 & 0 & 0 \end{pmatrix}$
三方 32 点群	$\begin{pmatrix} d_{11} & -d_{11} & 0 & d_{14} & 0 & 0 \\ 0 & 0 & 0 & 0 & -d_{14} & -2d_{11} \\ 0 & 0 & 0 & 0 & 0 & 0 \end{pmatrix}$

晶 类	压电常数矩阵
三方 $3m$ 点群	$\begin{pmatrix} 0 & 0 & 0 & 0 & d_{15} & -2d_{22} \\ -d_{22} & d_{22} & 0 & d_{15} & 0 & 0 \\ d_{31} & d_{31} & d_{33} & 0 & 0 & 0 \end{pmatrix}$
六方 6 点群	$\begin{pmatrix} 0 & 0 & 0 & d_{14} & d_{15} & 0 \\ 0 & 0 & 0 & d_{15} & -d_{14} & 0 \\ d_{31} & d_{31} & d_{33} & 0 & 0 & 0 \end{pmatrix}$
六方 $\bar{6}m2$ 点群	$\begin{pmatrix} d_{11} & -d_{11} & 0 & 0 & 0 & 0 \\ 0 & 0 & 0 & 0 & 0 & -2d_{11} \\ 0 & 0 & 0 & 0 & 0 & 0 \end{pmatrix}$
立方 23 点群 $\bar{4}3m$ 点群	$\begin{pmatrix} 0 & 0 & 0 & d_{14} & 0 & 0 \\ 0 & 0 & 0 & 0 & d_{14} & 0 \\ 0 & 0 & 0 & 0 & 0 & d_{14} \end{pmatrix}$
压电陶瓷	$\begin{pmatrix} 0 & 0 & 0 & 0 & d_{15} & 0 \\ 0 & 0 & 0 & d_{15} & 0 & 0 \\ d_{31} & d_{31} & d_{33} & 0 & 0 & 0 \end{pmatrix}$

11.3 压电晶体的切割

通过前几节有关压电常数的讨论使我们了解到,不是压电晶体的任何方向都存在压电效应。例如,α 石英晶体,如果选择了与 z 轴垂直的方向切下一块晶片(即晶片的厚度与 z 轴平行),无论对此晶体作用什么力,都不能在 z 轴方向产生压电效应。如果选择了与 x 轴垂直的方向切下一块晶片,则当应力 σ_{11}、σ_{22} 或 σ_{23} 作用时,在 x 方向能产生压电效应。因此用压电晶体做压电元件时,不是随便从晶体上切下一块晶片,就可以做成所需的原件,而是要根据压电晶体的压电常数,以及对压电元件性能的设计要求,并经过反复实验后,才能找到较合适的方向进行切割。

11.3.1 切割符号的规定

x、y、z 代表晶体的三个坐标轴,l、w、t 代表晶片的长度、宽度、厚度。切割符号的第一个字母代表厚度方向,第二个字母代表长度方向,第三、四个字母代表旋转方向,其后的数字代表按逆时针旋转的角度。例如,xy 切割表示晶片的厚度与 x 轴平行,长度与 y 轴平行的切割晶片;xz 切割表示晶片的厚度与 x 轴平行,长度与 z 轴平行。也有把 xy 切割和 xz 切割简称为 x 切割。其他如图 11.3.1 所示。

图中,$yzw-50°$ 切割表示厚度方向沿 y 轴,长轴平行于 z 轴,并绕宽度沿顺时针方向旋转 $50°$,即第一个字母代表厚度方向,第二个字母代表长度方向,第三个字母代表转轴方向,$-50°$ 代表沿顺时针方向旋转 $50°$。$xyt+45°$ 切割表示厚度方向平行于 x 轴,长轴平行于 z 轴,并绕厚度沿逆时针方向旋转 $45°$,有时简称这种切割为 $45°x$ 切割。以上两种切割方式被称为一次旋转切割。

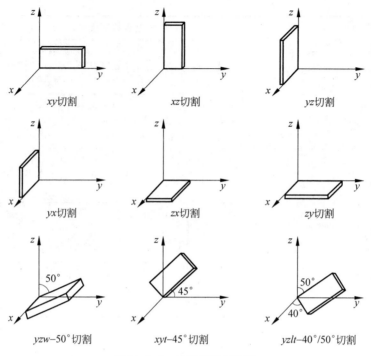

图 11.3.1　晶体切割示意图

$yzlt-40°/50°$切割表示厚度方向平行于 y 轴,长轴平行于 z 轴,并绕长度沿逆时针方向旋转 $40°$,再绕厚度方向沿逆时针方向旋转 $50°$。这是一种二次旋转切割方式。

11.3.2　酒石酸钾钠晶体的切割

酒石酸钾钠晶体($NaKC_4H_4O_6 \cdot 4H_2O$,即罗谢盐)属于正交晶系 222 点群,它的压电常数为

$$[d] = \begin{pmatrix} 0 & 0 & 0 & d_{14} & 0 & 0 \\ 0 & 0 & 0 & 0 & d_{25} & 0 \\ 0 & 0 & 0 & 0 & 0 & d_{36} \end{pmatrix} \tag{11.3.1}$$

当电场 $\boldsymbol{E} = \boldsymbol{0}$ 时,电位移 $\boldsymbol{D}$ 与应力张量之间的关系为

$$D_1 = d_{14}\sigma_{23}, \quad D_2 = d_{25}\sigma_{31}, \quad D_3 = d_{36}\sigma_{12} \tag{11.3.2}$$

当应力 $\boldsymbol{\sigma} = \boldsymbol{0}$ 为零时,电场 $\boldsymbol{E}$ 与应变张量 $\boldsymbol{\varepsilon}$ 之间的关系为

$$\varepsilon_{23} = d_{14}E_1, \quad \varepsilon_{31} = d_{25}E_2, \quad \varepsilon_{12} = d_{36}E_3 \tag{11.3.3}$$

可见当酒石酸钾钠晶体分别受到应力 σ_{23}、σ_{31} 或 σ_{12} 的作用时,将分别在 x 方向、y 方向或 z 方向产生压电效应。对于 x 切割的酒石酸钾钠晶片,要它在 x 方向出现正压电效应时,必须使晶片受到切应力 σ_{23} 的作用。实际上要在晶体上作用一个切应力是比较困难的,所以用 x 切割的晶片通过 $D_1 = d_{14}\sigma_{23}$ 关系来测定压电常数 d_{14} 是不方便的。当 x 切割的晶片受到 x 方向的电场 E_1 作用时,通过逆压电效应,晶片产生切应变 ε_{23},而不能产生伸长缩短的应变。为了得到能产生伸缩振动的晶片,生产上常采用 $45°x$ 切割。从图 11.3.2 看出:①$45°x$ 切割是利用晶片的切应变转为沿长度方向的伸缩应变。②$45°x$ 切割的长度与

宽度不再和晶体的 y 轴与 z 轴平行。坐标变了,不能直接使用式(11.3.1)来描写 $45°x$ 切割晶片的压电行为,需要对压电常数进行坐标变换,求出压电常数在新坐标系中的矩阵表示式,这个时候用张量就便于坐标变换,请读者按照 3.2 节的张量变换关系和表 11.1.1 的规定对压电系数张量进行变换,最后得到在新坐标系中的压电常数矩阵为

$$d'=\begin{bmatrix} 0 & \dfrac{d_{14}}{2} & -\dfrac{d_{14}}{2} & 0 & 0 & 0 \\ 0 & 0 & 0 & 0 & \dfrac{1}{2}(d_{25}-d_{36}) & \dfrac{1}{2}(d_{25}+d_{36}) \\ 0 & 0 & 0 & 0 & -\dfrac{1}{2}(d_{25}+d_{36}) & \dfrac{1}{2}(d_{36}-d_{25}) \end{bmatrix} \quad (11.3.4)$$

即新坐标系中的压电常数与旧坐标系中的压电常数之间的关系为

$$\begin{cases} d'_{12}=\dfrac{d_{14}}{2}, & d'_{13}=-\dfrac{d_{14}}{2} \\ d'_{25}=\dfrac{1}{2}(d_{25}-d_{36}), & d'_{26}=\dfrac{1}{2}(d_{25}+d_{36}) \\ d'_{35}=-\dfrac{1}{2}(d_{25}+d_{36}), & d'_{36}=\dfrac{1}{2}(d_{36}-d_{25}) \end{cases} \quad (11.3.5)$$

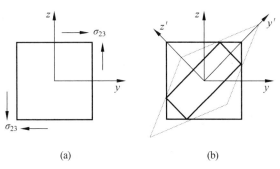

图 11.3.2 酒石酸钾钠的 $45°x$ 切割

(a) x 切割;(b) $45°x$ 切割

如果 $45°x$ 切割晶片只受到 y' 方向(即长度方向)的应力 σ'_{22} 作用时,在 x 方向产生的电位移 D'_1 为

$$D'_1=d'_{12}\sigma'_{22}=\dfrac{d_{14}}{2}\sigma'_{22} \quad (11.3.6)$$

可见通过 $D'_1=d'_{12}\sigma'_{yy}/2$ 来测定压电常数 d_{14} 时,只需要用张力或拉力,这就比通过 $D_1=d_{14}\sigma_{23}$ 来测定压电常数 d_{14} 方便得多。实验上,常用 $45°x$ 切割的晶片来测定酒石酸钾钠晶体压电常数 d_{14};用 $45°y$ 切割的晶片来测定 d_{25};用 $45°z$ 的晶片来测定 d_{36}。这些压电常数的数值为

$$d_{14}=345\times10^{-12}\text{ C/N}, \quad d_{25}=-54\times10^{-12}\text{ C/N}, \quad d_{36}=12\times10^{-12}\text{ C/N} \quad (11.3.7)$$

11.3.3 α 石英晶体的切割

石英晶体的 z 轴是光轴,z 切割晶片在 z 方向无压电效应。x 切割是最早采用的切割,

x 切割的晶片,谐振频率温度系数(描述谐振器热稳定性的参数,指当温度发生变化时,介质材料谐振频率漂移程度,谐振频率温度系数越低表示谐振器热稳定性越好)约为 $-30 \times 10^{-6}/\text{℃}$。$y$ 切割的晶片,频率温度系数较高,约为 $100 \times 10^{-6}/\text{℃}$。因此生产上很少采用 y 切割的晶片。

目前生产上广泛采用的切割方式,如图 11.3.3 所示。这些切割的温度系数,在较广的温度范围内接近于零。在高频方面的常用切割有:AT 切割($\theta = 35°15'$)适用于 $250 \sim 600$ kHz;BT 切割($\theta = -49°$)适用于 3 MHz 以上。在低频方面的常用切割有:CT 切割($\theta = 38°36'$)适用于 $100 \sim 400$ kHz;DT 切割($\theta = -51°$)适用于 $70 \sim 500$ kHz;ET 切割($\theta = 66°$)适用于 $250 \sim 800$ kHz;FT 切割($\theta = -57°$)适用于 $200 \sim 600$ kHz;GT 切割适用于 $100 \sim 500$ kHz。

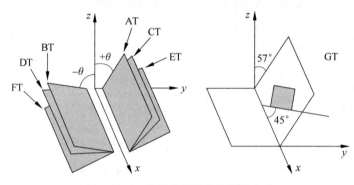

图 11.3.3　常见的石英晶体切割方式

11.4　钛酸钡 z 切割晶片的压电方程

从前几章已经知道,晶体的介电性质所遵从的电学规律,要用电位移矢量 $\boldsymbol{D}$ 或者极化强度矢量 $\boldsymbol{P}$ 与电场 $\boldsymbol{E}$ 之间的关系式(式(10.1.18)或者式(10.1.20))来描写,

$$\boldsymbol{D} = \boldsymbol{\Upsilon} \cdot \boldsymbol{E}, \quad D_m = \Upsilon_{mn} E_n \tag{11.3.8}$$

晶体的弹性性质所遵从的力学规律,要用应力张量 $\boldsymbol{\sigma}$ 与应变张量 $\boldsymbol{\varepsilon}$ 之间的弹性本构关系来描述,即式(5.1.25)

$$\boldsymbol{\sigma} = \boldsymbol{C} : \boldsymbol{\varepsilon} \quad \text{或者} \quad \boldsymbol{\varepsilon} = \boldsymbol{\mathbb{S}} : \boldsymbol{\sigma} \tag{11.3.9}$$

式中,$\boldsymbol{C}$ 是弹性系数张量,$\boldsymbol{\mathbb{S}}$ 是弹性柔度张量。为了方便将其写成矩阵形式,约定 $c_{11} = C_{1111}$,$c_{12} = C_{1122}$,$c_{14} = C_{1112}$,$c_{56} = C_{2331}$,$\cdots$,即矩阵 $[c]$ 的下角标 1,2,3,4,5,6 分别对应于 $\boldsymbol{C}$ 的双指标 11,22,33,12,23,31,这里的约定和表 11.1.1 的约定完全一样。应该指出,改变后的 $c_{mn}(m, n = 1 \sim 6)$ 虽然写成矩阵形式了便于运算,但它不是张量,后面称为弹性常数,如果需要坐标变换时还是需要改为张量形式才能运算,否则特别容易出错。同样,弹性柔度张量写为 $s_{11} = \mathbb{S}_{1111}$,$s_{12} = \mathbb{S}_{1122}$,$s_{14} = \mathbb{S}_{1112}$,$s_{56} = \mathbb{S}_{2331}$,$\cdots$,后面称为弹性柔度常数。把三阶及其以上的张量表示为矩阵形式的表示称为沃伊特表示。

同样,压电晶体的压电性质所遵从的压电规律,要用电位移 $\boldsymbol{D}$、电场强度 $\boldsymbol{E}$、应力张量 $\boldsymbol{\sigma}$ 和应变张量 $\boldsymbol{\varepsilon}$ 之间的关系即压电方程来描写。下面先以 z 切割钛酸钡晶体为例,进行分析讨论。然后推广到一般情况下的压电方程。

11.4.1　压电方程的简单推导

实际生产上常使用的压电元件的形状,大多数是薄长片或薄圆片等简单形状。又因为钛酸钡压电常数 $d_{31} \neq 0$,所以可选择钛酸钡 zx 切割晶片为例。这样切割的晶片,长度 l 沿 x 方向,厚度 l_t 沿 z 方向,宽度 l_w 沿 y 方向,即晶片的坐标轴与晶体的坐标轴一致。因为晶片的长度 l 远大于宽度 l_w 和厚度 l_t,变形主要在长度方向,故只要考虑 x 方向的应力 σ_{11} 的作用,其他应力分量可以忽略不计,全为零。因为晶片的电极面与 z 轴垂直,故只要考虑电场分量 E_3 的作用,其他电场分量 E_1、E_2 可以忽略不计。现在只考虑在应力 σ_{11} 和电场 E_3 作用下晶片的形变。

当电场 $E_3 = 0$,应力 $\sigma_{11} \neq 0$ 时,晶片在应力 σ_{11} 的作用下产生的弹性形变为

$$\varepsilon_{11}^{(1)} = s_{11}^E \sigma_{11} \tag{11.4.1}$$

式中,弹性柔度常数 s_{11}^E 的上标 E 表示 $\boldsymbol{E} = \boldsymbol{0}$(或 $\boldsymbol{E}$ 为常量),故称短路弹性柔度常数。当电场 $E_3 \neq 0$,应力 $\sigma_{11} = 0$ 时,晶片在电场 E_3 的作用下通过逆压电效应产生的压电应变为

$$\varepsilon_{11}^{(2)} = d_{31} E_3 \tag{11.4.2}$$

式中,d_{31} 称为第一类压电常数(也称压电应变常数)。当电场 $E_3 \neq 0$,应力 $\sigma_{11} \neq 0$ 时,根据小变形理论应变是可以叠加的,所以晶片在应力 σ_{11} 和电场 E_3 的作用下,产生的应变应该是弹性应变和压电应变之和,

$$\varepsilon_{11} = s_{11}^E \sigma_{11} + d_{31} E_3 \tag{11.4.3}$$

现在讨论电位移,当电场 $E_3 \neq 0$,应力 $\sigma_{11} = 0$ 时,晶片在电场 E_3 的作用下产生的介电电位移为

$$D_3^{(1)} = \Upsilon_{33}^\sigma E_3 \tag{11.4.4}$$

式中,介电常数 Υ_{33}^σ 的上标 σ 表示应力 $\boldsymbol{\sigma} = \boldsymbol{0}$(或 $\boldsymbol{\sigma}$ 为常量),即 Υ_{33}^σ 代表 $\boldsymbol{\sigma} = \boldsymbol{0}$(或 $\boldsymbol{\sigma}$ 为常量)时的介电常数,称为自由介电常数。当电场 $E_3 = 0$,应力 $\sigma_{11} \neq 0$ 时,晶片在应力 σ_{11} 作用下通过正压电效应产生的压电电位移为

$$D_3^{(2)} = d_{31} \sigma_{11} \tag{11.4.5}$$

当电场 $E_3 \neq 0$,应力 $\sigma_{11} \neq 0$ 时,晶片在应力 σ_{11} 和电场 E_3 的作用下,产生的电位移应该是介电电位移和压电电位移之和,即

$$D_3 = d_{31} \sigma_{11} + \Upsilon_{33}^\sigma E_3 \tag{11.4.6}$$

最后得到钛酸钡晶体 zx 切割晶片的压电方程为

$$\begin{cases} \varepsilon_{11} = s_{11}^E \sigma_{11} + d_{31} E_3 \\ D_3 = d_{31} \sigma_{11} + \Upsilon_{33}^\sigma E_3 \end{cases} \tag{11.4.7}$$

式(11.4.7)被称为第一类压电方程组。这个方程组的特点在于以 $\boldsymbol{\sigma}$、$\boldsymbol{E}$ 为自变量,$\boldsymbol{\varepsilon}$、$\boldsymbol{D}$ 为因变量,即认为 $\boldsymbol{\varepsilon}$、$\boldsymbol{D}$ 的变化是由 $\boldsymbol{\sigma}$、$\boldsymbol{E}$ 的变化引起的,式中还包括了短路弹性柔度常数 s_{11}^E,自由介电常数 Υ_{33}^σ 以及压电常数 d_{31}。

11.4.2　边界条件

通常测量样品的频率特性(谐振频率和反谐振频率)时,晶片的中心被夹住,晶片的边界却处于机械自由状态。这时边界上的应力 $\boldsymbol{\sigma}|_{边界} = \boldsymbol{0}$,应变 $\boldsymbol{\varepsilon} \neq \boldsymbol{0}$,这样的边界称为应力自

由边界条件或边界自由条件。但是应该注意,边界自由条件只表示样品在边界上的应力为零,样品内的应力一般情况下并不等于零,只有在低频条件下,样品内的应力才接近于零,所以在边界自由和低频的条件下,测得的介电常数才是自由介电常数 Υ_{33}^{σ}。

若测量电路的电阻远小于样品的电阻,则可认为外电路处于短路状态,这时电极面上没有电荷积累,样品内的 $\boldsymbol{E}=\boldsymbol{0}$(或为常数)。这样的电学边界条件称为电学短路边界条件。在短路条件下测得的弹性柔度常数才是短路弹性柔度常数 s_{11}^{E}。除了上述边界条件,还有其他边界条件。如测量时,样品的边界被刚性夹住,这时边界上的应变 $\boldsymbol{\varepsilon}|_{边界}=\boldsymbol{0}$,应力 $\boldsymbol{\sigma}\neq\boldsymbol{0}$,这样的边界条件称为应力夹持边界条件,或称边界夹持条件。也应注意,边界夹持条件只是表示样品在边界上的应变为零,样品内的应变一般情况下并不等于零,只有当频率非常高的情况下,样品内的应变才接近于零,所以在非常高的频率下测得的介电常数才是夹持介电常数 $\Upsilon_{mn}^{\varepsilon}$。

若测量电路的电阻远大于晶片的内电阻,则可认为外电路处于开路状态,这时电极面上自由电荷保持不变,样品内的电位移 $\boldsymbol{D}$ 为常数(或 $\boldsymbol{D}=\boldsymbol{0}$)。这样的电学边界条件称为电学开路边界条件,简称开路边界条件,在开路条件下测得的弹性柔度常数才是开路弹性柔度常数 s_{ij}^{D}。

总之,机械边界条件有两种:边界自由条件和边界夹持条件。电学边界条件也有两种:短路条件和开路条件,从两种机械边界条件和两种电学边界条件中各选一种,就可组成4类不同的边界条件:①机械自由和电学短路条件;②机械夹持和电学短路条件;③机械自由和电学开路条件;④机械夹持和电学开路条件。对于不同的边界条件,为了运算方便,就必须选择不同的自变量。例如,当边界条件为自由边界条件和短路条件时,以选应力张量 $\boldsymbol{\sigma}$ 和电场强度 $\boldsymbol{E}$ 为自变量,应变张量 $\boldsymbol{\varepsilon}$ 和电位移 $\boldsymbol{D}$ 为因变量较方便,相应的压电方程组就是第一类压电方程组。与其他各类边界条件相适应的自变量与压电方程组如下。

11.4.3 第二类压电方程组

如果在测量上述 z 切割的钛酸钡晶片时,在晶片长度的两端被刚性夹具所夹住,即边界上应变 $\boldsymbol{\varepsilon}=\boldsymbol{0}$,应力 $\boldsymbol{\sigma}\neq\boldsymbol{0}$;而且外电路的电阻远小于晶片内的电阻,在电极面上无电荷积累,即电压保持不变(或 $\boldsymbol{E}$ 是个常量),电位移≠常数。这时晶片的边界条件为机械夹持和电学短路条件。在此边界条件下,以选应变张量 $\boldsymbol{\varepsilon}$ 和电场强度 $\boldsymbol{E}$ 为自变量,应力张量 $\boldsymbol{\sigma}$ 和电位移 $\boldsymbol{D}$ 为因变量较方便。相应的第二类压电方程组为

$$\begin{cases}\sigma_{11}=c_{11}^{E}\varepsilon_{11}-e_{31}E_3\\ D_3=e_{31}\varepsilon_{11}+\Upsilon_{33}^{\varepsilon}E_3\end{cases}\tag{11.4.8}$$

式中,$c_{11}^{E}=(\partial\sigma_{11}/\partial\varepsilon_{11})_E$ 称为短路弹性常数,是在外电路为短路的条件下测得的弹性常数;$\Upsilon_{33}^{\sigma}=(\partial D_3/\partial E_3)_x$ 称为机械夹持介电常数,是在机械夹持条件下测得的介电常数。e_{31} 称为第二类压电常数,也称为压电应力常数,它的意义为 $e_{31}=(\partial D_3/\partial\varepsilon_{11})_E$ 在短路条件下,由于晶片沿 x 方向应变 ε_{11} 的变化,引起沿 z 方向电位移的变化与 ε_{11} 变化之比,压电应力常数的量纲是 C/m^2,与电位移、电极化强度的量纲一样。或者 $e_{31}=-(\partial\sigma_{11}/\partial E_3)_{\varepsilon}$ 为机械夹持条件下,由于沿 z 方向电场强度 E_3 的变化,引起沿 x 方向应力 σ_{11} 的变化与 E_3 变化之比,负号表示电场强度 E_3 增加时,应力 σ_{11} 变小。

11.4.4　第三类压电方程组

当边界条件为机械自由和电学开路的情况下,选取应力张量$\boldsymbol{\sigma}$和电位移$\boldsymbol{D}$为自变量,应变张量$\boldsymbol{\varepsilon}$和电场强度$\boldsymbol{E}$为因变量比较方便,相应的第三类压电方程组为

$$\begin{cases} \varepsilon_{11} = s_{11}^D \sigma_{11} + g_{31} D_3 \\ E_3 = -g_{31}\sigma_{11} + \beta_{33}^\sigma D_3 \end{cases} \qquad (11.4.9)$$

式中,$s_{11}^D = (\partial \varepsilon_{11}/\partial \sigma_{11})_D$称为开路弹性柔度常量,是在外电路为开路的条件下测得的弹性柔度常量;$\beta_{33}^\sigma = (\partial E_3/\partial D_3)_\sigma$称为自由介电隔离率,其量纲是 V·m/C,等于自由介电常数Υ_{33}^σ的倒数,即$\beta_{33}^\sigma = 1/\Upsilon_{33}^\sigma$,是在机械自由条件下测得的介电隔离率,或介电常数的倒数$1/\Upsilon_{33}^\sigma$。g_{31}称为第三类压电常数,也称为压电电压常数,它的意义是$g_{31} = (\partial \varepsilon_{11}/\partial D_3)_\sigma$,即在机械自由条件下,由于晶片沿 z 方向电位移D_3的变化,引起沿 x 方向应变ε_{11}的变化与D_3变化之比,其量纲是 m^2/C。或者$g_{31} = -(\partial E_3/\partial \sigma_{11})_D$为开路条件下,由于沿 x 方向应力σ_{11}的变化,引起沿 z 方向电场强度E_3的变化与σ_{11}变化之比,负号表示应力σ_{11}增加时,电场强度E_3变小。

11.4.5　第四类压电方程组

当边界条件为机械夹持和电学开路的情况下,以选应变张量$\boldsymbol{\varepsilon}$和电位移$\boldsymbol{D}$为自变量,应力张量$\boldsymbol{\sigma}$和电场强度$\boldsymbol{E}$为因变量比较方便,相应的第四类压电方程组为

$$\begin{cases} \sigma_{11} = c_{11}^D \varepsilon_{11} - h_{31} D_3 \\ E_3 = -h_{31}\varepsilon_{11} - \beta_{33}^\varepsilon D_3 \end{cases} \qquad (11.4.10)$$

式中,$c_{11}^D = (\partial \sigma_{11}/\partial \varepsilon_{11})_D$称为开路弹性常数,是在外电路为开路的条件下测得的弹性常数;$\beta_{33}^\varepsilon = -(\partial E_3/\partial D_3)_\varepsilon$称为夹持介电隔离率,其量纲是 V·m/C,它等于夹持介电常数$\Upsilon_{33}^\varepsilon$的倒数,即$\beta_{33}^\varepsilon = 1/\Upsilon_{33}^\varepsilon$,是在机械夹持条件下测得的介电隔离率,或介电常数的倒数$1/\Upsilon_{33}^\varepsilon$。$h_{31}$称为第四类压电常数,也称为压电柔度常数,其量纲和电场强度的量纲一样 V/m=N/C,它的意义是$h_{31} = -(\partial \sigma_{11}/\partial D_3)_\varepsilon$,即在机械夹持条件下,由于沿 z 方向电位移D_3的变化,引起沿 x 方向应力σ_{11}的变化与D_3变化之比,负号表示电位移D_3增加时,应力σ_{11}变小。或者$h_{31} = -(\partial E_3/\partial \varepsilon_{11})_D$为电学开路条件下,由于沿 x 方向应变ε_{11}的变化,引起沿 z 方向电场强度E_3的变化与ε_{11}变化之比,负号表示应变ε_{11}增加时,电场E_3强度变小。

11.5　各类压电方程组的常数之间的关系

由于自变量不同,共得到了 4 类压电方程组,都是晶体的压电性质所遵从的规律,因此它们之间不是互相不相关的,而是存在一定的联系,这个联系一定会在各压电方程组的常数之间反映出来。就是说各压电方程组的常数之间存在一定的关系。

11.5.1　各类压电方程组的常数之间的关系式

在 4 类压电方程组中有:①反映压电晶体弹性性质的常数,如s_{11}^E、s_{11}^D和c_{11}^E、c_{11}^D等机械

量；②反映压电晶体介电性质的常数，如 $\Upsilon_{33}^{\varepsilon}$、$\Upsilon_{33}^{\sigma}$ 和 β_{33}^{ε}、β_{33}^{σ} 等电学量；③反映压电晶体压电性质的常数，如 d_{31}、e_{31}、g_{31}、h_{31} 等机电量。现在的问题是如何求得这些量之间的关系，由第一类压电方程组(11.4.7)中的第一式可得

$$\sigma_{11}=\frac{1}{s_{11}^{E}}\varepsilon_{11}-\frac{1}{s_{11}^{E}}d_{31}E_{3}=(s_{11}^{E})^{-1}\varepsilon_{11}-(s_{11}^{E})^{-1}d_{31}E_{3} \tag{11.5.1}$$

再将此式代入式(11.4.7)中的第二式可得

$$D_{3}=d_{31}[(s_{11}^{E})^{-1}\varepsilon_{11}-(s_{11}^{E})^{-1}d_{31}E_{3}]+\Upsilon_{33}^{\sigma}E_{3}=d_{31}(s_{11}^{E})^{-1}\varepsilon_{11}+[\Upsilon_{33}^{\sigma}-d_{31}(s_{11}^{E})^{-1}d_{31}]E_{3} \tag{11.5.2}$$

将此两式与第二类压电方程组(11.4.8)比较可得：

(1) $c_{11}^{E}=(s_{11}^{E})^{-1}$，这表明 z 切割的钛酸钡晶片的短路弹性柔度常数为短路弹性常数 c_{11}^{E} 的倒数。

(2) $e_{31}=d_{31}(s_{11}^{E})^{-1}=d_{31}c_{11}^{E}$，这表明 z 切割的钛酸钡晶片的第二类压电常数 e_{31} 为第一类压电常数 d_{31} 与短路弹性劲度常量 c_{11}^{E} 的乘积，或第一类压电常数 d_{31} 为第二类压电常数 e_{31} 与开路弹性柔度常数 s_{11}^{E} 的乘积。

(3) $\Upsilon_{33}^{\varepsilon}=\Upsilon_{33}^{\sigma}-d_{31}(s_{11}^{E})^{-1}d_{31}=\Upsilon_{33}^{\sigma}-e_{31}d_{31}$ 或 $\Upsilon_{33}^{\sigma}-\Upsilon_{33}^{\varepsilon}=e_{31}d_{31}$，这表明 z 切割的钛酸钡晶片的自由介电常数 Υ_{33}^{σ} 与夹持介电常数 $\Upsilon_{33}^{\varepsilon}$ 之差等于 e_{31} 与 d_{31} 之乘积。采用上述类似的方法，可进一步得到诸常数之间的关系，见表 11.5.1。

表 11.5.1 钛酸钡 z 切割晶片各常数之间的关系

介电常数与压电常数之间的关系	弹性常数与压电常数之间的关系	压电常数与介电常数、弹性常数之间的关系
$\beta_{33}^{\varepsilon}=\dfrac{1}{\Upsilon_{33}^{\varepsilon}}$	$c_{11}^{E}=\dfrac{1}{s_{11}^{E}}$	$d_{31}=e_{31}s_{11}^{E}=\Upsilon_{33}^{\sigma}g_{31}$
$\beta_{33}^{\sigma}=\dfrac{1}{\Upsilon_{33}^{\sigma}}$	$c_{11}^{D}=\dfrac{1}{s_{11}^{D}}$	$e_{31}=d_{31}c_{11}^{E}=\Upsilon_{33}^{\varepsilon}h_{31}$
$\Upsilon_{33}^{\sigma}-\Upsilon_{33}^{\varepsilon}=e_{31}d_{31}$	$s_{11}^{E}-s_{11}^{D}=g_{31}d_{31}$	$g_{31}=h_{31}s_{11}^{D}=\beta_{33}^{\sigma}d_{31}$
$\beta_{33}^{\varepsilon}-\beta_{33}^{\sigma}=h_{31}g_{31}$	$c_{11}^{D}-c_{11}^{E}=h_{31}e_{31}$	$h_{31}=g_{31}c_{11}^{D}=\beta_{33}^{\varepsilon}e_{31}$

为了进一步说明 Υ_{33}^{σ} 与 $\Upsilon_{33}^{\varepsilon}$ 之间以及 s_{11}^{E} 与 s_{11}^{D} 之间的差别是什么因素造成的，首先要介绍二级压电效应。

11.5.2 二级压电效应

当 z 切割钛酸钡晶片只受到应力 σ_{11} 的作用时，作为弹性介质它将产生弹性应变 $\varepsilon_{11}^{(1)}$，

$$\varepsilon_{11}^{(1)}=s_{11}^{E}\sigma_{11} \tag{11.5.3}$$

作为压电晶体，σ_{11} 还将通过正压电效应即第一次压电效应产生压电电场 E_{3}'，

$$E_{3}'=-g_{31}\sigma_{11} \tag{11.5.4}$$

而压电电压将再通过压电效应即第二次压电效应使晶片又产生一个附加的压电应变 $\varepsilon_{11}^{(2)}$，

$$\varepsilon_{11}^{(2)} = d_{31}E_3' = -g_{31}d_{31}\sigma_{11} \tag{11.5.5}$$

可见附加的压电效应是由于对同一晶片考虑了第二次压电效应的结果,常称为二级压电效应,第一次压电效应称为一级压电效应。同样,当晶片只受到电场 E_3 的作用时,作为电介质它将产生极化,相应的电位移 $D_3^{(1)}$ 为

$$D_3^{(1)} = \varepsilon_{33}^{\varepsilon}E_3 \tag{11.5.6}$$

作为压电晶体,E_3 还将通过逆压电效应即一级压电效应产生压电应变 ε_{11}' 为

$$\varepsilon_{11}' = d_{31}E_3 \tag{11.5.7}$$

而压电应变将再通过正压电效应即二级压电效应使晶片又产生一个附加的压电电位移 $D_3^{(2)}$,

$$D_3^{(2)} = e_{31}\varepsilon_{11}' = e_{31}d_{31}E_3 \tag{11.5.8}$$

可见附加的压电电位移也是二级压电效应。以上讨论了二级压电效应,要不要再讨论三级以上的压电效应呢? 因为二级压电效应比一级压电效应小得多,三级压电效应比二级压电效应小得多,所以一般情况下不再需要考虑三级以上的压电效应。

11.5.3 夹持介电常数与自由介电常数

一般电介质不存在压电效应,因此介电性质与机械性质无关,即有 $\Upsilon_{33}^{\sigma} = \Upsilon_{33}^{\varepsilon} = \Upsilon_{33}$。可见对于非压电体,只要用介电常数 Υ_{ij} 来描写介电性质就够了。但是对于压电体,其介电性质与机械条件有关,所以存在夹持介电常数 $\Upsilon_{33}^{\varepsilon}$ 与自由介电常数 Υ_{33}^{σ} 之别。所谓机械"夹持"是晶体被刚性夹具夹住,无论在多大电场作用下,都不能使晶体产生形变。这时电场对压电晶体的作用,只能使之产生介电极化,而不能通过二级压电效应产生附加的压电极化。也就是说在机械夹持的条件下,电场在压电体中所引起的作用与它在一般电介质所起的作用相同,相应的电位移为

$$D_3 = \Upsilon_{33}^{\varepsilon}E_3 \tag{11.5.9}$$

所谓机械"自由"是压电体处于自由状态,这时压电体在电场的作用下可以产生自由形变,因此电场在压电晶体中的作用,除了使晶体产生极化,还能通过二级压电效应使之产生附加的压电极化。也就是说在机械自由的条件下,电场在压电体中所起的作用要大于它在一般非压电体中的作用。在机械自由条件下,相应的电位移为

$$D_3 = D_3^{(1)} + D_3^{(2)} = (\Upsilon_{33}^{\varepsilon} + e_{31}d_{31})E_3 = \Upsilon_{33}^{\sigma}E_3 \tag{11.5.10}$$

故得

$$\Upsilon_{33}^{\sigma} - \Upsilon_{33}^{\varepsilon} = e_{31}d_{31} \tag{11.5.11}$$

可见自由介电常数 Υ_{33}^{σ} 与夹持介电常数 $\Upsilon_{33}^{\varepsilon}$ 的差别是由于二级压电效应造成的。举例如下:钛酸钡晶体(25℃):$\Upsilon_{33}^{\sigma} = 168$,$\Upsilon_{33}^{\varepsilon} = 109$,故有 $\Upsilon_{33}^{\sigma} - \Upsilon_{33}^{\varepsilon} = 59$;铌酸锂晶体 $\Upsilon_{33}^{\sigma} = 30$,$\Upsilon_{33}^{\varepsilon} = 29$,故有 $\Upsilon_{33}^{\sigma} - \Upsilon_{33}^{\varepsilon} = 1$;钛酸钡陶瓷:$\Upsilon_{33}^{\sigma} = 1700$,$\Upsilon_{33}^{\varepsilon} = 1260$,故有 $\Upsilon_{33}^{\sigma} - \Upsilon_{33}^{\varepsilon} = 440$;PZT-4 陶瓷:$\Upsilon_{33}^{\sigma} = 1300$,$\Upsilon_{33}^{\varepsilon} = 635$,故有 $\Upsilon_{33}^{\sigma} - \Upsilon_{33}^{\varepsilon} = 665$。

11.5.4 短路弹性柔度常数 s_{11}^E 和开路弹性柔度常数 s_{11}^D

一般弹性介质不存在压电效应,弹性性质与电学边界条件无关,即 $s_{11}^E = s_{11}^D = s_{11}$。可见

对于非压电体只要用弹性柔度常数 s_{ij} 来描述弹性性质就足够了。但是对压电体,由于存在压电效应,压电体的弹性性质与电学边界条件有关,所以存在短路弹性柔度常数 s_{11}^E 和开路弹性柔度常数 s_{11}^D 的差别。所谓"短路"是测量电路的电阻远小于晶体内电阻,外电路可以认为是短路。在此情况下压电晶体在应力的作用下,通过正压电效应即一级压电效应产生的电荷,不可能在电极面上积累,因而不会改变晶体内的电场分布,即 $\boldsymbol{E}$ 为常数,或 $\boldsymbol{E} = \boldsymbol{0}$。这时应力对压电晶体的作用,只能使之产生弹性形变,而不能通过二级压电效应产生附加的压电形变。也就是说在短路条件下,应力在压电体中所起的作用与它在一般弹性介质中所起的作用相同,相应的应变是

$$\varepsilon_{11} = s_{11}^E \sigma_{11} \qquad (11.5.12)$$

所谓"开路"是指测量电路的电阻远大于晶体内电阻,外电路可以认为是开路。在此情况下压电晶体在应力的作用下,通过正压电效应即一级压电效应在电极上产生的电荷,不会流走,即晶体的电位移为常数,但晶体内的电场在变。因此,应力在压电晶体中所起的作用,除了使晶体产生弹性应变 $\varepsilon_{11}^{(1)} = s_{11}^E \sigma_{11}$,还能通过二级压电效应使晶体产生附加的压电应变 $\varepsilon_{11}^{(2)} = -g_{31} d_{31} \sigma_{11}$,负号表示压电应变的作用使晶体的形变变小。这时总应变为

$$\varepsilon_{11} = s_{11}^E \sigma_{11} - g_{31} d_{31} \sigma_{11} = (s_{11}^E - g_{31} d_{31}) \sigma_{11} = s_{11}^D \sigma_{11} \qquad (11.5.13)$$

故得

$$s_{11}^E - s_{11}^D = g_{31} d_{31} \qquad (11.5.14)$$

可见短路弹性柔度常数 s_{11}^E 和开路弹性柔度常数 s_{11}^D 的差别,也是由于二级压电效应造成的。其次从 $s_{11}^E > s_{11}^D$ 还可看出:压电效应对晶体弹性的影响是使晶体的弹性柔度常数变小,或者说使晶体的形变变小。具体数值举例如下:钛酸钡晶体(25℃): $s_{11}^E = 8.05 \times 10^{-12}$ m²/N,$s_{11}^D = 7.25 \times 10^{-12}$ m²/N 故有 $s_{11}^E - s_{11}^D = 0.80 \times 10^{-12}$ m²/N;钛酸钡陶瓷: $s_{11}^E = 9.1 \times 10^{-12}$ m²/N,$s_{11}^D = 8.7 \times 10^{-12}$ m²/N 故有 $s_{11}^E - s_{11}^D = 0.40 \times 10^{-12}$ m²/N;PZT-4 陶瓷: $s_{11}^E = 12.3 \times 10^{-12}$ m²/N,$s_{11}^D = 10.9 \times 10^{-12}$ m²/N,故有 $s_{11}^E - s_{11}^D = 1.4 \times 10^{-12}$ m²/N。

11.6 一般情况下的压电方程组

在 11.4 节中以 z 切割的钛酸钡晶体为例,分别讨论了压电方程组以及各常数之间的关系,本节将进一步给出一般情况下的压电方程组以及各常数之间的关系。虽然一般情况下的压电方程组比较复杂,但是处理方法以及各常数之间的关系,基本上与 11.4 节中一致。所以本节只给出结果,不作详细的重复讨论。

11.6.1 一般情况下的压电方程组以及各常数之间的关系

一般情况下的压电方程组以及各常数之间的关系分别在表 11.6.1、表 11.6.2 和表 11.6.3 列出,这里为了读者使用方便是用张量及其张量的直角坐标系表示。这里 $\mathscr{S}_{ijkl}$ 表示柔度张量的分量,其沃伊特表示为 s_{ij},C_{ijkl} 表示弹性系数张量的分量,而 d_{mij}、e_{mij}、h_{mij} 等张量分量表示和沃伊特表示用同一个符号,只是下标个数不同,例如 d_{mij}、e_{mij}、h_{mij} 等张量的沃伊特表示 d_{mi}、e_{mi}、h_{mi} 的第一个表示方向取值范围为 1~3,代表 x、y、z,第二个下标取值范围为 1~6,分别代表 11,22,33,23,31,12,即 xx,yy,zz,yz,zx,xy。

表 11.6.1　压电方程组

类　别	自　变　量	直角坐标系的分量表示	张　量　表　示
第一类	$\boldsymbol{\sigma}, \boldsymbol{E}$	$\varepsilon_{ij} = s^E_{ijkl}\sigma_{kl} + (d_{nij})_t E_n$ $D_m = d_{mij}\sigma_{ij} + \Upsilon^\sigma_{mn}E_n$	$\boldsymbol{\varepsilon} = \boldsymbol{s}^E : \boldsymbol{\sigma} + \boldsymbol{d}_t \cdot \boldsymbol{E}$ $\boldsymbol{D} = \boldsymbol{d} : \boldsymbol{\sigma} + \boldsymbol{\Upsilon}^\sigma \cdot \boldsymbol{E}$
第二类	$\boldsymbol{\varepsilon}, \boldsymbol{E}$	$\sigma_{ij} = C^E_{ijkl}\varepsilon_{kl} - (e_{nij})_t E_n$ $D_m = e_{mkl}\varepsilon_{kl} + \Upsilon^\varepsilon_{mn}E_n$	$\boldsymbol{\sigma} = \boldsymbol{C}^E : \boldsymbol{\varepsilon} - \boldsymbol{e}_t \cdot \boldsymbol{E}$ $\boldsymbol{D} = \boldsymbol{e} : \boldsymbol{\varepsilon} + \boldsymbol{\Upsilon}^\varepsilon \cdot \boldsymbol{E}$
第三类	$\boldsymbol{\sigma}, \boldsymbol{D}$	$\varepsilon_{ij} = s^D_{ijkl}\sigma_{kl} + (g_{mij})_t D_m$ $E_m = -g_{mkl}\sigma_{kl} + \beta^\sigma_{mn}D_n$	$\boldsymbol{\varepsilon} = \boldsymbol{s}^D : \boldsymbol{\sigma} + \boldsymbol{g}_t \cdot \boldsymbol{D}$ $\boldsymbol{E} = -\boldsymbol{g} : \boldsymbol{\sigma} + \boldsymbol{\beta}^\sigma \cdot \boldsymbol{D}$
第四类	$\boldsymbol{\varepsilon}, \boldsymbol{D}$	$\sigma_{ij} = C^D_{ijkl}\varepsilon_{kl} - (h_{mij})_t D_m$ $E_m = -h_{mkl}\varepsilon_{kl} + \beta^\varepsilon_{mn}D_n$	$\boldsymbol{\sigma} = \boldsymbol{C}^D : \boldsymbol{\varepsilon} - \boldsymbol{h}_t \cdot \boldsymbol{D}$ $\boldsymbol{E} = -\boldsymbol{h} : \boldsymbol{\varepsilon} + \boldsymbol{\beta}^\varepsilon \cdot \boldsymbol{D}$

表 11.6.2　压电方程组中各常数之间的关系

介电常数与压电常数之间的关系	$\Upsilon^\sigma_{mn} - \Upsilon^\varepsilon_{mn} = d_{mij}(e_{nij})_t$ $\beta^\varepsilon_{mn} - \beta^\sigma_{mn} = g_{mij}(h_{nij})_t$
弹性常数与压电常数之间的关系	$s^E_{ijkl} - s^D_{ijkl} = (d_{mij})_t g_{mkl}$ $C^D_{ijkl} - C^E_{ijkl} = (e_{mij})_t h_{mkl}$
各类压电常数之间的关系	$d_{mij} = \Upsilon^\sigma_{mn} g_{nij} = e_{mkl} s^E_{klij}$ $e_{mij} = \Upsilon^\varepsilon_{mn} h_{nij} = d_{mkl} C^E_{klij}$ $g_{mij} = \beta^\sigma_{mn} d_{nij} = h_{mkl} s^D_{klij}$ $h_{mij} = \beta^\varepsilon_{mn} e_{nij} = g_{mkl} C^D_{klij}$

表 11.6.3　用矩阵表示压电方程组中各常数之间的关系

介电常数与压电常数之间的关系	弹性常数与压电常数之间的关系	各类压电常数之间的关系
$\boldsymbol{\Upsilon}^\sigma - \boldsymbol{\Upsilon}^\varepsilon = \boldsymbol{d} : \boldsymbol{e}_t = \boldsymbol{e} : \boldsymbol{d}_t$ $= \boldsymbol{d} : \boldsymbol{C}^E : \boldsymbol{d}_t = \boldsymbol{e} : \boldsymbol{s}^E : \boldsymbol{e}_t$	$\boldsymbol{s}^E - \boldsymbol{s}^D = \boldsymbol{d}_t \cdot \boldsymbol{g} = \boldsymbol{g}_t \cdot \boldsymbol{d}$ $= \boldsymbol{d}_t \cdot \boldsymbol{\beta}^\sigma \cdot \boldsymbol{d} = \boldsymbol{g}_t \cdot \boldsymbol{\Upsilon}^\sigma \cdot \boldsymbol{g}$	$\boldsymbol{d} = \boldsymbol{e} : \boldsymbol{s}^E = \boldsymbol{\Upsilon}^\sigma \cdot \boldsymbol{g}$
$\boldsymbol{\beta}^\varepsilon - \boldsymbol{\beta}^\sigma = \boldsymbol{g} : \boldsymbol{h}_t = \boldsymbol{h} : \boldsymbol{g}_t$ $= \boldsymbol{g} : \boldsymbol{C}^D : \boldsymbol{g}_t = \boldsymbol{h} : \boldsymbol{s}^D : \boldsymbol{h}_t$	$\boldsymbol{C}^D - \boldsymbol{C}^E = \boldsymbol{e}_t \cdot \boldsymbol{h} = \boldsymbol{h}_t \cdot \boldsymbol{e}$ $= \boldsymbol{e}_t \cdot \boldsymbol{\beta}^\varepsilon \cdot \boldsymbol{e} = \boldsymbol{h}_t \cdot \boldsymbol{\Upsilon}^\varepsilon \cdot \boldsymbol{h}$	$\boldsymbol{e} = \boldsymbol{d} : \boldsymbol{C}^E = \boldsymbol{\Upsilon}^\varepsilon \cdot \boldsymbol{h}$
$\boldsymbol{\beta}^\varepsilon = (\boldsymbol{\Upsilon}^\varepsilon)^{-1}$	$\boldsymbol{C}^E = (\boldsymbol{s}^E)^{-1}$	$\boldsymbol{g} = \boldsymbol{h} : \boldsymbol{s}^D = \boldsymbol{\beta}^\sigma \cdot \boldsymbol{d}$
$\boldsymbol{\beta}^\sigma = (\boldsymbol{\Upsilon}^\sigma)^{-1}$	$\boldsymbol{C}^D = (\boldsymbol{s}^D)^{-1}$	$\boldsymbol{h} = \boldsymbol{g} : \boldsymbol{C}^D = \boldsymbol{\beta}^\varepsilon \cdot \boldsymbol{e}$

(1) 表中，$\boldsymbol{d}_t$ 矩阵是 $\boldsymbol{d}$ 矩阵的转置矩阵，$\boldsymbol{e}_t$、$\boldsymbol{g}_t$ 和 $\boldsymbol{h}_t$ 分别是 $\boldsymbol{e}$、$\boldsymbol{g}$ 和 $\boldsymbol{h}$ 的转置矩阵，这里特别注意三阶张量沃伊特表示的转置矩阵的运算方式，例如写成 $(d_{nij})_t = d_{ijn}$，即第一下标和二、三下标进行互换，因为二、三下标是一个整体；(2) 表中短路弹性柔度常数 $s^E_{ij} = (\partial\varepsilon_{ij}/\partial\sigma_{kl})_E$ 为短路时由于应力分量 σ_{kl} 变化引起应变分量 ε_{ij} 的变化与应力分量 σ_{kl} 的变化之比。压电常数 $d_{nij} = (\partial\varepsilon_{ij}/\partial E_n)_\sigma = (\partial D_n/\partial\sigma_{ij})_E$ 为机械自由时由于电场分量 E_n 引起的应变分量 ε_{ij} 的变化与电场分量 E_n 的变化之比；或者短路时，由于应变分量 ε_{ij} 的变化引起电位移分量 D_n 的变化与应力分量 σ_{kl} 的变化之比。介电常数 $\Upsilon^\sigma_{mn} = (\partial D_m/\partial E_n)_\sigma$ 为机械自由时，由于电场分量 E_n 变化引起电位移分量 D_n 的变化与电场分量 E_n 的变化之比。其他常数与此类似。

11.6.2　举例说明表 11.6.1 和表 11.6.2 中各类关系式

第一类压电方程组为

$$
\left\{
\begin{aligned}
\varepsilon_{11} =\,& S^E_{1111}\sigma_{11}+S^E_{1122}\sigma_{22}+S^E_{1133}\sigma_{33}+S^E_{1123}\sigma_{23}+S^E_{1131}\sigma_{31}+S^E_{1112}\sigma_{12}+\\
& (d_{111})_t E_1+(d_{211})_t E_2+(d_{311})_t E_3\\
\varepsilon_{22} =\,& S^E_{1122}\sigma_{11}+S^E_{2222}\sigma_{22}+S^E_{2233}\sigma_{33}+S^E_{2223}\sigma_{23}+S^E_{2231}\sigma_{31}+S^E_{2212}\sigma_{12}+\\
& (d_{122})_t E_1+(d_{222})_t E_2+(d_{322})_t E_3\\
\varepsilon_{33} =\,& S^E_{1133}\sigma_{11}+S^E_{2233}\sigma_{22}+S^E_{3333}\sigma_{33}+S^E_{3323}\sigma_{23}+S^E_{3331}\sigma_{31}+S^E_{3312}\sigma_{12}+\\
& (d_{133})_t E_1+(d_{233})_t E_2+(d_{333})_t E_3\\
\varepsilon_{23} =\,& S^E_{1123}\sigma_{11}+S^E_{2223}\sigma_{22}+S^E_{3323}\sigma_{33}+S^E_{2323}\sigma_{23}+S^E_{2331}\sigma_{31}+S^E_{2312}\sigma_{12}+\\
& (d_{123})_t E_1+(d_{223})_t E_2+(d_{323})_t E_3\\
\varepsilon_{31} =\,& S^E_{1131}\sigma_{11}+S^E_{2231}\sigma_{22}+S^E_{3331}\sigma_{33}+S^E_{2331}\sigma_{23}+S^E_{3131}\sigma_{31}+S^E_{3112}\sigma_{12}+\\
& (d_{131})_t E_1+(d_{231})_t E_2+(d_{331})_t E_3\\
\varepsilon_{12} =\,& S^E_{1112}\sigma_{11}+S^E_{2212}\sigma_{22}+S^E_{3312}\sigma_{33}+S^E_{2312}\sigma_{23}+S^E_{3112}\sigma_{31}+S^E_{1212}\sigma_{12}+\\
& (d_{112})_t E_1+(d_{212})_t E_2+(d_{312})_t E_3\\
D_1 =\,& d_{111}\sigma_{11}+d_{122}\sigma_{22}+d_{133}\sigma_{33}+d_{123}\sigma_{23}+d_{131}\sigma_{31}+d_{112}\sigma_{12}+\Upsilon^\sigma_{11}E_1+\Upsilon^\sigma_{12}E_2+\Upsilon^\sigma_{13}E_3\\
D_2 =\,& d_{211}\sigma_{11}+d_{222}\sigma_{22}+d_{233}\sigma_{33}+d_{223}\sigma_{23}+d_{231}\sigma_{31}+d_{212}\sigma_{12}+\Upsilon^\sigma_{12}E_1+\Upsilon^\sigma_{22}E_2+\Upsilon^\sigma_{23}E_3\\
D_3 =\,& d_{311}\sigma_{11}+d_{322}\sigma_{22}+d_{333}\sigma_{33}+d_{323}\sigma_{23}+d_{331}\sigma_{31}+d_{312}\sigma_{12}+\Upsilon^\sigma_{13}E_1+\Upsilon^\sigma_{23}E_2+\Upsilon^\sigma_{33}E_3
\end{aligned}
\right.
$$

$$(11.6.1)$$

为了帮助读者对张量形式的理解,第一类压电方程组写成张量的分量形式,这里需要知道柔度张量分量的对称性和弹性张量分量的对称性一样,这个对称性已经在第 5 章进行了详细的分析。读者可以用沃伊特表示将式(11.6.1)重新写一篇。由式(11.6.1)可见压电方程组共包括 9 个方程,前 6 个称为弹性方程,后 3 个称为介电方程。每个方程包括 9 项,前 6 项与应力有关,后三项与电场强度有关。第一类压电方程组的矩阵形式为

$$
\begin{bmatrix}\varepsilon_{11}\\ \varepsilon_{22}\\ \varepsilon_{33}\\ \varepsilon_{23}\\ \varepsilon_{31}\\ \varepsilon_{12}\end{bmatrix}=
\begin{bmatrix}
s^E_{11}&s^E_{12}&s^E_{13}&s^E_{14}&s^E_{15}&s^E_{16}\\
s^E_{12}&s^E_{22}&s^E_{23}&s^E_{34}&s^E_{25}&s^E_{26}\\
s^E_{13}&s^E_{23}&s^E_{33}&s^E_{34}&s^E_{35}&s^E_{36}\\
s^E_{14}&s^E_{24}&s^E_{34}&s^E_{44}&s^E_{45}&s^E_{46}\\
s^E_{15}&s^E_{25}&s^E_{35}&s^E_{45}&s^E_{55}&s^E_{56}\\
s^E_{16}&s^E_{26}&s^E_{36}&s^E_{46}&s^E_{56}&s^E_{66}
\end{bmatrix}\cdot
\begin{bmatrix}\sigma_{11}\\ \sigma_{22}\\ \sigma_{33}\\ \sigma_{23}\\ \sigma_{31}\\ \sigma_{12}\end{bmatrix}+
\begin{bmatrix}
d_{11}&d_{21}&d_{31}\\
d_{12}&d_{23}&d_{32}\\
d_{13}&d_{23}&d_{33}\\
d_{14}&d_{24}&d_{34}\\
d_{15}&d_{25}&d_{35}\\
d_{16}&d_{26}&d_{36}
\end{bmatrix}\cdot
\begin{bmatrix}E_1\\ E_2\\ E_3\end{bmatrix}
$$

$$(11.6.2)$$

$$
\begin{bmatrix}D_1\\ D_2\\ D_3\end{bmatrix}=
\begin{bmatrix}
d_{11}&d_{12}&d_{13}&d_{14}&d_{15}&d_{16}\\
d_{21}&d_{22}&d_{23}&d_{24}&d_{25}&d_{26}\\
d_{31}&d_{32}&d_{33}&d_{34}&d_{35}&d_{36}
\end{bmatrix}\cdot
\begin{bmatrix}\sigma_{11}\\ \sigma_{22}\\ \sigma_{33}\\ \sigma_{23}\\ \sigma_{31}\\ \sigma_{12}\end{bmatrix}+
\begin{bmatrix}
\Upsilon^\sigma_{11}&\Upsilon^\sigma_{12}&\Upsilon^\sigma_{13}\\
\Upsilon^\sigma_{12}&\Upsilon^\sigma_{22}&\Upsilon^\sigma_{23}\\
\Upsilon^\sigma_{13}&\Upsilon^\sigma_{23}&\Upsilon^\sigma_{33}
\end{bmatrix}\cdot
\begin{bmatrix}E_1\\ E_2\\ E_3\end{bmatrix}
$$

$$(11.6.3)$$

式(11.6.2)和式(11.6.3)的矩阵表示就是沃伊特表示,而且用到了柔度张量分量的对

称性。可见$[d_t]$矩阵为6行3列，$[d]$矩阵为3行6列。$[d_t]$是$[d]$的转置矩阵。$[d]$的行与列互换就成为$[d_t]$矩阵。其余3类压电方程组的情况与式(11.6.1)、式(11.6.2)和式(11.6.3)类似，这里不再一一列出。在压电晶体中，除去属于三斜晶体，其他晶系的对称性较高，独立的弹性常数、介电常数和压电常数随着对称性程度增高而相应减少，压电方程组也相应简化。

11.6.3　钛酸钡晶体、铌酸锂晶体、压电陶瓷的第一类方程组

（1）钛酸钡晶体属于四方晶系 $4mm$ 点群，根据它的介电常数矩阵、弹性常数矩阵和压电常数矩阵，可得到第一类方程组的矩阵表示为

$$
\begin{bmatrix} \varepsilon_{11} \\ \varepsilon_{22} \\ \varepsilon_{33} \\ \varepsilon_{23} \\ \varepsilon_{31} \\ \varepsilon_{12} \end{bmatrix} = \begin{bmatrix} s_{11}^E & s_{12}^E & s_{13}^E & 0 & 0 & 0 \\ s_{12}^E & s_{11}^E & s_{13}^E & 0 & 0 & 0 \\ s_{13}^E & s_{13}^E & s_{33}^E & 0 & 0 & 0 \\ 0 & 0 & 0 & s_{44}^E & 0 & 0 \\ 0 & 0 & 0 & 0 & s_{44}^E & 0 \\ 0 & 0 & 0 & 0 & 0 & s_{66}^E \end{bmatrix} \cdot \begin{bmatrix} \sigma_{11} \\ \sigma_{22} \\ \sigma_{33} \\ \sigma_{23} \\ \sigma_{31} \\ \sigma_{12} \end{bmatrix} + \begin{bmatrix} 0 & 0 & d_{31} \\ 0 & 0 & d_{31} \\ 0 & 0 & d_{33} \\ 0 & d_{15} & 0 \\ d_{15} & 0 & 0 \\ 0 & 0 & 0 \end{bmatrix} \cdot \begin{bmatrix} E_1 \\ E_2 \\ E_3 \end{bmatrix} \tag{11.6.4}
$$

$$
\begin{bmatrix} D_1 \\ D_2 \\ D_3 \end{bmatrix} = \begin{bmatrix} 0 & 0 & 0 & 0 & d_{15} & 0 \\ 0 & 0 & 0 & d_{15} & 0 & 0 \\ d_{31} & d_{31} & d_{33} & 0 & 0 & 0 \end{bmatrix} \cdot \begin{bmatrix} \sigma_{11} \\ \sigma_{22} \\ \sigma_{33} \\ \sigma_{23} \\ \sigma_{31} \\ \sigma_{12} \end{bmatrix} + \begin{bmatrix} \Upsilon_{11}^\sigma & 0 & 0 \\ 0 & \Upsilon_{11}^\sigma & 0 \\ 0 & 0 & \Upsilon_{33}^\sigma \end{bmatrix} \cdot \begin{bmatrix} E_1 \\ E_2 \\ E_3 \end{bmatrix}
$$

$$\tag{11.6.5}$$

（2）铌酸锂晶体属于三方晶系 $3m$ 点群，根据它的介电常数矩阵、弹性常数矩阵和压电常数矩阵，可得到第一类方程组的矩阵表示为

$$
\begin{bmatrix} \varepsilon_{11} \\ \varepsilon_{22} \\ \varepsilon_{33} \\ \varepsilon_{23} \\ \varepsilon_{31} \\ \varepsilon_{12} \end{bmatrix} = \begin{bmatrix} s_{11}^E & s_{12}^E & s_{13}^E & s_{14}^E & 0 & 0 \\ s_{12}^E & s_{11}^E & s_{13}^E & -s_{14}^E & 0 & 0 \\ s_{13}^E & s_{13}^E & s_{33}^E & 0 & 0 & 0 \\ s_{14}^E & -s_{14}^E & 0 & s_{44}^E & 0 & 0 \\ 0 & 0 & 0 & 0 & s_{44}^E & 2s_{14}^E \\ 0 & 0 & 0 & 0 & 2s_{14}^E & 2(s_{11}^E - s_{12}^E) \end{bmatrix} \cdot \begin{bmatrix} \sigma_{11} \\ \sigma_{22} \\ \sigma_{33} \\ \sigma_{23} \\ \sigma_{31} \\ \sigma_{12} \end{bmatrix} +
$$

$$
\begin{bmatrix} 0 & -d_{22} & d_{31} \\ 0 & d_{22} & d_{31} \\ 0 & 0 & d_{33} \\ 0 & d_{15} & 0 \\ d_{15} & 0 & 0 \\ -2d_{22} & 0 & 0 \end{bmatrix} \cdot \begin{bmatrix} E_1 \\ E_2 \\ E_3 \end{bmatrix} \tag{11.6.6}
$$

$$
\begin{bmatrix} D_1 \\ D_2 \\ D_3 \end{bmatrix} = \begin{bmatrix} 0 & 0 & 0 & 0 & d_{15} & -2d_{22} \\ -d_{22} & d_{22} & 0 & d_{15} & 0 & 0 \\ d_{31} & d_{31} & d_{33} & 0 & 0 & 0 \end{bmatrix} \cdot \begin{bmatrix} \sigma_{11} \\ \sigma_{22} \\ \sigma_{33} \\ \sigma_{23} \\ \sigma_{31} \\ \sigma_{12} \end{bmatrix} + \begin{bmatrix} \Upsilon_{11}^{\sigma} & 0 & 0 \\ 0 & \Upsilon_{11}^{\sigma} & 0 \\ 0 & 0 & \Upsilon_{33}^{\sigma} \end{bmatrix} \cdot \begin{bmatrix} E_1 \\ E_2 \\ E_3 \end{bmatrix}
$$

$$(11.6.7)$$

(3) 压电陶瓷的对称性与六方晶系 $6mm$ 点群的对称性相近,根据它的介电常数矩阵、弹性常数矩阵和压电常数矩阵,可得到第一类方程组的矩阵表示为

$$
\begin{bmatrix} \varepsilon_{11} \\ \varepsilon_{22} \\ \varepsilon_{33} \\ \varepsilon_{23} \\ \varepsilon_{31} \\ \varepsilon_{12} \end{bmatrix} = \begin{bmatrix} s_{11}^E & s_{12}^E & s_{13}^E & 0 & 0 & 0 \\ s_{12}^E & s_{11}^E & s_{13}^E & 0 & 0 & 0 \\ s_{13}^E & s_{13}^E & s_{33}^E & 0 & 0 & 0 \\ 0 & 0 & 0 & s_{44}^E & 0 & 0 \\ 0 & 0 & 0 & 0 & s_{44}^E & 0 \\ 0 & 0 & 0 & 0 & 0 & 2(s_{11}^E - s_{12}^E) \end{bmatrix} \cdot \begin{bmatrix} \sigma_{11} \\ \sigma_{22} \\ \sigma_{33} \\ \sigma_{23} \\ \sigma_{31} \\ \sigma_{12} \end{bmatrix} +
$$

$$
\begin{bmatrix} 0 & 0 & d_{31} \\ 0 & 0 & d_{31} \\ 0 & 0 & d_{33} \\ 0 & d_{15} & 0 \\ d_{15} & 0 & 0 \\ 0 & 0 & 0 \end{bmatrix} \cdot \begin{bmatrix} E_1 \\ E_2 \\ E_3 \end{bmatrix}
$$

$$(11.6.8)$$

$$
\begin{bmatrix} D_1 \\ D_2 \\ D_3 \end{bmatrix} = \begin{bmatrix} 0 & 0 & 0 & 0 & d_{15} & 0 \\ 0 & 0 & 0 & d_{15} & 0 & 0 \\ d_{31} & d_{31} & d_{33} & 0 & 0 & 0 \end{bmatrix} \cdot \begin{bmatrix} \sigma_{11} \\ \sigma_{22} \\ \sigma_{33} \\ \sigma_{23} \\ \sigma_{31} \\ \sigma_{12} \end{bmatrix} + \begin{bmatrix} \Upsilon_{11}^{\sigma} & 0 & 0 \\ 0 & \Upsilon_{11}^{\sigma} & 0 \\ 0 & 0 & \Upsilon_{33}^{\sigma} \end{bmatrix} \cdot \begin{bmatrix} E_1 \\ E_2 \\ E_3 \end{bmatrix} \quad (11.6.9)
$$

11.6.4　几点注意

(1) 在本章中,这四类压电方程组是根据实验结果而得到的,根据对称性也能够从热力学理论严格地导出这四类压电方程组。

(2) 本章在讨论这四类压电方程组时,并没有考虑压电晶体与工作环境(如空气)交换的热量问题,因为压电体工作时机械能与电能之间转换过程是很快的,所以可以近似认为转换过程中与工作环境无热量交换。就是说以上的压电方程组是在绝热过程中建立的。

(3) 关于单位问题。压电方程组中各物理量的单位,在实际应用中,常用 MKS 单位制,因此本书也采用 MKS 单位制。参考资料中也有采用 CGS 单位制的。为了便于换算,在表 11.6.4 中给出了 MKS 单位制与 CGS 单位制之间的换算因子,这里都是按照沃伊特表示的。

表 11.6.4　单位换算因子

物　理　量	符　　号	MKS 单位制	CGS 单位制	变换因子 CGS→MKS
力	F	N	dyn	10^{-5}
弹性应力	σ_{ij}	N/m^2	dyn/cm^2	10^{-1}
弹性应变	ε_{ij}			1
弹性柔度常数	s_{ij}	m^2/N	cm^2/dyn	10
弹性常数	c_{ij}	N/m^2	dyn/cm^2	10^{-1}
电位	V	V	Vs	300
电场强度	E_n	V/m	Vs/cm	3×10^4
电位移	D_n	C/m^2	Vs/cm^2	$\dfrac{1}{2\pi} \times 10^{-5}$
极化强度	P_n	C/m^2	Vs/cm^2	$\dfrac{1}{3} \times 10^{-5}$
面电荷密度	σ	C/m^2	Vs/cm^2	$\dfrac{1}{3} \times 10^{-5}$
介电常数	Υ_{mn}	F/m	Fs/cm	$\dfrac{1}{36\pi} \times 10^{-9}$
介电隔离率	β_{mn}	m/F	cm/Fs	$36\pi \times 10^{-9}$
压电应变常数	d_{mi}	C/N	Ls/dyn	$\dfrac{1}{3} \times 10^{-4}$
压电应力常数	e_{mi}	C/m^2	Ls/cm^2	$\dfrac{1}{3} \times 10^{-5}$
压电电压常数	g_{mi}	m^2/C	cm^2/Ls	3×10^5
压电劲度常量	h_{mi}	N/C	dyn/Ls	3×10^4

（4）压电方程组是分析讨论压电元件性能的根据,在大多数情况下,是从第一类压电方程组出发,其次是第三类方程组。至于第二类和第四类压电方程组,往往只在某一个方向的应变分量远大于其他应变分量的情况下才被选用。例如,在细长杆压电元件以及利用厚度振动模的压电元件中,有时就选用第二类和第四类压电方程组。

11.6.5　压电方程组的热力学推导

按照热力学理论,在独立变量适当选定之后,只要一个热力学函数就可以把一个均匀系统的平衡性质完全确定,这个函数称为特征函数。在许多问题中,特征函数的全微分式便于应用。按照热力学第一定律,系统内能的变化为

$$dU = dQ + dW \tag{11.6.10}$$

式中,dQ 是系统吸收的热量,dW 是外界对系统做的功。对于弹性介质,由式(8.1.9)有机械功为单位体积内应变能密度的微分增量

$$dW^e = \sigma_{ij} \, d\varepsilon_{ij} \tag{11.6.11}$$

由式(10.1.31)和式(11.6.11),有外界对系统做的功为

$$dW = E_i dD_i + \sigma_{ij} d\varepsilon_{ij} = \boldsymbol{E} \cdot d\boldsymbol{D} + \boldsymbol{\sigma} : d\boldsymbol{\varepsilon} \tag{11.6.12}$$

在可逆过程中,有

$$dQ = T dS \tag{11.6.13}$$

于是内能的微分形式为

$$dU = T dS + E_i dD_i + \sigma_{ij} d\varepsilon_{ij} = T dS + \boldsymbol{E} \cdot d\boldsymbol{D} + \boldsymbol{\sigma} : d\boldsymbol{\varepsilon} \tag{11.6.14}$$

弹性电介质的特征函数、自变量列入表 11.6.5。

表 11.6.5 弹性电介质的特征函数和自变量

特 征 函 数	勒让德变换关系	自 变 量
内能	U	$\boldsymbol{\varepsilon}, \boldsymbol{D}, S$
亥姆霍兹自由能	$F = U - TS$	$\boldsymbol{\varepsilon}, \boldsymbol{D}, T$
焓	$H = U - \boldsymbol{\sigma} : \boldsymbol{\varepsilon} - \boldsymbol{E} \cdot \boldsymbol{D}$	$\boldsymbol{\sigma}, \boldsymbol{E}, S$
弹性焓	$H_1 = U - \boldsymbol{\sigma} : \boldsymbol{\varepsilon}$	$\boldsymbol{\sigma}, \boldsymbol{D}, S$
电焓	$H_2 = U - \boldsymbol{E} \cdot \boldsymbol{D}$	$\boldsymbol{\varepsilon}, \boldsymbol{E}, S$
吉布斯自由能	$G = U - TS - \boldsymbol{\sigma} : \boldsymbol{\varepsilon} - \boldsymbol{E} \cdot \boldsymbol{D}$	$\boldsymbol{\sigma}, \boldsymbol{E}, T$
弹性吉布斯自由能	$G_1 = U - TS - \boldsymbol{\sigma} : \boldsymbol{\varepsilon}$	$\boldsymbol{\sigma}, \boldsymbol{D}, T$
电吉布斯自由能	$G_2 = U - TS - \boldsymbol{E} \cdot \boldsymbol{D}$	$\boldsymbol{\varepsilon}, \boldsymbol{E}, T$

由式(11.6.14)和表 11.6.5 得到各特征函数的表达式为

$$dF = -S dT + E_i dD_i + \sigma_{ij} d\varepsilon_{ij} = -S dT + \boldsymbol{E} \cdot d\boldsymbol{D} + \boldsymbol{\sigma} : d\boldsymbol{\varepsilon} \tag{11.6.15}$$

$$dH = T dS - D_i dE_i - \varepsilon_{ij} d\sigma_{ij} = T dS - \boldsymbol{E} \cdot d\boldsymbol{D} - \boldsymbol{\varepsilon} : d\boldsymbol{\sigma} \tag{11.6.16}$$

$$dH_1 = T dS + E_i dD_i - \varepsilon_{ij} d\sigma_{ij} = T dS + \boldsymbol{E} \cdot d\boldsymbol{D} - \boldsymbol{\varepsilon} : d\boldsymbol{\sigma} \tag{11.6.17}$$

$$dH_2 = T dS - D_i dE_i + \sigma_{ij} d\varepsilon_{ij} = T dS - \boldsymbol{D} \cdot d\boldsymbol{E} + \boldsymbol{\sigma} : d\boldsymbol{\varepsilon} \tag{11.6.18}$$

$$dG = -S dT - D_i dE_i - \varepsilon_{ij} d\sigma_{ij} = -S dT - \boldsymbol{D} \cdot d\boldsymbol{E} - \boldsymbol{\varepsilon} : d\boldsymbol{\sigma} \tag{11.6.19}$$

$$dG_1 = -S dT + E_i dD_i - \varepsilon_{ij} d\sigma_{ij} = -S dT + \boldsymbol{E} \cdot d\boldsymbol{D} - \boldsymbol{\varepsilon} : d\boldsymbol{\sigma} \tag{11.6.20}$$

$$dG_2 = -S dT - D_i dE_i + \sigma_{ij} d\varepsilon_{ij} = -S dT - \boldsymbol{D} \cdot d\boldsymbol{E} + \boldsymbol{\sigma} : d\boldsymbol{\varepsilon} \tag{11.6.21}$$

对这些特征函数求偏微商,就可得出描述系统性质的各种宏观参数。例如,内能的偏微商可给出温度、应力和电场为

$$T = \left(\frac{\partial U}{\partial S}\right)_{D, \varepsilon}, \quad \boldsymbol{E} = \left(\frac{\partial U}{\partial \boldsymbol{D}}\right)_{S, \varepsilon}, \quad \boldsymbol{\sigma} = \left(\frac{\partial U}{\partial \boldsymbol{\varepsilon}}\right)_{S, D} \tag{11.6.22}$$

式中,下标"D, ε""S, ε""S, D"分别表示"$\boldsymbol{D} = 0, \boldsymbol{\varepsilon} = 0$""$S = 0, \boldsymbol{\varepsilon} = 0$""$S = 0, \boldsymbol{D} = 0$"。上面 8 个特征函数均可用来描述电介质的宏观性质,具体采用何种特征函数,要取决于对独立变量的选择,例如,以温度、应力和电位移作为自变量,系统的状态要用弹性吉布斯自由能来描述。这样,表 11.6.1 的压电方程可以完全由上述特征函数方程推导出来,例如第四类压电方程组,以 $\boldsymbol{\varepsilon}$、$\boldsymbol{D}$、T 为自变量,取亥姆霍兹自由能为特征函数,假设 $\boldsymbol{\varepsilon}$、$\boldsymbol{D}$、T 的初始值都为零,而且 $\boldsymbol{\varepsilon}$、$\boldsymbol{D}$、T 变化不大,则亥姆霍兹自由能为特征函数展开到二阶小量

$$
\begin{aligned}
F = {}& A_0 + B_{ij}^{\varepsilon} \varepsilon_{ij} + B_i^D D_i + B^T T + B_{ijkl}^{\varepsilon\varepsilon} \varepsilon_{ij} \varepsilon_{kl} + B_{ij}^{DD} D_i D_j + \\
& B^{TT} T^2 + B_{kij}^{\varepsilon D} \varepsilon_{ij} D_k + B_i^{DT} D_i T + B_{ij}^{\varepsilon T} \varepsilon_{ij} T \\
= {}& A_0 + \boldsymbol{B}^{\varepsilon} : \boldsymbol{\varepsilon} + \boldsymbol{B}^D \cdot \boldsymbol{D} + B^T T + \boldsymbol{\varepsilon} : \boldsymbol{B}^{\varepsilon\varepsilon} : \boldsymbol{\varepsilon} + \boldsymbol{D} \cdot \boldsymbol{B}^{DD} \cdot \boldsymbol{D} + \\
& B^{TT} T^2 + \boldsymbol{D} \cdot \boldsymbol{B}^{\varepsilon D} : \boldsymbol{\varepsilon} + \boldsymbol{B}^{DT} \cdot \boldsymbol{D} T + \boldsymbol{B}^{\varepsilon T} : \boldsymbol{\varepsilon} T
\end{aligned} \tag{11.6.23}
$$

式中自变量前面是系数张量。则由式(11.6.15)有

$$S = -\left(\frac{\partial F}{\partial T}\right)_{D, \varepsilon} = B^T + 2B^{TT} T + \boldsymbol{B}^{DT} \cdot \boldsymbol{D} + \boldsymbol{B}^{\varepsilon T} : \boldsymbol{\varepsilon} \tag{11.6.24}$$

$$E = \left(\frac{\partial F}{\partial \boldsymbol{D}}\right)_{\varepsilon, T} = \boldsymbol{B}^D + 2\boldsymbol{B}^{DD} \cdot \boldsymbol{D} + \boldsymbol{B}^{\varepsilon D} : \boldsymbol{\varepsilon} + \boldsymbol{B}^{DT} T \tag{11.6.25}$$

$$\boldsymbol{\sigma} = \left(\frac{\partial F}{\partial \boldsymbol{\sigma}}\right)_{D, T} = \boldsymbol{B}^{\varepsilon} + 2\boldsymbol{B}^{\varepsilon} : \boldsymbol{\varepsilon} + \boldsymbol{D} \cdot \boldsymbol{B}^{\varepsilon D} + \boldsymbol{B}^{\varepsilon T} T = \boldsymbol{B}^{\varepsilon} + 2\boldsymbol{B}^{\varepsilon} : \boldsymbol{\varepsilon} + (\boldsymbol{B}^{\varepsilon D})_t \cdot \boldsymbol{D} + \boldsymbol{B}^{\varepsilon T} T \tag{11.6.26}$$

由表 11.6.1 和式(11.6.23)~式(11.6.25)得到表 11.6.1 中的参数为

$$\boldsymbol{C}^D = 2\boldsymbol{B}^{\varepsilon}, \quad \boldsymbol{h}_t = -(\boldsymbol{B}^{\varepsilon D})_t, \quad \boldsymbol{h} = -\boldsymbol{B}^{\varepsilon D} \tag{11.6.27}$$

读者可以自行推导出表 11.6.1 中的其他压电方程组,请进行验证。

11.7　机电耦合系数

前几章已经引入了介电常数、弹性常数和压电常数来描写材料的压电性质,但是在实际应用上,还使用另一个衡量材料的压电性质好坏的重要物理量即机电耦合系数,也称为压电耦合因子。例如,压电滤波器的频率宽度、压电变压器的升压比等都直接与机电耦合系数有关。所谓"机电耦合系数"就是指压电材料中与压电效应相联系的相互作用强度,也称为压电能密度与弹性能密度和介电能密度的几何平均值之比。用数学式表示为

$$k = \frac{U_I}{\sqrt{U_M U_E}} \tag{11.7.1}$$

式中,k 为机电耦合系数,U_I 为相互作用能密度,U_M 为弹性能密度,U_E 为介电能密度,$\sqrt{U_M U_E}$ 为弹性能密度和介电能密度的几何平均值。因为压电常数、弹性常数、介电常数和机电耦合系数都是描写材料压电性能的物理量,因此机电耦合系数与这些常数之间存在一定的关系。这个关系可通过压电材料的内能以及式(11.7.1)而导出。压电晶体的内能与应力、应变、电位移和电场强度之间的一般关系为

$$U = \frac{1}{2}\sigma_{ij}\varepsilon_{ij} + \frac{1}{2}D_m E_m \tag{11.7.2}$$

式中,U 为压电晶体的内能,右边第一项是弹性能密度 U_M,第二项为介电能密度 U_E。式(11.7.2)似乎表明相互作用能密度 U_I 为零,实际上并非如此,原因是上面的讨论表明变形和压电效应是耦合在一起的。将该晶体的压电方程组代入式(11.7.2)后,即可得到体系的内能 U,这时的内能表达式就分别包括只有变形引起的弹性能密度 U_M 和只有压电效应引起的介电能密度 U_E,同时还包括变形和压电效应的耦合的能量密度,即相互作用能密度 U_I。实际上常用的压电元件都是采用沿晶体的某个方向切下的晶片,如薄长条片、薄圆片或细长杆等都具有较简单的形状,这样的压电元件的内能表示式也比较简单。求出内能表示式后,再代入式(11.7.1)。即得到相应的机电耦合系数 k。

11.7.1　薄长条片的机电耦合系数

设为 z 切割晶片,如图 11.7.1 所示,若晶片受到沿 x 方向的应力 σ_{11} 与沿 z 方向电场强度 E_3 的作用,其他 $\sigma_{22}, \sigma_{33}, \sigma_{23}, \sigma_{31}, \sigma_{12}, E_1, E_2$ 皆等于零,在此情况下,晶片的内能表示式为

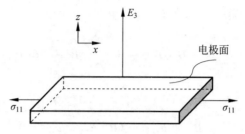

图 11.7.1　薄长条片压电晶片示意图

$$U = \frac{1}{2}\varepsilon_{11}\sigma_{11} + \frac{1}{2}D_3 E_3 \tag{11.7.3}$$

选 $\boldsymbol{\sigma}$、$\boldsymbol{E}$ 为自变量,则晶体的第一类压电方程组为

$$\begin{cases} \varepsilon_{11} = s_{11}^E \sigma_{11} + d_{31} E_3 \\ D_3 = d_{31}\sigma_{11} + \Upsilon_{33}^\sigma E_3 \end{cases} \tag{11.7.4}$$

注意,这里是沃伊特表示。将式(11.7.4)代入式(11.7.3)得到晶片的内能表示式为

$$U = \frac{1}{2}(s_{11}^E \sigma_{11} + d_{31}E_3)\sigma_{11} + \frac{1}{2}(d_{31}\sigma_{11} + \Upsilon_{33}^\sigma E_3)E_3$$

$$= \frac{1}{2}s_{11}^E \sigma_{11}^2 + \frac{1}{2}\Upsilon_{33}^\sigma E_3^2 + 2\left(\frac{1}{2}d_{31}E_3\sigma_{11}\right) \tag{11.7.5}$$

式中,$s_{11}^E \sigma_{11}^2/2$ 为晶片的弹性能密度 U_M,$\Upsilon_{33}^\sigma E_3^2/2$ 为晶片的介电能密度 U_E,$d_{31}E_3\sigma_{11}/2$ 为变形和压电效应耦合的相互作用能密度 U_I。将这些结果代入式(11.7.1)即得晶片的机电耦合系数 k_{31} 为

$$k_{31} = \frac{\dfrac{1}{2}d_{31}E_3\sigma_{11}}{\sqrt{\left(\dfrac{1}{2}s_{11}^E \sigma_{11}^2\right)\left(\dfrac{1}{2}\Upsilon_{33}^\sigma E_3^2\right)}} \tag{11.7.6}$$

即

$$k_{31} = \frac{d_{31}}{\sqrt{s_{11}^E \Upsilon_{33}^\sigma}} \tag{11.7.7}$$

式中,机电耦合系数 k_{31} 的前一个下标代表电场的方向是沿 z 轴方向,后一个下角标代表晶片是 x 方向的伸缩振动。从式(11.7.7)可以看出长条晶片的机电耦合系数 k_{31} 与压电常数 d_{31} 成正比;与短路弹性柔度常数 s_{11}^E 和自由介电常数 Υ_{33}^σ 的乘积的平方根成反比。k_{31} 的数值举例如下。对于钛酸钡晶片:$d_{31} = -34.5 \times 10^{-12}$ C/N,$s_{11}^E = 8.05 \times 10^{-12}$ m²/N,$\Upsilon_{33}^\sigma = 168 \times 8.85 \times 10^{-12}$ F/m。故有 $k_{31} = 0.317$。对于 PTZ-4 压电陶瓷:$d_{31} = -123 \times 10^{-12}$ C/N,$s_{11}^E = 12.3 \times 10^{-12}$ m²/N,$\Upsilon_{33}^\sigma = 1300 \times 8.85 \times 10^{-12}$ F/m,故有 $k_{31} = 0.327$。对于钛酸钡陶瓷:$d_{31} = -78 \times 10^{-12}$ C/N,$s_{11}^E = 9.1 \times 10^{-12}$ m²/N,$\Upsilon_{33}^\sigma = 1700 \times 8.85 \times 10^{-12}$ F/m,故有 $k_{31} = 0.212$。计算时已将 d_{31} 中的负号省去。

11.7.2　细长杆的机电耦合系数

设细长杆的长度方向与 z 轴平行,电极面与 z 轴垂直。若杆只受到沿 z 轴方向的应力

σ_{33} 以及电场 E_3 的作用,在此情况下,杆的内能表达式为

$$U = \frac{1}{2}\varepsilon_{33}\sigma_{33} + \frac{1}{2}D_3 E_3 \tag{11.7.8}$$

选 $\boldsymbol{\sigma}$、$\boldsymbol{E}$ 为自变量,杆的第一类压电方程组为

$$\begin{cases} \varepsilon_{33} = s_{33}^E \sigma_{33} + d_{33} E_3 \\ D_3 = d_{33}\sigma_{33} + \Upsilon_{33}^\sigma E_3 \end{cases} \tag{11.7.9}$$

代入式(11.7.8)得到杆的内能为

$$U = \frac{1}{2}s_{33}^E \sigma_{33}^2 + \frac{1}{2}\Upsilon_{33}^\sigma E_3^2 + 2\left(\frac{1}{2}d_{33}E_3\sigma_{33}\right) \tag{11.7.10}$$

故得

$$U_M = \frac{1}{2}s_{33}^E \sigma_{33}^2, \quad U_E = \frac{1}{2}\Upsilon_{33}^\sigma E_3^2, \quad U_I = \frac{1}{2}d_{33}E_3\sigma_{33} \tag{11.7.11}$$

再代入式(11.7.1),即得到细长杆的机电耦合系数为

$$k_{33} = \frac{d_{33}}{\sqrt{s_{33}^E \Upsilon_{33}^\sigma}} \tag{11.7.12}$$

可见电场与形变都沿 z 方向的细长杆的机电耦合系数与 d_{33} 成正比,与 $\sqrt{s_{33}^E \Upsilon_{33}^\sigma}$ 成反比。k_{33} 的数值举例如下。对于钛酸钡晶片: $d_{33} = 86.5 \times 10^{-12}$ C/N,$s_{33}^E = 15.7 \times 10^{-12}$ m²/N,$\Upsilon_{33}^\sigma = 168 \times 8.85 \times 10^{-12}$ F/m,故得 $k_{33} = 0.565$。对于 PZT-4 压电陶瓷: $d_{33} = 289 \times 10^{-12}$ C/N,$s_{11}^E = 15.5 \times 10^{-12}$ m²/N,$\Upsilon_{33}^\sigma = 1300 \times 8.85 \times 10^{-12}$ F/m,故得 $k_{33} = 0.70$。对于钛酸钡陶瓷: $d_{33} = 190 \times 10^{-12}$ C/N,$s_{11}^E = 9.51 \times 10^{-12}$ m²/N,$\Upsilon_{33}^\sigma = 1700 \times 8.85 \times 10^{-12}$ F/m,故得 $k_{33} = 0.50$。

11.7.3 平面机电耦合系数

设所研究的晶片为 z 切割的薄圆片,并有 $s_{11}^E = s_{22}^E$,$d_{31} = d_{32}$,电极面与 z 轴垂直,晶片只受到应力 σ_{11} 与 σ_{22} 以及电场 E_3 的作用,在此情况下,选 $\boldsymbol{\sigma}$、$\boldsymbol{E}$ 为自变量,则第一类压电方程组为

$$\begin{cases} \varepsilon_{11} = s_{11}^E \sigma_{11} + s_{12}^E \sigma_{22} + d_{31} E_3 \\ \varepsilon_{22} = s_{12}^E \sigma_{11} + s_{11}^E \sigma_{22} + d_{31} E_3 \\ D_3 = d_{31}\sigma_{11} + d_{31}\sigma_{22} + \Upsilon_{33}^\sigma E_3 \end{cases} \tag{11.7.13}$$

考虑到薄圆片具有 $s_{11}^E = s_{22}^E$,$d_{31} = d_{32}$ 等对称性,因而有 $\sigma_{11} = \sigma_{22} = \sigma_p$,并引入平面应变 $\varepsilon_p = \varepsilon_{11} + \varepsilon_{22}$,平面压电常数 $d_p = 2d_{31}$,平面弹性柔度常数 $s_p^E = 2(s_{11}^E + s_{22}^E)$,利用这些关系,压电方程组可简化为

$$\begin{cases} \varepsilon_{11} + \varepsilon_{22} = 2(s_{11}^E + s_{22}^E)\sigma_p + 2d_{31} E_3 \\ D_3 = 2d_{31}\sigma_p + \Upsilon_{33}^\sigma E_3 \end{cases} \tag{11.7.14}$$

即

$$\begin{cases} \varepsilon_p = s_p^E \sigma_p + d_p E_3 \\ D_3 = d_p \sigma_p + \Upsilon_{33}^\sigma E_3 \end{cases} \tag{11.7.15}$$

又薄片的内能表达式为

$$U = \frac{1}{2}\varepsilon_{11}\sigma_{11} + \frac{1}{2}\varepsilon_{22}\sigma_{22} + \frac{1}{2}D_3 E_3 = \frac{1}{2}(\varepsilon_{11} + \varepsilon_{22})\sigma_p + \frac{1}{2}D_3 E_3 \qquad (11.7.16)$$

即

$$U = \frac{1}{2}\varepsilon_p \sigma_p + \frac{1}{2}D_3 E_3 \qquad (11.7.17)$$

将式(11.7.15)代入式(11.7.17)可得

$$U = \frac{1}{2}s_p^E \sigma_p^2 + \frac{1}{2}\Upsilon_{33}^\sigma E_3^2 + 2\left(\frac{1}{2}d_p E_3 \sigma_p\right) \qquad (11.7.18)$$

式中,

$$U_M = \frac{1}{2}s_p^E X_p^2, \quad U_E = \frac{1}{2}\Upsilon_{33}^\sigma E_3^2, \quad U_I = \frac{1}{2}d_p E_3 \sigma_p \qquad (11.7.19)$$

再代入式(11.7.1),即得薄圆片的机电耦合系数为

$$k_p = \frac{d_p E_3 \sigma_p}{\sqrt{s_p^E \sigma_p^2 \Upsilon_{33}^\sigma E_3^2}} = \frac{d_p}{\sqrt{s_p^E \Upsilon_{33}^\sigma}} = \frac{2d_{31}}{\sqrt{2\left(1 + \dfrac{s_{12}^E}{s_{11}^E}\right)s_{11}^E \Upsilon_{33}^\sigma}}$$

$$= \sqrt{\frac{2}{1-\nu}} \cdot \frac{d_{31}}{\sqrt{s_{11}^E \Upsilon_{33}^\sigma}} = \sqrt{\frac{2}{1-\nu}} \cdot k_{31} \qquad (11.7.20)$$

式中,k_p 称为平面机电耦合系数,$\nu = -s_{12}^E/s_{11}^E$ 称为泊松比,可见平面机电耦合系数

$$k_p > k_{31} \qquad (11.7.21)$$

应当注意,因为导出式(11.7.20)时曾用到 $s_{11}^E = s_{22}^E$,$d_{31} = d_{32}$ 等对称性关系,所以式(11.7.20)规定的平面机电耦合系数适用范围为属于四方晶系中的 $4,4mm$ 点群,三方晶系中的 $3,3m$ 点群,六方晶系中的 $6,6mm$ 点群等晶体以及压电陶瓷。k_p 的数值举例如下。钛酸钡晶体的 k_p:$\nu = -s_{12}^E/s_{11}^E = 2.35 \times 10^{-12}/8.08 \times 10^{-12} = 0.292$,$k_{31} = 0.317$,故得 $k_p = 0.529$。对于 PZT-4 压电陶瓷的 k_p:$\nu = -s_{12}^E/s_{11}^E = 4.05 \times 10^{-12}/12.3 \times 10^{-12} = 0.33$,$k_{31} = 0.327$,故 $k_p = 0.562$。对于钛酸钡陶瓷的 k_p:$\nu = -s_{12}^E/s_{11}^E = 2.7 \times 10^{-12}/9.1 \times 10^{-12} = 0.296$,$k_{31} = 0.212$,故有 $k_p = 0.358$。

11.7.4 厚度切变机电耦合系数

设有压电常数 $d_{15} \neq 0$ 的 x 切割的晶片,电极面与 x 轴垂直,若此晶片只受到切应力 σ_{31} 以及电场强度 E_1 的作用。在此情况下选 $\boldsymbol{\sigma}$、$\boldsymbol{E}$ 为自变量,第一类压电方程组为

$$\begin{cases} \varepsilon_{31} = s_{55}^E \sigma_{31} + d_{15} E_1 \\ D_1 = d_{15}\sigma_{31} + \Upsilon_{11}^\sigma E_1 \end{cases} \qquad (11.7.22)$$

晶片内能为

$$U = \frac{1}{2}\varepsilon_{31}\sigma_{31} + \frac{1}{2}D_1 E_1 = \frac{1}{2}s_{55}^E \sigma_{31}^2 + \frac{1}{2}\Upsilon_{11}^\sigma E_1^2 + 2\left(\frac{1}{2}d_{15}E_1\sigma_{31}\right) = U_M + U_E + 2U_I$$

$$(11.7.23)$$

代入式(11.7.1),即得晶片的机电耦合系数为

$$k_{15} = \frac{d_{15}}{\sqrt{s_{55}^E \Upsilon_{11}^\sigma}} \qquad (11.7.24)$$

对于四方晶系、三方晶系和六方晶系中的晶体,具有 $d_{15} \neq 0$ 的压电晶体以及压电陶瓷(z 轴为极化轴)都存在 $s_{55}^E = s_{44}^E$,故式(11.7.24)可改写为

$$k_{15} = \frac{d_{15}}{\sqrt{s_{44}^E \Upsilon_{11}^\sigma}} \tag{11.7.25}$$

对于四方晶系、三方晶系和六方晶系中的大多数晶体以及压电陶瓷,除了 $s_{55}^E = s_{44}^E$,还存在 $d_{14} = d_{15}$ 关系。于是可得到切变机电耦合系数 k_{14} 为

$$k_{14} = k_{15} = \frac{d_{15}}{\sqrt{s_{55}^E \Upsilon_{11}^\sigma}} \tag{11.7.26}$$

可见切变机电耦合系数 k_{15} 和 k_{14} 与 d_{15} 成正比,与 $\sqrt{s_{55}^E \Upsilon_{11}^\sigma}$ 成反比,k_{15} 和 k_{14} 的数值举例如下。对于钛酸钡晶体:$d_{15} = 392 \times 10^{-12}$ C/N,$s_{55}^E = 18.4 \times 10^{-12}$ m²/N,$\Upsilon_{11}^\sigma = 2920 \times 8.85 \times 10^{-12}$ F/m,故得 $k_{14} = k_{15} = 0.568$。

习题

11.1 推导式(11.1.11)在柱坐标系和球坐标系的表达式。

11.2 在球坐标系和柱坐标系下把式(11.1.21)推导出来。

11.3 推导表 11.2.2 中 20 个晶体点群所对应的压电常数矩阵。

11.4 推导式(11.3.4)。

11.5 推导式(11.4.8)。

11.6 推导式(11.4.9)。

11.7 推导式(11.4.10)。

11.8 推导表 11.5.1 中钛酸钡 z 切割晶片各常数之间的关系式。

11.9 验证表 11.6.1 中的压电方程组。

11.10 推导表 11.6.2 中压电方程组中各常数之间的关系。

11.11 推导表 11.6.3 中用矩阵表示压电方程组中各常数之间的关系。

11.12 推导式(11.6.23)～式(11.6.25)。

11.13 基于热力学理论推导表 11.6.1 中的压电方程组。

11.14 推导式(11.7.7)。

11.15 推导式(11.7.20)。

第 12 章

铁电体材料固体力学

如果晶体在某个温度范围内不仅具有自发极化强度,而且自发极化强度的方向随电场的作用而重新取向,这类晶体称为铁电体,晶体的这种性质称为铁电性(ferroelectricity)[173]。描述铁电体物理性质的奇次张量如极化强度、热释电系数、压电常数等与外电场之间均表现为滞后回线关系,其中极化强度与外电场之间的滞后关系曲线即人们熟知的"电滞回线"。本章主要介绍连续介质热力学理论描述铁电体的相变性质,以及铁电体的电致伸缩与压电效应的关系和热释电效应等物理现象[174-175]。

12.1 铁电体的连续介质力学理论

铁电体在某一温度发生从非铁电相到铁电相的转变,或者从一铁电相到另一铁电相的转变,总是伴随着晶体结构的改变。在某一温度,晶体从一种结构转变到另一种结构,热力学称为相变。所以铁电体从非铁电相到铁电相的转变,或者从一铁电相到另一铁电相的转变,都属于相变问题,都可以用热力学方法来分析处理。本节主要介绍铁电体的热力学关系式,至于这些关系式在铁电体中的应用则在以后各节介绍。

12.1.1 热力学基本方程

根据热力学第一定律:一个热力学系统内能的变化等于系统从外界吸收的热量和外界对系统所做的功,用数学式表示为

$$\mathrm{d}U = \mathrm{d}Q + \mathrm{d}W \tag{12.1.1}$$

式中,U 代表系统的内能,Q 表示系统从外界吸收的热量,W 代表外界对系统所做的功。这些量的单位在 CGS 单位制种是 erg,等于 dyn/cm;在 MKS 单位制中是 J,等于 N/m,$1\,\mathrm{J} = 10^7\,\mathrm{erg}$。式(12.1.1)中虽然给出了内能、热量和功三者的关系,但还需解决两个问题:一是热量的问题;二是功的问题。

关于热量的问题,根据热力学第二定律,对于可逆过程,系统吸收的热量等于系统的温度与系统熵的变化之乘积,即

$$\mathrm{d}Q = T\,\mathrm{d}S \tag{12.1.2}$$

式中,T 代表系统的温度,S 代表系统的熵。对于不可逆过程,系统吸收的热量小于系统的温度与熵的变化的乘积,即

$$dQ \leqslant T dS \tag{12.1.3}$$

将式(12.1.2)和式(12.1.3)分别代入式(12.1.1),即得

$$\begin{cases} dU = T dS + dW \\ dU \leqslant T dS + dW \end{cases} \tag{12.1.4}$$

式(12.1.4)的第一式代表可逆过程,第二式代表不可逆过程。这些都是热力学基本方程。关于功的问题,无论是一般电介质还是铁电体,外界对系统做的功可分为两部分,即弹性力(或应力)所做的功和电场所做的功,

$$dW = dW_m + dW_e \tag{12.1.5}$$

式中,dW_m 代表弹性力所做的功,dW_e 代表电场所做的功。

12.1.2　外界对铁电体所做的功

由式(5.2.4)有系统应变能密度的增量为

$$dW_m = \sigma_{ij} d\varepsilon_{ij} \quad 或者 \quad dW_m = \boldsymbol{\sigma} : d\boldsymbol{\varepsilon} \tag{12.1.6}$$

由式(10.1.30)有外电场对系统单位体积做的功

$$dw_e = E_i dD_i \quad 或者 \quad dw_e = \boldsymbol{E} \cdot d\boldsymbol{D} \tag{12.1.7}$$

对于各向同性介质,由式(10.1.6)有 $\boldsymbol{D} = \Upsilon_0 \boldsymbol{E} + \boldsymbol{P}$,将其代入式(12.1.7)得到外界对系统做的功为

$$dW = dW_m + dw_e = \boldsymbol{\sigma} : d\boldsymbol{\varepsilon} + \boldsymbol{E} \cdot d\boldsymbol{D} = \boldsymbol{\sigma} : d\boldsymbol{\varepsilon} + E_m dP_m + d\left(\frac{1}{2} \Upsilon_0 E_m E_m\right) \tag{12.1.8}$$

在弹性介质中计算弹性力所做的功时,要利用胡克定律 $\sigma_{ij} = C_{ijkl}\varepsilon_{kl}$。在电介质中计算电场所做的功时,要利用电位移矢量与电场强度的关系 $D_i = \Upsilon_0 E_j$。对于铁电体,功的计算比较复杂些。因为铁电体中极化的产生,总是伴随着晶体结构的改变,这种因极化而引起的形变常称为电致伸缩。在一般电介质中,也存在因介质极化而产生的电致伸缩。不过一般电介质的极化是由于外场作用的结果。这种因外电场作用而产生的电致伸缩是一个二级无限小,可以忽略不计。但是在铁电体中,电致伸缩是很大的,不再是一个二级无限小,电滞回线如图 12.1.1 所示。在考虑铁电体应变 $\boldsymbol{\varepsilon}$ 时,除了计入弹性应变所产生 $\boldsymbol{\varepsilon}^e$,还应计入由于极化而产生的应变 $\boldsymbol{\varepsilon}^P$(即电致伸缩效应的贡献),即 $\boldsymbol{\varepsilon} = \boldsymbol{\varepsilon}^e + \boldsymbol{\varepsilon}^P$。由应力产生的弹性应变 $\boldsymbol{\varepsilon}^e$ 仍满足胡克定律:$\sigma_{ij} = c_{ijkl}\varepsilon_{kl}$,现在的问题是要解决由极化而产生的应变 $\boldsymbol{\varepsilon}^P$ 是如何描述,在图 12.1.2 中给出了 $BaTiO_3$ 的应变随电场而变化的蝶形回线。

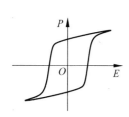

图 12.1.1　铁电体电滞回线

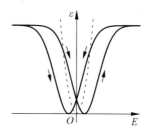

图 12.1.2　电致伸缩效应:应变与电场强度之间的非线性关系

根据这个回线可得到 $BaTiO_3$ 的应变 $\boldsymbol{\varepsilon}^P$ 随电场强度的平方成正比的近似结论,或者说

由极化强度引起的应变与极化强度的平方成正比,对于一般铁电体这个结论也是成立的。在一维情况中,如果只要考虑应力 σ_{11}、应变 ε_{11} 和极化强度 P_1 的作用时,则 $\varepsilon_{11}^e = \mathcal{S}_{1111}^P\sigma_{11}$ 和 $\varepsilon_{11}^P = Q_{1111}P_1^2$,于是得

$$\varepsilon_{11} = \mathcal{S}_{1111}^P\sigma_{11} + Q_{1111}P_1^2 \tag{12.1.9}$$

式中,$\mathcal{S}_{1111}^P$ 为极化强度等于零(或等于常数)时的弹性柔度张量的分量,Q_{1111} 称为电致伸缩系数张量的分量,量纲为 m^4/C^2

$$\sigma_{33} = C_{3333}^P\varepsilon_{33} + q_{3333}P_3^2 \tag{12.1.10}$$

式中,C_{3333}^P 为极化强度等于零(或等于常数)时的弹性常数张量的分量,q_{3333} 也称为电致伸缩系数张量的分量。式(12.1.10)的第一项代表弹性应变对应力的贡献,第二项代表极化强度对应力的贡献。应该注意,我们用有下标的 Q_{ijkl} 代表电致伸缩系数张量的分量,无下标的 Q 代表热量。在一般情况下,应力为 σ_{ij}、应变为 ε_{ij}、极化强度为 P_i,而应力对应变的贡献为 $\varepsilon_{ij}^e = \mathcal{S}_{ijkl}^P\sigma_{kl}$,而极化强度对应变的贡献则为 $\varepsilon_{ij}^P = Q_{ijkl}P_kP_l$,于是得到

$$\varepsilon_{ij} = \mathcal{S}_{ijkl}^P\sigma_{kl} + Q_{ijkl}P_kP_l \tag{12.1.11}$$

或

$$\sigma_{ij} = C_{ijkl}^P\varepsilon_{kl} + q_{ijkl}P_kP_l \tag{12.1.12}$$

式中,$\mathcal{S}_{ijkl}^P$ 和 C_{ijkl}^P 为极化强度等于零(或等于常数)时的弹性柔度常数张量的分量和弹性常数张量的分量,Q_{ijkl} 和 q_{ijkl} 分别为电致伸缩系数张量的分量,q_{ijkl} 的量纲是 $m^2 \cdot N/C^2$,两者之间的关系为

$$Q_{ijkl} = -\mathcal{S}_{ijmn}^P q_{klmn} \tag{12.1.13}$$

$$q_{ijkl} = -C_{ijmn}^P Q_{klmn} \tag{12.1.14}$$

既然极化强度可以产生电致伸缩(即应变),与此相反,应变也可以改变极化强度。就是说,除了计入电场对极化强度的贡献,还要计入应变的影响。关于电场强度与极化强度之间的关系,在一般电介质中即式(10.1.11)为 $P_m = \chi_{mn}E_n$,或者 $E_m = \alpha_{mn}P_n$,即电场强度与极化强度之间存在线性关系,这里 α_{mn} 的量纲是 m/F。但是在铁电体中,存在电滞回线如图12.1.1所示,所以电场强度与极化强度之间存在非线性关系,即 $E' = f(P)$,其中 $f(P)$ 包括 P 的一次项和一次以上的项。再计入应变对电场的贡献,即得

$$E_k = f(P_i) + 2q_{ijkl}\varepsilon_{ij}P_l \tag{12.1.15}$$

有了式(12.1.12)和式(12.1.15)两个关系式后,就可以通过式(12.1.8)来计算外界对铁电体所做的功。在一维(如薄片)情况下,如果只要考虑应力 σ_{11}、应变 ε_{11}、电场强度 E_1 和极化强度 P_1 的作用时,式(12.1.12)、式(12.1.15)和式(12.1.8)可简化为

$$\sigma_{11} = C_{1111}^P\varepsilon_{11} + q_{1111}P_1^2, \quad E_1 = f(P_1) + 2q_{1111}\varepsilon_{11}P_1 \tag{12.1.16}$$

$$dW = \sigma_{11}d\varepsilon_{11} + E_1dP_1 + d\left(\frac{1}{2}\Upsilon_0E_1^2\right) \tag{12.1.17}$$

将式(12.1.16)代入式(12.1.17)并积分得

$$W = \int\left\{\left[C_{1111}^P\varepsilon_{11} + q_{1111}P_1^2\right]d\varepsilon_{11} + \left[f(P_1) + 2q_{1111}\varepsilon_{11}P_1\right]dP_1 + d\left(\frac{1}{2}\Upsilon_0E_1^2\right)\right\}$$

$$= \int C_{1111}^P\varepsilon_{11}d\varepsilon_{11} + \int q_{1111}d(P_1^2\varepsilon_{11}) + \int f(P_1)dP_1 + \int d\left(\frac{1}{2}\Upsilon_0E_1^2\right)$$

$$= \frac{1}{2}C^P_{1111}\varepsilon^2_{11} + q_{1111}\varepsilon_{11}P^2_1 + \int f(P_1)\mathrm{d}P_1 + \frac{1}{2}\Upsilon_0 E^2_1 \tag{12.1.18}$$

可见,外界对铁电体所做的功共包括四项,第一项为弹性力所做的功,即等于弹性能密度;第三项为极化功;第四项为真空中的电场能密度;第三项与第四项为电场所做的功;第二项可称为电致伸缩能密度,反映铁电体的弹性与介电性之间也存在耦合作用。在一般情况下,要考虑应力 σ_{ij}、应变 ε_{ij} 和电场强度 E_n、极化强度 P_n 的作用时,可将式(12.1.12)和式(12.1.15)代入式(12.1.8),并积分得

$$W = \frac{1}{2}C^P_{ijkl}\varepsilon_{ij}\varepsilon_{kl} + q_{ijkl}\varepsilon_{ij}P_k P_l + \int f(P_m)\mathrm{d}P_m + \frac{1}{2}\Upsilon_0 E_m E_m \tag{12.1.19}$$

式(12.1.19)即一般情况下,外界对铁电体所做的功的形式,注意这里的电介质是各向同性的,即用到式(10.1.6)。

12.1.3　铁电体的热力学关系

在研究铁电体时往往更关注极化强度的变化,所以把表11.6.5中的自变量电位移矢量 **D** 变为极化强度矢量 **P** 为自变量。将式(12.1.8)代入式(12.1.4),即得到铁电体的热力学基本方程,其中内能为

$$\mathrm{d}U = T\mathrm{d}S + \sigma_{ij}\mathrm{d}\varepsilon_{ij} + E_m\mathrm{d}P_m + \mathrm{d}\left(\frac{1}{2}\Upsilon_0 E_i E_i\right) \tag{12.1.20}$$

上式就是式(11.6.14),如果令 $U' = U - \frac{1}{2}\Upsilon_0 E_i E_i$,则有 $\mathrm{d}U' = \mathrm{d}U - \mathrm{d}\left(\frac{1}{2}\Upsilon_0 E_i E_i\right)$,于是式(12.1.20)可写成

$$\mathrm{d}U' = T\mathrm{d}S + \sigma_{ij}\mathrm{d}\varepsilon_{ij} + E_m\mathrm{d}P_m \tag{12.1.21}$$

通常还把 $\mathrm{d}U'$ 写成 $\mathrm{d}U$,即

$$\mathrm{d}U = T\mathrm{d}S + \sigma_{ij}\mathrm{d}\varepsilon_{ij} + E_m\mathrm{d}P_m \tag{12.1.22}$$

应该注意式(12.1.21)和式(12.1.22)两种表示式的差别,在以下的讨论中,我们常采用式(12.1.22)。在式(12.1.22)中,是以熵 S、应变 ε_{ij} 和极化强度 P_n 为独立变量,而把内能看成是 (S,ε_{ij},P_m) 的函数,即 $U = U(S,\varepsilon_{ij},P_m)$。如果已知内能函数与 (S,ε_{ij},P_m) 之间的关系,则可分别通过式(12.1.23)求出温度 T、应力 σ_{ij} 和电场强度 E_m 与 (S,ε_{ij},P_m) 之间的关系,即

$$T = \left(\frac{\partial U}{\partial S}\right)_{\varepsilon_{ij},P_m}, \quad \sigma_{ij} = \left(\frac{\partial U}{\partial \varepsilon_{ij}}\right)_{S,P_m}, \quad E_m = \left(\frac{\partial U}{\partial P_m}\right)_{S,\varepsilon_{ij}} \tag{12.1.23}$$

在实际问题中,有时系统进行的过程是等温过程,在此情况下,以选温度、应变和极化强度 (T,ε_{ij},P_m) 为独立变量比较方便,由式(12.1.22)可得

$$\mathrm{d}U = T\mathrm{d}S + S\mathrm{d}T - S\mathrm{d}T + \sigma_{ij}\mathrm{d}\varepsilon_{ij} + E_m\mathrm{d}P_m$$
$$= \mathrm{d}(TS) - S\mathrm{d}T + \sigma_{ij}\mathrm{d}\varepsilon_{ij} + E_m\mathrm{d}P_m \tag{12.1.24}$$

或写成

$$\mathrm{d}(U - TS) = -S\mathrm{d}T + \sigma_{ij}\mathrm{d}\varepsilon_{ij} + E_m\mathrm{d}P_m \tag{12.1.25}$$

令 $F = U - TS$,常称为亥姆霍兹(Helmholtz)自由能,代入式(12.1.25)可得

$$\mathrm{d}F = -S\mathrm{d}T + \sigma_{ij}\mathrm{d}\varepsilon_{ij} + E_m\mathrm{d}P_m \tag{12.1.26}$$

可见,选(T,ε_{ij},P_m)为独立变量时,相应的热力学函数为亥姆霍兹自由能。如果已知亥姆霍兹自由能$F=F(T,\varepsilon_{ij},P_m)$的具体形式,则可分别通过下面的式(12.1.27)求出熵S,应力σ_{ij}和电场强度E_m与(T,ε_{ij},P_m)之间的关系,即

$$S=-\left(\frac{\partial F}{\partial T}\right)_{\varepsilon_{ij},P_m}, \quad \sigma_{ij}=\left(\frac{\partial F}{\partial \varepsilon_{ij}}\right)_{T,P_m}, \quad E_m=\left(\frac{\partial F}{\partial P_m}\right)_{T,\varepsilon_{ij}} \qquad (12.1.27)$$

在实际问题中,有时结合边界条件,选温度、应力和电场强度(T,σ_{ij},E_m)为独立变量比较方便。由式(12.1.22)可得

$$dU=d(TS)-SdT+\sigma_{ij}d\varepsilon_{ij}+\varepsilon_{ij}d\sigma_{ij}-\varepsilon_{ij}d\sigma_{ij}+$$
$$E_m dP_m+P_m dE_m-P_m dE_m$$
$$=d(TS)+d(\sigma_{ij}\varepsilon_{ij})+d(E_m P_m)-SdT-\varepsilon_{ij}d\sigma_{ij}-P_m dE_m \qquad (12.1.28)$$

或写成

$$d(U-TS-\sigma_{ij}\varepsilon_{ij}-E_m P_m)=-SdT-\varepsilon_{ij}d\sigma_{ij}-P_m dE_m \qquad (12.1.29)$$

令$G=U-TS-\sigma_{ij}\varepsilon_{ij}-E_m P_m$,常称为吉布斯(Gibbs)函数,或吉布斯自由能,则有

$$dG=-SdT-\varepsilon_{ij}d\sigma_{ij}-P_m dE_m \qquad (12.1.30)$$

可见,选(T,σ_{ij},E_m)为独立变量时,相应的热力学函数为吉布斯函数。如果已知$G(T,\sigma_{ij},E_m)$,则可分别通过下面的式(12.1.31)求出熵S、应变ε_{ij}、极化强度P_n与(T,σ_{ij},E_m)之间的关系,即

$$S=-\left(\frac{\partial G}{\partial T}\right)_{\sigma_{ij},E_m}, \quad \varepsilon_{ij}=-\left(\frac{\partial G}{\partial \sigma_{ij}}\right)_{T,E_m}, \quad P_m=-\left(\frac{\partial G}{\partial E_m}\right)_{T,\sigma_{ij}} \qquad (12.1.31)$$

有时系统进行的是绝热过程,再结合边界条件,可选熵、应力和电场强度(S,σ_{ij},E_m)为独立变量比较方便,于是有

$$dH=TdS-\varepsilon_{ij}d\sigma_{ij}-P_m dE_m \qquad (12.1.32)$$

式中,$H=U-\sigma_{ij}\varepsilon_{ij}-E_m P_m$,并称为焓(enthalpy)。如果已知$H(S,\sigma_{ij},E_m)$,则可分别通过下面的式(12.1.33)求出温度$T$、应变$\varepsilon_{ij}$、极化强度$P_n$与$(S,\sigma_{ij},E_m)$之间的关系,即

$$T=\left(\frac{\partial H}{\partial S}\right)_{\sigma_{ij},E_m}, \quad \varepsilon_{ij}=-\left(\frac{\partial H}{\partial \sigma_{ij}}\right)_{S,E_m}, \quad P_m=\left(\frac{\partial H}{\partial E_m}\right)_{S,\sigma_{ij}} \qquad (12.1.33)$$

此外,为了处理问题方便,还经常引入弹性吉布斯自由能、电吉布斯自由能、弹性焓和电焓四个热力学函数,请参考表11.6.5。

12.2 铁电体的电致伸缩与压电效应

所谓压电效应表示物体的应变与电场强度或极化强度之间存在线性关系,或者说表示物体的应变与电场强度或极化强度之间存在正比关系。而电致伸缩效应表示物体的应变与电场强度或极化强度之间存在的非线性关系,或者近似认为应变与电场强度的平方或极化强度的平方成正比关系。图12.1.2给出了铁电体的应变与电场强度之间的蝶形回线,其中虚线表示或者近似认为应变与电场强度的平方成正比。

$BaTiO_3$类型的铁电晶体或铁电陶瓷,在居里温度以上处于非铁电相,是各向同性体,不存在压电效应,但仍然存在电致伸缩效应。在居里温度以下,如果未经极化处理,则是一个多畴体,体内总极化强度为零,还是各向同性体,不存在压电效应,但存在电致伸缩效应。

压电效应可以用压电方程来描写,同样铁电体的电致伸缩效应也可以用电致伸缩方程来描写。经过极化后的铁电体,体内存在剩余极化强度,这个剩余极化强度的作用相当于在铁电体上作用一个直流偏压。在外加小信号场的作用下出现压电效应,这表明在外加小信号场的情况下,可以由电致伸缩方程导出铁电体的压电方程。本节主要讨论如何通过铁电体的热力学函数表示式,导出铁电体的电致伸缩方程以及如何在小信号情况下由电致伸缩方程导出铁电体的压电方程。因为铁电体中的机电转换过程进行得很快,来不及与外界交换热量,所以可认为机电转换过程是一个绝热过程。这就是说铁电体中各种常数的测量,都是在绝热条件下进行的。再结合边界条件,通常选熵 S、应力 σ_{ij} 和极化强度 P_n 为独立变量,或以 (S,σ_{ij},E_m) 为独立变量比较方便,相应的热力学函数为焓 H。这就是为什么讨论铁电体中的机电行为时,所用的热力学函数是弹性焓 $H(S,\sigma_{ij},E_m)$ 的原因。

12.2.1　铁电体的电致伸缩方程

现在讨论薄长片的电致伸缩方程,设薄长片的长度沿 x 方向,厚度沿 z 方向,电极面与 z 轴垂直。相应的热力学函数弹性焓(elastic enthalpy) $H_1 = U - \sigma_{11}\varepsilon_{11}$,其微分表示式为

$$\mathrm{d}H_1 = T\mathrm{d}S - \varepsilon_{11}\mathrm{d}\sigma_{11} + E_3\mathrm{d}P_3 \tag{12.2.1}$$

对于绝热过程,存在 $\mathrm{d}S=0$,上式简化为

$$\mathrm{d}H_1 = -\varepsilon_{11}\mathrm{d}\sigma_{11} + E_3\mathrm{d}P_3 \tag{12.2.2}$$

式中,

$$\varepsilon_{11} = -\left(\frac{\partial H_1}{\partial \sigma_{11}}\right)_{P_3}, \quad E_3 = \left(\frac{\partial H_1}{\partial P_3}\right)_{\sigma_{11}} \tag{12.2.3}$$

若假设薄长片的弹性焓 $H_1(\sigma_{11},P_3)$ 为

$$H_1(\sigma_{11},P_3) = -\frac{1}{2}s_{1111}^P\sigma_{11}^2 - Q_{1133}\sigma_{11}P_3^2 + \left(\frac{1}{2}A_2P_3^2 + \frac{1}{4}A_4P_3^4 + \cdots\right) \tag{12.2.4}$$

则可通过式(12.2.3)得到薄长片的电致伸缩方程为

$$\begin{cases} \varepsilon_{11} = -\left(\dfrac{\partial H_1}{\partial \sigma_{11}}\right)_{P_3} = s_{1111}^P\sigma_{11} + Q_{1133}P_3^2 \\ E_3 = \left(\dfrac{\partial H_1}{\partial P_3}\right)_{\sigma_{11}} = -2Q_{1133}\sigma_{11}P_3 + (A_2P_3 + A_4P_3^3 + A_6P_3^5 + \cdots) \end{cases} \tag{12.2.5}$$

令 $\zeta_{33}^\sigma(P)P_3 = A_2P_3 + A_4P_3^3 + A_6P_3^5 + \cdots$,其中,$\zeta_{33}^\sigma(P) = A_2 + A_4P_3^2 + A_6P_3^4 + \cdots$ 为自由等效极化率的倒数 $1/\chi_{33}^\sigma(P)$,则式(12.2.5)可写成

$$\varepsilon_{11} = s_{1111}^P\sigma_{11} + Q_{1133}P_3^2, \quad E_3 = \zeta_{33}^\sigma(P)P_3 - 2Q_{1133}\sigma_{11}P_3 \tag{12.2.6}$$

式中,s_{1111}^P 是极化强度 $\boldsymbol{P}$ 为常数(或零)时的弹性柔度常量,Q_{1133} 是电致伸缩常量。从电致伸缩方程(12.2.6)的第一式可以看出:铁电体的应变由两部分组成,其一是由于弹性应力而产生的应变,另一是由于介质极化而产生的电致伸缩应变。在薄长片情况,电致伸缩效应与极化强度的平方成正比,比例系数就是电致伸缩系数 Q_{1133}。如果选 $(\boldsymbol{\varepsilon},\boldsymbol{P})$ 为独立变量,则薄长片的电致伸缩方程为

$$\sigma_{11} = C_{1111}^P\varepsilon_{11} + q_{1133}P_3^2, \quad E_3 = 2q_{1133}\varepsilon_{11}P_3 + \zeta_{33}^\varepsilon(P)P_3 \tag{12.2.7}$$

式中,C_{1111}^P 是极化强度 $\boldsymbol{P}$ 为常数(或零)时的弹性张量常数,q_{1133} 为电致伸缩系数。$\zeta_{33}^\varepsilon(P)$

为夹持等效极化率的倒数 $1/\chi_{33}^{\varepsilon}(P)$。从式(12.2.7)可以看出,如果选$(\varepsilon, P)$为独立变量,则铁电体的应力由两部分组成,其一是由于弹性应变而产生的应力;另一是由于介质极化而产生的电致伸缩应力。在薄长片情况,电致伸缩效应与极化强度的平方成正比,比例系数就是电致伸缩系数 q_{1133}。

现在讨论绝热和一般情况下铁电体的电致伸缩方程,铁电体的热力学函数(弹性焓)的微分表示形式为

$$\mathrm{d}H_1 = -\varepsilon_{ij}\,\mathrm{d}\sigma_{ij} + E_m\,\mathrm{d}P_m \tag{12.2.8}$$

式中,

$$\varepsilon_{ij} = -\left(\frac{\partial H_1}{\partial \sigma_{ij}}\right)_{P_m}, \quad E_m = \left(\frac{\partial H_1}{\partial P_m}\right)_{\sigma_{ij}} \tag{12.2.9}$$

若已知铁电体的弹性焓 $H_1(\boldsymbol{\sigma}, \boldsymbol{P})$ 为

$$H_1 = -\frac{1}{2}S_{ijkl}^P \sigma_{ij}\sigma_{kl} - Q_{ijmn}\sigma_{ij}P_m P_n + \frac{1}{2}\zeta_{mn}^P(P)P_m P_n \tag{12.2.10}$$

式中,

$$\frac{1}{2}\zeta_{mn}^{\sigma}(P)P_m P_n = \frac{1}{2}A_{mn}P_m P_n + \frac{1}{4}A_{mnkl}P_m P_n P_k P_l + \cdots \tag{12.2.11}$$

将式(12.2.11)代入式(12.2.9),可以得到铁电体的电致伸缩方程为

$$\varepsilon_{ij} = S_{ijkl}^P \sigma_{kl} + Q_{ijmn}P_m P_n, \quad E_m = \zeta_{mn}^{\sigma}(P)P_n - 2Q_{ijmn}\sigma_{ij}P_n \tag{12.2.12}$$

如果选(ε, P)为独立变量,则电致伸缩方程为

$$\sigma_{ij} = C_{ijkl}^P \varepsilon_{kl} + q_{ijmn}P_m P_n, \quad E_m = \rho_{mn}^{\varepsilon}(P)P_n - 2q_{ijmn}\varepsilon_{ij}P_n \tag{12.2.13}$$

式中,C_{ijkl}^P 和 S_{ijkl}^P 分别是极化强度 $\boldsymbol{P}$ 为常数(或零)时的弹性张量的分量和弹性柔度张量的分量;Q_{ijmn} 和 q_{ijmn} 为电致伸缩系数,它们之间的关系为

$$Q_{ijmn} = -S_{ijkl}^P q_{klmn}, \quad q_{ijmn} = -C_{ijkl}^P Q_{klmn} \tag{12.2.14}$$

对于 $BaTiO_3$ 类型的铁电体,未经极化处理前是一个各向同性体,它的弹性张量的分量用矩阵表示为

$$[S]^P = \begin{bmatrix} S_{1111}^P & S_{1122}^P & S_{1122}^P & 0 & 0 & 0 \\ S_{1122}^P & S_{1111}^P & S_{1122}^P & 0 & 0 & 0 \\ S_{1122}^P & S_{1122}^P & S_{1111}^P & 0 & 0 & 0 \\ 0 & 0 & 0 & S_{2323}^P & 0 & 0 \\ 0 & 0 & 0 & 0 & S_{2323}^P & 0 \\ 0 & 0 & 0 & 0 & 0 & S_{2323}^P \end{bmatrix} = \begin{bmatrix} s_{11}^P & s_{12}^P & s_{12}^P & 0 & 0 & 0 \\ s_{12}^P & s_{11}^P & s_{12}^P & 0 & 0 & 0 \\ s_{12}^P & s_{12}^P & s_{11}^P & 0 & 0 & 0 \\ 0 & 0 & 0 & s_{44}^P & 0 & 0 \\ 0 & 0 & 0 & 0 & s_{44}^P & 0 \\ 0 & 0 & 0 & 0 & 0 & s_{44}^P \end{bmatrix} \tag{12.2.15}$$

这里前一矩阵是张量分量,后一矩阵是沃伊特表示。电致伸缩系数 $\boldsymbol{Q}$ 张量用矩阵表示为

$$[Q] = \begin{bmatrix} Q_{1111} & Q_{1122} & Q_{1122} & 0 & 0 & 0 \\ Q_{1122} & Q_{1111} & Q_{1122} & 0 & 0 & 0 \\ Q_{1122} & Q_{1122} & Q_{1111} & 0 & 0 & 0 \\ 0 & 0 & 0 & Q_{2323} & 0 & 0 \\ 0 & 0 & 0 & 0 & Q_{2323} & 0 \\ 0 & 0 & 0 & 0 & 0 & Q_{2323} \end{bmatrix} \tag{12.2.16}$$

如果用沃伊特表示则为

$$[Q] = \begin{bmatrix} Q_{11} & Q_{12} & Q_{12} & 0 & 0 & 0 \\ Q_{12} & Q_{11} & Q_{12} & 0 & 0 & 0 \\ Q_{12} & Q_{12} & Q_{11} & 0 & 0 & 0 \\ 0 & 0 & 0 & Q_{44} & 0 & 0 \\ 0 & 0 & 0 & 0 & Q_{44} & 0 \\ 0 & 0 & 0 & 0 & 0 & Q_{44} \end{bmatrix} \quad (12.2.17)$$

等效极化率倒数 $\zeta^\sigma(P)$ 用矩阵表示为

$$[\zeta^\sigma(P)] = \begin{bmatrix} \zeta_{11}^\sigma(P) & 0 & 0 \\ 0 & \zeta_{22}^\sigma(P) & 0 \\ 0 & 0 & \zeta_{33}^\sigma(P) \end{bmatrix} \quad (12.2.18)$$

将式(12.2.15)、式(12.2.16)和式(12.2.18)代入式(12.2.12),可得到 $BaTiO_3$ 类型的铁电体的电致伸缩方程为

$$\begin{cases} \varepsilon_{11} = s_{11}^P\sigma_{11} + s_{12}^P\sigma_{22} + s_{12}^P\sigma_{33} + Q_{11}P_1^2 + Q_{12}P_2^2 + Q_{12}P_3^2 \\ \varepsilon_{22} = s_{12}^P\sigma_{11} + s_{11}^P\sigma_{22} + s_{12}^P\sigma_{33} + Q_{12}P_1^2 + Q_{11}P_2^2 + Q_{12}P_3^2 \\ \varepsilon_{33} = s_{12}^P\sigma_{11} + s_{12}^P\sigma_{22} + s_{11}^P\sigma_{33} + Q_{12}P_1^2 + Q_{12}P_2^2 + Q_{11}P_3^2 \\ \varepsilon_{23} = s_{44}^P\sigma_{23} + Q_{44}P_2P_3, \quad \varepsilon_{31} = s_{44}^P\sigma_{31} + Q_{44}P_1P_3, \quad \varepsilon_{12} = s_{44}^P\sigma_{12} + Q_{44}P_2P_1 \\ E_1 = \zeta_{11}^\sigma(P)P_1 - 2Q_{11}\sigma_{11}P_1 - 2Q_{12}\sigma_{22}P_1 - 2Q_{12}\sigma_{33}P_1 - 2Q_{44}\sigma_{12}P_2 - 2Q_{44}\sigma_{31}P_3 \\ E_2 = \zeta_{22}^\sigma(P)P_2 - 2Q_{12}\sigma_{11}P_2 - 2Q_{11}\sigma_{11}P_3 - 2Q_{12}\sigma_{33}P_2 - 2Q_{44}\sigma_{12}P_1 - 2Q_{44}\sigma_{23}P_3 \\ E_3 = \zeta_{33}^\sigma(P)P_3 - 2Q_{12}\sigma_{11}P_3 - 2Q_{12}\sigma_{22}P_3 - 2Q_{11}\sigma_{11}P_1 - 2Q_{44}\sigma_{11}P_2 - 2Q_{44}\sigma_{31}P_1 \end{cases} \quad (12.2.19)$$

上面的系数全部用沃伊特表示。实验上为了确定电致伸缩系数,常在应力为零(即机械自由)的情况下测定它的自发应变和极化强度。如在室温时测得 $BaTiO_3$ 的自发应变 $\varepsilon_{11} = \varepsilon_{22} = 0.0034$,$\varepsilon_{33} = 0.0075$;自发极化强度 $P_s = 7.8 \times 10^4$ C/cm²,将这些数据代入式(12.2.19)的第一式和第三式,并注意到 $\sigma_{ij} = 0$,以及 $P_1 = P_2 = 0$,$P_3 = P_s$,即得 $BaTiO_3$ 晶体的电致伸缩系数为

$$\begin{cases} Q_{1111} = \dfrac{\varepsilon_{33}}{P_3^2} = \dfrac{0.0075}{(7.8 \times 10^4)^2} = 1.23 \times 10^{-12} \text{ CGS} \\ Q_{1133} = \dfrac{\varepsilon_{11}}{P_3^2} = \dfrac{-0.0034}{(7.8 \times 10^4)^2} = -0.56 \times 10^{-12} \text{ CGS} \end{cases} \quad (12.2.20)$$

在居里温度以上,对 $BaTiO_3$ 进行类似的测量,得到了与式(12.2.20)一致的结果。在温度为0℃时,晶体处于正交晶系,测得的自发极应变为 $\varepsilon_{23} = 0.0029$;自发极化强度为 9.3×10^4 C/cm² 或自发极化强度为 8.82×10^4 C/cm²,将这些数据代入式(12.2.19)中的第四式,即得

$$Q_{2323} = \frac{\varepsilon_{23}}{P_2P_3} = \begin{cases} 0.67 \times 10^{-12} \text{ CGS} \\ 0.73 \times 10^{-12} \text{ CGS} \end{cases} \quad (12.2.21)$$

又如 $(Ba_{0.6}Sr_{0.4})TiO_3$ 陶瓷的电致伸缩系数为

$$\begin{cases} Q_{1111} = 0.82 \times 10^{-12} \text{ CGS} \\ Q_{1133} = -0.19 \times 10^{-12} \text{ CGS} \end{cases} \tag{12.2.22}$$

12.2.2　铁电体的压电方程

用铁电体做成的压电元件,都是经过极化处理后,在小信号场的作用下工作的。所以可以认为元件中的极化强度是由两部分组成的,其一是剩余极化强度,可近似等于自发极化强度 P_s;其二是小信号场产生的极化强度 P',再利用 $P_s \gg P'$ 的条件,即可从电致伸缩方程得到压电方程。现在以长度沿 x 方向,电极面与 z 轴垂直的薄长片为例,说明如下:

若薄长片沿 z 轴方向的极化强度为 $P_3 = P_s + P'_3$,代入电致伸缩方程(12.2.12)得

$$\begin{cases} \varepsilon_{11} = s_{11}^P \sigma_{11} + Q_{13}(P_s + P'_3)^2 \\ E_3 = \zeta_{33}^\sigma (P)(P_s + P'_3) - 2Q_{13}\sigma_{11}(P_s + P'_3) \end{cases} \tag{12.2.23}$$

因为 $P_s \gg P'$,故可在式(12.2.23)第一式中忽略 $(P'_3)^2$,并令 $\varepsilon'_{11} = \varepsilon_{11} - Q_{12}P_s^2$;在第二式中忽略 $2Q_{13}\sigma_{11}P'_3$,即 $2Q_{13}\sigma_{11}(P_s + P'_3) \approx 2Q_{13}\sigma_{11}P_s$,并令 $E'_3 = E_3 - \zeta_{33}^\sigma(P)P_s$,$\zeta_{33}^\sigma(P) = \zeta_{33}^\sigma(P_s)$,即得

$$\varepsilon'_{11} = s_{11}^P \sigma_{11} + 2Q_{13}P_s P'_3, \quad E_3 = \zeta_{33}^\sigma(P_s)P'_3 - 2Q_{13}P_s \sigma_{11} \tag{12.2.24}$$

为了方便,将式(12.2.24)中的 ε'_{11}、E'_3 和 P'_3 简写成 ε_{11}、E_3 和 P_3,于是式(12.2.24)变成

$$\varepsilon_{11} = s_{11}^P \sigma_{11} + 2Q_{13}P_s P_3, \quad E_3 = \zeta_{33}^\sigma(P_s)P_3 - 2Q_{13}P_s \sigma_{11} \tag{12.2.25}$$

式(12.2.25)表示以应力和极化强度($\boldsymbol{\sigma}, \boldsymbol{P}$)为独立变量的压电方程。为了便于与第一类压电方程比较,改用($\boldsymbol{\sigma}, \boldsymbol{E}$)为独立变量,由式(12.2.25)得

$$\varepsilon_{11} = \left[s_{11}^P + \frac{(2Q_{13}P_s)^2}{\zeta_{33}^\sigma(P_s)} \right] \sigma_{11} + \frac{2Q_{13}P_s}{\zeta_{33}^\sigma(P_s)} E_3, \quad P_3 = \frac{1}{\zeta_{33}^\sigma(P_s)} E_3 + \frac{2Q_{13}P_s}{\zeta_{33}^\sigma(P_s)} \sigma_{11} \tag{12.2.26}$$

利用电位移与极化强度之间的关系,代入式(12.2.26)可得

$$\varepsilon_{11} = s_{11}^E \sigma_{11} + d_{31}E_3, \quad D_3 = d_{31}\sigma_{11} + \Upsilon_{33}^\sigma E_3 \tag{12.2.27}$$

式中,

$$s_{11}^E = s_{11}^P + (2Q_{13}P_s)^2 (\zeta_{33}^\sigma)^{-1}(P_s) \tag{12.2.28}$$

为短路弹性柔度常量;

$$\varepsilon_{33}^\sigma = 1/\zeta_{33}^\sigma(P_s) \tag{12.2.29}$$

为等效自由介电常数;

$$d_{31} = 2Q_{13}P_s \zeta_{33}^{-1}(P_s) \tag{12.2.30}$$

为等效压电张量常数。从式(12.2.28)~式(12.2.30)可以看出,在小信号场作用下,可以从电致伸缩方程导出铁电体的压电方程。这也表明,对于铁电体,只有小信号作用下,应变与电场之间才存在线性关系。如果信号较大,则应变与电场之间的线性关系不完全成立,需要计入非线性的影响。这是对铁电体机电性质的测量时所必须注意的一个问题。

机电耦合因子 k_{31} 与电致伸缩系数的关系为

$$k_{31}^2 = \frac{1}{s_{11}^E \Upsilon_{33}^\sigma} d_{31}^2 = \frac{(2Q_{13}P_s)^2 \Upsilon_{33}^\sigma}{s_{11}^E} \tag{12.2.31}$$

或

$$Q_{13} = \frac{k_{31}}{2P_s} \left(\frac{s_{11}^E}{\Upsilon_{33}^\sigma} \right)^{1/2} \tag{12.2.32}$$

将式(12.2.31)代入式(12.2.28),可得

$$s_{11}^D = s_{11}^E (1 - k_{31}^2) \tag{12.2.33}$$

如果已知铁电体的自发极化强度 P_s、短路弹性柔度常量 s_{11}^E、自由介电常数 Υ_{33}^σ 和机电耦合因子 k_{31},即可通过谐振与反谐振频率测定 $k_{31} \approx \frac{\pi^2}{2} \frac{f_s - f_\chi}{f_R}$。代入式(12.2.32),即可得到电致伸缩系数 Q_{13}。例如,已知室温 $BaTiO_3$ 晶体的 $s_{11}^E = 0.805 \times 10^{-12}$ cm², $\Upsilon_{33}^\sigma = 168$,机电耦合因子 $k_{31} = 0.315$,自发极化强度 $P_s = 7.8 \times 10^4$ C/cm²。代入式(12.2.32)后,即得 $BaTiO_3$ 晶体的电致伸缩系数:$Q_{13} = -0.51 \times 10^{-12}$ CGS。此结果与式(12.2.21)的第二式基本一致。又如已知室温时 $BaTiO_3$ 陶瓷的 $s_{11}^E = 0.88 \times 10^{-12}$ cm, $\Upsilon_{33}^\sigma = 1350$,机电耦合因子 $k_{31} = 0.18$,剩余极化强度 $P_s = 1.8 \times 10^4$ C/cm²。代入式(12.2.32)后,即得 $BaTiO_3$ 陶瓷的电致伸缩系数 $Q_{13} = -0.45 \times 10^{-12}$ CGS。

12.3 铁电体的自由能与相变

本节我们将介绍用自由能讨论一般铁电体相变温度附近的物理性质。假设铁电相的自发极化沿 z 轴方向,电场也只作用在 z 轴方向。在相变前后,应力为零时,铁电体的亥姆霍兹自由能可以表示为

$$F(T, P) - F_0(T) = \frac{1}{2} A_2 P^2 + \frac{1}{4} A_4 P^4 + \frac{1}{6} A_6 P^6 + \cdots \tag{12.3.1}$$

式中,$F_0(T)$ 为 $P = 0$ 时的自由能,系数 A_2、A_4、A_6 为温度的函数,由实验确定。因为系统处于平衡状态时自由能为极小。在给定温度下判断自由能为极小值的条件为

$$\left(\frac{\partial F}{\partial P} \right)_T = 0, \quad \left(\frac{\partial^2 F}{\partial P^2} \right)_T > 0 \tag{12.3.2}$$

自由能为极大值的条件为

$$\left(\frac{\partial F}{\partial P} \right)_T = 0, \quad \left(\frac{\partial^2 F}{\partial P^2} \right)_T < 0 \tag{12.3.3}$$

由式(12.3.1)和热力学关系式(12.1.26)、式(10.1.5)可以得到

$$\begin{cases} E = \dfrac{\partial F}{\partial P} = A_2 P + A_4 P^3 + A_6 P^5 + \cdots \\ \chi^{-1} = \dfrac{\partial E}{\partial P} = \left(\dfrac{\partial^2 F}{\partial P^2} \right) = A_2 + 3A_4 P^2 + 5A_6 P^4 + \cdots \end{cases} \tag{12.3.4}$$

由式(10.1.5)知道这里 χ 为介质的极化率。当没有外加电场时,可以由式(12.3.4)的第一式得到自发极化强度;当外加小信号电场时,可以由式(12.3.4)得到电极化率。先讨论外加电场为零的情况,将式(12.3.4)的第一式写成

$$P_s (A_2 + A_4 P_s^2 + A_6 P_s^4 + \cdots) = 0 \tag{12.3.5}$$

可见自发极化强度 $P_s = 0$ 满足 $(\partial F / \partial P)_T = 0$ 的条件,即温度高于居里温度时顺电相

的解。另外还有一个解为

$$A_2 + A_4 P_s^2 + A_6 P_s^4 + \cdots = 0 \tag{12.3.6}$$

即 $P_s \neq 0$ 时,也满足 $(\partial F/\partial P)_T = 0$ 的条件,是低于居里温度时铁电相的解。

系数 A_2 的温度特性:按照自由能判据,如果高于居里温度,即 $T > T_C$ 时,晶体处于 $P_s = 0$ 的状态,这就要求 $T > T_C$,晶体的自由能在 $P_s = 0$ 处于极小值,或者说要求自由能满足条件:

$$T > T_C \text{ 时,} \quad \left[\left(\frac{\partial^2 F}{\partial P^2} \right)_T \right]_{P_s = 0} > 0 \tag{12.3.7}$$

由式(12.3.4)的第二式得

$$\left[\left(\frac{\partial^2 F}{\partial P^2} \right)_T \right]_{P_s = 0} = [A_2 + 3A_4 P_s^2 + 5A_6 P_s^4 + \cdots]_{P_s = 0} = A_2 \tag{12.3.8}$$

可见当 $T > T_C$ 时,自由能在 $P_s = 0$ 处存在极小值的条件为 $A_2 > 0$,即系数 A_2 必须为正值。

如果 $T < T_C$,晶体出现自发极化,这就表明 $P_s = 0$ 已不是系统所要求的解。或者说 $T < T_C$ 时,晶体自由能在 $P_s = 0$ 处变为极大值,即要求

$$T < T_C \text{ 时,} \quad \left[\left(\frac{\partial^2 F}{\partial P^2} \right)_T \right]_{P_s = 0} < 0 \tag{12.3.9}$$

可见,当 $T < T_C$ 时,自由能在 $P_s = 0$ 处存在极大值的条件是系数 A_2 为负数。德文希尔(Devonshire)假定,在相变点附近,A_2 可表示为温度的线性函数;即 $A_2 = A_{20}(T - T_C)$,其中,$A_{20} = 1/C$,而 C 为居里-外斯常数,刚好实验观察居里外斯定律得到介电常数为 $\dfrac{1}{\gamma} = \left. \dfrac{\partial E}{\partial D} \right|_{D=0} = A_{20}(T - T_0)$。从这个关系可以看出,当温度从 $T > T_C$ 变到 $T < T_C$ 时,系数 A_2 连续地由 $A_2 > 0$ 变到 $A_2 < 0$,即系数的温度系数是满足上述自由能由极小值变为极大值的要求的。所以铁电相变的热力学理论有时也称为朗道-德文希尔(Landau-Devonshire)理论。

现在讨论铁电相的自发极化强度,$P_s \neq 0$ 的情况。在随着温度降低,A_2 连续由正值变为负值的前提下,对于 $P_s \neq 0$ 的解,由式(12.3.6)确定,即

$$P_s^2 = \frac{-A_4 \pm \sqrt{A_4^2 - 4A_2 A_6}}{2A_6} = \frac{-A_4 [1 \pm \sqrt{1 - 4A_{20}(T - T_0)A_6/A_4^2}]}{2A_6} \tag{12.3.10}$$

因为极化不能为虚数,所以当 $A_4 < 0$ 时上式取"+"号,当 $A_4 > 0$ 时上式取"−"号。铁电相的介电极化率倒数由式(12.3.10)和式(12.3.4)的第二式确定为

$$\chi^{-1} = -4A_2 + \frac{A_4}{A_6}(A_4 \pm \sqrt{A_4^2 - 4A_2 A_6})$$

$$= -4A_{20}(T - T_0) + \frac{A_4^2}{A_6}[1 \pm \sqrt{1 - 4A_{20}(T - T_0)A_6/A_4^2}] \tag{12.3.11}$$

当 $A_4 < 0$ 时上式取"+"号,当 $A_4 > 0$ 时上式取"−"号。从式(12.3.10)和式(12.3.11)可以得到自发极化强度和介电常数随温度的变化关系,而由式(12.3.4)的第一式可以得到电滞

回线。以上就是描写铁电性的一些基本热力学方程。

在进一步分析铁电相变时的物理性质前,我们先回顾一下相变级次的定义。在相变过程中,热力学函数的变化可能有不同的特点。据此可以对相变分为"级"或"次",若相变中热力学函数的$(n-1)$级以内的微商连续而第n级微商不连续,则称其为n级相变或n次相变。铁电体的相变通常存在两种不同情况:一种是系统相变时,出现两相共存,并有潜热产生,这时称为一级相变,钛酸钡和钛酸铅就属于一级相变;另一种是系统相变时,两相不共存,无潜热产生,但比热产生突变,这时就是二级相变,例如,罗谢盐和磷酸二氢钾等的相变就属于典型的二级相变。由于二级相变理论处理起来比较简单,这里先介绍二级铁电相变的性质。

12.3.1 二级相变

若铁电体的自由能的系数A_4为正值时,则可证明,这种铁电体的相变为二级相变,请读者自行证明。为了简单,通常忽略P_S^6及P_S^6以上的高次项,这样亥姆霍兹自由能表达式为

$$F(T,P)-F_0(T)=\frac{1}{2}A_2P^2+\frac{1}{4}A_4P^4 \tag{12.3.12}$$

则自发极化强度由式(12.3.6),取$A_6=0$得

$$P_s^2=-\frac{A_2}{A_4} \tag{12.3.13}$$

从式(12.3.13)可以看出:

(1) 当$T>T_C$时,因为$A_2>0$和$A_4>0$,故有$P_s^2<0$,即P_s为虚数,可见在$T>T_C$时,晶体不可能存在$P_s\neq0$的解,晶体只能处于非铁电相。

(2) 当$T<T_C$时,因为$A_2<0$和$A_4>0$,故有$P_s^2>0$,即P_s为实数,可见在$T<T_C$时,存在$P_s\neq0$的解,晶体处于铁电相。

(3) 当$T=T_C$时,因为$A_2=0$和$A_4>0$,故有$P_s^2=0$,即在$T=T_C$时,$P_s=0$,极化强度随温度升高连续下降到零,表现出二级相变的特征。

(4) 当$T\geqslant T_C$时,$P_s=0$,而在$T<T_C$时,$P_s\neq0$。可见,在此情况下,居里-外斯定律中的特征温度T_0与居里温度T_C相等,即$T_0=T_C$。

(5) P_s与温度的关系为

$$P_s=\sqrt{-\frac{A_2}{A_4}}=\sqrt{\frac{T_C-T}{A_4C}} \tag{12.3.14}$$

以约化极化强度P_s/P_0为纵坐标,P_0为绝对零度时的极化强度,T/T_C为横坐标,可以作出$P_s/P_0\sim T/T_C$图,如图12.3.1所示。

(6) 二级相变的自由能与极化强度之间的函数关系如图12.3.2所示。当$T\geqslant T_C$时自由能只在$P_s=0$处有一个极小值;但当$T<T_C$时,自由能在$P_s>0$和$P_s<0$区间各有一个极小值。可见,自由能不可能同时在$P_s=0$处和$P_s\neq0$处出现两个极小值,即二级相变时,不会出现两相共存的现象,也不出现热滞现象。即当温度从高温下降过程中相变和温度的下降过程是同步进行的,不会出现相变的滞后现象。

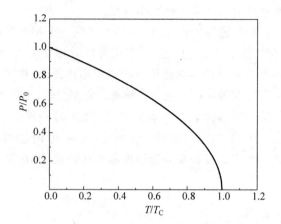

图 12.3.1　二级相变时自发极化强度随温度的变化

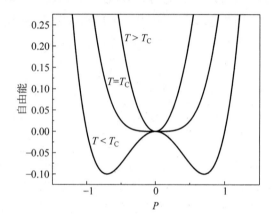

图 12.3.2　二级相变时在给定温度下,自由能与极化强度的函数关系

下面讨论在居里温度附近,极化率与温度的关系。当 $T>T_C$ 时,晶体处于顺电相,$P_s=0$,居里温度以上顺电相介电极化率 χ_P 可以由式(12.3.4)的第二式得

$$\frac{1}{\chi_P}=A_2=A_{20}(T-T_C)=\frac{1}{C}(T-T_C) \tag{12.3.15}$$

式中,C 为居里-外斯常数。从式(12.3.15)可看出,在居里温度以上,极化率的倒数 $1/\chi_P$ 与 $T-T_C$ 成正比,并在 $T-T_C$ 时,$1/\chi_P=0$,如图 12.3.3 所示。

当 $T<T_C$ 时,居里温度以下铁电相的极化率 χ_F 可以由式(12.3.4)第二式和式(12.3.5)取 $A_6=0$ 得到,或者由式(12.3.4)第二式 A_6 及更高次的系数为零得

$$\frac{1}{\chi_F}=A_2+3A_4P_s^2 \tag{12.3.16}$$

即

$$\frac{1}{\chi_F}=-2A_2=2A_{20}(T_C-T)=\frac{2(T_C-T)}{C} \tag{12.3.17}$$

可见,在居里温度以下,极化率的倒数 $1/\chi_F$ 与 $T-T_C$ 成正比,并在 $T=T_C$ 时,$1/\chi_F=0$。比较式(12.3.15)和式(12.3.17),还可看出在 $T=T_C$ 处极化率是不连续的,即属于二级相

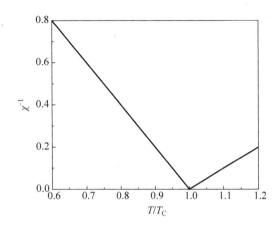

图 12.3.3　二级相变附近极化率的倒数与温度的关系

变的铁电体,铁电相极化率倒数 $1/\chi_F$ 的斜率为非铁电相 $1/\chi_P$ 斜率的两倍,如图 12.3.3 所示。

　　二级相变的特点是相变时比热发生突变,但无潜热放出。现在讨论上述情况下的相变时比热是否发生突变,有没有潜热放出。系统吸收的热量 Q 与熵 S 之间的关系为

$$\mathrm{d}S = \frac{\mathrm{d}Q}{T} \tag{12.3.18}$$

　　因为 $T = T_C$ 时,晶体产生相变,若晶体在铁电相时的熵为 S;在非铁电相时的熵为 S_0,则由式(12.3.18)积分得

$$S - S_0 = \frac{Q}{T} \tag{12.3.19}$$

式中,$S - S_0$ 代表相变时系统熵的变化,Q 代表相变时系统吸收的热量。由 $S = -(\partial F/\partial T)_P$ 可得

$$S = S_0 - \frac{1}{2} P_s^2 \left(\frac{\partial A_2}{\partial T} \right) - \frac{1}{4} P_s^4 \left(\frac{\partial A_4}{\partial T} \right) - \frac{1}{6} P_s^6 \left(\frac{\partial A_6}{\partial T} \right) \tag{12.3.20}$$

　　因为 A_4、A_6 是温度的弱函数,故可近似地认为 A_4、A_6 与温度无关,于是式(12.3.20) 可简化为

$$S - S_0 = -\frac{1}{2} P_s^2 \left(\frac{\partial A_2}{\partial T} \right) = -\frac{1}{2} P_s^2 \frac{\partial}{\partial T} \left(\frac{T - T_C}{C} \right) \tag{12.3.21}$$

　　因为 $T = T_C$ 时,$P_s = 0$,将此结果代入式(12.3.21),即得系统相变时,熵的变化为零, 即 $S - S_0 = 0$,再代入式(12.3.19)得

$$Q = T_C (S - S_0) = 0 \tag{12.3.22}$$

　　可见系统在相变时,既不吸收热量,又不放出热量,即无潜热放出。系统的比热为 $T(\partial S/\partial T)$,相变时系统得 $\partial S/\partial T$ 变化为

$$\left[\frac{\partial S}{\partial T} - \frac{\partial S_0}{\partial T} \right]_{T = T_C} = -\frac{1}{2C} \left(\frac{\partial P_s^2}{\partial T} \right)_{T = T_C} \tag{12.3.23}$$

　　将 $P_s^2 = -A_2/A_4 = (T_C - T)/(CA_4)$ 代入式(12.3.23)得

$$\left[\frac{\partial S}{\partial T} - \frac{\partial S_0}{\partial T} \right]_{T = T_C} = \frac{1}{2A_4 C} = \mathrm{const.} \tag{12.3.24}$$

可见,相变时系统的比热发生突变,或者说系统的比热发生不连续变化,这些也是二级相变的特征之一。

12.3.2 一级相变

若系数 A_4 为负值,而系数 A_6 为正值时,系数 $A_2 = A_{20}(T - T_0)$,则自由能式(12.3.1)铁电体的相变就是一级相变。例如,处于机械自由边界条件的 $BaTiO_3$ 晶体,在 120℃ 的相变就是一级相变。一级相变要比二级相变表现出更为丰富的物理现象,而且现实中的大多数铁电材料都表现出一级相变。为了说明问题方便,这里先从不同温度下自由能随极化强度的变化入手讨论问题,如图 12.3.4 所示。

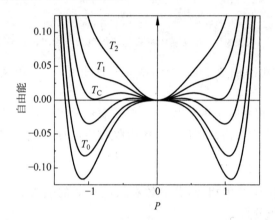

图 12.3.4 一级相变时,在给定温度下自由能与极化强度 P 之间的关系

四个特征温度:从图 12.3.4 可以看出,一级相变有四个特征温度,居里外斯温度 T_0、居里温度 T_C、铁电相极限温度 T_1 和场致相变极限温度 T_2。

居里-外斯温度 T_0:是对应于居里-外斯定律中的温度

$$\chi = \frac{C}{T - T_0} = \frac{1}{A_{20}} \frac{1}{T - T_0} \tag{12.3.25}$$

可以看出在居里-外斯温度以下,自由能有两个极小值,分别对应自发极化强度的两个取值。在温度等于居里-外斯温度时,自由能在 $P = 0$ 处变为拐点,即一级导数和二级导数都为零。在温度高于居里-外斯温度,但低于居里温度时,自由能在 $P = 0$ 处也出现一个极小值,但是 $P = 0$ 处的自由能要高于 $P \neq 0$ 处的自由能,或者说顺电相处于亚稳态。对于 $BaTiO_3$,这一温度大约在 120℃。

居里温度 T_C:当温度等于居里温度 T_C,此两种极小值位于同一水平上,即这两种自由能的极小值相等。说明顺电相和铁电相可以共存,即同时存在。这样就有

$$F(T_C, P_s) = F(T_C, 0)$$

从式(12.3.1)得

$$0 = \left[\frac{1}{2} A_2 P_s^2 + \frac{1}{4} A_4 P_s^4 + \frac{1}{6} A_6 P_s^6 + \cdots \right]_{T = T_C} \tag{12.3.26}$$

又由 $(\partial F / \partial P)_{T = T_C} = 0$ 得到,在居里温度附近时铁电相自发极化强度 P_s 应满足的关系为

$$[A_2 + A_4 P_s^2 + A_6 P_s^4 + \cdots]_{T=T_C} = 0 \tag{12.3.27}$$

以及顺电相极化强度

$$P_s \mid_{T=T_C} = 0 \tag{12.3.28}$$

由式(12.3.26)以及式(12.3.27)可得

$$\begin{cases} P_s^2 \mid_{T=T_C} = P_s^2(T_C) = -\dfrac{3}{4}\dfrac{A_4}{A_6} \\[2mm] P_s^4 \mid_{T=T_C} = P_s^4(T_C) = -\dfrac{3A_2}{A_6} \\[2mm] A_2 = \dfrac{3}{16}\dfrac{A_4^2}{A_6} \end{cases} \tag{12.3.29}$$

因为系数 A_4 为负值,系数 A_6 为正值,所以从式(12.3.29)中第一式得,当 $T=T_C$ 时,存在 $P_s \neq 0$ 的解。又从式(12.3.29)得到当 $T=T_C$ 时,存在 $P_s = 0$ 的解。由此可见,当 $T=T_C$ 时,晶体内自发极化强度的产生是从 $P_s = 0$ 突变到 $P_s \neq 0$,或者说 $T=T_C$ 时自发极化强度发生不连续变化。由式(12.3.29)的第三式可以得

$$T_C = T_0 + \frac{3}{16}\frac{A_4^2}{A_{20}A_6} \tag{12.3.30}$$

在温度高于 T_C 而低于 T_1 时,铁电相成为亚稳相而顺电相成为稳定相。在一级相变中,居里温度要高于居里-外斯温度,两个温度并不相同,这一点与二级相变不同。对于 $BaTiO_3$,$T_C = T_0 + 7.7$ K。

铁电相极限温度 T_1:从图12.3.4可以看出,当 $T < T_1$ 时,亥姆霍兹自由能曲线有三个极小值和2个极大值,即在5个极值 $\frac{\partial F}{\partial P} = 0$,这时铁电相是亚稳相;当 $T > T_1$ 时,亥姆霍兹自由能曲线只有一个极小值 $\frac{\partial F}{\partial P} = 0$,铁电相完全消失。所以在 $T = T_1$ 这一温度下,自由能在 $P \neq 0$ 处变为拐点。由式(12.3.1)有

$$\frac{\partial F}{\partial P} = A_2 P + A_4 P^3 + A_6 P^5 + \cdots = 0 \tag{12.3.31}$$

由上式得到

$$P = 0 \quad 或者 \quad P = \mp \left\{ \frac{1}{2A_6} \left[-A_4 \mp (A_4^2 - 4A_{20}A_6(T-T_0))^{1/2} \right] \right\}^{1/2} \tag{12.3.32}$$

当 $A_4^2 > 4A_{20}A_6(T-T_0)$ 时有五个解,当 $A_4^2 < 4A_{20}A_6(T-T_0)$ 时只有一个解,即 $P = 0$。所以在铁电相极限温度 T_1 有

$$A_4^2 - 4A_{20}A_6(T-T_0) = 0, \quad T_1 = T_0 + \frac{1}{4}\frac{A_4^2}{A_{20}A_6} \tag{12.3.33}$$

对于 $BaTiO_3$,$T_C = T_0 + 10$ K。

场致相变极限温度 T_2:温度在 T_1 和 T_2 之间时,没有极值点,但是存在拐点,温度超过 T_2 时,拐点消失。或者说,虽然温度超过 T_1,铁电相消失,不出现自发极化强度,但是在温度不超过 T_2 时,通过施加一个外电场,仍然可以诱发出铁电性。场致相变极限温度 T_2 即两个拐点消失的温度,拐点相应于二级微商为零,从式(12.3.4)第二式可以得到

$$P_s^2 = \frac{-3A_4 \pm \sqrt{9A_4^2 - 20A_2A_6}}{10A_6} \tag{12.3.34}$$

当 $9A_4^2 > 20A_2A_6$ 时有两个解,当 $9A_4^2 < 20A_2A_6$ 时无解。从而可以得到在温度 T_2 时,满足

$$9A_4^2 - 20A_2A_6 = 0, \quad T_2 = T_0 + \frac{9}{20}\frac{A_4^2}{A_{20}A_6} \tag{12.3.35}$$

对于 $BaTiO_3$,$T_2 = T_0 + 18\ K$。

场致相变:是指由外加电场导致的相变。为了更加清楚地理解场致相变,图 12.3.5 是由式(12.3.4)的第一式得到的不同温度时的电滞回线。可以明显看出,在温度低于 T_1 时,是典型的铁电体特征,而在温度处于 T_1 和 T_2 之间时,表现出双电滞回线,这说明外加电场的作用产生了一个由顺电相到铁电相的相变过程。

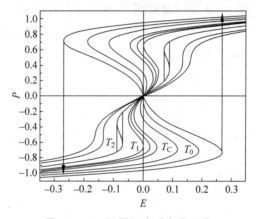

图 12.3.5　不同温度时电滞回线

自发极化强度随温度的变化由式(12.3.4)的第一式取电场 $E = 0$ 得到,如图 12.3.6 所示。可以明显看出在相变附近所出现的热滞现象。最大的热滞温区为 $\Delta T = T_1 - T_0$。由于实验仪器精度和稳定性的原因,实验所得到的热滞温区一般小于理论上的热滞温区。

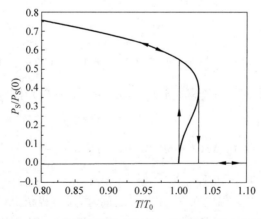

图 12.3.6　一级相变时自发极化强度随温度的变化关系

居里温度附近极化率与温度的关系:当 $T > T_C$ 时,晶体处于顺电相,$\boldsymbol{P} = \boldsymbol{0}$,极化率

χ_P 为

$$\frac{1}{\chi_P} = A_2 = A_{20}(T - T_0) = A_{20}[(T - T_C) + (T_C - T_0)] \qquad (12.3.36)$$

利用式(12.3.30),上式可写为

$$\frac{1}{\chi_P} = A_2 = A_{20}(T - T_C) + \frac{3}{16}\frac{A_4^2}{A_6} \qquad (12.3.37)$$

现在求在居里温度以下的极化率 χ_F,在 $T - T_C$ 附近展开,利用式(12.3.30)有

$$T - T_0 = (T_C - T_0) - (T_C - T) = \frac{3}{16}\frac{A_4^2}{A_{20}A_6} - (T_C - T) \qquad (12.3.38)$$

由式(12.3.11)而且 $A_4 < 0$,这时取"+"号,有

$$\frac{1}{\chi_F} = -4A_{20}(T - T_0) + \frac{A_4^2}{A_6}\left[1 + \sqrt{1 - 4A_{20}(T - T_0)\frac{A_6}{A_4^2}}\right]$$

$$= -4A_{20} \times \frac{3}{16}\frac{A_4^2}{A_{20}A_6} + 4A_{20}(T_C - T) +$$

$$\frac{A_4^2}{A_6}\left[1 + \sqrt{1 - 4A_{20}\frac{3}{16}\frac{A_4^2}{A_{20}A_6}\frac{A_6}{A_4^2} + 4A_{20}(T_C - T)\frac{A_6}{A_4^2}}\right]$$

$$= -\frac{3}{4}\frac{A_4^2}{A_6} + 4A_{20}(T_C - T) + \frac{A_4^2}{A_6}\left[1 + \sqrt{1 - \frac{3}{4} + 4A_{20}(T_C - T)\frac{A_6}{A_4^2}}\right]$$

$$= -\frac{3}{4}\frac{A_4^2}{A_6} + 4A_{20}(T_C - T) + \frac{A_4^2}{A_6}\left[1 + \frac{1}{2}\left(1 + 8A_{20}(T_C - T)\frac{A_6}{A_4^2}\right)\right]$$

$$= 8A_{20}(T_C - T) + \frac{3}{4}\frac{A_4^2}{A_6} \qquad (12.3.39)$$

可见,在居里温度附近,属于一级相变的铁电体,铁电相极化率倒数的斜率 $1/\chi_F$ 为非铁电相 $1/\chi_P$ 斜率的 8 倍。在居里温度,顺电相的介电极化率 χ_P 为铁电相 χ_F 的 4 倍,图 12.3.7 给出了一级相变时极化率的倒数与温度的关系。

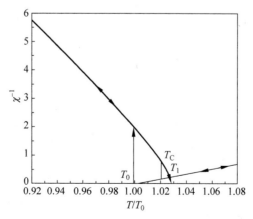

图 12.3.7 一级相变时居里温度附近极化率倒数与温度的关系

相变潜热:一级相变的另一个主要特点是相变时产生潜热。由式(12.3.21)得到相变时系统熵的变化为

$$S - S_0 = -\frac{1}{2}\left[P_s^2\left(\frac{\partial A_2}{\partial T}\right)\right]_{T=T_C} = -\frac{P_s^2(T_C)}{2C} \tag{12.3.40}$$

因为当 $T=T_C$ 时,两相共存,$P_s^2(T_C)\neq 0$,所以 $S-S_0\neq 0$,即相变时晶体的熵发生不连续变化,产生的潜热为

$$\Delta Q = T_C(S - S_0) \tag{12.3.41}$$

对于 $BaTiO_3$,测得 $\Delta Q = 210\ \text{J/mol}$,与计算值相符。

12.3.3　临界相变

在某些外界条件,如压力、电场或杂质的作用下,铁电相变会出现介于一、二级相变的临界相变。在自由能 F 展开式中,$A_4<0$ 相应于一级相变,$A_4>0$ 相应于二级相变,而 $A_4=0$ 是一个特殊的点,称为三临界点(tricritical point)。由式(12.3.1)有

$$F(T,P) - F_0(T) = \frac{1}{2}A_2 P^2 + \frac{1}{6}A_6 P^6 + \cdots \tag{12.3.42}$$

在自由能 F 取极小值即 $F(T,P)-F_0(T)=0$ 时,并且利用式(12.3.38)得到自发极化为

$$P_s^4 = -\frac{A_2}{A_6} = \frac{1}{A_6 C}(T_C - T) \tag{12.3.43}$$

介电极化率倒数,即介电隔离率为

$$\chi^{-1} = \frac{\partial^2 F}{\partial P^2} = A_2 + 5A_6 P_s^4 = \frac{1}{C}(T - T_C) + 5A_6 P_s^4 \tag{12.3.44}$$

于是有

$$\chi^{-1} = \frac{1}{C}(T - T_C), \quad T > T_C \tag{12.3.45}$$

$$\chi^{-1} = 4\frac{1}{C}(T_C - T), \quad T < T_C \tag{12.3.46}$$

这些结果表明:T_C 以下,自发极化正比于 $(T_C-T)^{1/4}$,相变温度 T_C 上下居里常量之比为 4。这些既不同于一级相变,也不同于二级相变。

由以上讨论,把一级相变、二级相变和临界相变的特点归纳于表 12.3.1。

表 12.3.1　铁电相变的分类和主要特征

一 级 相 变	临 界 相 变	二 级 相 变
自发极化强度不连续变为零(即突变)	自发极化强度连续变为零	自发极化强度连续变为零
相变时出现两相共存	相变时不能两相共存	相变时不能两相共存
相变时产生潜热	相变时无潜热产生,但比热发生突变	相变时无潜热产生,但比热发生突变
居里温度高于居里-外斯定律中的特征温度	居里温度等于居里-外斯定律中的特征温度	居里温度等于居里-外斯定律中的特征温度
铁电相极化率倒数的斜率为非铁电相斜率的 8 倍	铁电相极化率倒数的斜率为非铁电相斜率的 4 倍	铁电相极化率倒数的斜率为非铁电相斜率的 2 倍
有场致相变,顺电-铁电	无场致相变	无场致相变

12.4　反铁电体的自由能与相变

反铁电性的概念是美国科学家 Kittle 在 1951 年根据宏观唯象理论提出的,其具体定义为:反铁电体晶格内部的离子会发生与铁电体类似的自发极化,但不同于铁电体,反铁电体内部相邻晶格具有方向相反的自发极化,因而表现出零剩余极化强度。因此,反向平行排列的偶极子是反铁电体区别于铁电体重要的特征,这在宏观上表现为总的自发极化强度等于零。若对反铁电体施加电场强度大于反铁电体偶极子反转所需的电场时,材料内部的偶极子同向平行排列,这时材料就由反铁电相转变成了铁电相,具体过程如图 12.4.1 所示[176]。使反铁电体偶极子反转所需的电场就是材料的正向转折电场。

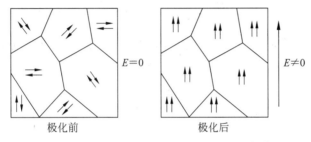

极化前　　　　　　　　　极化后

图 12.4.1　反铁电体的极化过程示意图[176]

反铁电体在电场作用下会发生铁电-反铁电相变,从而表现出双电滞回线,如图 12.4.2 所示。在自由状态下,反铁电体内偶极子反向平行排列,表现为宏观极化强度为零;在小电场加载下,电场使得部分偶极子开始转向,宏观极化强度开始增加;当电场大于材料的正向转折电场 E_{AF} 时,材料内部相邻偶极子在电场作用下迅速转向实现同向平行,表现为宏观极化强度迅速增加;若电场继续增加,已转变为铁电态的材料宏观极化强度逐渐达到饱和。降低加载电场,材料的极化强度逐渐减小;当外电场小于材料的

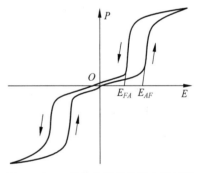

图 12.4.2　反铁电材料的双电滞回线

反向转折电场 E_{FA} 时,材料内部偶极子恢复反向平行排列,宏观极化强度急速减小,变回反铁电相。

反铁电体内部相邻晶格具有方向相反的自发极化,如图 12.4.1 所示,若子晶格 I 的极化强度为 P_1,子晶格 II 的极化强度为 P_2,并有 $P_1 = -P_2$。采用类似于铁电体的自由能展成为极化强度的幂级数的方法,也把反铁电体的自由能展成为子晶格的极化强度 P_1 和 P_2 的幂级数,这种做法不是很严格的,因为 P_1、P_2 不是实验上可以测定的量。

$$F(T,P_1,P_2) - F(T,0) = A_2(P_1^2 + P_2^2) + BP_1P_2 + A_4(P_1^4 + P_2^4) + A_6(P_1^6 + P_2^6)$$

$$(12.4.1)$$

式中,$F(T,0)$ 为顺电态时的自由能,系数 A_2 是温度的函数;B、A_4、A_6 可以认为与温度无关,系数 B 表示两套亚子格之间的耦合强度。对于铁电态有 $P_1 = P_2$,反铁电态有 $P_1 = -P_2$,顺

电态有 $P_1=P_2=0$。这里只考虑反铁电态的相变的情况,即 $P_1=-P_2$ 的情况。这样系数 B 应该取正值,以保证自由能式(12.4.1)可以描写反铁电相变。由于在顺电态即相变温度以上极化率遵从居里-外斯定律,因此可以预料系数 A_2 与温度之间存在线性关系。当 A_4 也是正值时,式(12.4.1)就代表二级相变的自由能;当 A_4 为负值时,式(12.4.1)就代表一级相变的自由能,即 A_4 的符号反映反铁电的相变级次的性质。

12.4.1　二级相变

在 $A_4>0$ 的情况下,可以忽略式(12.4.1)P^6 项,可得

$$\begin{cases} E=\dfrac{\partial F}{\partial P_1}=2A_2P_1+BP_2+4A_4P_1^3 \\[2mm] E=\dfrac{\partial F}{\partial P_2}=2A_2P_2+BP_1+4A_4P_2^3 \end{cases} \tag{12.4.2}$$

考虑在相变温度 T_0 以下的自发极化,这时 $E=0$,晶体处于反铁电态,子晶格出现自发极化。令 P_{10}、P_{20} 代表自发极化强度,并注意到 $P_{10}=-P_{20}$,于是由式(12.4.2)可得

$$P_{10}^2=\frac{B-2A_2}{4A_4} \tag{12.4.3}$$

在相变温度时,子晶格的自发极化强度为零,于是系数 A_2 的临界值为

$$(A_2)_c=\frac{B}{2} \tag{12.4.4}$$

在邻近顺电相稳定极限温度 T_C 作泰勒级数展开,取到一次项可以给出系数 A_2 与温度的关系式为

$$A_2=\frac{B}{2}+\frac{1}{C}(T-T_C) \tag{12.4.5}$$

式中,T_C 为相变温度,或居里温度。

介电极化率:如果在反铁电态作用一个弱电场 ΔE,则总极化强度的变化为 $\Delta P=\Delta P_1+\Delta P_2$,并令 $P_{10}^2\approx P_1^2\approx P_2^2$,由式(12.4.2)可得

$$2\Delta E=2A_2\Delta P+B\Delta P+12A_4P_{10}^2\Delta P \tag{12.4.6}$$

由此得到反铁电态即相变温度以下时的极化率,即

$$\frac{1}{\chi_{AF}}=\frac{\Delta E}{\Delta P}=\frac{1}{2}(2A_2+B+12A_4P_{10}^2) \tag{12.4.7}$$

再将式(12.4.3)以及式(12.4.6)代入上式,得

$$\frac{1}{\chi_{AF}}=B-\frac{2}{C}(T-T_C) \tag{12.4.8}$$

如果在顺电态作用一个小电场 ΔE,这时极化强度很小,P^4 项可以忽略不计。于是得到顺电态即相变温度以上时的极化率为

$$\frac{1}{\chi_P}=\frac{\Delta E}{\Delta P}=\frac{1}{2}(2A_2+B) \tag{12.4.9}$$

将式(12.4.5)代入上式得

$$\frac{1}{\chi_P}=B+\frac{1}{C}(T-T_C)=\frac{1}{C}[T-(T_C-BC)]=\frac{1}{C}(T-T_0) \tag{12.4.10}$$

式中，$T_0 = T_C - BC$ 为居里-外斯特征温度。可见反铁电体的居里-外斯特征温度 T_0 低于二级相变温度 T_C。其次，由式(12.4.8)和式(12.4.10)还可看出，在二级相变温度 T_C 时，极化率保持连续和有限，这些结论与铁电体的二级相变的情况不相同。

比热：假设只有系数 A_2 与温度有关，其他 B、A_4、A_6 等系数与温度无关，故得二级相变时熵 S 的变化为

$$\Delta S = -\left(\frac{\partial F}{\partial T}\right)_p = -(P_{10}^2 + P_{20}^2)\frac{\partial A_2}{\partial T} \tag{12.4.11}$$

利用式(12.4.3)得到定压比热 C_P 在相变温度时的变化为

$$\Delta C_p = T_C\left(\frac{\partial \Delta S}{\partial T}\right) = -T_C\frac{\partial}{\partial T}\left[(P_{10}^2 + P_{20}^2)\frac{\partial A_2}{\partial T}\right] = \frac{T_C}{A_4}\left(\frac{\partial A_2}{\partial T}\right)\left(\frac{\partial A_2}{\partial T}\right) \tag{12.4.12}$$

将式(12.4.5)代入式(12.4.12)，得

$$\Delta C_p = \frac{T_C}{C^2 A_4} \tag{12.4.13}$$

可见二级相变时比热出现反常。

12.4.2　一级相变

一级相变是 $A_4 < 0$ 的情况，由式(12.4.1)得

$$E = \frac{\partial F}{\partial P_1} = 2A_2 P_1 + BP_2 + 4A_4 P_1^3 + 6A_6 P_1^5 \tag{12.4.14}$$

在相变温度以下，晶体处于反铁电态，无外场时子晶格出现自发极化，并有 $P_{10} = -P_{20}$，于是由式(12.4.14)可得

$$6A_6 P_{10}^4 + 4A_4 P_{10}^2 + (2A_2 - B) = 0 \tag{12.4.15}$$

因为一级相变时两相可以共存，即反铁电相与顺电相共存，故在居里温度时有

$$F(T_C, P_{10}, P_{20}) = F(T_C, 0) \tag{12.4.16}$$

于是 $T = T_C$ 时，式(12.4.1)可简化为

$$2A_6 P_{10}^4 + 2A_4 P_{10}^2 + (2A_2 - B) = 0 \tag{12.4.17}$$

式(12.4.15)与式(12.4.17)的解给出 $T = T_C$ 时

$$P_{10}^2 = (B - 2A_2)/A_4 \tag{12.4.18}$$

$$P_{10}^4 = (2A_2 - B)/(2A_6) \tag{12.4.19}$$

$$A_2 = \frac{B}{2} + \frac{A_4^2}{4A_6} \tag{12.4.20}$$

在邻近极限温度 T_C 作泰勒级数展开，取到一次项可以给出系数 A_2 与温度的关系式为

$$A_2 = \frac{B}{2} + \frac{A_4^2}{4A_6} + \frac{1}{C}(T - T_C) \tag{12.4.21}$$

式中，T_C 为相变温度，或居里温度。由式(12.4.18)和式(12.4.21)可以看出一级相变极化强度 $P_{10} = -P_{20}$ 在相变温度 T_C 处是不连续的，是突然变化的。

介电极化率：如果在反铁电态作用下作用一个弱电场 ΔE，则极化强度的变化为 $\Delta P = \Delta P_1 + \Delta P_2$，并令 $P_{10}^2 \approx P_1^2 \approx P_2^2$ 和 $P_{10}^4 \approx P_1^4 \approx P_2^4$，可得

$$2\Delta E = (2A_2 + B)\Delta P + 12A_4 P_{10}^2 \Delta P + 30A_6 P_{10}^4 \Delta P \tag{12.4.22}$$

由此得到反铁电态的极化率,即

$$\frac{1}{\chi_{AF}} = \frac{\Delta E}{\Delta P} = \frac{1}{2}(2A_2 + B + 12A_4 P_{10}^2 + 30A_6 P_{10}^4) \tag{12.4.23}$$

再将式(12.4.18)、式(12.4.19)以及式(12.4.21)代入上式,得

$$\frac{1}{\chi_{AF}} = B + \frac{A_4^2}{A_6} + \frac{4}{C}(T - T_C) \tag{12.4.24}$$

如果在顺电态作用一个弱电场 ΔE,这时极化强度很小,P^4 项可以忽略不计。于是得到顺电态时的极化率为

$$\frac{1}{\chi_P} = \frac{\Delta E}{\Delta P} = \frac{1}{2}(2A_2 + B) \tag{12.4.25}$$

将式(12.4.21)代入上式得

$$\frac{1}{\chi_P} = B + \frac{A_4^2}{4A_6} + \frac{1}{C}(T - T_C) \tag{12.4.26}$$

即 $T > T_C$ 时

$$\frac{1}{\chi_P} = \frac{1}{C}\left\{ T - \left[T_C - C\left(B + \frac{A_4^2}{4A_6} \right) \right] \right\} = \frac{1}{C}(T - T_0) \tag{12.4.27}$$

式中,$T_0 = T_C - C\left(B + \dfrac{A_4^2}{4A_6} \right)$。可见反铁电体一级相变的 T_C 高于居里-外斯特征温度。其次,由式(12.4.24)和式(12.4.27)还可看出,在一级相变温度时,极化率有限,但不连续。

由于是一级相变,极化强度 $P_{10} = -P_{20}$ 在相变温度 T_C 处是不连续的,是突然变化的,假设只有系数 A_2 与温度有关,所以相变热量为

$$Q = T_C \Delta S = T_C \left[\frac{\partial F(T_C, P)}{\partial T} - \frac{\partial F(T_C, 0)}{\partial T} \right] = 2T_C P^2 \left(\frac{\partial A_2}{\partial T} \right) \tag{12.4.28}$$

式中,$P = P_1 = -P_2$。如果 P^4 以上项可以忽略不计,则上式可简化为

$$Q = \frac{2}{C} T_C P^2 \tag{12.4.29}$$

12.4.3　结果讨论

(1) 对于一级相变,居里-外斯特征温度 T_0 小于相变温度 T_C;而对于二级相变,居里-外斯特征温度 T_0 等于相变温度 T_C。

(2) 对于一级相变,其极化率在居里温度时有限而且不连续;而对于二级相变介电常数在相变温度连续变化。

(3) $PbZrO_3$ 从顺电态到反铁电态的相变是一级相变,可通过式(12.4.29)估计子晶格的自发极化强度的大小。利用相变热 Q、相变温度 T_C 以及居里-外斯常数 C,可得子晶格的极化强度 $P = 7.4 \times 10^4$ C/cm² ,这个数值与 $BaTiO_3$ 自发极化强度相差不多。

12.5　动力学性质

以上热力学理论讨论的都是静态或平衡态的性质,铁电体的动力学性质在铁电体的研究和应用中也是同样重要的,如电滞回线和介电常数都是在外加交变电场下测得的。利用

热力学理论处理铁电体弛豫过程的出发点是卡拉尼科夫-朗道(Khalanitkov-Landau)方程,即

$$\frac{\mathrm{dP}}{\mathrm{d}t} = -\Gamma\left(\frac{\partial F}{\partial P}\right) \tag{12.5.1}$$

式中,$(\partial F/\partial P)$ 是热力学恢复力,Γ 是热力学恢复力系数。把自由能密度式(12.3.1)代入式(12.5.1)中,可得

$$\frac{\mathrm{d}P}{\mathrm{d}t} = -\Gamma(A_2 P + A_4 P_0^3 + A_6 P^5) \tag{12.5.2}$$

把极化强度 P 表示成 $P_0 + \delta P$,并保留线性项,得到所需要的控制方程为

$$\frac{\mathrm{d}(\delta P)}{\mathrm{d}t} = -\Gamma(A_2 + 3A_4 P_0^2 + 5A_6 P_0^4)\delta P \tag{12.5.3}$$

方程的解可表示为

$$\delta P(t) = \delta P(0)\mathrm{e}^{-t/\tau} \tag{12.5.4}$$

其中极化强度弛豫时间等于等温介电极化率 χ_T

$$\chi_T = (A_2 + 3A_4 P_0^2 + 5A_6 P_0^4)^{-1} \approx (A_2 + 3A_4 P^2 + 5A_6 P^4)^{-1} \tag{12.5.5}$$

与热力学恢复力系数倒数的乘积

$$\tau = \frac{1}{\Gamma}\chi_T \tag{12.5.6}$$

式(12.5.6)表明对于二级相变,当温度趋于居里温度时由于极化强度 $P=0$ 和式(12.3.15)得到 $A_2 = \frac{1}{C}(T - T_\mathrm{C}) \to 0$,介电极化率趋于无限大,所以极化强度弛豫时间在居里温度点发散,即

$$\tau \to \infty, \quad \text{当 } T \to T_\mathrm{C} \tag{12.5.7}$$

对于一级相变,在居里温度附近由式(12.3.29)有 $A_2 = \frac{3}{16}\frac{A_4^2}{A_6}$,则极化强度弛豫时间不会发散,但是会增加到一个有限的大小。以上结果说明在居里温度附近,铁电体受到外界扰动后的极化强度到达一个新的平衡态需要相当长的时间,这一现象称为临界减慢。

测量电场对电滞回线的影响。利用卡拉尼科夫-朗道方程,可以得到不同测量电场频率和幅度下的电滞回线。在一个外加交变电场 $\boldsymbol{E}$ 作用下,式(12.5.1)改写成

$$\frac{\mathrm{d}P}{\mathrm{d}t} = -\Gamma\left(\frac{\partial F}{\partial P} - E\right) \tag{12.5.8}$$

式(12.5.2)也相应地变为

$$\frac{\mathrm{d}P}{\mathrm{d}t} = -\Gamma(A_2 P + A_4 P^3 + A_6 P^5 - E) \tag{12.5.9}$$

假设电场为正弦形式:

$$E = E_0 \sin(\omega t) \tag{12.5.10}$$

由式(12.5.9)得到的电滞回线如图12.5.1所示,可以明显看出随着电场频率的升高,矫顽电场增大。由于极化矢量反转是一个弛豫过程,在外加电场频率很高时,跟不上外加电场的变化而需要更高的电场来实现反转。而电场幅度 E_0 的增加也会使测量的矫顽电场增加。这是由于强电场会使极化强度增加,从而使表观的矫顽电场增加。因此使用合适的

电场强度和频率才能得到正确的矫顽电场,而饱和自发极化强度似乎不受测量电场的频率和强度的影响。

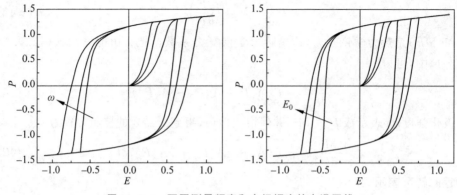

图 12.5.1 不同测量频率和电场幅度的电滞回线

最后应注意卡拉尼科夫-朗道方程中只考虑了阻尼的影响,而忽略了动能项。如果要处理色散问题,需要考虑动能的影响,具体处理过程可参考相关文献书籍。

12.6 弥散相变

针对弥散性铁电相变人们提出了多种理论解释,其中最常被人们引用的是 Smolensk 的成分起伏理论。他假定样品中分成许多微区,各微区相变温度的分布可以说明介电常数弥散性的主要特点。

假设各微区的居里温度 T_C 呈高斯分布,

$$f(T_C) = e^{-(T_C - T_m)^2 / 2\sigma^2} \tag{12.6.1}$$

式中,σ 为方差,代表相变温度分布的宽度。样品的介电常数 $\gamma(T)$ 为各微区介电常数 $\gamma(T, T_C)$ 的统计平均值,因此有

$$\frac{1}{\gamma(T)} = \frac{\int_0^\infty \frac{1}{\gamma(T, T_C)} f(T_C) dT_C}{\int_0^\infty f(T_C) dT_C} \tag{12.6.2}$$

假定各微区的相变是一级的,而且 $\gamma(T, T_C)$ 符合居里-外斯定律,则当 $T < T_C$ 时,将式(12.3.30)的 $\dfrac{A_4^2}{A_6} = \dfrac{16}{3}(T_C - T_0)A_{20}$ 代入式(12.3.11),并考虑 $A_4 < 0$ 取"+"号

$$\begin{aligned}
\frac{1}{\gamma(T, T_C)} &= -4A_{20}(T - T_0) + \frac{A_4^2}{A_6}\left[1 + \sqrt{1 - 4A_{20}(T - T_0)A_6/A_4^2}\right] \\
&= -4A_{20}(T - T_0) + \frac{16}{3}A_{20}(T_C - T_0) \times \left\{1 + \left[1 - \frac{3(T - T_0)}{4(T_C - T_0)}\right]^{1/2}\right\}
\end{aligned} \tag{12.6.3}$$

用相对电容率表示时为

$$\frac{1}{\gamma_r(T, T_C)} = -\frac{4}{C}(T - T_0) + \frac{16}{3C}(T_C - T_0) \times \left\{1 + \left[1 - \frac{3(T - T_0)}{4(T_C - T_0)}\right]^{1/2}\right\}$$

$$(12.6.4)$$

当温度高于居里温度($T > T_C$)时,有

$$\frac{1}{\gamma_r(T, T_C)} = \frac{T - T_0}{C} \tag{12.6.5}$$

由以上各式可以得到样品的介电常数。现在考虑两种特殊情况。

(1) $\sigma \gg T - T_m$,这对应于弥散程度很高的情形,此时

$$\frac{1}{\gamma_r(T)} = \frac{1}{\gamma_{rm}} e^{-(T - T_m)^2 / 2\sigma^2} \tag{12.6.6}$$

作级数展开,略去$(T - T_m)^4$及更高次项,得

$$\frac{1}{\gamma_r(T)} - \frac{1}{\gamma_{rm}} = \frac{(T - T_m)^2}{2\gamma_{rm}\sigma^2} \tag{12.6.7}$$

即

$$\frac{1}{\gamma_r(T)} \propto (T - T_m)^2 \tag{12.6.8}$$

(2) $\sigma \ll T - T_m$,这对应于弥散程度很低的情形,按上述类似的方法可得

$$\frac{1}{\gamma_r(T)} \propto (T - T_m) \tag{12.6.9}$$

这表明,此时符合居里-外斯定律。

一般情况下,$\gamma_r(T)$的温度特性可表示为

$$\frac{1}{\gamma_r(T)} \propto (T - T_m)^{\alpha} \tag{12.6.10}$$

式中,α是衡量相变弥散性程度的参数,称为弥散性指数,$1 \leqslant \alpha \leqslant 2$,有的文献称为介电临界指数。除了$\alpha$之外,也可用$\Delta T$或$\Delta T_m$描写相变的弥散程度。这里,$\Delta T$是介电常数峰的半高宽,$\Delta T_m$是高频和低频时峰值温度$T_m$之差,三者给出的结果是相互一致的。

但是成分起伏理论不能解释铌镁酸铅不能依靠单纯的降温而进入铁电态的现象,只能部分解释其物理现象。超顺电态观点、微畴-宏畴转变观点、自旋(偶极)玻璃态观点以及铌钪酸铅(两种B位离子数目相等的体系)的B位离子无序分布模型等,在解释铁电弛豫体的宏观行为方面均取得了一定的成功,反映了铁电弛豫体的不同侧面。20世纪80年代末,有人提出了空间电荷模型,认为铌镁酸铅内部存在着组成Nb:Mg=1:1沿[111]方向相间分布的有序微区,由于电荷不平衡,这种微区带有电荷,阻止了微区的长大。这一观点曾被看成铁电弛豫体的起因,但是这一观点受到了小角X射线散射结果以及高分辨原子数衬度像的质疑。此外这一观点难以解释铁电弛豫体铌镁酸铅在电场诱导下出现的铁电长程序。后来被广泛接受的观点是无规场模型:铁电弛豫体内部存在的价态差异、缺陷、杂质等都会引起局域的无规场,其作用是导致无规取向的纳米畴或微畴的产生。由于这种无规场妨碍铁电有序相的形成,体系相变的行为取决于铁电偶极子相互作用与局域场的比较。

自从20世纪50年代在铌镁酸铅陶瓷样品中观察到铁电弛豫体的弥散性相变以来,对于这类材料奇异的物理性质的起因的研究虽然也是有起伏,但是从未停止过。到90年代末,人们利用坩埚下降法等技术成功制备了铌镁酸铅-钛酸铅等单晶体,并发现具有非常大

而且无明显滞后的电致伸缩效应,形成了铁电弛豫体的研究的又一个新高潮。

最近 Kutnjak 等通过铌镁酸铅-钛酸铅单晶熔的测量,发现这类材料有高压电性能是由于处于电场-组分-温度的三临界线附近。在这种情形下,极化强度只需要克服很小的势垒就可以重新取向,从而导致了这类材料具有很高的压电常数。他们得到铌镁酸铅-钛酸铅的临界组分为 0.295,临界电场为 $1.3\ \mathrm{kV \cdot cm^{-1}}$,图 12.6.1 即他们得到的相图,箭头所指为三临界点。

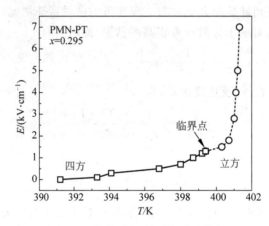

图 12.6.1　铌镁酸铅-钛酸铅单晶的相图

12.7　热释电系数与电卡系数

弹性电介质的热力学状态可由温度 T 和熵 S,电场 E 和电位移 D,应力 σ 和应变 ε 这三对物理量来描述。先考虑取温度、电场强度和应力(T, E, σ)为自变量的情况,此时电位移的微分形式可写为

$$\mathrm{d}D_m = \left(\frac{\partial D_m}{\partial \sigma_{ij}}\right)_{E,T} \mathrm{d}\sigma_{ij} + \left(\frac{\partial D_m}{\partial E_n}\right)_{\sigma,T} \mathrm{d}E_n + \left(\frac{\partial D_m}{\partial T}\right)_{\sigma,E} \mathrm{d}T \tag{12.7.1}$$

或者

$$\mathrm{d}D_m = d_{mij}^{E,T} \mathrm{d}\sigma_{ij} + \Upsilon_{mn}^{\sigma} \mathrm{d}E_n + p_m^{E,\sigma} \mathrm{d}T \tag{12.7.2}$$

式中,右边第一和第二项分别反映了压电性和介电性,第三项反映了热释电性。如果应力和电场保持恒定(或为零),则有

$$\mathrm{d}D_m = p_m^{E,\sigma} \mathrm{d}T \tag{12.7.3}$$

因为独立变量为温度、电场和应力,故特征函数为吉布斯自由能:

$$G = U - TS - \sigma_{ij}\varepsilon_{ij} - E_m D_m \tag{12.7.4}$$

由热力学第一定律和第二定律可得

$$\mathrm{d}G = -S\mathrm{d}T - D_m \mathrm{d}E_m - \varepsilon_{ij}\mathrm{d}\sigma_{ij} \tag{12.7.5}$$

另外,

$$\mathrm{d}G = \left(\frac{\partial G}{\partial \sigma_{ij}}\right)_{E,T} \mathrm{d}\sigma_{ij} + \left(\frac{\partial G}{\partial E_m}\right)_{\sigma,T} \mathrm{d}E_m + \left(\frac{\partial G}{\partial T}\right)_{\sigma,E} \mathrm{d}T \tag{12.7.6}$$

所以有

$$\left(\frac{\partial G}{\partial E_m}\right)_{\sigma,T} = -D_m , \quad \left(\frac{\partial G}{\partial T}\right)_{\sigma,E} = -S \qquad (12.7.7)$$

$$\left(\frac{\partial^2 G}{\partial E_m \partial T}\right)_\sigma = -\left(\frac{\partial D_m}{\partial T}\right)_{\sigma,E} = -p_m^{E,\sigma} \qquad (12.7.8)$$

$$\left(\frac{\partial^2 G}{\partial T \partial E_m}\right)_\sigma = -\left(\frac{\partial S}{\partial E_m}\right)_{\sigma,T} \qquad (12.7.9)$$

式(12.7.8)给出的是热释电系数,式(12.7.9)给出的是电场引起的熵的变化,称为电卡系数或者电热系数。电卡效应是热释电效应的逆效应,有时也称为电热效应或电生热效应。由此两式可得出

$$p_m^{E,\sigma} = \left(\frac{\partial S}{\partial E_m}\right)_{T,\sigma} \qquad (12.7.10)$$

上式表明,电场和应力恒定时的热释电系数等于应力和温度恒定时的电热系数。在考虑以温度、电场强度和应变($T, \boldsymbol{E}, \boldsymbol{\varepsilon}$)为自变量的情况,电位移的微分形式可写为

$$\begin{aligned} \mathrm{d}D_m &= \left(\frac{\partial D_m}{\partial \varepsilon_{ij}}\right)_{E,T} \mathrm{d}\varepsilon_{ij} + \left(\frac{\partial D_m}{\partial E_n}\right)_{\varepsilon,T} \mathrm{d}E_n + \left(\frac{\partial D_m}{\partial T}\right)_{\varepsilon,E} \mathrm{d}T \\ &= e_{mij}^{E,T} \mathrm{d}\varepsilon_{ij} + \Upsilon_{mn}^{\varepsilon,T} \mathrm{d}E_n + p_m^{\varepsilon,E} \mathrm{d}T \end{aligned} \qquad (12.7.11)$$

如果应变和电场保持恒定,则有

$$\mathrm{d}D_m = p_m^{\varepsilon,E} \mathrm{d}T \qquad (12.7.12)$$

在温度、电场和应变为自变量时,特征函数为电吉布斯自由能 G_2,

$$\mathrm{d}G_2 = \sigma_{ij}\mathrm{d}\varepsilon_{ij} - D_m\mathrm{d}E_m - S\mathrm{d}T \qquad (12.7.13)$$

因为

$$\mathrm{d}G_2 = \left(\frac{\partial G_2}{\partial \varepsilon_{ij}}\right)_{E,T} \mathrm{d}\varepsilon_{ij} + \left(\frac{\partial G_2}{\partial E_m}\right)_{\varepsilon,T} \mathrm{d}E_m + \left(\frac{\partial G_2}{\partial T}\right)_{\varepsilon,E} \mathrm{d}T \qquad (12.7.14)$$

所以

$$\left(\frac{\partial G_2}{\partial E_m}\right)_{\varepsilon,T} = -D_m , \quad \left(\frac{\partial G_2}{\partial T}\right)_{\varepsilon,E} = -S \qquad (12.7.15)$$

求偏微商可得

$$p_m^{\varepsilon,E} = \left(\frac{\partial S}{\partial E_m}\right)_{\varepsilon,T} \qquad (12.7.16)$$

此式表明,电场和应变恒定时的热释电系数等于应变恒定时的电热系数。铁电体中,电场造成熵的改变是因为电场改变了极化状态。去极化将引起熵的增加,绝热条件下去极化将引起温度降低。所以利用电热效应可实现绝热去极化制冷。因温度变化很小,这个制冷技术迄今尚未实用,不过研究工作仍在进行。

现在讨论次级热释电系数,假设电场恒定或为零,电位移只是应变和温度的函数:

$$\mathrm{d}D_m = \left(\frac{\partial D_m}{\partial \varepsilon_{ij}}\right)_T \mathrm{d}\varepsilon_{ij} + \left(\frac{\partial D_m}{\partial T}\right)_\varepsilon \mathrm{d}T$$

$$\mathrm{d}\varepsilon_{ij} = \left(\frac{\partial \varepsilon_{ij}}{\partial \sigma_{kl}}\right)_T \mathrm{d}\sigma_{kl} + \left(\frac{\partial \varepsilon_{ij}}{\partial T}\right)_\sigma \mathrm{d}T \qquad (12.7.17)$$

令 $\mathrm{d}\sigma_{kl} = 0$,由以上两式可得

$$dD_m = \left[\left(\frac{\partial D_m}{\partial \varepsilon_{ij}} \right)_T \left(\frac{\partial \varepsilon_{ij}}{\partial T} \right)_\sigma + \left(\frac{\partial D_m}{\partial T} \right)_\varepsilon \right] dT \tag{12.7.18}$$

于是

$$\left(\frac{\partial D_m}{\partial T} \right)_\sigma = \left(\frac{\partial D_m}{\partial T} \right)_\varepsilon + \left(\frac{\partial D_m}{\partial \varepsilon_{ij}} \right)_T \left(\frac{\partial \varepsilon_{ij}}{\partial T} \right)_\sigma \tag{12.7.19}$$

此式左边为总热释电系数,右边第一项是初级热释电系数,第二项是次级热释电系数。因为

$$\frac{\partial D_m}{\partial \varepsilon_{ij}} = e_{mij}, \qquad \frac{\partial \varepsilon_{ij}}{\partial T} = \alpha_{ij} \tag{12.7.20}$$

式中,e_{mij} 和 α_{ij} 分别为压电应力常量和热膨胀系数,所以式(12.7.19)为

$$p_m^\sigma = p_m^\varepsilon + e_{mij}\alpha_{ij}^\sigma \tag{12.7.21}$$

右边的第二项表明次级热释电系数等于压电应力常量与热膨胀系数之积。将式(12.7.19)改写为

$$\left(\frac{\partial D_m}{\partial T} \right)_\sigma = \left(\frac{\partial D_m}{\partial T} \right)_\varepsilon + \left(\frac{\partial D_m}{\partial \sigma_{ij}} \right)_T \left(\frac{\partial \sigma_{ij}}{\partial \varepsilon_{kl}} \right) \left(\frac{\partial \varepsilon_{kl}}{\partial T} \right)_\sigma \tag{12.7.22}$$

它表明:

$$p_m^\sigma = p_m^\varepsilon + d_{mij}C_{ijkl}\alpha_{kl} \tag{12.7.23}$$

右边第二项表明,次级热释电系数等于压电应变常量 d_{mij}、弹性常数张量分量 C_{ijkl} 与热膨胀系数 α_{kl} 的积。表 12.7.1 列出了一些热释电体在室温附近总热释电系数 p_m^σ 和初级热释电系数 p_m^ε 的数值,其中 $p_1^{PC}(10^{-6}\,cm^{-2} \cdot K^{-1})$ 的上标 PC 代表部分夹持,下面的式(12.7.29)是一个具体例题的部分夹持表达式。可以看到,在大多数情况下,初级热释电系数都是总热释电系数的主要贡献者。

表 12.7.1　一些热释电体的零应力、零应变和部分夹持热释电系数

材料(点群)	$p_1^\sigma/(10^{-6}\,cm^{-2} \cdot K^{-1})$	$p_1^\varepsilon/(10^{-6}\,cm^{-2} \cdot K^{-1})$	$p_1^{PC}/(10^{-6}\,cm^{-2} \cdot K^{-1})$
CdS($6mm$)	-4.0	-2.97	-0.13
CdSe($6mm$)	-3.5	-2.94	-0.67
ZnO($6mm$)	-9.4	-6.9	-0.35
$LiSO_4\,H_2O$(2)	$+86.3$	$+60$	
$LiTaO_3$($3m$)	-176	-175	-161
$Pb_3Ge_3O_{11}$(3)	-100	-116	-92
电气石($3m$)	$+0.4$	$+0.48$	
$Sr_{0.5}Ba_{0.5}Nb_2O_6$($4mm$)	-600	-500	-470

　　部分夹持热释电系数：总热释电系数是完全自由条件下的热释电系数,初级热释电系数是完全夹持的条件下的热释电系数。在实用中常遇到部分夹持的情况,这时的热释电系数称为部分夹持热释电系数。部分夹持的一个实例是热释电薄膜下表面固定在基片上,上表面处于自由状态,如图 12.7.1 所示。设热释电轴为 z 轴,它与膜面垂直,膜在 xy 平面内是各向同性的。膜的下表面固定于基片上,故 xy 平面不能发生形变。于是下列条件成立

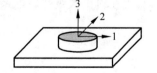

图 12.7.1　固定在基片上
的热释电膜

$$\begin{cases} D_1 = D_2 = 0 \\ \sigma_{11} = \sigma_{22}, \sigma_{33} = 0 \\ \varepsilon_{11} = \varepsilon_{22} = 0 \\ \alpha_1 = \alpha_2, \alpha_4 = \alpha_5 = \alpha_6 = 0 \end{cases} \tag{12.7.24}$$

这里热膨胀系数 α_{kl} 用沃伊特表示。

普通情况下,总热释电系数与初级热释电系数的关系式为式(12.7.23)。在目前的情况,借助式(12.7.24)可将式(12.7.23)简化为

$$p_3^\sigma = p_3^\varepsilon + 2e_{31}\alpha_1 + e_{33}\alpha_3 \tag{12.7.25}$$

式中压电应力常量 e_{mij} 和热膨胀系 α_{ij} 都用沃伊特表示。当温度改变时,应变的变化为

$$\begin{cases} d\varepsilon_{11} = d\varepsilon_{22} = (s_{11} + s_{12})d\sigma_{11} + \alpha_1 dT \\ d\varepsilon_{33} = 2s_{31}d\sigma_{11} + \alpha_3 dT \end{cases} \tag{12.7.26}$$

式中柔度常数 s_{ij} 是沃伊特表示。电位移或者极化强度的改变为

$$dD_3 = 2d_{31}d\sigma_{11} + p_3^\sigma dT \tag{12.7.27}$$

式中压电应变常量 d_{mij} 用沃伊特表示。于是部分夹持电热系数 p_3^{PC} 为

$$p_3^{PC} = \frac{dD_3}{dT} = p_3^\sigma + \frac{2d_{31}d\sigma_{11}}{dT} \tag{12.7.28}$$

将式(12.7.26)代入式(12.7.28),得

$$p_3^{PC} = p_3^\sigma - \frac{2d_{31}\alpha_1}{s_{11} + s_{12}} \tag{12.7.29}$$

表12.7.1列出了一些热释电体在上述情况下的部分夹持热释电系数。可以看到,对于铁电体,部分夹持热释电系数比总热释电系数下降不多,但对于非铁电的热释电材料(如CdS 和 ZnO),部分夹持大大降低了热释电系数。因此在使用非铁电的热释电材料时,将薄膜固定于基底的结构是不尽合理的。铁电材料中自由和受夹持热释电系数差别不大,非铁电的纤锌矿结构材料中这种差别很大,这表明两类材料中热释电效应的主要机制不同。在CdS 和 ZnO 这类纤锌矿材料中,垂直于极轴(六重轴)的平面内的热膨胀机制是通过压电效应引起极轴方向极化的变化。一旦该平面被夹持,有效热释电系数就大为减小,但在铁电材料中,热释电效应主要来源于自发极化随温度的变化,所以膜平面被夹持与否对热释电系数影响不大。对于非极性的压电晶体,在适当的部分夹持条件下,由于压电效应也可导致热释电效应,而且有的晶体有相当大的热释电系数。借助于部分夹持条件可将热释电材料从 10 个极性点群扩展到 20 个有压电性的非中心对称点群。部分夹持条件必须使容许的应变发生于某个一般极性方向,在部分夹持的条件下该方向成为特殊极性方向。α 石英是点群为 32 的非极性压电晶体,x 切石英晶片在其平面受夹的条件下,沿 x 方向的热释电系数为

$$p_1 = \frac{d_{11}(\alpha_1 s_{33} - \alpha_3 s_{13})}{s_{11}s_{33} - s_{13}^2} \tag{12.7.30}$$

在静态实验中,将晶片粘接到刚性基片上已实现平面受夹,只容许厚度方向形变。测得的热释电系数与按上述各式计算的结果相符。表12.7.2列出几种晶体在平面受夹条件下的热释电系数和介电常数与极性材料相比,这些热释电系数虽然小但介电常数也小,所以作为热电探测器材料重要指标之一的电压响应优值 $p/(C_p\Upsilon)$ 仍相当高,这里 p 是热释电

系数,C_p是定压比热。$LiNbO_3$虽是极性晶体,但表面中所列电系数是y切晶片在平面受夹的条件下由热膨胀和压电效应造成的,这与非极性的压电晶体相同。

表 12.7.2 几种晶体的介电常数和部分夹持热释电系数

晶 体	$\varUpsilon$	$p^{PC}/(10^{-6}\,cm^{-2}\cdot K^{-1})$
$Bi_{12}GeO_{20}$	40	$0.2\sim0.3$
$y\text{-}LiNbO_3$	50	$0.3\sim0.5$
$Bi_4(GeO)_3$	16	$0.1\sim0.2$
$\alpha\text{-}SiO_2$	4.5	0.026
GaAs	12	0.015

部分夹持条件也可借助压电谐振来实现,如将样品制成细长棒,当入射辐射脉冲的频率低于长度振动频率时,样品完全自由,无热释电响应。当脉冲频率介于二者之间时,样品处于部分夹持状态,热释电响应明显,这种情况下 622 和 422 点群晶体的热释电系数为

$$p_1 = \frac{d_{14}(\alpha_1 + \alpha_3)}{s_{11} + s_{33} + s_{44} + 2s_{13}} \tag{12.7.31}$$

这里讨论的非极性压电晶体的部分夹持热释电系数,其本质与第三热释电效应相同,都是起源于压电效应。不同的是,前者有赖于部分夹持,后者有赖于非均匀受热。

习题

12.1 在居里温度附近,对于一级相变介电隔离率在高温侧和低温侧之比为多少?对于二级相变,这一比值是多少?对于临界相变,这一比值是多少?

12.2 一级相变的主要特征是什么?

12.3 对于二级相变的反铁电体,试由吉布斯自由能求出极化率为

$$\chi = \frac{1}{B + (T - T_c)/C}, \quad T > T_c$$

$$\chi = \frac{1}{B - 2(T - T_c)/C}, \quad T < T_c$$

12.4 对于一级相变,如何从实验上确定吉布斯自由能表达式中的系数A_{20}和T_0?并证明A_4和A_6可由下式确定

$$A_4 = \frac{64\pi}{C} \frac{(T_0 - T_c)}{3P_{S0}^2}$$

$$A_6 = \frac{64\pi}{C} \frac{(T_c - T_0)}{3P_{S0}^2}$$

式中,P_{S0}是$T = T_c$时的极化强度。

12.5 压电效应和电致伸缩效应有什么相同和不同之处?

12.6 在铁电体的热力学理论中,表征一级铁电相变有几个什么样的特征温度?并从自由能表达式推导出他们之间的关系。

12.7 什么是电卡效应?

第 13 章

电磁材料固体力学

电磁材料和结构作为核心元件广泛应用在现代高科技领域,这就不可避免地涉及电磁材料和结构在电磁场和机械载荷作用下的固体力学问题,而电磁学和固体力学的结合就形成了"电磁材料固体力学"这一新兴的交叉学科。本章主要介绍电磁材料固体力学的电磁场基本方程、电磁介质物理方程、电磁场边界条件、磁性材料的分类、铁磁畴结构和磁化、铁磁体的变形机制、磁学单位与量纲等[177]。

13.1 电磁场的麦克斯韦方程组

从电动力学课程已经知道电流和磁场之间存在相互作用,实验测出两个电流之间有作用力,这种作用力需要通过一种物质来传递,这种特殊的物质称为磁场。电流激发磁场,另一个电流处于该磁场中,就受到磁场对它的作用力,对电流有作用力是磁场的特征性质。恒定电流激发磁场的规律由毕奥-萨伐尔(Biot-Savart)定律给出,进一步可以得到磁场的环量、旋度和散度。实验发现,不但电荷激发电场、电流激发磁场,而且变化着的电场和磁场可以互相激发,电场和磁场成为统一的整体——电磁场,这就是麦克斯韦最伟大的贡献,即麦克斯韦方程组。英国科学期刊《物理世界》曾让读者投票评选"最伟大的公式",麦克斯韦方程组位居第一。麦克斯韦方程组把物理学的"美妙""精确""简单"体现得淋漓尽致。任何一个能把这几个公式看懂的人,一定会感到背后有凉风——如果没有上帝,怎么解释如此完美的方程?这组公式融合了电的高斯定律、磁的高斯定律、法拉第定律以及安培定律。比较谦虚的评价是:"一般地,宇宙间任何的电磁现象,皆可由此方程组解释"。到后来麦克斯韦仅靠纸笔演算,就从这组公式预言了电磁波的存在。我们不是总喜欢编一些故事,比如爱因斯坦小时候因为某一刺激从而走上了发奋学习、报效祖国的道路吗?事实上,这个刺激就是你看到的这个方程组。也正是因为这个方程组完美统一了整个电磁场,让爱因斯坦始终想要以同样的方式统一引力场,并将宏观与微观的两种力放在同一组式子中:即著名的"大一统理论",爱因斯坦直到去世都没有走出这个隧道。

麦克斯韦电磁理论的基础是电磁学的三大实验定律,即库仑定律、毕奥-萨伐尔定律和法拉第电磁感应定律。它们分别适用于静电场、静磁场和缓慢变化的电磁场,不具有普遍适用性。麦克斯韦在总结这些实验定律并把它们与弹性振动理论进行类比的基础上,提出了科学的假设,建立了完整的电磁场理论。

麦克斯韦方程组的积分形式描述的是任意闭合的面或者闭合曲线所占的空间范围内的场与场源(电荷、电流及时变的电场和磁场)相互之间的关系。记 E 和 D 分别表示电场强度和电位移；H 和 B 分别表示磁场强度和磁感应强度；ρ 和 J 分别表示自由电荷密度和自由电荷的电流密度。

安培环路定律：

$$\oint_C H \cdot \mathrm{d}l = \int_s J \cdot \mathrm{d}S + \int_s \frac{\partial D}{\partial t} \cdot \mathrm{d}S \tag{13.1.1}$$

描述了变化的电流激发磁场的规律。其含义是磁场强度沿任意闭合曲线的环量，等于穿过以该闭合曲线为周界的任意曲面的传导电流与位移电流之和。

电磁感应定律：

$$\oint_C E \cdot \mathrm{d}l = -\int_s \frac{\partial B}{\partial t} \cdot \mathrm{d}S \tag{13.1.2}$$

描述了变化的磁场激发电流的规律。其含义是电场强度沿任意闭合曲线的环量，等于穿过以该闭合曲线为周界的任意曲面的磁通量变化率的负值。

磁通守恒定律：

$$\oint_s B \cdot \mathrm{d}S = 0 \tag{13.1.3}$$

描述了磁场的性质，其含义是穿过任意闭合曲面的磁感应强度的通量恒等于零，即无论是传导电流激发的磁场，还是变化电场的位移电流激发的磁场，它们都是涡旋场，磁力线为闭合曲线，对封闭曲面的通量无贡献。

高斯定律：

$$\oint_s D \cdot \mathrm{d}S = \int_V \rho \mathrm{d}V \tag{13.1.4}$$

描述了电场的性质，其含义是穿过任意闭合曲面的电位移的通量等于该闭合面所包围的自由电荷的代数和。它可以是库仑电场，也可以是变化磁场激发的感应电场，但感应电场是涡旋场，它的电位移线是闭合的，对封闭曲面的通量无贡献。

通常所说的麦克斯韦方程组，大都指它的微分形式：

$$\nabla \times H = J + \frac{\partial D}{\partial t} \tag{13.1.5}$$

$$\nabla \times E = -\frac{\partial B}{\partial t} \tag{13.1.6}$$

$$\nabla \cdot B = 0 \tag{13.1.7}$$

$$\nabla \cdot D = \rho \tag{13.1.8}$$

另外，在电磁场理论中假设电荷的量值与运动无关，并且电荷是守恒的，它既不能产生也不能消灭，由此可得

$$\nabla \cdot J + \frac{\partial \rho}{\partial t} = 0 \tag{13.1.9}$$

在电磁场理论中，作用于单位电荷的力为

$$f_0 = E + v \times B \tag{13.1.10}$$

13.2 电磁介质的物理方程

13.2.1 电磁介质的物理描述

当有电磁介质存在时,上述方程尚不够完备,需要补充描述电磁介质的物理方程。对于线性和各向同性电磁介质

$$\boldsymbol{D} = \Upsilon \boldsymbol{E} = \Upsilon_0 \Upsilon_r \boldsymbol{E} \tag{13.2.1}$$

$$\boldsymbol{B} = \mu \boldsymbol{H} = \mu_0 \mu_r \boldsymbol{H} \tag{13.2.2}$$

$$\boldsymbol{J} = \eta \boldsymbol{E} \tag{13.2.3}$$

式中,Υ、Υ_0、Υ_r 分别为介电常数、真空介电常数和相对介电常数,$\Upsilon_0 = 8.85 \times 10^{-12}$ F/m;μ、μ_0、μ_r 分别为磁导率、真空磁导率和相对磁导率,$\mu_0 = 4\pi \times 10^{-7}$ H/m;η 为电导率。在 10.1 节已经详细分析了介电的极化。对于各向异性介质极化强度和电场的关系为式(10.1.11),电位移与电场的关系为式(10.1.18)。

13.2.2 磁介质磁化的物理描述

磁性是物质的一种基本属性,从微观粒子到宏观物体,以至于宇宙天体,无不具有某种程度的磁性,只是其强弱程度不同而已。从宏观角度,外磁场发生改变时,系统能量随之改变,此时表现出宏观磁性。从微观角度来看,物质中带电粒子的运动形成了物质的原磁矩,当这些原磁矩取向有序时,便形成了物质的磁性。

物质是由原子构成的,原子又是由原子核以及围绕核运动的电子组成的。物质的磁性来源于电子磁性,原子具有一定的磁矩,它来源于原子中的电子磁矩和原子核的磁矩(核磁矩)。核磁矩很小,一般可以忽略。电子的磁矩分为轨道磁矩和自旋磁矩,所以原子的总磁矩就是这两部分磁矩的总和。为了描述宏观物体的磁性强弱,类似于 10.1.1 节的描述,一般常用单位体积内的总磁矩来表示,单位体积的总磁矩称为磁化强度 $\boldsymbol{M}$,即

$$\boldsymbol{M} = \frac{\sum_i \boldsymbol{m}_i}{\Delta V} \tag{13.2.4}$$

式中,$\boldsymbol{m}_i$ 为第 i 个分子的磁偶极子的磁矩,求和符号表示对 ΔV 内所有分子求和。当物质未被磁化时,各磁矩取向杂乱无章,矢量和为零。当把物体放入磁场中,各分子磁矩一定程度上沿着磁化场方向排列,磁矩的矢量和不为零,即它被磁化了,其磁化强度 $\boldsymbol{M}$ 与磁场强度 $\boldsymbol{H}$ 的关系为

$$\boldsymbol{M} = \boldsymbol{\chi}_m \cdot \boldsymbol{H} \tag{13.2.5}$$

式中 $\boldsymbol{\chi}_m$ 称为物质的磁化率,是物质磁性参量之一,是二阶张量。磁感应强度可以表示为

$$\boldsymbol{B} = \mu_0 (\boldsymbol{H} + \boldsymbol{M}) = \mu_0 (\boldsymbol{I} + \boldsymbol{\chi}_m) \cdot \boldsymbol{H} = \mu_0 \mu_r \cdot \boldsymbol{H} = \boldsymbol{\mu} \cdot \boldsymbol{H} \tag{13.2.6}$$

写出分量形式为

$$B_i = \mu_0 (H_i + M_i) = \mu_{ij} H_j \tag{13.2.7}$$

同理,磁导率也是二阶张量。

13.3　运动介质的麦克斯韦方程组

电磁场与物体具有复杂的相互作用,电磁场引起物体发生极化或磁化,而这种极化和磁化又成为一种源,使得物体内外的电磁场发生变化;另外,电磁场与极化和磁化后的物体产生相互作用,使得物体的运动状态发生变化。对于处于电磁场中的静止刚体而言,物体中场可以用上述电磁场的麦克斯韦方程组描述。但对于电磁场中运动着的可变形物体,物体内的场十分复杂,在过去的一个多世纪,人们提出了多种电动力学理论来研究变形物体与电磁场的相互作用问题。其中,较为常用的有以下四种理论。

1. 闵可夫斯基表述

闵可夫斯基(Minkowski)提出的运动介质的电动力学理论认为:静止刚体的电磁场相互作用场可以采用麦克斯韦方程组描述,相对于惯性系以常速度 v 运动的物体,其场方程组也可以采用类似的方程组描述,而方程组中的各个量满足的本构方程相应地变化。当运动速度远小于光速时,电磁本构方程可以表示如下:

$$D = \Upsilon \cdot E + (\Upsilon \cdot \mu - \Upsilon_0\mu_0 I) \cdot v \times H \tag{13.3.1}$$

$$B = \mu \cdot H + (\Upsilon_0\mu_0 I - \Upsilon \cdot \mu) \cdot v \times E \tag{13.3.2}$$

$$J - \rho v = \eta(E + v \times B) \tag{13.3.3}$$

尽管该理论是以刚体或不变速度运动着的物体与电磁场相互作用来推导的,但这个理论还是常常被运用于运动可变形物体的情况。

2. 洛伦兹表述

洛伦兹提出所有的电磁现象都归因于运动电荷的作用,假设物体包含着大量的极小带电粒子,这些带电粒子与充满物体中的场相互作用,而这些场满足真空中的麦克斯韦方程。由于电子快速运动,所以微观电磁场在时空中迅速变动,而这些场的平均值是较为光滑的函数。洛伦兹表述的完整的电动力学方程组为

$$\nabla \cdot B = 0 \tag{13.3.4}$$

$$\nabla \times E + \partial B/\partial t = 0 \tag{13.3.5}$$

$$\Upsilon_0 \nabla \cdot E = \rho - \nabla \cdot P \tag{13.3.6}$$

$$\frac{1}{\mu}\nabla \times B - \Upsilon_0\frac{\partial E}{\partial t} = J + \frac{\partial P}{\partial t} + \nabla \times (P \times v) + \nabla \times M \tag{13.3.7}$$

3. 统计表述

随着统计力学的发展,洛伦兹的追随者试图修改电子论,他们认为电子可以分成如原子、离子或者分子等稳定群,每个稳定群中的电子效应由微观电和磁的多极矩(如偶极矩、四极矩等)来表示,而这些多极矩在大量稳定群上的统计平均就是极化强度矢量 P 和磁化强度矢量 M。这种表述的电动力学方程为

$$\nabla \cdot B = 0 \tag{13.3.8}$$

$$\nabla \times \boldsymbol{E} + \partial \boldsymbol{B}/\partial t = \boldsymbol{0} \tag{13.3.9}$$

$$\Upsilon_0 \nabla \cdot \boldsymbol{E} = \rho - \nabla \cdot \boldsymbol{P} \tag{13.3.10}$$

$$\frac{1}{\mu_0} \nabla \times \boldsymbol{B} - \Upsilon_0 \frac{\partial \boldsymbol{E}}{\partial t} = \boldsymbol{J} + \frac{\partial \boldsymbol{P}}{\partial t} + \nabla \times \boldsymbol{M} \tag{13.3.11}$$

4. 朱(Chu)表述

这种表述认为运动和变形物体对电磁场的贡献类似于源(电荷和电流)对电磁场的贡献。这些源可以用自由电荷 ρ、自由电流 $\boldsymbol{J}$、电极化强度矢量 $\boldsymbol{P}$ 和磁化强度矢量 $\boldsymbol{M}$ 表示。极化和磁化可以直接用电荷、电偶极子和磁荷、磁偶极子模拟,这种表述的电动力学方程为

$$\nabla \cdot (\mu_0 \boldsymbol{H}) = -\nabla \cdot (\mu_0 \boldsymbol{M}) \tag{13.3.12}$$

$$\nabla \times \boldsymbol{E} + \mu_0 \frac{\partial \boldsymbol{H}}{\partial t} = -\frac{\partial (\mu_0 \boldsymbol{M})}{\partial t} - \nabla \times (\mu_0 \boldsymbol{M} \times \boldsymbol{v}) \tag{13.3.13}$$

$$\Upsilon_0 \nabla \cdot \boldsymbol{E} = \rho - \nabla \cdot \boldsymbol{P} \tag{13.3.14}$$

$$\nabla \times \boldsymbol{H} - \Upsilon_0 \frac{\partial \boldsymbol{E}}{\partial t} = \boldsymbol{J} + \frac{\partial \boldsymbol{P}}{\partial t} + \nabla \times (\boldsymbol{P} \times \boldsymbol{v}) \tag{13.3.15}$$

式中,$-\nabla \cdot (\mu_0 \boldsymbol{M})$ 是磁化磁荷,$-\nabla \cdot \boldsymbol{P}$ 是极化电荷,$\dfrac{\partial (\mu_0 \boldsymbol{M})}{\partial t} + \nabla \times (\mu_0 \boldsymbol{M} \times \boldsymbol{v})$ 是磁化磁流,$\dfrac{\partial \boldsymbol{P}}{\partial t} + \nabla \times (\boldsymbol{P} \times \boldsymbol{v})$ 是极化电流。

运动介质的克麦斯韦方程组的各种表述都可以从下述整体定律得到。这些定律可以看成对运动物质中的电磁场所作的假设,包括如下定律:

高斯 - 法拉第定律(Gauss-Faraday): $\displaystyle\oint_S \boldsymbol{B} \cdot \mathrm{d}\boldsymbol{S} = 0 \tag{13.3.16}$

法拉第定律(Faraday): $\displaystyle\oint_C \boldsymbol{E}_e \cdot \mathrm{d}\boldsymbol{C} = -\frac{\mathrm{d}}{\mathrm{d}t} \oint_S \boldsymbol{B} \cdot \mathrm{d}\boldsymbol{S} \tag{13.3.17}$

高斯 - 库仑定律(Gauss-Coulomb): $\displaystyle\oint_S \boldsymbol{D} \cdot \mathrm{d}\boldsymbol{S} = \oint_V \rho \mathrm{d}V \tag{13.3.18}$

安培 - 麦克斯韦定律(Ampere-Maxwell): $\displaystyle\oint_C \boldsymbol{H}_e \cdot \mathrm{d}\boldsymbol{C} = \frac{\mathrm{d}}{\mathrm{d}t} \oint_S \boldsymbol{D} \cdot \mathrm{d}\boldsymbol{S} + \oint_S \boldsymbol{J}_e \cdot \mathrm{d}\boldsymbol{S}$

$$\tag{13.3.19}$$

电荷守恒定律: $\displaystyle\oint_S \boldsymbol{J} \cdot \mathrm{d}\boldsymbol{S} + \frac{\mathrm{d}}{\mathrm{d}t} \oint_V \rho \mathrm{d}V = 0 \tag{13.3.20}$

上述各式中的下角标"e"代表有效的,$\boldsymbol{E}_e$、$\boldsymbol{H}_e$、$\boldsymbol{J}_e$ 分别表示有效电场强度、有效磁场强度和有效电流密度。对于静止物体,$\boldsymbol{E}_e = \boldsymbol{E}$,$\boldsymbol{H}_e = \boldsymbol{H}$,$\boldsymbol{J}_e = \boldsymbol{J}$,但对于运动变形物体,有效场与观察者有关。根据真空中运动电荷和电流,可以对有效场赋予多种解释,得出运动介质的麦克斯韦方程的多种形式。比如:在闵可夫斯基表述中,有效场定义为 $\boldsymbol{E}_e = \boldsymbol{E} + \boldsymbol{v} \times \boldsymbol{B}$ 和 $\boldsymbol{H}_e = \boldsymbol{H} - \boldsymbol{v} \times \boldsymbol{D}$,而在 Chu 表述中,有效场定义为 $\boldsymbol{E}_e = \boldsymbol{E} + \boldsymbol{v} \times \mu_0 \boldsymbol{H}$ 和 $\boldsymbol{H}_e = \boldsymbol{H} - \boldsymbol{v} \times \Upsilon_0 \boldsymbol{E}$。

13.4 电磁场的边界条件

在电磁场穿过不同电磁介质的分界面时,电磁介质的参数 $\boldsymbol{\Upsilon}, \boldsymbol{\mu}, \boldsymbol{\eta}$ 发生突变,因此,电磁

场矢量 E、D、H、B 出现相应的不连续,场矢量及其一阶导数在分界面是连续有界的,并且是空间和时间的函数。只有在电磁场的边界条件已知的情况下,才能唯一确定麦克斯韦方程组的解。下面根据麦克斯韦方程组的积分形式导出电磁场的边界条件。

1. 磁场强度 H 的边界条件

设想用一很薄的过渡层代替电磁介质 1 和介质 2 的分界层,参数分别为 $\varUpsilon_1$、μ_1、η_1 和 $\varUpsilon_2$、μ_2、η_2,分界面的法向和切向单位矢量分别表示为参数 e_n 和 e_t,如图 13.4.1 所示。

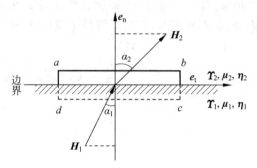

图 13.4.1　H 的边界条件示意图

在分界面上取矩形闭合 $abcda$,其宽边 $ab = cd = \Delta l$,高 $bc = da = \Delta h \to 0$,根据安培环路定律沿此回路求 H 的线积分,可得

$$\oint_C \boldsymbol{H} \mathrm{d}l = \int_a^b \boldsymbol{H} \mathrm{d}l + \int_b^c \boldsymbol{H} \mathrm{d}l + \int_c^d \boldsymbol{H} \mathrm{d}l + \int_d^a \boldsymbol{H} \mathrm{d}l = \int_S \boldsymbol{J} \cdot \mathrm{d}\boldsymbol{S} + \int_S \frac{\partial \boldsymbol{D}}{\partial t} \cdot \mathrm{d}\boldsymbol{S} \quad (13.4.1)$$

由于 $bc = da = \Delta h \to 0$,上式可变为

$$\oint_C \boldsymbol{H} \mathrm{d}l = \int_a^b \boldsymbol{H}_1 \mathrm{d}l + \int_c^d \boldsymbol{H}_2 \mathrm{d}l = \lim_{\Delta h \to 0} \left(\int_S \boldsymbol{J} \cdot \mathrm{d}\boldsymbol{S} + \int_S \frac{\partial \boldsymbol{D}}{\partial t} \cdot \mathrm{d}\boldsymbol{S} \right) \quad (13.4.2)$$

式中 $\lim\limits_{\Delta h \to 0} \int_S \boldsymbol{J} \cdot \mathrm{d}\boldsymbol{S} = \int_{\Delta l} \boldsymbol{J}_s \cdot \boldsymbol{e}_p \mathrm{d}l$,即 $\Delta h \to 0$ 时,如果分界面上存在自由面电流 $\boldsymbol{J}_s$,则闭合回路 $abcda$ 包围此面电流。$\boldsymbol{e}_p$ 是闭合回路所包围面积的法向单位矢量,与绕行方向 $abcda$ 成右手螺旋关系。另外,$\dfrac{\partial \boldsymbol{D}}{\partial t}$ 是有限值,因此,$\lim\limits_{\Delta h \to 0} \int_S \dfrac{\partial \boldsymbol{D}}{\partial t} \cdot \mathrm{d}\boldsymbol{S} = 0$。故式(13.4.2)可以整理为

$$\int_{\Delta l} [\boldsymbol{e}_n \times (\boldsymbol{H}_1 - \boldsymbol{H}_2)] \cdot \boldsymbol{e}_p \mathrm{d}l = \int_{\Delta l} \boldsymbol{J}_s \cdot \boldsymbol{e}_p \mathrm{d}l \quad (13.4.3)$$

因此,磁场强度在穿过存在面电流的分界面时,其切向分量是不连续的

$$\boldsymbol{e}_n \times (\boldsymbol{H}_1 - \boldsymbol{H}_2) = \boldsymbol{J}_s \quad \text{或者} \quad H_{1t} - H_{2t} = J_s \quad (13.4.4)$$

当两种电磁介质的电导率有限时,分界面上不存在面电流分布,其切向分量是连续的

$$\boldsymbol{e}_n \times (\boldsymbol{H}_1 - \boldsymbol{H}_2) = 0 \quad \text{或者} \quad H_{1t} - H_{2t} = 0 \quad (13.4.5)$$

2. 电场强度 E 的边界条件

$\dfrac{\partial \boldsymbol{B}}{\partial t}$ 是有限值,因此,$\lim\limits_{\Delta h \to 0} \int_S \dfrac{\partial \boldsymbol{B}}{\partial t} \cdot \mathrm{d}\boldsymbol{S} = 0$,根据电磁感应定律可得电场强度 E 的边界条件为

$$\boldsymbol{e}_t \cdot (\boldsymbol{E}_1 - \boldsymbol{E}_2) = 0 \quad \text{或者} \quad E_{1t} - E_{2t} = 0 \quad (13.4.6)$$

表明电场强度的切向分量是连续的。

3. 磁感应强度 B 的边界条件

在两种电磁介质的分界面上做一个底面积为 ΔS,高为 Δh 的扁圆柱形闭合面,其中一半在介质 1 中,另外一半在介质 2 中,如图 13.4.2 所示。因为 ΔS 足够小,可以认为穿过此面积的磁通量为常数;又因为 $\Delta h \to 0$,故圆柱面侧面对面积分的贡献可以忽略。根据磁通守恒定律,可得

$$e_n \cdot (B_1 - B_2) = 0 \quad \text{或者} \quad B_{1n} - B_{2n} = 0 \tag{13.4.7}$$

表明电磁应强度的法向量分量是连续的。

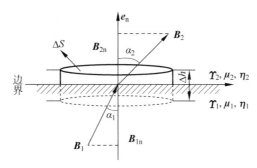

图 13.4.2 磁感应强度 B 的边界条件示意图

4. 电位移矢量 D 的边界条件

分界面上存在的自由电荷密度为 ρ_s,所以电位移矢量法向分量在分界面上是不连续的,根据高斯定律可得

$$e_n \cdot (D_1 - D_2) = \rho_s \quad \text{或者} \quad D_{1n} - D_{2n} = \rho_s \tag{13.4.8}$$

13.5 电磁能量与坡印亭定理

电磁场具有能量,赫兹(Hertz)实验证明了电磁场是能量的载体。在线性介质中,电磁场能量可表示为

$$W = W_e + W_m = \frac{1}{2} \int_V (D \cdot E + B \cdot H) \, \mathrm{d}V \tag{13.5.1}$$

在非定常情况下,空间各点的电磁场能量密度也要随着时间改变,并以波动的形式传播,即电磁能量流动。为了描述电磁能量流动情况,引入了电磁能流密度矢量,又称为坡印亭(Poynting)矢量,用 S 表示。其方向为电磁能量的流动方向,其大小为单位时间内流过与能量流动方向垂直的单位面积的电磁能量。很容易证明:

$$\frac{1}{2} \frac{\partial (D \cdot E + B \cdot H)}{\partial t} = E \cdot \frac{\partial D}{\partial t} + H \cdot \frac{\partial B}{\partial t} \tag{13.5.2}$$

由麦克斯韦方程组可知

$$\frac{\partial D}{\partial t} = \nabla \times H - J, \quad \frac{\partial B}{\partial t} = -\nabla \times E \tag{13.5.3}$$

矢量恒等式为

$$\nabla \cdot (\boldsymbol{E} \times \boldsymbol{H}) = \boldsymbol{H} \cdot (\nabla \times \boldsymbol{E}) - \boldsymbol{E} \cdot (\nabla \times \boldsymbol{H}) \qquad (13.5.4)$$

将式(13.5.3)、式(13.5.4)代入式(13.5.2),可得

$$\frac{1}{2} \frac{\partial (\boldsymbol{D} \cdot \boldsymbol{E} + \boldsymbol{B} \cdot \boldsymbol{H})}{\partial t} = \boldsymbol{E} \cdot (\nabla \times \boldsymbol{H} - \boldsymbol{J}) + \boldsymbol{H} \cdot (-\nabla \times \boldsymbol{E}) = \nabla \cdot (\boldsymbol{E} \times \boldsymbol{H}) - \boldsymbol{E} \cdot \boldsymbol{J}$$

$$(13.5.5)$$

所以电磁能量随时间的流动可表示为

$$\frac{\mathrm{d}W}{\mathrm{d}t} = -\int_V [\nabla \cdot (\boldsymbol{E} \times \boldsymbol{H}) + \boldsymbol{E} \cdot \boldsymbol{J}] \mathrm{d}V = -\oint_S (\boldsymbol{E} \times \boldsymbol{H}) \cdot \mathrm{d}\boldsymbol{S} - \int_V (\boldsymbol{E} \cdot \boldsymbol{J}) \mathrm{d}V$$

$$(13.5.6)$$

从能量守恒的观点来看,右端第一项代表单位时间内通过曲面 S 进入体积 V 的电磁能量,所以定义坡印亭矢量 $\boldsymbol{S} = \boldsymbol{E} \times \boldsymbol{H}$,因此 $\boldsymbol{S}$、$\boldsymbol{E}$ 和 $\boldsymbol{H}$ 三者相互垂直,且成右手螺旋关系。右端第二项是单位时间内电场对体积 V 中电流所做的功。

13.6　电磁场位函数

一般情况下,直接求解麦克斯韦方程组比较困难,通过位函数作为辅助量,常常可使电磁场的分析变得简单,这里介绍几种常见的引入位函数。

1. 矢量位和标量位

由于磁场 $\boldsymbol{B}$ 的散度恒等于零,即 $\nabla \cdot \boldsymbol{B} = 0$,因此可以将磁场 $\boldsymbol{B}$ 表示为一个矢量函数 $\boldsymbol{A}$ 的旋度,即

$$\boldsymbol{B} = \nabla \times \boldsymbol{A} \qquad (13.6.1)$$

式中,矢量函数 $\boldsymbol{A}$ 称为电磁场的矢量位,将上式代入电磁感应定理的方程,可得

$$\nabla \times \boldsymbol{E} = -\frac{\partial \boldsymbol{B}}{\partial t} = -\frac{\partial}{\partial t}(\nabla \times \boldsymbol{A}) \qquad (13.6.2)$$

整理可得

$$\nabla \times \left(\boldsymbol{E} + \frac{\partial \boldsymbol{A}}{\partial t} \right) = \boldsymbol{0} \qquad (13.6.3)$$

由于旋度为零,可以引入一个标量位函数 φ 的梯度来表示,即

$$\boldsymbol{E} + \frac{\partial \boldsymbol{A}}{\partial t} = -\nabla \varphi \qquad (13.6.4)$$

但由于只规定了矢量函数 $\boldsymbol{A}$ 的旋度,没有规定它的散度,使得矢量位和标量位并不唯一。还存在另外的 $\boldsymbol{A}'$ 和 φ',可以求得同样的 $\boldsymbol{E}$ 和 $\boldsymbol{B}$,比如可令

$$\boldsymbol{A}' = \boldsymbol{A} + \nabla \Phi, \quad \varphi' = \varphi - \frac{\partial \Phi}{\partial t} \qquad (13.6.5)$$

则可以得到

$$\boldsymbol{B}' = \nabla \times \boldsymbol{A}' = \nabla \times (\boldsymbol{A} + \nabla \Phi) = \nabla \times \boldsymbol{A} + \nabla \times \nabla \Phi = \nabla \times \boldsymbol{A} = \boldsymbol{B} \qquad (13.6.6)$$

$$\boldsymbol{E}' = -\frac{\partial \boldsymbol{A}'}{\partial t} - \nabla \varphi' = -\frac{\partial \boldsymbol{A}}{\partial t} - \frac{\partial \nabla \Phi}{\partial t} - \nabla \varphi + \nabla \frac{\partial \Phi}{\partial t} = -\frac{\partial \boldsymbol{A}}{\partial t} - \nabla \varphi = \boldsymbol{E} \qquad (13.6.7)$$

对于各向同性介质,将矢量位和标量位函数代入安培定理的公式(13.1.5),可得

$$\nabla \times \nabla \times \boldsymbol{A} = \mu \boldsymbol{J} - \mu \varUpsilon \frac{\partial^2 \boldsymbol{A}}{\partial t^2} - \mu \varUpsilon \nabla\left(\frac{\partial \varphi}{\partial t}\right) \tag{13.6.8}$$

利用矢量恒等式$\nabla \times \nabla \times \boldsymbol{A} = \nabla(\nabla \cdot \boldsymbol{A}) - \nabla^2 \boldsymbol{A}$,可得

$$\nabla^2 \boldsymbol{A} - \mu \varUpsilon \frac{\partial^2 \boldsymbol{A}}{\partial t^2} - \nabla\left(\nabla \cdot \boldsymbol{A} + \mu \varUpsilon \frac{\partial \varphi}{\partial t}\right) = \mu \boldsymbol{J} \tag{13.6.9}$$

由高斯定理方程(13.1.8)可得

$$\nabla^2 \varphi + \frac{\partial}{\partial t}(\nabla \cdot \boldsymbol{A}) = -\frac{\rho}{\varUpsilon} \tag{13.6.10}$$

为了得到唯一的矢量位和标量位,在电磁工程中,通常规定矢量$\boldsymbol{A}$的散度为

$$\nabla \cdot \boldsymbol{A} = -\mu \varUpsilon \frac{\partial \varphi}{\partial t} \tag{13.6.11}$$

此式称为洛伦兹条件,这样就可以得到达朗贝尔方程

$$\nabla^2 \boldsymbol{A} - \mu \varUpsilon \frac{\partial^2 \boldsymbol{A}}{\partial t^2} = \mu \boldsymbol{J} \tag{13.6.12}$$

$$\nabla \cdot \varphi^2 - \mu \varUpsilon \frac{\partial^2 \varphi}{\partial t^2} = -\frac{\rho}{\varUpsilon} \tag{13.6.13}$$

在洛伦兹规范下求解,矢量位和标量位分别在两个独立的方程中,且矢量位仅与电流密度有关,标量位仅与电荷密度关。还有一种选择是库仑规范

$$\nabla \cdot \boldsymbol{A} = 0 \tag{13.6.14}$$

这两种规范下所求的矢量位和标量位不同,但求出的电场和磁感应强度是相同的。

2. 静态磁场的矢量位和标量位

在恒定磁场下的磁矢位仍是利用磁场的无散度特征定义的,即$\boldsymbol{B} = \nabla \times \boldsymbol{A}$,但此时一般选用库仑规范定义它的散度,可以得到

$$\nabla^2 \boldsymbol{A} = \mu \boldsymbol{J} \tag{13.6.15}$$

不同电磁介质分界面上磁矢位表示的边界条件为

$$\boldsymbol{e}_\mathrm{n} \times \left(\frac{1}{\mu_1} \nabla \times \boldsymbol{A}_1 - \frac{1}{\mu_2} \nabla \times \boldsymbol{A}_2\right) = \boldsymbol{J}_s \tag{13.6.16}$$

$$\boldsymbol{A}_1 = \boldsymbol{A}_2 \tag{13.6.17}$$

当电流密度为零时,有$\nabla \times \boldsymbol{H} = \boldsymbol{0}$,所以,可以将$\boldsymbol{H}$表示为一个标量函数的梯度,即

$$\boldsymbol{H} = -\nabla \varphi_\mathrm{m} \tag{13.6.18}$$

式中φ_m称为标量磁位,在均匀线性和各向同性的磁介质中,可得

$$\nabla^2 \varphi_\mathrm{m} = 0 \tag{13.6.19}$$

不同电磁介质分界面上标量磁位的边界条件为

$$\varphi_\mathrm{m1} = \varphi_\mathrm{m2} \tag{13.6.20}$$

$$\mu_1 \frac{\partial \varphi_\mathrm{m1}}{\partial n} = \mu_2 \frac{\partial \varphi_\mathrm{m2}}{\partial n} \tag{13.6.21}$$

13.7 磁性材料的分类

磁性是一切物质的基本属性,其强弱和物质的磁性本质有关,因此其磁化规律及物理方程也不同,有些磁介质表现出线性磁化规律,有些磁介质的磁化率随着磁场的变化而变化,表现出非线性磁化规律,并且存在磁滞现象。各种物质的磁性不同,可以根据磁体的磁化率大小和符号分为五类。

1. 抗磁性

这是一种原子系统在外磁场的作用下,获得与外磁场方向相反的磁矩的现象。当某些物质受到外磁场 H 作用后,感生出与 H 方向相反的磁化强度,其磁化率 $\chi < 0$,这种物质称为抗磁性物质,如图 13.7.1 所示。χ 不但小于零,而且绝对值也很小,一般为 10^{-5} 数量级。抗磁性物质的磁化曲线为直线,这种磁性的来源是由于电磁感应作用,外磁场改变了电子绕原子核旋转的速度。楞次定律指出,感生电流产生一个反抗外场变化的磁通,因此表现出抗磁性,所有物质都有抗磁性,一般抗磁性磁化率不随温度的改变而变化。

2. 顺磁性

许多物质在受到外磁场作用后,感生出与磁场方向相同的磁化强度,其磁化率 $\chi > 0$,但是其绝对值很小,一般为 $10^{-5} \sim 10^{-3}$ 数量级。具有顺磁性的物质很多,典型的有稀土金属和铁族元素的盐类等,磁介质的分子也可分为两类:一类分子中各电子磁矩相互抵消,不具有固有磁矩;另外一类分子中各电子磁矩不能完全抵消,因而具有一定的固有磁矩。当磁介质中含有固有的原子、离子或电子磁矩,并且固有磁矩之间的相互作用较小可以自由转向,就会表现出顺磁性。图 13.7.2 是顺磁性磁化率与温度曲线及磁结构示意图。在一定温度下,由于热运动固有磁矩取向杂乱无章,对外不表现出磁化强度。当施加磁场后,固有磁矩趋向外场的方向而表现出磁化强度,这种顺磁性叫作朗之万顺磁性或居里型顺磁性,并服从居里定律

$$\chi = C/T \tag{13.7.1}$$

式中 C 为居里常数(K)。还有一类顺磁性,其磁化率基本与温度无关,称为泡利顺磁性。

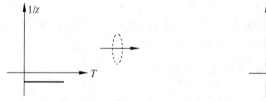

图 13.7.1 抗磁性磁化率与温度曲线及 　　　图 13.7.2 顺磁性磁化率与温度曲线及
　　　　　　磁结构示意图 　　　　　　　　　　　　　　磁结构示意图

3. 反铁磁性

如果相邻原子磁矩的数值相等,排列的方向又相反,则原子间的磁矩完全抵消,这种现

象称为反铁磁性,这类物质只有在很强的外磁场下才会显示出微弱的磁性。反铁磁介质的晶格由两套相同的次格子组成,次格子内的固定磁矩平行排列,而两套次格子之间反平行,由于固定磁矩之间强的相互作用,反铁磁磁矩有序排列,外磁场磁化变得十分困难。图 13.7.3 是反铁磁性磁化率与温度曲线及磁结构示意图。当 $T=0$ K 时反铁磁介质内是完全整齐的有序排列,随着温度升高而被热运动打乱,当 $T=T_N$ 时突然变得混乱排列。T_N 是反铁磁有序到无序的转变点——奈尔(Néel)温度。反铁磁物质在 $T>T_N$ 时表现出居里-外斯型顺磁性,其磁化率服从居里-外斯定律

$$\chi = \frac{C}{T - T_a} \tag{13.7.2}$$

式中 T_a 是外斯常数,一般为负值。

4. 铁磁性

这种磁性物质在很小的磁场下就可以被磁化饱和,不但磁化率 $\chi \gg 1$,而且可以达到 $10^1 \sim 10^6$ 数量级,其磁化强度和磁场强度之间是非线性的复杂关系。反复磁化时,会出现磁滞现象,这种类型的磁性称为铁磁性。图 13.7.4 铁磁性磁化率与温度曲线及磁结构示意图。铁磁性介质中元磁矩做平行有序排列,当温度在居里温度以下时,自发磁化强度随温度升高而单调下降;在居里温度以上,磁矩的有序排列被破坏,表现为居里-外斯型顺磁性。

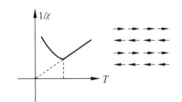

图 13.7.3 反铁磁性磁化率与温度曲线及磁结构示意图

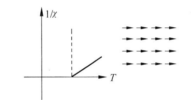

图 13.7.4 铁磁性磁化率与温度曲线及磁结构示意图

5. 亚铁磁性

它的宏观磁性与铁磁性相同,仅仅是磁化率的数量级稍低一些,大约 $10^0 \sim 10^3$ 数量级。众所周知的铁氧体就是典型的亚铁磁性物质。图 13.7.5 是亚铁磁性磁化率与温度曲线及磁结构示意图,同反铁磁介质类似,在铁氧体中磁性离子存在两套次格子,每套次格子内磁矩平行排列,两套之间反平行排列。但两套次格子的磁矩的大小并不相同,表现出不为零的磁化强度。当达到居里温度时,有序排列变为混乱排列。

综上所述,物质磁性可以分为抗磁性、顺磁性、反铁磁性、铁磁性、亚铁磁性五种,前三种是弱磁性,后两种为强磁性。具有铁磁性和亚铁磁性的材料统称为铁磁材料。铁磁介质按照矫顽力的大小分为软磁材料和硬磁材料。软磁材料的矫顽力一般小于 100Oe,如工业纯铁、铁镍合金、锰锌铁氧体、镍锌铁氧体等材料,广泛应用在变压器、镇流器、电动机和发电机的铁芯中。它的

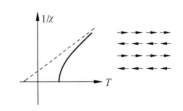

图 13.7.5 亚铁磁性磁化率与温度曲线及磁结构示意图

特点是磁导率高,矫顽力小,当外加磁场较弱时,磁化强度就可以达到较大值;去掉外磁场时,材料保持的剩余磁化强度很小,容易退磁。硬磁材料的矫顽力一般大于 $100 Oe$,如碳钢、稀土永磁、钡铁氧体等,可应用在扬声器、电动机以及微波器件中。永磁材料的特点是剩余磁化强度高,矫顽力大,不容易退磁。另外,还有矩磁材料、旋磁材料、磁致伸缩材料等,矩磁材料的特点是磁滞回线接近于矩形,而且矫顽力低。矩磁材料可用作记忆元件,如锰镁铁氧体、锰镁锌铁氧体等。旋磁材料的特点是在微波电磁场的作用下,产生一系列特殊效用,如铁磁共振、法拉第旋转效应等。主要应用于各种微波器件,如石榴石铁氧体、镁锰铁氧体等。磁致伸缩材料在磁场作用下会产生形变,可以用作测量力、速度等的传感器,如纯镍、钴铁氧体等。

13.8 铁磁材料的畴结构

铁磁材料的最主要特点是具有自发磁化和畴结构[178]。根据外斯分子场假设,铁磁材料由于分子场的作用使原子磁矩有序排列形成自发磁化。自发磁化和温度有关,当超过居里温度,材料的原子或离子磁矩的排列变得混乱起来,自发磁化消失。根据热力学平衡原理,稳定的磁状态一定与铁磁体内总自由能极小状态对应,铁磁铁内产生磁畴,实质上是自发磁化平衡分布要满足能量最小原理的必然结果。

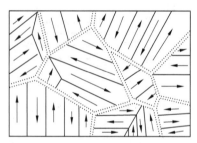

图 13.8.1 铁磁材料的磁畴结构示意图

在铁磁体内部分成许多大小和方向基本一致的自发磁化区域,这样的每一个小区域称为磁畴,如图 13.8.1 所示。对于不同的磁畴其自发磁化强度的方向各不相同。以单晶为例说明磁畴的形成,整个晶体内的自发磁化均匀一致,晶体表面出现磁极,因而晶体内的总能量要包括新出现的退磁场能。为了降低表面退磁场能,自发磁化分布发生改变,分成两个或四个反向平行的磁畴,从而大大降低了表面退磁能。如果分成更多的磁畴,例如 N 个,则晶体表面的退磁场能可以减少到原来的 $1/N$。但是形成磁畴之后,两个相邻的磁畴之间存在着约为 10^3 个原子数量级宽度的、自发磁化强度由一个畴的方向改变到另一个畴的方向的过渡层,在这个过渡层内,磁矩遵循能量最小原理,按照一定规律逐渐改变方向。这种相邻畴之间的过渡层称为磁畴壁。磁畴壁两侧磁矩取向不一致,必然增加交换能和磁晶各向异性能而构成磁畴壁能量。这样,磁畴不能无限分下去,虽然增加磁畴数目会降低退磁能,同时随着磁畴数目的增加畴壁增多,而磁畴壁能又会增加,所以磁畴的数目要由它们共同决定的能量极小条件来确定。磁畴的大小、形状和分布情况便构成了磁畴结构,铁磁体的磁性性质和磁畴结构有着密切的关系。

通过克尔磁光效应法、法拉第磁光效应法、电子显微镜法和中子散射法可以观测到磁畴。

铁磁体具体的磁畴结构受很多因素的制约。分割相邻磁畴的磁畴壁不能任意取向,畴壁的取向必须保证相邻磁畴在畴壁平面内各方向上产生的自发应变能够相互协调,否则,晶体在畴壁区域内就会出现较强的局部应力,使体系能量增加。根据畴壁两侧磁畴自发磁化强度方向间的关系,对于立方晶系,可以将磁畴分为 90°畴壁和 180°畴壁两大类;对于三角晶系,可以将磁畴分为 71°、109°和 180°三类畴壁。由于实际晶体中不可避免地存在不均匀应力、杂质或缺陷以及气泡或非磁相,使磁畴结构十分复杂,因而畴壁的类型也是多种多样。

磁畴理论是研究磁化曲线、磁滞回线和磁致伸缩曲线的理论基础。理论和实验都表明,磁畴的变化是铁磁材料非线性力磁耦合的重要原因。磁滞回线、磁致伸缩等现象都可以通过磁畴来解释。

图 13.8.2 是铁磁材料磁滞回线示意图。从材料磁中性状态 O 点开始,随着磁场的增大,磁化强度沿着虚线 OA 段上升,到达 A 点时,大量磁畴发生翻转,导致磁化强度的剧烈变化。磁场继续增大,则越来越多的磁畴向磁

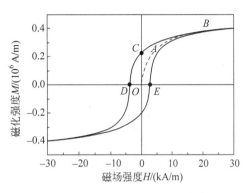

图 13.8.2　铁磁材料磁滞回线示意图

场方向翻转,磁化强度逐渐达到饱和,OB 段称为初始磁化曲线。磁场从磁化饱和点 B 开始卸载,磁化强度并不沿着原来的路线返回,而是沿着 BC 段,在这一阶段,部分磁畴翻转回原来的状态,当磁场卸载到零,此时磁化强度并不为零,则在 C 点的磁化强度称为剩余磁化强度。对于软磁材料,剩余磁化强度较小,硬磁材料的剩余磁化强度较大。磁场继续沿着负的方向增大,则磁畴开始向当前的磁场方向翻转,当磁化强度变为零时,对应的 D 点磁场强度为矫顽场,继续增大磁场,材料达到相反方向的磁化饱和。当反方向的磁场开始卸载并改变方向时,磁化过程和前面类似,磁场经由 E 点返回 B 点,构成完整的磁整回线,磁滞回线的形成就是由于磁畴的运动导致的。

13.9　铁磁体的变形机制

13.9.1　磁致伸缩的变形机制

铁磁体在外磁场的磁化过程中,其形状及体积均发生变化,这个现象称为磁致伸缩效应。它是焦耳在 1842 年发现的,故亦称焦耳效应。传统的磁致伸缩材料包括 Ni、CoNi、NiFe、FeCo、FeAl 合金和铁氧体材料,其饱和磁致伸缩系数一般为 $23×10^{-6}$~$70×10^{-6}$。室温下具有巨大磁致伸缩特性的稀土超磁致伸缩材料,以 Terfenol-D 为代表,具有比传统磁致伸缩材料大数十倍的磁致伸缩值,而且具有机械响应快、能量密度高、输出功率大、能量转换效率高、弹性模量及声速可随磁场调节等特点,可广泛应用于大功率低频声呐系统、大功率超声换能器、精密微位移定位及控制系统、传感器、微型制动器、各种控制阀、燃料喷射系统、减震装置等领域。

磁致伸缩有三种表现:沿着外磁场方向材料形状和大小的相对变化,称为纵向磁致伸缩;垂直于外磁场方向形状和大小的相对变化,称为横向磁致伸缩;铁磁体体积大小在磁化过程中的相对变化,称为体积磁致伸缩。纵向和横向磁致伸缩又统称为线磁致伸缩。体

积磁致伸缩分为两类:一类是由温度诱发引起的,称为自发体磁致伸缩;另外一类是由磁场诱发引起的,称为强迫体磁致伸缩。强迫体磁致伸缩一般只有在铁磁体技术磁化达到饱和以后的顺磁过程中才能明显表现出来。线磁致伸缩也简称为磁致伸缩,铁磁体的磁致伸缩是由于原子或离子的自旋与轨道的耦合作用产生的。根据热力学平衡原理,稳定的磁状态与铁磁体内总自由能极小状态对应,磁致伸缩正是由于自旋与轨道耦合能和物质的弹性能平衡而产生的。

如前文所述,铁磁性物质的基本特征是物质内部存在自发磁化和磁畴结构。自发磁化是指在居里温度以下时,即使不加外磁场,铁磁性物质内部也存在磁化的现象。自发磁化

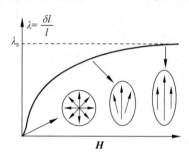

图 13.9.1　磁致伸缩过程示意图

是磁有序物质内部的某种相互作用,克服了热运动的无序效应,使原子磁矩有序排列,从而在铁磁体内形成了大量的磁畴,同时产生了自发磁致伸缩。它实质上是自发磁化平衡分布满足能量最小原理的必然结果。铁磁体在磁化过程中产生磁致伸缩的过程如图 13.9.1 所示。当外磁场为零时,铁磁体处于退磁化状态,此时各个自发磁化的磁畴在铁磁体内是随机分布的,与自发磁化对应的自发应变在各个方向上也是随机分布的,因此铁磁体不显示宏观效应。当铁磁体在外磁场作用下磁化时,各个磁畴的取向基本平行于外磁场方向,所以铁磁体在外磁场方向表现出伸长(正磁致伸缩)或者缩短(负磁致伸缩),而在垂直于磁场方向表现出缩短或者伸长。当磁场增大到一定强度时,磁畴完全平行于磁场方向,达到饱和磁致伸缩状态。一般情况下,磁化过程分为 180° 畴壁运动和非 180° 磁畴转动,而磁致伸缩主要发生在非 180° 畴壁转动阶段。

铁磁材料具有和自发磁化强度方向有关的能量各向异性,宏观表现为对磁性材料施加磁场进行磁化时出现对外磁场方向的各向异性。在测量铁磁体单晶磁化曲线时,磁化曲线随晶轴方向的不同而有所差别,即磁性随晶轴方向显示各向异性,这种现象称为磁晶各向异性。量子理论计算结果表明,磁晶各向异性的微观机制与电子自旋和轨道的相互耦合作用以及晶体的电场效应有关。为了表征磁晶各向异性的特征,把最容易磁化的晶轴方向称为易磁化方向,而易磁化方向所在的晶轴称为易磁化轴,它表明沿这个晶轴方向很容易磁化饱和。从能量的观点而言,铁磁晶体各向异性,表现为沿单晶体不同晶轴方向上,外磁场使其从退磁化状态到达饱和磁化时所需要的磁化能量是不同的。在易磁化方向需要的磁化能量最小,而在难磁化方向所需要的磁化能量最大。铁磁体磁化时需要的磁化能为

$$W = \int_0^{M_s} \boldsymbol{H} \cdot \mathrm{d}\boldsymbol{M} \tag{13.9.1}$$

磁晶各向异性能定义为饱和磁化强度矢量在铁磁体中取不同方向时,随方向而改变的能量。磁晶各向异性能只与磁化强度矢量在晶体中相对晶轴的取向有关。显然,在易磁化轴方向上,磁晶各向异性能最小;而在难磁化轴方向上,则最大。因此,铁磁体中自发磁化矢量和磁畴的分布取向是倾向于沿着磁晶各向异性能最小的易磁化轴方向,处于最稳定的状态。对于立方晶体,通常以单位体积的铁磁晶体沿 [111] 型轴与沿 [100] 型轴饱和磁化时所耗费的能量差来定义。

铁磁体在受到外应力 σ 作用时,晶体将发生相应的形变。当 $\lambda_s > 0$ 时,拉应力使磁畴中

自发磁化强度矢量的方向取平行或反平行于应力的方向;压应力使磁畴垂直于应力的方向;反之亦然。在磁化过程中,应力对磁化的进程可以起到促进或阻碍的作用。对于 $\lambda_s\sigma >0$ 的情形,若外磁场 $\boldsymbol{H}$ 平行于 σ 的方向,则应力促进磁化;反之,当 $\lambda_s\sigma <0$ 时,与外磁场 $\boldsymbol{H}$ 平行的应力 σ 将阻碍磁化进行。但应当指出,在没有外磁场作用时,应力作用并不会导致晶体在宏观上显示出磁性。磁致伸缩会使材料产生各向异性的磁弹性能。

当铁磁体在磁场作用下磁化时,铁磁体与磁场间的相互作用能量称作静磁能。它包括两个方面:外磁场能和退磁场能。外磁场能是铁磁体与外磁场存在的相互作用能;退磁场能则是铁磁体本身存在的磁矩间相互作用能量,即铁磁体与其自身所产生的退磁场之间的相互作用能。若铁磁体的磁化强度为 $\boldsymbol{M}$,在外磁场 $\boldsymbol{H}$ 作用下,铁磁体具有的位能为 $F_H=-\mu_0 MH\cos\theta$,其中 θ 是磁化强度与外磁场之间的夹角。对于有限尺寸的铁磁体被磁化后,在其两端面上将会分别出现 N 和 S 磁极,从而产生与内部磁化强度方向相反的退磁场 H_d。如果铁磁体被均匀磁化,则退磁场可以表示为 $H_d=-NM$,其中 N 是退磁因子,取决于铁磁体的几何形状。与外磁场能相似,可以得到铁磁体的退磁场能

$$F_d=-\int_0^M \mu_0 \boldsymbol{H}_d \cdot \mathrm{d}\boldsymbol{M}=\frac{1}{2}\mu_0 NM^2 \tag{13.9.2}$$

如果铁磁体不是均匀磁化时,其退磁场也不均匀,退磁场就不能用 $H_d=-NM$ 表示。目前,理论上也只能对某些具有特殊且简单形状的样品进行严格求解。对于任意形状的样品,只能依靠实验测定。对于铁磁体内部的磁畴结构的形成以及分布,退磁场的影响是不可忽略的,因为它是铁磁体形成多畴的根本原因之一。

13.9.2 磁致形状记忆效应的机制

还有一类铁磁体同传统的形状记忆合金一样,可以在温度场驱动下发生高温奥氏体相和低温马氏体相之间的相变和逆相变过程,从而实现形状记忆效应[179-180]。更引人关注的是该合金可以在磁场作用下发生相变及马氏体变体择优取向过程,从而产生巨大的磁致应变,并且其响应频率高,克服了传统形状记忆合金在温度场作用下响应频率低的缺点。目前报道的铁磁形状记忆合金有 Fe_3Pd、Ni_2MnGa、Ni_2FeGa、$FeCoNiTi$ 和 Co_2MnGa 等[181-185],AdaptaMat 公司已经用铁磁形状记忆合金设计和开发了驱动器,测试响应时间为 0.2 ms,磁致应变为 2.8%。自 1996 年首次获得 0.2%[185] 的磁致应变起,人们不断研究合金在应力场、温度场和磁场及其耦合场作用下的应变。一般将该合金在温度场作用下的应变称为相变应变,在应力场作用下的应变称为应力-应变,在磁场作用下的应变称为磁致应变[186]。

铁磁形状记忆合金在温度场作用下发生的形状记忆效应与传统的形状记忆合金相同,即通过相变实现。该合金在磁场作用下,存在两种物理机制[187-188]:①由于磁场作用发生奥氏体到马氏体的结构相变而产生磁致形状记忆效应;②在磁场作用下引起马氏体变体的择优取向而产生磁场诱发的应变。由于磁场的作用能够影响奥氏体到马氏体结构相变的相变温度,因此可以在磁场作用下观察到铁磁形状记忆合金发生结构相变。但磁场作用对于结构相变的相变温度影响很小(约 1.2 K/106 A·m^{-1})。换言之,该合金发生结构相变需要很强的磁场,因此对于铁磁形状记忆合金马氏体结构相变的研究进展缓慢[189]。O'Handley[187] 认为磁场诱发的应变是通过马氏体变体的内孪晶界的运动(磁感生应变)和马氏体-奥氏体相界的运动(相变应变)实现的。它们的驱动力来源于马氏体变体之间或马

氏体-奥氏体相之间的磁晶各向异性能或静磁能(塞曼能)的差别。

当磁晶各向异性能 K_u 远大于静磁能时,马氏体变体具有很强的单轴磁各向异性,所以马氏体孪生变体中的磁矩方向在磁场下的改变量可以忽略,同时也忽略了不产生应变的 $180°$ 畴壁运动。磁场的作用产生了孪晶界和相界的运动,在适当选择磁场方向的情况下,易轴与磁场方向平行的马氏体变体体积分数增加。如图 13.9.2 所示,O'Handley 将马氏体简化为两种变体,每种变体只有一种单一的磁畴。随着磁场的增加,由于变体之间静磁能的差别产生了引起孪晶界运动的驱动力 P 为

$$P = -M_s H[\cos\theta - \cos(\theta + \phi)] \tag{13.9.3}$$

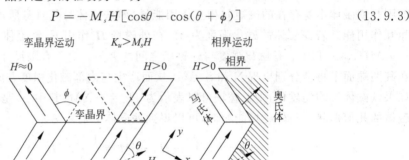

图 13.9.2　孪晶界与相界运动示意图

当磁晶各向异性能远小于静磁能时,磁矩旋转相对孪晶界的运动更容易发生,从而达到饱和磁化状态,这样使得孪晶界之间的静磁能相同。此时只有磁致伸缩,而不存在由于孪晶界运动产生的应变。

13.10　基于内变量理论的各向异性唯象本构模型

对于一般铁磁材料而言,多为各向异性,包括弹性各向异性和磁性各向异性。为了进一步更好地描述材料的本构行为,本节提出一般性的本构理论模型。铁磁材料的唯象本构同样基于热力学框架,则经典塑性理论给了我们很多借鉴。对于经典的弹塑性理论,研究多晶材料的塑性行为有两种方法[190]:①Taylor[191]的多晶塑性模型,它可以描述材料的初始塑性行为以及后继各向异性变形的演化。尽管这一模型的物理意义清晰,但是这一模型在有限元的计算中耗费巨大的计算时间。②唯象模型,通过引入屈服面,根据流动法则确定材料的塑性行为,通过实验可以测得材料的屈服面,在有限元计算中引入这一模型,会使计算变得相对简单得多。

根据材料的性质,可以提出不同的屈服面函数,对于各向同性屈服面,如特雷斯卡、米泽斯和 Hosford[192];Hill[193-195]、Budiansky[196] 和 Barlat[197-200] 提出了各向异性屈服面。在所有使用屈服面的唯象模型中,在应力空间中的屈服面都必须是外凸的,且材料的演化通过流动法则确定。Hill[193] 和 Barlat[200] 的各向异性屈服函数都是包含六个应力分量的函数。Hill 的屈服函数是二次的,而后来从实验和理论[201-203]上发现,二次的屈服函数并不能很好地模拟 FCC 和 BCC 多晶材料。Hershey[203] 和 Horsford[192] 提出了非二次方的屈服函数,可以较好地模拟多晶材料。Barlat[200] 推广了霍斯福德(Horsford)模型,使之能够适应于正交各向异性多晶材料,但是这一模型只适合正交各向异性材料。Karafilles 和

Boyce[190]提出了更加一般的屈服准则,这一模型可以包含已有的模型,具有很大的普适性。Barlat[204]将卡拉法尔斯-博依斯(Karaflles-Boyce)模型与推广的各种 Horsford 模型做了详细的比较,给出了与 Karafilles-Boyce 模型对应的各种屈服函数的具体形式。本节从实验测量出铁磁材料的初始力磁耦合屈服面,以 Karafilles-Boyce 模型为基础,给出铁磁材料的一般性唯象本构模型。进一步,将三维模型退化为一维,进行数值模拟,并与实验数据对比。

13.10.1 初始力磁耦合屈服面测量

Terfenol-D 是一种典型的磁致伸缩材料,具有明显的弹性与磁性各向异性,图 13.10.1 是实验中测量的零应力状态下初始磁化曲线,从图中可以看出,磁化曲线从零点(磁中性状态)到 C 点基本上是直线,过了 C 点之后出现明显非线性,到达 D 点,由于材料磁化饱和,故又为线性。类比于经典塑性理论中屈服点的定义,把 C 点定义为力磁耦合屈服点,即在力磁耦合作用下,材料出现非线性行为。

通过测量不同应力状态下的初始磁化曲线,可以得到不同力磁耦合情况下的屈服点,由这些屈服点可以构成 H-σ 空间中的力磁耦合屈服面,经过无量纲化之后,Terfenol-D 的初始屈服面如图 13.10.2 所示。其中,H_0 为只有磁场作用时的屈服点对应的磁场值,σ_0 为只有应力作用时候屈服点对应的应力值。这两个材料参数可从零应力状态下,初始磁化曲线和压磁曲线得到,分别为 $H_0 = 60$ kA/m 和 $\sigma_0 = 41$ MPa。从图 13.10.2 看出,Terfenol-D 在 H-σ 空间中的初始屈服面近似是一个圆。

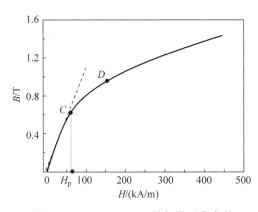

图 13.10.1 Terfenol-D 的初始磁化曲线

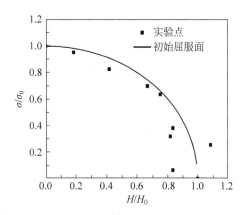

图 13.10.2 超磁致伸缩材料 Terfenol-D 在 H-σ 空间中的初始屈服面

13.10.2 基本方程

对于磁性材料,磁感应强度 B_i 和磁场强度 H_i 有如下关系:

$$B_i = \mu_0(M_i + H_i) \qquad (13.10.1)$$

式中,M_i 为磁化强度,μ_0 为真空磁导率。通过引入磁极化强度 J_i,则上式可以重写为

$$B_i = J_i + \mu_0 H_i \qquad (13.10.2)$$

式中,磁极化强度 $J_i = \mu_0 M_i$。

我们假设应变和磁极化都可以分解为两部分:可恢复部分(线性)和不可恢复部分(非

线性),且变形为小变形,

$$\varepsilon_{ij} = \varepsilon_{ij}^{e} + \varepsilon_{ij}^{r} \tag{13.10.3}$$

$$B_i = B_i^{e} + J_i^{r} \tag{13.10.4}$$

式中,上标"e"表示线性部分,上标"r"表示非线性部分,则本构方程可以写为

$$\varepsilon_{ij} - \varepsilon_{ij}^{r} = C_{ijkl}\sigma_{kl} + q_{kij}H_k \tag{13.10.5}$$

$$B_i - J_i^{r} = q_{ikl}\sigma_{kl} + \mu_{ij}H_j \tag{13.10.6}$$

式中,C_{ijkl} 是材料弹性常数,q_{ijk} 是压磁系数张量,μ_{ij} 是磁导率张量,ε_{ij}^{r} 和 J_i^{r} 分别是剩余应变和剩余磁极化强度,在本唯象模型中作为内变量。

对于准静态问题,力的平衡微分方程为式(4.2.1),而磁场的平衡微分方程为

$$B_{i,i} = 0 \tag{13.10.7}$$

引入磁势函数 ϕ

$$H_i = -\phi_{,i} \tag{13.10.8}$$

则力的边界条件为式(4.3.18),磁势函数 ϕ 的边界条件为

$$\phi = \phi^{0}, \quad 在边界 S 上 \tag{13.10.9}$$

将方程(13.10.5)~方程(13.10.9)及应变的几何方程(3.1.26)、力的平衡微分方程式(4.2.1)和力的边界条件式(4.3.18)表示为弱形式的积分方程,从而可以求解复杂的边值问题。

13.10.3　唯象本构理论框架

假设亥姆霍兹自由能可以分解为两部分[205-207]

$$\psi = \psi^{s}(\varepsilon_{ij}^{e}, B_i^{e}) + \psi^{r}(\varepsilon_{ij}^{r}, J_i^{r}) \tag{13.10.10}$$

式中,ψ^{s} 为可恢复部分自由能,ψ^{r} 为不可恢复部分自由能,则

$$\sigma_{ij} = \frac{\partial \psi^{s}}{\partial \varepsilon_{ij}} \tag{13.10.11}$$

$$H_i = \frac{\partial \psi^{s}}{\partial B_i} \tag{13.10.12}$$

背应力和背磁场可以表达为

$$\sigma_{ij}^{B}(\varepsilon_{kl}^{r}, J_k^{r}) = \frac{\partial \psi^{r}}{\partial \varepsilon_{ij}^{r}} \tag{13.10.13}$$

$$H_i^{B}(\varepsilon_{kl}^{r}, J_k^{r}) = \frac{\partial \psi^{r}}{\partial J_i^{r}} \tag{13.10.14}$$

满足热力学第二定律的力磁耦合屈服面可以表示为

$$f(\sigma_{ij}, H_i, \varepsilon_{ij}^{r}, J_i^{r}) = 0 \tag{13.10.15}$$

则根据流动法则

$$\dot{\varepsilon}_{ij}^{r} = \lambda \frac{\partial f}{\partial \sigma_{ij}} \tag{13.10.16}$$

$$\dot{J}_i^{r} = \lambda \frac{\partial f}{\partial H_i} \tag{13.10.17}$$

式中,λ 为流动因子,根据一致性条件

$$\mathrm{d}f = 0 \tag{13.10.18}$$

可以得到塑性流动因子

$$\lambda = \frac{\dfrac{\partial f}{\partial \sigma_{ij}}\dot{\sigma}_{kl} + \dfrac{\partial f}{\partial H_i}\dot{H}_i}{\dfrac{\partial f}{\partial \sigma_{ij}}\left(\dfrac{\partial \sigma_{ij}^{B}}{\partial \varepsilon_{kl}^{r}}\dfrac{\partial f}{\partial \sigma_{kl}} + \dfrac{\partial \sigma_{ij}^{B}}{\partial J_k^{r}}\dfrac{\partial f}{\partial H_k}\right) + \dfrac{\partial f}{\partial H_i}\left(\dfrac{\partial H_i^{B}}{\partial \varepsilon_{kl}^{r}}\dfrac{\partial f}{\partial \sigma_{kl}} + \dfrac{\partial H_i^{B}}{\partial J_k^{r}}\dfrac{\partial f}{\partial H_k}\right)} \tag{13.10.19}$$

建议读者推导上式。根据方程(13.10.5)和方程(13.10.6)，增量形式的本构方程可以写为

$$\dot{\varepsilon}_{ij} = C_{ijkl}\dot{\sigma}_{kl} + q_{kij}\dot{H}_k + \dot{\varepsilon}_{ij}^{r} \tag{13.10.20}$$

$$\dot{B}_i = q_{ikl}\dot{\sigma}_{kl} + \mu_{ij}\dot{H}_j + \dot{J}_i^{r} \tag{13.10.21}$$

13.10.4　各向同性力磁耦合屈服面

类比于 Karafillis-Boyce[190] 各向异性塑性理论，得到具有一般形式的各向同性力磁耦合屈服函数

$$f(S_i^0, H_i^0) = (1-c)\phi_1(S_i^0, H_i^0) + c\phi_2(S_i^0, H_i^0) - 2Y^{2k} = 0 \tag{13.10.22}$$

式中，Y 是等效屈服磁场(或等效屈服应力)，是材料参数；k 为大于零的整数；c 为材料参数，满足 $0 < c < 1$；且

$$\begin{aligned}\phi_1(S_i^0, H_i^0) = {} & (S_1^0 - S_2^0)^{2k} + (S_2^0 - S_3^0)^{2k} + (S_3^0 - S_1^0)^{2k} + \\ & (H_1^0 - H_2^0)^{2k} + (H_2^0 - H_3^0)^{2k} + (H_3^0 - H_1^0)^{2k}\end{aligned} \tag{13.10.23}$$

$$\phi_2(S_i^0, H_i^0) = \frac{3^{2k}}{2^{2k-1}+1}\left[(S_1^0)^{2k} + (S_2^0)^{2k} + (S_3^0)^{2k} + (H_1^0)^{2k} + (H_2^0)^{2k} + (H_3^0)^{2k}\right] \tag{13.10.24}$$

式中，S_i^0 和 H_i^0 分别是无量纲化的偏应力主值和无量纲化的磁场强度

$$S_i^0 = \frac{S_i}{\sigma_0} \tag{13.10.25}$$

$$H_i^0 = \frac{H_i}{H_0} \tag{13.10.26}$$

式中，S_i 是应力偏量 S_{ij} 的主值，H_i 是磁场强度，σ_0 和 H_0 分别是屈服应力和屈服磁场。

13.10.5　各向异性力磁耦合屈服面

对于各向异性材料，运用"等效各向同性塑性"(isotropic plasticity equiva-lent, IPE)转换方法，将各向异性材料中的真实应力状态，转换到对应于方程(13.10.22)描述的各向同性材料中相应的应力状态。引入等效各向同性塑性应力转换张量 L_{ijkl}^S 和磁场转换张量 L_{ij}^H：

$$\widetilde{S}_{ij} = L_{ijkl}^S \sigma_{kl}, \quad \widetilde{H}_i = L_{ij}^H H_j \tag{13.10.27}$$

式中 $\widetilde{S}_{ij}$ 和 $\widetilde{H}_i$ 是等效各向同性塑性(IPE)应力张量和磁场向量，σ_{ij} 和 H_i 是作用于各向异性材料的真实应力，转换张量 L_{ijkl}^S 和 L_{ij}^H 具有下列性质：

$$\begin{cases} L_{ijkl}^S = L_{jikl}^S = L_{jilk}^S, \quad L_{ijkl}^S = L_{klij}^S, \quad L_{ijkk}^S = 0 \\ L_{ij}^H = L_{ji}^H, \quad L_{ii}^H = 0, \quad \text{当 } i \neq j \end{cases} \tag{13.10.28}$$

则将 $\widetilde{S}_{ij}$ 和 $\widetilde{H}_i$ 替代方程(13.10.22)中应力偏量 S_{ij} 和磁场向量 H_i，即得到各向异性材料的屈服函数，可以表示为

$$f(\widetilde{S}_i^0, \widetilde{H}_i^0) = (1 - c)\phi_1(\widetilde{S}_i^0, \widetilde{H}_i^0) + c\phi_2(\widetilde{S}_i^0, \widetilde{H}_i^0) - 2Y^{2k} \tag{13.10.29}$$

相应的方程(13.10.25)和方程(13.10.26)中屈服应力 σ_0 和屈服磁场 H_0 分别用平均屈服应力和平均屈服磁场强度，定义如下：

$$\sigma_0 = \frac{1}{3}(\sigma_1 + \sigma_2 + \sigma_3) \tag{13.10.30}$$

$$H_0 = \frac{1}{3}(H_1 + H_2 + H_3) \tag{13.10.31}$$

式中，$\sigma_i, i = 1, 2, 3$ 是三个主方向的屈服应力，$H_i, i = 1, 2, 3$ 是任意直角坐标系中三个方向上的屈服磁场强度。

当采用随动硬化或混合硬化时，由于背应力和背磁场的存在，根据 IPE 方法，可将方程(13.10.27)写为

$$\widetilde{S}_{ij} = L_{ijkl}^S(\sigma_{kl} - \sigma_{kl}^B), \quad \widetilde{H}_i = L_{ij}^H(H_j - H_j^B) \tag{13.10.32}$$

将式(13.10.32)代入式(13.10.29)，可以得到随动或混合硬化时的屈服函数。

以上给出了一般形式的各向异性多晶铁磁材料的唯象本构模型，针对不同的材料，根据实验中测量的屈服面和材料参数，即可得到完整的本构模型，并可将得到的本构模型用于有限元计算。

13.11　磁学单位与量纲

电磁学的单位制包括多种单位制，如 CGSE 单位制和 CGSM 单位制，又分别称作绝对静电单位制(e.s.u.)和绝对电磁单位制(e.m.u.)。基本量包括长度、时间和质量，基本单位是 m、s 和 mg。其中，CGSE 单位制是从库仑定律出发制定的，CGSM 单位制是从安培定律出发制定的。高斯单位制是它们的混合，所有的电学量用 CGSE 单位制，所有的磁学量用 CGSM 单位制。联系两种单位制的关键物理量是电流，但在两种单位制的磁学量和电学量推导时，一般需要引入光速 c。由于在理论物理中使用和运算比较方便，很多情况下仍然采用高斯单位制。由于高斯单位制采用的是绝对单位制，可用 CGS 表示。在国际单位制 (MKSA)中，包括四个基本量：长度、时间、质量和电流强度，基本单位是 m、kg、s 和 A。它是一种有理单位制，这使得高斯定理、安培环路定理等的公式中不含有 4π，使这些定理变得简单。如表 13.11.1 所列。但 4π 是由于几何立体角引入到电磁公式中的，不可能消失，因此它会出现在其他定律中，比如库仑定理。这就导致磁学中多种单位制并存，有些人偏爱高斯单位制，有些人偏爱国际单位制，两种单位之间的换算见表 13.11.2。需要指出的是，如果在磁学中出现的物理量的单位不属于同一单位制，则这些公式只表示数值间的关系，不要把物理量的单位代入公式，可能导致单位的运算结果并不相等。

表 13.11.1　磁学基本公式

公 式 说 明	CGS 制	MKSA 制
B,H,J,M 之间的关系	$B=H+4\pi J=H+4\pi M$	$B=\mu_0 H+J=\mu_0(H+M)$
各向同性磁化率	$\chi=\dfrac{M}{H}$	$\chi=\dfrac{M}{H}=\dfrac{J}{\mu_0 H}$
各向同性磁导率	$\mu=1+4\pi\chi$	$\mu=1+\chi$
磁场能量密度	$w_{\mathrm{m}}=\dfrac{\mu H^2}{8\pi}=\dfrac{\mu B\cdot H}{8\pi}$	$w_{\mathrm{m}}=\dfrac{\mu_0\mu H^2}{2}=\dfrac{B\cdot H}{2}$
坡印亭矢量	$S=\dfrac{c}{4\pi}E\times H$	$S=E\times H$
洛伦兹力公式	$F=q\left(E+\dfrac{1}{c}v\times B\right)$	$F=q(E+v\times B)$
麦克斯韦方程组	$\nabla\cdot D=4\pi\rho$ $\nabla\times E=-\dfrac{1}{c}\dfrac{\partial B}{\partial t}$ $\nabla\cdot B=0$ $\nabla\times H=\dfrac{4\pi}{c}j+\dfrac{1}{c}\dfrac{\partial D}{\partial t}$	$\nabla\cdot D=\rho$ $\nabla\times E=-\dfrac{\partial B}{\partial t}$ $\nabla\cdot B=0$ $\nabla\times H=j+\dfrac{\partial D}{\partial t}$

表 13.11.2　主要磁学量在两种单位之间的换算

磁 学 量	MKSA 制	CGS 制	换算比 *
磁场强度 H	安/米(A/m)	奥斯特(Oe)	$4\pi\times10^{-3}$
磁感应[强度]B	特[斯拉](T)	高斯(Gs,G)	10^4
磁通[量]Φ	韦[伯](Wb)	麦克斯韦(Mx)	10^8
磁极化 J	韦[伯]/米^2(Wb/m^2)	高斯(Gs,G)	$10^4/4\pi$
磁化强度 M	安/米(A/m)	高斯(Gs,G)	10^{-3}
真空磁导率 μ_0	$4\pi\times10^{-7}$	1	$10^7/4\pi$
磁晶各向异性常数 κ	焦[耳]/米^3(J/m^3)	尔格/厘米^3(erg/cm^3)	10

习题

13.1　推导式(13.4.3)~式(13.4.5)。

13.2　推导式(13.4.8)。

13.3　如何实验观测磁畴？如何通过磁畴的观测获得电子自旋轨道耦合性能的信息？

13.4　推导式(13.10.19)。

13.5　推导表 13.11.1 中各式。

参 考 文 献

［1］ 周益春,郑学军.材料的宏微观力学性能[M].北京:高等教育出版社,2009.

［2］ 冯端,师昌绪,刘治国.材料科学导论[M].北京:化学工业出版社,2002.

［3］ 周益春,材料固体力学[M].北京:科学出版社,2005.

［4］ 郑哲敏.郑哲敏文集[M].北京:科学出版社,2004:562-569,758-766,809-819.

［5］ CAO K,FENG S,HAN Y,et al. Elastic straining of free-standing monolayer graphene[J]. Nature Communications,2020,11(1):284.

［6］ WANG Y,HUANG C,MA X,et al. The optimum grain size for strength-ductility combination in metals[J]. International Journal of Plasticity,2023,164:103574.

［7］ WANG Y F,MA X L,GUO F J,et al. Strong and ductile CrCoNi medium-entropy alloy via dispersed heterostructure[J]. Materials & Design,2023,225:111593.

［8］ WANG Y F,ZHU Y T,YU Z J,et al. Hetero-zone boundary affected region:A primary microstructural factor controlling extra work hardening in heterostructure[J]. Acta Materialia,2022,241:118395.

［9］ FANG S M,CHU W C,TAN J,et al. The mechanism for solar irradiation enhanced evaporation and electricity generation[J]. Nano Energy,2022,101:107605.

［10］ LI X L,ZHAN B,WANG X T,et al. Preparation of superhydrophobic shape memory composites with uniform wettability and morphing performance[J]. Composites Science and Technology,2024,247:110398.

［11］ ZHANG S,SUN D,FU Y Q,et al. Toughness measurement of ceramic thin films by two-step uniaxial tensile method[J]. Thin Solid Films,2004,469-470:233-238.

［12］ LI X P,KASAI T,NAKAO S,et al. Measurement for fracture toughness of single crystal silicon film with tensile test[J]. Sensors and Actuators A:Physical,2005,119:229-235.

［13］ 郑修麟.材料的力学性能[M].2版.西安:西北工业大学出版社,2001.

［14］ 单辉祖.材料力学(I)[M].北京:高等教育出版社,1999.

［15］ 姜伟之,赵时熙,王春生,等.工程材料的力学性能[M].北京:北京航空航天大学出版社,2000.

［16］ 刘鸿文.简明材料力学[M].北京:高等教育出版社,1997.

［17］ 潘信吉,何酝增.材料力学实验原理及方法[M].哈尔滨:哈尔滨工程大学出版社,1995.

［18］ 梁新邦,李久林,张振武.金属力学及工艺性能实验方法国家标准汇编[M].北京:中国标准出版社,1996.

［19］ 魏文光.金属的力学性能测试[M].北京:科学出版社,1980.

［20］ CHOI H W,LEE K R,WANG R,et al. Fracture behavior of diamond-like carbon films on stainless steel under a micro-tensile test condition[J]. Diamond and Related Materials,2006,15(1):38-43.

［21］ HUA T,XIE H,PAN B,et al. A new micro-tensile system for measuring the mechanical properties of low-dimensional materials—Fibers and films[J]. Polymer Testing,2007,26(4):513-518.

［22］ YANG Y,YAO N,SOBOYEJO W O,et al. Deformation and fracture in micro-tensile tests of freestanding electrodeposited nickel thin films[J]. Scripta Materialia,2008,58(12):1062-1065.

［23］ MODLINSKI R,PUERS R,DE WOLF I. AlCuMgMn micro-tensile samples:Mechanical characterization of MEMS materials at micro-scale[J]. Sensors and Actuators A:Physical,2008,143(1):120-128.

［24］ MILI M R,MOEVUS M,GODIN N. Statistical fracture of E-glass fibres using a bundle tensile test and acoustic emission monitoring[J]. Composites Science and Technology,2008,68(7-8):

1800-1808.

[25]　QIN M,JI V,WU Y N,et al. Determination of proof stress and strain-hardening exponent for thin film with biaxial residual stresses by in-situ XRD stress analysis combined with tensile test[J]. Surface and Coatings Technology,2005,192(2-3):139-144.

[26]　XIN H,HAN,Q,YAO,X. Buckling of defective single-walled and double-walled carbon nanotubes under axial compression by molecular dynamics simulation[J]. Composites Science and Technology, 2008,68(7-8):1809-1814.

[27]　YERRAMALLI C S,WAAS A M. A failure criterion for fiber reinforced polymer composites under combined compression-torsion loading[J]. International Journal of Solids and Structures,2003,40 (5):1139-1164.

[28]　MORRISON M L,BUCHANAN R A,LIAW P K,et al. Four-point-bending-fatigue behavior of the Zr-based Vitreloy 105 bulk metallic glass[J]. Materials Science and Engineering:A,2007,467(1-2): 190-197.

[29]　CARNEIRO J O,ALPUIM J P,TEIXEIRA V. Experimental bending tests and numerical approach to determine the fracture mechanical properties of thin ceramic coatings deposited by magnetron sputtering[J]. Surface and Coatings Technology,2006,200(8):2744-2752.

[30]　LEE S H,TEKMEN C,SIGMUND W M. Three-point bending of electrospun TiO_2 nanofibers[J]. Materials Science and Engineering:A,2005,398(1-2):77-81.

[31]　陆明万,罗学富. 弹性理论基础[M]. 北京:清华大学出版社,1990.

[32]　黄克智,薛明德,陆明万. 张量分析[M]. 北京:清华大学出版社,1986.

[33]　黄克智. 非线性连续介质力学[M]. 北京:科学出版社,1989.

[34]　郭仲衡. 非线性弹性理论[M]. 北京:科学出版社,1980.

[35]　黄克智,黄永刚. 固体本构关系[M]. 北京:清华大学出版社,1999.

[36]　王仁,熊祝华,黄文彬. 塑性力学基础[M]. 北京:科学出版社,1998.

[37]　陈昌麟. 材料学科中的固体力学[M]. 北京:北京航空航天大学出版社,1994.

[38]　徐秉业,陈森灿. 塑性理论简明教程[M]. 北京:清华大学出版社,1981.

[39]　希尔. 塑性数学理论[M]. 王仁译. 北京:科学出版社,1966.

[40]　杨卫,马新玲,王宏涛,等. 纳米力学进展(续)[J]. 力学进展,2003,33(2):175-186.

[41]　PRAGER W. Method of analyzing stresses and strains in work-hardening plastic solids[J]. J. Appl. Mech.,1956,23(4):493-496.

[42]　ZIEGLER H. A modification of Prager's hardening rule[J]. Quarterly of Applied Mathematics, 1959,17(1):55-65.

[43]　EISENBERG M A,PHILLIPS A. On nonlinear kinematic hardening[J]. Acta Mechanica,1968,5:1-13.

[44]　SHIELD R T,ZIEGLER H. On Prager's hardening rule[J]. Zeitschrift für Angewandte Mathematik und Physik ZAMP,1958,9:260-276.

[45]　IVEY H J. Plastic stress-strain relations and yield surfaces for aluminium alloys[J]. Journal of Mechanical Engineering Science,1961,3(1):15-31.

[46]　WENG G J,PHILLIPS A. An investigation of yield surfaces based on dislocation mechanics—Ⅰ: Basic theory[J]. International Journal of Engineering Science,1977,15(1):45-59.

[47]　NAGHDI P M,ESSENBURG F,KOFF W. An experimental study of initial and subsequent yield surfaces in plasticity[J]. J. Appl. Mech.,1958,25(2):201-209.

[48]　DRUCKER D C. On uniqueness in the theory of plasticity[J]. Quarterly of Applied Mathematics, 1956,14(1):35-42.

[49]　《数学手册》编写组. 数学手册[M]. 北京:人民教育出版社,1979.

[50]　TAYLOR G I,QUINNEY H. The plastic distortion of metals[J]. Philosophical Transactions of the

Royal Society of London. Series A, Containing Papers of a Mathematical or Physical Character, 1931, 230(681-693): 323-362.

[51]　LIANIS G, FORD H. An experimental investigation of the yield criterion and the stress-strain law [J]. Journal of the Mechanics and Physics of Solids, 1957, 5(3): 215-222.

[52]　OHASHI Y, KAWASHIMA K, YOKOCHI T. Anisotropy due to plastic deformation of initially isotropic mild steel and its analytical formulation[J]. Journal of the Mechanics and Physics of Solids, 1975, 23(4-5): 277-294.

[53]　依留申 A A. 塑性[M]. 北京：建筑工业出版社, 1958.

[54]　罗迎社. 材料力学[M]. 武汉：武汉理工大学出版社, 2001.

[55]　NADAI A. Theory of flow and fracture of solids[M]. New York: McGraw-Hill, 1950.

[56]　徐秉业, 黄炎, 刘信声, 等. 弹性力学与塑性力学解题指导及习题集[M]. 北京：高等教育出版社, 1985.

[57]　杨卫. 宏微观断裂力学[M]. 北京：国防工业出版社, 1995.

[58]　HUTCHINSON J W, SUO Z. Mixed mode cracking in layered materials[J]. Advances in Applied Mechanics, 1991, 29: 63-191.

[59]　黄志标. 断裂力学[M]. 广州：华中理工大学出版社, 1988.

[60]　穆斯海里什维利. 数学弹性力学的几个基本问题[M]. 北京：科学出版社, 1965.

[61]　王铎. 断裂力学(上册)[M]. 哈尔滨：哈尔滨工业大学出版, 1989.

[62]　范天佑. 断裂力学基础[M]. 南京：江苏科技出版社, 1978.

[63]　中国航空研究院. 应力强度因子手册[M]. 北京, 科学出版社, 1981.

[64]　BUECKNER H F. Novel principle for the computation of stress intensity factors[J]. Zeitschrift fuer Angewandte Mathematik & Mechanik, 1970, 50(9): 529-546.

[65]　RICE J R. Some remarks on elastic crack-tip stress fields[J]. International Journal of Solids and Structures, 1972, 8(6): 751-758.

[66]　FREUND L B, RICE J R. On the determination of elastodynamic crack tip stress fields [J]. International Journal of Solids and Structures, 1974, 10(4): 411-417.

[67]　WU X R, CARLSSON A J. Weight functions and stress intensity factors[M]. Oxford: Pergamon Press, 1991.

[68]　丁遂栋, 孙利民. 断裂力学[M]. 北京, 机械工业出版社, 1997.

[69]　WILLIAMS M L. On the stress distribution at the base of a stationary crack[J]. Journal of Applied Mechanics, 1957, 24(1): 109-114.

[70]　IRWIN G R. Fracture dynamics[M]. Fracturing of Metals ASM Cleveland, 1948.

[71]　洪起超. 工程断裂力学基础[M]. 上海：上海交通大学出版, 1987.

[72]　褚武杨, 乔利杰, 陈奇志, 等. 断裂与环境断裂[M]. 北京：科学出版社, 2000.

[73]　OROWAN E O. Fundamentals of brittle behavior of metals[M]//Murray W M. New York: Fatigue and Fracture of Metals, 1950.

[74]　杜庆华, 于寿文, 姚振汉. 弹性理论[M]. 北京：清华大学出版社, 1986.

[75]　ALLEN D H. Thermomechanical coupling in inelastic solids[J]. Applied Mechanics Reviews, 1991, 44(8): 361-373.

[76]　ROSAKIS P, ROSAKIS A J, RAVICHANDRAN G, et al. A thermodynamic internal variable model for the partition of plastic work into heat and stored energy in metals[J]. Journal of the Mechanics and Physics of Solids, 2000, 48(3): 581-607.

[77]　王洪纲. 热弹性力学概论[M]. 北京：清华大学出版社, 1989.

[78]　TAKEUTI Y, FURUKAWA T. Some considerations on thermal shock problems in a plate[J]. Journal of Applied Mechanics-Transactions of the ASME, 1982, 49(1): 258.

[79]　竹内洋一郎. 热应力[M]. 北京：国防工业出版社，1977.

[80]　MANSON S S，SMITH R W. Theory of thermal shock resistance of brittle materials based on Weibull's statistical theory of strength[J]. Journal of the American Ceramic Society，1955，38(1)：18-27.

[81]　范绪箕，陈国光. 关于热弹性力学的耦合理论[J]. 力学进展，1982(4)：339-345.

[82]　TAKEUTI Y，TANIGAWA Y. A new numerical method for transient thermal stress problems[J]. International Journal for Numerical Methods in Engineering，1979，14(7)：987-1000.

[83]　BOLEY B A，WEINER J H. Theory of thermal stresses[M]. New York：John Wiley，1960.

[84]　TAKEUTI Y，FURUKAWA T. Some considerations on thermal shock problems in a plate[J]. Journal of Applied Mechanics，1981，48(1)：113-118.

[85]　FREUND L B，SURESH S. Thin film materials：stress，defect formation，and surface evolution[M]. UK：Cambridge University Press，2003.

[86]　陈光华，邓金样. 新型电子薄膜材料[M]. 北京：化学工业出版社，2002.

[87]　OHRING M. Materials science of thin films：depositon and structure[M]. Amsterdam：Elsevier，2001.

[88]　NIX W D. Mechanical properties of thin films[J]. Metallurgical Transactions A，1989，20：2217-2245.

[89]　任凤章，周根树，赵文轸，等. 梁三点弯曲法测量薄膜弹性模量[J]. 稀有金属材料与工程，2004，33(1)：109-112.

[90]　OLIVER W C，PHARR G M. An improved technique for determining hardness and elastic modulus using load and displacement sensing indentation experiments[J]. Journal of Materials Research，1992，7(6)：1564-1583.

[91]　BHUSHAN B. Handbook of micro/nanotribology[M]. New York：CRC Press Inc. ，1995.

[92]　LIAO Y，ZHOU Y，HUANG Y，et al. Measuring elastic-plastic properties of thin films on elastic-plastic substrates by sharp indentation[J]. Mechanics of Materials，2009，41(3)：308-318.

[93]　DAO M，CHOLLACOOP N，VAN VLIET K J，et al. Computational modeling of the forward and reverse problems in instrumented sharp indentation[J]. Acta Materialia，2001，49(19)：3899-3918.

[94]　谢多夫. 力学中的相似方法与量纲理论[M]. 北京：科学出版社，1982.

[95]　DOERNER M F，NIX W D. A method for interpreting the data from depth-sensing indentation instruments[J]. Journal of Materials Research，1986，1(4)：601-609.

[96]　CHENG Y T，CHENG C M. Can stress-strain relationships be obtained from indentation curves using conical and pyramidal indenters[J]. Journal of Materials Research，1999，14：3493-3496.

[97]　KNUYT G，LAUWERENS W，STALS L M. A unified theoretical model for tensile and compressive residual film stress[J]. Thin Solid Films，2000，370(1-2)：232-237.

[98]　CHEN C J，LIN K L. Internal stress and adhesion of amorphous Ni-Cu-P alloy on aluminum[J]. Thin Solid Films，2000，370(1-2)：106-113.

[99]　ANDERSEN P，MOSKE M，DYRBYE K，et al. Stress formation and relaxation in amorphous Ta-Cr films[J]. Thin Solid Films，1999，340(1-2)：205-209.

[100]　QIAN J，ZHAO Y P，ZHU R Z，et al. Analysis of residual stress gradient in MEMS multi-layer structure[J]. International Journal of Nonlinear Sciences and Numerical Simulation，2002，3(3-4)：727-730.

[101]　PAULEAU Y. Generation and evolution of residual stresses in physical vapour-deposited thin films [J]. Vacuum，2001，61(2-4)：175-181.

[102]　CHENG K J，CHENG S Y. Analysis and computation of the internal stress in thin films[J]. Progress in Natural Science，1998，8(6)：679-689.

[103]　陈隆庆，赵明皞，张统一. 薄膜的力学测试技术[J]. 机械强度，2001，23(4)：413-442.

[104]　STONEY G G. The tension of metallic films deposited by electrolysis[J]. Proceedings of the Royal

Society of London. Series A, Containing Papers of a Mathematical and Physical Character, 1909, 82(553): 172-175.

[105] 钱劲,刘澄,张大成,等. 微电子机械系统中的残余应力问题[J]. 机械强度(第 100 期 MEMS 纪念专辑),2001,23(4): 393-401.

[106] 袁发荣,伍尚礼. 残余应力测试与计算[M]. 湖南:湖南大学出版社,1987.

[107] TSUI T Y, OLIVER W C, PHARR G M. Influences of stress on the measurement of mechanical properties using nanoindentation: Part I. Experimental studies in an aluminum alloy[J]. Journal of Materials Research, 1996, 11(3): 752-759.

[108] BOLSHAKOV A, OLIVER W C, PHARR G M. Influences of stress on the measurement of mechanical properties using nanoindentation: Part Ⅱ. Finite element simulations[J]. Journal of Materials Research, 1996, 11(3): 760-768.

[109] SURESH S, GIANNAKOPOULOS A E. A new method for estimating residual stresses by instrumented sharp indentation[J]. Acta Materialia, 1998, 46(16): 5755-5767.

[110] LAWN B R, FULLER E R. Measurement of thin-layer surface stresses by indentation fracture[J]. Journal of Materials Science, 1984, 19: 4061-4067.

[111] GRUNINGER M F, LAWN B R, FARABAUGH E N, et al. Measurement of residual stresses in coatings on brittle substrati by indentation fracture[J]. Journal of the American Ceramic Society, 1987, 70(5): 344-348.

[112] ZHOU Y C, YANG Z Y, ZHENG X J. Residual stress in PZT thin films prepared by pulsed laser deposition[J]. Surface and Coatings Technology, 2003, 162(2-3): 202-211.

[113] ZHANG T Y, CHEN L Q, FU R. Measurement of residual stresses in thin films deposited on silicon wafers by indentation fracture[J]. Acta Materalia, 1999, 47(14): 3869-3878.

[114] 徐滨士,朱绍华. 表面工程的理论与技术[M]. 北京:国防工业出版社,1999.

[115] STRONG J. On the cleaning of surfaces[J]. Review of Scientific Instruments, 1935, 6: 97-98.

[116] 马峰,蔡珣. 膜基界面结合强度表征和评价[M]. 表面技术, 2001, 30(5): 5-19.

[117] ZHENG X J, ZHOU Y C, LIU J M, et al. Use of the nanomechanical fracture-testing for determining interfacial adhesion of PZT ferroelectrics thin films[J]. Surface and Coating Technology, 2003, 176: 67-74.

[118] ZHENG X J, ZHOU Y C, LI J Y. Nano-indentation fracture test of $Pb(Zr_{0.52}Ti_{0.48})O_3$ ferroelectric thin films[J]. Acta Materialia, 2003, 51: 3985-3997.

[119] ZHOU Y C, TONOMORI T, YOSHIDA A, et al. Fracture charactereristic of thernal barrier coatings after tensile and bending tests[J]. Surface and Coatings Technology, 2002, 157(2-3): 118-127.

[120] SUO Z, HUTCHINSON J W. Interface crack between two elastic layers[J]. International Journal of Fracture, 1990, 43: 1-18.

[121] ZHOU Y C, HASHIDA T, JIAN C Y. Determination of interface fracture toughness in thermal barrier coating system by blister tests[J]. J. Eng. Mater. Technol. , 2003, 125(2): 176-182.

[122] 姚熹. 经典电介质科学丛书[M]. 西安:西安交通大学出版社,2006.

[123] 江东亮,李龙土,欧阳世翕,等. 无机非金属材料工程[M]. 北京:化学工业出版社,2005.

[124] FANG D N, WAN Y P, FENG X, et al. Deformation and fracture of functional ferromagnetics[J]. Applied Mechanics Reviews, 2008, 61(2): 0208031-02080323.

[125] LIU L L, ZHANG Y S, ZHANG T Y. Strain relaxation in heteroepitaxial films by misfit twinning. I. Critical thickness[J]. Journal of Applied Physics, 2007, 101(6): 063501-12.

[126] ZHANG T Y, ZHAO M H. Equilibrium depth and spacing of cracks in a tensile residual stressed thin film deposited on a brittle substrate[J]. Engineering Fracture Mechanics, 2002, 69(5):

589-596.

[127] GAO H J,NIX W D. Surface roughness of heteroepitaxial thin films[J]. Annual Review of Materials Science,1999,29:173-209.

[128] WANG J,ZHANG T Y. Effects of nonequally biaxial misfit strains on the phase diagram and dielectric properties of epitaxial ferroelectric thin films[J]. Applied Physics Letters,2005, 86(19):192905.

[129] ZHAO M H,FU R,LU D X,et al. Critical thickness for cracking of $Pb(Zr_{0.53}Ti_{0.47})O_3$ thin films deposited on Pt/Ti/Si(100) substrates[J]. Acta Materalia,2002,50(17):4241-4254.

[130] THOULESS M D,OLSSON E,GUPTA A. Cracking of brittle films on elastic substrates[J]. Acta Metallurgica et Materialia,1992,40(6):1287-1292.

[131] WANG J,ZHANG T Y. Influence of depolarization field on polarization states in epitaxial ferroelectric thin films with nonequally biaxial misfit strains[J]. Physical Review B,2008, 77(1):014104.

[132] WANG J,ZHANG T Y. Size effects in epitaxial ferroelectric islands and thin films[J]. Physical Review B,2006,73(14):144107.

[133] HU M S,EVANS A G. The cracking and decohesion of thin films on dubstrates[J]. Acta Metallurgica,1989,37:917-925.

[134] LIN Y,CHEN X,LIU S W,Chen C L,et al. Anisotropic in-plane strains and dielectric properties in $(Pb,Sr)TiO_3$ thin films on $NdGaO_3$ substrates[J]. Applied Physics Letters,2004,84(4):577-579.

[135] LEE H N,HESSE D. Anisotropic ferroelectric properties of epitaxially twinned $Bi_{3.25}La_{0.75}Ti_3O_{12}$ thin films grown with three different orientations[J]. Applied Physics Letters,2002,80(6):1040-1042.

[136] GARGA A,BARBER Z H,DAWBER M,et al. Orientation dependence of ferroelectric properties of pulsed-laser-ablated $Bi_{4-x}Nd_xTi_3O_{12}$ films[J]. Applied Physics Letters,2003,83(12):2414-2416.

[137] PERTSEV N A,ZEMBILGOTOV A G,TAGANTSEV A K. Effect of mechanical boundary conditions on phase diagrams of epitaxial ferroelectric thin films[J]. Physical Review Letters,1998, 80(9):1988-1991.

[138] HU Z S,TANG M H,WANG J B,et al. Effect of extrapolation length on the phase transformation of epitaxial ferroelectric thin films[J]. Physica B:Condensed Matter,2008,403(19-20):3700-3704.

[139] GLINCHUK M D,MOROZOVSKA A N,ELISEEV E A. Ferroelectric thin films phase diagrams with self-polarized phase and electret state[J]. Journal of Applied Physics,2006,99(11):114102.

[140] FORREST S R. The path to ubiquitous and low-cost organic electronic appliances on plastic[J]. Nature,2004,428:911-918.

[141] ROGERS J A,BAO Z,BALDWIN K,et al. Paper-like electronic displays:Large-area rubber-stamped plastic sheets of electronics and microencapsulated electrophoretic inks[J]. Proceedings of the National Academy of Sciences,2001,98:4835-4840.

[142] JACOBS H O,TAO A R,SCHWARTZ A,et al. Fabrication of a cylindrical display by patterned assembly[J]. Science,2002,296:323-325.

[143] HUITEMA H E A,GELINCK G H,PUTTENET J V D,et al. Plastic transistors in active-matrix displays[J]. Nature,2001,414:599.

[144] SHERAW C D,ZHOU L,HUANG J R,et al. Organic thin-film transistor-driven polymer-dispersed liquid crystal displays on flexible polymeric substrates[J]. Applied Physics Letters,2002, 80:1088.

[145] CHEN Y,AU J,KAZLAS P,et al. Electronic paper:Flexible active-matrix electronic ink display [J]. Nature,2003,423:136.

[146] JIN H C,ABELSON J R,ERHARDT M K,et al. Soft lithographic fabrication of an image sensor array on a curved substrate[J]. Journal of Vacuum Science & Technology B: Microelectronics and Nanometer Structures Processing,Measurement,and Phenomena,2004,22(5): 2548-2551.

[147] HSU P I,HUANG M,GLESKOVA H,et al. Effects of mechanical strain on TFTs on spherical domes[J]. IEEE Transactions on Electron Devices,2004,51(3): 371-377.

[148] SOMEYA T,SEKITANI T,IBA S,et al. A large-area,flexible pressure sensor matrix with organic field-effect transistors for artificial skin applications[J]. Proceedings of the National Academy of Sciences,2004,101(27): 9966-9970.

[149] LIM H C,SCHULKIN B,PULICKAL M J,et al. Flexible membrane pressure sensor[J]. Sensors and Actuators A: Physical,2005,119(2): 332-335.

[150] VANDEPUTTE J,BOURDET F. Mechanical resistance of a single-crystal silicon wafer: U. S. Patent 6,580,151[P]. 2003-6-17.

[151] SEKITANI T,KATO Y,IBA S,et al. Bending experiment on pentacene field-effect transistors on plastic films[J]. Applied Physics Letters,2005,86: 073511.

[152] MENARD E,NUZZO R G,ROGERS J A. Bendable single crystal silicon thin film transistors formed by printing on plastic substrates[J]. Applied Physics Letters,2005,86: 093507.

[153] GLESKOVA H,HSU P I,XI Z,et al. Field-effect mobility of amorphous silicon thin-film transistors under strain[J]. J. Noncryst. Solids. ,2004,338: 732-735.

[154] HUR S H,PARK O O,ROGERS J A. Extreme bendability of single-walled carbon nanotube networks transferred from high-temperature growth substrates to plastic and their use in thin-film transistors[J]. Applied Physics Letters,2005,86: 243502.

[155] DUAN X F. High-performance thin-film transistors using semiconductor nanowires and nanoribbons[J]. Nature,2003,425: 274.

[156] SUO Z,MA E Y,GLESKOVA H,et al. Mechanics of rollable and foldable film-on-foil electronics [J]. Applied Physics Letters,1999,74: 1177.

[157] LOO Y L,SOMEYA T,BALDWIN K W,et al. Soft,conformable electrical contacts for organic semiconductors: high-resolution plastic circuits by lamination[J]. Proceedings of the National Academy of Sciences,2002,99(16): 10252-10256.

[158] SOMEYA T,KATO Y,SEKITANI T,et al. Conformable,flexible,large-area networks of pressure and thermal sensors with organic transistor active matrixes[J]. Proceedings of the National Academy of Sciences,2005,102: 12321.

[159] KIM S K,LIU C C,XUE L,et al. Crosstalk reduction in mixed-signal 3-D integrated circuits with interdevice layer ground planes[J]. IEEE Transactions on Electron Devices, 2005, 52 (7): 1459-1467.

[160] LACOUR S P, WAGNER S, HUANG Z, et al. Stretchable gold conductors on elastomeric substrates[J]. Applied Physics Letters,2003,82: 2404.

[161] GRAY D S,TIEN J, CHEN C S. High-conductivity elastomeric electronics [J]. Advanced Materials,2004,16(5): 393-397.

[162] FAEZ R,GAZOTTI W A,PAOLI M A D. An elastomeric conductor based on polyaniline prepared by mechanical mixing[J]. Polymer,1999,40: 5497.

[163] MARQUETTE C A,BLUM L J. Conducting elastomer surface texturing: a path to electrode spotting: Application to the biochip production[J]. Biosens Bioelectron,2004,20: 197-203.

[164] KHANG D Y,JIANG H Q,HUANG Y,et al. A stretchable form of single-crystal silicon for high-performance electronics on rubber substrates[J]. Science,2006,311: 208.

[165] CHEN X,HUTCHINSON J W. Herringbone buckling patterns of compressed thin films on

compliant substrates[J]. J. Appl. Mech. ,2004,71(5):597-603.

[166] HUANG Z Y,HONG W,SUO Z. Nonlinear analyses of wrinkles in a film bonded to a compliant substrate[J]. Journal of the Mechanics and Physics of Solids,2005,53(9):2101-2118.

[167] HARRIS G L. Properties of silicon carbide[M]. London:Institution of Electrical Engineers,1995.

[168] BIETSCH A,MICHEL B. Conformal contact and pattern stability of stamps used for soft lithography[J]. Journal of Applied Physics,2000,88(7):4310-4318.

[169] BOWDEN N,BRITTAIN S,EVANS A G,et al. Spontaneous formation of ordered structures in thin films of metals supported on an elastomeric polymer[J]. Nature,1998,393(6681):146-149.

[170] HUCK W T S,BOWDEN N,ONCK P,et al. Ordering of spontaneously formed buckles on planar surfaces[J]. Langmuir,2000,16(7):3497-3501.

[171] STAFFORD C M,HARRISON C,BEERS K L,et al. A buckling-based metrology for measuring the elastic moduli of polymeric thin films[J]. Nature Materials,2004,3(8):545-550.

[172] KIM D H,AHN J H,CHOI W M,et al. Stretchable and foldable silicon integrated circuits[J]. Science,2008,320:507-511.

[173] 王春雷,李吉超,赵明磊. 压电铁电物理[M]. 北京:科学出版社,2009.

[174] 秦自楷. 压电石英晶体[M]. 北京:国防工业出版社,1980.

[175] 许煜寰. 铁电鱼压电材料[M]. 北京:科学出版社,1978.

[176] HAO X,ZHAI J,KONG L B,et al. A comprehensive review on the progress of lead zirconate-based antiferroelectric materials[J]. Progress in Materials Science,2014,63:1-57.

[177] 方岱宁,裴永茂. 铁磁固体的变形与断裂[M]. 北京:科学出版社,2011.

[178] 戴道生. 铁磁学[M]. 北京:科学出版社,1998.

[179] 舟久保,熙康. 形状记忆合金[M]. 北京:机械工业出版社,1992.

[180] VASSILIEV A. Magnetically driven shape memory alloys[J]. Journal of Magnetism and Magnetic Materials,2002,242:66-67.

[181] CUI J,JAMES R D. Study of Fe_3Pd and related alloys for ferromagnetic shape memory[J]. IEEE Transactions on Magnetics,2001,37(4):2675-2677.

[182] HECZKO O,ULLAKKO K. Effect of temperature on magnetic properties of Ni-Mn-Ga magnetic shape memory (MSM) alloys[J]. IEEE Transactions on Magnetics,2001,37(4):2672-2674.

[183] WUTTIG M,LI J,CRACIUNESCU C. A new ferromagnetic shape memory alloy's system[J]. Scripta Materialia,2001,44(10):2393-2397.

[184] MOON F C,PAO Y H. Magnetoelastic buckling of a thin plate[J]. Journal of Applied Mechanics,Transactions of the ASME,2002,35(1):53-58.

[185] ULLAKKO K,HUANG J K,KOKORIN V V,et al. Magnetically controlled shaped memory effect in Ni_2MnGa intermetallics[J]. Scripta Materialia,1997,36(10):1133-1138.

[186] MURRAY S J,MARIONI M,ALLEN S M,et al. 6% magnetic-field-induced strain by twin-boundary motion in ferromagnetic Ni-Mn-Ga[J]. Applied Physics Letters,2000,77:886-888.

[187] O'HANDLEY R. Model for strain and magnetization in magnetic shape-memory alloys[J]. Journal of Applied Physics,1998,83:3263-3270.

[188] O'HANDLEY R C,MURRAY S J,MARIONI M,et al. Phenomenology of giant magnetic-field-induced strain in ferromagnetic shape-memory materials[J]. Journal of Applied Physics,2000,87(9):4712-4717.

[189] CHERECHUKINET A A,DIKSHTEIN L E,ERMAKOV D I,et al. Shape memory effect due to magnetic field-induced thermoelastic transformation in polysrystalline Ni-Mn-Ga alloy[J]. Physics Letters A,2001,291(2-3):175-183.

[190] KARAFLLIS A,BOYCE M. A general anisotropic yield criterion using bounds and a

transformation weighting tensor[J]. Journal of the Mechanics and Physics of Solids,1993,41(12): 1859-1886.

[191]   TAYLOR S G I. Plastic strain in metals[J]. Journal Institute of Metals,1938,62: 307-324.

[192]   HOSFORD W. A generalized isotropic yield criterion[J]. Journal of Applied Mechanics, 1972, 39: 607.

[193]   HILL R. The Mathem atical theory of plasticity[M]. Oxford: Clarendon Press,1950.

[194]   HILL R. Theoretical plasticity of textured aggregates [M]. Cambridge: Cambridge University Press,1979.

[195]   HILL R. Constitutive modeling of orthothopic plasticity in sheet metals [J]. Journal of the Mechanics and Physics of Solids,1990,38: 405-417.

[196]   BUDIANSKI B. Anisotropic plasticity of plane-isotropic sheets [M]//Studies in Applied Mechanics. Amsterdam: Elsevier,1984,6: 15-29.

[197]   BARLAT F. Crystallographic texture,anisotropic yield surfaces and forming limits ofsheet metals [J]. Materials Science and Engineering,1987,91: 55-72.

[198]   BARLAT F,RICHMOND O. Prediction of tricomponent plane stress yield surfaces andassociated flow and failure behavior of strongly textured fce polycrystalline sheets[J]. Materials Science and Engineering,1987,95: 15-29.

[199]   BARLAT F,LIAN K. Plastic behavior and stretchability ofsheet metals. Part I : A yield function for orthotropic sheets under plane stress conditions[J]. International Journal of Plasticity,1989, 5(1): 51-66.

[200]   BARLAT F,LEGE D J,BREM J C. A six-component yield function for anisotropic materials[J]. International Journal of Plasticity,1991,7(7): 693-712.

[201]   BISHOP J,HILL R. A theoretical derivation of the plastic properties of a polycrystallineface-centered metal[J]. Philosophical Magazine Series,1951,42: 1298-1307.

[202]   BISHOP J F W,HILL R. XLVI. A theory of the plastic distortion of a polycrystalline aggregate under combined stresses [J]. The London, Edinburgh, and Dublin Philosophical Magazine and Journal of Science,1951,42(327): 414-427.

[203]   HERSHEY A V. The plasticity of an isotropic aggregate of anisotropic face centered cubic crystals [J]. Journal of Applied Mechanics-Transactions of the ASME,1954,21(3): 241-249.

[204]   BARLAT F,MAEDA Y,CHUNG K, et al. Yield function development for aluminum alloy sheets [J]. Journal of the Mechanics and Physics of Solids,1997,45(11-12): 1727-1763.

[205]   BASSIOUNY E, GHALEB A, MAUGIN G A. Thermodynamical formulation for coupled electromechanical hysteresis effects- I . Basic equations[J]. International Journal of Engineering Science,1988,26(12): 1279-1295.

[206]   BASSIOUNY E, GHALEB A, MAUGIN G A. Thermodynamical formulation for coupled electromechanical hysteresis effects- II . Poling of ceramics[J]. International Journal of Engineering Science,1988,26(12): 1297-1306.

[207]   COCKS A C F,MEMEEKING R M. A phenomenological constitutiwe law for the behavior of ferroelectric ceramics[J]. Ferroelectrics,1999,228: 219-228.